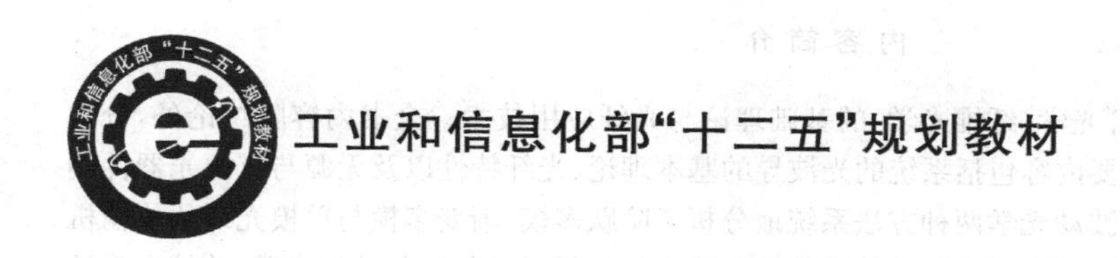

光纤光学与光纤应用技术

(第二版)

迟泽英　主编

迟泽英　陈文建　李武森　编著

電子工業出版社

Publishing House of Electronics Industry

北京·BEIJING

内容简介

本书系统、全面地介绍了光纤光学(纤维光学)的基础理论与光纤应用技术。全书内容除绪论外，分为两篇共10章。第一篇共6章，主要内容包括系统的光波导的基本理论、光纤特性以及无源与有源光器件的基础知识。书中应用光线光学与波动光学两种方法系统地分析了阶跃多模、渐变多模与单模光纤的传输机理与规律，进行了基本的模式分析，阐述了光纤的传输特性以及光纤的材料、制造、分类与光缆，并较全面地介绍了多种类型的无源与有源光器件；第二篇共4章，较全面地介绍了光纤在通信、传感、传像以及传光照明与能量信号传输和控制等方面的应用技术。

本书在内容上重视基础理论体系的建立，强调基本物理概念，并重视全面反映现代光纤应用技术的各主要方面及自身的科研成果，力求内容丰富翔实、新颖实用、符合相关标准；表述方法力求理论联系实际，深入浅出，图文并茂，具有良好的可读性及参考价值。

本书可作为高等学校非通信类的光学工程、电子科学与技术、仪器科学与技术等学科的研究生以及光电信息工程、光信息科学与技术、电子科学与技术、电子信息工程等专业高年级本科生的教材，具有较宽的学科专业适用面；也可供从事光纤应用技术、光通信技术与光电技术等方面的科技研发与工程技术人员参考。

图书在版编目(CIP)数据

光纤光学与光纤应用技术/迟泽英主编．—2版．—北京：电子工业出版社，2014.6
工业和信息化部"十二五"规划教材
ISBN 978-7-121-23066-0

Ⅰ.①光… Ⅱ.①迟… Ⅲ.①纤维光学－高等学校－教材 ②光学纤维－应用－高等学校－教材 Ⅳ.①TN25

中国版本图书馆CIP数据核字(2014)第081876号

策划编辑：谭海平
责任编辑：谭海平　　特约编辑：王　崧
印　　刷：北京捷迅佳彩印刷有限公司
装　　订：北京捷迅佳彩印刷有限公司
出版发行：电子工业出版社
　　　　　北京市海淀区万寿路173信箱　邮编 100036
开　　本：787×1092　1/16　印张：24.25　字数：620千字
版　　次：2009年4月第1版
　　　　　2014年6月第2版
印　　次：2024年8月第5次印刷
定　　价：59.80元

凡所购买电子工业出版社图书有缺损问题，请向购买书店调换。若书店售缺，请与本社发行部联系，联系及邮购电话：(010)88254888。

质量投诉请发邮件至 zlts@phei.com.cn，盗版侵权举报请发邮件至 dbqq@phei.com.cn。

服务热线：(010)88258888。

第二版前言

由北京理工大学出版社出版的原国防科工委“十一五”规划国防特色教材《纤维光学与光纤应用技术》，自2009年出版以来，在本校与兄弟高校的课程教学实践中取得了优良的教学效果，受到了广大读者的欢迎与兄弟高校的大力支持。2011年后，本教材曾被评为校优秀教材一等奖，并获评江苏省精品教材；2012年被批准为校“十二五”规划教材立项支持，2013年更获批为工业和信息化部“十二五”规划教材立项支持。上述成绩与进展的取得，源自于学校各级领导的高度重视与关心、省部级领导机关的大力支持与出台的良好政策导向、多名高校资深教授专家的关心支持以及广大读者的厚爱，也与原北京理工大学出版社出版教材的良好质量密不可分。今天，当本教材的第二版即将问世之际，谨向长期以来对本教材给予热情关心和大力支持的各有关方面表示诚挚的感谢！

时光飞逝，自本教材的第一版出版五年来，现代信息技术的各领域又取得了长足的进展。为此，本着与时俱进，根据现代科技与产业的发展以及教学实践经验的积累，适时地对本教材进行修订，增补部分重要且必要的内容，并对全书做深入一步的优化和全面细致的纠错，进一步提升本教材的质量与水平，为广大读者奉献一部更高水平的精品教材，就显得十分必要了。为使教材名称更加贴切直观，本书第二版的名称略做修改，取名为《光纤光学与光纤应用技术》。

本次修订增补和加强的主要内容包括：特种光纤中的光子晶体光纤(PCF)；有源光器件中的掺铒光纤放大器、拉曼放大器、半导体放大器；光纤中光信号能量传输与控制在“高压直流输电”与“双向自主控制视/音频信息传输系统”中的应用；光纤通信技术中的PDH与SDH光通信系统，光纤通信网络光接入网的EPON、GPON系统结构与关键技术，光分组交换网与光传送网，智能光网络；物联网的概念与光纤传感器技术在物联网中的应用。相信修订增补的内容对于更全面地反映光纤技术应用、进一步提升教材的质量与技术水平将会起到积极作用。此外，为了方便各校相关课程教师的施教参考，提高课程教学质量，本次修订版专门设计完善了与教材配套的电子课件。本次修订第二版的工作，除按第一版前言中所述的分工负责以及光子晶体光纤、高压直流输电中光信号控制、与光纤传感技术在物联网中的应用部分内容外，其余的上述所有增补内容均由李武森撰写；另外，与教材配套的电子课件设计由李武森和研究生杨晨、韩俊马、顾亚浏、程铭、陈成、陈志、曾萌、李喜、沈际元、何洁共同完成。

在本教材的修订过程中曾得到了北京理工大学连铜淑教授，东南大学孙小菡教授、张明德教授，南京邮电大学杨祥林教授，解放军理工大学李玉权教授，南京理工大学陈磊教授、陈锡林老师，春辉公司张振远研高工、殷志东研高工、赵绵琳经理、李辉同志，普天法尔胜黄本华副总等许多教授专家的大力支持与关心，也得到了北京理工大学出版社以及电子工业出版社高教分社谭海平社长的大力支持，在此谨表诚挚的谢意。

最后，作者要对长期以来热情关心和支持本书的广大读者再次表示衷心的感谢，希望对本书还存在的缺点、错误与不足，给以指正，不吝赐教。在此还要衷心地感谢亲人在背后的默默奉献与鼎力支持。

作者
2014 年 3 月于南京

第一版前言

光纤光学与光纤技术是20世纪50年代以来伴随着激光技术与微电子技术同步迅速发展起来的近代光信息高、新技术领域的重要分支。近60年来，光纤应用技术在光纤传像、光纤照明与能量传输、光纤信号控制、光纤传感特别是光纤通信等民用与军用的重要领域获得了广泛而大量的应用，尤其在信息科学技术领域表现出越来越强大的生命力以及广阔的应用前景，因而必将是21世纪最有生命力和最有发展前景的信息技术与产业之一。相应地，也必将形成对光纤应用技术、特别是光纤通信等信息技术方面高层次人才的大量需求。因而，将反映先进学科研究方向与高新技术重要方向的"纤维光学(光纤光学)与光纤应用技术"，作为部分相关学科与专业的研究生与高年级本科生的必修或选修课程，已成为人们的共识。为此，适时编写出版能较全面地反映纤维光学的基础理论与光纤应用技术基本内容的《纤维光学与光纤应用技术》教材，具有重要现实意义和极大的迫切性。

本教材所涉及的主要内容与知识点包括：纤维光学与光波导的基础理论，反映光纤传输机理的光线与波动分析理论基础；光在光纤中传输机理的光线理论分析，光在阶跃型圆柱光纤中的传输规律(子午光线与斜光线；光纤形状偏差影响)，光在非均匀介质中的程函方程与光线微分方程，光在梯度折射率分布光纤中的传输与自聚焦透镜的成像特性；光在阶跃型圆柱光纤中传输的波动理论分析，阶跃光纤中的基本波导方程及方程严格解，阶跃光纤中模式的基本表征与分析，弱波导光纤与线偏振模，多模光纤与单模光纤；渐变折射率多模光纤的标量近似理论分析；光纤传输的损耗、色散、偏振与非线性特性；光纤的材料、制造与分类以及光缆的基本知识；光纤的连接耦合特性与各种新型的无源光器件(光隔离器、光纤光栅、光滤波器、波分复用器、光开关等)；光纤的传光照明与能量信号传输应用；无源光纤传像器件、系统与应用，波分复用像质优化技术，光纤编码传像技术；光通信与光纤传感技术应用中的光源(LED，LD)与光探测器(PIN，ADP)的功能与特性，光调制技术与光纤通信系统的原理与类型(模拟通信与数字通信)，光纤通信网络的类型与功能，无源光网络终端宽带接入技术，光纤通信的军事应用以及光纤制导原理，光纤通信发展的新技术(EDFA原理，相干光通信，光孤子通信与光交换技术等)；光纤传感器的原理与分类，光纤传感器中五种光调制技术，功能型与非功能型光纤传感器(光纤陀螺、水听器、分布式传感器等)，光纤传感新技术等。

本教材是在对有关光学工程、电子科学与技术、仪器科学与技术等学科研究生以及光电技术、光学仪器(光电信息工程)、测控技术与仪器、工业自动化仪表等专业高年级本科生进行长期教学实践与教学改革经验总结的基础上编著完成的；也是对2006年11月南京理工大学校内出版的《纤维光学与光纤应用技术》教材，经多次本、研教学实践后，进一步修改、优化的成果；教材编写中力求重视反映国内外在光纤技术与应用这一领域的产业与科学研究的当前水平以及研究发展动态，并适当反映了具有先进性和代表性的部分自身科研成果；本教材的主要适用对象为广大需要应用光通信、光纤传感、光纤传像、光纤传光与能量信号控制等光纤综合应用技术的非通信类学科与专业(如光学工程、电子科学与技术、仪器科学与技术等学科,以及光电信息工程、光信息科学与技术、测控技术与仪器、电子信息工程、电子科学与技术、电气工程及其自动化、探测制导与控制技术、信息对抗等本科专业)的研究生与高年级本科生。本教材以纤维光学、光波导的基本理论,光线光学与波动光学两种研究方法以及光纤通信、光纤传感、光纤传像、光纤制导、光纤能量传输与信号控制等光纤应用的主要方面与相关器件为基本内容,教材具有较宽的学科与专业适应面。为方便选择确定不同教学对象的教学内容侧重面,目录中给出了不同的符号标识:标*者为适合于本科高年级专业课或专业选修课内容;标★者为适合于硕士研究生学位课或博、硕士生选修课内容。

本教材在编写过程中重视体现如下特色:教材体系内容具有较好的系统性、科学性与完整性,既重视基本的基础理论体系的建立(如运用波动光学方法建立基本波导方程与进行模式分析以及有代表性的理论建模),突出基本理论教学内容的重点,又应较全面、完整地反映光纤技术应用领域的各主要方面,两者的篇幅比例应相对合理,避免片面追求理论体系的严密与深奥而脱离应用实际,或只重应用而忽视理论基础建立的两种片面性,强调理论密切联系实际;教材表述力求深入浅出,并以较多的图、表配合文字的阐述,尽量避免大篇幅单纯枯燥的文字叙述,做到图文并茂、理性与感性相结合,通俗易懂、具有良好的可读性;教材内容力求翔实,贴近实用,所涉及的有关标准与数据尽可能反映当前或近期的标准与数据,摒弃陈旧和已废弃的内容,具有良好的可参考性;有关光纤技术应用部分的内容,应较全面地反映光纤技术在传光、传像、传感与通信等主要领域的基本内容,但与光纤通信、光纤传感器等领域的专题教材或著作应有重要区别;另外,有关光纤应用技术的内容,除了全面反映光纤技术在有关民用领域应用的内容外,还特别重视反映光纤高新技术在军工各领域的应用,如无源光纤传像在侦察与观瞄装备中的应用,光纤制导、光纤陀螺、光纤通信的军事应用等。

最后应该说明的是,本教材的编写是在多方面地学习国内前辈与专家们已有的有关光纤光学与光纤应用技术的专著与教材以及部分国外相关专著的基础上进行的(详见参考书目),教材的编写过程也是作者广采众长、向各位前辈与同行最好的学习过程,从中所获得的教益匪浅。作者由衷地希望能为读者奉献一本具有参考价值的好书。

本教材由迟泽英主编,内容共分两篇10章。其中,第一篇的1～6章与第二篇的7、8章由迟泽英执笔;第二篇的9、10章由陈文建执笔。

在教材编写的过程中曾得到武汉邮电科学院毛谦教授,东南大学孙小菡教授、张明德教授,南京邮电大学张爽斌教授、杨祥林教授,北京理工大学连铜淑教授、孙雨南教授以及南京玻纤院张振远研究员等许多专家教授的宝贵指导与热情鼓励,也曾得到许多同行以及李武森、齐鑫等许多博士生、硕士生的积极关心与大力支持;连铜淑教授和孙小菡教授在百忙之中对本书进行了详细的审阅和指导。在此表示衷心感谢。由于作者的水平所限,本教材无论是在理解领悟、体系内容还是表述方法等方面,都会存在许多缺点、不足甚至错误,恳请有关专家、同行及读者给予批评指正,不吝赐教。

作　者

2009.1

目录

绪 论

光纤光学与光纤应用技术是20世纪50年代以后，伴随着激光技术、微电子技术同步迅速崛起的近代光学与光电高、新技术领域的重要分支。近60年来光纤应用技术在光纤传感、光纤传像、传光照明、能量传输与信号控制，特别是在光纤通信等民用与军工的广泛领域获得了重要而大量的应用，尤其在信息技术领域正表现出越来越强大的生命力以及广阔的应用前景，因而也必然是21世纪最有发展前景的技术与产业。相应地，作为研究光信息（光信号、光线或图像）在光学纤维这种透明圆柱介质光波导中传输机理、特性、规律、制作工艺、器件与应用的“光纤光学”，则是近60年来迅速发展并日臻完善并成熟起来的近代光学领域的一门崭新的分支学科。

从更高层面认识，光纤技术是属于光波导技术的一个方面，而通常所指的光波导技术，则应包括以圆柱介质光波导为特征的光纤技术和以平板或带状介质光波导为特征的集成光路技术；与其相对应，从学科角度可以认为，与光波导技术相对应的是导波光学，它应包括：对应于光纤技术的光纤光学和对应于集成光路技术的集成光学（参见图1）。

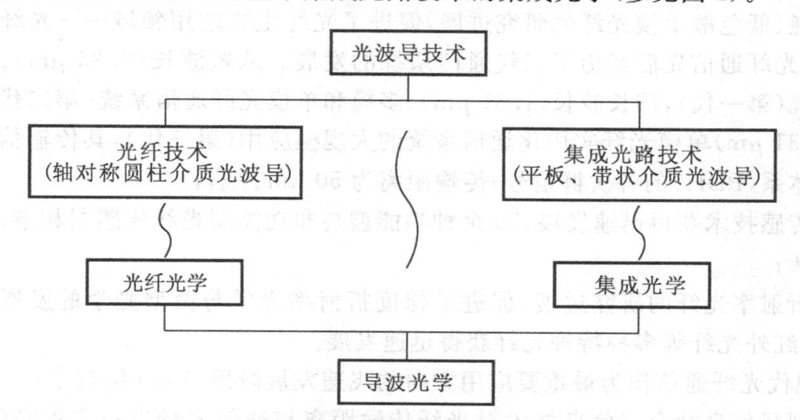

图1 光波导技术与导波光学的对应关系

本书研究的主要内容包括：光在圆柱介质光波导——光纤中的传输机理、特性与规律（即光纤光学）以及光纤与相关器件的应用技术。

1. 光纤光学与光纤应用技术发展的简要回顾

光纤光学早期实验室研究的缓慢发展阶段，是从1854年英国丁达尔（J. Tyndall）研究证实光线可沿盛水的弯曲通道经全反射向前传播开始的，持续了将近100年；光纤光学与光纤技术的主要发展阶段是近60年，期间大体经历了如下的三个发展阶段。

（1）起步与上升阶段（1950—1970年）。从1951—1954年，荷兰的范希尔（A. C. S. Van Heel）、英国的霍普金斯（H. H. Hopkins）与美国的卡帕尼（N. S. Kapany）同时分别开展了实用光纤与光纤束结构与制作的研究；1955 年希斯乔威兹解决了光纤包层的光绝缘问题；1956 年卡帕尼提出了“纤维光学”或称“光纤光学”新学科的命名；1958 年卡帕尼提出了拉制复合光纤的新工艺；1960 年美国首先研制出光纤传像束，尔后即兴起了光纤医用窥镜传输图像以及传光的应用；1960 年由 Theodore Maiman 研制的第一台激光器问世，解决了光通信的光源问题；1966 年诺贝尔奖获得者、华裔科学家高锟首先提出了以光纤传输线取代传统电缆线，用光波导传输光信息的概念，从而奠定了光纤通信的理论基础；1970 年美国康宁公司首先拉制出损耗低至 20 dB/km 的通信用石英光纤，为光纤通信的实用化奠定了技术基础。概括这一阶段的基本标志是：

- 工艺上制成完善可以实用的光纤；
- 各种光纤传像器件（柔性的光纤传像束与刚性的光纤面板等）与传光器件的制作工艺水平与应用首先成熟；
- 光纤在通信中的大规模应用正孕育着突破，光纤通信的理论与工程基础已经初步解决；
- 光纤光学的初步理论体系已经建立，光纤光学的新学科已经基本形成。

（2）全面兴起与发展阶段（1970—1990 年）。这一阶段的主要进展与标志是：

- 长距离通信光纤的需求促进了多种光纤类型研制的完善与光纤制造工艺的成熟，各种类型光纤相继问世，从阶跃多模光纤到渐变折射率多模光纤，进而发展到阶跃单模光纤。构成长距离光纤通信工程基础的光纤类型与各种无源光器件已形成基本体系，解决了光纤的最佳选择（单模光纤），光纤产业化的基础已经建立；
- 低损耗、低色散单模光纤的研究进展，促进了光纤主要应用领域——光纤通信的蓬勃发展，光纤通信先后经历了三代通信系统的发展。从短波长（0.85 μm）、多模光纤通信系统（第一代），到长波长（1.31 μm）、多模和单模光纤通信系统（第二代），再到长波长（1.31 μm）单模光纤实用化通信系统的大规模应用（第三代），其传输信号为准同步数字体系（PDH）的各次群信号，传输距离为 50 km 左右；
- 光纤传感技术获得迅速发展，70 余种功能型与非功能型光纤传感器相继问世，研究异常活跃；
- 梯度折射率光纤的研究进展，促进了梯度折射率光学与微型光学的发展；此外，塑料光纤、红外光纤等多种特种光纤获得迅速发展。

（3）以现代光纤通信作为最重要应用方向的飞速发展阶段（1990 年至今）。

- 随着现代信息社会与信息技术对光纤传输距离与通信容量进一步提高的迫切需求，从进一步降低色散、实现低损耗并抑制四波混频等非线性效应，以及适应 WDM 与 EDFA 等应用的要求，单模光纤从常规的单模光纤（G.652 光纤）发展演变出多种新型的单模通信光纤品种，如 G652A、G652B、G652C（全波光纤）和 G652D 等光纤，色散位移光纤（G.653）、截止波长位移光纤（G.654）、非零色散位移光纤（G.655A，G.655B，G.655C）和 G.656、G657 光纤等，从而形成了适应不同用途需要的单模通信光纤品种的配套体系；
- 波分复用（WDM、DWDM）、掺铒光纤放大器（EDFA）等新器件、新技术及光互连、光逻辑门、光子开关、变频、路由器等多种新型光无源与光有源器件等相继问世并实用化，奠定了新一代光纤通信系统的技术基础；

- 光纤通信系统从20世纪90年代初开始进入第四代光纤通信系统，即传输体制以同步数字体系(SDH)取代准同步数字体系(PDH)，从而使光纤通信网跨入第二代网络——同步光网络(又称光电混合网络)，同时传输波长从1.31 μm转向1.55 μm，开始采用WDM与EDFA技术，传输速率达2.5 Gb/s，中继距离达80 km；经历了近20年的发展历程，到20世纪末光纤通信系统的发展进入第五代光纤通信系统阶段，波分复用(WDM、DWDM)技术已进入全面实用化，光纤传输容量获得大的突破，以光孤子作为信息载体的光孤子传输系统以及相干光通信系统、全光通信系统等先进的光纤通信方式与系统正逐步进入实用化并取代常规通信方式，基于多波长传输与波长交换技术的全光网络成为网络升级的优选方案，集成各种新兴技术与新兴光器件的"掺铒光纤放大器(EDFA)+波分复用(WDM)+非零色散光纤(NZDSF)+光电集成电路(OEIC)"模式，正在成为光纤通信系统的代表性方向。

2. 光纤的主要优点

光纤作为一种介质光波导、光信号的传输线，它相对于金属传输线具有如下的主要优点：

① 具有极宽的传输带宽，可使通信容量获得极大提高，比同轴电缆大5个量级，可提供宽频带的综合数字化服务；

② 具有极低的损耗，良好的透明性，可实现无中继的长距离传输，损耗最低可控制到0.1～0.2 dB/km；

③ 光纤是绝缘介质，传输光信号抗电磁干扰性好，且同一光缆中的多根光纤之间的相互干扰小。因此，信号传输的保密性好，且受干扰小，传输质量易于保证；

④ 尺寸、体积小，质量轻，柔韧性好，适宜铺设、弯曲。光缆同比相应电缆具有极大优越性；

⑤ 光纤的原材料 SiO_2 蕴藏丰富，可节约大量有色金属(铜)材料。

正是由于光纤具有上述诸多的突出优点，因而它获得了广泛而大量的应用。

3. 光纤的主要应用领域

光纤的优良特性，使之在光纤通信、传感、传像、传光照明与能量信号传输等多方面的领域被广泛而大量应用，并已成为当今信息世界的新兴支柱产业，需求非常旺盛(例如，今后承担电信业务的大多数电缆将被光缆取代)。另外，对光纤技术应用的迫切需求，不仅表现在民用领域，在军用领域也有巨大的应用潜力。

光纤与光纤技术的主要应用领域包括：

① 进行一维(时间)的信息传输。包括远程光纤通信(含洲际海底光缆通信、陆地的国际与国内长途通信)、区域网与城域网通信、互联网的数据传输、本地接入网传输等；此外，在军用上包括舰载、机载、车载及陆军的战术、战略光纤通信系统，以及光纤制导中的双向信息传输。

② 光纤传感技术——应用于各种用途的功能型与非功能型光纤传感器。

③ 进行二维图像的传输、增强与变换：

- 二维图像传输：如光纤传像束(柔性器件)、光纤面板(刚性器件)；
- 二维图像增强：如微通道板像增强器；

• 二维图像变换：如扭像器、图像分割器等。

④ 传光照明与能量信号传输：

• 传光照明、装饰与光纤工艺制品；

• 能量传输以及信号传输与控制。

正是由于光纤以及光纤技术所独具的优越性能以及广泛而重要的应用领域与前景，因而以光纤通信为最重要代表的光纤技术及产业已成为当今世界范围内信息技术领域最重要的支柱产业之一。光纤类产业的产值正以每十年50%的增长率快速发展，而价格则呈数量级下降，从而产生了巨大的社会与经济效益，并具有非常广阔的应用前景。

近30年来，在世界范围信息技术大发展的背景下，我国以光纤通信为主体的光纤与光纤技术产业，取得了长足的发展和令人瞩目的成就。例如，我国在“八五”期间即已建成包含22条光缆干线、总长度为3.3万千米的“八纵八横”大容量光纤通信干线传输网；“九五”期间我国开始大规模地建设SDH网络，并开通了1 550 nm的通信窗口；2000年我国敷设光缆总长度约720万千米；2003年年末，我国实际光纤产量已达350万千米；我国生产的光纤以及预制棒的水平已达到或接近国际先进水平。可以预期，在我国向现代化、信息化快速前进的背景下，光纤通信技术与产业以及更广泛的光纤技术与产业，必将迎来一个更加辉煌发展的明天，并跻身于世界信息技术发展强国之列。

本书运用光线光学与波动光学，系统地分析轴对称圆柱介质光波导——光纤（阶跃多模、渐变多模、单模光纤）的传输机理、特性与规律（包括进行基本的模式分析），并在较详细地介绍光纤、光缆与无源/有源光器件等基本知识的基础上，全面介绍光纤在通信、传感、传像、传光照明与能量信号传输等方面的应用，从而使读者获得较系统、全面的光纤光学与光纤应用技术的完整概念。

第一篇

光纤光学的基础理论与知识

本篇的主要内容包括：光纤光学即轴对称圆柱介质光波导的基础理论，运用光线光学和波动光学两种方法，研究分析光在圆柱阶跃光纤与渐变折射率光纤中的传输机理与规律，求解波导方程，进行模式的基本分析；研究光纤传输的几种重要特性；介绍光纤的材料、制造、分类与光缆；研究光纤的连接、耦合特性以及几种重要的无源与有源光器件。上述内容为全面研究光纤应用技术奠定必要的理论基础。

第1章　光纤波导的电磁理论基础

电磁波的传播规律取决于所依赖的具体环境，例如，是在自由空间中还是在介质中。其中，介质的种类又包括金属导体、电介质非导体（根据其磁性特征又可分为磁性物质与非磁性物质）及电离气体。

光纤是一种介质光波导，因此，光波在其中的传播规律与特性应服从于介质中的电磁场理论。本章目的即建立光纤介质波导中光线光学与波动光学两种分析方法共同的电磁理论基础。

1.1　麦克斯韦方程组与物质方程组

光波是一种电磁波，光波的波动性质被包含在描述变化电磁场的麦克斯韦方程组以及表征物质电磁性质的物质方程组中。两者将电场强度 $\boldsymbol{E}$ 和磁感应强度 $\boldsymbol{B}$ 之间的空间与时间变化联系起来。

1.1.1　麦克斯韦方程组

麦克斯韦方程组有其积分形式和微分形式，通常采用如下微分形式的麦克斯韦方程组，求解介质中任一给定点电磁场矢量与时间变化的对应关系。

在非各向同性、非均匀、非线性介质的一般条件下，微分形式麦克斯韦方程组的表述形式为

$$\nabla \times \boldsymbol{E} = -\frac{\partial \boldsymbol{B}}{\partial t} \tag{1.1}$$

$$\nabla \times \boldsymbol{H} = \boldsymbol{J} + \frac{\partial \boldsymbol{D}}{\partial t} \tag{1.2}$$

$$\nabla \cdot \boldsymbol{D} = \rho \tag{1.3}$$

$$\nabla \cdot \boldsymbol{B} = 0 \tag{1.4}$$

上述一级线性耦合微分方程组中的(1.1)式、(1.2)式为基本方程，分别表示变化的磁场产生电场，以及由传导电流($\boldsymbol{J}$)和位移电流($\boldsymbol{D}$)形成的总电流所产生的磁场；对上两式取散度并利用电荷不灭定律，即$\nabla \cdot \boldsymbol{J} = -\frac{\partial \rho}{\partial t}$，则可以得到(1.3)式与(1.4)式。因而后两式并非独立方程。

通常称(1.1)式～(1.4)式为麦克斯韦方程组。式中，$\boldsymbol{D}$ 为电通量密度矢量，$\boldsymbol{J}$ 为电流密度矢量，$\boldsymbol{B}$ 为磁感应强度（或磁通量密度）矢量，ρ 表示介质中给定点的自由电荷密度。

应该指出，利用上述方程组还不能求解出介质中给定点确定的 $\boldsymbol{E}$、$\boldsymbol{D}$、$\boldsymbol{B}$、$\boldsymbol{H}$，这是因为尚不知道 $\boldsymbol{E}$、$\boldsymbol{H}$ 与 $\boldsymbol{D}$、$\boldsymbol{B}$ 之间的具体关系，其具体关系是随所在的物质而异的。为此，必须研究并确定物质方程组。

1.1.2　物质方程组

电磁场的存在与变化总是依赖于介质的，介质的具体情况决定了各有关矢量之间的关系。我们称反映矢量 $\boldsymbol{E}$、$\boldsymbol{B}$（电磁场的两个基本物理量）与 $\boldsymbol{D}$、$\boldsymbol{H}$、$\boldsymbol{J}$（引进的辅助场量）之间关系的关联方程为“物质方程组”。物质方程组的具体函数形式取决于如下所述各种介质的具体类型。为区分不同类型介质，需首先给出如下的各相关定义。

① 各向同性与各向异性：对介质中的任意给定点，若其各方向的物理性质均相同，则为各向同性；否则，为各向异性，表征其特性的系数则以张量形式表示。一般地，晶体为各向异性。

② 均匀与非均匀：一种介质若其物理特性不随空间位置而逐点变化，则为均匀；否则，为非均匀，其特性系数可表为位置矢量 $\boldsymbol{r}$ 的函数形式。

③ 线性与非线性：若 $\boldsymbol{D}(\boldsymbol{J})$、$\boldsymbol{H}$ 只与 $\boldsymbol{E}$、$\boldsymbol{B}$ 的一次项有关，即 ε、σ、μ 均是与 $\boldsymbol{E}$、$\boldsymbol{H}$ 无关的常数，则为线性；若 $\boldsymbol{D}$ 不仅与 $\boldsymbol{E}$ 的一次项有关，且与 $\boldsymbol{E}$ 的高次项有关，以 $\boldsymbol{D}\sim\boldsymbol{E}$ 函数关系为例，即可表为如下形式：

$$D_i = \underbrace{\sum_j \varepsilon_{ij} E_j}_{\text{一次项}} + \underbrace{\sum_{j,k} \varepsilon_{ijk} E_j E_k + \sum_{j,k,l} \varepsilon_{ijkl} E_j E_k E_l + \cdots}_{\text{非线性项}} \tag{1.5}$$

则为非线性关系。一些介质在强场作用下呈现非线性特性，这种介质即称为非线性介质。

④ 透明：即指 $\sigma=0$，因而 $\boldsymbol{J}=0$，无吸收损耗。透明介质是指光进入其中而其强度不发生可察觉减弱的物质（如空气、玻璃），它们在电学上必为非导体。

⑤ 无源：即自由电荷密度 $\rho=0$。

根据上述定义，可给出如下三种主要类型介质的物质方程组形式。

① 物质为各向异性、非均匀、线性，则其物质方程组可表为

$$\boldsymbol{D}(\boldsymbol{r}) = \boldsymbol{\varepsilon}(\boldsymbol{r}) \cdot \boldsymbol{E}(\boldsymbol{r}) \tag{1.6}$$

$$\boldsymbol{B}(\boldsymbol{r}) = \boldsymbol{\mu}(\boldsymbol{r}) \cdot \boldsymbol{H}(\boldsymbol{r}) \tag{1.7}$$

式中，$\boldsymbol{\varepsilon}$、$\boldsymbol{\mu}$ 分别表示介质的张量介电系数和张量磁导率，并以矩阵形式表示（以 $\boldsymbol{\varepsilon}$ 为例）：

$$\boldsymbol{\varepsilon}(\boldsymbol{r}) = \begin{bmatrix} \varepsilon_{11} & \varepsilon_{12} & \varepsilon_{13} \\ \varepsilon_{21} & \varepsilon_{22} & \varepsilon_{23} \\ \varepsilon_{31} & \varepsilon_{32} & \varepsilon_{33} \end{bmatrix} \tag{1.8}$$

式中，$\varepsilon_{ij}=\varepsilon_{ij}(\boldsymbol{r})$，$\boldsymbol{r}$ 为介质中不同空间点的位置矢量。因而(1.6)式可表为

$$\begin{cases} D_x = \varepsilon_{11} E_x + \varepsilon_{12} E_y + \varepsilon_{13} E_z \\ D_y = \varepsilon_{21} E_x + \varepsilon_{22} E_y + \varepsilon_{23} E_z \\ D_z = \varepsilon_{31} E_x + \varepsilon_{32} E_y + \varepsilon_{33} E_z \end{cases} \tag{1.9}$$

也可表示为矩阵方程：

$$\begin{bmatrix} D_x \\ D_y \\ D_z \end{bmatrix} = \begin{bmatrix} \varepsilon_{11} & \varepsilon_{12} & \varepsilon_{13} \\ \varepsilon_{21} & \varepsilon_{22} & \varepsilon_{23} \\ \varepsilon_{31} & \varepsilon_{32} & \varepsilon_{33} \end{bmatrix} \begin{bmatrix} E_x \\ E_y \\ E_z \end{bmatrix} \tag{1.10}$$

或将 $\boldsymbol{D}\sim\boldsymbol{E}$ 之间的线性关系表示为一般式：

$$D_i = \sum_{j=1}^{3} \varepsilon_{ij} \cdot E_j \qquad (i=1,2,3) \tag{1.11}$$

类似地,(1.7)式亦可表为上述形式。这种类型介质一般针对晶体介质的情况。

② 物质各向同性、线性,但非均匀,即 $\varepsilon(\boldsymbol{r})$、$\mu(\boldsymbol{r})$ 为因地而异的标量,则物质方程组的形式可表为

$$\boldsymbol{D}(\boldsymbol{r})=\varepsilon(\boldsymbol{r})\boldsymbol{E}(\boldsymbol{r}) \tag{1.12}$$

$$\boldsymbol{B}(\boldsymbol{r})=\mu(\boldsymbol{r})\boldsymbol{H}(\boldsymbol{r}) \tag{1.13}$$

这种类型一般针对渐变折射率(梯度折射率)等非均匀介质的情况。

③ 物质各向同性、线性、均匀,即 ε、μ 均为常标量,则物质方程组的形式可表为

$$\boldsymbol{D}=\varepsilon\boldsymbol{E} \tag{1.14}$$

$$\boldsymbol{B}=\mu\boldsymbol{H} \tag{1.15}$$

作为光波导的光纤为无源的非导体介质($\rho=0$,$\boldsymbol{J}=0$;电导率 $\sigma=0$),即符合上述规律。

决定电磁场运动形式的麦克斯韦方程组与上述物质方程组相结合,则确定了介质中电磁场的具体分布形式。

1.1.3 各向同性、均匀、透明介质中的麦克斯韦方程组与物质方程组

折射率分布为阶跃型的光纤即均匀波导,是最常用的一种重要光波导类型。由于介质中无电荷与电流分布,即 $\rho=0$,$\boldsymbol{J}=0$,因而其麦克斯韦方程组的形式为

$$\nabla\times\boldsymbol{E}=-\frac{\partial\boldsymbol{B}}{\partial t} \tag{1.16}$$

$$\nabla\times\boldsymbol{H}=\frac{\partial\boldsymbol{D}}{\partial t} \tag{1.17}$$

$$\nabla\cdot\boldsymbol{D}=0 \tag{1.18}$$

$$\nabla\cdot\boldsymbol{B}=0 \tag{1.19}$$

其物质方程组的形式则如(1.14)式和(1.15)式,分别为 $\boldsymbol{D}=\varepsilon\boldsymbol{E}$ 和 $\boldsymbol{B}=\mu\boldsymbol{H}$。

上述麦克斯韦方程组各式为一阶偏微分方程,虽然表示形式简单,但方程中的电场量与磁场量是相互耦合交连在一起的,在解边值问题时难以应用,因而不便于求解。为此,必须导出由麦克斯韦方程组转化而来的波动方程,并利用边界条件,才能得到介质中电磁场的确定解。

1.2 波动方程

波动方程系指将物质方程组代入麦克斯韦方程组的两个基本方程后,所得到的两个变量分离形式的二阶微分方程组,它便于利用边值条件求解。波动方程的解描述了在所确定介质中的光传播规律。以下推导建立各种条件下各向同性介质的波动方程。

1.2.1 各向同性、非均匀(与 r 有关)、有源介质中的波动方程

为导出波动方程,首先从一般情况出发对(1.1)式做旋度运算,即

$$\nabla\times(\nabla\times\boldsymbol{E})=\nabla\times\left(-\frac{\partial\boldsymbol{B}}{\partial t}\right)=-\frac{\partial}{\partial t}(\nabla\times\mu\boldsymbol{H})$$

上式左端的二重矢积运算结果为

$$\nabla \cdot (\nabla \cdot \boldsymbol{E}) - \nabla \cdot (\nabla \boldsymbol{E}) = \nabla\left(\frac{\rho}{\varepsilon} - \frac{\nabla \varepsilon}{\varepsilon}\boldsymbol{E}\right) - \nabla^2 \boldsymbol{E}$$

其右端的运算最终结果为

$$\frac{\partial}{\partial t}(\nabla \times \mu \boldsymbol{H}) = \mu\varepsilon \frac{\partial^2 \boldsymbol{E}}{\partial t^2} + \mu \frac{\partial \boldsymbol{J}}{\partial t} - \frac{\nabla \mu}{\mu} \times (\nabla \times \boldsymbol{E})$$

将两端结果代入上式整理得到电场矢量 $\boldsymbol{E}$ 的波动微分方程：

$$\nabla^2 \boldsymbol{E} + \nabla\left(\frac{\nabla \varepsilon}{\varepsilon}\boldsymbol{E}\right) - \nabla\left(\frac{\rho}{\varepsilon}\right) + \frac{\nabla \mu}{\mu} \times (\nabla \times \mu) = \mu\varepsilon \frac{\partial^2 \boldsymbol{E}}{\partial t^2} + \mu \frac{\partial \boldsymbol{J}}{\partial t} \tag{1.20}$$

类似地，对(1.2)式做旋度运算并整理，可得到如下磁场矢量 $\boldsymbol{H}$ 的波动微分方程：

$$\nabla^2 \boldsymbol{H} + \nabla\left(\frac{\nabla \mu}{\mu}\boldsymbol{H}\right) + \frac{\nabla \varepsilon}{\varepsilon} \times (\nabla \times \boldsymbol{H}) = \mu\varepsilon \frac{\partial^2 \boldsymbol{H}}{\partial t^2} + \frac{\nabla \varepsilon}{\varepsilon} \times \boldsymbol{J} - \nabla \times \boldsymbol{J} \tag{1.21}$$

显然，通过上述运算变换获得了电场矢量($\boldsymbol{E}$)与磁场矢量($\boldsymbol{H}$)相分离的两个波动微分方程。

1.2.2 各向同性、非均匀、无源介质中的波动方程

对一般光波导材料(属非磁性材料)，其磁导率与真空中磁导率一致，因而有 $\nabla \mu = \mu - \mu_0 = 0$；所研究的介质区域无源，$\rho = 0$，且电导率 $\sigma = 0$，因而 $\boldsymbol{J} = 0$；但介质为非均匀介质，即 ε 与 $\boldsymbol{r}$ 有关，因而介电常数的梯度 $\nabla \varepsilon \neq 0$。

在上述分析的条件下，(1.20)式、(1.21)式将转化为如下的非齐次波动微分方程：

$$\nabla^2 \boldsymbol{E} + \nabla\left(\frac{\nabla \varepsilon}{\varepsilon}\boldsymbol{E}\right) = \mu_0 \varepsilon \frac{\partial^2 \boldsymbol{E}}{\partial t^2} \tag{1.22}$$

$$\nabla^2 \boldsymbol{H} + \frac{\nabla \varepsilon}{\varepsilon} \times (\nabla \times \boldsymbol{H}) = \mu_0 \varepsilon \frac{\partial^2 \boldsymbol{H}}{\partial t^2} \tag{1.23}$$

上述两式的形式已简化，但仍很复杂，求解困难，为此需做数学近似处理。

1.2.3 各向同性、渐变折射率光纤中的波动方程

对渐变折射率光纤，$\varepsilon(\boldsymbol{r})$ 变化缓慢，即事实上 $\nabla \varepsilon \neq 0$。但分析表明，只要在一个光波长的距离上 ε 的变化是微小的，即当满足 $\left|\frac{\nabla \varepsilon}{\varepsilon}\right| \ll 1$ 时，则可取近似 $\nabla \varepsilon \approx 0$。由此数学近似处理对方程解导致的误差影响是可以忽略的。在上述近似条件下，可得到如下近似的齐次波动方程。显然，方程解亦应为近似的。

$$\nabla^2 \boldsymbol{E} - \mu_0 \varepsilon(\boldsymbol{r}) \frac{\partial^2 \boldsymbol{E}}{\partial t^2} = 0 \tag{1.24}$$

$$\nabla^2 \boldsymbol{H} - \mu_0 \varepsilon(\boldsymbol{r}) \frac{\partial^2 \boldsymbol{H}}{\partial t^2} = 0 \tag{1.25}$$

1.2.4 各向同性、阶跃型折射率光纤中的波动方程

光纤中纤芯介质折射率均匀即为阶跃型光纤，亦为均匀光波导。

由于折射率均匀，ε 为常标量，$\nabla \varepsilon = 0$，因而(1.24)式、(1.25)式可演变为如下精确的齐次波动微分方程：

$$\nabla^2 \boldsymbol{E} - \mu_0 \varepsilon \frac{\partial^2 \boldsymbol{E}}{\partial t^2} = 0 \tag{1.26}$$

$$\nabla^2 \boldsymbol{H} - \mu_0 \varepsilon \frac{\partial^2 \boldsymbol{H}}{\partial t^2} = 0 \tag{1.27}$$

应指出(1.26)式、(1.27)式与(1.24)式、(1.25)式的形式相同,然而意义却有差别。

若引入电磁波的传播速度 v,且以 $v = \dfrac{1}{\sqrt{\mu_0 \varepsilon}}$ 表示电磁波在介质空间给定点处的传播速度,则可将上两式表为以速度形式表示的矢量形式波动微分方程:

$$\nabla^2 \boldsymbol{E} - \frac{1}{v^2} \frac{\partial^2 \boldsymbol{E}}{\partial t^2} = 0 \tag{1.28}$$

$$\nabla^2 \boldsymbol{H} - \frac{1}{v^2} \frac{\partial^2 \boldsymbol{H}}{\partial t^2} = 0 \tag{1.29}$$

上述方程表示,电场与磁场耦合在一起,以波动形式在介质中以速度 v 传播。

若场矢量以三个直角坐标分量来表示,则(1.26)式所表示的矢量波动微分方程可以表示为如下标量形式的波动微分方程组:

$$\left.\begin{aligned}
&\nabla^2 E_x - \mu_0 \varepsilon \frac{\partial^2 E_x}{\partial t^2} = 0 \quad ①\\
&\nabla^2 E_y - \mu_0 \varepsilon \frac{\partial^2 E_y}{\partial t^2} = 0 \quad ②\\
&\nabla^2 E_z - \mu_0 \varepsilon \frac{\partial^2 E_z}{\partial t^2} = 0 \quad ③
\end{aligned}\right\} \tag{1.30}$$

若以符号形式 V 表示其中的任意分量,则可表为如下形式的标量波动方程:

$$\nabla^2 V - \mu_0 \varepsilon \frac{\partial^2 V}{\partial t^2} = 0 \tag{1.31}$$

同样引入传播速度 v,则上式亦可表为

$$\nabla^2 V - \frac{1}{v^2} \frac{\partial^2 V}{\partial t^2} = 0 \tag{1.32}$$

或将拉普拉斯算符展开,亦可表为

$$\left(\frac{\partial^2 V}{\partial x^2} + \frac{\partial^2 V}{\partial y^2} + \frac{\partial^2 V}{\partial z^2}\right) - \frac{1}{v^2} \frac{\partial^2 V}{\partial t^2} = 0 \tag{1.33}$$

1.3 亥姆霍兹方程(正弦稳态波动方程)

为进一步简化波动方程的求解,需要讨论亥姆霍兹(helmholtz)方程。在电磁波的讨论中,通常是将表示电场与磁场的矢量 $\boldsymbol{E}$、$\boldsymbol{D}$、$\boldsymbol{H}$、$\boldsymbol{B}$ 考虑为具有单一角频率 ω 的正弦波(即以一定频率做正弦振荡的单色波),这是因为正弦波可以作为基元波,其产生与测量均较方便,因而具有特别重要的意义。

为运算分析的简便,采用指数函数来描述这种正弦波函数。这是因为,用指数函数表示光波函数便于将位相的空间因子与时间因子分开。例如,电场矢量可以表示为 $\boldsymbol{E}(\boldsymbol{r},t) = \boldsymbol{E}(\boldsymbol{r}) \cdot \mathrm{e}^{\mathrm{j}\omega t}$。当不需考虑光波随时间的变化时,可以用复振幅表示光波。

复振幅是振幅与空间位相因子的乘积。以电场矢量为例,其复振幅可以表示为 $\boldsymbol{E}(\boldsymbol{r}) = \boldsymbol{E}_0 \cdot \mathrm{e}^{-\mathrm{j}(\boldsymbol{k} \cdot \boldsymbol{r})}$。通常以 $t=0$ 时的复振幅 $\boldsymbol{E}(\boldsymbol{r})$ 代表电场矢量,并称之为"复矢量",或称其为"相

量”。它既是一个矢量(由 $\boldsymbol{E}_0$ 决定其空间方向)，同时又是一个复数，因 $e^{-j(\boldsymbol{k}\cdot\boldsymbol{r})}=e^{-j\theta}$，$\theta$ 为相位，是随时间而变化的，表示波的传播。

由于指数函数所具有的微分运算特性，即每进行一次微分运算后均保持函数的原形不变，从而可使计算大为简化。因而若有波函数 $z=A\cdot e^{j\omega t}$，则有 $\frac{dz}{dt}=(j\omega)z$，$\frac{d^2z}{dt^2}=(j\omega)^2z=(-\omega^2)z$。因此，上述方程中所有对时间的(偏)微商 $\frac{\partial}{\partial t}$、$\frac{d}{dt}$，均可以用 $j\omega$ 取代；$\frac{\partial^2}{\partial t^2}$、$\frac{d^2}{dt^2}$ 则以 $(-\omega^2)$ 取代。将上述 $\frac{d}{dt}$、$\frac{d^2}{dt^2}$ 代入(1.22)式、(1.23)式，则对各向同性、非均匀、无源介质应有

$$\nabla^2\boldsymbol{E}+\nabla\left(\frac{\nabla\varepsilon}{\varepsilon}\cdot\boldsymbol{E}\right)=-\omega^2\mu_0\varepsilon\cdot\boldsymbol{E} \tag{1.34}$$

$$\nabla^2\boldsymbol{H}+\frac{\nabla\varepsilon}{\varepsilon}\times(\nabla\times\boldsymbol{H})=-\omega^2\mu_0\varepsilon\cdot\boldsymbol{H} \tag{1.35}$$

对渐变折射率的光波导，为简化计算分析，可取近似 $\nabla\varepsilon\approx0$；同时引入

$$k^2=\omega^2\mu_0\varepsilon=(\omega^2\mu_0\varepsilon_0)\cdot\left(\frac{\varepsilon}{\varepsilon_0}\right)=k_0^2\cdot\varepsilon_r=k_0^2\cdot n^2 \tag{1.36}$$

因而有

$$k=n\cdot k_0 \tag{1.37}$$

(1.36)式中，$\varepsilon_r=\frac{\varepsilon}{\varepsilon_0}$ 为相对介电系数；$n=\sqrt{\varepsilon_r}$ 为介质折射率；$k_0=\omega\sqrt{\mu_0\varepsilon_0}=\frac{2\pi}{\lambda_0}=\frac{\omega}{c}$ 为自由空间波数。定义

$$k=\frac{2\pi}{\lambda}=\frac{\omega}{v} \tag{1.38}$$

k 为介质中的波数或传播系数，它是一个数量。由上述关系变化可得到

$$v=\frac{1}{\sqrt{\mu_0\varepsilon}} \tag{1.39}$$

将上述关系及渐变折射率介质条件下 $\nabla\varepsilon\approx0$ 代入(1.34)式、(1.35)式，并整理即获得如下矢量形式的亥姆霍兹方程，亦即正弦稳态方程：

$$\nabla^2\boldsymbol{E}+k^2\boldsymbol{E}=0 \tag{1.40}$$

$$\nabla^2\boldsymbol{H}+k^2\boldsymbol{H}=0 \tag{1.41}$$

上两式即为一定频率(ω)下渐变折射率介质中电磁波的基本方程，方程的解 $\boldsymbol{E}(\boldsymbol{r})$、$\boldsymbol{H}(\boldsymbol{r})$ 即代表电磁波场强在空间中的分布情况，每一种可能存在的分布形式即为一种模式。由于上式是在取 $\nabla\varepsilon\approx0$ 近似条件下得到的，因而对渐变折射率介质，方程及其解均为近似的。事实上，方程的 k 为 $\boldsymbol{r}$ 的函数，即

$$k(\boldsymbol{r})=k_0\cdot n(\boldsymbol{r})=k_0\cdot\sqrt{\varepsilon(\boldsymbol{r})} \tag{1.42}$$

应该指出，对介质折射率为常数($n=\sqrt{\varepsilon}=ct$)的均匀波导，即 $\nabla\varepsilon=0$，(1.40)式、(1.41)式及其解亦成立，且均为严格的。

由于矢量形式的亥姆霍兹方程不便求解，因而需转化为相应的标量形式亥姆霍兹方程。由于 $\boldsymbol{E}$、$\boldsymbol{H}$ 在直角坐标系中的 x、y、z 各分量均满足上述方程，因而可以用符号 V 形式地表示，即有

$$\nabla^2V+k^2V=0 \tag{1.43}$$

上式即为标量形式的亥姆霍兹方程，为一椭圆形偏微分方程。将拉普拉斯算符展开，(1.43)式亦可表为

$$\left(\frac{\partial^2 V}{\partial x^2}+\frac{\partial^2 V}{\partial y^2}+\frac{\partial^2 V}{\partial z^2}\right)+k^2 V=0 \tag{1.44}$$

运用上述电磁场基本理论，并利用亥姆霍兹方程及相关的边界条件即可求解介质中电磁场的分布。

1.4 各向同性、均匀介质圆柱光波导(阶跃光纤)中光波的传播

芯与包层折射率均匀分布的阶跃光纤，即各向同性、均匀介质的圆柱光波导，是一种最重要、最常用的光纤类型，研究光波在其中的传播规律与机理具有典型性与重要意义。

上节导出的亥姆霍兹方程的解 $\boldsymbol{E}(\boldsymbol{r})$、$\boldsymbol{H}(\boldsymbol{r})$，应随激励与传播条件的不同而不同。其中，一种最基本的解就是存在于全空间中的平面波。在均匀介质中，平面波是基波，任意形式的电磁波均可分解为等相面与等幅面一致的一些均匀平面波；而在非均匀介质中，可以近似地认为，在到达光频时，存在的是波前极小的平面波，可称之为“本地平面波”，其法线即为射线。因而，在非均匀介质中本地平面波即为基波。

1.4.1 均匀介质圆柱光波导（阶跃光纤）芯中的光波传播

在均匀介质中传输的均匀平面波，在每个波阵面上 $\boldsymbol{E}(\boldsymbol{H})$ 的振幅相同，位相亦相同。在均匀介质中各点的场矢量在略去时间位相因子的条件下，可以如下的复振幅形式表示

$$\boldsymbol{E}(\boldsymbol{r})=\boldsymbol{E}_0\cdot \mathrm{e}^{-\mathrm{j}(\boldsymbol{k}\cdot\boldsymbol{r})} \tag{1.45}$$

$$\boldsymbol{H}(\boldsymbol{r})=\boldsymbol{H}_0\cdot \mathrm{e}^{-\mathrm{j}(\boldsymbol{k}\cdot\boldsymbol{r})} \tag{1.46}$$

式中，$\boldsymbol{E}_0$、$\boldsymbol{H}_0$ 为代表波振幅的常矢量；$\boldsymbol{r}$ 为代表介质中点的位置的矢量；$\boldsymbol{k}$ 为波矢量或称传播矢量。分析计算表明，$\boldsymbol{k}$ 的方向应与坡印廷矢量 $\boldsymbol{S}$ 的方向一致，即代表波的传播方向，其数量 k 可由平面波表达式计算得到如下表达式(在无损耗的介质中，应有 $\mu=\mu_0$)：

$$|\boldsymbol{k}|^2=k^2=k_x^2+k_y^2+k_z^2=\omega^2\mu\varepsilon=\omega^2\mu_0\varepsilon \tag{1.47}$$

式中，ω 为电磁波振荡的角频率，它表明传播系数 k 值随 ω 而变，亦即不同频率电磁波有不同的位相速度，此即介质的色散机理。因而上式又称为平面波的色散方程。这也是用直角坐标系表示的均匀介质中电磁波传播状态的特征方程。由于 k_x、k_y、k_z 是 k 值的直角坐标系三个分量，因而上式表征一个球面，即表示各个方向的 k 值相等；若 k 取不同值则表征不同的球面。由此，可得出结论：在各向同性、均匀介质中的平面波，其向各方向的传输系数是相同的，即有

$$k=\omega\sqrt{\mu_0\varepsilon} \tag{1.48}$$

若引入光波在 μ_0、ε 介质中的位相速度 v，则有前面的(1.38)式：

$$k=\frac{\omega}{v}=\frac{2\pi}{\lambda}$$

表明传输系数 k 即为圆波数，在平面波的情况下，k 值即等于单位长度上可以容纳的波长数的 2π 倍。

以上所述表明，在均匀介质的圆柱光波导中，阶跃光纤芯中的光波是以平面波向前传播的；然而，在芯与包层的界面处，应有怎样的光波传输机理呢？为此，需分析均匀介质光波导界面处的表面波现象。

1.4.2 均匀光波导界面处全反射条件下的波场分析——表面波

本节的分析表明，在由两种各向同性、均匀、透明介质（芯与包层）构成的均匀波导（阶跃光纤）中，均匀平面波在芯与包层界面处将有部分发生折射和反射，这部分的光能量最终将逸出、消耗掉；还有一部分满足全反射条件的光波能量，将发生全反射。其中的折射光波将在波导界面外侧的薄层中形成表面波。为此，要研究在这种边界条件下的电磁波解，并研究这种表面波的特性。

若平面波由 n_1 介质（芯）经界面射向 n_2 介质（包层），芯与包层介质的折射率满足 $n_1 > n_2$；当入射光波在界面处满足全反射条件，即入射角 $\theta \gg$ 全反射临界角 θ_c 时，这时不能定义实数的折射角，因而在界面处将出现不同于一般反射、折射的物理现象，即界面处不仅存在反射光波，而且存在被称之为“表面波”的折射光波。

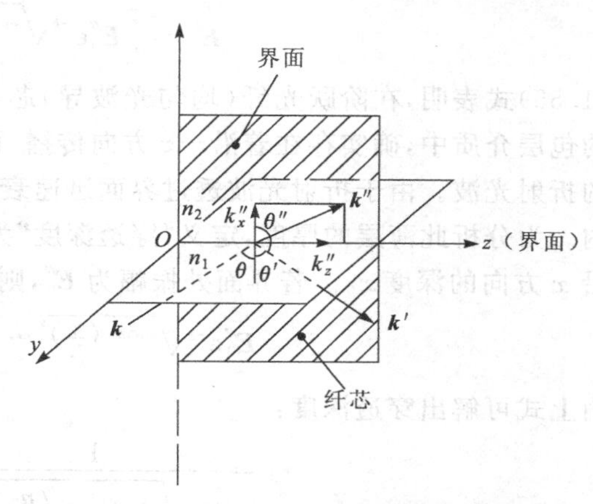

图 1.1 全反射条件下界面折射光波的分析

如图 1.1 所示，设平面波在界面处的入射、反射和折射光波的电场强度矢量分别为

$$\left.\begin{aligned} \boldsymbol{E} &= \boldsymbol{E}_0 \cdot \mathrm{e}^{\mathrm{j}(\boldsymbol{k}\cdot\boldsymbol{r}-\omega t)} \quad ① \\ \boldsymbol{E}' &= \boldsymbol{E}'_0 \cdot \mathrm{e}^{\mathrm{j}(\boldsymbol{k}'\cdot\boldsymbol{r}-\omega t)} \quad ② \\ \boldsymbol{E}'' &= \boldsymbol{E}''_0 \cdot \mathrm{e}^{\mathrm{j}(\boldsymbol{k}''\cdot\boldsymbol{r}-\omega t)} \quad ③ \end{aligned}\right\} \tag{1.49}$$

式中，$\boldsymbol{k}$、$\boldsymbol{k}'$、$\boldsymbol{k}''$分别代表入射、反射和折射光波传输系数的波矢量。其中，反映折射光波特性的折射光波传输系数、波矢量 $\boldsymbol{k}''$应予重点研究。

考察子午面内界面处发生的折、反射情况。折射光波的位相因子应由 $\boldsymbol{k}''\cdot\boldsymbol{r}$ 决定，而

$$\boldsymbol{k}''\cdot\boldsymbol{r} = k''_x \cdot x + k''_z \cdot z \tag{1.50}$$

式中，k''_z、k''_x分别代表折射光波沿 z 轴（光传播方向）和 x 轴（垂直于光传播方向）的分量，且分别有

$$k''_z = k'' \cdot \sin\theta'' = k'' \cdot \left(\frac{n_1}{n_2}\cdot\sin\theta\right) = k\cdot\sin\theta = k_z \tag{1.51}$$

$$\begin{aligned} k''_x &= k''\cdot\cos\theta'' = k''\cdot\sqrt{1-\left(\frac{n_1}{n_2}\cdot\sin\theta\right)^2} \xlongequal{\text{当}\,\theta>\theta_c} \pm\mathrm{j}\left(k''\cdot\frac{n_1}{n_2}\right)\sqrt{\sin^2\theta-\left(\frac{n_2}{n_1}\right)^2} \\ &= \pm\mathrm{j}k\sqrt{\sin^2\theta-\left(\frac{n_2}{n_1}\right)^2} \end{aligned} \tag{1.52}$$

将(1.51)式、(1.52)式代入(1.50)式，应有

$$\boldsymbol{k}''\cdot\boldsymbol{r} = \left[\pm\mathrm{j}k\sqrt{\sin^2\theta-\left(\frac{n_2}{n_1}\right)^2}\right]\cdot x + k_z\cdot z \tag{1.53}$$

将(1.53)式代入(1.49)式中③式应有

$$\boldsymbol{E}'' = \left[\boldsymbol{E}''_0\cdot\mathrm{e}^{\mp k\sqrt{\sin^2\theta-\left(\frac{n_2}{n_1}\right)^2}\cdot x}\right]\mathrm{e}^{\mathrm{j}(k\sin\theta\cdot z-\omega t)} \tag{1.54}$$

上式中位相因子项 $k''_z \cdot z = k\sin\theta z = k_z \cdot z$ 代表折射光波在第二介质中沿 $+z$ 方向的相移;复振幅项则表示场强振幅沿 x 方向的变化规律,存在两种可能的解。然而分析表明,若复振幅中的位相因子项前取"+"号,则在 $x>0$ 的半空间中,随着 x 的增大,其振幅将按指数规律迅速增大,在 $+\infty$ 处将为 ∞,这将违背场强在无穷远处应有界或为 0 的边界条件。为此,复振幅位相因子前应取"−"号作为方程解,"+"号应弃之。因而,最终解应为

$$E'' = \left[E''_0 e^{-k\sqrt{\sin^2\theta - \left(\frac{n_2}{n_1}\right)^2} \cdot x} \right] e^{j(k\sin\theta z - \omega t)} \tag{1.55}$$

(1.55)式表明,在阶跃光纤(均匀光波导)芯与包层界面满足全反射的条件下,折射率为 n_2 的包层介质中,确实存在着沿 $+z$ 方向传播,而其场强振幅沿 $+x$ 方向按指数规律迅速衰减的折射光波。由于折射光波透过界面迅速衰减,因而它只存在于界面附近 n_2 介质的一薄层内。为分析此薄层的厚度,定义"穿透深度"为:当振幅衰减至界面处($x=0$)振幅的 1/e 倍时沿 x 方向的深度 x_0。若界面处振幅为 E''_0,则由(1.55)式应有穿透深度 x_0 时的如下关系式:

$$E''_0 e^{-k\sqrt{\sin^2\theta - \left(\frac{n_2}{n_1}\right)^2} \cdot x_0} = E''_0 \cdot \frac{1}{e} = E''_0 \cdot e^{-1}$$

由上式可解出穿透深度:

$$x_0 = \frac{1}{k\sqrt{\sin^2\theta - \left(\frac{n_2}{n_1}\right)^2}} = \frac{\lambda}{2\pi\sqrt{\sin^2\theta - \left(\frac{n_2}{n_1}\right)^2}} \tag{1.56}$$

(1.56)式表明,折射光波穿透 n_2 介质的薄层厚度与入射光波长 λ 具有相同数量级,且入射角 θ 与全反射临界角 θ_c 的差值越大,则 x_0 越小,即折射光波衰减越快。

由于折射光波按指数规律迅速衰减,迅即消逝,故称这种波为"倏逝波"(evenescent wave)。倏逝波的衰减规律在光频波段已由实验证实。由于倏逝波是紧贴着 n_1、n_2 两种不同介质之间界面沿 z 轴方向传播的一种电磁波,它没有离开界面沿 x 方向辐射的电磁波能量转换,因而又称其为"表面波"(surface wave)或"界面波"(boundary wave)。由于它满足场强在无穷远处为 0 的边界条件,因而它是"正常波"。

因此,对于由均匀介质 n_1、n_2 构成的阶跃光纤(均匀光波导)中存在电磁场形式的综合分析结论是:入射光波和反射光波形成的电磁场集中在纤芯(n_1 介质)内部,而折射光波形成的电磁场则集中在光波导界面外的 n_2 介质薄层中,即全部电磁场被限制在光波导中及其表面附近。这种波导机构所引导的由入射波、反射波、表面波叠加形成的传导波是一种特殊的波,它在此波导中及波导周围的薄层空间内传播,其示意图如图 1.2 所示。

倏逝波的波形特征如图 1.3 所示,图中当 $z=ct$,即相位为常数时,代表等相位面;当 $x=ct$,即 E'' 的复振幅为常数时,代表等幅面。上述分析表明,表面波的等相位面与等幅面不一致,两者正交,因而称这种波为非均匀平面波;相应地,等相位面与等幅面重合的波称为均匀平面波。

对表面波做进一步的分析表明,代表其波面传播的 E'' 的位相项应有如下关系:

$$k''_z = k_z = k \cdot \sin\theta > k\sin\theta_c = k \cdot \frac{n_2}{n_1} = (n_1 k_0) \cdot \frac{n_2}{n_1} = k''$$

因而有

$$v''_z = v_z = \frac{\omega}{k_z} < v'' = \frac{\omega}{k''}$$

式中,$k''_z(k_z)$ 为表面波的传输系数波矢量,而 k'' 为 n_2 介质中均匀平面波传输系数波矢量。由此可以得出结论:表面波的相速度 $v''_z(v_z)$ 通常小于波导周围介质中均匀平面波的速度 v'',因

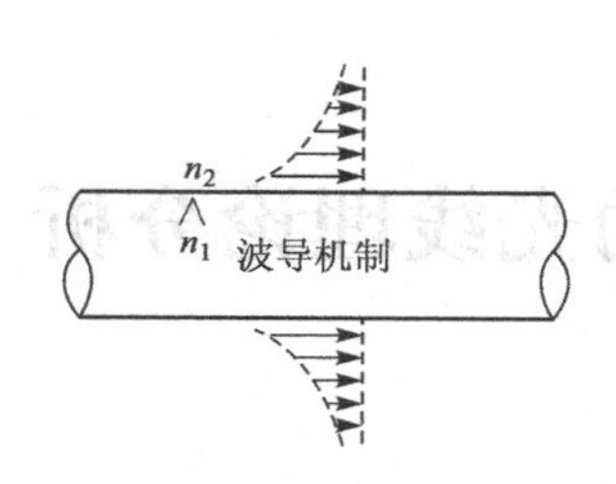

图 1.2　波导机制示意图

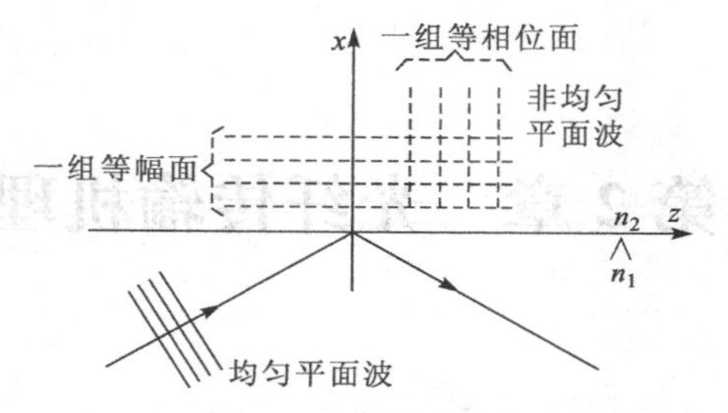

图 1.3　表面波特征分析

而又称表面波为“慢波”。

从能量角度考虑，在全反射条件下实际发生的物理过程是，入射光波以 $\theta>\theta_c$ 射至 n_1 与 n_2 的界面上，除一部分能量转换为反射光波能量反射回 n_1 介质外，另有一部分折射光波（表面波）的能量在半周内进入 n_2 介质，并在界面附近的薄层中储存起来，而在随后的半周内，这部分能量又释放出来，转换为反射波能量，从 n_2 介质返回 n_1 介质。总之，折射光波的能量是跨越界面做往复循环的，其最终结果是使穿过界面流到 n_2 介质中的平均能量为零（如图 1.4 所示），亦即使反射光波的平均能流密度在数值上与入射光波的平均能流密度相等，从而实现了入射光波能量全部被反射回 n_1 介质中，这就是全反射的实质物理过程。

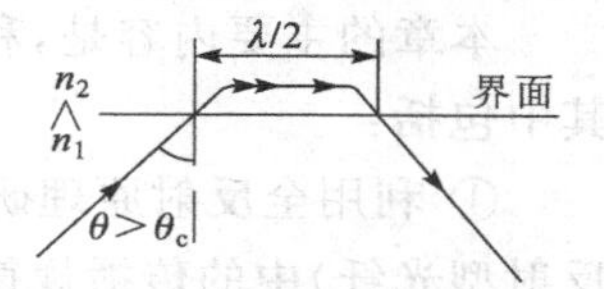

图 1.4　界面处表面波能流分析

正是由于阶跃光纤（均匀光波导）的这种表面波机理与全反射效应，才保证了满足全反射条件的入射光能量能在纤芯及包层界面连续发生无数次全反射向前传输，而能量损耗很小。

最后应该指出，进入阶跃光纤（均匀光波导）中的一部分光能量，当其不满足全反射条件，即 $\theta<\theta_c$ 时，入射光波将会发生部分反射、部分折射。其中，进入包层 n_2 介质中的折射光波将形成能量的向外辐射和损耗，这就是部分反射条件下的辐射波。

习题与概念思考题 1

1. 说明各向同性与各向异性以及各向异性与非均匀的概念及其数学符号表示形式的差异。
2. 写出 $\boldsymbol{D}\sim\boldsymbol{E}$ 非线性函数关系的数学表达式。
3. 写出并分析各向同性、线性、非均匀与各向同性、线性、均匀两种介质物质方程组的形式并说明概念差别。
4. 写出并分析各向同性、渐变折射率光纤与阶跃光纤中波动微分方程表示形式与概念的差别。
5. 写出介质中传输系数 k 的表达式及其物理意义。
6. 阶跃光纤（均匀光波导）纤芯中与芯包界面处传播的光波分别是何种形式的波？试导出界面处表面波的数学表达式并分析其物理意义。表面波具有怎样的波导机制和特征？阶跃光纤能实现远距离光传输的机理是什么？
7. 阶跃光纤芯包折射率分别为 $n_1=1.62$，$n_2=1.52$，界面处若有光线以 $\theta=80°$ 入射，光波长 $\lambda=1.31\ \mu\text{m}$，试计算其表面波的穿透深度 x_0。

第2章　光纤传输机理的光线理论分析

研究分析光波导的传光机理有两种方法：波动理论方法即求解波动方程，进行模式分析，这种方法可获得精确的解析或数值结果；光线理论方法即将光视为射线，利用光线的反射、折射原理解释光在光纤中的传播规律与物理现象。本章将介绍的光线理论分析方法具有物理图像简明、直观的优点，目前仍是分析研究光波导中传输规律与特性的一种重要手段。

本章的主要内容是，利用光线理论分析两种主要类型光学纤维的传光机理与主要特性，其中包括：

① 利用全反射原理研究光在阶跃型多模光纤（纤芯与包层折射率均匀分布、$n_1>n_2$ 的反射型光纤）中的传播规律与光纤的性能参数；

② 用光线理论研究渐变折射率光纤（具有梯度折射率分布的折射型光纤）中光的传播规律与折射率分布的关系。在此基础上分析自聚焦光纤与透镜的性能。

应该指出，将光视为“光线”来处理问题是一种视 $\lambda\to 0$ 的近似方法，只在所讨论对象的几何尺度远大于光的波长因而可忽略衍射效应时才是有效的。因而，用光线理论分析阶跃折射率分布的多模光纤具有良好的近似程度；用于分析梯度折射率分布的多模光纤，近似程度较差；而对单模光纤（其直径仅为几个波长的数量级）则完全不适用。

2.1　光在阶跃型圆柱光纤中的传播规律

本节将运用光线光学的方法，依次研究分析在理想的阶跃型直圆柱光纤中子午光线与空间光线，以及存在形状偏差的阶跃型圆柱光纤中子午光线的传播规律。这里所研究的阶跃光纤主要针对多模光纤。

2.1.1　光在理想阶跃型直圆柱光纤中的传播规律

研究理想的阶跃型直圆柱光纤是指，不考虑透明介质本身的吸收损耗、纤芯与包层界面上全反射不完全而产生的反射损耗以及端面上的菲涅耳反射损耗等因素，即将光纤视为没有能量损耗的理想介质来研究。

1. 理想阶跃型光纤中子午光线的传播规律与特性

(1)子午光线的全反射与数值孔径

圆柱光纤中通过光纤中心轴线的任何平面均为子午面，位于子午面内的子午光线投射到芯与包层界面上，当满足全反射条件时（$n_1>n_2$，$\theta>\theta_c$，θ_c 为全反射临界角），则发生依次的全反射，其轨迹为子午面内的平面折线，且在一个周期内与芯轴相交两次，如图 2.1 所示。

芯与包层界面上发生全反射的投射角条件是

$$\theta \geqslant \theta_c = \arcsin\frac{n_2}{n_1} \quad (2.1)$$

由于 n_1、n_2 相对差值很小，因而大多数光纤的全反射临界角 θ_c 在 70°～80°以上。

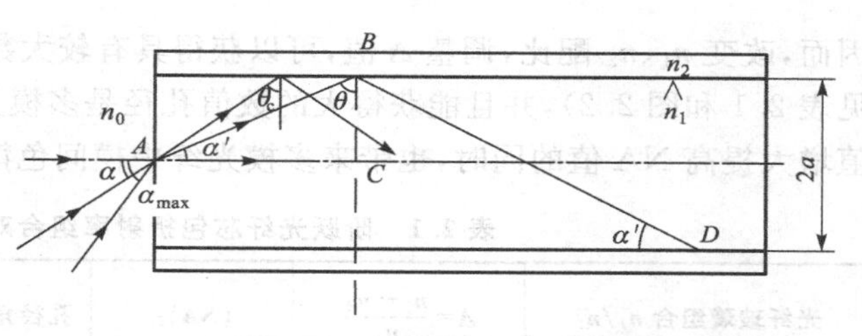

图 2.1 理想阶跃型光纤中子午光线传播规律

若光纤位于 n_0 介质中，对应于界面 B 点发生全反射（投射角 $\theta > \theta_c$）时端面 A 点处的入射角 α 应为

$$\sin\alpha = \frac{n_1}{n_0}\sin\alpha' = \frac{n_1}{n_0}\sin\left(\frac{\pi}{2} - \theta\right) = \frac{n_1}{n_0}\cos\theta = \frac{n_1}{n_0}\sqrt{1 - \sin^2\theta}$$

与界面全反射临界角 θ_c 相对应的光纤端面轴心 A 点处最大入射角应为

$$\alpha_{max} = \arcsin\left[\frac{n_1}{n_0}\sqrt{1 - \sin^2\theta_c}\right] = \arcsin\left[\frac{1}{n_0}\sqrt{n_1^2 - n_2^2}\right] \quad (2.2)$$

通常称 α_{max} 为“孔径角”，并定义光纤的数值孔径为

$$\mathrm{NA} = n_0 \sin\alpha_{max} = \sqrt{n_1^2 - n_2^2} \quad (2.3)$$

NA 是阶跃多模光纤的一个重要参数，它表示光纤集光能力的大小，亦即能进入光纤的光通量的多少。α_{max} 即为光纤端面处能激发出导波的最大入射角，又称“接收角”。数值孔径 NA 在一定程度上反映了光纤是否容易被激发、是否容易进行光束耦合的性质。

根据上述定义，显然仅当满足 $\alpha \leqslant \alpha_{max}$ 的端面入射光线才能在阶跃光纤中得到传播；而大于 α_{max} 的端面入射光线，在芯与包层界面将发生部分折射，进入包层，并且能量将很快损耗，因而不能在光纤中传播。从光波导的观点看，$\alpha \leqslant \alpha_{max}$ 的任意光线对应于相应的传导模；与最大入射角 α_{max}——全反射临界角 θ_c 相对应的则是多模光纤中的最高阶传导模；而 $\alpha > \alpha_{max}$ ($\theta < \theta_c$) 的光线，在界面将产生部分折射，因而对应于辐射模。

当芯与包层折射率 n_1、n_2 差值很小时，(2.3)式经变换可表为

$$\mathrm{NA} = n_1\sqrt{2\frac{n_1^2 - n_2^2}{2n_1^2}} \approx n_1\sqrt{2\frac{n_1 - n_2}{n_1}} = n_1\sqrt{2\Delta} \quad (2.4)$$

$$\Delta = \frac{n_1 - n_2}{n_1} \quad (2.5)$$

式中，Δ 称为相对折射率差。当 $\Delta \ll 1$ 时，则称这种芯与包层折射率差值很小的光波导为“弱导光波导”(weakly guiding optical waveguide)。一般，对标准的石英阶跃多模光纤与渐变折射率多模光纤，$\Delta \approx 1\%$；而对阶跃单模光纤，$\Delta \approx 0.3\%$。

(2.4)式表明，光纤的数值孔径主要取决于纤芯与包层的相对折射率差值 Δ，即只与芯及包层材料的折射率有关，而与光纤芯及包层的几何尺寸（直径）无关。因此，光纤可以制成数值孔径很大而直径很细，从而实现其结构细长、具有柔性、可弯曲的特点。光纤的数值孔径与透镜的相对孔径 $\left(\frac{D}{f'}\right)$ 具有相同的物理概念，即都是表示集光能力的强弱；然而，两者大小所取决的结构因素有本质差别：前者只取决于 n_1、n_2 的相对折射率差值，而后者则取决于透镜口径大小与焦距的比值。调整相对折射率差值 Δ，可以显著地改变光纤的数值孔径。

因而，改变 n_1、n_2 配比，调整 Δ 值，可以获得具有较大数值孔径动态范围的各种类型光纤（参见表 2.1 和图 2.2），并且能获得大的数值孔径是多模光纤的一显著特点。但应指出，在使 Δ 值增大提高 NA 值的同时，也带来多模光纤中模间色散增大的负面效应。

表 2.1　阶跃光纤芯包折射率组合对数值孔径的影响

光纤玻璃组合 n_1/n_2	$\Delta=\frac{n_1-n_2}{n_1}$	$(NA)_F$	孔径角 $\alpha_{max}/(°)$	相同 NA 值对应的透镜光圈数 f/D
1.612 8/1.516 3	0.063 64	0.541 0	32.75	$f/0.92$
1.612 8/1.510 0	0.068 1	0.557 1	33.86	$f/0.90$
1.608 7/1.500 4	0.072 2	0.570 0	34.76	$f/0.88$
1.626 0/1.510 0	0.076 8	0.591 9	36.29	$f/0.85$
1.670 9/1.470 4	0.136 4	0.767 8	50.16	$f/0.65$

计算举例：计算与光纤具有相同数值孔径 0.551 的透镜的光圈数（或相对孔径值）

$$\sin\alpha_{max} = 0.551 = \frac{D/2}{f'} = \frac{1}{2(f'/D)} = \frac{1}{2\times 0.91}$$

因而应有对应透镜的光圈数 f'/D 为 0.91，或其相对孔径 D/f' 为 1.11。显然，对透镜性能的设计要求已很高了。

然而应该指出，上述有关数值孔径的概念与规律，主要是针对多模光纤而言的；对于单模光纤，由于一般芯径 $2a<8\sim10\ \mu m$，光线光学不能解释其可能产生的干涉等现象，因而数值孔径的概念实际已不存在，而是采用模斑直径来反映其光场特性。有时仅为形象类比而借用此名称，但并不能表征其实际接收角的大小，一般单模光纤的数值孔径约为 0.1 的数量级。

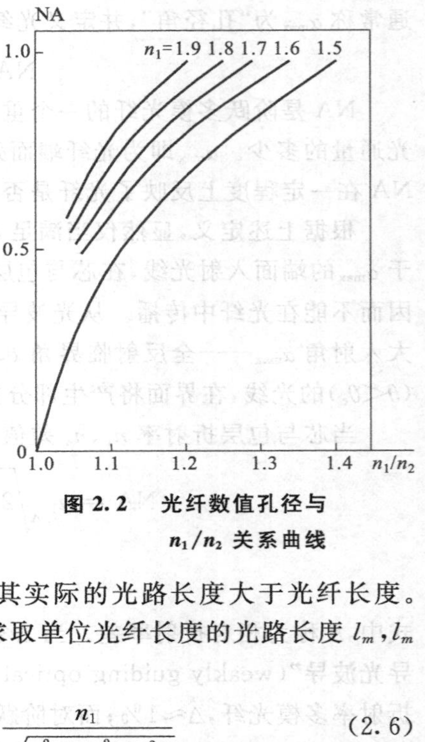

图 2.2　光纤数值孔径与 n_1/n_2 关系曲线

（2）子午光线在光纤中的光路长度与全反射次数

子午光线在阶跃光纤中传播的轨迹为一平面折线，其实际的光路长度大于光纤长度。为求长度为 L 的光纤中子午光线的光路长度，必须首先求取单位光纤长度的光路长度 l_m，l_m 可按(2.6)式计算（参见图 2.1）：

$$l_m = \frac{AB}{AC} = \sec\alpha' = \frac{1}{\sqrt{1-\sin^2\alpha'}} = \frac{n_1}{\sqrt{n_1^2 - n_0^2\sin^2\alpha}} \tag{2.6}$$

式中，l_m 为无量纲数。上式表明，当 n_1、n_0（通常在空气中为 1）确定时，l_m 只取决于端面的入射角 α，而与光纤的芯径 $2a$ 无关。

长度为 L 的光纤的子午光线实际光路长度为

$$S = L\cdot l_m = \frac{n_1 L}{\sqrt{n_1^2 - n_0^2\sin^2\alpha}} \tag{2.7}$$

为了求取长度为 L 光纤中的反射次数，应首先确定光纤中相邻两次反射的间隔 ΔL_0：

$$\Delta L_0 = 2a \cdot \cot\alpha' = 2a \frac{\sqrt{n_1^2 - n_0^2 \sin^2\alpha}}{n_0 \cdot \sin\alpha} \tag{2.8}$$

单位光纤长度的反射次数为

$$q_m = \frac{1}{\Delta L_0} = \frac{\tan\alpha'}{2a} = \frac{n_0 \sin\alpha}{2a\sqrt{n_1^2 - n_0^2 \sin^2\alpha}} \tag{2.9}$$

长度为 L 的光纤总反射次数为

$$Q = L \cdot q_m = \frac{L \cdot n_0 \sin\alpha}{2a\sqrt{n_1^2 - n_0^2 \sin^2\alpha}} \tag{2.10}$$

上式表明，光纤中的总反射次数除与 n_1、α 有关外，还与光纤长度 L 成正比，而与光纤芯径 $2a$ 成反比。

(3)子午光线传播的时延差与模间色散分析

色散特性是光纤最重要的传输特性之一，也是对长距离光纤通信最重要的影响因素。由于色散将使光纤中传输的模拟信号或脉冲数字信号发生畸变，最终导致接收端的脉冲展宽，影响光纤传输信息的容量。光纤中影响产生色散的因素包括：模间色散，波导色散和材料色散。对于阶跃多模光纤，光纤中传输多种模式，其模间色散或称多模色散引起的脉冲展宽占色散总量影响中最重要的数量级。

以光通信中常用的脉码调制为例，多模色散是指发射端由脉冲同时激励起的多种传输模式，由于各种模的群速度不同，因而不同模式到达接收端的时刻不同，从而产生脉冲展宽的现象。用光线光学做定性概略分析可以认为，光纤中每一条实际传播的子午光线代表一种电磁场分布的模式。由于芯中折射率均匀分布，不同光线传播的速度虽然相同，然而不同 $\alpha(\theta)$ 角的光线经历的光路不同，其沿轴向平均速度不同，因而最终到达光纤出射端所需的时间也不同。不同模式间的时延差只取决于不同光线间的光路程差。其中，最大的时延差由 $\alpha=\alpha_{\max}$ 的最大孔径角入射光线与 $\alpha=0$ 的沿轴向入射光线决定（如图 2.1所示）。

当 $\alpha=0$，则有

$$t_0 = \frac{L}{v_{z\max}} = \frac{L}{c/n_1} = \frac{Ln_1}{c} \tag{2.11}$$

当 $\alpha=\alpha_{\max}$，应有 $t_{\max} = \dfrac{L}{v_{z\min}} = \dfrac{L}{\left(\dfrac{c}{n_1}\right) \cdot \cos\alpha'_{\max}} = \dfrac{L}{\left(\dfrac{c}{n_1}\right) \cdot \sin\theta_c} = \dfrac{Ln_1^2}{cn_2}$ (2.12)

上两式中，c 为真空中光速，L 为光纤沿 z 向的长度，$v_{z\max}$、$v_{z\min}$ 分别为沿轴向的最大和最小平均速度。由上两式可得到沿单位长度阶跃多模光纤传播所产生的最大时延差（亦即脉冲展宽）应为

$$\tau = t_{\max} - t_0 = \frac{L\,n_1^2}{c\,n_2} - \frac{Ln_1}{c} = \frac{Ln_1}{c} \cdot \frac{n_1 - n_2}{n_2} \approx \frac{Ln_1}{c} \cdot \Delta = t_0 \cdot \Delta \tag{2.13}$$

上式即可用于概略分析多模光纤因模间色散引起的最大脉冲展宽，这种模间色散、脉冲展宽降低了波导传输的信息容量。显然，时延差 τ 与芯和包层间的相对折射率差 Δ 成正比，Δ 越小，则时延差越小，即色散越小。为此，采用减小 Δ 值，即制造"弱导光纤"，即可实现低色散。为分析方便，引入单位长度光纤的色散与脉冲展宽 $\delta\tau$，以 $\delta\tau=\tau/L=(t_0 \cdot \Delta)/L=(t_0/L) \cdot \Delta=(n_1/c) \cdot \Delta$ 表示。例如，若 $n_1=1.5$，则 $t_0/L=n_1/c=5\ \mu\text{s/km}$，当 $\Delta=1\%$ 时，$\delta\tau=$

50 ns/km。即每千米的时延差为 50 ns,其色散值已很大,相应的传输带宽为 20 MHz·km;而若 $\Delta=0.3\%$时,则 $\delta\tau=15$ ns/km,其色散值减小,相应的传输带宽为66.67 MHz·km。

另外,脉冲展宽的大小除与光纤的色散特性有关外,还与传输的距离有关。对一段光纤传输线,实际可用的频带宽度或数码率,受到相邻两个再生站间距离的限制。因而,从对最终光纤信息承载容量的影响分析,只提频带宽度是不全面的,而应用带宽长度乘积(例如MHz·km或 GHz·km)表示。

还应指出,上述对多模光纤模间色散、脉冲展宽的分析还仅限于子午光线,对更大量的空间光线尚未考虑。正是由于阶跃多模光纤的色散严重,限制了带宽,因而在光纤与光通信的发展中,陆续兴起了渐变折射率多模光纤和阶跃单模光纤(详见尔后分析)。

(4)光纤的透射特性

光纤的透射性能是其重要的传输性能指标之一,通常以透过率表示。定义透过率为光纤的输出光通量(以 I 表示)与输入光通量(以 I_0 表示)之比,表为下式:

$$T=\frac{I}{I_0} \tag{2.14}$$

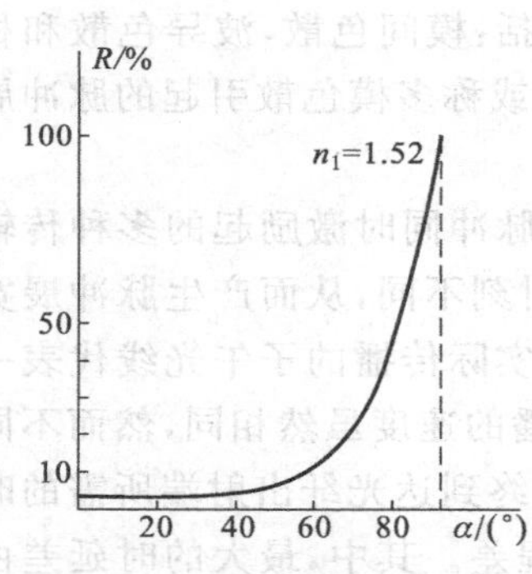

图 2.3　菲涅耳反射系数与端面入射角关系

对于理想状态的单根光纤,影响其透过率降低,即造成其损耗的主要因素有:光纤端面上的菲涅耳反射损失,纤芯与包层界面上的全反射损失,纤芯材料的吸收损失。

① 光纤端面上的菲涅耳反射损失。光从空气中入射到光纤端面上,将有一部分光能量被界面反射而损失,此即菲涅耳反射损失。菲涅耳反射损失系数与光线入射角有关,如图 2.3 所示。图中表明,在入射角 $\alpha=0$ 即垂直入射的条件下,反射损失最小;随着入射角增大,反射损失逐渐增大。在通常的孔径角范围内,入射光线的反射损失系数可近似取垂直入射的反射损失系数。垂直入射即 $\alpha=0$ 时的反射损失系数为

$$R=\left(\frac{n_1-n_0}{n_1+n_0}\right)^2 \tag{2.15}$$

若 $n_1=1.52$, $n_0=1$,则 $R=0.0426$,通常取近似值 $R=0.04$。

当只考虑入射及出射端面的菲涅耳反射损失时,光纤的透过系数应为

$$t_1=(1-R)^2 \tag{2.16}$$

②纤芯与包层界面上的全反射损失。由于光纤拉制的原因,光纤芯与包层界面不可能是完全理想的光学接触,可能存在界面缺陷,因而存在全反射损失。令全反射损失系数为 β,则界面实际的全反射系数为 $1-\beta$。对玻璃纤维 $1-\beta$ 值约为 0.999 5;对塑料纤维约为 0.99。若有长度为 L 的光纤,则仅由界面全反射损失所决定的光纤透过率应为

$$t_2=(1-\beta)^{L\cdot q_m} \tag{2.17}$$

式中,q_m 为单位长度光纤的全反射次数。

③芯料的吸收损失。纤芯的吸收损失是由于芯料的成分及加工工艺造成的。设吸收损失系数为 a,则仅由芯料吸收损耗所决定的光纤透过率可由如下的指数衰减函数表示:

$$t_3=\mathrm{e}^{-a(L\cdot\sec\alpha')} \tag{2.18}$$

式中,$\sec\alpha'$表示单位光纤长度的光路长,L 为光纤长度。

综合考虑上述三方面损失影响的光纤透过率应由下式表示：

$$T_{\mathrm{F}} = t_1 t_2 t_3 = (1-R)^2 \cdot (1-\beta)^{L \cdot q_m} \cdot \mathrm{e}^{-\alpha(L\sec\alpha')} \tag{2.19}$$

2. 理想阶跃型光纤中空间光线的传播

以上讨论理想阶跃光纤中子午光线的传播规律，其轨迹在子午平面内；以下将讨论理想阶跃光纤中空间光线（斜光线）的传播规律。

（1）空间光线的传播规律

空间光线是与光纤中心轴线既不平行也不相交的光线，从立体几何观点，空间光线与光纤轴线为异面直线。如图 2.4(a)所示，位于 n_0 介质中的入射光线 S 在光纤端面芯与包层界面处 A 点以 α_s 角入射，并以 α_s'角折射，尔后与界面相交于 B 点并发生全反射。A、B 可视为圆柱阶跃光纤两相邻反射点，它们处于芯与包层界面的圆柱面上。$\overline{AB}$为在 B 点发生全反射的入射光线，B'点是从 B 点到过 A 点的光纤横截面所作的垂足，显然，$\overline{BB'} \parallel$ 轴线$\overline{OO'}$。连接$\overline{AB'}$、$\overline{OA}$、$\overline{OB'}$，并从 O 点向$\overline{AB'}$作垂线$\overline{OC}$，则 r_{c} 是空间光线$\overline{AB}$相对于光纤轴线的距离。图中标出的各有关量值的物理意义为：

$\mathbf{N}_0$：端面入射点处的法线；

α_s：空间光线在端面 A 点处的入射角；

α_s'：空间光线在端面 A 点处的折射角；

θ：反射光线与法线（A 点处法线$\overline{OA}$与 B 点处法线$\overline{O'B}$）之间的夹角，即为反射角（亦等于 B 点处的入射角）；

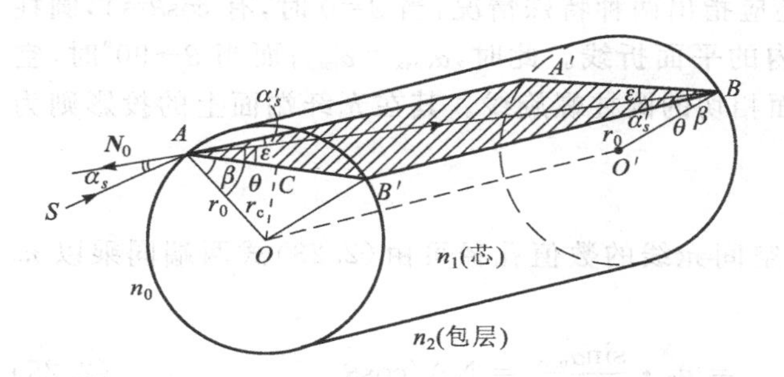

（a）空间光线在阶跃光纤中的传播

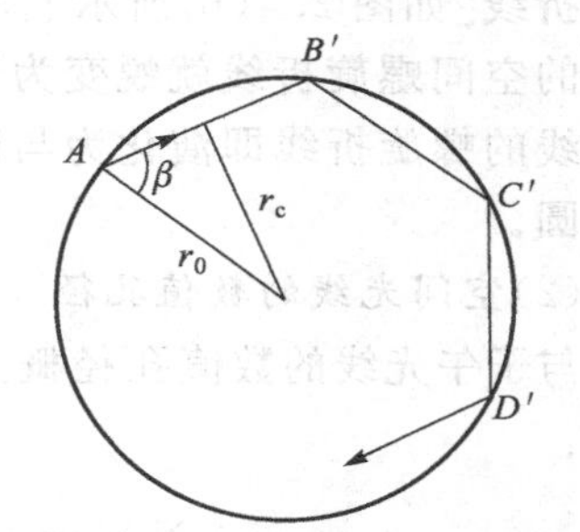

（b）空间光线轨迹在光纤端面的投影

图 2.4　阶跃光纤中空间光线传播的轨迹及其在光纤端面的投影

β：轴倾角，即光线所在平面 $AB'BA'$（与端面垂直）与法线$\overline{OA}$的夹角，它反映空间光线轨迹靠近光轴的程度，其物理意义非常重要。

图 2.4(a)中$\triangle A'AB'$为直角三角形，因而有 $\varepsilon = \frac{\pi}{2} - \alpha_s'$；又在 $\mathrm{Rt}\triangle ACO$ 中，应有 $\sin\beta = \frac{r_{\mathrm{c}}}{r_0}$。由于 A 点处 ε、β 各自所在的平面相互垂直，根据立体几何定理，上述三面体各角之间应有如下关系：

$$\cos\theta = \cos\varepsilon \cdot \cos\beta \tag{2.20}$$

应该注意 B 点处的 ε、β、θ 与 A 点处各相应角值相等，且这一规律在尔后光线进行中各反射点处均成立。其中，空间光线的反射角 θ 为一不变值。将 $\varepsilon = \frac{\pi}{\alpha} - \alpha_s'$代入(2.20)式应有

$$\cos\theta = \cos\left(\frac{\pi}{2} - \alpha_s'\right) \cdot \cos\beta = \sin\alpha_s' \cdot \cos\beta = \left(\frac{n_0}{n_1} \cdot \sin\alpha_s\right) \cdot \cos\beta \tag{2.21}$$

变换上式得到

$$\sin\alpha_s = \frac{n_1}{n_0} \cdot \frac{\cos\theta}{\cos\beta} \tag{2.22}$$

对应于空间光线全反射临界角 θ_c 的端面处，应为入射的空间光线最大孔径角 α_{smax}：

$$\sin\alpha_{smax} = \frac{n_1}{n_0} \cdot \frac{\cos\theta_c}{\cos\beta} = \frac{n_1}{n_0} \frac{\sqrt{1-\sin^2\theta_c}}{\cos\beta} = \frac{n_1}{n_0} \cdot \frac{\sqrt{1-(n_2/n_1)^2}}{\cos\beta}$$

$$= \frac{\sqrt{n_1^2 - n_2^2}}{n_0} \frac{1}{\cos\beta} = \frac{\sin\alpha_{max}}{\cos\beta} \tag{2.23}$$

式中，α_{max} 为子午光线的最大孔径角。显然，空间光线（斜光线）能够以连续全反射传播应满足如下条件：

$$\sin\alpha_s \leqslant \sin\alpha_{smax} = \frac{\sin\alpha_{max}}{\cos\beta} \tag{2.24}$$

式中，由于一般 $\beta > 0$，$\cos\beta < 1$，因而有 $\alpha_{smax} > \alpha_{max}$。表明空间光线的孔径角大于子午光线的孔径角。

根据上式以及图 2.4(a)所示，可得出以下结论：空间（斜）光线在阶跃圆柱光纤中传播的轨迹为一空间螺旋折线，斜光线在光纤中每反射一次就改变一次空间方位，各段空间折线与光纤中心轴线是等距的。当 $\beta \neq 0$ 时，空间螺旋折线在光纤横截面上的投影为一圆内接折线[如图 2.4(b)所示]。此外，还应指出两种特殊情况：当 $\beta = 0$ 时，有 $\cos\beta = 1$，圆柱面内的空间螺旋折线就蜕变为子午面内的平面折线。此时，$\alpha_{smax} = \alpha_{max}$；而当 $\beta \to 90°$ 时，空间光线的螺旋折线即演化为与圆柱表面相切的圆柱螺旋线。其在光纤端面上的投影则为一个圆。

(2)空间光线的数值孔径

与子午光线的数值孔径概念类似，空间光线的数值孔径可由(2.23)式两端同乘以 n_0 得到：

$$NA_s = n_0 \cdot \sin\alpha_{smax} = n_0 \cdot \frac{\sin\alpha_{max}}{\cos\beta} = NA/\cos\beta \tag{2.25}$$

由于 $\beta > 0$，$\cos\beta < 1$，因而显然有 $NA_s \geqslant NA$，即空间光线的数值孔径一般大于子午光线的数值孔径。

对空间光线的上述分析表明，当考虑光纤的集光性能时，不仅应考虑子午光线的贡献，尚应考虑大量空间光线的贡献。因此，应定义包括空间光线在内的集光率为总集光率。

2.1.2 圆柱阶跃光纤的形状偏差对子午光线传播规律的影响

上节分析了子午光线在理想的直圆柱阶跃光纤中的传播规律。实际上由于光纤的制造误差和使用状态，阶跃光纤可能偏离直圆柱而出现形状偏差，由此将影响光线的传播规律发生一定的变化。常见的阶跃光纤形状偏差有如下三种（参见图 2.5），即光纤弯曲偏差[参见图 2.5(a)]、光纤锥度偏差[参见图 2.5(b)]、光纤端面垂直度偏差[参见图 2.5(c)]。以下仅简要分析三种形状偏差对子午光线传播规律的影响。

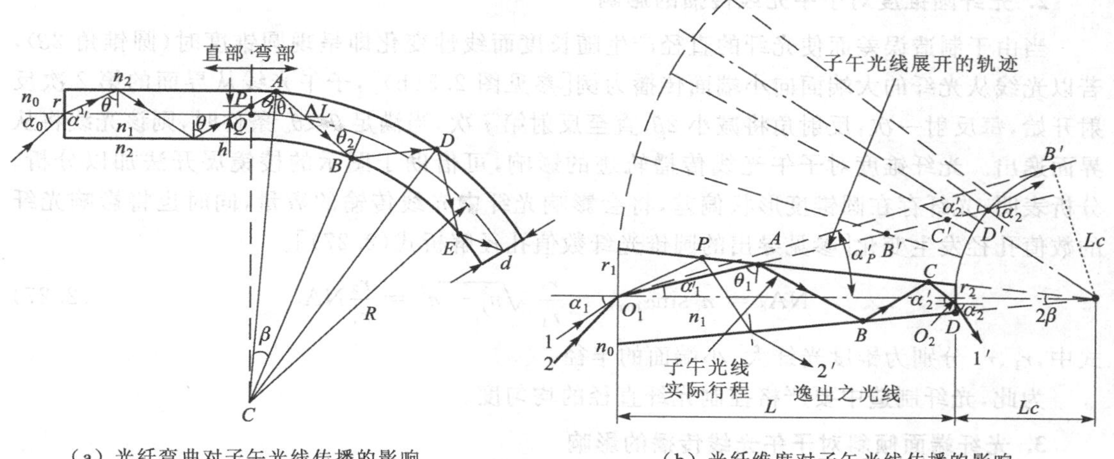

（a）光纤弯曲对子午光线传播的影响

（b）光纤锥度对子午光线传播的影响

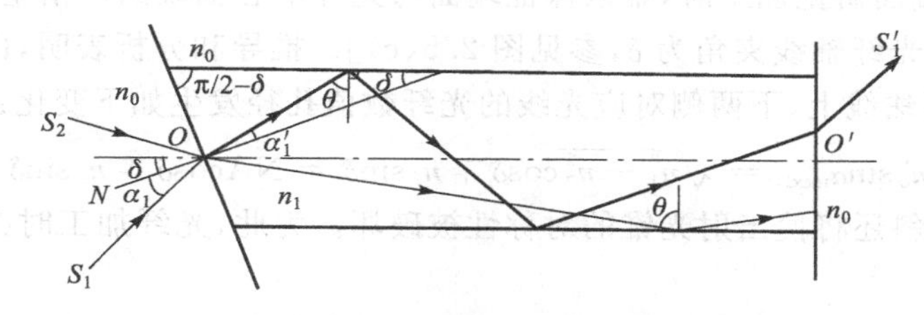

（c）光纤端面倾斜对子午光线传播的影响

图 2.5 阶跃光纤三种形状偏差对子午光线传播的影响

1. 光纤弯曲对子午光线传播的影响

实际应用中光纤经常处于弯曲或微弯曲状态下传递光信息与光能量，因而研究光纤弯曲对子午光线传播规律的影响具有重要实际意义。设光纤子午截面在 P 点处发生弯曲，光线在距光纤轴线高为 h 的 P 点进入光纤的弯曲部分，则光纤芯与包层之间的上、下界面的入射角（反射角）θ_1、θ_2 将发生变化，且有 $\theta_1<\theta<\theta_2$［参见图 2.5(a)］。当 $\theta=\theta_c$ 时，由于 $\theta_1<\theta_2$，因而上界面的部分投射光线将可能从纤芯逸出到包层中而损失；另外，光纤弯曲将使子午截面光纤的数值孔径向减小的方向变化。经推导可获得如下光纤弯曲条件下子午截面光纤数值孔径 $\mathrm{NA_b}$ 的解析公式：

$$\mathrm{NA_b}=n_0\sin\alpha_{\mathrm{maxb}}\approx\sqrt{n_1^2-n_2^2\left(1+\frac{d}{R}\right)^2}\qquad(2.26)$$

式中，d 为光纤芯径。

理论概略分析所导出的对光纤弯曲半径的极限要求为 $R>2.75d$。意指当满足此条件时，光纤弯曲对子午光线能量减小的影响是不大的。然而实验结果却有很大出入，实验表明：当 $R/d<50$ 时，透过率 T 已开始下降；当 R/d 约为 20 时，透过率 T 明显下降，表明光线大量从侧壁逸出。

上述实验结果与根据子午光线理论推导结果差异之所以很大，是由于实验中光纤传输的光束中包含着大量空间光线，且空间光线所占的比例远比子午光线大。因而由此得到的光纤允许弯曲半径的极限要比子午光线理论推导出的结论严格得多，即允许的光纤弯曲半径值 R 值必须很大。这对长途通信光纤尤为重要。

2. 光纤圆锥度对子午光线传播的影响

当由于制造误差而使光纤的直径产生随长度而线性变化即呈现圆锥度时(圆锥角 2β),若以光线从光纤的大端面向小端面传播为例[参见图 2.5(b)],子午光线从界面的第 2 次反射开始,每反射一次,反射角将减小 2β,直至反射第 j 次,当满足 $\theta<\theta_c$ 条件时,则该光线将从界面逸出。光纤锥度对子午光线传播轨迹的影响,可借助于图示的棱镜展开法加以分析。分析表明,光纤存在圆锥度形状偏差,将会影响光纤中光线传输的数量,同时也将影响光纤的数值孔径发生变化[参见导出的圆锥光纤数值孔径解析式(2.27)]。

$$\mathrm{NA_c} = n_0 \sin\alpha_{1\max} = \frac{r_2}{r_1}\sqrt{n_1^2 - n_2^2} = \frac{r_2}{r_1}\mathrm{NA} \tag{2.27}$$

式中,r_1、r_2 分别为锥度光纤大、小端面的半径。

为此,光纤制造中要严格控制光纤直径的均匀度。

3. 光纤端面倾斜对子午光线传播的影响

由于光纤切割及端面研抛加工时,难以保证端面与光纤中心轴线的严格垂直度,即产生端面倾斜[端面法线与光纤轴线夹角为 δ,参见图 2.5(c)]。推导和分析表明,由于端面倾斜(倾斜角 δ)将影响端面法线上、下两侧对应光线的光纤数值孔径发生如下变化:

$$\mathrm{NA_D} = n_0 \sin\alpha_{\max\mathrm{D}} = \sqrt{n_1^2 - n_2^2}\cos\delta \mp n_2 \sin\delta = \mathrm{NA}\cos\delta \mp n_2\sin\delta \tag{2.28}$$

与此同时,端面倾斜还将使出射光锥的对称性被破坏。为此,光纤加工时必须严格控制端面的垂直度偏差。

综上所述,阶跃型直圆柱光纤在存在弯曲、锥度、端面倾斜等误差时,均将对光线的传播及光纤的数值孔径等特性产生影响,故在制造和使用中必须注意严格控制这些误差因素。

2.2 光线理论的基本方程

2.2.1 非均匀介质中的光线理论——程函方程

运用光线理论研究折射率是位置函数[$n(\boldsymbol{r})=n(x,y,z)$]的非均匀介质中光的传播规律时,可以采用从亥姆霍兹方程导出的一种近似的波动方程来表示光线的轨迹。在这种方程中,将表示光的波面位相的实标量函数称为“光程函数”(eikonal),而将其方程称为“程函方程”。因此,程函方程是代表光射线位相特性的方程。

1. 程函方程的导出

从亥姆霍兹方程(1.40)式出发,对电场矢量 $\boldsymbol{E}$ 应有

$$\nabla^2\boldsymbol{E} + k^2\boldsymbol{E} = 0$$

对于 $\boldsymbol{E}$ 的任意直角坐标分量(以符号形式 V 表示),应有标量形式亥姆霍兹方程:

$$\nabla^2 V + k^2 V = 0$$

设其试探解为

$$\begin{aligned} V &= V_0(\boldsymbol{r})\mathrm{e}^{-\mathrm{j}\boldsymbol{k}\cdot\boldsymbol{r}} = V_0(\boldsymbol{r})\mathrm{e}^{-\mathrm{j}k_0(n\boldsymbol{r})} = V_0(\boldsymbol{r})\mathrm{e}^{-\mathrm{j}k_0\varphi(\boldsymbol{r})} \\ &= V_0(x,y,z)\mathrm{e}^{-\mathrm{j}k_0\varphi(x,y,z)} \end{aligned} \tag{2.29}$$

式中,$\boldsymbol{r}=\boldsymbol{r}(x,y,z)$ 为表示位置的矢量;$\varphi(\boldsymbol{r})=\varphi(x,y,z)=n\boldsymbol{r}$ 表示光程,也是位相函数。它

是位置的实标量函数，表示光射线的位相特性，又称“光程函数”。

将(2.29)式代入上述标量波动方程，应有

$$\nabla^2(V_0 e^{-jk_0\varphi}) + k^2(V_0 e^{-jk_0\varphi}) = 0 \tag{2.30}$$

对(2.30)式左端首项进行拉普拉斯二阶微分运算，应有

$$\nabla^2(V_0 e^{-jk_0\varphi}) = V_0[-k_0^2(\nabla\varphi)^2 - jk_0\nabla^2\varphi]e^{-jk_0\varphi} + \nabla^2 V_0 \cdot e^{-jk_0\varphi} - j2k_0\nabla\varphi\cdot\nabla V_0 e^{-jk_0\varphi} \tag{2.31}$$

将(2.31)式代入(2.30)式，并约去共同因子 $e^{-jk_0\varphi}$ 整理，则得到

$$[-V_0k_0^2(\nabla\varphi)^2 + \nabla^2 V_0 + k^2 V_0] - j[V_0 k_0 \nabla^2\varphi + 2k_0\nabla\varphi\nabla V_0] = 0 \tag{2.32}$$

上式可等价转化为如下的实部方程和虚部方程，并可得到标量微分方程的精确解：

$$-V_0k_0^2(\nabla\varphi)^2 + \nabla^2 V_0 + k^2 V_0 = 0 \quad \text{实部方程} \tag{2.33}$$

$$V_0\nabla^2\varphi + 2\nabla\varphi\nabla V_0 = 0 \quad \text{虚部方程} \tag{2.34}$$

为获得(2.33)式简化的几何光学近似解，将其变换为如下形式：

$$(\nabla\varphi)^2 - \frac{\nabla^2 V_0}{V_0 k_0^2} = \frac{k^2 V_0}{k_0^2 V_0} = n^2 \tag{2.35}$$

上式中，$k_0 = \frac{2\pi}{\lambda_0}$，在几何光学近似条件下，可视 $\lambda_0 \to 0$，即上式左端第二项应 $\to 0$。因而(2.35)式应为

$$[\nabla\varphi(\boldsymbol{r})]^2 \equiv n^2(\boldsymbol{r}) \tag{2.36}$$

上式也可以直角坐标形式表为

$$\left(\frac{\partial\varphi}{\partial x}\right)^2 + \left(\frac{\partial\varphi}{\partial y}\right)^2 + \left(\frac{\partial\varphi}{\partial z}\right)^2 = n^2(x,y,z) \tag{2.37}$$

将(2.36)式两端做开方变换，则有

$$|\nabla\varphi(\boldsymbol{r})| = n(\boldsymbol{r}) \tag{2.38}$$

或以直角坐标形式表示沿法线方向的位相梯度为

$$|\nabla\varphi| = |\operatorname{grad}\varphi| = \frac{d\varphi}{dn} = \sqrt{\left(\frac{\partial\varphi}{\partial x}\right)^2 + \left(\frac{\partial\varphi}{\partial y}\right)^2 + \left(\frac{\partial\varphi}{\partial z}\right)^2} \tag{2.39}$$

上述(2.36)式与(2.38)式即为程函方程。

2. 程函方程的讨论

①程函方程的物理意义：非均匀介质中各点(M)的位相函数 $\varphi(\boldsymbol{r})$ 的梯度(即最大位相变化) $\nabla\varphi(\boldsymbol{r})$ 与该点的折射率成正比。换言之，介质中折射率的分布情况决定了各点位相函数的梯度。

②程函方程是几何光学(光线光学)的基本方程，它是在几何光学近似条件下[即 $\lambda\to 0$、光频 $\omega\to\infty(k\to\infty)$]得到的反映光波电磁场的近似规律。上述分析表明，在几何光学近似的范围内，光场可用单一的实标量函数——光程函数 $\varphi(\boldsymbol{r})$ 来表征，此函数仅由折射率分布函数 $n(\boldsymbol{r})$ 和适当的边界条件即可完全确定。

③等位相面(即几何波面，亦即波前)由下式决定，它决定了场的分布形状：

$$\varphi(\boldsymbol{r}) = \varphi(x,y,z) = ct \tag{2.40}$$

程函方程中 $\nabla\varphi$ 的方向是与等位相面垂直的，它代表了光波各等位面传播的方向，因而也就代表了光射线的方向。因而，在几何光学近似的范围内，程函方程即决定了光波在光波导中

的传播。所以程函方程又可视为微分波动方程的特征线方程。

④在各向同性、渐变折射率介质中，程函方程是一个代表本地平面波传输时位相变化的偏微分方程。其物理意义表示：介质中各点的本地平面波（基波）的最大位相变化与该点的折射率成正比，光射线即代表本地平面波的法线，由于等位相的波阵面是弯曲的，因而光线的轨迹也是弯曲的；而在各向同性、均匀的介质中，本地平面波即为真正的平面波，因而光射线即垂直于平面波的法线应为直线。

2.2.2 光线微分方程（射线方程）

程函方程是射线光学的基础方程，它给出了明确的物理概念，但尚不能确定光射线的具体轨迹。为此，需进一步导出光线微分方程，进而在给定的坐标系与起始条件下，求解光线微分方程，即可得到光射线的具体轨迹。

1. 光线微分方程的建立

(1)矢量形式的光线微分方程

根据位置矢量 $\boldsymbol{r}$，建立沿光线轨迹度量的矢量微分形式的距离方程。

设在各向同性非均匀介质中（如图 2.6 所示），S 为从光线某一起点 Q 度量的光线轨迹的长度；$\boldsymbol{r}$ 代表光线轨迹上某一点 A 的位置矢量；$\mathrm{d}s$ 是光线轨迹上的一微分线段；$\boldsymbol{i}_s$ 为光射线在 A 点处切线方向的单位矢量。

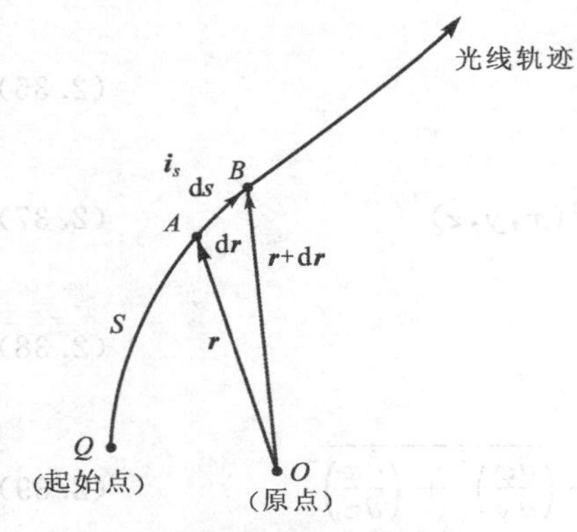

图 2.6 非均匀介质中光线轨迹分析

由图 2.6 所示，根据 $\boldsymbol{i}_s$ 的定义应有

$$\boldsymbol{i}_s = \frac{\mathrm{d}\boldsymbol{r}}{\mathrm{d}s} \tag{2.41}$$

另一方面，根据光程函数的物理概念，光线方向的单位矢量亦应为光程（位相）函数梯度方向的单位矢量：

$$\boldsymbol{i}_s = \frac{\mathrm{grad}\varphi(\boldsymbol{r})}{|\mathrm{grad}\varphi(\boldsymbol{r})|} = \frac{\nabla\varphi(\boldsymbol{r})}{|\nabla\varphi(\boldsymbol{r})|} = \frac{\nabla\varphi(\boldsymbol{r})}{n(\boldsymbol{r})} \tag{2.42}$$

联立上两式，应有

$$\nabla\varphi(\boldsymbol{r}) = n(\boldsymbol{r})\frac{\mathrm{d}\boldsymbol{r}}{\mathrm{d}s} \tag{2.43}$$

上式是用光程函数 φ 来确定光线轨迹的，而为建立一个以 $n(\boldsymbol{r})$ 与 $\boldsymbol{r}$ 所表示的光线轨迹方程，需引入如下的数学变换取代全微分算符 $\frac{\mathrm{d}}{\mathrm{d}s}$：

$$\frac{\mathrm{d}}{\mathrm{d}s} = \sum_i \frac{\mathrm{d}q_i}{\mathrm{d}s}\frac{\partial}{\partial q_i} \overset{i=3}{=\!=} \frac{\mathrm{d}x}{\mathrm{d}s}\frac{\partial}{\partial x} + \frac{\mathrm{d}y}{\mathrm{d}s}\frac{\partial}{\partial y} + \frac{\mathrm{d}z}{\mathrm{d}s}\frac{\partial}{\partial z} = \frac{\mathrm{d}\boldsymbol{r}}{\mathrm{d}s}\cdot\nabla \tag{2.44}$$

对(2.43)式两端同取对 s 的微分，则有

$$\frac{\mathrm{d}}{\mathrm{d}s}[\nabla\varphi(\boldsymbol{r})] = \frac{\mathrm{d}}{\mathrm{d}s}\left[n(\boldsymbol{r})\frac{\mathrm{d}\boldsymbol{r}}{\mathrm{d}s}\right] \tag{2.45}$$

运用程函方程及(2.44)式变换等式左端

$$\frac{\mathrm{d}}{\mathrm{d}s}[\nabla\varphi(\boldsymbol{r})] = \frac{\mathrm{d}\boldsymbol{r}}{\mathrm{d}s}\cdot\nabla[\nabla\varphi(\boldsymbol{r})] = \frac{\nabla\varphi(\boldsymbol{r})}{n(\boldsymbol{r})}\cdot[\nabla(\nabla\varphi(\boldsymbol{r}))]$$

$$=\frac{1}{n(\boldsymbol{r})}\cdot\frac{1}{2}\nabla[\nabla\varphi(\boldsymbol{r})]^2=\frac{1}{n(\boldsymbol{r})}\cdot\frac{1}{2}\nabla[n(\boldsymbol{r})]^2$$

$$=\frac{1}{2n(\boldsymbol{r})}\cdot 2n(\boldsymbol{r})\cdot\nabla n(\boldsymbol{r})=\nabla n(\boldsymbol{r}) \tag{2.46}$$

将(2.46)式代入(2.45)式，则有

$$\frac{\mathrm{d}}{\mathrm{d}s}\left[n(\boldsymbol{r})\frac{\mathrm{d}\boldsymbol{r}}{\mathrm{d}s}\right]=\nabla n(\boldsymbol{r}) \tag{2.47}$$

上式即为矢量形式的光线微分方程，它是一个以 $\boldsymbol{r}$ 为变量的二阶微分方程。其特点是以位置矢量 $\boldsymbol{r}=\boldsymbol{r}(s)$ 来描述光线轨迹，因而它是求解非均匀介质中光线轨迹的基本公式。然而，上式的严格求解仍是困难的，在很多实际应用中，常需要一个近似的光线微分方程。为此，需导出近轴光线微分方程。

当光线轨迹相对于 z 轴的角度很小时，即在近轴条件下，通常取 $\mathrm{d}s\approx\mathrm{d}z$，且 $n(\boldsymbol{r})\approx n_1$（$n_1$ 为光轴上的折射率），代入(2.47)式则有

$$\frac{\mathrm{d}}{\mathrm{d}z}\left[n_1\frac{\mathrm{d}\boldsymbol{r}}{\mathrm{d}z}\right]=\nabla n(\boldsymbol{r}) \tag{2.48}$$

最终有

$$\frac{\mathrm{d}^2\boldsymbol{r}}{\mathrm{d}z^2}=\frac{1}{n_1}\nabla n(\boldsymbol{r}) \tag{2.49}$$

此即矢量形式近轴的光线微分方程，又称“近轴光线方程”。

矢量光线微分方程式(2.47)的特点是，方程中只有折射率分布作为 $\boldsymbol{r}$ 的函数。对非均匀介质，显然 $\nabla n(\boldsymbol{r})\neq 0$，因而解出的光线轨迹即由 $\boldsymbol{r}$ 矢量端点构成的轨迹应为弯曲的；特别地，在均匀介质中，由于 $n=ct$，$\nabla n=0$，因而代入(2.47)式将有

$$\frac{\mathrm{d}}{\mathrm{d}s}\left[n\frac{\mathrm{d}\boldsymbol{r}}{\mathrm{d}s}\right]=0 \quad 或 \quad \frac{\mathrm{d}^2\boldsymbol{r}}{\mathrm{d}s^2}=0$$

由上式可解出

$$n\frac{\mathrm{d}\boldsymbol{r}}{\mathrm{d}s}=ct \tag{2.50}$$

最终的解为矢量线性方程：

$$\boldsymbol{r}=s\cdot\boldsymbol{a}+\boldsymbol{b} \tag{2.51}$$

式中，$\boldsymbol{a}$、$\boldsymbol{b}$ 为常数基矢量。上式表明，解为一矢量直线方程，该直线是沿着基矢 $\boldsymbol{a}$ 的方向，并通过 $\boldsymbol{r}=\boldsymbol{b}$ 端点的一条直线（如图 2.7 所示）。图中表明，在各向同性的均匀介质中，由位置矢量 $\boldsymbol{r}$ 的矢径端点轨迹构成的光线为一条直线。

(2)直角坐标分量形式的光线微分方程

在直角坐标系中，光线微分方程(2.47)式的各标量方程形式为

$$\left.\begin{aligned}
&x\text{ 方向分量：}\quad \frac{\mathrm{d}}{\mathrm{d}s}\left[n\frac{\mathrm{d}x}{\mathrm{d}s}\right]=\frac{\partial n}{\partial x} \quad ①\\
&y\text{ 方向分量：}\quad \frac{\mathrm{d}}{\mathrm{d}s}\left[n\frac{\mathrm{d}y}{\mathrm{d}s}\right]=\frac{\partial n}{\partial y} \quad ②\\
&z\text{ 方向分量：}\quad \frac{\mathrm{d}}{\mathrm{d}s}\left[n\frac{\mathrm{d}z}{\mathrm{d}s}\right]=\frac{\partial n}{\partial z} \quad ③
\end{aligned}\right\} \tag{2.52}$$

(3)圆柱坐标系中的光线微分方程

对于圆柱光纤，其标量形式的光线微分方程更适用圆柱坐标系。为将直角坐标系形式的光线微分方程转换为圆柱坐标系形式的光线微分方程，首先需建立坐标转换方程。如图 2.8所示，两组坐标系间应有如下变换关系：

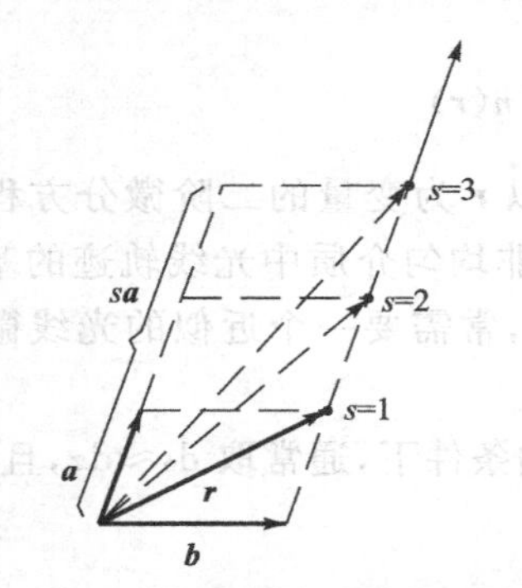

图 2.7 均匀介质中光线轨迹分析

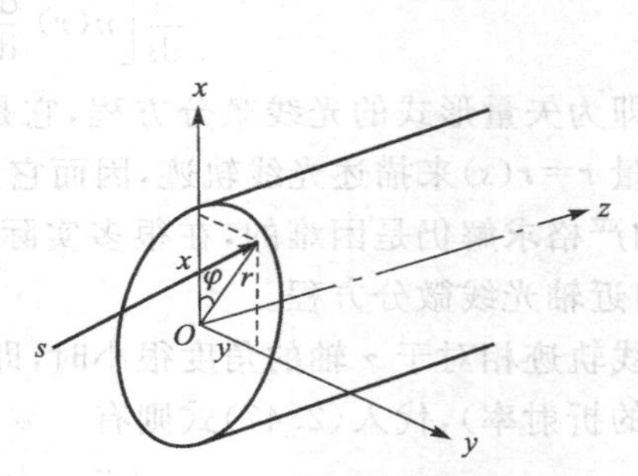

图 2.8 坐标变换关系

$$\left.\begin{aligned} x &= r\cdot\cos\varphi \quad ① \\ y &= r\cdot\sin\varphi \quad ② \end{aligned}\right\} \tag{2.53}$$

$$\left.\begin{aligned} r &= \sqrt{x^2+y^2} \quad ① \\ \varphi &= \arctan\left(\frac{y}{x}\right) \quad ② \end{aligned}\right\} \tag{2.54}$$

为完成变换，同时给出

$$\left.\begin{aligned} \frac{\partial r}{\partial x} &= \frac{\partial\sqrt{x^2+y^2}}{\partial x} = \frac{x}{r} = \cos\varphi \quad ① \\ \frac{\partial r}{\partial y} &= \sin\varphi \quad ② \\ \frac{\partial\varphi}{\partial x} &= -\frac{\sin\varphi}{r} \quad ③ \\ \frac{\partial\varphi}{\partial y} &= \frac{\cos\varphi}{r} \quad ④ \end{aligned}\right\} \tag{2.55}$$

同时，折射率 n 对 x、y 的偏微分可以变换为如下形式：

$$\left.\begin{aligned} \frac{\partial n}{\partial x} &= \frac{\partial n}{\partial r}\frac{\partial r}{\partial x} + \frac{\partial n}{\partial\varphi}\frac{\partial\varphi}{\partial x} = \frac{\partial n}{\partial r}\cos\varphi - \frac{\partial n}{\partial\varphi}\frac{\sin\varphi}{r} \quad ① \\ \frac{\partial n}{\partial y} &= \frac{\partial n}{\partial r}\frac{\partial r}{\partial y} + \frac{\partial n}{\partial\varphi}\frac{\partial\varphi}{\partial y} = \frac{\partial n}{\partial r}\sin\varphi + \frac{\partial n}{\partial\varphi}\frac{\cos\varphi}{r} \quad ② \end{aligned}\right\} \tag{2.56}$$

又 x、y 相对于 s 的全微分分别为

$$\left.\begin{aligned} \frac{\mathrm{d}x}{\mathrm{d}s} &= \frac{\partial x}{\partial r}\frac{\partial r}{\partial s} + \frac{\partial x}{\partial\varphi}\frac{\partial\varphi}{\partial s} = \frac{\partial r}{\partial s}\cos\varphi - \frac{\partial\varphi}{\partial s}r\sin\varphi \quad ① \\ \frac{\mathrm{d}y}{\mathrm{d}s} &= \frac{\partial y}{\partial r}\frac{\partial r}{\partial s} + \frac{\partial y}{\partial\varphi}\frac{\partial\varphi}{\partial s} = \frac{\partial r}{\partial s}\sin\varphi + \frac{\partial\varphi}{\partial s}r\cos\varphi \quad ② \end{aligned}\right\} \tag{2.57}$$

将(2.52)式进行适当的运算变换，并将(2.55)式、(2.56)式、(2.57)式代入，则可依次得到一般情况下圆柱坐标系的三个分量(r,φ,z)所组成的光线微分方程：

$$
\left.
\begin{aligned}
&r\text{ 分量：}\quad \frac{\mathrm{d}}{\mathrm{d}s}\left[n\frac{\mathrm{d}r}{\mathrm{d}s}\right]-nr\left[\frac{\mathrm{d}\varphi}{\mathrm{d}s}\right]^2=\frac{\partial n}{\partial r} \quad ①\\
&\varphi\text{ 分量：}\quad \frac{\mathrm{d}}{\mathrm{d}s}\left[nr^2\frac{\mathrm{d}\varphi}{\mathrm{d}s}\right]=\frac{\partial n}{\partial \varphi} \quad ②\\
&z\text{ 分量：}\quad \frac{\mathrm{d}}{\mathrm{d}s}\left[n\frac{\mathrm{d}z}{\mathrm{d}s}\right]=\frac{\partial n}{\partial z} \quad ③
\end{aligned}
\right\} \tag{2.58}
$$

上式适用于介质折射率分布函数为 $n=n(r,\varphi,z)$ 的一般情况。

实际上，对介质折射率分布非均匀的圆柱光纤（如渐变折射率光纤），其折射率的分布规律一般遵循：折射率的分布与 z 无关，即在垂直于光纤轴线的任意截面均与光纤端面的折射率分布一致，因而 $\frac{\partial n}{\partial z}=0$；折射率分布亦与方位角 φ 无关，即过光轴的任意子午面内其折射率分布均相同，因而 $\frac{\partial n}{\partial \varphi}=0$。最终光纤中折射率的分布实际上只与 r 有关，即 $\frac{\mathrm{d}n}{\mathrm{d}r}\neq 0$。

将上述关系式代入(2.58)式，则有

$$
\left.
\begin{aligned}
&\frac{\mathrm{d}}{\mathrm{d}s}\left[n\frac{\mathrm{d}r}{\mathrm{d}s}\right]-nr\left[\frac{\mathrm{d}\varphi}{\mathrm{d}s}\right]^2=\frac{\mathrm{d}n}{\mathrm{d}r} \quad ①\\
&\frac{\mathrm{d}}{\mathrm{d}s}\left[nr^2\frac{\mathrm{d}\varphi}{\mathrm{d}s}\right]=0 \quad ②\\
&\frac{\mathrm{d}}{\mathrm{d}s}\left[n\frac{\mathrm{d}z}{\mathrm{d}s}\right]=0 \quad ③
\end{aligned}
\right\} \tag{2.59}
$$

上式即为对折射率沿 r 方向轴对称分布（径向折射率呈梯度分布）的圆柱光纤适用的圆柱坐标系光线微分方程。

2. 求光线微分方程的解

通过求解光线微分方程，最终确定 $z\sim r$ 的具体解析式，即可确定光线传播的轨迹。下面分析确定径向梯度折射率分布圆柱光纤中任意空间光线的解。

如图2.9所示，单位矢量为 $\boldsymbol{i}_{s0}(L_0、M_0、N_0)$ 的空间光线，投射在径向折射率分布光纤端面的 M 点 (r_0)，则有初始条件如下。

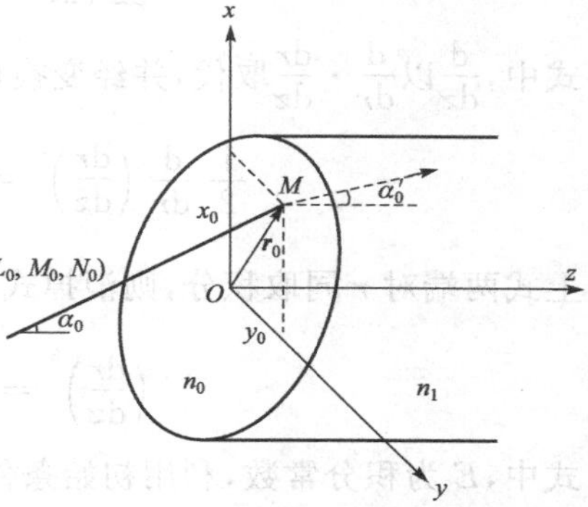

投射点位置坐标：

$$\boldsymbol{r}_0=x_0\boldsymbol{i}+y_0\boldsymbol{j} \tag{2.60}$$

端面上 M 点处投射光线的方位坐标为

$$\boldsymbol{i}_{s0}=L_0\boldsymbol{i}+M_0\boldsymbol{j}+N_0\boldsymbol{k} \tag{2.61}$$

式中，$L_0=\cos\gamma_0$，$M_0=\cos\beta_0$，$N_0=\cos\alpha_0$，分别为入射光线与 x、y、z 三轴夹角的方向余弦。

图2.9 空间光线投射的坐标变换

为求光线轨迹，利用上述初始条件对径向梯度折射率分布的(2.59)式求解，并首先从最简单的(2.59)式中③式 z 分量求解开始。

①求 z 分量：由(2.59)式中③式，$\frac{\mathrm{d}}{\mathrm{d}s}\left[n\frac{\mathrm{d}z}{\mathrm{d}s}\right]=0$，取积分应有

$$n\frac{\mathrm{d}z}{\mathrm{d}s}=C \tag{2.62}$$

式中，C 为积分常数。利用初始条件应有

$$C = n\frac{\mathrm{d}z}{\mathrm{d}s}\bigg|_0 = n_0\cos\alpha_0 = n_0 N_0 \tag{2.63}$$

上式中，n_0 为入射点 r_0 处的折射率。将 C 值代入(2.62)式，则解出

$$\frac{\mathrm{d}z}{\mathrm{d}s} = \frac{n_0 N_0}{n(r)} \tag{2.64}$$

②求 φ 分量：(2.59)式中②式为变参量方程，为便于求解需做如下过渡变换：

$$\frac{\mathrm{d}}{\mathrm{d}s}\left[nr^2\frac{\mathrm{d}\varphi}{\mathrm{d}s}\right] = \frac{\mathrm{d}}{\mathrm{d}s}\left[nr^2\frac{\mathrm{d}\varphi}{\mathrm{d}z}\frac{\mathrm{d}z}{\mathrm{d}s}\right] = \frac{\mathrm{d}}{\mathrm{d}s}\left[nr^2\frac{\mathrm{d}\varphi}{\mathrm{d}z}\frac{n_0 N_0}{n}\right] = n_0 N_0\frac{\mathrm{d}}{\mathrm{d}s}\left[r^2\frac{\mathrm{d}\varphi}{\mathrm{d}z}\right] = 0 \tag{2.65}$$

对上式积分，则有

$$r^2\frac{\mathrm{d}\varphi}{\mathrm{d}z} = D \tag{2.66}$$

式中，D 亦为积分常数。根据初始条件可求得(详细推导略)

$$D = \frac{x_0 M_0 - y_0 L_0}{N_0} \tag{2.67}$$

将上式代入(2.66)式，则解出

$$\frac{\mathrm{d}\varphi}{\mathrm{d}z} = \frac{1}{r^2}\cdot\frac{x_0 M_0 - y_0 L_0}{N_0} \tag{2.68}$$

③求 r 分量：由(2.59)式中①式，同样做过渡变换应有

$$\frac{\mathrm{d}}{\mathrm{d}z}\frac{\mathrm{d}z}{\mathrm{d}s}\left[n\frac{\mathrm{d}r}{\mathrm{d}z}\frac{\mathrm{d}z}{\mathrm{d}s}\right] - nr\left[\frac{\mathrm{d}\varphi}{\mathrm{d}z}\frac{\mathrm{d}z}{\mathrm{d}s}\right]^2 = \frac{\mathrm{d}n}{\mathrm{d}r} \tag{2.69}$$

将以上求出的各具体值代入上式有

$$\frac{\mathrm{d}}{\mathrm{d}z}\frac{n_0 N_0}{n}\left[n\frac{\mathrm{d}r}{\mathrm{d}z}\frac{n_0 N_0}{n}\right] - nr\left[\left(\frac{1}{r^2}\frac{x_0 M_0 - y_0 L_0}{N_0}\right)\frac{n_0 N_0}{n}\right]^2 = \frac{\mathrm{d}n}{\mathrm{d}r} \tag{2.70}$$

对上式整理变换得到

$$\frac{\mathrm{d}}{\mathrm{d}z}\left(\frac{\mathrm{d}r}{\mathrm{d}z}\right) = \frac{1}{N_0^2}\left[\frac{n}{n_0^2}\frac{\mathrm{d}n}{\mathrm{d}r} + \frac{(x_0 M_0 - y_0 L_0)^2}{r^3}\right] \tag{2.71}$$

式中，$\frac{\mathrm{d}}{\mathrm{d}z}$以$\frac{\mathrm{d}}{\mathrm{d}r}\cdot\frac{\mathrm{d}r}{\mathrm{d}z}$取代，并经变换可得到如下的形式：

$$\frac{1}{2}\frac{\mathrm{d}}{\mathrm{d}r}\left(\frac{\mathrm{d}r}{\mathrm{d}z}\right)^2 = \frac{1}{N_0^2}\frac{\mathrm{d}}{\mathrm{d}r}\left[\frac{1}{2}\frac{n^2}{n_0^2} - \frac{1}{2}\frac{(x_0 M_0 - y_0 L_0)}{r^2}\right] \tag{2.72}$$

上式两端对 r 同取积分，则消掉式中$\frac{\mathrm{d}}{\mathrm{d}r}$，因而有

$$\left(\frac{\mathrm{d}r}{\mathrm{d}z}\right)^2 = \frac{1}{N_0^2}\left[\frac{n^2}{n_0^2} - \frac{(x_0 M_0 - y_0 L_0)^2}{r^2}\right] + E \tag{2.73}$$

式中，E 为积分常数，利用初始条件经复杂运算，得到 $E=-1$，将其值代入上式并开方得到

$$\frac{\mathrm{d}r}{\mathrm{d}z} = \frac{1}{N_0}\left[\frac{n^2}{n_0^2} - \frac{(x_0 M_0 - y_0 L_0)^2}{r^2} - N_0^2\right]^{1/2} \tag{2.74}$$

上式取倒数有

$$\frac{\mathrm{d}z}{\mathrm{d}r} = \frac{N_0}{\left[\frac{n^2}{n_0^2} - \frac{(x_0 M_0 - y_0 L_0)^2}{r^2} - N_0^2\right]^{1/2}} \tag{2.75}$$

上式对 r 取积分，则得到任意空间光线在渐变折射率光纤中轨迹的解析式：

$$z=\int_{r_0}^{r}\frac{N_0\,\mathrm{d}r}{\left[\dfrac{n^2(r)}{n_0^2}-\dfrac{(x_0M_0-y_0L_0)^2}{r^2}-N_0^2\right]^{1/2}} \tag{2.76}$$

上式表明，径向梯度折射率分布光纤中光线的轨迹 $z\sim r$，除与介质折射率分布函数$n(r)$的具体形式有关外，还与初始条件(n_0；x_0，y_0；L_0，M_0，N_0)有关。

特别地，对子午光线应有

$$\frac{\mathrm{d}\varphi}{\mathrm{d}z}=\frac{1}{r^2}\,\frac{x_0M_0-y_0L_0}{N_0}=0 \tag{2.77}$$

因而有

$$x_0M_0-y_0L_0=0 \tag{2.78}$$

将上式代入空间光线轨迹的(2.76)式，则有

$$z=\int_{r_0}^{r}\frac{N_0\,\mathrm{d}r}{\left[\dfrac{n^2(r)}{n_0^2}-N_0^2\right]^{1/2}} \tag{2.79}$$

此即径向梯度折射率分布光纤子午面内的子午光线轨迹公式，应用最为广泛。上式表明，只要探求得到最佳的折射率分布函数$n(r)$，即可求解得到相应的光线轨迹。

2.3　光在渐变折射率光纤中的传播规律

2.3.1　能实现子午光线自聚焦（消色散）的折射率分布规律的分析

本节的目的是，通过研究不同$n(r)$渐变折射率分布函数条件下光线轨迹的特性与规律，分析能实现子午光线消除色散(特别是多模色散)、实现自聚焦的最佳折射率分布函数$n(r)$。这里具体研究平方律与双曲正割两种折射率函数分布的子午光线轨迹规律。

1. 平方律(抛物线)分布

设光纤折射率分布为自轴线起沿径向(r 方向)做平方律渐变分布，其函数分布的二次方与一次方具体形式分别为

$$n^2(r)=n_1^2[1-\alpha^2r^2] \tag{2.80}$$

$$n(r)=n_1\left[1-\frac{1}{2}\alpha^2r^2\right] \tag{2.81}$$

式中，α 为介质折射率分布渐变系数。为求光线轨迹，将(2.80)式代入(2.79)式，应有

$$z=\int_{r_0}^{r}\frac{N_0\,\mathrm{d}r}{\left[\dfrac{n_1^2(1-\alpha^2r^2)}{n_0^2}-N_0^2\right]^{1/2}}=\cdots=\frac{n_0N_0}{n_1\alpha}\left[\arcsin\frac{n_1\alpha r}{\sqrt{n_1^2-n_0^2N_0^2}}-\arcsin\frac{n_1\alpha r_0}{\sqrt{n_1^2-n_0^2N_0^2}}\right] \tag{2.82}$$

对上式进行整理，最终得到如下平方律折射率分布子午光线的光线轨迹($r\sim z$)方程：

$$r=\frac{\sqrt{n_1^2-n_0^2N_0^2}}{n_1\alpha}\cdot\sin\left(\frac{n_1\alpha}{n_0N_0}z+\arcsin\frac{n_1\alpha r_0}{\sqrt{n_1^2-n_0^2N_0^2}}\right) \tag{2.83}$$

式中，$\dfrac{\sqrt{n_1^2-n_0^2N_0^2}}{n_1\alpha}$ 项为振幅 R，$\dfrac{n_1\alpha}{n_0N_0}z$ 为位相项 φ，$\arcsin\dfrac{n_1\alpha r_0}{\sqrt{n_1^2-n_0^2N_0^2}}$ 为初位相 φ_0。

(2.83)式表明：光线轨迹($r\sim z$)是一些沿 z 轴弯曲前进的"正弦曲线"，光线轨迹除与折射率分布渐变系数 α 及 n_1 有关外，还与初始条件 r_0(端面投射高度)、n_0、N_0(初始投射角方向余弦)有关。例如 r_0 不同，则初位相 φ_0 不同。

特例，若 $r_0=0$，则初位相 $\varphi_0=0$；若取端面上沿轴顶点处 $n_0=n_1$，则(2.83)式变化为

$$r=\frac{\sqrt{1-N_0^2}}{\alpha}\cdot\sin\left(\frac{\alpha}{N_0}\cdot z\right) \tag{2.84}$$

式中，$N_0=\cos\alpha_0$ 为入射光线与 z 轴夹角的方向余弦。上式表明，若初始投射角 α_0 不同，N_0 不同，则影响轨迹方程中的振幅 R 及位相 φ 均不同。因而，由光轴顶点发出的不同投射角的光线，其正弦曲线的轨迹也不同。即由同一点发出的不同正弦曲线将散开，不能会聚到一点(如图 2.10所示)，此即产生"色散"。为研究色散现象，需考察位相项。若令 Λ 表示正弦波 1 个周期的长度，即令 $z=\Lambda$，则应有

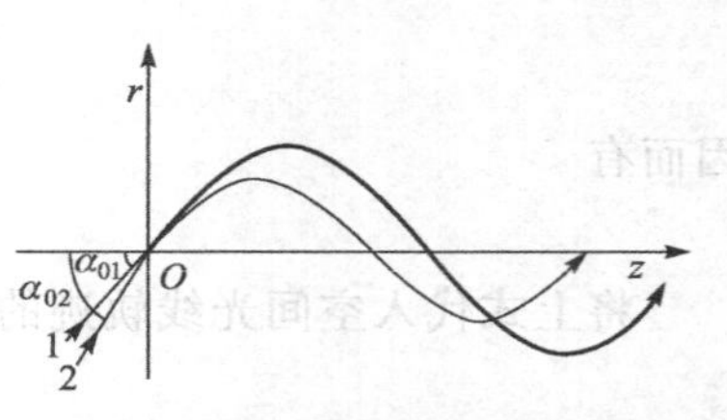

图 2.10 平方律分布光纤中的子午光线色散现象

$$\frac{\alpha}{N_0}\cdot\Lambda=2\pi \tag{2.85}$$

由上式可得

$$\Lambda=\frac{2\pi}{\alpha}\cdot N_0 \tag{2.86}$$

上式表明，对确定渐变系数 α 结构的平方律分布光纤，其光线轨迹正弦曲线的周期长度 Λ 随入射光线方向余弦 N_0 的不同而不同，即产生"色散"现象，因而不能实现子午光线的自聚焦。

特别，仅在近轴条件下，即入射光线与光轴的夹角 $\alpha_0\approx0$，因而 $N_0=\cos\alpha_0\approx1$，则有

$$\Lambda\approx\frac{2\pi}{\alpha} \tag{2.87}$$

即 Λ 为常数。表明仅在近轴光学条件下，平方律分布的光纤才可以实现子午光线自聚焦，消除色散。上述分析表明，平方律分布的光纤其消色散性并不理想，因此必须寻求消色散性更好的折射率分布函数。

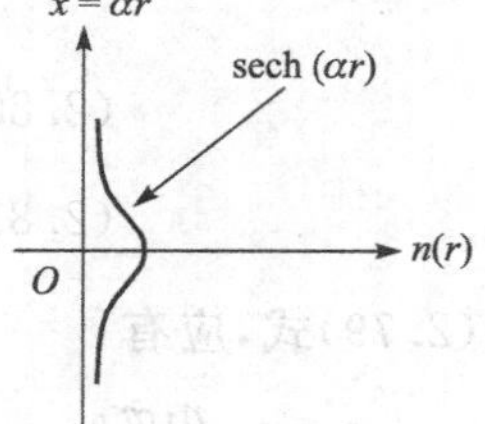

图 2.11 双曲正割分布函数图像

2. 双曲正割分布函数 *sech*(αr)

若光纤中径向折射率渐变的函数分布遵循双曲正割函数分布规律，即如

$$\mathrm{sech}x=\frac{1}{\mathrm{ch}x}=\frac{2}{\mathrm{e}^x+\mathrm{e}^{-x}} \tag{2.88}$$

双曲正割函数的分布图形如图 2.11 所示，其平方形式与一次方形式的级数展开式分别为

$$n^2(r)=n_1^2\cdot\mathrm{sech}^2(\alpha r)=n_1^2\left[1-(\alpha r)^2+\frac{2}{3}(\alpha r)^4-\cdots\right] \tag{2.89}$$

$$\begin{aligned}n(r)=n_1\cdot\mathrm{sech}(\alpha r)&=n_1\left[1+\sum(-1)^n\frac{E_n}{(2n)!}(\alpha r)^{2n}\right]\\&=n_1\left[1-\frac{1}{2}(\alpha r)^2+\frac{5}{24}(\alpha r)^4-\frac{61}{720}(\alpha r)^6+\cdots\right]\end{aligned} \tag{2.90}$$

式中，E_n 为尤拉数，其取值如表 2.2 所示。

表 2.2　尤拉数表(前 4 项)

n	1	2	3	4
E_n	1	5	61	1 385

将双曲正割函数代入(2.79)式，则有

$$z=\int_{r_0}^{r}\frac{N_0\,\mathrm{d}r}{\left[\dfrac{n_1^2\operatorname{sech}^2(\alpha r)}{n_1^2\operatorname{sech}^2(\alpha r_0)}-N_0^2\right]^{1/2}}=\int_{r_0}^{r}\frac{N_0\,\mathrm{d}r}{\left[\dfrac{\operatorname{ch}^2(\alpha r_0)}{\operatorname{ch}^2(\alpha r)}-N_0^2\right]^{1/2}}\tag{2.91}$$

上式经变量置换并查积分表，最终得到子午光线轨迹方程解为(详略)

$$z=\frac{1}{\alpha}\left[\arcsin\frac{N_0\cdot\operatorname{sh}(\alpha r)}{[\operatorname{ch}^2(\alpha r)-N_0^2]^{1/2}}-\arcsin\frac{N_0\cdot\operatorname{sh}(\alpha r_0)}{[\operatorname{ch}^2(\alpha r_0)-N_0^2]^{1/2}}\right]\tag{2.92}$$

考察沿光纤轴心点投射的特殊情况，即 $r_0=0$，则有

$$z=\frac{1}{\alpha}\arcsin\frac{N_0\operatorname{sh}(\alpha r)}{[\operatorname{ch}^2(\alpha r)-N_0^2]^{1/2}}\tag{2.93}$$

对上式取正弦变换有

$$\sin\alpha z=\frac{N_0\operatorname{sh}(\alpha r)}{[\operatorname{ch}^2(\alpha r)-N_0^2]^{1/2}}\tag{2.94}$$

上式表明，双曲正割分布条件下，光线轨迹为正弦曲线族，其周期($z=\Lambda$)亦应为 2π，即有

$$\alpha\Lambda=2\pi$$

因而得到

$$\Lambda=\frac{2\pi}{\alpha}\tag{2.95}$$

上式表明，双曲正割函数分布光纤中，其子午光线的轨迹为正弦函数，且其周期长度 Λ 为常数，与 r_0、N_0 等初始条件无关。因而，由一点发出的不同角度(即不同 N_0)的子午光线，在传播过程中均满足等光程条件，即可周期性地会聚于半波长点，如图 2.12 所示。

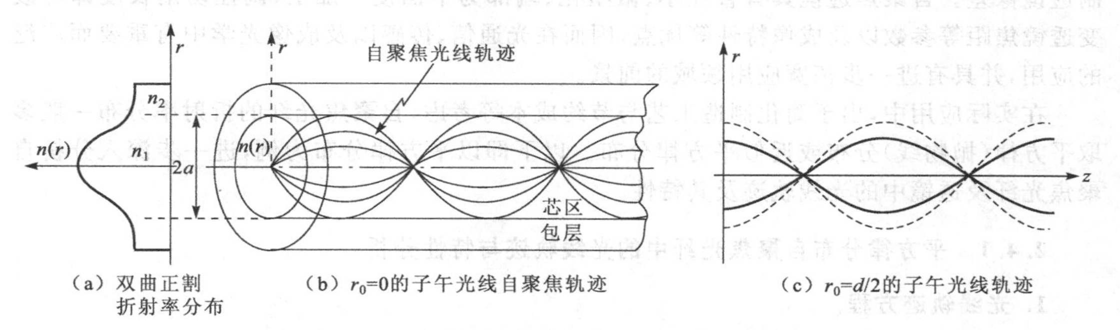

图 2.12　双曲正割分布光纤中子午光线自聚焦

由此可获得如下结论：折射率呈双曲正割函数 sech(αr)分布的光纤，其子午光线可以实现完善的自聚焦，即实现零色散。

2.3.2　空间光线在梯度折射率分布光纤中的传播规律

光纤中传播的光线除了少量的是子午光线外，更大量存在的是空间光线，即斜光线。在子午光线满足等光程条件、实现自聚焦的条件下，空间光线的轨迹存在如下两种情况。

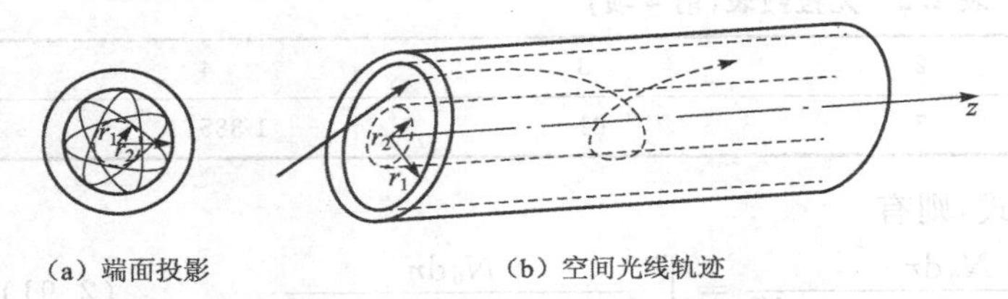

图 2.13 一般空间光线轨迹及端面投影

①一般情况：一般空间（斜）光线沿与光纤轴线距离做周期性变化的椭圆形螺旋线轨迹前进，即其轨迹是在半径为 r_1 和 r_2 的两个圆柱焦散面之间振荡，且与两个圆柱焦散面相切，光线在半径的两个极值点处——转折点改变方向。一般空间光线轨迹示意图及其在光纤端面投影的图像如图 2.13(a)、(b)所示。

②特殊情况：空间光线中存在一部分特殊空间光线，其轨迹上的各点距光纤轴线为等半径，因而光线轨迹为圆柱螺旋光线(halical ray)。此时，一般空间光线的两个圆柱焦散面重合为一，即有 $r_1=r_2$，并且所有螺旋光线在 z 轴方向速度完全一致，色散为零。圆柱螺旋光线轨迹在光纤端面投影图像为一个圆，如图 2.14(a)、(b)所示。

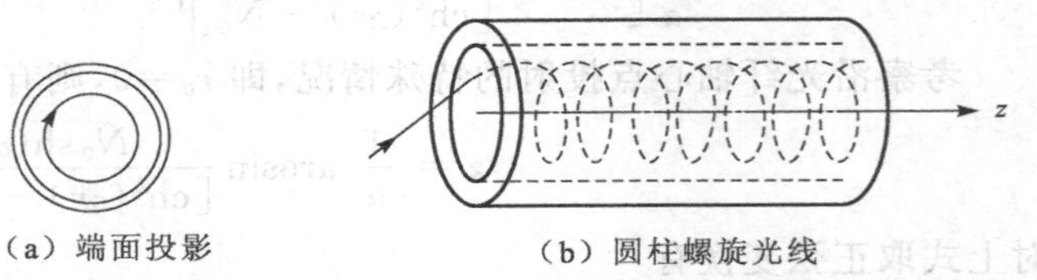

图 2.14 空间圆柱螺旋光线及端面投影

2.4 自聚焦光纤、透镜及其成像特性

自聚焦光纤是基于光线在渐变折射率介质中连续折射作用而对光线起自动会聚作用的一种梯度折射率分布光纤，其折射率分布随离轴距离的增大而逐渐减小。当这种自聚焦光纤用于成像时，则称为自聚焦透镜。利用离子交换法工艺可以制造自聚焦光纤；通过准确控制几何尺寸、材料折射率配比、光波长等参量以及离子交换工艺，可以获得自聚焦透镜，并控制透镜像差。自聚焦透镜具有直径小、微型化、端部为平面便于加工、调控切割长度即可改变透镜焦距等参数以及成像特性等优点，因而在光通信、传感以及成像光学中有重要而广泛的应用，并具有进一步拓宽应用领域的前景。

在实际应用中，出于简化制造工艺与节约成本等考虑，自聚焦光纤的折射率分布一般多取平方律(抛物线)分布或近似平方律分布。以下即以平方律分布为例，进一步深入分析自聚焦光纤及透镜中的光线轨迹及其特性。

2.4.1 平方律分布自聚焦光纤中的光线轨迹与特性分析

1. 光线轨迹方程

矢量形式的近轴光线微分方程(2.49)式，在考虑子午面内光线轨迹的条件下，可以转化为子午面内的标量方程，即有

$$\frac{d^2 r}{dz^2}=\frac{1}{n_1}\nabla n(r) \tag{2.96}$$

若光纤折射率取平方律分布(α 为渐变系数)，即 $n(r)=n_1(1-\frac{1}{2}\alpha^2 r^2)$，代入上式得到

$$\frac{d^2 r}{dz^2}=-\alpha^2 r \tag{2.97}$$

上式的通解为

$$r = A\cos\alpha z + B\sin\alpha z \tag{2.98}$$

上式中两个待定系数 A、B 可利用初始条件确定。但为确定两个系数 A、B，尚需补充建立一个由上式对 z 求导获得的光线轨迹斜率方程：

$$P = \frac{\mathrm{d}r}{\mathrm{d}z} = -A\alpha\sin\alpha z + B\alpha\cos\alpha z \tag{2.99}$$

光纤端面的初始入射条件由 $z=0$ 确定，应有 $r=r_0$，$P=P_0'$。将上述初始条件代入(2.98)式、(2.99)式，可解出两个待定系数值为 $A=r_0$，$B=\dfrac{P_0'}{\alpha}$。其中，P_0' 应为 O 点处折射后的斜率 $\tan\alpha_1'$。

将 A、B 系数值代入(2.98)式与(2.99)式，则有

$$\begin{cases} r = r_0\cos\alpha z + \dfrac{P_0'}{\alpha}\sin\alpha z & (2.100) \\ P = -r_0\alpha\sin\alpha z + P_0'\cos\alpha z & (2.101) \end{cases}$$

(2.100)式与(2.101)式分别为近轴条件下自聚焦光纤中的光线轨迹方程和光线轨迹斜率方程。若将上两式表为矩阵方程形式，则有

$$\begin{bmatrix} r \\ P \end{bmatrix} = \begin{bmatrix} \cos\alpha z & \dfrac{1}{\alpha}\sin\alpha z \\ -\alpha\sin\alpha z & \cos\alpha z \end{bmatrix} \begin{bmatrix} r_0 \\ P_0' \end{bmatrix} \tag{2.102}$$

定义如下的矩阵 $\boldsymbol{M}$ 为自聚焦光纤的作用矩阵：

$$\boldsymbol{M} = \begin{bmatrix} \cos\alpha z & \dfrac{1}{\alpha}\sin\alpha z \\ -\alpha\sin\alpha z & \cos\alpha z \end{bmatrix} \tag{2.103}$$

显然，作用矩阵 $\boldsymbol{M}$ 决定了自聚焦光纤中子午光线的光线轨迹。在(2.103)式中，若知折射率渐变系数 α，则可求出作用矩阵 $\boldsymbol{M}$；再知初始条件 r_0、P_0，则由(2.102)式可确定 $\begin{bmatrix} r \\ P \end{bmatrix}$，即确定了光线的具体传播规律。

若将光线轨迹方程(2.100)式表为位相与初位相和的三角函数形式，即变换为

$$r = R\sin(\alpha z + \varphi_0) \tag{2.104}$$

则表明光线轨迹为一族正弦曲线。上式中 R、φ_0 分别为振幅和初位相，并可表为如下关系式：

$$R = \sqrt{r_0^2 + P_0'^2/\alpha^2} \tag{2.105}$$

$$\varphi_0 = \arctan(\alpha r_0/P_0') \tag{2.106}$$

(2.104)式表明，一般情况下，子午光线轨迹为一初位相 $\varphi_0 \neq 0$ 的正弦曲线，且振幅 R 值随 r_0、P_0' 值的增大以及渐变系数 α 的减小而增大，如图 2.15 所示。

2. 光线传播特性与规律分析

为深入研究分析平方律分布光纤中光线传播的特性与规律，必须首先研究近轴条件下光纤端面两种特殊入射条件的光线传播规律。

①光线以 α_1 角入射于光纤端面轴上点。

如图 2.16 所示，应有初始条件 $r_0=0$，$P_0=\tan\alpha_1$，$P_0'=\tan\alpha_1'$。

将上述值代入(2.100)式和(2.101)式，即得到光线轨迹与斜率方程分别为

$$r=\frac{P_0'}{\alpha}\sin\alpha z=\frac{\tan\alpha_1'}{\alpha}\sin\alpha z \tag{2.107}$$

$$P=P_0'\cos\alpha z=\tan\alpha_1'\cos\alpha z \tag{2.108}$$

式中，α_1 为入射光线在光纤端面轴上点的入射角，α_1'为折射角。

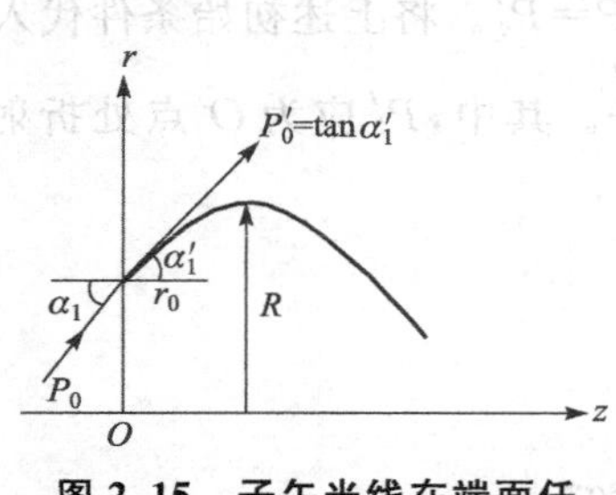

图 2.15 子午光线在端面任意点投射(r_0,P_0)

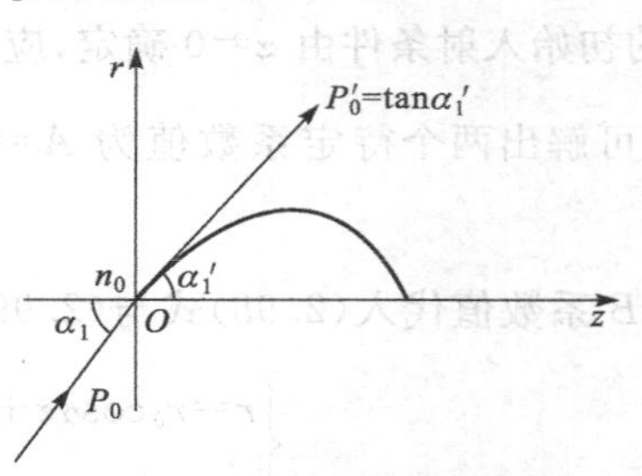

图 2.16 子午光线在端面轴上点入射

(2.107)式表明，光线轨迹是初位相为零的正弦曲线；进一步对位相的研究表明，其周期长度为 $\Lambda=\frac{2\pi}{\alpha}$[由(2.87)式]，表明在近轴条件下，平方律分布的光纤具有自聚焦(零色散)特性，轴上点发出的不同光线其光线轨迹正弦曲线的周期长度不变。

进一步分析其振幅特性，由(2.107)式或将初始条件代入(2.105)式，均应有振幅

$$R=\frac{\tan\alpha_1'}{\alpha} \tag{2.109}$$

亦即，$\tan\alpha_1'=\alpha R$，且在最大孔径角 $\alpha_{1\max}$条件下，应有

$$\tan\alpha_{1\max}'=\alpha R_{\max}=\alpha a \tag{2.110}$$

式中，a 为光纤半径。

由于 O 点为光纤端面的轴上点，因而可定义数值孔径(通常取 $n_0=1$)

$$\mathrm{NA}=n_0\sin\alpha_{1\max}=\sin\alpha_{1\max}=n_1\sin\alpha_{1\max}'=n_1\cdot\frac{\tan\alpha_{1\max}'}{\sqrt{1+\tan^2\alpha_{1\max}'}}=\frac{n_1\alpha a}{\sqrt{1+\alpha^2a^2}} \tag{2.111}$$

由于渐变折射率光纤其渐变系数 α 很小，即 $\alpha^2a^2\ll1$，因而有

$$\mathrm{NA}\approx n_1\alpha a \tag{2.112}$$

另外，若给定 n_1 和光纤芯中心与边缘折射率差值 Δn 的要求时，可求取渐变系数 α 的设计值。如图 2.17 所示，设光纤芯中心折率为 n_1，边缘折射率为 n_d，则有

$$\Delta n=n_1-n_d=n_1-\left[n_1\left(1-\frac{1}{2}\alpha^2a^2\right)\right]=\frac{1}{2}\alpha^2a^2n_1 \tag{2.113}$$

由上式则可以求取

$$\alpha=\frac{1}{a}\sqrt{\frac{2\Delta n}{n_1}} \tag{2.114}$$

②光线以投射高度 r_0 平行于光轴入射(如图 2.18 所示)。

初始条件为 r_0 和 $P_0=\tan\alpha_1=0$。将上述初始条件依次代入(2.100)式和(2.101)式

得到

$$r = r_0 \cos\alpha z \tag{2.115}$$

$$P = -r_0 \alpha \sin\alpha z \tag{2.116}$$

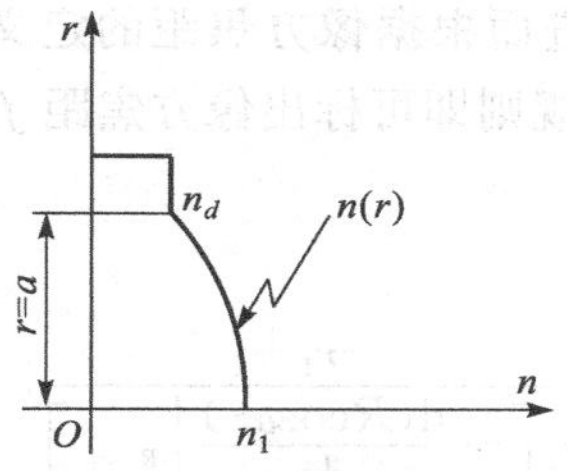

图 2.17　光纤渐变折射率分布

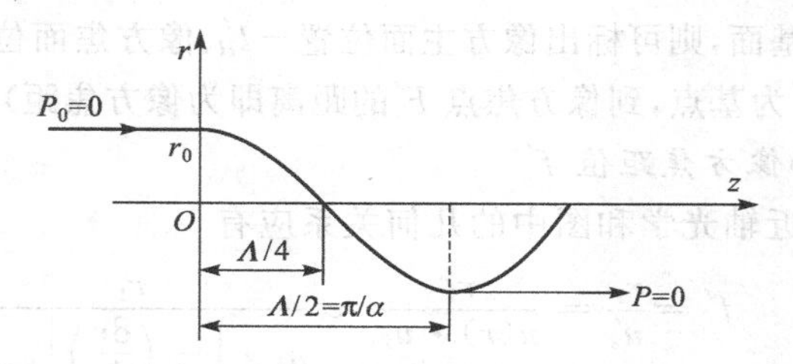

图 2.18　光线平行光轴入射

(2.115)式表明，光线轨迹为一余弦曲线，其振幅 $R=r_0$，其周期亦为 $\Lambda=\dfrac{2\pi}{\alpha}$。在图示平行光入射条件下，若要得到平行光出射，则出射端面处应有

$$P = -r_0\alpha \cdot \sin\alpha z = 0 \tag{2.117}$$

则应有

$$\alpha z = n\pi$$

因而

$$z = n\frac{\pi}{\alpha} = n\frac{\Lambda}{2} \qquad (n=1,2,3,\cdots) \tag{2.118}$$

由上式并参看图 2.18，可得到如下重要结论：

(a)当自聚焦光纤长度为半周期长度的整数倍时，若输入端面为平行于光轴(光纤轴线)的光线入射，则输出端面的出射光线亦平行于光轴。

(b) 当自聚焦光纤长度为 $\Lambda/4$ 的奇数倍时，若输入端面有光线平行于光轴入射，则出射光线将会聚于光纤出射端面轴上点；反之，若将点光源置于 $\Lambda/4$ 长度光纤输入端面的轴上点处，则出射端面可获得平行于光轴的平行光束出射。

利用上述重要特性，可通过控制切割自聚焦光纤的长度，获得所需要的光束特性与结构的各种自聚焦透镜。

2.4.2　自聚焦透镜的成像特性——近轴成像

自聚焦透镜主要用于成像，近轴条件下自聚焦透镜的成像特性与近轴光学的透镜成像具有类同的规律，但同时还有其特殊规律。

1. 自聚焦透镜的基点与焦距

利用几何光学中近轴光学的概念，可以确定自聚焦透镜的基点位置与焦距。

如图 2.19 所示，根据近轴光学的定义，具有长度为 z_0 位于空气中的自聚焦透镜，其像方基点位置确定的方法如下：平行于光轴的光线以 r_1 的投射高度在自聚焦透镜入射端面 1 的 A_1 点入射，随后沿余弦曲线轨迹与透镜出射端面 2 交于 A_2 点，投射高度为 r_2，其入射角度为 u_2，经折射后折射角为 u_2'，像方出射光线与光

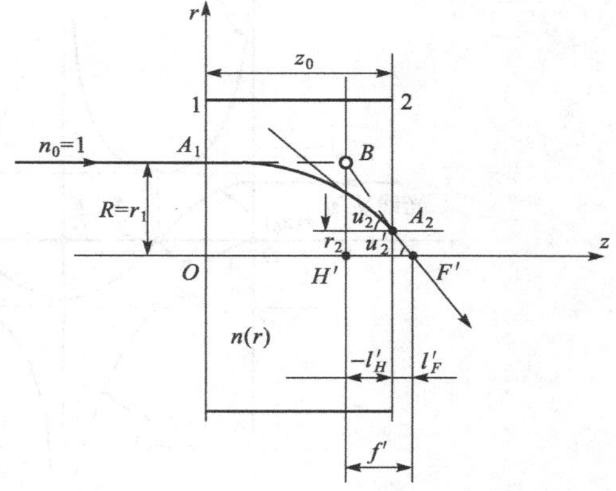

图 2.19　自聚焦透镜近轴成像

轴的交点为 F'，此即自聚焦透镜的像方焦点；出射光线的反向延长线与入射平行光线的交点 B 即决定了透镜像方主面位置，过 B 点做与光轴垂直的平面即为自聚焦透镜的像方主面，该面与光轴的交点即为像方主点 H'。根据近轴光学的定义和符号规则，以自聚焦透镜的出射端面 2 为像方基面，则可标出像方主面位置 $-l'_H$、像方焦面位置 l'_F；进而根据像方焦距的定义（以像方主点 H' 为基点，到像方焦点 F' 的距离即为像方焦距）和符号规则即可标出像方焦距 f'。

（1）像方焦距值 f'

由近轴光学和图中的几何关系应有

$$f' = \frac{r_1}{u'_2} = \frac{r_1}{n(r) \cdot u_2} \approx \frac{r_1}{n_1 \cdot \left[-\left(\dfrac{\mathrm{d}r}{\mathrm{d}z} \right) \bigg|_{\substack{R=r_1 \\ z=z_0}} \right]} = \frac{r_1}{n_1 \left[-\dfrac{\mathrm{d}(R\cos\alpha z)}{\mathrm{d}z} \bigg|_{\substack{R=r_1 \\ z=z_0}} \right]}$$

$$= \frac{r_1}{n_1 \cdot [-(-\alpha r_1 \sin\alpha z_0)]} = \frac{1}{n_1 \alpha \sin\alpha z_0} \tag{2.119}$$

式中，α 为渐变系数，n_1 为沿轴折射率，z_0 为自聚焦透镜的长度。上式表明自聚焦透镜的焦距值 f' 随渐变系数 α 值与透镜长度 z_0 的变化而变化。为分析自聚焦透镜 f' 随透镜长度变化的规律，将 f' 对 z 求一阶与二阶导数。根据 $\frac{\partial f'}{\partial z}=0$ 可确定极值点的位置；由 $\frac{\partial^2 f'}{\partial z^2}>0$，可判断 f' 存在极小值 $f'_{\min}$。根据计算可得到

$$f'_{\min} = \frac{1}{n_1 \alpha} \tag{2.120}$$

（2）像方主面位置 l'_H

由图 2.19 所示应有

$$l'_H = l'_F - f' = -\frac{(r_1 - r_1\cos\alpha z_0)}{n_1 \alpha r_1 \sin\alpha z_0} = -\frac{1-\cos\alpha z_0}{n_1 \alpha \sin\alpha z_0} = -\frac{\tan\left(\dfrac{\alpha z_0}{2}\right)}{n_1 \alpha} \tag{2.121}$$

由（2.119）式和（2.121）式可以看出，在自聚焦透镜折射率分布渐变系数 α 确定的条件下，其像方主面位置 l'_H 与像方焦距值 f' 均将随自聚焦透镜长度 z_0 的变化而做周期性的变化，且变化的幅度很大。图 2.20 分别画出了自聚焦透镜的光线轨迹、像方焦距值 f' 以及像方主面的位置 l'_H 随透镜长度 z_0 的变化规律。

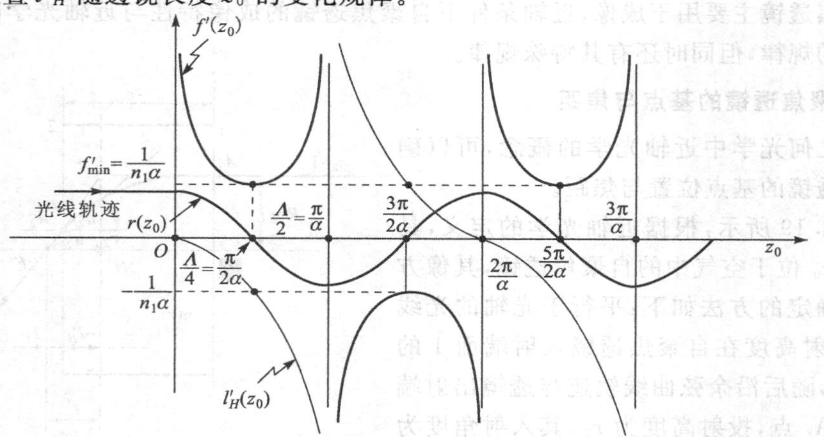

图 2.20　自聚焦透镜近轴光线轨迹、焦距与主面位置函数曲线

由图 2.20 可见，通过控制切割自聚焦透镜具有不同的长度 z_0，可实现其焦距值 f' 与基点位置 l'_H 发生为实现特定成像要求所需要的很大的动态变化范围(如焦距值的正负与量值大小)，因而可实现多变的成像效果，这也正是自聚焦透镜所特有的灵活成像特性的巨大优点。

术语自聚焦透镜在国际市场上的称谓为 GRIN-Rod Lens，即梯度折射率棒状透镜的缩写。世界上生产这种透镜的一大厂家是日本平板玻璃公司，其商标为 SELFOC。自聚焦透镜的直径 d 一般为 1～2 mm，长度 z_0 一般为 3～30 mm。具有质量轻(5～200 mg)、尺寸小以及可实现短焦距等特点。一个自聚焦透镜光学性能与结构参数的典型值如表 2.3 所示。

应该指出的是，自聚焦透镜的数值孔径随入射光线入射位置的不同而变化。其中，光纤轴线上即中心处数值孔径角最大，远离光轴则数值孔径角逐渐减小。表中给出的即为自聚焦透镜中心的数值孔径。

表 2.3　自聚焦透镜光学性能为结构参数的典型值示例

参　　数	符　　号	典　型　值
中心折射率	n_1	1.60
折射率最大差值	$\Delta n=n_1-n_2$	0.023
特性常数(渐变系数)/(mm^{-1})	α	0.339
透镜长度/mm	z_0	6.0
直径/mm	$d=2a$	1.0
周期长度/mm	Λ	18.528
焦距/mm	f'	2.14
中心数值孔径/mm	NA_{max}	0.27
孔径角/(°)	2α	30

2. 自聚焦透镜的成像

(1)符号规则

将自聚焦透镜用于成像光路中，其有关的量值符号规定，将遵循传统近轴光学的符号规则。例如，以线段符号标注为例，在正向光路规定的前提下，沿光轴方向的线段(如主面位置、焦点位置、焦距值 f')，以透镜端面轴心点(或相应主点等)为原点，左“－”，右“＋”；垂直于光纤轴线的线段，则以光纤轴线为基准，下“－”，上“＋”。有关角度的规定，亦类同。

(2)解析法成像

在知道自聚焦透镜的 f' 与各基点位置等光学与结构性能参数后，若给定成像物体(或成像位置)在光路中与自聚焦透镜的相对位置关系，则可利用如下近轴光学的相关解析公式求取物像关系：

$$\frac{1}{l'}-\frac{1}{l}=\frac{1}{f'} \tag{2.122}$$

上式为高斯公式。式中，l、l' 分别为以自聚焦透镜入射端面和出射端面为原点的物距和像距，f' 为自聚焦透镜焦距值。

$$xx'=ff' \tag{2.123}$$

上式为牛顿公式。式中，x、x' 分别为以自聚焦透镜物方焦点 F 和像方焦点 F' 为原点度量的物距与像距。

(3)图解法求像

根据上述自聚焦透镜基点位置与焦距值随透镜长度 z_0 变化而变化的规律，在给定物体位置以及透镜长度 z_0 的相对周期长度值范围的条件下，即可利用传统的图解法与相关概念，方便地确定自聚焦透镜的各基点位置、焦距值以及像的位置与大小。自聚焦透镜的图解法，具有直观、形象、定性，且可获得全面概念等优点。

下面给出具有不同自聚焦透镜长度 z_0 情况下，透镜焦距 $f'(l'_H)$ 以及成像随 z_0 与物距的变化规律(如图 2.21 所示)。

①$0<z_0<\frac{\pi}{2\alpha}\left(\frac{\pi}{2\alpha}为\frac{1}{4}周期长度\right)$，即 $0<z_0<\frac{\Lambda}{4}$

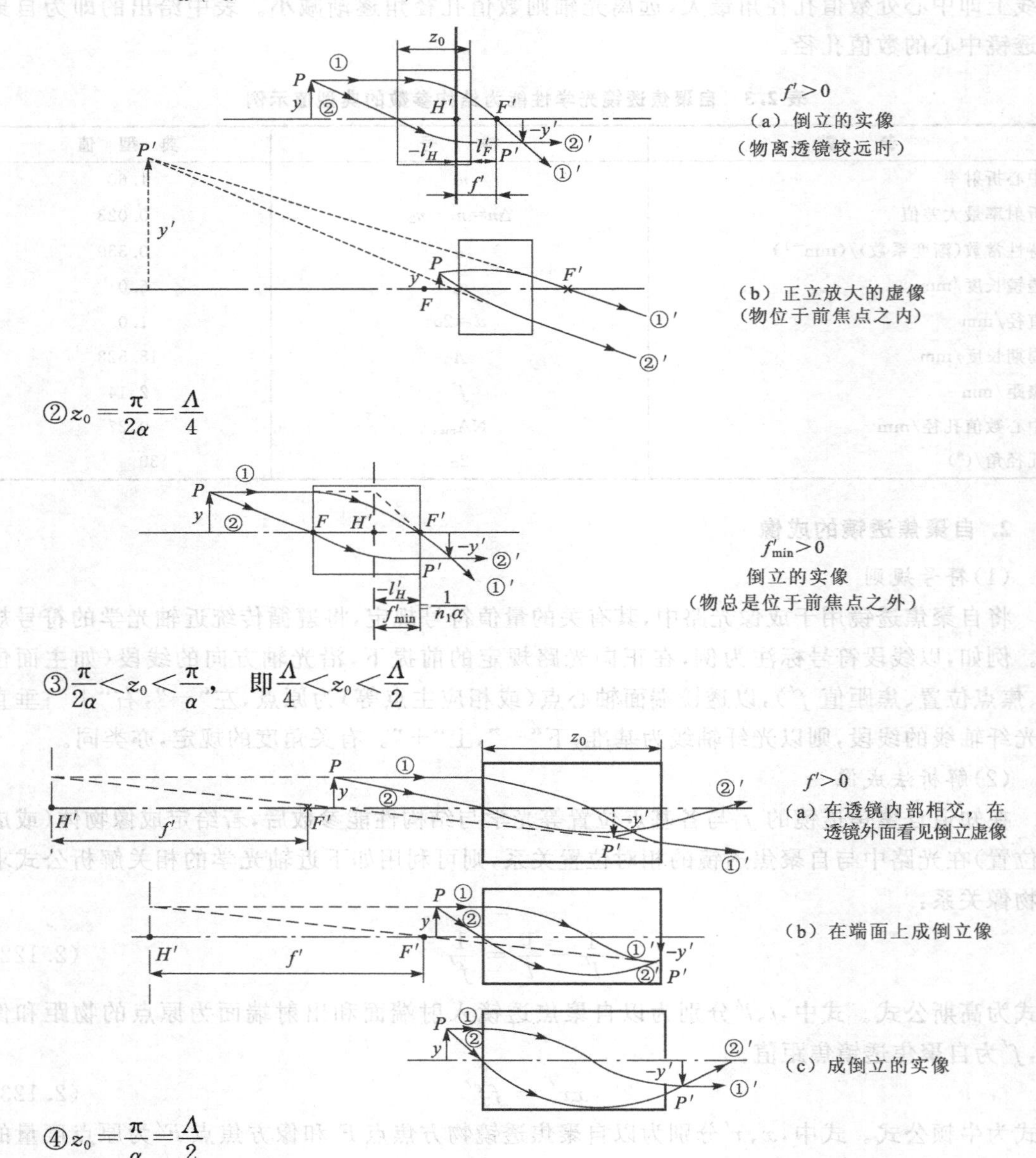

②$z_0=\frac{\pi}{2\alpha}=\frac{\Lambda}{4}$

③$\frac{\pi}{2\alpha}<z_0<\frac{\pi}{\alpha}$，　即 $\frac{\Lambda}{4}<z_0<\frac{\Lambda}{2}$

④$z_0=\frac{\pi}{\alpha}=\frac{\Lambda}{2}$

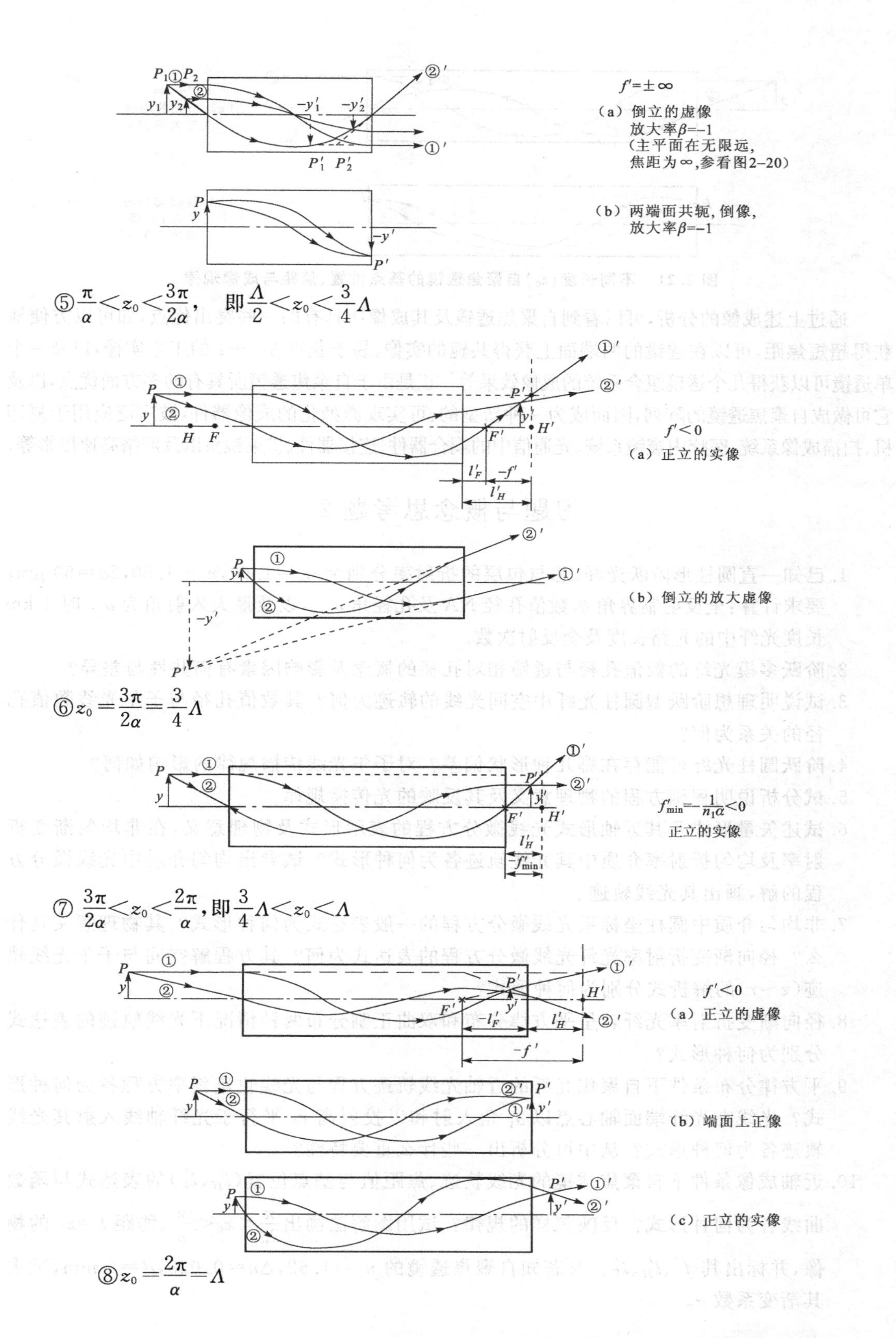

P_1 ① P_2
②′
②
y_1 y_2
$-y_1'$ $-y_2'$
①′
P_1' P_2'
$f'=\pm\infty$
（a）倒立的虚像
放大率$\beta=-1$
（主平面在无限远，
焦距为∞，参看图2-20）
P
y
$-y'$
P′
（b）两端面共轭，倒像，
放大率$\beta=-1$
⑤ $\frac{\pi}{\alpha}<z_0<\frac{3\pi}{2\alpha}$，即 $\frac{\Lambda}{2}<z_0<\frac{3}{4}\Lambda$
①′
②′
P ①
②
y
H F
P′
F′ H′
$f'<0$
（a）正立的实像
l_F' $-f'$
l_H'
②′
①′
P ①
y
②
$-y'$
P′
（b）倒立的放大虚像
⑥ $z_0=\frac{3\pi}{2\alpha}=\frac{3}{4}\Lambda$
①′
P ①
②
②′
P′
y
F′ H′
$f'_{\min}=-\frac{1}{n_1\alpha}<0$
正立的实像
l_H
$-f'_{\min}$
⑦ $\frac{3\pi}{2\alpha}<z_0<\frac{2\pi}{\alpha}$，即 $\frac{3}{4}\Lambda<z_0<\Lambda$
P ①
①′
y ②
P′
$f'<0$
F′ $-l_F'$ H′ l_H'
②′
（a）正立的虚像
$-f'$
P ①
②
②′ P′
y′
y
（b）端面上正像
P ①
P′ ①′
y
y′ ②′
②
（c）正立的实像
⑧ $z_0=\frac{2\pi}{\alpha}=\Lambda$

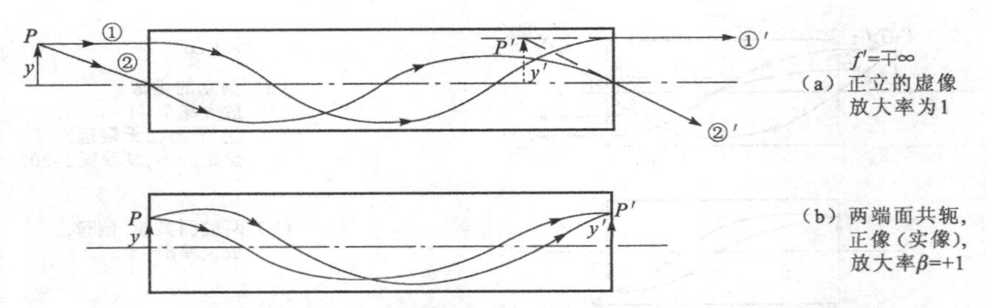

图 2.21　不同长度(z_0)自聚焦透镜的基点位置、焦距与成像规律

通过上述成像的分析,可以看到自聚焦透镜及其成像所具有的一些突出优点,如可以方便地获得超短焦距,可以在透镜的两端面上获得共轭的实像,易于获得 $\beta=+1$ 的正立实像,以及一个单透镜可以获得几个透镜组合系统的成像效果等。正是由于自聚焦透镜所具有的多方面优点,以及它可做成自聚焦透镜的阵列,因而成为一种新型的、可实现微型化的成像器件,被广泛应用于复印机、扫描成像系统、医疗内窥镜系统、光通信中的耦合器件、连接器件、扩束镜头以及网络高速摄影等。

习题与概念思考题 2

1. 已知一直圆柱形阶跃光纤,芯与包层的折射率分别为 $n_1=1.60$,$n_2=1.50$,$2a=50\ \mu\text{m}$;要求计算:全反射临界角 θ,数值孔径 NA 及孔径角 $\alpha_{\max}$,以及最大入射角为 $\alpha_{\max}$ 时 1 km 长度光纤中的光路长度及全反射次数。
2. 阶跃多模光纤的数值孔径与透镜相对孔径的概念及影响因素有何共性与差异?
3. 试说明理想阶跃型圆柱光纤中空间光线的轨迹为何?其数值孔径与子午光线数值孔径的关系为何?
4. 阶跃圆柱光纤可能存在哪几种形状偏差?对子午光线传播规律的影响如何?
5. 试分析说明程函方程的物理意义及其反映的光传播规律。
6. 试述矢量形式及其近轴形式光线微分方程的表示形式及物理意义,在非均匀渐变折射率及均匀折射率介质中其光线轨迹各为何种形式?试导出均匀介质中光线微分方程的解,画出其光线轨迹。
7. 非均匀介质中圆柱坐标系光线微分方程的一般表达式为何种形式?其物理意义是什么?径向渐变折射率光纤光线微分方程的表达式为何?其方程解空间与子午光线轨迹($z\sim r$)的解析式分别为何种形式?
8. 径向渐变折射率光纤若呈平方律分布和双曲正割分布两种情况下光线轨迹的表达式分别为何种形式?
9. 平方律分布条件下自聚焦光纤的近轴光线轨迹方程与光线轨迹斜率方程各为何种形式?光线在光纤端面轴心点以 α_1 角入射和以投射高 r_0 平行于光纤轴线入射其光线轨迹各为何种形式?从中可分析出一些什么重要特性?
10. 近轴成像条件下自聚焦透镜的光线轨迹、焦距值与基点位置(l'_H、l'_F)的表达式与函数曲线各为何种形式?反映怎样的规律?试用图解法画出$\frac{\pi}{2\alpha}<z_0<\frac{\pi}{\alpha}$、物距 $l=z_0$ 的物像,并标出其 f'、l'_H、l'_F。又若知自聚焦透镜的 $n_1=1.62$,$\Delta n=0.025$,$d=1$ mm,试求其渐变系数 α。

第3章　阶跃与渐变折射率光纤的波动理论分析

在第2章中运用光线理论与方法分析了阶跃光纤与渐变折射率光纤的传播规律与特性。但应指出，光线光学的分析研究方法是在$\lambda \to 0$条件下的一种近似处理方法，具有一定的局限性：它只适用于阶跃多模光纤，对渐变折射率多模光纤则近似程度较差，而对单模光纤则完全不适用；尤其是无法进行多模光纤中的模式理论分析，获得有关模的概念。本章将运用波动理论即求解波动方程的方法，对阶跃多模光纤进行系统的模式理论分析。这种分析方法不仅适用于阶跃多模光纤，而且适用于单模光纤。讨论中将首先从麦克斯韦、亥姆霍兹方程出发，导出圆柱坐标系的阶跃光纤（均匀波导）波动方程，进而在设定物理模型条件下，通过对纤芯与包层物理约束条件的具体分析，利用边界条件求解波动方程，获得与各特定本征值相联系的本征方程，进而进行阶跃光纤中存在的各种模式及其截止条件的系统分析。这种严格的求解方法与过程称为矢量解法。通过这一典型实例的分析，理解波动分析方法的精髓与过程；在实际分析中，由于实用光通信等应用中的阶跃光纤，其芯与包层的折射率差很小（通常$\Delta \ll 1$），即所谓“弱波导光纤”（weakly guiding fiber），因而可做适当近似，从而使求解与分析大为简化。这就是标量近似解法，所得到的$LP_{m\mu}$模称为标量模。

应该指出的是，在用波动理论分析阶跃光纤时，最重要也最基本的概念就是传导模或简称为“模”。所谓“模”乃是指，在求解表征光纤中光波的波动方程时，对应于能满足边界条件的各本征传输常数（或称为“本征值”）的“本征解”所得到的波动电磁场分布状态；而光纤中的场解则是各模式场的叠加。

在对阶跃折射率光纤进行深入波动理论分析的基础上，本章还对渐变折射率光纤进行了简要的标量近似理论分析，建立了传输常数的本征方程，并给出了传输模式的计算公式。

3.1　阶跃折射率光纤的波动理论分析与模式概念

3.1.1　阶跃光纤中基本波动方程的推导

对于阶跃型圆柱光纤中的波动方程，其表述与求解应采用圆柱坐标系更为合适。为此，首先应在建立直角坐标系波动方程的基础上，将其变换到圆柱坐标系中。

1. 直角坐标系波动方程的建立

设波导中存在如下形式的模式解：

$$\begin{cases} \boldsymbol{E} = \boldsymbol{E}_0 \mathrm{e}^{\mathrm{j}(\omega t - \beta z)} & (3.1) \\ \boldsymbol{H} = \boldsymbol{H}_0 \mathrm{e}^{\mathrm{j}(\omega t - \beta z)} & (3.2) \end{cases}$$

式中，z轴为光纤波导的纵轴，代表波导能量传输的方向；ω为光波的角频率；$\beta = k_z$为传输矢量$\boldsymbol{k}$的轴向分量，表示沿z方向的模式传输，称为“轴向位相常数”，或称“轴向传输常数”；

$\boldsymbol{E}_0$、$\boldsymbol{H}_0$ 表示去掉时间相关项 $\mathrm{e}^{\mathrm{j}\omega t}$ 情况下的电磁场分布矢量相量。

在不考虑时间因子的条件下，上述模式解以复振幅形式表示应有

$$\boldsymbol{E}=\boldsymbol{E}_0\cdot \mathrm{e}^{-\mathrm{j}\beta z} \tag{3.3}$$

$$\boldsymbol{H}=\boldsymbol{H}_0\cdot \mathrm{e}^{-\mathrm{j}\beta z} \tag{3.4}$$

在介质各向同性、线性、无电荷电流存在的条件下，正弦稳态形式的矢量形式麦克斯韦方程组为

$$\nabla\times\boldsymbol{E}=-\frac{\partial\boldsymbol{B}}{\partial t}=-\mathrm{j}\omega\mu\boldsymbol{H} \tag{3.5}$$

$$\nabla\times\boldsymbol{H}=\frac{\partial\boldsymbol{D}}{\partial t}=\mathrm{j}\omega\varepsilon\boldsymbol{E} \tag{3.6}$$

上式中，对时间的微分 $\frac{\partial}{\partial t}$ 均以 $\mathrm{j}\omega$ 取代。若以电场量为代表，将(3.5)式展开，表为 3 个直角坐标分量，则有

$$\nabla\times\boldsymbol{E}=\begin{vmatrix}\boldsymbol{i} & \boldsymbol{j} & \boldsymbol{k}\\ \frac{\partial}{\partial x} & \frac{\partial}{\partial y} & \frac{\partial}{\partial z}\\ E_x & E_y & E_z\end{vmatrix}=\left(\frac{\partial E_z}{\partial y}-\frac{\partial E_y}{\partial z}\right)\boldsymbol{i}+\left(\frac{\partial E_x}{\partial z}-\frac{\partial E_z}{\partial x}\right)\boldsymbol{j}+\left(\frac{\partial E_y}{\partial x}-\frac{\partial E_x}{\partial y}\right)\boldsymbol{k}$$
$$=-\mathrm{j}\omega\mu H_x\boldsymbol{i}-\mathrm{j}\omega\mu H_y\boldsymbol{j}-\mathrm{j}\omega\mu H_z\boldsymbol{k} \tag{3.7}$$

由于光波沿 z 轴传输，为简化表示与运算，将沿 z 轴单位长度变化，即对空间量的偏微分表为如下形式：

$$\frac{\partial}{\partial z}=-\mathrm{j}k_z=-\mathrm{j}\beta \tag{3.8}$$

将(3.8)式代入(3.7)式，则等式两端可表为

$$\left(\frac{\partial E_z}{\partial y}+\mathrm{j}\beta E_y\right)\boldsymbol{i}+\left(-\mathrm{j}\beta E_x-\frac{\partial E_z}{\partial x}\right)\boldsymbol{j}+\left(\frac{\partial E_y}{\partial x}-\frac{\partial E_x}{\partial y}\right)\boldsymbol{k}$$
$$=-\mathrm{j}\omega\mu H_x\boldsymbol{i}-\mathrm{j}\omega\mu H_y\boldsymbol{j}-\mathrm{j}\omega\mu H_z\boldsymbol{k} \tag{3.9}$$

类似地，将(3.6)式按直角坐标分量展开，亦可表为

$$\left(\frac{\partial H_z}{\partial y}+\mathrm{j}\beta H_y\right)\boldsymbol{i}+\left(-\mathrm{j}\beta H_x-\frac{\partial H_z}{\partial x}\right)\boldsymbol{j}+\left(\frac{\partial H_y}{\partial x}-\frac{\partial H_x}{\partial y}\right)\boldsymbol{k}$$
$$=\mathrm{j}\omega\varepsilon E_x\boldsymbol{i}+\mathrm{j}\omega\varepsilon E_y\boldsymbol{j}+\mathrm{j}\omega\varepsilon E_z\boldsymbol{k} \tag{3.10}$$

比较(3.9)式和(3.10)式各自的等式两端，可写出各直角坐标分量对应的方程：

$$\left.\begin{aligned}&\frac{\partial E_z}{\partial y}+\mathrm{j}\beta E_y=-\mathrm{j}\omega\mu H_x \quad ①\\ &-\mathrm{j}\beta E_x-\frac{\partial E_z}{\partial x}=-\mathrm{j}\omega\mu H_y \quad ②\\ &\frac{\partial E_y}{\partial x}-\frac{\partial E_x}{\partial y}=-\mathrm{j}\omega\mu H_z \quad ③\end{aligned}\right\} \tag{3.11}$$

$$\left.\begin{aligned}&\frac{\partial H_z}{\partial y}+\mathrm{j}\beta H_y=\mathrm{j}\omega\varepsilon E_x \quad ①\\ &-\mathrm{j}\beta H_x-\frac{\partial H_z}{\partial x}=\mathrm{j}\omega\varepsilon E_y \quad ②\\ &\frac{\partial H_y}{\partial x}-\frac{\partial H_x}{\partial y}=\mathrm{j}\omega\varepsilon E_z \quad ③\end{aligned}\right\} \tag{3.12}$$

为导出以纵向(轴向)场分量表示横向场分量的表达式,将(3.11)式中②式的 H_y 值代入(3.12)式中①式,整理、合并同类项,并两端同乘以 $-\mathrm{j}\omega\mu$,可解出如下横向电场分量 E_x 值:

$$E_x=\frac{-\mathrm{j}}{(\omega^2\mu\varepsilon-\beta^2)}\left(\beta\frac{\partial E_z}{\partial x}+\omega\mu\frac{\partial H_z}{\partial y}\right) \tag{3.13}$$

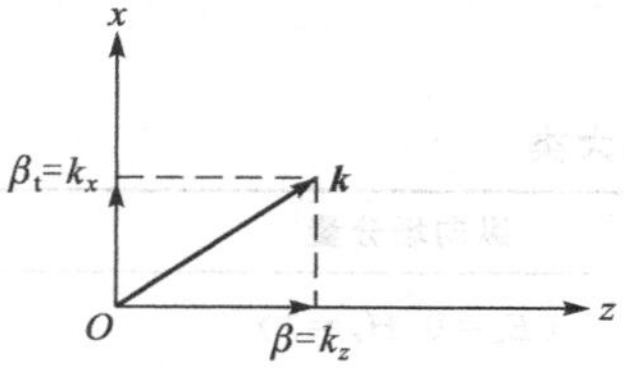

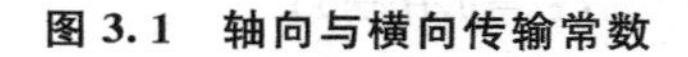

图 3.1　轴向与横向传输常数

上式中,$\omega^2\mu\varepsilon=k^2$,$\beta=k_z$,因而可定义

$$\omega^2\mu\varepsilon-\beta^2=k^2-k_z^2=k_x^2=\beta_t^2 \tag{3.14}$$

$\beta_t(k_x)$称为"横向位相常数"、"横向波数"或"横向传输常数"。它反映芯中光波能量向包层的横向辐射损失。$\beta=k_z$ 与 $\beta_t=k_x$ 的表示如图 3.1 所示。

将(3.14)式代入(3.13)式,则有

$$E_x=-\frac{\mathrm{j}}{\beta_t^2}\left(\beta\frac{\partial E_z}{\partial x}+\omega\mu\frac{\partial H_z}{\partial y}\right) \tag{3.15}$$

类似的方法可得到

$$E_y=-\frac{\mathrm{j}}{\beta_t^2}\left(\beta\frac{\partial E_z}{\partial y}-\omega\mu\frac{\partial H_z}{\partial x}\right) \tag{3.16}$$

$$H_x=-\frac{\mathrm{j}}{\beta_t^2}\left(\beta\frac{\partial H_z}{\partial x}-\omega\varepsilon\frac{\partial E_z}{\partial y}\right) \tag{3.17}$$

$$H_y=-\frac{\mathrm{j}}{\beta_t^2}\left(\beta\frac{\partial H_z}{\partial y}+\omega\varepsilon\frac{\partial E_z}{\partial x}\right) \tag{3.18}$$

上述以纵向场分量表示横向场分量的公式组表明,如果知道纵向场分量 E_z、H_z,则代入上述各式即可求出各横向场分量 E_x、E_y、H_x、H_y。为此,必须进一步建立求解纵向场分量 E_z、H_z 的方程。

将(3.17)式 H_x 值和(3.18)式 H_y 值代入(3.12)式中③式,化简整理并两端均乘以$\frac{\mathrm{j}\beta_t^2}{\omega\varepsilon}$,则得到

$$\frac{\partial^2 E_z}{\partial x^2}+\frac{\partial^2 E_z}{\partial y^2}+\beta_t^2 E_z=0 \tag{3.19}$$

类似地,将(3.15)式 E_x 值、(3.16)式 E_y 值代入(3.11)式中③式,并化简变换整理,得到

$$\frac{\partial^2 H_z}{\partial x^2}+\frac{\partial^2 H_z}{\partial y^2}+\beta_t^2 H_z=0 \tag{3.20}$$

(3.19)式和(3.20)式表明,电场和磁场两个纵向场分量 E_z 和 H_z 是解耦的;另外,从(3.15)式到(3.20)式,可以解出电场和磁场的全部 6 个分量。求解中,首先利用(3.19)式和(3.20)式以及边界条件可以求解出纵向场分量 E_z、H_z,进而利用(3.15)式~(3.18)式求出 4 个横向场分量。因而,波导中传输的各种模式,即各种电磁场分布状态即可完全确定。

方程(3.19)式和(3.20)式亦可表为如下标量亥姆霍兹方程形式:

$$\nabla_T^2 E_z+\beta_t^2 E_z=0 \tag{3.21}$$

$$\nabla_T^2 H_z+\beta_t^2 H_z=0 \tag{3.22}$$

上式中

$$\nabla_T^2=\frac{\partial^2}{\partial x^2}+\frac{\partial^2}{\partial y^2} \tag{3.23}$$

∇_{T}^{2}表示直角坐标系横截面上的二阶微分运算的拉普拉斯算子。

根据电磁场 6 个分量(主要是纵向场分量 E_z、H_z)具体情况的不同,可将波导中传输的各种模式区分为如下几类:横电磁模(又称 TEM 模,即 transverse electromagnetic mode),横电模(transverse electric mode,TE),横磁模(transverse magnetic mode,TM 模),以上统称"横模";混合模(又称 hybrid mode),包括模 HE 和 EH 模。

上述各种模的纵向场分量情况如表 3.1 所示。

表 3.1　根据纵向场分量的情况区分传输模的大类

名　称		纵向场分量
横模	TEM(横电磁)模	$(E_z=0, H_z=0)$
	TE(横电)模	$(E_z=0, H_z\neq 0)$
	TM(横磁)模	$(E_z\neq 0, H_z=0)$
混合模	HE 模、EH 模	$(E_z\neq 0, H_z\neq 0)$

将 TE 模($E_z=0, H_z\neq 0$)和 TM 模($E_z\neq 0$, $H_z=0$)的纵向场分量情况代入(3.15)式～(3.18)式,即可得到如下两组横模情况的横向场分量计算公式。

TE 模

$$E_x=-\frac{\mathrm{j}}{\beta_{\mathrm{t}}^{2}}\omega\mu\frac{\partial H_z}{\partial y} \tag{3.24}$$

$$E_y=\frac{\mathrm{j}}{\beta_{\mathrm{t}}^{2}}\omega\mu\frac{\partial H_z}{\partial x} \tag{3.25}$$

$$H_x=-\frac{\mathrm{j}}{\beta_{\mathrm{t}}^{2}}\beta\frac{\partial H_z}{\partial x} \tag{3.26}$$

$$H_y=-\frac{\mathrm{j}}{\beta_{\mathrm{t}}^{2}}\beta\frac{\partial H_z}{\partial y} \tag{3.27}$$

TM 模

$$E_x=-\frac{\mathrm{j}}{\beta_{\mathrm{t}}^{2}}\beta\frac{\partial E_z}{\partial x} \tag{3.28}$$

$$E_y=-\frac{\mathrm{j}}{\beta_{\mathrm{t}}^{2}}\beta\frac{\partial E_z}{\partial y} \tag{3.29}$$

$$H_x=\frac{\mathrm{j}}{\beta_{\mathrm{t}}^{2}}\omega\varepsilon\frac{\partial E_z}{\partial y} \tag{3.30}$$

$$H_y=-\frac{\mathrm{j}}{\beta_{\mathrm{t}}^{2}}\omega\varepsilon\frac{\partial E_z}{\partial x} \tag{3.31}$$

2. 圆柱坐标系中的波动方程

为将直角坐标系中的波动方程及各场量变换为圆柱坐标系中的波动方程及相应各场量,需进行两坐标系之间的变换。图 3.2 所示为同一场矢量 $\boldsymbol{E}$ 在直角坐标系与圆柱坐标系中的变换关系。

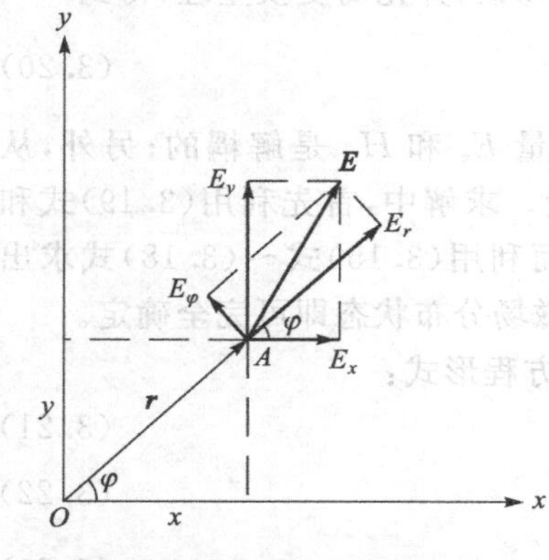

图 3.2　圆柱与直角坐标系变换关系

首先,圆柱坐标系与直角坐标系之间的变换关系为

$$x=r\cos\varphi \tag{3.32}$$

$$y = r\sin\varphi \tag{3.33}$$

$$r = \sqrt{x^2 + y^2} \tag{3.34}$$

$$\varphi = \arctan\left(\frac{y}{x}\right) \tag{3.35}$$

进而需完成 E_x、E_y 向 E_r、E_φ 的转换。由图示坐标变换关系，应有

$$E_r = E_x\cos\varphi + E_y\sin\varphi \tag{3.36}$$

$$E_\varphi = -E_x\sin\varphi + E_y\cos\varphi \tag{3.37}$$

将前述(3.15)式 E_x 值和(3.16)式 E_y 值代入(3.36)式，应有

$$E_r = -\frac{\mathrm{j}}{\beta_t^2}\left[\left(\beta\frac{\partial E_z}{\partial x}\cos\varphi + \omega\mu\frac{\partial H_z}{\partial y}\cos\varphi\right) + \left(\beta\frac{\partial E_z}{\partial y}\sin\varphi - \omega\mu\frac{\partial H_z}{\partial x}\sin\varphi\right)\right] \tag{3.38}$$

为求上式中各微分量，必须首先求出如下各量：

$$\frac{\partial r}{\partial x} = \frac{x}{r} = \cos\varphi \tag{3.39}$$

$$\frac{\partial r}{\partial y} = \frac{y}{r} = \sin\varphi \tag{3.40}$$

$$\frac{\partial\varphi}{\partial x} = -\frac{y}{r^2} = -\frac{\sin\varphi}{r} \tag{3.41}$$

$$\frac{\partial\varphi}{\partial y} = \frac{x}{r^2} = \frac{\cos\varphi}{r} \tag{3.42}$$

利用偏微分的连锁规则和上述各式，可求得(3.38)式中各微分量：

$$\frac{\partial E_z}{\partial x} = \frac{\partial E_z}{\partial r}\frac{\partial r}{\partial x} + \frac{\partial E_z}{\partial\varphi}\frac{\partial\varphi}{\partial x} = \cos\varphi\frac{\partial E_z}{\partial r} - \frac{\sin\varphi}{r}\frac{\partial E_z}{\partial\varphi} \tag{3.43}$$

$$\frac{\partial E_z}{\partial y} = \frac{\partial E_z}{\partial r}\frac{\partial r}{\partial y} + \frac{\partial E_z}{\partial\varphi}\frac{\partial\varphi}{\partial y} = \sin\varphi\frac{\partial E_z}{\partial r} + \frac{\cos\varphi}{r}\frac{\partial E_z}{\partial\varphi} \tag{3.44}$$

$$\frac{\partial H_z}{\partial x} = \frac{\partial H_z}{\partial r}\frac{\partial r}{\partial x} + \frac{\partial H_z}{\partial\varphi}\frac{\partial\varphi}{\partial x} = \cos\varphi\frac{\partial H_z}{\partial r} - \frac{\sin\varphi}{r}\frac{\partial H_z}{\partial\varphi} \tag{3.45}$$

$$\frac{\partial H_z}{\partial y} = \frac{\partial H_z}{\partial r}\frac{\partial r}{\partial y} + \frac{\partial H_z}{\partial\varphi}\frac{\partial\varphi}{\partial y} = \sin\varphi\frac{\partial H_z}{\partial r} + \frac{\cos\varphi}{r}\frac{\partial H_z}{\partial\varphi} \tag{3.46}$$

将(3.43)式～(3.46)式代入(3.38)式，并整理化简最终得到

$$E_r = -\frac{\mathrm{j}}{\beta_t^2}\left(\beta\frac{\partial E_z}{\partial r} + \frac{\omega\mu}{r}\frac{\partial H_z}{\partial\varphi}\right) \tag{3.47}$$

类似地可以导出

$$E_\varphi = -\frac{\mathrm{j}}{\beta_t^2}\left(\frac{\beta}{r}\frac{\partial E_z}{\partial\varphi} - \omega\mu\frac{\partial H_z}{\partial r}\right) \tag{3.48}$$

$$H_r = -\frac{\mathrm{j}}{\beta_t^2}\left(\beta\frac{\partial H_z}{\partial r} - \frac{\omega\varepsilon}{r}\frac{\partial E_z}{\partial\varphi}\right) \tag{3.49}$$

$$H_\varphi = -\frac{\mathrm{j}}{\beta_t^2}\left(\frac{\beta}{r}\frac{\partial H_z}{\partial\varphi} + \omega\varepsilon\frac{\partial E_z}{\partial r}\right) \tag{3.50}$$

以上即导出了圆柱坐标系各横向分量与纵向分量 E_z、H_z 关系的表达式。显然，若知 E_z、H_z，则可求出圆柱坐标系中各横向分量。

下面需完成纵向分量 E_z、H_z 的波动方程由直角坐标系向圆柱坐标系的转换。由

(3.19)式可知,在已求出$\frac{\partial E_z}{\partial x}$、$\frac{\partial E_z}{\partial y}$的基础上,尚需求出$\frac{\partial^2 E_z}{\partial x^2}$、$\frac{\partial^2 E_z}{\partial y^2}$。经计算可得

$$\frac{\partial^2 E_z}{\partial x^2}=\left(\frac{1}{r}-\frac{x^2}{r^3}\right)\frac{\partial E_z}{\partial r}+\frac{x}{r}\left(\frac{x}{r}\frac{\partial^2 E_z}{\partial r^2}-\frac{y}{r^2}\frac{\partial^2 E_z}{\partial r\partial\varphi}\right)+\frac{2xy}{r^4}\frac{\partial E_z}{\partial\varphi}-\frac{y}{r^2}\left(\frac{x}{r}\frac{\partial^2 E_z}{\partial r\partial\varphi}-\frac{y}{r^2}\frac{\partial^2 E_z}{\partial\varphi^2}\right) \tag{3.51}$$

$$\frac{\partial^2 E_z}{\partial y^2}=\left(\frac{1}{r}-\frac{y^2}{r^3}\right)\frac{\partial E_z}{\partial r}+\frac{y}{r}\left(\frac{y}{r}\frac{\partial^2 E_z}{\partial r^2}+\frac{x}{r^2}\frac{\partial^2 E_z}{\partial r\partial\varphi}\right)-\frac{2xy}{r^4}\frac{\partial E_z}{\partial\varphi}+\frac{x}{r^2}\left(\frac{y}{r}\frac{\partial^2 E_z}{\partial r\partial\varphi}+\frac{x}{r^2}\frac{\partial^2 E_z}{\partial\varphi^2}\right) \tag{3.52}$$

将上两式代入直角坐标系标量波动方程(3.19)式,经化简则得到圆柱坐标系中纵向场分量E_z所应满足的标量波动方程:

$$\frac{\partial^2 E_z}{\partial r^2}+\frac{1}{r}\frac{\partial E_z}{\partial r}+\frac{1}{r^2}\frac{\partial^2 E_z}{\partial\varphi^2}+\beta_t^2 E_z=0 \tag{3.53}$$

类似地,可以得到分量H_z的标量波动方程:

$$\frac{\partial^2 H_z}{\partial r^2}+\frac{1}{r}\frac{\partial H_z}{\partial r}+\frac{1}{r^2}\frac{\partial^2 H_z}{\partial\varphi^2}+\beta_t^2 H_z=0 \tag{3.54}$$

这样,只要从上述两式求解出纵向场分量E_z、H_z,则代入(3.47)式~(3.50)式,即可求出E_r、E_φ、H_r、H_φ各横向场分量,从而可得到光纤中场的完整描述。

上两式若以符号形式的标量波动方程形式表示,则有

$$\frac{\partial^2\psi}{\partial r^2}+\frac{1}{r}\frac{\partial\psi}{\partial r}+\frac{1}{r^2}\frac{\partial^2\psi}{\partial\varphi^2}+(k^2-\beta^2)\psi=0 \tag{3.55}$$

3.1.2 阶跃光纤中波动方程的求解

利用上节导出的圆柱坐标系标量波动方程,可以求解阶跃光纤中芯($r\leqslant a$)与包层中($r>a$)的场分量,并根据给定的物理模型边界条件导出本征方程,这种方法即为矢量解法。求解的具体思路与过程包括:建立以圆柱坐标系中的波动方程所表示的阶跃光纤的数学模型;利用变量分离手段分解波动方程;给定物理模型,确定影响纤芯与包层中场解的物理约束条件;在给出波动方程通解的基础上,考虑物理约束条件,选择芯与包层中圆柱函数形式的适当解;在芯与包层界面处利用边界条件;导出本征方程及其相关模式解。

1. 波动方程的通解

(1)阶跃光纤中轴向电磁场分量的数学模型

阶跃光纤中轴向电磁场分量E_z、H_z的数学模型为(3.53)式、(3.54)式所示的标量波动方程:

$$\begin{cases}\dfrac{\partial^2 E_z}{\partial r^2}+\dfrac{1}{r}\dfrac{\partial E_z}{\partial r}+\dfrac{1}{r^2}\dfrac{\partial^2 E_z}{\partial\varphi^2}+\beta_t^2 E_z=0\\[2ex]\dfrac{\partial^2 H_z}{\partial r^2}+\dfrac{1}{r}\dfrac{\partial H_z}{\partial r}+\dfrac{1}{r^2}\dfrac{\partial^2 H_z}{\partial\varphi^2}+\beta_t^2 H_z=0\end{cases}$$

上述两方程具有相同的解的形式,因而只需求其一(如E_z)即可。

(2)利用变量分离法分解波动方程

(3.53)式的解为$E_z=E_z(r,\varphi)$,E_z是分量r、φ耦合在一起的函数形式。为便于求解,利

用变量分离手段，即令

$$E_z(r,\varphi)=R(r)\cdot\Phi(\varphi) \tag{3.56}$$

式中，$R(r)$是只与径向变量r有关的待定函数；$\Phi(\varphi)$是只与辐角变量φ有关的待定函数。

将上式代入(3.53)式，应有

$$\Phi(\varphi)\frac{\partial^2 R(r)}{\partial r^2}+\frac{1}{r}\Phi(\varphi)\frac{\partial R(r)}{\partial r}+\frac{1}{r^2}R(r)\frac{\partial^2\Phi(\varphi)}{\partial\varphi^2}+\beta_t^2R(r)\Phi(\varphi)=0 \tag{3.57}$$

整理上式，将变量r、φ在等式两端分离。为此，两端同乘以r^2并除以$\Phi(\varphi)R(r)$，则得到

$$\frac{1}{R(r)}\left[r^2\frac{\mathrm{d}^2R(r)}{\mathrm{d}r^2}+r\frac{\mathrm{d}R(r)}{\mathrm{d}r}+\beta_t^2r^2R(r)\right]=-\frac{1}{\Phi(\varphi)}\frac{\mathrm{d}^2\Phi(\varphi)}{\mathrm{d}\varphi^2}=l^2 \tag{3.58}$$

等式(3.58)中左端仅为r的函数，右端仅为φ的函数，且两者相等，因而等式两端必同为一个与变量r、φ无关的常数值，可令其为l^2，l为实数值。因而，(3.58)式可以分解为如下两个分立的常微分方程：

$$\begin{cases}\dfrac{\mathrm{d}^2\Phi(\varphi)}{\mathrm{d}\varphi^2}+l^2\Phi(\varphi)=0 & (3.59)\\[2ex] \dfrac{1}{R(r)}\left[r^2\dfrac{\mathrm{d}^2R(r)}{\mathrm{d}r^2}+r\dfrac{\mathrm{d}R(r)}{\mathrm{d}r}+\beta_t^2r^2R(r)\right]=l^2 & (3.60)\end{cases}$$

根据微分方程解的类型分析，(3.59)式的通解应为$\cos l\varphi$与$\sin l\varphi$的线性组合，即是以2π为周期的圆谐函数；又因E_z应是φ的周期性单值函数，其周期应为$2n\pi$，因而应有$E_z(\varphi+2n\pi)=E_z(\varphi)$。为此，常数$l$应以整数$n$取代，才能确保辐角的周期性，即场量是以$2\pi$为周期的周期量。因而(3.59)式应表为

$$\frac{\mathrm{d}^2\Phi(\varphi)}{\mathrm{d}\varphi^2}+n^2\Phi(\varphi)=0 \tag{3.61}$$

对(3.60)式进行整理，且式中右端l以n取代，可得到如下场的径向分布函数解的微分方程：

$$\frac{\mathrm{d}^2R(r)}{\mathrm{d}r^2}+\frac{1}{r}\frac{\mathrm{d}R(r)}{\mathrm{d}r}+\left(\beta_t^2-\frac{n^2}{r^2}\right)R(r)=0 \tag{3.62}$$

(3.61)式和(3.62)式即为利用变量分离方法分解轴向电场分量波动方程而获得的关于场方位分布与径向分布的两个微分方程。

(3)波动方程的通解

①对(3.61)式分析表明，由于阶跃光纤是轴对称圆柱形波导，其电磁场分布在φ方向必然以2π为周期。因而其沿φ方向的场分量解，即场的方位分布函数，应为圆谐振函数，即是以2π为周期的周期函数。为了尔后表示与运算方便，解的函数形式可以表为如下指数函数形式：

$$\Phi(\varphi)=\mathrm{e}^{\mathrm{j}n\varphi} \tag{3.63}$$

式中，n为整数$n=0,1,2,\cdots$。此外，解也可以表为三角函数形式，如$\cos(n\varphi+\varphi_0)$、$\sin(n\varphi+\varphi_0)$。

②对(3.62)式的分析表明，若将其稍加变形，则为一标准形式的n阶贝塞尔方程：

$$r^2\frac{\mathrm{d}^2R(r)}{\mathrm{d}r^2}+r\frac{\mathrm{d}R(r)}{\mathrm{d}r}+(\beta_t^2r^2-n^2)R(r)=0 \tag{3.64}$$

n阶贝塞尔方程的标准形式为

$$x^2y''+xy'+(\lambda^2x^2-n^2)y=0$$

式中，λ为常数，n为方程或解的阶数，方程的解称为贝塞尔函数。由于上式也是一个二阶微分方程，因而它的通解必有两个线性无关的解，其具体函数形式的选择应根据问题的初始条件。

(3.64)式的通解形式，在芯($r\leqslant a$)和包层($r>a$)中应分别为线性无关两圆柱函数的线性组合：

$$R(r)=\begin{cases}A\mathrm{J}_n(\beta_t r)+A'\mathrm{N}_n(\beta_t r) & r\leqslant a \quad (3.65)\\ \overline{C}\mathrm{K}_n(|\beta_t|r)+\overline{C}'\mathrm{I}_n(|\beta_t|r) & r>a \quad (3.66)\end{cases}$$

式中，在纤芯中($r\leqslant a$)，$\beta_t^2>0$，β_t 为实数；在包层中($r>a$)，电磁场将向外按指数规律衰减，即 $\beta_t^2<0$，因而 β_t 为虚数，故宗量以$|\beta_t|$表示。

上述通解表达式中，A、A'，$\overline{C}$、$\overline{C}'$均为任意常数；J_n、N_n、K_n 与 I_n 分别为：第一类贝塞尔函数、第二类贝塞尔函数、第二类修正(变形)贝塞尔函数与第一类修正(变形)贝塞尔函数。这4类贝塞尔函数均为圆柱函数，其定义与主要特性、曲线如下。

(a)J_n：第一类 n 阶贝塞尔函数，其定义与表达式为

$$\mathrm{J}_n(\beta_t r)=\sum_{k=0}^{\infty}\frac{(-1)^k\left(\frac{\beta_t r}{2}\right)^{n+2k}}{k!\Gamma(n+k+1)} \tag{3.67}$$

当 n 为整数时，J_n 在全平面上解析。函数曲线如图3.3所示(宗量 $x=\beta_t r$)。

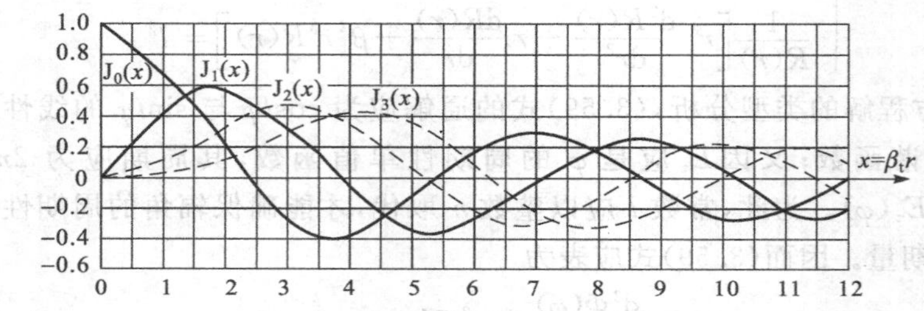

图3.3 第一类 n 阶贝塞尔函数曲线

由曲线可以看出，$\mathrm{J}_n(\beta_t r)$为振荡函数，具有无穷多个零点，当 $\beta_t r\to 0$ 时，函数值有界，且其大宗量的渐近特性为

$$\mathrm{J}_n(\beta_t r)\xrightarrow[\beta_t r\to\infty]{}\left[\frac{2}{\pi\beta_t r}\right]^{1/2}\cos\left(\beta_t r-\frac{n\pi}{2}-\frac{\pi}{4}\right) \tag{3.68}$$

(b) N_n(或 Y_n)：第二类 n 阶贝塞尔函数，又称诺依曼(Neumann)函数，它在 $\beta_t r\to 0$ 时，没有有限的极限(无界)。其定义式为

$$\mathrm{N}_n(\beta_t r)=\frac{\mathrm{J}_n(\beta_t r)\cos n\pi\ \ \mathrm{J}_{-n}(\beta_t r)}{\sin n\pi}\quad(|\beta_t r|<\infty,|\arg\beta_t r|<\pi) \tag{3.69}$$

$$\mathrm{N}_{-n}(\beta_t r)=\mathrm{J}_n(\beta_t r)\sin n\pi+\mathrm{N}_n(\beta_t r)\cos n\pi \tag{3.70}$$

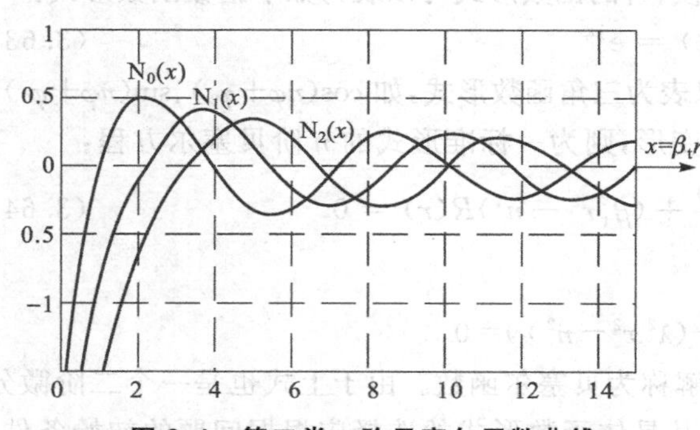

图3.4 第二类 n 阶贝塞尔函数曲线

$\mathrm{N}_n(\beta_t r)$和 $\mathrm{N}_{-n}(\beta_t r)$在除去半实轴$(-\infty,0)$的 x 平面内单值解析。其函数曲线如图3.4所示。

由曲线看出 $\mathrm{N}_n(\beta_t r)$亦为振荡函数，具有无穷多零点，当 $\beta_t r\to 0$ 时，函数值发散无界。

(c) I_n：n 阶第一类修正(变形)贝塞尔函数，其定义式为

$$\mathrm{I}_n(x)=\sum_{k=0}^{\infty}\frac{1}{k!\Gamma(k+n+1)}\left(\frac{x}{2}\right)^{j+2k}$$

$$(|x| = |\beta_t r| < \infty,\ |\arg x| < \pi) \tag{3.71}$$

$I_n(x)$在除去半实轴$(-\infty,0)$的x平面内单值解析，其函数曲线如图3.5所示。由图像可以看出，$I_n(x=|\beta_t|r)$为单调递增函数，当$x\to\infty$时，$I_n(x)\to\infty$，即为发散。

(d) K_n：n阶第二类修正(变形)贝塞尔函数，其定义式为

$$K_n(x) = \frac{\pi}{2}\frac{I_{-n}(x) - I_n(x)}{\sin(n\pi)} \qquad (|\arg x| < \pi, n \neq 0, \pm 1, \pm 2, \cdots) \tag{3.72}$$

$K_n(x)$在除去半实轴$(-\infty,0)$的x平面内单值解析。其函数曲线如图3.6所示。

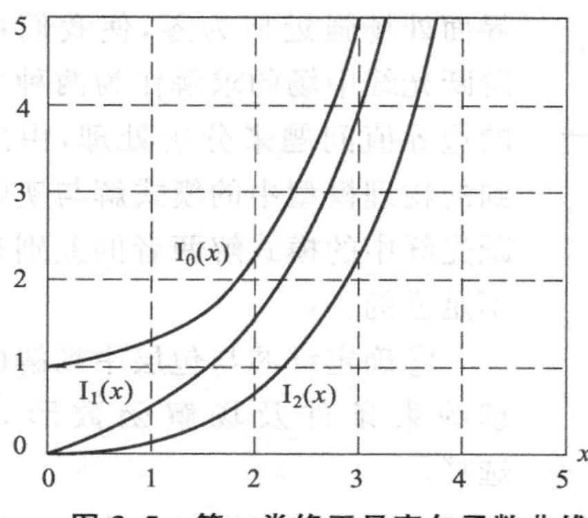

图3.5　第一类修正贝塞尔函数曲线

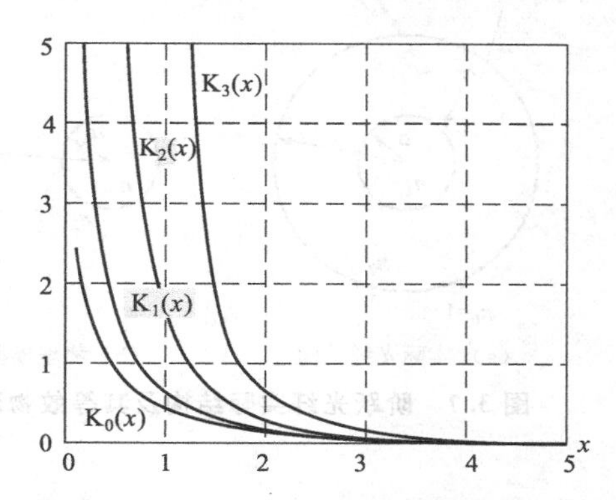

图3.6　第二类修正贝塞尔函数曲线

由图像可以看出，$K_n(x)$为单调递减函数，当$x=|\beta_t|r\to\infty$时，函数按指数规律递减，即$K_n(x)\propto e^{-x}\to 0$。

上述包层中波动方程的通解形式，通常更多地选择如下第三类贝塞尔函数，即汉克尔函数的线性组合表示形式，即为

$$R(r) = \begin{cases} AJ_n(\beta_t r) + A'N_n(\beta_t r) & r \leqslant a \\ CH_n^{(1)}(j\nu r) + C'H_n^{(2)}(j\nu r) & r > a \end{cases} \tag{3.73}$$

(3.73)式为第一类与第二类汉克尔函数的线性组合。式中，C、C'为任意常数；由于包层中$\beta_{t_2}^2 = k_2^2 - \beta^2 < 0$。因而(3.73)式中函数的宗量表示引入

$$\beta_{t_2} = \sqrt{k_2^2 - \beta^2} = \sqrt{-(\beta^2 - k_2^2)} = j\nu \tag{3.74}$$

式中，ν为实数。

(3.73)式中，$H_n^{(1)}(j\nu r)$为第一类汉克尔函数，其函数渐近规律与第二类n阶修正贝塞尔函数$K_n(|\beta_t|r)$一致，即当大宗量渐近$\nu r\to\infty$时，$H_n^{(1)}(j\nu r)\propto e^{-\nu r}\to 0$。两函数之间有如下关系：

$$K_n(|\beta_t|r) = \frac{\pi}{2}j^{n+1}H_n^{(1)}(j\nu r) \tag{3.75}$$

另外，$H_n^{(2)}(j\nu r)$为第二类汉克尔函数，它与$I_n(\beta_t r)$具有相同的大宗量渐近规律，即当$\nu r\to\infty$时，$H_n^{(2)}(j\nu r)\propto e^{\nu r}\to\infty$，即发散。

对上述6种圆柱函数规律与特性的基本分析，有助于我们对阶跃光纤芯与包层中解的函数形式具体选择的理解。

2. 阶跃光纤中芯与包层中场解函数的确定

(1)阶跃光纤物理模型与物理约束条件的设定

①阶跃光纤物理模型的设定。为导出阶跃光纤圆柱光波导的特征方程，所要求出的波

导芯与包层中波动方程的解，必须满足纤芯与包层界面处的边界条件。求解位于空气中阶跃光纤芯与包层的解，是一个复杂数学问题。为简化求解，必须合理设定阶跃光纤的等效物理模型，如图3.7所示。

阶跃光纤实际结构[如图 3.7(a)所示]的物理模型可近似(等效)地设定为[如图 3.7(b所示)]："半径为 a、折射率为 n_1 的均匀芯子，其外部是折射率为 n_2 的无限伸展的包层"。这种设定的目的是，确保包层中的场按指数规律衰减，并在包层与空气界面处场强近似为零，使我们可将阶跃光纤中场的求解作为两种介质的边界值问题来分析处理，由此得到的物理模型中的模式解与实际阶跃光纤中的模式解两者的差别是微不足道的。

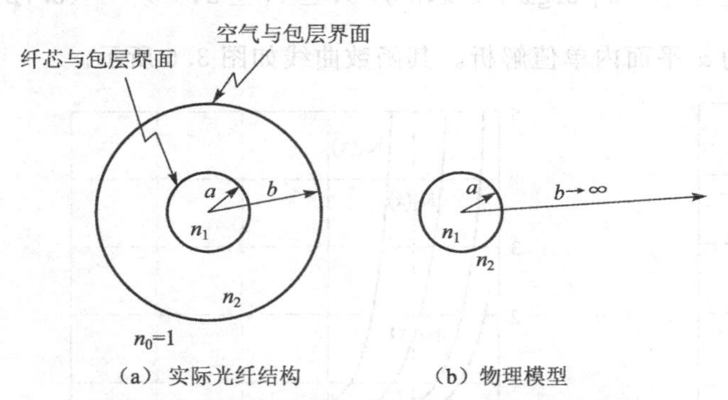

图 3.7 阶跃光纤实际结构及其等效物理模型

②确定纤芯与包层中场解的物理约束条件及场解函数形式的选择。

对于波动方程通解(3.65)式、(3.73)式的具体函数形式选择，主要根据对芯中与包层中能量关系所符合规律的分析考虑。其主要的原则和依据如下：

(a) 在光纤芯中的场强必须是有界的，即所选择的圆柱函数当 $r\to 0$ 时，必须是有限的，而不能是 $\to\infty$。对比上述对各种贝塞尔函数特性规律的分析，决定了芯中的场解应为振荡有界解，即应选取第一类贝塞尔函数 $\mathrm{J}_n(\beta_t r)$。

(b) 在光纤包层中的场强应为具有指数衰减特性的衰减解，即包层中的场由界面起沿径向按指数规律衰减，当 $r\to\infty$ 时，场强 $\propto e^{-\nu r}\to 0$。为此，(3.73)式包层中的场强解应选取第一类汉克尔函数 $\mathrm{H}_n^{(1)}(\mathrm{j}\nu r)$，其规律符合描述传导模在纤芯外的行为。

(2)求解阶跃光纤芯与包层中场解的轴向与横向各分量

①纤芯中的场解。根据上述对函数形式选择的分析，应有阶跃光纤芯中($r\leqslant a$)电场与磁场轴向场强分量分别为(为区分芯与包层中的场量，芯中场量均加下标1，包层中场量均加下标2)

$$E_{z1}=[A\mathrm{J}_n(\beta_t r)]e^{\mathrm{j}n\varphi} \tag{3.76}$$

$$H_{z1}=[B\mathrm{J}_n(\beta_t r)]e^{\mathrm{j}n\varphi} \tag{3.77}$$

为求纤芯中电场与磁场的各横向分量，将上述 E_{z1}、H_{z1} 值代入(3.47)式～(3.50)式，经计算整理最终有芯中电场与磁场的如下各横向分量：

$$E_{r1}=-\frac{\mathrm{j}}{\beta_t^2}\left[A\beta\beta_t\mathrm{J}_n'(\beta_t r)+B\mathrm{j}\omega\mu\frac{n}{r}\mathrm{J}_n(\beta_t r)\right]e^{\mathrm{j}n\varphi} \tag{3.78}$$

$$E_{\varphi1}=-\frac{\mathrm{j}}{\beta_t^2}\left[A\mathrm{j}\beta\frac{n}{r}\mathrm{J}_n(\beta_t r)-B\beta_t\omega\mu\mathrm{J}_n'(\beta_t r)\right]e^{\mathrm{j}n\varphi} \tag{3.79}$$

$$H_{r1}=-\frac{\mathrm{j}}{\beta_t^2}\left[-A\mathrm{j}\omega\varepsilon_1\frac{n}{r}\mathrm{J}_n(\beta_t r)+B\beta\beta_t\mathrm{J}_n'(\beta_t r)\right]e^{\mathrm{j}n\varphi} \tag{3.80}$$

$$H_{\varphi 1}=-\frac{\mathrm{j}}{\beta_{\mathrm{t}}^{2}}\left[A\beta_{\mathrm{t}}\omega\varepsilon_{1}\mathrm{J}_{n}'(\beta_{\mathrm{t}}r)+B\mathrm{j}\beta\frac{n}{r}\mathrm{J}_{n}(\beta_{\mathrm{t}}r)\right]\mathrm{e}^{\mathrm{j}n\varphi} \tag{3.81}$$

式中，J_n'为 J_n 的一阶导数。

②包层中的场解。根据上述对函数形式选择分析，阶跃光纤包层中（$r>a$）电场与磁场的轴向场强应为

$$E_{z2}=[C\mathrm{H}_{n}^{(1)}(\mathrm{j}\nu r)]\mathrm{e}^{\mathrm{j}n\varphi} \tag{3.82}$$

$$H_{z2}=[D\mathrm{H}_{n}^{(1)}(\mathrm{j}\nu r)]\mathrm{e}^{\mathrm{j}n\varphi} \tag{3.83}$$

将上述 E_{z2}、H_{z2} 值经对 r、φ 取微分后代入(3.47)式～(3.50)式，计算整理得到如下包层中电场与磁场的横向各分量：

$$E_{r2}=-\frac{1}{\nu^{2}}\left[C\beta\nu\mathrm{H}_{n}^{(1)\prime}(\mathrm{j}\nu r)+D\omega\mu\frac{n}{r}\mathrm{H}_{n}^{(1)}(\mathrm{j}\nu r)\right]\mathrm{e}^{\mathrm{j}n\varphi} \tag{3.84}$$

$$E_{\varphi 2}=-\frac{1}{\nu^{2}}\left[C\beta\frac{n}{r}\mathrm{H}_{n}^{(1)}(\mathrm{j}\nu r)-D\nu\omega\mu\mathrm{H}_{n}^{(1)\prime}(\mathrm{j}\nu r)\right]\mathrm{e}^{\mathrm{j}n\varphi} \tag{3.85}$$

$$H_{r2}=-\frac{1}{\nu^{2}}\left[-C\omega\varepsilon_{2}\frac{n}{r}\mathrm{H}_{n}^{(1)}(\mathrm{j}\nu r)+D\nu\beta\mathrm{H}_{n}^{(1)\prime}(\mathrm{j}\nu r)\right]\mathrm{e}^{\mathrm{j}n\varphi} \tag{3.86}$$

$$H_{\varphi 2}=-\frac{1}{\nu^{2}}\left[C\nu\omega\varepsilon_{2}\mathrm{H}_{n}^{(1)\prime}(\mathrm{j}\nu r)+D\beta\frac{n}{r}\mathrm{H}_{n}^{(1)}(\mathrm{j}\nu r)\right]\mathrm{e}^{\mathrm{j}n\varphi} \tag{3.87}$$

式中，$\mathrm{H}_n^{(1)\prime}(\mathrm{j}\nu r)$为 $\mathrm{H}_n^{(1)}(\mathrm{j}\nu r)$的一阶导数。

应该指出，在上述各场解分量中，A、B、C、D 为待定系数，需利用边界条件确定。

另外，为保证波动能量被闭锁在芯中沿轴向传输，轴向传输系数 β 应有其特定的工作区间。已知在纤芯中，$\beta_{\mathrm{t1}}^2=k_1^2-\beta^2>0$，以保证 β_{t1} 为实数，因而应有 $k_1\geqslant\beta$；而在包层中，$\beta_{\mathrm{t2}}^2=k_2^2-\beta^2<0$，因而 β_{t2} 为虚数。为使宗量为实数，引入 ν 值，令 $\beta_{\mathrm{t2}}=\mathrm{j}\nu$。同时，上述分析表明，为实现芯中对能量的束缚，包层中应满足 $\beta>k_2$。综合纤芯与包层中两方面的分析，可以求得阶跃光纤波导中存在束缚解即维持传导模应满足传播常数允许的范围是

$$k_1\geqslant\beta\geqslant k_2 \tag{3.88}$$

3. 利用边界条件求解波导方程（本征方程）

（1）分析利用边界条件

为导出阶跃光纤中存在的波导机制——即存在传导模、光波能量被束缚在芯中及界面附近沿光纤轴向传输的波导方程（亦即本征方程），必须利用纤芯与包层界面的边界条件，确定 A、B、C、D 四个待定系数。边界条件的利用是为了使纤芯和包层中的解在边界处不发生矛盾。为确定 A、B、C、D 四个待定系数，必须建立界面处芯与包层场量之间的四个方程。所要利用的边界条件就是：纤芯与包层界面处切向分量连续，而法向分量不连续。在界面（即 $r=a$）处四个切向分量连续的数学表示形式为

$$E_{z1}=E_{z2} \tag{3.89}$$

$$E_{\varphi 1}=E_{\varphi 2} \tag{3.90}$$

$$H_{z1}=H_{z2} \tag{3.91}$$

$$H_{\varphi 1}=H_{\varphi 2} \tag{3.92}$$

（2）求解反映阶跃光纤波导机制的本征方程

将上述各切向分量代入(3.89)式～(3.92)式，并在式中以 $r=a$ 代入，则可建立关于待

定系数 A、B、C、D 的如下四个联立方程组：

E_z 分量 $\quad A\mathrm{J}_n(\beta_t a) - C\mathrm{H}_n^{(1)}(\mathrm{j}\nu a) = 0 \quad (3.93)$

E_φ 分量 $\quad A\left(\frac{\beta}{\beta_t^2}\frac{n}{a}\right)\mathrm{J}_n(\beta_t a) + B\mathrm{j}\frac{\omega\mu}{\beta_t}\mathrm{J}_n{}'(\beta_t a) + C\left(\frac{\beta}{\nu^2}\frac{n}{a}\right)\mathrm{H}_n^{(1)}(\mathrm{j}\nu a) -$

$$D\frac{\omega\mu}{\nu}\mathrm{H}_n^{(1)\prime}(\mathrm{j}\nu a) = 0 \tag{3.94}$$

H_z 分量 $\quad B\mathrm{J}_n(\beta_t a) - D\mathrm{H}_n^{(1)}(\mathrm{j}\nu a) = 0 \quad (3.95)$

H_φ 分量 $\quad -A\mathrm{j}\frac{\omega\varepsilon_1}{\beta_t}\mathrm{J}_n'(\beta_t a) + B\left(\frac{\beta}{\beta_t^2}\frac{n}{a}\right)\mathrm{J}_n(\beta_t a) + C\frac{\omega\varepsilon_2}{\nu}\mathrm{H}_n^{(1)\prime}(\mathrm{j}\nu a) +$

$$D\left(\frac{\beta}{\nu^2}\frac{n}{a}\right)\mathrm{H}_n^{(1)}(\mathrm{j}\nu a) = 0 \tag{3.96}$$

为确定上述 A、B、C、D 四个待定系数值，需求方程组系数 A、B、C、D 的非零解。而为求 A、B、C、D 的非零解，则要求上述方程组的系数矩阵的行列式为 0。设系数矩阵为 $\boldsymbol{M}$，则要求

$$\det[\boldsymbol{M}] = 0 \tag{3.97}$$

具体表为下式：

$$\begin{vmatrix} \mathrm{J}_n(\beta_t a) & 0 & \mathrm{H}_n^{(1)}(\mathrm{j}\nu a) & 0 \\ \frac{\beta}{\beta_t^2}\frac{n}{a}\mathrm{J}_n(\beta_t a) & \mathrm{j}\frac{\omega\mu}{\beta_t}\mathrm{J}_n'(\beta_t a) & \left(\frac{\beta}{\nu^2}\frac{n}{a}\right)\mathrm{H}_n^{(1)}(\mathrm{j}\nu a) & \frac{\omega\mu}{\nu}\mathrm{H}_n^{(1)\prime}(\mathrm{j}\nu a) \\ 0 & \mathrm{J}_n(\beta_t a) & 0 & -\mathrm{H}_n^{(1)}(\mathrm{j}\nu a) \\ -\mathrm{j}\frac{\omega\varepsilon_1}{\beta_t}\mathrm{J}_n'(\beta_t a) & \left(\frac{\beta}{\beta_t^2}\frac{n}{a}\right)\mathrm{J}_n(\beta_t a) & \frac{\omega\varepsilon_2}{\nu}\mathrm{H}_n^{(1)\prime}(\mathrm{j}\nu a) & \frac{n}{a}\frac{\beta}{\nu^2}\mathrm{H}_n^{(1)}(\mathrm{j}\nu a) \end{vmatrix} = 0 \tag{3.98}$$

将上式展开并经变换整理即得到

$$\left[\frac{\varepsilon_1}{\varepsilon_2}\frac{a\nu^2}{\beta_t}\frac{\mathrm{J}_n'(\beta_t a)}{\mathrm{J}_n(\beta_t a)} + \mathrm{j}\nu a\frac{\mathrm{H}_n^{(1)\prime}(\mathrm{j}\nu a)}{\mathrm{H}_n^{(1)}(\mathrm{j}\nu a)}\right]\left[\frac{a\nu^2}{\beta_t}\frac{\mathrm{J}_n'(\beta_t a)}{\mathrm{J}_n(\beta_t a)} + \mathrm{j}\nu a\frac{\mathrm{H}_n^{(1)\prime}(\mathrm{j}\nu a)}{\mathrm{H}_n^{(1)}(\mathrm{j}\nu a)}\right]$$

$$= \left[n\left(\frac{\varepsilon_1}{\varepsilon_2} - 1\right)\frac{\beta k_2}{\beta_t^2}\right]^2 \tag{3.99}$$

上述由系数矩阵行列式等于零所得到的“条件方程”，即为阶跃光纤波导的“本征方程”或称“特征方程”。此方程即决定了波导中的模，以及与每个模相联系的 β、β_t 和 ν 的容许值。由本征方程可以获得精确解。由于 n 为整数，因而在由本征方程求解本征值 β 时，所得到的是在 $k_1 \geqslant \beta \geqslant k_2$ 允许范围内的一系列离散值。对于一般情况下非 0 的 n 值($n \neq 0$)，即光纤中存在混合模的情况，求解上述方程很复杂，需要利用计算机的数值解法。

特殊情况下，当 $n=0$ 即光纤中只存在横模的条件下，(3.99)式变为

$$\left[\frac{\varepsilon_1}{\varepsilon_2}\frac{a\nu^2}{\beta_t}\frac{\mathrm{J}_0'(\beta_t a)}{\mathrm{J}_0(\beta_t a)} + \mathrm{j}\nu a\frac{\mathrm{H}_0^{(1)\prime}(\mathrm{j}\nu a)}{\mathrm{H}_0^{(1)}(\mathrm{j}\nu a)}\right]\left[\frac{a\nu^2}{\beta_t}\frac{\mathrm{J}_0{}'(\beta_t a)}{\mathrm{J}_0(\beta_t a)} + \mathrm{j}\nu a\frac{\mathrm{H}_0^{(1)\prime}(\mathrm{j}\nu a)}{\mathrm{H}_0^{(1)}(\mathrm{j}\nu a)}\right] = 0 \tag{3.100}$$

上式即为横模的本征方程。

综上分析，“本征值”(eigenvalue)或称“特征值”(β, β_t, ν)乃是在给定边界条件下使该方程有解的某参数的一系列可能值。在波动方程的解中，每个本征值均产生为波导所容许的一个特定传导模。所容许的本征值由物理因素(如波导尺寸、折射率等)决定。由本征方程得到的每一个解，即任何一个基本波函数，均由相应的 β、β_t、n 值即“特征值”确定，这些特征

值是由边界条件所导出的特征方程决定的。每个特征值对应一个特定的波函数，称为“特征函数”，每个特征函数相应于光纤波导中存在的一种电磁场分布，这种分布即称为“模式”或“模”，亦即波导中存在的一个特定的传导模。

有了上述概念，即为尔后对有关模式的进一步分析奠定了基础。

3.1.3 阶跃光纤中的模式分析

利用特征方程可以确定光纤中传输的模的类型。如前所述，阶跃光纤中存在混合模与横模两大类。若 $n\neq 0$，即光纤中存在包含6个电磁场分量的模，这种模称为混合模，它对应于光线光学中的空间光线或称斜光线；若 $n=0$，则光纤中的轴向场分量 E_z、H_z 中至少有一个分量为零，这种模称为“横模”，它对应于光线光学中的子午光线。为了分析的简化、方便与形象，同时也反映模式类型的重要程度，在以下的分析中，首先分析横模（TE模与TH模），进而分析混合模。

1. 阶跃光纤中横模的定义方程

如前所述，阶跃光纤当 $n=0$，即对应于横模的本征方程应为(3.100)式：

$$\left[\frac{\varepsilon_1}{\varepsilon_2}\frac{a\nu^2}{\beta_t}\frac{J_0'(\beta_t a)}{J_0(\beta_t a)}+j\nu a\frac{H_0^{(1)'}(j\nu a)}{H_0^{(1)}(j\nu a)}\right]\left[\frac{a\nu^2}{\beta_t}\frac{J_0'(\beta_t a)}{J_0(\beta_t a)}+j\nu a\frac{H_0^{(1)'}(j\nu a)}{H_0^{(1)}(j\nu a)}\right]=0$$

上述方程可以分解并约简为如下两方程：

$$\frac{\nu}{\beta_t}\frac{J_0'(\beta_t a)}{J_0(\beta_t a)}+j\frac{H_0^{(1)'}(j\nu a)}{H_0^{(1)}(j\nu a)}=0 \tag{3.101}$$

$$\frac{\varepsilon_1}{\varepsilon_2}\frac{\nu}{\beta_t}\frac{J_0'(\beta_t a)}{J_0(\beta_t a)}+j\frac{H_0^{(1)'}(j\nu a)}{H_0^{(1)}(j\nu a)}=0 \tag{3.102}$$

其中，(3.101)式为对应于 $E_z=0$ 之TE模的定义方程；(3.102)式为对应于 $H_z=0$ 之TM模的定义方程。

为了简化定义方程的表示形式，消去圆柱函数的微分形式，可利用任意贝塞尔函数的如下递推关系式（以符号形式 Z 表示）：

$$Z_0'=-Z_1 \tag{3.103}$$

式中，Z_0' 为任意零阶贝塞尔函数的一阶导数，而 Z_1 为任意一阶贝塞尔函数。

利用上述递推公式，则TE模与TM模的定义方程可以分别表示为

TE：
$$\frac{\nu}{\beta_t}\frac{J_1(\beta_t a)}{J_0(\beta_t a)}+j\frac{H_1^{(1)}(j\nu a)}{H_0^{(1)}(j\nu a)}=0 \tag{3.104}$$

TM：
$$\frac{\varepsilon_1}{\varepsilon_2}\frac{\nu}{\beta_t}\frac{J_1(\beta_t a)}{J_0(\beta_t a)}+j\frac{H_1^{(1)}(j\nu a)}{H_0^{(1)}(j\nu a)}=0 \tag{3.105}$$

考察上述TE、TM模两定义方程仅相差 $\varepsilon_1/\varepsilon_2$，表明两方程接近一致，因而两方程的各个根（即曲线与横轴各交点）有微小差别但可近似视为重合。

为了证明(3.104)式和(3.105)式或(3.101)式和(3.102)式分别是TE模和TM模的定义方程，需确定待定系数 A,B,C,D 之间的关系。

由(3.93)式，可确定系数 C 与 A 之间的关系：

$$C=\frac{J_n(\beta_t a)}{H_n^{(1)}(j\nu a)}A \tag{3.106}$$

由(3.95)式,可确定系数 D 与 B 之间的关系:

$$D=\frac{\mathrm{J}_n(\beta_t a)}{\mathrm{H}_n^{(1)}(\mathrm{j}\nu a)}B \tag{3.107}$$

由(3.96)式和(3.106)式、(3.107)式,可以建立 B 与 A 之间的如下关系式:

$$B=\frac{\mathrm{j}}{n}\frac{\beta_t\nu a[\varepsilon_1\nu\mathrm{J}_n'(\beta_t a)\mathrm{H}_n^{(1)}(\mathrm{j}\nu a)+\mathrm{j}\varepsilon_2\beta_t\mathrm{J}_n(\beta_t a)\mathrm{H}_n^{(1)'}(\mathrm{j}\nu a)]}{\omega(\varepsilon_1-\varepsilon_2)\mu\beta\mathrm{J}_n(\beta_t a)\mathrm{H}_n^{(1)}(\mathrm{j}\nu a)}A \tag{3.108}$$

同样,亦可由(3.94)式和(3.106)式、(3.107)式建立 B 与 A 之间的另一关系式:

$$B=\mathrm{j}n\frac{\omega(\varepsilon_1-\varepsilon_2)\beta\mathrm{J}_n(\beta_t a)\mathrm{H}_n^{(1)}(\mathrm{j}\nu a)}{\beta_t\nu a[\nu\mathrm{J}_n'(\beta_t a)\mathrm{H}_n^{(1)}(\mathrm{j}\nu a)+\mathrm{j}\beta_t\mathrm{J}_n(\beta_t a)\mathrm{H}_n^{(1)'}(\mathrm{j}\nu a)]}A \tag{3.109}$$

上述关系可用于确定阶跃光纤中可能传输的模的类型。

由(3.108)式可见,对满足本征值的定义方程(3.104)式的模而言,由于 $n=0$,则为使(3.108)式中磁场强系数 B 取符合芯中物理约束条件的有界值,必须有 $A=0$(若 $A\neq0$,则将有 $B\to\infty$,违反约束条件)。而在芯中,若 $A=0$,则有 $E_z=A\mathrm{J}_0(\beta_t r)=0$,$H_z=B\mathrm{J}_0(\beta_t r)$ 为有限值($\neq0$)。因而该模应为横电模,即 TE 模。故(3.104)式或(3.101)式应为 TE 模的定义方程。

类似地,对满足本征值定义方程(3.105)式的模而言,由于 $n=0$,则分析(3.109)式中,若分母不为零,则应有 $B=0$,从而使芯中轴向磁场强度分量 $H_z=B\mathrm{J}_n(\beta_t r)=0$,这才符合芯中的物理约束条件;而 $A\neq0$,从而 $E_z\neq0$。因而,该模应为横磁模,即 TM 模。所以(3.105)式或(3.102)式应为 TM 模的定义方程。

2. 阶跃光纤中的模截止条件

一般阶跃多模光纤中存在多种模式传输。光纤波导中的"模传输"或"模存在"是与"模截止"相对立的概念。光纤波导中某一种模式存在,意味着该模的能量被紧紧地束缚在光纤的芯中及芯、包界面附近的薄层中,即在包层中该模具有指数衰减的"倏逝"特性,能量不消耗;而光纤波导中某一种模式"截止",意味着该模的能量在芯、包界面附近的薄层中不再具有"倏逝"的特性,而是从包层中辐射分离出去,造成能量损失。即纤芯不能再紧紧束缚住该模的能量,实现沿光纤轴向的传输。因而,光纤波导中某一种模式截止,亦即波导中不再有该模的传输。

分析光纤波导中可能存在哪些模式,必须明确各种模的截止条件。通常,光纤波导中的模截止条件是以"截止频率"来表征的。因而,截止频率是光纤波导中每个传导模的重要参量。

前述讨论已明确,光纤波导包层中的"倏逝"特性,是由包层中场的衰减系数 ν 值来体现的。在 $k_1>\beta>k_2$ 的工作范围内,ν 值为正实数。用于表征包层中场分布特性的第一类汉克尔函数,在大宗量条件下可导出如下的近似表达式:

$$\mathrm{H}_n^{(1)}(\mathrm{j}\nu r)=\left[\sqrt{\frac{2}{\mathrm{j}\pi\nu r}}\,\mathrm{e}^{-\mathrm{j}\left(\frac{n\pi}{2}+\frac{\pi}{4}\right)}\right]\cdot\mathrm{e}^{-\nu r}\propto\mathrm{e}^{-\nu r} \tag{3.110}$$

上式表明,包层中场的衰减速度取决于衰减系数 ν 值。当 ν 值很大时,$\mathrm{H}_n^{(1)}(\mathrm{j}\nu r)$ 值很小,即能量场被紧紧地束缚在纤芯及其周边薄层内,能量沿纤芯轴向传输;随着 ν 值减小,芯中场的能量将逐渐渗入到包层中,即能量损失增大;当 $\nu=0$($\nu\to0$)时,则波导中包层的场分量不再呈指数规律迅速衰减,即失去倏逝特性,在包层中形成振荡传输的波,芯中场的能量大量逸出,向包层外辐射分离出去,形成辐射损失,因而该传导模将截止。为此,定义 $\nu=0$($\nu\to0$)为波导中模截止的条件。$\nu=0$ 即模截止时的频率称为"截止频率",以 ω_c 表示。

对每一个传导模，截止频率 ω_c 是其重要参量。其物理意义是，在光纤波导中每个传导模均存在这样一个截止频率 ω_c，当工作频率低于此频率时，该传导模将不存在。为了确定波导中传导模的具体情况，求取各传导模的截止频率是一个重要问题。

由(3.74)式，当波导中某传导模截止(以下标 c 表示)时，该模在包层中的场应有

$$\nu = \sqrt{\beta_c^2 - k_{2c}^2} = 0 \tag{3.111}$$

由上式即有

$$\beta_c^2 = k_{2c}^2 = \omega_c^2 \mu_0 \varepsilon_2 \tag{3.112}$$

又知模截止时芯中的场应有

$$\beta_{tc}^2 = k_{1c}^2 - \beta_c^2 \tag{3.113}$$

将(3.112)式代入(3.113)式，将有

$$\beta_{tc}^2 = k_{1c}^2 - k_{2c}^2 = \omega_c^2 \mu_0 \varepsilon_1 - \omega_c^2 \mu_0 \varepsilon_2 = \omega_c^2 \mu_0 (\varepsilon_1 - \varepsilon_2) \tag{3.114}$$

由上式即可得到各传导模的截止频率 ω_c：

$$\omega_c = \frac{\beta_{tc}}{\sqrt{\mu_0 (\varepsilon_1 - \varepsilon_2)}} \tag{3.115}$$

式中，β_{tc} 为传导模截止时芯中的横向传输常数。若以频率 f_c 取代角频率 ω_c，则有

$$f_c = \frac{\beta_{tc}}{2\pi \sqrt{\mu_0 (\varepsilon_1 - \varepsilon_2)}} \tag{3.116}$$

这样，当知道各模截止方程的根($\beta_{tc} a$)与光纤波导的结构参数(a, n_1, n_2)后，即可确定各模的截止频率。

3. 阶跃光纤中各种传导模存在与截止的具体分析

为了便于研究分析阶跃光纤中可能存在的各种模式，研究各种模的截止条件，需要导出各种模截止的条件方程。为此，首先需要将前述的本征方程变化为简化形式的本征方程。

由(3.99)式应有阶跃光纤的本征方程：

$$\left[\frac{\varepsilon_1}{\varepsilon_2}\frac{a\nu^2}{\beta_t}\frac{J_n'(\beta_t a)}{J_n(\beta_t a)} + j\nu a\frac{H_n^{(1)'}(j\nu a)}{H_n^{(1)}(j\nu a)}\right]\left[\frac{a\nu^2}{\beta_t}\frac{J_n'(\beta_t a)}{J_n(\beta_t a)} + j\nu a\frac{H_n^{(1)'}(j\nu a)}{H_n^{(1)}(j\nu a)}\right] = \left[n\left(\frac{\varepsilon_1}{\varepsilon_2} - 1\right)\frac{\beta k_2}{\beta_t^2}\right]^2$$

利用如下圆柱函数(贝塞尔函数)的递推公式可以消去本征方程中函数的导数项：

$$Z_n' = \frac{1}{2}(Z_{n-1} - Z_{n+1}) \tag{3.117}$$

$$Z_{(n+1)}(x) + Z_{n-1}(x) = \frac{2n}{x} Z_n(x) \tag{3.118}$$

同时引入如下的简化和缩写符号：

$$J^+ = \frac{1}{\beta_t a}\frac{J_{n+1}(\beta_t a)}{J_n(\beta_t a)} \tag{3.119}$$

$$J^- = \frac{1}{\beta_t a}\frac{J_{n-1}(\beta_t a)}{J_n(\beta_t a)} \tag{3.120}$$

$$H^+ = \frac{1}{j\nu a}\frac{H_{n+1}^{(1)}(j\nu a)}{H_n^{(1)}(j\nu a)} \tag{3.121}$$

$$H^- = \frac{1}{j\nu a}\frac{H_{n-1}^{(1)}(j\nu a)}{H_n^{(1)}(j\nu a)} \tag{3.122}$$

$$\varepsilon=\frac{\varepsilon_1}{\varepsilon_2} \tag{3.123}$$

经过较复杂的运算与变换，得到适合于研究各阶模截止解的如下简化形式的本征方程：

$$(\varepsilon \mathrm{J}^- - \mathrm{H}^-)(\mathrm{J}^+ - \mathrm{H}^+) + (\varepsilon \mathrm{J}^+ - \mathrm{H}^+)(\mathrm{J}^- - \mathrm{H}^-) = 0 \tag{3.124}$$

应该指出，作为本征方程简化形式的(3.124)式与前面导出的本征方程初始形式(3.99)式两者完全等价。

还应指出，研究模截止，即研究 $\nu=0$ 时包层中场解函数 $\mathrm{H}_n^{(1)}(\mathrm{j}\nu a)$ 的结果。然而，$\mathrm{H}_n^{(1)}(\mathrm{j}\nu a)$ 函数的指数衰减变化规律仅存在于宗量 $\nu a\to 0$ 条件下，而非 $\nu a=0$。为此，对模截止条件 $\nu=0$ 的研究，就转化为对 $\nu\to 0$ 的小宗量条件下截止条件的研究。我们将分别研究 $n=0$ 和 $n\neq 0$ 的 $\mathrm{H}_n^{(1)}(\mathrm{j}\nu a)$ 的全部值。根据变换应有

$n=0$ 时，
$$\lim_{\nu\to 0}\mathrm{H}_0^{(1)}(\mathrm{j}\nu a)=\frac{2\mathrm{j}}{\pi}\ln\frac{\Gamma\nu a}{2} \quad (\text{式中常数 } \Gamma=1.781\ 672) \tag{3.125}$$

$n\neq 0$ 时，
$$\lim_{\nu\to 0}\mathrm{H}_n^{(1)}(\mathrm{j}\nu a)=-\frac{\mathrm{j}(n-1)!}{\pi}\left(\frac{2}{\mathrm{j}\nu a}\right)^n \quad (n=1,2,3,\cdots) \tag{3.126}$$

将上式代入(3.121)式与(3.122)式中，则得到如下小宗量 $\nu\to 0$ 时的 H^+、H^- 值：

H^+：
$$\lim_{\nu\to 0}\mathrm{H}^+=-\frac{2n}{(a\nu)^2} \quad (n=1,2,3,\cdots) \tag{3.127}$$

H^-：
$$\lim_{\nu\to 0}\mathrm{H}^-=-\ln\frac{\Gamma\nu a}{2} \quad (n=1) \tag{3.128}$$

$$\lim_{\nu\to 0}\mathrm{H}^-=\frac{1}{2(n-1)} \quad (n=2,3,4,\cdots) \tag{3.129}$$

将上述小宗量条件下的 H^+、H^- 近似式代入简化形式的本征方程(3.124)式中并经变换，即得到 $n\neq 0$ 条件下第三种形式的本征方程：

$$[a^2\nu^2\mathrm{J}_{n+1}(\beta_t a)+2n\beta_t a\mathrm{J}_n(\beta_t a)][\varepsilon\mathrm{J}_{n-1}(\beta_t a)-\beta_t a\mathrm{H}^-\mathrm{J}_n(\beta_t a)]+[\varepsilon a^2\nu^2\mathrm{J}_{n+1}(\beta_t a)+2n\beta_t a\mathrm{J}_n(\beta_t a)][\mathrm{J}_{n-1}(\beta_t a)-\beta_t a\mathrm{H}^-\mathrm{J}_n(\beta_t a)]=0 \tag{3.130}$$

由上式即可导出 $n\neq 0$ 的各高阶模的截止方程。在做好有关模分析的必要理论准备基础上，以下对阶跃光纤中各种传导模截止的情况进行全面分析。

①$n=0$，即研究横模(TE、TM 模)的存在条件。

由(3.104)式 TE 模定义方程 $\dfrac{\nu}{\beta_t}\dfrac{\mathrm{J}_1(\beta_t a)}{\mathrm{J}_0(\beta_t a)}+\mathrm{j}\dfrac{\mathrm{H}_1^{(1)}(\mathrm{j}\nu a)}{\mathrm{H}_0^{(1)}(\mathrm{j}\nu a)}=0$，在小宗量条件下，即 $\nu\to 0$，变换上式并将(3.125)式和(3.126)式代入应有

$$\frac{\beta_t}{\nu}\frac{\mathrm{J}_0(\beta_t a)}{\mathrm{J}_1(\beta_t a)}=\frac{\mathrm{H}_0^{(1)}(\mathrm{j}\nu a)}{(-\mathrm{j})\mathrm{H}_1^{(1)}(\mathrm{j}\nu a)}=\frac{\frac{2\mathrm{j}}{\pi}\ln\frac{\Gamma\nu a}{2}}{(-\mathrm{j})\left[-\frac{\mathrm{j}(1-1)!}{\pi}\left(\frac{2}{\mathrm{j}\nu a}\right)\right]}=-a\nu\ln\frac{2}{a\nu\Gamma}\bigg|_{\nu\to 0}\longrightarrow 0 \tag{3.131}$$

上式表明，对 $n=0$ 之 TE 模、TM 模，当 $\nu\to 0$ 时，可得到其定义方程的解为

$$\mathrm{J}_0(\beta_t a)=0 \tag{3.132}$$

即 TE、TM 各模截止的解由 $\mathrm{J}_0(\beta_t a)=0$ 的各根 $\beta_{tc}a$（但 $\beta_{tc}a\neq 0$）即零阶贝塞尔函数的各零点（零阶贝塞尔函数曲线与横轴的各交点）决定，如图 3.8 所示。图中各 $\beta_{tc}a$ 为截止根宗量的值。应该指出，由于 TE 模与 TM 模的定义方程(3.104)式与(3.105)式仅相差一个常数因

子$\varepsilon=\frac{\varepsilon_1}{\varepsilon_2}$,表明两方程具有相同形式的解,截止条件相同,但根值具有微小差别,并不完全重合。但在通常的弱波导条件下,两者近似一致。通过查贝塞尔函数表可获得 $TE_{0\mu}$、$TM_{0\mu}$ ($\mu=1,2,3,\cdots$)全部横模的 μ 个根值,即有

$\mu=1$, $(\beta_{tc}a)_1=2.4048$ 为第一组横模的根值,对应于(TE_{01},TM_{01})模;

$\mu=2$, $(\beta_{tc}a)_2=5.5201$ 为第二组横模的根值,对应于(TE_{02},TM_{02})模;

$\mu=3$, $(\beta_{tc}a)_3=8.6537$ 为第三组横模的根值,对应于(TE_{03},TM_{03})模;

⋮

$\mu=\mu$, $(\beta_{tc}a)_\mu=\cdots$ 为第 μ 组横模的根值,对应于($TE_{0\mu}$,$TM_{0\mu}$)模。

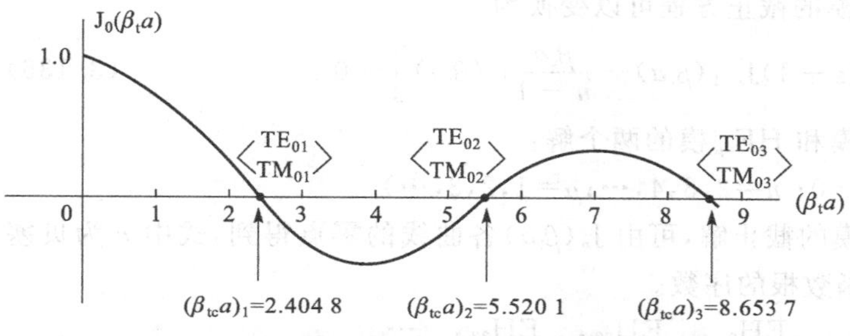

图 3.8 零阶贝塞尔函数各零点(TE、TM 模解)

②$n\neq0$,即研究 $n\geqslant1$ 的各高阶混合模(HE 模与 EH 模)的存在条件。

在混合模中,HE 模为轴向电场较强,EH 模为轴向磁场较强。其中,$n=1$ 的传导模具有特殊的重要性,需要首先重点研究;继而研究 $n>1$ 的高阶混合模。

(a) $n=1$,即研究混合模 $HE_{1\mu}$ 和 $EH_{1\mu}$ 的存在条件。

当 $n=1$,且 $\nu\to0$ 时,利用(3.128)式,高阶混合模的截止方程(3.130)式将变化为

$$[2(\beta_t a)J_1(\beta_t a)]^2\ln\frac{\Gamma\nu a}{2}\bigg|_{\nu\to0}=0 \tag{3.133}$$

上式即为 $HE_{1\mu}$ 模与 $EH_{1\mu}$ 模的截止方程,该方程的解即为

$$J_1(\beta_t a)=0 \tag{3.134}$$

(3.134)式即为 $HE_{1\mu}$ 模与 $EH_{1\mu}$ 模的截止方程的解。上式表明,波导中存在的 $n=1$ 的 $HE_{1\mu}$ 与 $EH_{1\mu}$ 各模式,由 $J_1(\beta_t a)=0$ 的各根(J_1 各零点)决定。显然,方程的解有多个根(理论上 μ 值可以很大,乃至无穷),且各根之间的差值→π。图 3.9 为 $n=1$ 各模式存在与排列的示意图,由$J_1(\beta_t a)$曲线与横轴的各交点决定,它也形象地表示了 $HE_{1\mu}$ 模与 $EH_{1\mu}$ 模截止条件的计算方法。

应该着重指出,在 $HE_{1\mu}$ 的各模式中,包含着一个最重要的特殊模式——HE_{11} 模,描述其截止条件的方程为

$$\beta_{tc}a=0 \tag{3.135}$$

由于 $\beta_{tc}a=0$,由(3.115)式应有 $\omega_c=0$,表明该模在任何频率下均始终存在,永不截止,即其截止频率为 0。当波导中其他所有模都截止时,该模仍然存

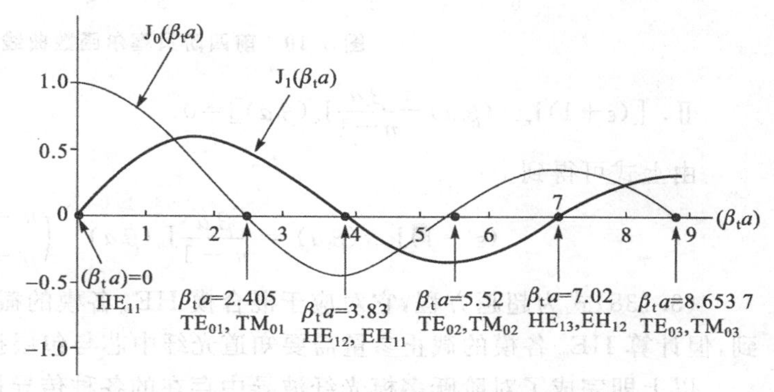

图 3.9 横模与一阶混合模的分布规律

在，保持传播。因而，称该模为“基模”。基模的存在，也是单模光纤波导存在的物理基础。通过调整波导的物理结构参数，可实现波导中各邻近的高阶模 TE_{01}、TM_{01}、HE_{12}、EH_{11} 等均截止，而只剩下 HE_{11} 模传播，即为单模光纤。

这样，对 $n=1$、$J_1(\beta_t a)=0$ 的各混合模则可以区分为如下三种情况：

基模 HE_{11}，　　　根 $x_{11}=\beta_{tc}a=0(\mu=1)$；

混合模 $HE_{1\mu}$，　　根 $x_{1\mu}=\beta_{tc}a\neq 0(\mu=2,3,4,\cdots)$；

混合模 $EH_{1\mu}$，　　根 $x_{1\mu}=\beta_{tc}a\neq 0(\mu=1,2,3,\cdots)$。

上述 $x_{1\mu}$ 表示各模的根。

(b) $n>1(n=2,3,4,\cdots,\mu)$ 研究各高阶混合模的截止条件。

对 $n>1$，且当 $\nu\to 0$ 时，高阶模的截止方程可以变换为

$$J_n(\beta_t a)\left[(\varepsilon+1)J_{n-1}(\beta_t a)-\frac{\beta_t a}{n-1}J_n(\beta_t a)\right]=0 \tag{3.136}$$

上述方程具有分别对应于 $EH_{n\mu}$ 模和 $HE_{n\mu}$ 模的两个解：

Ⅰ. $J_n(\beta_t a)=0$　$(x_{n\mu}=\beta_{tc}a\neq 0;\ n=2,3,4,\cdots;\mu=1,2,3,\cdots)$

上式对应的混合模 $EH_{n\mu}$ 各模的截止解，可由 $J_n(\beta_t a)$ 各曲线的零点得到，式中 n 为贝塞尔函数的阶数，μ 为 n 阶贝塞尔函数根的序数。

$$\begin{cases} EH_{2\mu}: & EH_{21}, & EH_{22}, & EH_{23}, & \cdots \\ EH_{3\mu}: & EH_{31}, & EH_{32}, & EH_{33}, & \cdots \\ \vdots & & & & \\ EH_{n\mu}: & EH_{n1}, & EH_{n2}, & EH_{n3}, & \cdots \end{cases}$$

图 3.10 给出了 $EH_{n\mu}$ 模中 $n=2,3$ 部分低次模的示意图（EH_{21}，EH_{31}，EH_{22}，EH_{32}，…）。

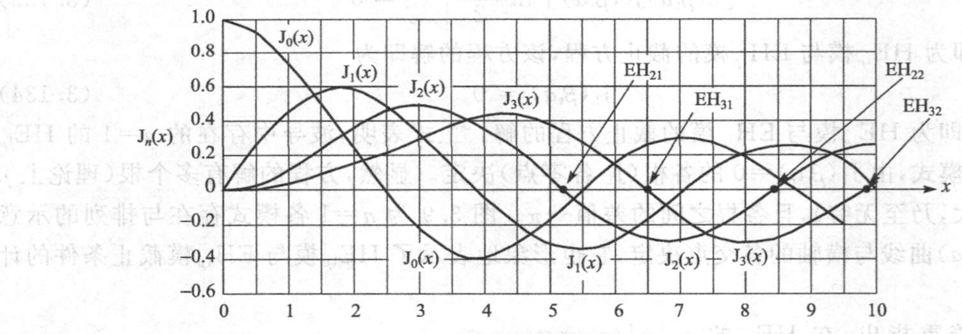

图 3.10　前四阶贝塞尔函数曲线图

Ⅱ. $\left[(\varepsilon+1)J_{n-1}(\beta_t a)-\dfrac{\beta_t a}{n-1}J_n(\beta_t a)\right]=0$ (3.137)

由上式可得到

$$(\varepsilon+1)J_{n-1}(\beta_t a)=\frac{\beta_t a}{n-1}J_n(\beta_t a)\quad\begin{pmatrix}n=2,3,4,\cdots\\ \mu=1,2,3,\cdots\end{pmatrix} \tag{3.138}$$

(3.138)式为超越方程，它对应于混合模 $HE_{n\mu}$ 各模的截止解，其具体值可由数值计算得到，但计算 $HE_{n\mu}$ 各模的截止参量需要知道光纤中芯与包层折射率的比值。

以上即完成了对阶跃多模光纤波导中存在的各种传导模截止解的全面分析。应该注意

的是，在上述各种模的截止解中，比较特殊的现象是 $EH_{1\mu}$ 模与 $HE_{1(\mu+1)}$ 模两套模存在同一的截止条件，具有相同的截止频率。但是，在非截止频率时，由于它们不是简并模，因而它们仍具有不同的传播常数；另外，在弱波导近似（weakly guiding approximation）的条件下，即 $\varepsilon_1 \approx \varepsilon_2$、$\Delta = \dfrac{n_1 - n_2}{n_1} \ll 1$，TE 模与 TM 模的截止解近似一致。

利用(3.132)式～(3.138)式可以计算出各种模的截止条件。表 3.2 给出了根据贝塞尔函数计算得到的部分低阶模的 n、μ（根的序号）及其对应的截止参量 $\beta_{tc}a$ 值的对应关系（对 $HE_{n\mu}$ 的计算值是在 $\varepsilon_1/\varepsilon_2 = 1.1$ 的条件下得到的）。

表 3.2　部分低阶模的截止条件

n \ $\beta_{tc}a$ \ μ	1	2	3	4	模的名称
0	2.404 8	5.520 1	8.653 7	11.791 5	$TE_{0\mu}$、$TM_{0\mu}$
1	0	3.831 7	7.015 6	10.173 5	$HE_{1\mu}$
1	3.831 7	7.015 6	10.173 5	13.323 7	$EH_{1\mu}$
2	2.445	5.538	8.665		$HE_{2\mu}$
2	5.135 6	8.417 2	11.619 8	14.796 0	$EH_{2\mu}$

表 3.3 给出了随截止参量 $\beta_{tc}a$ 增加，各模依次出现的规律（计算条件：$n_1/n_2 = 1.02$，$\varepsilon_1/\varepsilon_2 = 1.040\ 4$）。

表 3.3　部分(21 个)低阶模随 $\beta_{tc}a$ 变化依次出现的规律

截止参量 $\beta_{tc}a$	0	2.405　2.42	3.83　3.86	5.14　5.16	5.52　5.53	6.38　6.41	7.02	7.59　7.61	8.42　8.43
模类型序号	HE_{11}	TE_{01} TM_{01}　HE_{21}	HE_{12} EH_{11}　HE_{31}	EH_{21}　HE_{41}	TE_{02} TM_{02}　HE_{22}	EH_{31}　HE_{51}	HE_{13} EH_{12}　HE_{32}	EH_{41}　HE_{61}	EH_{22}　HE_{42}

在上述讨论中多次用到模截止参量 $\beta_{tc}a$ 的概念，为了深刻理解其物理意义，将其与光纤波导的物理结构参量联系起来，并定义

$$V = \beta_t a = \left[\omega\sqrt{\mu_0(\varepsilon_1 - \varepsilon_2)}\right]a = (\omega\sqrt{\mu_0\varepsilon_0})a\sqrt{\frac{\varepsilon_1}{\varepsilon_0} - \frac{\varepsilon_2}{\varepsilon_0}}$$

$$= k_0 a\sqrt{n_1^2 - n_2^2} = \frac{2\pi a}{\lambda_0}\mathrm{NA} \tag{3.139}$$

称 V 为“归一化频率”或“归一化波导常数”。V 是光纤波导的重要结构参量，也是直接与光的频率成正比的无量纲的量，它是决定光纤中模式数量多少的重要参量。从(3.139)式可以看出，随着光纤芯径 a 的增大、芯中折射率 n_1 的增大、包层折射率 n_2 的减小以及光源波长 λ_0 的减小，归一化频率 V 值将增大。而随着 V 值的增大，光纤波导中所能存在和传播的不同模式的分立波也越来越多，而对应于 $V_c = \beta_{tc}a$ 的各值应是 V 坐标轴上的一系列特定的离散点。

表 3.3 所表示的阶跃多模光纤中存在传导模的数量与归一化频率 V 值的函数关系也可以用图 3.11 表示。

从图 3.11 和表 3.3 可以看出，当光纤的归一化频率 $V < 2.405$ 时，光纤中只存在基模

HE_{11}；当$V>2.405$时，则TE_{01}模和TM_{01}模开始出现，紧接着HE_{21}模也随后出现，但这三个模的传输常数很接近；当$V>3.83$后，EH_{11}模以及紧随的HE_{12}模和HE_{31}模陆续出现了；……若以归一化的轴向传输常数$\bar{\beta}=\frac{\beta}{k_0}=\frac{(n_1 k_0)\sin\theta}{k_0}=n_1\sin\theta$为纵坐标，而以归一化频率$V$为横坐标，可以画出全面反映光纤波导中部分低阶模依次出现的$\bar{\beta}=\frac{\beta}{k_0}\sim V$变化规律曲线图（如图3.12所示）。从图中给出的12个较低阶模式依次出现的曲线规律可以看出：

(a)阶跃光纤中存在的各传导模是在其轴向传输系数β的工作范围$k_1=n_1k_0>\beta>k_2=n_2k_0$内的一些分立波，图3.12又可称之为"低阶模的色散曲线"；

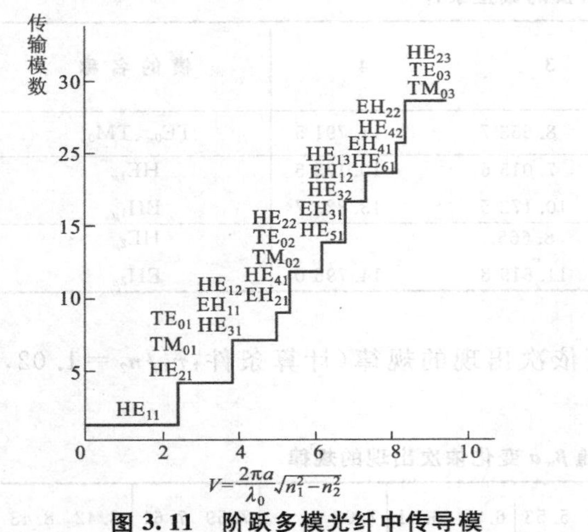

图3.11　阶跃多模光纤中传导模的数量与V的函数关系

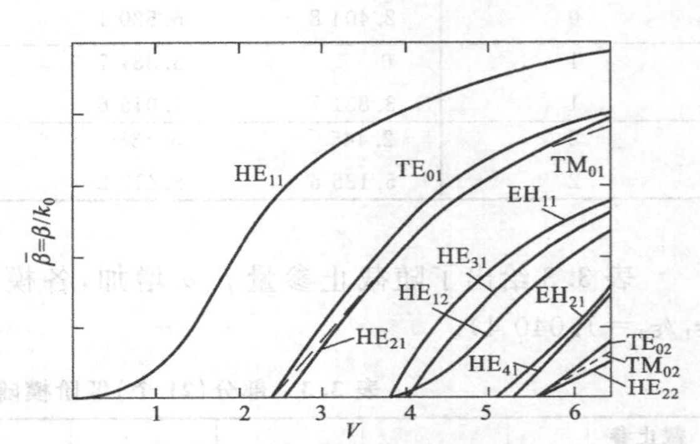

图3.12　低阶模的色散曲线图

(b)归一化频率V值可以视为光纤中光传输的特征参数，光纤中容许传输模式的数量完全由V值决定，V值越大，则光纤中所能支持传输的不同模式的分立波也越多；

(c)对所有的模式，当其截止时，其归一化的轴向传输常数$\bar{\beta}$均趋于光纤包层折射率n_2；而当远离截止时，$\bar{\beta}$则趋于纤芯的折射率n_1。

为了深入理解阶跃光纤中传输的模数多少与V值以及光纤的物理结构参数的关系，举例计算如下。

例题　已知一阶跃折射率光纤，$n_1=1.500$，$n_2=1.496$，$a=5\ \mu m$，问当激光光源波长分别为① $\lambda_0=1.55\ \mu m$，② $\lambda_0=1.30\ \mu m$，③ $\lambda_0=0.85\ \mu m$时，光纤中分别能传输哪些模？

解　归一化频率为$V=\frac{2\pi a}{\lambda_0}\sqrt{n_1^2-n_2^2}$，将上述各值代入计算应有

$$V=\frac{2\pi\times 5}{\lambda_0}\sqrt{1.500^2-1.496^2}=\frac{10\pi}{\lambda_0}\sqrt{2.25-2.238}$$

$$=\frac{31.416}{\lambda_0}\sqrt{0.012}=\frac{3.4415}{\lambda_0}$$

①若$\lambda_0=1.55\ \mu m$，则$V=2.22<2.405$，因而光纤中只有基模HE_{11}传输，即为单模光纤；

② 若$\lambda_0=1.30\ \mu m$，则$V=2.647$，由于$2.405<V=2.647<3.832$，因而光纤中有

HE_{11}、TE_{01}、TM_{01}、HE_{21}四种模传输；

③ 若 $\lambda_0=0.85\ \mu m$，则 $V=4.049$，因而光纤中有 HE_{11}、TE_{01}、TM_{01}、HE_{21}、EH_{11}、HE_{12}、HE_{31}七种模传输。

3.1.4 弱波导条件下本征方程的近似解与线性极化（LP）模

以上所述是在严格求解矢量亥姆霍兹方程并满足边界条件而得到的精确解，即从标量亥姆霍兹方程入手求解出 E_z、H_z，再通过场的横向分量与纵向分量的关系求出其他各横向分量，这种方法称为"矢量解法"，它是严格的。但遗憾的是，这种矢量解法对于具有 6 个分量的混合模场计算分析，在数学上很复杂；且对实际应用于光通信等的光纤，为避免纤芯过细难于耦合与对接，要求纤芯材料折射率略高于包层，即光纤芯与包层间的相对折射率差 $\Delta\ll1$，满足"弱波导"条件。在此条件下，可对本征方程取近似，从而获得阶跃光纤中传输模式的近似解，进而对这种近似的模解——LP 模进行分析。弱波导条件下的这种近似解法称为"标量解法"。

1. 弱波导近似条件下的本征方程

由前述讨论，精确解的本征方程(3.99)式及其简化形式(3.124)式分别为

$$\left[\frac{\varepsilon_1}{\varepsilon_2}\frac{a\nu^2}{\beta_t}\frac{J_n'(\beta_t a)}{J_n(\beta_t a)}+j\nu a\frac{H_n^{(1)\prime}(j\nu a)}{H_n^{(1)}(j\nu a)}\right]\left[\frac{a\nu^2}{\beta_t}\frac{J_n'(\beta_t a)}{J_n(\beta_t a)}+j\nu a\frac{H_n^{(1)\prime}(j\nu a)}{H_n^{(1)}(j\nu a)}\right]=\left[n\left(\frac{\varepsilon_1}{\varepsilon_2}-1\right)\frac{\beta k_2}{\beta_t^2}\right]^2$$

$$(\varepsilon J^- - H^-)(J^+ - H^+)+(\varepsilon J^+ - H^+)(J^- - H^-)=0$$

为方便尔后的简化分析，并取较通用的表示形式，需对上述本征方程做变换，并令

$$\begin{cases} u=\beta_{t1}a=\sqrt{k_0^2n_1^2-\beta^2}\ a & (3.140)\\ w=|\beta_{t2}|a=\nu a=\sqrt{\beta^2-k_0^2n_2^2}\ a & (3.141)\end{cases}$$

称上式中的 u 为纤芯中归一化横向传输常数（或归一化横向相位常数）；w 为包层中归一化横向传输常数（或归一化横向衰减常数）。

将本征方程(3.99)式中的宗量 $\beta_t a$ 以 u 取代；第一类汉克尔函数 $H_n^{(1)}(j\nu a)$ 以第二类修正贝塞尔函数 $K_n(|\beta_t|a)$ 取代[参见(3.75)式]，宗量 $|\beta_t|a$ 以 w 取代。经过宗量置换及相关变换可得到与(3.99)式完全等价的如下精确解本征方程形式：

$$\left[\frac{\varepsilon_1}{\varepsilon_2}\frac{J_n'(u)}{uJ_n(u)}+\frac{K_n'(w)}{wK_n(w)}\right]\left[\frac{J_n'(u)}{uJ_n(u)}+\frac{K_n'(w)}{wK_n(w)}\right]=n^2\left(\frac{\varepsilon_1}{\varepsilon_2}\frac{1}{u^2}+\frac{1}{w^2}\right)\left(\frac{1}{u^2}+\frac{1}{w^2}\right) \tag{3.142}$$

研究 u、w 与光纤归一化频率 V 之间的关系可以得到

$$u^2+w^2=(k_0^2n_1^2-\beta^2)a^2+(\beta^2-k_0^2n_2^2)a^2=k_0^2(n_1^2-n_2^2)a^2=\left(\frac{2\pi a}{\lambda_0}\right)^2(n_1^2-n_2^2)=V^2 \tag{3.143}$$

在弱波导近似的条件下，应有 $n_1\approx n_2$，$\varepsilon_1\approx\varepsilon_2$，因而(3.142)式可以简化为

$$\frac{J_n'(u)}{uJ_n(u)}+\frac{K_n'(w)}{wK_n(w)}=\pm n\left(\frac{1}{u^2}+\frac{1}{w^2}\right)\quad(n=0,1,2,3,\cdots) \tag{3.144}$$

对上述一般式分别讨论其各种模所对应的本征方程形式。

①$n=0$，TE 模与 TM 模的解近似地一致，可视为两者具有相同的本征方程：

$$\frac{J_0'(u)}{u\,J_0(u)}+\frac{K_0'(w)}{w\,K_0(w)}=0 \tag{3.145}$$

为去掉贝塞尔函数的微分形式，利用贝塞尔函数的递推公式(3.103)式 $Z_0'=-Z_1$，变换改写上式应有

$$\frac{u\,J_0(u)}{J_1(u)}=-\frac{w\,K_0(w)}{K_1(w)} \tag{3.146}$$

当模截止时，$w(\nu)\to 0$，经推导变换(略)上式右端$\to 0$，因而应有

$$\frac{u\,J_0(u)}{J_1(u)}=0 \tag{3.147}$$

由此得到 TE 模($TE_{0\mu}$)、TM 模($TM_{0\mu}$)在模截止时的本征方程为

$$J_0(u)=0 \tag{3.148}$$

因而 $J_0(u)$的根应分别为 2.404 8，5.520 1，8.653 7，…，它们分别对应于 $\left\langle \begin{matrix} TE_{01} \\ TM_{01} \end{matrix} \right\rangle$，$\left\langle \begin{matrix} TE_{02} \\ TM_{02} \end{matrix} \right\rangle$，$\left\langle \begin{matrix} TE_{03} \\ TM_{03} \end{matrix} \right\rangle$，…等各组模的截止频率。

②$n\neq 0$，则(3.144)式右端的"+"、"−"号分别对应于混合模的 EH 模($EH_{n\mu}$)、HE 模($HE_{n\mu}$)。其中：

(a) EH 模($EH_{n\mu}$)的本征方程应为

$$\frac{J_n'(\mu)}{u\,J_n(\mu)}+\frac{K_n'(w)}{w\,K_n(w)}=n\left(\frac{1}{u^2}+\frac{1}{w^2}\right) \tag{3.149}$$

利用贝塞尔函数的递推公式并经变换(详略)，得到变换后 EH 模的本征方程形式：

$$\frac{u\,J_n(u)}{J_{n+1}(u)}=-\frac{w\,K_n(w)}{K_{n+1}(w)} \tag{3.150}$$

当模截止，即 $w\to 0(\nu\to 0)$时，经推导证明上式右端$\to 0$，即有

$$\frac{u\,J_n(u)}{J_{n+1}(u)}=0 \tag{3.151}$$

因而，得到模截止时 $EH_{n\mu}$模的本征方程为

$$J_n(u)=0 \tag{3.152}$$

$J_n(u)=0$ 的各根对应 $EH_{n\mu}$各模的截止频率，但应注意排除取零根。

(b) HE 模($HE_{n\mu}$)的本征方程应为

$$\frac{J_n'(u)}{u\,J_n(u)}+\frac{K_n'(w)}{w\,K_n(w)}=-n\left(\frac{1}{u^2}+\frac{1}{w^2}\right) \tag{3.153}$$

同样利用贝塞尔函数递推公式并经变换(略)，可以得到如下 HE 模的本征方程式：

$$\frac{u\,J_n(u)}{J_{n-1}(u)}=\frac{w\,K_n(w)}{K_{n-1}(w)} \tag{3.154}$$

对上式做进一步变换计算后，可以得到如下形式的 HE 模本征方程：

$$\frac{u\,J_{n-2}(u)}{J_{n-1}(u)}=-\frac{w\,K_{n-2}(w)}{K_{n-1}(w)} \tag{3.155}$$

比较 TE 模、TM 模($n=0$)和 EH 模、HE 模三者的本征方程(3.146)式、(3.150)式和(3.155)式可以看出，三式在形式上具有明显的相似性。为了便于获得一个能统一概括上述

三种情况所包含的全部模式的表达式，引入一个新的参量 m 取代原来的 n 值，并定义 m 满足下式关系：

$$m=\begin{cases}1 & (\text{对 TE 模与 TM 模}) \quad ① \\ n+1 & (\text{对 EH 模}) \quad ② \\ n-1 & (\text{对 HE 模}) \quad ③\end{cases} \tag{3.156}$$

这样，即可将(3.146)式、(3.150)式和(3.155)式三式统一表示为下式：

$$\frac{u\mathrm{J}_{m-1}(u)}{\mathrm{J}_m(u)}=-\frac{w\mathrm{K}_{m-1}(w)}{\mathrm{K}_m(w)} \quad (m=0,1,2,3,\cdots) \tag{3.157}$$

上式表明，在弱波导近似的条件下，可以获得能概括所有模的本征方程的统一表达式，即可以用一个统一的本征方程来概括、表示具有共同参数 m(以及根序号 μ)的全部模式，亦即可以表示具有同一(近似)传输常数的模。我们称这类近似同一的模为 LP 模，表为 $\mathrm{LP}_{m\mu}$。分析表明，近似的本征方程(3.157)式比精确的本征方程(3.99)式更便于得到传输常数(β)的解。应该注意的是，在式(3.157)式中，当贝塞尔函数的阶数为负值时，应利用如下的关系式将阶数变换为正值：

$$\mathrm{J}_{-n}=(-1)^n\mathrm{J}_n \tag{3.158}$$

$$\mathrm{K}_{-n}=\mathrm{K}_n \tag{3.159}$$

例如，对 $\mathrm{HE}_{1\mu}$ 模，$n=1$，则根据(3.156)式中③式，应有 $m=0$，因而 $m-1<0$。为此，利用(3.158)式与(3.159)式，应有 $\mathrm{J}_{-1}=-\mathrm{J}_1$，$\mathrm{K}_{-1}=\mathrm{K}_1$，将其代入(3.157)式，则得到 $\mathrm{HE}_{1\mu}$ 模的本征方程表达式为

$$\frac{u\mathrm{J}_1(u)}{\mathrm{J}_0(u)}=+\frac{w\mathrm{K}_1(w)}{\mathrm{K}_0(w)} \tag{3.160}$$

为了清晰起见，将各种模所对应的本征方程列于表 3.4 中。

表 3.4　各种模对应的本征方程形式

模 的 名 称	本征方程的形式
横模 $\begin{cases}\mathrm{TE}_{0\mu}\text{模}\\ \mathrm{TM}_{0\mu}\text{模}\end{cases}$	$\frac{u\mathrm{J}_0(u)}{\mathrm{J}_1(u)}=-\frac{w\mathrm{K}_0(w)}{\mathrm{K}_1(w)}$
$\mathrm{EH}_{n\mu}$模($n\geqslant1$)	$\frac{u\mathrm{J}_n(u)}{\mathrm{J}_{n+1}(u)}=-\frac{w\mathrm{K}_n(w)}{\mathrm{K}_{n+1}(w)}$
$\mathrm{HE}_{1\mu}$模	$\frac{u\mathrm{J}_1(u)}{\mathrm{J}_0(u)}=+\frac{w\mathrm{K}_1(w)}{\mathrm{K}_0(w)}$
$\mathrm{HE}_{n\mu}$模($n\geqslant2$)	$\frac{u\mathrm{J}_{n-2}(u)}{\mathrm{J}_{n-1}(u)}=-\frac{w\mathrm{K}_{n-2}(w)}{\mathrm{K}_{n-1}(w)}$

2. 线性极化(偏振)模——LP 模

在弱波导近似($\Delta\ll1$)条件下所得到的这种近似模——LP 模的分析概念，是由 D. Glogy 于 1971 年提出的，它反映的是光纤中传输模式的近似解。LP 模的英文定义为 Linearly Polarized Mode，意即线性偏振模或线性极化模。它表示弱波导光纤中存在的模式可以视为是线偏振波。提出这种称谓的含义是，从分析的简便性出发，对光纤中存在的模式，可以暂不考虑按矢量解法中精确本征方程解得到的 TE、TM、EH 和 HE 模来区分；而只注意各模的传输常数，传输常数相等的简并模即取同一的模式名称，并按参数 m、μ

统一表征为 $LP_{m\mu}$ 模。对于这种弱波导条件下，采用标量近似解法得到的 $LP_{m\mu}$ 模，又可称之为“标量模”。

(1)LP 模的截止方程、模分布规律及简并

为了分析得到线性偏振模的截止方程，需以 $\nu=0$，即 $w=0$ 作为导波截止的条件。

由 $LP_{m\mu}$ 模的本征方程(3.157)式 $\dfrac{uJ_{m-1}(u)}{J_m(u)}=-\dfrac{wK_{m-1}(w)}{K_m(w)}$，当模截止、$w\to 0$ 时，可利用 $K_m(w)$ 的如下渐近公式代入(3.157)式右端：

$$K_m(w)\approx\frac{2^{m-1}\Gamma(m)}{w^m} \tag{3.161}$$

则有

$$\lim_{w\to 0}\frac{wK_{m-1}(w)}{K_m(w)}\approx\lim_{w\to 0}\frac{w2^{m-2}\Gamma(m-1)/w^{m-1}}{2^{m-1}\Gamma(m)/w^m}=\frac{w^2}{2m}=0 \tag{3.162}$$

因而

$$\frac{uJ_{m-1}(u)}{J_m(u)}=0 \tag{3.163}$$

最终获得如下统一而简洁的截止方程形式：

$$J_{m-1}(u)=0\qquad(m=0,1,2,\cdots) \tag{3.164}$$

上式表明，$LP_{m\mu}$ 模的归一化截止频率可由 $J_{m-1}(u)$ 的各零点来确定，如图 3.13 所示(图中仅画出 $m=0$ 和 $m=1$ 两个 m 值所决定的低阶模排列情况)。

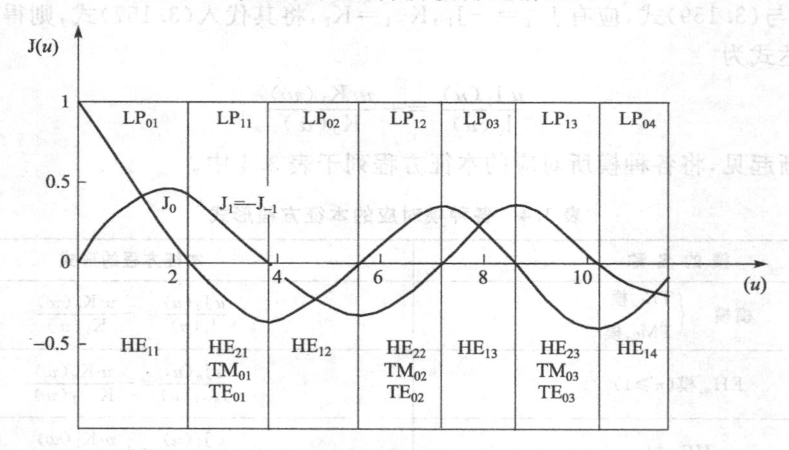

图 3.13　各阶 $LP_{m\mu}$ 模的分布规律

应该注意的是，在传导模截止时，若记截止的包层中归一化横向衰减常数为 w_c，且 $w_c=0$(因为 $v\to 0$)；相应的芯中归一化横向传输常数为 u_c，归一化频率为 V_c，则由(3.143)式应有

$$V_c^2=u_c^2+w_c^2=u_c^2 \tag{3.165}$$

因而有 $V_c=u_c$。即如求出 u_c，则确定了 V_c，从而决定了各模式的具体截止条件。

利用(3.164)式及图 3.13 则可确定各阶 $LP_{m\mu}$ 模的根 u_c 值。

①若 $m=0$，则由 $J_{-1}(u_c)=-J_1(u_c)=0$，可解出由 J_1 曲线各零点决定的根为

$$u_c=u_{1\mu}=\quad 0,\quad 3.8317,\quad 7.0160,\quad 10.135,\cdots$$

它们分别对应的各 $LP_{0\mu}$ 模为：　LP_{01}，　LP_{02}，　LP_{03}，　LP_{04}，…

相应的精确矢量模 $HE_{1\mu}$ 为：　　HE_{11}，HE_{12}，　　HE_{13}，　　HE_{14}，…

注意，在 $LP_{0\mu}$ 模中可取 $u_c=0$ 的解，因 $J_1(0)=1$ 可使(3.162)式成立，该模即为基模 HE_{11}。

(2)若 $m=1$，则有 $J_0(u_c)=0$，由 J_0 曲线各零点决定的根为

$$u_c = u_{0,\mu} = 2.404\,8,\ 5.520\,1,\ 8.653\,7,\cdots,$$

它们分别对应的各 $LP_{1\mu}$ 模为：　　LP_{11}，　　LP_{12}，　　LP_{13}，…，

相应的各精确矢量模为：

$$\begin{cases} HE_{21}, & HE_{22}, & HE_{23},\cdots, \\ TE_{01}, & TE_{02}, & TE_{03},\cdots, \\ TM_{01}, & TM_{02}, & TM_{03},\cdots, \end{cases}$$

(3)对 $m\geqslant 2$，则有 $J_{m-1}(u_c)=0$，则由 J_{m-1} 曲线各零点决定的根为 $u_c=u_{m-1,\mu}$，其对应的各线性偏振模 $LP_{m,\mu}$ 模为($LP_{1\mu}$，$LP_{2\mu}$，…，)，相应的精确矢量模包括 $\left\langle \begin{matrix} EH_{m-1,\mu}\text{模} \\ HE_{m+1,\mu}\text{模} \end{matrix} \right\rangle$。

综上所述，全部 $LP_{m\mu}$ 模的 u 值是在 $m-1$ 阶贝塞尔函数的第 μ 个根和 m 阶贝塞尔函数的第 μ 个根之间变化的。在归纳上述规律的基础上，将 LP 模的命名法同原有矢量模命名法之间的对应关系及相应的本征方程与简并度，列于表 3.5。

表 3.5　LP 模与矢量模命名的对应关系及相应的本征方程与简并度

序号 m	LP 模命名法	原矢量模命名法	简并度	本征方程
$m=0$	$LP_{0\mu}$ 模	$HE_{1\mu}$ 模*	2	$\dfrac{uJ_1(u)}{J_0(u)}=\dfrac{wK_1(w)}{K_0(w)}$
1	$LP_{1\mu}$ 模	$TE_{0\mu}$ 模 $TM_{0\mu}$ 模 $HE_{2\mu}$ 模*	4	$\dfrac{uJ_0(u)}{J_1(u)}=-\dfrac{wK_0(w)}{K_1(w)}$
$\geqslant 2$	$LP_{m\mu}$ 模	$EH_{m-1,\mu}$ 模* $HE_{m+1,\mu}$ 模*	4	$\dfrac{uJ_{m-1}(u)}{J_m(u)}=-\dfrac{wK_{m-1}(w)}{K_m(w)}$

(注)带＊号表示该模具有 $\sin n\varphi$ 和 $\cos n\varphi$ 的按 2∶1 简并的模。

表 3.6 列出截止频率从低向高按序排列的 10 个低阶 $LP_{m\mu}$ 模与原矢量模的对应关系。

表 3.6　前 10 个 $LP_{m\mu}$ 低阶模与原矢量模的对应关系

序数	LP 模的名称	原矢量模的名称与个数	简并度
1	LP_{01} 模	$HE_{11}\times 2$	2
2	LP_{11} 模	TE_{01}，TM_{01}，　$HE_{21}\times 2$	4
3	LP_{21} 模	$EH_{11}\times 2$，　$HE_{31}\times 2$	4
4	LP_{02} 模	$HE_{12}\times 2$	2
5	LP_{31} 模	$EH_{21}\times 2$，　$HE_{41}\times 2$	4
6	LP_{12} 模	TE_{02}，TM_{02}，　$HE_{22}\times 2$	4
7	LP_{41} 模	$EH_{31}\times 2$，　$HE_{51}\times 2$	4
8	LP_{22} 模	$EH_{12}\times 2$，　$HE_{32}\times 2$	4
9	LP_{03} 模	$HE_{13}\times 2$	2
10	LP_{51} 模	$EH_{41}\times 2$，　$HE_{61}\times 2$	4

总结上述 LP 模的分布规律可以看出，凡具有同一 m 值的模群，它们都近似地满足相同的本征方程，具有相同或近似相同的传输常数和群速，并可以由一个特定的 $LP_{m\mu}$ 表征。LP 模的这种现象，本质上是由于相位常数近似相同的模群，其相位常数发生近似的简并。

应该指出，每一个 $EH_{n\mu}$ 或 $HE_{n\mu}$ 都具有两个不同的偏振方向，亦即可视为具有以 $\cos n\varphi$ 和 $\sin n\varphi$ 所表示的两个独立分量（例如对 $n=1$，具有垂直偏振波分量和水平偏振波分量）；而对于 TE 模和 TM 模，由于它们都是轴对称的，因而不发生偏振波方向的简并。因此，可以看出，对 $m=0$，$LP_{0\mu}$ 模由 $HE_{1\mu}$ 模得到，其简并度为 2；而对 $m=1$，$LP_{1\mu}$ 模由 $TE_{0\mu}$、$TM_{0\mu}$ 和 $HE_{2\mu}$ 模的线性组合得到，其简并度为 4；对 $m=2$，$LP_{2\mu}$ 模由 $EH_{1\mu}$ 模和 $HE_{3\mu}$ 模的线性组合得到，其简并度亦为 4；……以此类推，$LP_{m\mu}$ 模由 $EH_{m-1,\mu}$ 与 $HE_{m+1,\mu}$ 模的线性组合得到。因而，除 $m=0$（$HE_{1\mu}$ 模）是按 2∶1 发生简并外，其余 $m\geqslant1$ 时 $LP_{m\mu}$ 模一律按 4∶1 发生简并。

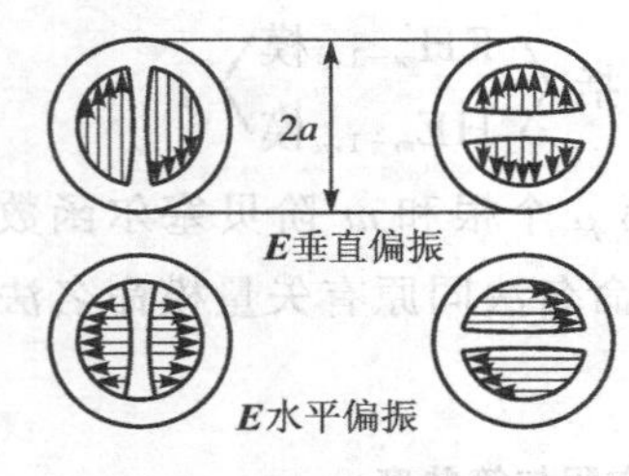

图 3.14　LP_{11} 模的横向电场分量（四重简并）

还要注意的是，LP 模的概念虽然在实用上非常有用且方便，但这种模并不是光纤中存在的真实模式，光纤中并不存在 LP 模的实际场分布。它只是在弱波导条件下人们为简化分析而提出的一种概念与分析方法，因此只对满足“弱波导近似”的条件才有效；对不满足这种近似条件的情况，近似的标量波动方程将成为矢量波动方程，而上述简并了的传输常数也将分开。

图 3.14 给出了纤芯中 LP_{11} 模的四种不同的横向电场分布形式（四重简并）。

（2）$LP_{m\mu}$ 模序号的物理意义、LP 模的特点及色散曲线

①模序号的物理意义。$LP_{m\mu}$ 模的模序号有明确的物理意义。其中，圆周方向模的序号 m 是贝塞尔函数的阶数，它确定了 φ 方向电（磁）场量的分布规律，即变化的周期数。由于电磁场量在圆周方向按余弦规律即 $\cos m\varphi$ 变化，因而，当 φ 从 $0\sim2\pi$ 变化一周时，场量的变化将出现 m 对（$2m$ 个）极大值和 m 对零点。因此，模序号 m 即表示沿圆周方向旋转观察时，场量变化出现极大值或零点的对数；而（根）序号 μ 则是表征纤芯中沿半径 r 方向电磁场变化出现极值（波峰和波谷）的次数。由于沿半径方向场量是按贝塞尔函数的振荡规律变化，贝塞尔函数 $J_m(x)$（$J_n(x)$）属于伪周期函数，对同一个 m 值按 $\mu=1,2,3,\cdots$，可以求得无限多个模解。总之，$LP_{m\mu}$ 模的表示法中，贝塞尔函数的阶数 m 与根的序号 μ 均有明确的物理意义，它们可以表征对应模式的场量在光纤横截面上的分布规律。

②LP 模的特点分析。由于 $LP_{m\mu}$ 模在光纤芯中的横向电场其在沿圆周及半径方向的分布规律分别为

$$\begin{cases}\Phi(\varphi)=\cos m\varphi \qquad (\text{或 } \Phi(\varphi)=e^{j\varphi}) \\ R(r)=J_m(\beta_t r)\end{cases}$$

若 $m=0$，即以 $LP_{0\mu}$ 模为例。当 $m=0$，则 $\Phi(\varphi)=\cos0=1$。

表明电场强度在圆周方向无变化，也即电场在圆周方向出现极大值的个数为零，场分量在光纤中呈轴对称分布；而在半径方向，场量按零阶贝塞尔函数规律变化。其中：

若 $\mu=1$,即对 LP_{01} 模,应有 $u=\beta_t r=0$ 处,$R(r)=1$;而在 $u=\beta_t r=2.404\ 8$ 处,$R(r)=J_0(2.404\ 8)=0$。即 LP_{01} 模沿 r 方向的变化有一极大值,如图 3.15(a)所示。

若 $\mu=2$,即对 LP_{02} 模,同样应有 $u=\beta_t r=0$ 处,$R(r)=1$;而在 $r=0.435\ 7a$ 处,$R(r)=J_0(2.404\ 8)=0$;在 $r=a$ 处,$R(r)=J_0(5.520\ 8)=0$。即 LP_{02} 模沿 r 方向的变化规律除 $r=0$ 处有一极大值外,在 $0.435\ 7\ a<r<a$ 及其对称区域之间还各出现一次极大值,如图 3.15(b)所示。

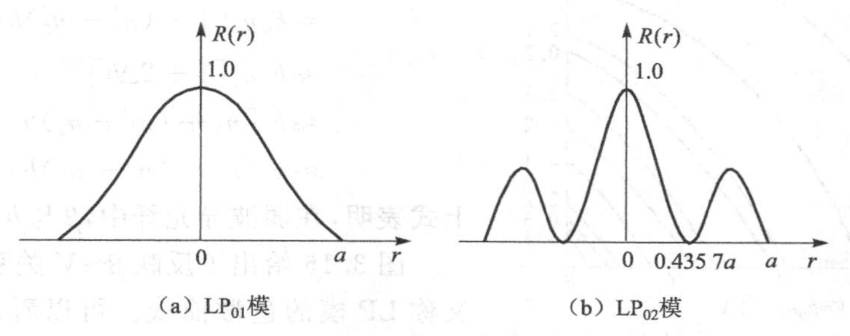

图 3.15　$LP_{0\mu}$ 模场沿半径方向的变化

类似的方法可以分析 $L_{m\mu}$ 模在光纤横截面上场量(强度)的分布规律。总之,可以认为 m 和 μ 决定了相应模式在光纤横截面上的场分布。

对比精确解的矢量模与近似解的标量模($LP_{m\mu}$)可以看到:以混合模为例,对矢量模,在原来序号 n 的形式下,同一序号 n 对应于 HE、EH 两种混合模、6 个场分量(其中 2 个纵向分量,4 个横向分量),这两种模具有略有差异而近于相同的传播常数 β;而对 LP 模(标量模),在新的序号 m 的形式下,可以视为同一序号 m 对应于一种新的模——$LP_{m\mu}$ 模,称为线性偏振模,这种模只有 4 个场分量,除去 2 个纵向分量外,只有 2 个横向分量(分别为电场和磁场),$LP_{m,\mu}$ 模可以视为由具有同一 m 值的 $EH_{m-1,\mu}$ 模与 $HE_{m+1,\mu}$ 模线性叠加得到,它们具有相同的传播常数。因而对 $LP_{m,\mu}$ 模,当 $m=0$ 时,即 $LP_{0\mu}$ 模(对应于 $HE_{1\mu}$ 模)为按 2:1 发生简并;而在 $m\geqslant1$ 时,各 $LP_{m\mu}$ 模一律按 4:1 发生简并。可以定义这类不同本征函数的传输常数(或称本征值)视为相等的情况为"简并"。相互简并的本征函数经线性耦合后可以形成新的本征函数,因而可视为在横截面内某方向形成线偏振模,即称为 LP 模。

从光线角度分析,由于弱波导光纤 $\Delta\ll1$,即 $n_2/n_1\approx1$,因而芯包层界面上的全反射临界角 $\theta_c=\arcsin(n_2/n_1)\approx\frac{\pi}{2}$。当在光纤中形成传导波时,要求射线在芯包界面上的投射角 $\theta\geqslant\theta_c$,因而光射线是以与光轴几乎平行的方向前进的。这样的标量波类似于横电磁波(TEM 波)。其特点是:由于电磁场是与波矢量垂直的,因而其横向场与光纤轴线近乎垂直,这种模的横向场分量占优势,纵向场分量 E_z、H_z 极小;由于横向场分量是线偏振的,且芯与包层界面不影响场的偏振态改变,因而总可选取直角坐标系,使 x,y 轴的取向与场的横向分量重合,则场的横向分量将只存在 E_x 或 H_x 分量。

(3)LP 模的色散曲线

为了描述 LP 模各模式的传输特性,应找出 $\beta\sim V$ 的变化关系。为了通用,采用归一化传输常数(相位常数)b,其定义为

$$b = \frac{w^2}{V^2} = \frac{\beta^2 - k_0^2 n_2^2}{k_0^2(n_1^2 - n_2^2)} \approx \frac{\beta - k_0 n_2}{k_0(n_1 - n_2)} \tag{3.166}$$

传导模归一化传播常数的取值范围为 $0 \leqslant b < 1$。

进而导出以 b 表示 β 的关系式，由上式变化应有（考虑弱波导近似）

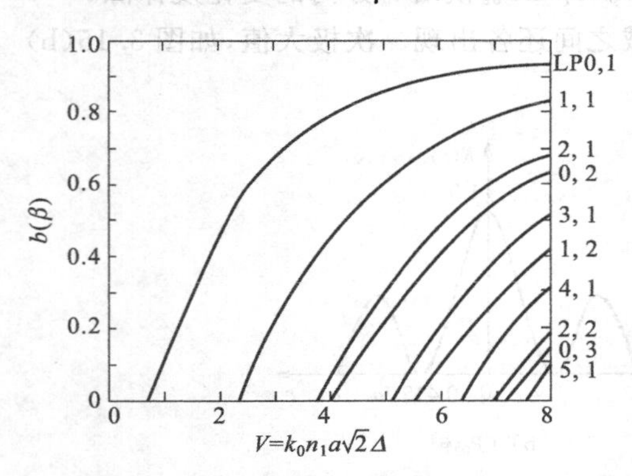

图 3.16　阶跃光纤中 LP 模的色散曲线

$$\begin{aligned}\beta &= k_0[n_2^2 + (n_1^2 - n_2^2)b]^{1/2} \\ &= k_0 n_2[1 + (n_1^2 - n_2^2)b/n_2^2]^{1/2} \\ &\approx k_0 n_2[1 + 2\Delta b]^{1/2} \\ &\approx k_0[n_2 + (n_1 - n_2)b] \\ &\approx k_0[n_1 + (n_1 - n_2)b]\end{aligned} \tag{3.167}$$

上式表明，在弱波导光纤中，β 与 b 成正比。

图 3.16 给出了反映 $\beta \sim V$ 关系的 $b \sim V$ 曲线，又称 LP 模的色散曲线。可以看出，每个模式对应一曲线，b 在 0～1 范围内变化。当导波截止时，$b=0$；远离截止时，$b=1$。

由图可见，若已知 V，则由曲线可求得各模式的 b 值，进而由（3.167）式可计算出相应的 β 值。$b \sim V$ 曲线对所有的阶跃光纤均适用。

3.1.5　阶跃光纤中各种模的电磁场与光功率分布、模数估算

1. 光纤中各种模的电磁场分布

根据所求出的各种模式的场分量，以及对各种模的电力线与磁力线形状的计算结果，可以画出阶跃光纤横截面（$r \sim \varphi$）与纵截面内以不同形状电力线与磁力线所表示的电磁场分布图。图 3.17 中根据计算结果画出了 LP_{01} 模（HE_{11} 模）、LP_{11} 模（TE_{01} 模、TM_{01} 模、HE_{21} 模）、LP_{21} 模（EH_{11} 模、HE_{31} 模）等几个低阶模的电磁场分布示意图。由图可见，即使属于同一个 LP 模，但 TE 模、TM 模、HE 模、EH 模的电力线与磁力线的形状彼此全不相同。另外，HE_{11} 模（$HE_{1\mu}$ 模）是线偏振模；而 TE_{01}（$TE_{0\mu}$）模、TM_{01}（$TM_{0\mu}$）模均与辐角 φ 无关，是一种径向对称模。但在一般情况下，所得到的电磁场分布图是一种复杂的混合形式。还应指出，图 3.17中所画出的是纤芯中的场形图，实际上包层中也有电磁场分布，只不过包层中的电磁场迅速衰减。

图 3.18 示出了由 TE_{01}、TM_{01}、HE_{21} 三种模的电磁场分布叠加后形成的 LP_{11} 偏振模的 4 种简并模中之两种简并模。

2. LP 模的模功率分布

光波在光纤中传输时，在纤芯与包层中均有电磁场存在并沿光纤轴向传输。因此，研究分析被束缚在纤芯中以及包层中各种模的光功率分布及其百分比具有重要意义。光纤中传输的导波（传导模）其能量的大部分在纤芯中传输，小部分则在包层中传输。某一模式在纤芯中与包层中光功率分布所占比例的大小与该模式的归一化截止频率有关。当 V 值很大即远离截止时，传导模的能量被聚集束缚在纤芯中；而当 $V=V_c$，即模截止时，传导模的能量大部分进入包层，并成为辐射模。

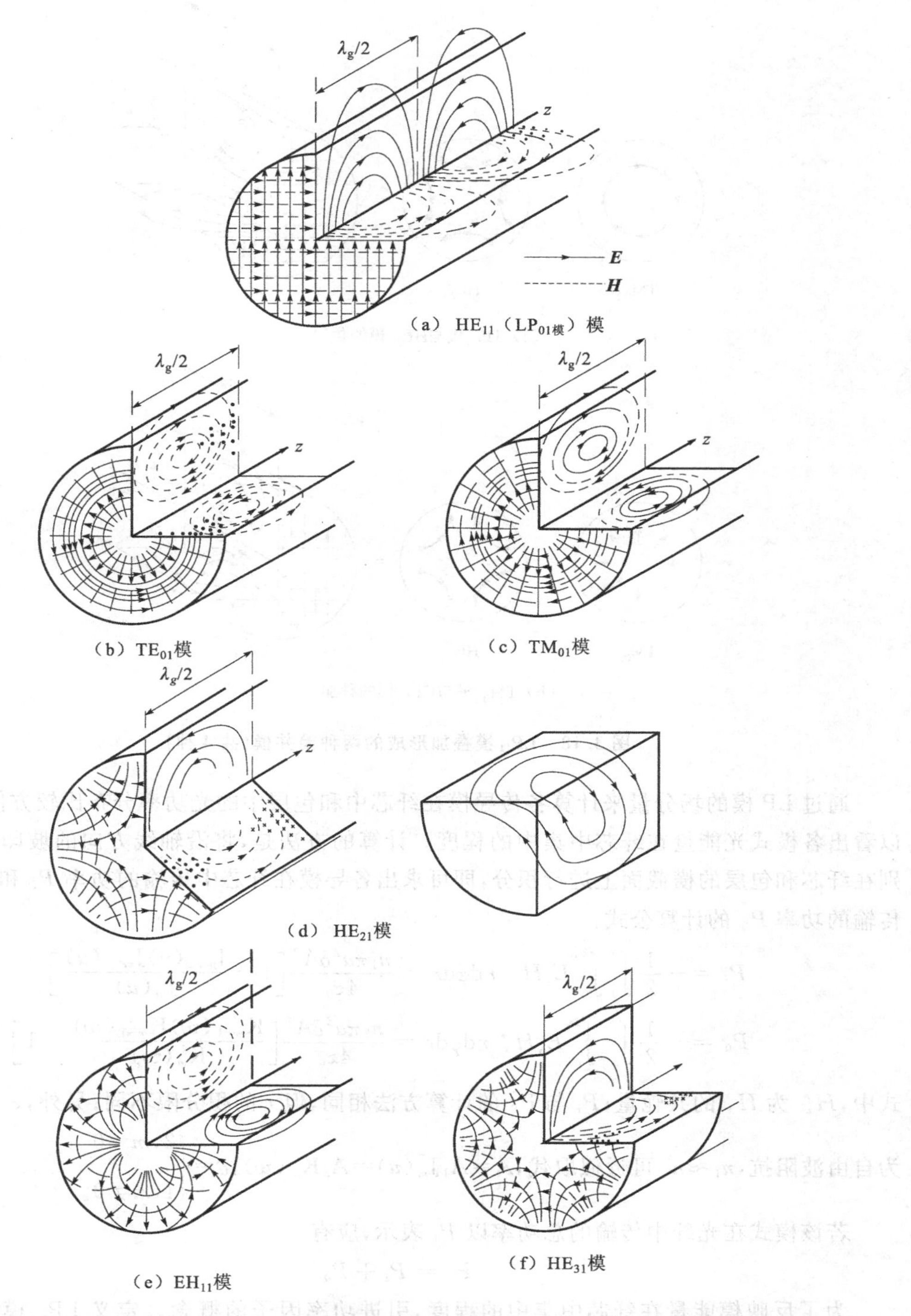

图 3.17　纤芯内几个低阶模电磁场分布示意图(实线表电力线,虚线表磁力线,$\lambda_g=2\pi/\beta$)

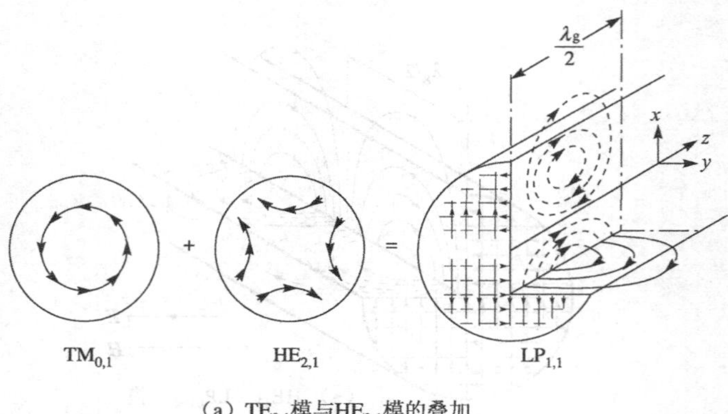

（a） $TE_{0,1}$模与$HE_{2,1}$模的叠加

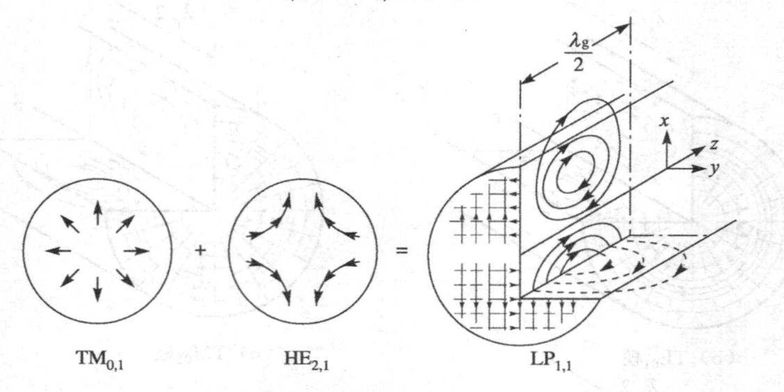

（b） $TM_{0,1}$模与$HE_{2,1}$模的叠加

图 3.18　LP_{11}模叠加形成的两种简并模(共 4 种)

通过 LP 模的场分量来计算各传导模在纤芯中和包层中的光功率分布比较方便，由此可以看出各模式光能量在纤芯中集中的程度。计算的方法是，将沿轴线方向的坡印廷矢量分别在纤芯和包层的横截面上进行积分，即可求出各导模在纤芯中传输的功率 P_i 和在包层中传输的功率 P_0 的计算公式：

$$P_i = -\frac{1}{2}\int_0^a \int_0^{2\pi} E_y H_x^* \, r\mathrm{d}\varphi\mathrm{d}r = \frac{n_1 \pi a^2 \delta A^2}{4z_0}\left[1 - \frac{\mathrm{J}_{m+1}(u)\mathrm{J}_{m-1}(u)}{\mathrm{J}_m^2(u)}\right] \tag{3.168}$$

$$P_0 = -\frac{1}{2}\int_a^\infty \int_0^{2\pi} E_y H_x^* \, r\mathrm{d}\varphi\mathrm{d}r = \frac{n_2 \pi a^2 \delta A^2}{4z_0}\left[\frac{\mathrm{K}_{m+1}(w)\mathrm{K}_{m-1}(w)}{\mathrm{K}_m^2(w)} - 1\right] \tag{3.169}$$

式中，H_x^* 为 H_x 的共轭量；P_i 与 P_0 的计算方法相同，但 r 的积分限不同；另外，$z_0 = \sqrt{\mu_0/\varepsilon_0}$ 为自由波阻抗，$n_1 \approx n_2$ 可近似取代，$A = A_1 \mathrm{J}_m(u) = A_2 \mathrm{K}_m(w)$，$\delta = \begin{cases} 2, m=0 \\ 1, m \neq 0 \end{cases}$。

若该模式在光纤中传输的总功率以 P_t 表示，应有

$$P_t = P_i + P_0 \tag{3.170}$$

为了反映模能量在纤芯中集中的程度，引进功率因子的概念。定义 $LP_{m\mu}$ 模在纤芯中传输的功率 P_i 与总功率 P_t 之比为功率因子，表示为 $\eta_{m\mu}$。$\eta_{m\mu}$ 又称为波导效率，可表示为下式：

$$\eta_{m\mu}=\frac{P_i}{P_t}=\frac{w^2}{V^2}\left[1-\frac{J_m^2(u)}{J_{m+1}(u)J_{m-1}(u)}\right]=\frac{w^2}{V^2}\left[1+\frac{u^2}{w^2}\frac{K_m^2(w)}{K_{m+1}(w)K_{m-1}(w)}\right] \tag{3.171}$$

由上式可以看出，当远离截止即 V 值很大时，$J_m(u)=0$，$w\approx V$，因而有 $\eta_{m\mu}\approx 1$。表明远离截止状态时，传导模能量集中在纤芯中传输；在模截止状态下，当 $m=0$、1 时，应有 $\eta_{m\mu}=0$；而当 $m>1$ 时，$\eta_{m\mu}=1-\frac{1}{m}$。上述分析表明，对 $m=0$、1 的低阶模，截止状态下，能量完全转移到包层中去；而对 $m>1$ 的高阶模，纤芯中却仍保留了相当大比例的光能量，且 m 越大则 $\eta_{m\mu}$ 越大，保留在纤芯中的能量也越多。

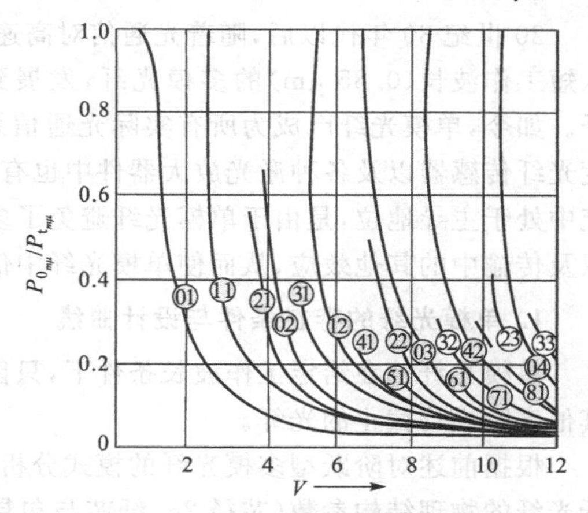

图 3.19　LP 模的模功率分布图

图 3.19 给出了部分低阶模 $LP_{m\mu}$ 的 $P_{0_{m\mu}}/P_{t_{m\mu}}=1-\eta_{m\mu}$ 值随归一化频率 V 的变化曲线。对某一个具体的 $LP_{m\mu}$ 模，当它工作于接近截止状态时，大量的光功率存在于包层中；随着归一化频率 V 的增加，该模式离开截止状态，包层中光功率迅速减少，而芯中光功率迅速增加。以 LP_{01} 模为例，当 $V=1$ 时，$P_0/P_t\approx 70\%$；而当 $V=2.405$ 时，第二个模群 LP_{11}（TE_{01}、TM_{01}、HE_{21}）开始出现，此时 LP_{01} 模包层中的光功率下降至 $P_0/P_t\approx 16\%$。

3. 多模光纤中的模数估算

实用中需要快速而概略地估算多模光纤中传输的模数多少。对于通信及非通信中使用的多模光纤，往往能传输多个模式（例如几百个模式），且传输的光功率在很大程度上是由高次模所携带的。对于高次模，归一化频率 V 值通常很大，因而可使用大宗量(u)贝塞尔函数的渐近公式，从而使对问题的分析得到简化。应该指出，由于 $LP_{m\mu}$ 模一般是四重简并的，因而光纤中实际传输的模数总量应是按 $LP_{m\mu}$ 模计算模数的 4 倍。略去分析推导过程，多模阶跃光纤中容许传输模式的总数 N 可由如下近似公式概略估算：

$$N=\frac{4V^2}{\pi^2}\approx\frac{V^2}{2} \tag{3.172}$$

上式很有用，它表明，阶跃多模光纤中容许传输的模式数量取决于归一化频率，即与归一化频率 V 的平方成正比，V 值越大，则光纤中传输的模式数量越多。根据定义，V 值与光纤的物理结构参量芯径 a，芯与包层折射率 n_1、n_2，以及光源工作波长 λ_0 有关。因而，若知道上述参量值，即可求出 V 值，进而近似估算出光纤中存在的模式数量。例如，早期通信用多模光纤，纤芯的标准直径为 50 μm，若芯折射率 $n_1=1.48$，相对折射率差 $\Delta=1\%$，工作波长 $\lambda_0=1.31$ μm，则可计算出：

归一化频率　$V=\frac{2\pi a}{\lambda_0}n_1\sqrt{2\Delta}=\frac{100\pi}{1.31}\times 1.48\sqrt{0.02}=50.19$

估算模数　$N\approx\frac{V^2}{2}\approx 1\ 259$

表明光纤中将有约 1 200 多个模式存在，耦合到光纤中的光功率将分配给这些模式，而每个模式将有自己独立的空间电磁场分布以及自己的传输常数，且绝大多数模式都远离截止点，为良好的受导模式。

3.1.6　单模光纤

20世纪80年代以后，随着光通信对高速率、远距离信息传输应用的迫切需求，阶跃光纤从短工作波长(0.85 μm)的多模光纤，发展到尔后的长工作波长(1.31～1.55 μm)单模光纤。如今，单模光纤已成为所有实际光通信系统的最佳选择；此外，单模光纤在各种高灵敏度光纤传感器以及各种激光放大器件中也有重要应用。单模光纤之所以在现今信息传输系统中处于主导地位，是由于单模光纤避免了多模光纤严重的本征性模间(多模)色散、模噪声以及传输中的其他效应，从而使单模光纤中信号传输的速度与容量远远高于多模光纤。

1. 单模光纤的存在条件与设计曲线

单模光纤是在给定工作波长条件下，只能传输基模 HE_{11}(或标量模 LP_{01})单一模式，而其他高阶模均截止的光纤。

根据前述对阶跃型多模光纤的模式分析，对给定的工作波长 λ，通过恰当地设计选择阶跃光纤的物理结构参数(芯径 $2a$，纤芯与包层折射率 n_1、n_2)，达到调整光纤的波导常数(归一化频率) V 值，使之满足如下条件：

$$0 < V = \frac{2\pi a}{\lambda}\sqrt{n_1^2 - n_2^2} \approx \frac{2\pi a}{\lambda} n_1 \sqrt{2\Delta} < 2.405 \tag{3.173}$$

从而实现光纤中只有基模 HE_{11}(标量模 LP_{01} 模)单一模式传输，而邻近的高次模 TE_{01} 模、TM_{01} 模、HE_{21} 模(标量模 LP_{11} 模)均截止。因此称(3.173)式为单模光纤的单模传输条件。但是由于 V 值选取的不同，将影响光纤芯、包层中所占的光功率比不同，如 $V=2.405$，芯、包功率比为0.84∶0.16；$V=1$ 时，芯包功率比为0.3∶0.7。即 V 值越小，转移到包层中的光功率越多。因而实际的单模光纤其归一化工作频率的选择一般在2.0～2.35。

对满足弱波导条件的(3.173)式稍加变形，可以得到如下单模光纤的设计方程：

$$V \approx 8.886 \frac{a n_1}{\lambda}\sqrt{\Delta} \tag{3.174}$$

则在满足(3.173)式条件下，根据(3.174)式，可以画出调控光纤相对折射率差 Δ 与芯径 a 之间关系的单模光纤设计曲线，如图3.20所示。

例如，要求设计满足如下要求的单模光纤：$V=2.25$，$\lambda=1.3\ \mu m$，$n_1=1.450$。则根据(3.174)式可以画出图示的单模光纤设计曲线。当调整 $\Delta=0.002$ 时，则相应的芯半径 $a \approx 5\ \mu m$；若调整 $\Delta=0.003$，则芯半径为 $a \approx 4.2\ \mu m$。

将(3.173)式变换，可以导出特定波长 λ 条件下单模光纤最大芯径 D_m 的限制条件：

$$D_m = 2a_m < \frac{2.405\lambda}{\pi\sqrt{n_1^2 - n_2^2}} \tag{3.175}$$

上式表明，阶跃光纤必须芯径足够小，才能实现基模单一模式的传输。

在单模光纤的设计中，需要重点考虑的因素是光纤芯径。为了避免由于制造误差而导致光纤中传输模式的偏差，确保单模传输，通常单模光纤芯径的设计值要比由(3.175)式决定的最大芯径极限值 D_m 要小一些；但是，芯径过小对与光源耦合及光纤之间的连接耦合不利。另外，相对折射率差 Δ 小对实现单模传输条件有利，但 Δ 过小对制造工艺的严格控制带

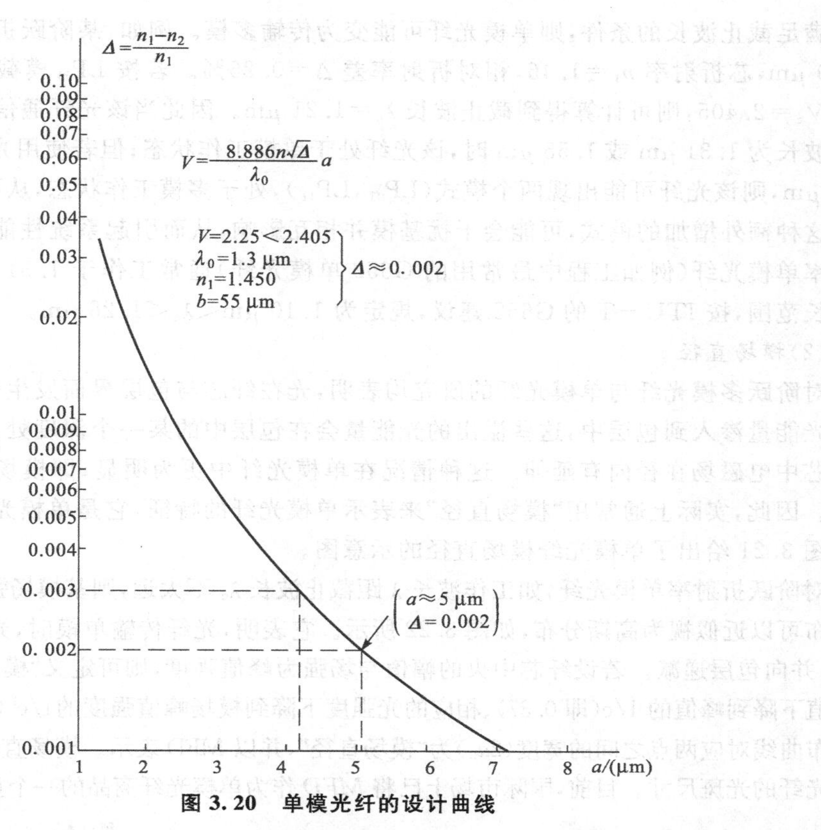

图 3.20　单模光纤的设计曲线

来困难。实际单模光纤的设计要在各相互制约因素中找到总体有利的平衡方案。一般单模光纤设计中，选取相对折射率差 Δ 比 0.5%略小，最广泛使用的 Δ 值为 0.36%，完全低于一般所说弱波导条件的 1%；理论上纤芯直径的取值范围为 $2a=4\sim10$ μm，即为所传输波长的数倍。实际应用于 1.31 μm 和 1.55 μm 两种工作波长电信系统中的单模光纤，其纤芯直径一般为 8～9 μm；单模光纤包层结构的设计，应保证在光纤包层的外径处，包层中渐逝场的能量趋于零。一般包层外直径标准为 125 μm，内包层直径为 10～100 μm，视具体结构类型而异。

2. 单模光纤的主要特征参数

(1)截止波长

所谓截止波长，一般系指纤芯中 LP_{11} 模(或精确模 TE_{01}、TM_{01}、HE_{21} 模)截止，而只存在 LP_{01} 模(精确模为 HE_{11} 基模)时的临界波长 λ_c。

由(3.173)式，要求保持单模工作条件应为

$$V=\frac{2\pi a}{\lambda}\sqrt{n_1^2-n_2^2}=\frac{2\pi a}{\lambda}n_1\sqrt{2\Delta}<2.405$$

因而要求相应的工作波长 $\lambda>\frac{2\pi a\sqrt{n_1^2-n_2^2}}{2.405}=\frac{2\pi an_1\sqrt{2\Delta}}{2.405}$。由此得到截止波长 λ_c 为

$$\lambda_c=\frac{2\pi a\sqrt{n_1^2-n_2^2}}{2.405}=\frac{2\pi an_1\sqrt{2\Delta}}{2.405}\tag{3.176}$$

光纤在使用中应注意，选用光源的工作波长 λ 必须大于光纤设计所决定的截止波长 λ_c。

若不满足截止波长的条件，则单模光纤可能变为传输多模。例如，某阶跃折射率光纤其芯径 $2a=9\ \mu m$，芯折射率 $n_1=1.46$，相对折射率差 $\Delta=0.25\%$。若按 LP_{11} 模截止的归一化截止频率 $V_c=2.405$，则可计算得到截止波长 $\lambda_c=1.21\ \mu m$。因此当该光纤通信系统选用光源的工作波长为 1.31 μm 或 1.55 μm 时，该光纤处于单模工作状态；但若使用光源的工作波长为 0.85 μm，则该光纤可能出现两个模式（LP_{01}，LP_{11}），处于多模工作状态，从而失去单模特征。因为这种额外增加的模式，可能会干扰基模并相互影响，从而引起系统性能下降。普通阶跃折射率单模光纤（例如工程中最常用的 G652 单模光纤）通常工作于 1.31 μm 波段，对其截止波长范围，按 ITU－T 的 G652 建议，规定为 $1.10\ \mu m<\lambda_c<1.28\ \mu m$。

（2）模场直径

对阶跃多模光纤与单模光纤的研究均表明，光在纤芯与包层界面发生全反射时，尚有少部分光能量渗入到包层中，这些溢出的光能量会在包层中的某一个深度处反射回纤芯，即可视为芯中电磁场在径向有延伸。这种情况在单模光纤中更为明显，即模场直径比纤芯直径略大。因此，实际上通常用“模场直径”来表示单模光纤的特征，它是单模光纤的一个重要参量。图 3.21 给出了单模光纤模场直径的示意图。

对阶跃折射率单模光纤，如工作波长 λ 距截止波长 λ_c 不太远，则基模场强在光纤横截面上的分布可以近似视为高斯分布，如图 3.22 所示。它表明，光纤传输单模时，光纤轴上的光强度最大，并向包层递减。若设纤芯中央的幅值与场强为峰值强度，则可定义“模场直径”为：当模场的幅值下降到峰值的 1/e（即 0.37）、相应的光强度下降到模场峰值强度的 $1/e^2$（即 0.135）时，纤芯场分布曲线对应两点之间的宽度（$2a_0$）为“模场直径”，并以 MFD 表示。模场直径 $2a_0$ 亦被确认为单模光纤的光斑尺寸。目前，国际市场上已将 *MFD* 作为单模光纤商品的一个重要指标列出。

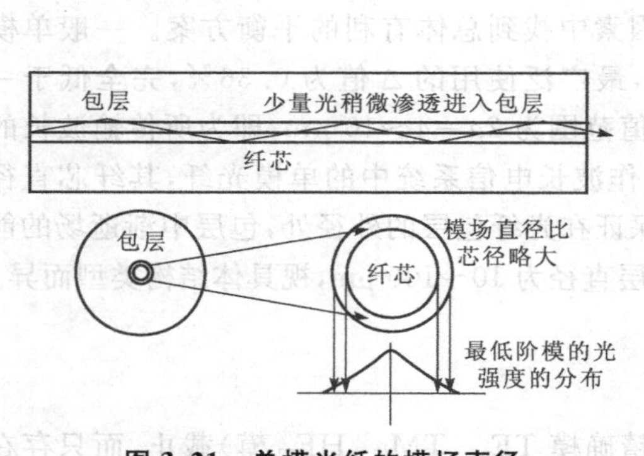

图 3.21　单模光纤的模场直径

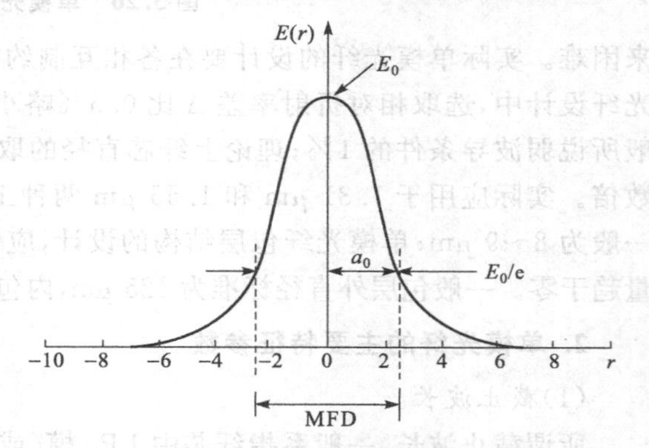

图 3.22　单模光纤中的基模场分布（MFD是模场直径）

模场直径与波长有关，随波长的增加而增大。阶跃折射率单模光纤的模场直径通常比芯径大 10%～15%。例如一种使用较广泛的单模光纤的芯径为 8.2 μm，它在1 310 nm处的模场直径为 9.2 μm，数值孔径为 0.14；而在1 550 nm 处的模场直径则为 10.4 μm。

（3）衰减系数 α

单模光纤的衰减系数 α 在 1.31 μm 处约为 0.35 dB/km，而在 1.55 μm 处降至0.2 dB/km以下。

3. 单模光纤的折射率分布与结构类型

理论上单模光纤的折射率分布为简单阶跃型，实际上为改善单模光纤的性能及制造的合理，单模光纤的折射率分布常为多层结构，其剖面类型有多种。图 3.23 所示为常规型单模光纤的两种结构。为了降低光纤内基模的损耗，获得芯半径较大的单模光纤，通常在纤芯外加一层高纯度、低损耗的内包层，其折射率为 n_2；内包层之外是外包层，其折射率为 n_3。内外包层共同构成双包层结构，外包层折射率可能高于也可能低于内包层。常规型单模光纤的零色散波长在 1 310 nm 附近（1 300～1 324 nm），在该波长上有较低的损耗和很大的带宽；但在1 550 nm 处有一较高的正色散值。ITU-T 建议的 G652 光纤即属常规型单模光纤，是早期大量敷设的实用化光纤。在常规的单模光纤中，标准阶跃型单模光纤的包层为纯石英，纤芯掺锗（GeO_2）用以提高折射率 n_1；图 3.23(a)为上凸形双包层结构，其内包层折射率 n_2 大于外包层折射率 n_3，损耗略大；图 3.23(b)为下凹形双包层结构，其内包层掺氟，内外包层折射率差为负值，因而纤芯掺较少的锗即可获得较大的折射率差，从而获得较小的损耗、较大的芯径与较好的性能。

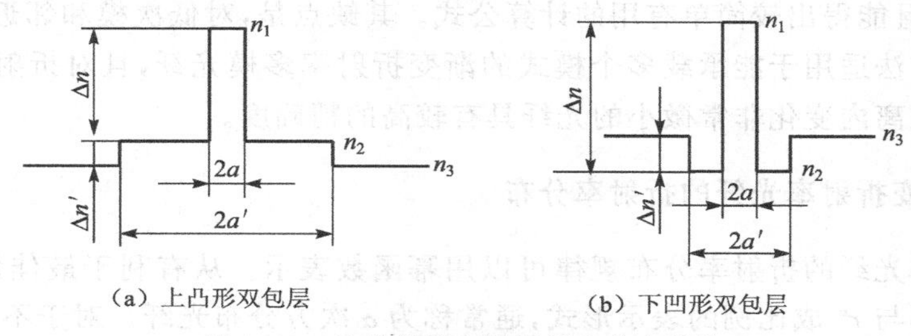

图 3.23　几种单模光纤折射率分布结构

虽然常规型的阶跃折射率单模光纤在 1.31 μm 波长处有最小色散值（即零色散），这是由于单模光纤的材料色散与波导色散在该波长附近恰相抵消，如图 3.24 所示。但是，其性能并不理想。这是因为，虽然最小色散值在 1.31 μm 波长处，但最小衰减值却在 1.55 μm 波长处；且性能最好的光放大器如掺铒光纤放大器，其工作波长范围也是 1.53～1.61 μm，但这一波段单模光纤的光谱色散值却非常大。为此，人们考虑设计纤芯——包层更为复杂的结构，以调整波导色散，使最低色散点移至 1.55 μm 波段。围绕着调整色散先后出现了一些优化的单模光纤结构，如零色散位移光纤（G.653 光纤）、非零色散位移光纤 NZ-DSF（G.655 光纤）、小色散斜率光纤 RDSF、大有效面积 NZ-DSF 光纤以及色散补偿光纤等，具体内容将在第 5 章展开。总之，单模光纤由于基本上消除了模式色散，又可以在适当波段以波导色散抵消材料色散，从而获得最小色散值，因而有相当大的带宽。

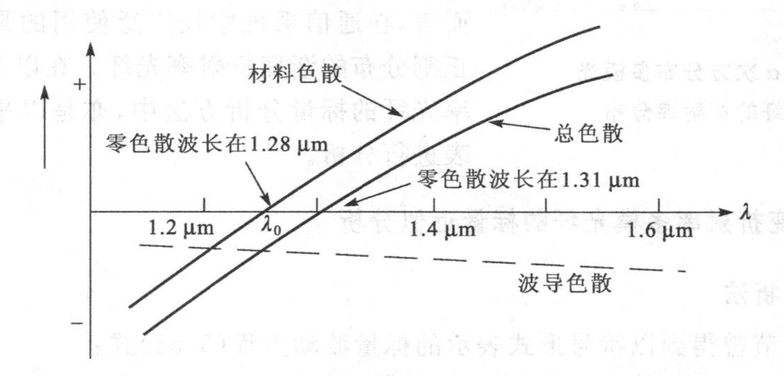

图 3.24　常规型最小色散单模光纤（λ_0＝1.31 μm）的构成原理

单模光纤的另外一个十分重要的特性即偏振特性，亦将在第 4 章光纤特性中介绍。

3.2 渐变折射率光纤的标量近似理论分析

作为非均匀光波导的渐变折射率光纤，其光线光学的分析方法相对较简单且实用，内容已如第2章第2节所述，其波动光学的求解过程则相当复杂。渐变折射率光纤的矢量理论分析(如微扰法、数值积分法、多层分割法等)虽然严密，但用它来求解光波场十分困难。为此，需采用求解标量波动方程的近似方法，诸如WKBJ法、变分法、级数展开法、多层分割法等。其中，WKBJ法是由Wentzel、Kramers、Brillouin、Jeffregs等提出的一种应用量子力学解薛定谔方程的求解标量波动方程近似方法。它的优点是适合于求解渐变折射率多模光纤的传导模问题，并可提供对传导模的深入理解，便于理解其与物理图像的对应关系。它不限于平方律分布，且能得出较简单有用的计算公式。其缺点是，对低次模和邻近截止的模式计算不准。这种方法适用于能承载多个模式的渐变折射率多模光纤，且对折射率分布在与光波长可比拟的距离内变化非常微小的光纤具有较高的精确度。

3.2.1 渐变折射率光纤的折射率分布

渐变折射率光纤的折射率分布规律可以用幂函数表示。从有利于最佳设计考虑，一般采用如下折射率与r^{α}成比例的表示形式，通常称为α次方分布光纤。对于不同的α值，纤芯的折射率分布如图3.25所示。

$$n^2(r)=\begin{cases} n_1^2\left[1-2\Delta\left(\dfrac{r}{a}\right)^{\alpha}\right] & (r\leqslant a) \\ n_2^2 & (r>a) \end{cases} \tag{3.177}$$

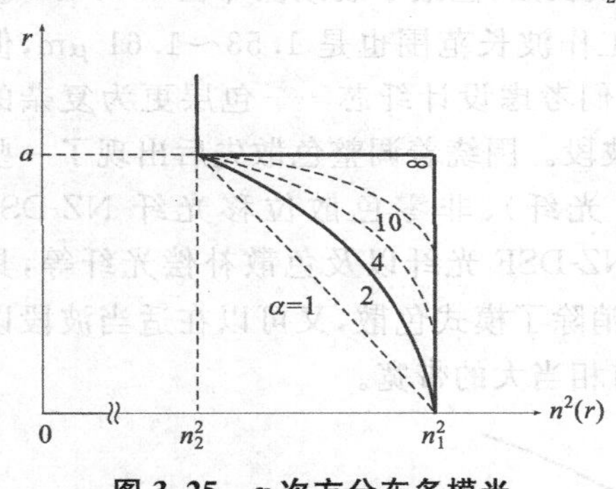

图3.25 α次方分布多模光纤的折射率分布

式中，Δ为纤芯轴上与包层的相对折射率差，α为幂指数，也是折射率分布函数曲线的形状参量。若$\alpha=\infty$表示阶跃折射率光纤；$\alpha=2$表示抛物线分布(平方律分布)型渐变折射率光纤；$\alpha=1$表示三角形分布渐变折射率光纤。此外，图中还画出了$\alpha=4$，10的渐变折射率分布光纤。上述讨论表明，这种表示方法十分灵活、实用。但就渐变折射率多模光纤而言，在通信系统中较广泛使用的是平方律与双曲正割分布的渐变折射率光纤。在以下讨论渐变折射率光纤的标量分析方法中，亦是以平方律分布为代表进行分析。

3.2.2 渐变折射率多模光纤的标量近似分析

1. WKBJ分析法

在本章3.1节曾得到以符号形式表示的标量波动方程(3.55)式：

$$\frac{\partial^2\psi}{\partial r^2}+\frac{1}{r}\frac{\partial\psi}{\partial r}+\frac{1}{r^2}\frac{\partial^2\psi}{\partial\varphi^2}+(k^2-\beta^2)\psi=0$$

对平方律分布的渐变折射率光纤，可以给出波动理论的标量近似解。在弱波导近似

(Δ≪1)和弱梯度近似(▽ε/ε 充分小)条件下,渐变折射率光纤中 LP 模的概念依然有效。假定 LP 模为 x 方向偏振光的导波模,在弱波导近似条件下,电场与磁场近似处于横截面内变化,因而可仅考虑电场的 E_x 分量,这种只考虑横向电场(或磁场)的近似称为 TEM 波近似,可以写出其圆柱坐标的波动方程形式为

$$\frac{\partial^2 E_x}{\partial r^2}+\frac{1}{r}\frac{\partial E_x}{\partial r}+\frac{1}{r^2}\frac{\partial^2 E_x}{\partial \varphi^2}+[k_0^2 n^2(r)-\beta^2]E_x=0 \tag{3.178}$$

利用变量分离法,设

$$E_x(r,\varphi)=R(r)\cdot\Phi(\varphi) \tag{3.179}$$

其中辐角 φ 方向的解可以简单表示为

$$\Phi(\varphi)=\cos(n\varphi+\varphi_0) \tag{3.180}$$

式中,n 为 LP 模 φ 方向的模阶数,φ_0 为初始常数。

半径 r 方向的变量 $R(r)$ 的方程可以表示为

$$\frac{\mathrm{d}^2 R(r)}{\mathrm{d}r^2}+\frac{1}{r}\frac{\mathrm{d}R(r)}{\mathrm{d}r}+\left[k_0^2 n^2(r)-\beta^2-\frac{n^2}{r^2}\right]R(r)=0 \tag{3.181}$$

对于渐变折射率分布 $n(r)$,求解上述方程是十分困难的,为使微分方程进一步简化,可采取变量置换,令

$$R(r)=\frac{1}{\sqrt{r}}F(r)\quad[\text{或 } F(r)=\sqrt{r}R(r)] \tag{3.182}$$

并将其代入(3.181)式,则可得到如下关于 $F(r)$ 的微分方程:

$$\frac{\mathrm{d}^2 F(r)}{\mathrm{d}r^2}+\left[k_0^2 n^2(r)-\beta^2-\frac{\left(n^2-\frac{1}{4}\right)}{r^2}\right]F(r)=0 \tag{3.183}$$

在上式中,若令

$$E=k_0^2 n_1^2-\beta^2 \tag{3.184}$$

$$U(r)=[k_0^2 n_1^2-k_0^2 n^2(r)]+\frac{n^2-1/4}{r^2} \tag{3.185}$$

式中,n_1 为纤芯中心部分的折射率,式中出现的 $k_0^2 n_1^2$ 项只是为了使它们能同以后的讨论形式一致[即使 E 和 $U(r)$ 取正值]而附加上去的。

这样(3.183)式即可改写为

$$\frac{\mathrm{d}^2 F(r)}{\mathrm{d}r^2}+[E-U(r)]F(r)=0 \tag{3.186}$$

(3.186)式与量子力学中的基本方程一维薛定谔方程的形式相同。与量子力学类比,$F(r)$ 相当于波函数,E 相当于质点能量,$U(r)$ 相当于壁垒的势能。对于折射率分布为平方律的光纤,根据函数 $U(r)$ 与 E 的大小关系,可以分析方程(3.186)式解 $F(r)$ 的各种情况,如图 3.26 所示。从中可以看出,方程解 $F(r)$ 的基本函数规律如下:

①在 $U(r)<E$[即 $E-U(r)>0$]的 r 范围内,即 r_1 与 r_2 之间,$F(r)$ 成为对于 r 的振荡函数,即为振荡解;

②在 $U(r)>E$[即 $E-U(r)<0$]的 r 范围,即 $r_1\sim r_2$ 范围外,$F(r)$ 成为对 r 做指数变化的函数,即为衰减解。

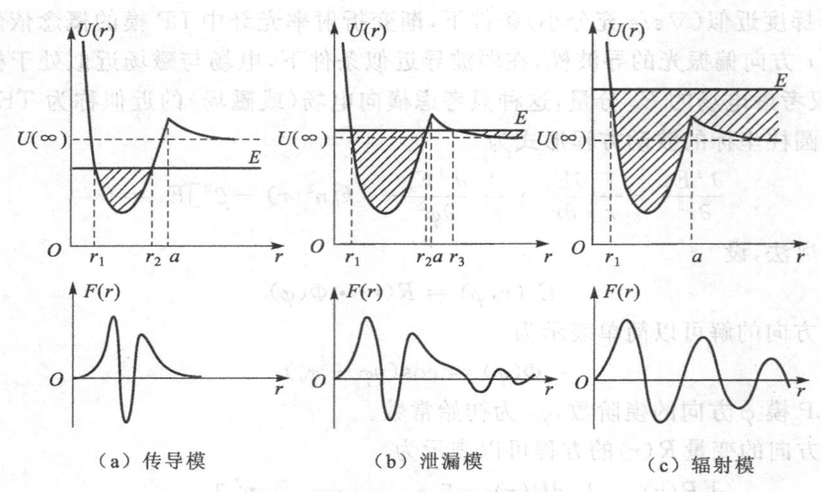

图 3.26　WKBJ 法的分析说明

设渐变折射率光纤按平方律分布，函数 $U(r)$ 如图 3.26(a)、(b)、(c)三者的上半部所示，E 值是随各个模的传播常数 β 值而有所不同的常数值。若将 E 值叠加在 $U(r)$ 的图上，则可根据 $U(r)$ 与 E 的大小关系，区分为图 3.26(a)、(b)、(c)三种情况。其中，与上半图分别对应的方程解 $F(r)$ 的函数曲线的大致规律，如图中下半部所示。可以看出，上半部图中绘有斜线的阴影区范围内出现振荡解，且根据(3.186)式可推断出，斜线区越深，振荡解的空间频率也越高。采用量子力学的类比方法，可以给出渐变折射率光纤中三种模形成的物理分析。

图 3.26(a)表示传导模。其参数 E 值范围为 $0<E<U(\infty)$，对应的传输常数 β 值范围为 $k_0n_2<\beta<k_0n_1$。此时，在包层内有 $U(r)>E$，因而电磁场按指数函数衰减，使电磁场能量被封闭在纤芯内沿 Z 方向传输。这种电磁场状态即被称为"传导模"。

图 3.26(b)表示泄漏模。其参数 E 值的范围为 $E>U(\infty)$，对应于传输常数 $\beta<k_0n_2$。此时，包层内电磁场成为振荡解。这意味着包层中存在着传输方向向外溢出的电磁波能流，导致沿 Z 轴方向传输的电磁场能量损耗；但是，当 E 值满足 $U(a)>E>U(\infty)$ 关系时，由于在纤芯和包层边界附近构成的 $U(r)$"势垒"效应，将影响向包层外实际泄漏的电磁场能量很小，因而称这种模为"泄漏模"。

图 3.26(c)表示辐射模。其参数 E 值的条件为 $U(a)<E$。由于这种条件下 $U(r)$ 的势垒效应不再存在，因而电磁场能量向包层外辐射，故称这种模为"辐射模"。显然，辐射模的传输损耗远大于泄漏模。

2. 渐变折射率光纤传播常数的本征方程

利用 WKBJ 法求解(3.186)式，可以采用根据驻波场对场的相位变化要求确定本征值的简化方法。最终可以得到传输常数 β 必须满足的如下本征方程式：

$$\int_{r_1}^{r_2}[E-U(r)]^{1/2}\,\mathrm{d}r=\int_{r_1}^{r_2}\left[k_0^2n^2(r)-\beta_{n\mu}^2-\frac{n^2-\frac{1}{4}}{r^2}\right]^{1/2}\mathrm{d}r=(\mu-\frac{1}{2})\pi\quad(\mu=1,2,3,\cdots)\tag{3.187}$$

上式即为决定第(n,μ)模的传输常数 $\beta(\beta_{n\mu})$ 的本征方程式，也是 WKBJ 法所得到的基本公式，利用它可以分析渐变折射率多模光纤的主要传输特性。

对于传输模数在数百以上的渐变折射率多模光纤，可以视为整阶数 $n \gg 1, \mu \gg 1$。此时，低次模的影响可视为不大。因而，(3.187)式可以取近似写为

$$\int_{r_1(n)}^{r_2(n)} \left[k_0^2 n^2(r) - \beta_{n\mu}^2 - \frac{n^2}{r^2} \right]^{1/2} \mathrm{d}r \approx \mu \pi \tag{3.188}$$

上式即为任意折射率分布的渐变多模光纤的近似普遍化本征方程。式中 n 为辐角 φ 方向的模阶数，亦即表示旋转方向的模序号；根序号 μ 乃是沿半径方向的模阶数，它表征纤芯中沿半径方向出现的电磁场变化（峰、谷）周期数。

注意，此时积分的上、下限均为整阶数 n 的函数。利用上式研究对传输模数为数百以上的多模光纤，其影响不大。

3. 渐变折射率光纤中传输模式数量的计算

利用上式可以计算出渐变折射率多模光纤中传输的总模数 N 为

$$N = \frac{\alpha}{\alpha+2}(k_0^2 n_1^2 a^2 \Delta) = \frac{\alpha}{\alpha+2}\frac{1}{2}\left(\frac{2\pi a}{\lambda_0} n_1 \sqrt{2\Delta}\right)^2 = \frac{\alpha}{\alpha+2}\frac{V^2}{2} \tag{3.189}$$

式中，V 是光纤的归一化频率。总模数 N 值随 α 值不同而不同。

①当 $\alpha \to \infty$ 时，对应于阶跃折射率光纤，则可得到其传输模式的数量为

$$N_{\infty} = k_0^2 n_1^2 a^2 \Delta = \frac{V^2}{2} \tag{3.190}$$

上述结果与阶跃光纤一章中的分析结果是一致的。

②若 $\alpha=2$，即对平方律分布渐变折射率光纤，其模式数量为

$$N_{\alpha=2} = \frac{V^2}{4} \tag{3.191}$$

③若 $\alpha=1$，即对三角形分布的渐变光纤，其模式数量

$$N_{\alpha=1} = \frac{V^2}{6} \tag{3.192}$$

从上述分析还可看出，各类光纤中传输模式的数量最根本是由光纤的归一化频率 V 所决定的。

以上为对渐变折射率多模光纤简要初步的波动理论分析，关于渐变折射率光纤更详细的波动理论分析，本书从略。

阶跃光纤最早产生于 20 世纪 70 年代，由于发现多模色散会限制大芯径阶跃光纤的容量，而单模光纤虽然具有更大的容量，但在早期人们曾担心能否将更多的光能量耦合到直径很细的单模光纤中。因此，作为一种折中的选择，20 世纪 70 年代末人们研制了渐变折射率多模光纤。通过精确控制径向折射率梯度，可以基本消除直径达数十微米的光纤模式色散，从而使光纤容量大为增加。

渐变折射率光纤的出现，主要是为通信需要而研制的。标准的渐变折射率光纤其芯径为 50 μm 或 62.5μm，包层直径为 125 μm。由于芯径大，因而可有效地收集光能量；包层至少要有 20 μm 厚，以防止发生光泄漏。渐变折射率光纤直到 20 世纪 80 年代中期才广泛用于电信领域，主要用在中等距离的数据通信和网络设施中传输信号，传输距离通常为几千米。由于渐变折射率光纤并不能消除模式色散之外的其他色散；不同模式间会产生相互干

扰，即模噪声；另外，理想的折射率分布实际上很难实现，整个制造工艺流程必须精确控制且成本昂贵。因而，渐变折射率多模光纤的使用受到局限。但是，上述制约因素并不影响渐变光纤用于短距离通信系统，只要色散的累积没有达到限制数据率的程度，则即便高速通信系统也仍然可以使用；另外，渐变折射率光纤在自聚焦透镜等微型光学领域也有广泛应用。但是，随着应用需求与技术的快速发展，毕竟单模光纤已经成为光纤通信系统，特别是长距离、高性能光纤通信系统的主流和标准选择。

习题与概念思考题 3

1. 试分析说明求解阶跃光纤波导方程（本征方程）的思路与步骤是怎样的？为获得圆柱坐标系波动方程需经怎样的变换？场解的横向分量与轴向分量之间关系的解析表达式为何？纤芯与包层中轴向电场分量的解函数各应是何种形式？为什么在圆柱坐标系下可以利用变量分离法将轴向电场分量表为 $E(r,\varphi)=R(r)\cdot\Phi(\varphi)$？纤芯中与包层中的径向函数各应选取怎样的函数？为什么？
2. 阶跃光纤的物理模型是如何设定的？场解的物理约束条件是什么？阶跃光纤波导的边界条件是怎样的？对应于混合模和横模的本征方程是在怎样的条件下导出的？各是何种形式？方程解的离散特性是由什么决定的？
3. 根据什么条件区分光纤波导中传输的模式有哪些类型？各种模式与光线光学中光线的对应关系是怎样的？
4. “模截止”的概念是什么？用于表征模截止的是何参量？模截止的条件是什么？如何求各传导模的截止频率？
5. 试分析阶跃光纤波导中的一阶混合模是如何得到的？分析指出前 5 个一阶混合模是哪几个？其各自的模截止参量为何？何为基模？其截止频率为何？
6. 归一化波导常数 V 的解析表达式为何？分析其物理意义。试画出前 12 个低阶模的色散曲线图，分析其物理意义。
7. 已知一阶跃折射率光纤，$n_1=1.48$，$n_2=1.46$，芯半径 $a=25\ \mu\text{m}$，试分别计算当 $\lambda_0=0.85\ \mu\text{m}$、$1.31\ \mu\text{m}$、$1.55\ \mu\text{m}$ 时，其归一化频率 $V=$？传输的模数与模群个数是多少？
8. 阶跃光纤 $n_1=1.498$，$n_2=1.495$，$a=5\ \mu\text{m}$，问当激光光源波长 $\lambda_0=0.85\ \mu\text{m}$ 时，该光纤传输的是多模还是单模？若为多模，通过调整光源能否获得传输单模？若保持光源不变，需使芯半径 a 小于多少才能保证单模传输？
9. 阶跃光纤 $n_1=1.465$，相对折射率差 $\Delta=0.01$，芯半径 $a=0.5\ \mu\text{m}$，试计算 LP_{01}、LP_{02}、LP_{11}、LP_{12} 各模的截止波长。
10. 单模光纤主要特征参数及其物理意义如何？若有阶跃单模光纤 $n_1=1.450$，$\Delta=0.002$，$\lambda_0=1.31\ \mu\text{m}$，芯半径 $a=5\ \mu\text{m}$，问若想减小芯半径 $a=4\ \mu\text{m}$，包层折射率 n_2 应如何调整？

第4章　光纤的特性

20世纪60年代以来的近半个世纪，光纤因其具有的许多优越特性而在光通信、传感、传像以及光能量与光信号传输等各个领域均获得了广泛的应用。因此，深入了解光纤的主要特性是至关重要的。光纤的主要特性包括：光纤的集光能力、光纤的传输特性以及光纤的物理化学特性等。有关光纤的集光能力在第2章已讨论过，本章将以光纤的传输特性为重点，分析研究光纤的损耗（衰减）、色散与带宽、偏振以及非线性效应等传输特性；同时简单介绍光纤的物理化学特性。

4.1　光纤的传输特性

作为一种传输介质，光纤不可避免地要对其中光信号的传输产生作用与影响，这就是光纤的传输特性。它主要包括：光纤传输的模式及相关效应，光纤的损耗，光纤的色散与带宽特性，单模光纤的偏振特性，以及高功率条件下的非线性效应。其中，光纤中传输的模式问题已在第3章中详细讨论过，本节将讨论其余的传输特性。一般而言，光纤介质将使在其中传输的光信号质量劣化，引起光信号质量劣化的几种重要效应是损耗、色散、偏振和非线性效应。深入了解这些特性对各种应用尤其是光纤通信与传感的影响十分重要。

4.1.1　光纤的损耗特性

光纤损耗是光纤最重要的传输特性与指标之一，在光纤通信系统中，损耗在很大程度上决定了传输系统的最大无中继距离。在光纤通信发展的前期，损耗是制约光纤通信系统发展的最重要因素之一。

1. 光纤损耗的定义与计算

光纤损耗（或称衰减）使光纤中传输的光信号的强度随距离的增加而减弱。光纤损耗量度的是输出光相对于输入光的损耗量。总损耗是所有损耗之和，造成光信号在光纤中传输损耗的主要因素有：光纤材料的吸收损耗、散射损耗、弯曲或微弯损耗（导致光泄漏）以及光纤连接与耦合的损耗。其中，耦合损耗只发生在光纤端面；由于吸收及散射均具有均匀性和累加性，即它们的影响将随着光纤长度的增加而增强，因而光纤的损耗亦具有累加性。对于长距离传输的光纤系统，耦合损耗显得不那么重要，吸收与散射损耗则占有更大的比例；而对于短距离传输的光纤系统，则光纤吸收与散射损耗要比端面耦合损耗小得多。整个光纤传输过程中的总损耗等于吸收、散射与光耦合损耗之和。

若将初始光功率 P_0 发送到光纤中，设 ΔP 为耦合损耗的光功率，则能进入光纤的光功率为 $P_0-\Delta P$。在光纤传输中，由于吸收及散射损耗造成单位长度光纤的衰减系数为 A，则

光纤中长度为L(以 cm 为单位)处的光功率$P(L)$可表示为

$$P(L) = (P_0 - \Delta P)(1 - A)^L \tag{4.1}$$

若上式中单位长度光纤的衰减系数A以单位长度光纤的吸收损耗系数α与散射损耗系数s之和取代,则上式亦可表为

$$P(L) = (P_0 - \Delta P)[1 - (\alpha + s)]^L \tag{4.2}$$

上两式表明,影响光纤系统传输、透过性能的是总损耗。若仅从进入光纤的光功率考虑计算,即将光纤内的衰减与系统中的耦合损耗分开,则可以使光纤中损耗的计算简化。

在科学研究与工程实用中,通常用对数分贝的标度来定义、计算光纤的损耗(衰减)。如光纤长度为L,输入光功率为P_{in},输出光功率为P_{out},则损耗是量度输出与输入光功率比P_{out}/P_{in}的量。若采用对数分贝标度方法,则光纤的损耗(衰减)系数A可以用如下单位长度(km)光纤光功率衰减的分贝数来定义:

$$A = -10\log(P_{out}/P_{in})/L \quad (\text{dB/km}) \tag{4.3}$$

式中,"一"号表示光功率衰减,dB/km 为光纤损耗的对数分贝标度单位,A值又可称为"特征损耗"。

对上式计算表明,若损耗为 3 dB,则表明输出光功率为输入光功率的一半;10 dB 表示输出光功率为输入光功率的 10%;20 dB 则表示输出光功率仅为输入光功率的 1%。总之,每增加 10 dB 的损耗,输出就减少到原输出光功率的 1/10。表 4.1 给出了损耗分贝数与等效光功率比的常用典型值。

表 4.1 损耗的分贝数与等效光功率比的常用典型值

损耗/dB	功 率 比	损耗/dB	光功率比
0.1	0.977 2	1	0.794 3
0.2	0.955 0	2	0.631 0
0.3	0.933 3	3	0.501 2
0.4	0.912 0	4	0.398 1
0.5	0.891 3	5	0.316 2
0.6	0.871 0	6	0.251 2
0.7	0.851 1	7	0.199 5
0.8	0.831 8	8	0.158 5
0.9	0.812 8	9	0.125 9
1.0	0.794 3	10	0.1
		20	0.01
		30	0.001
		40	0.0001

采用以 dB 为单位表示损耗具有很多优点,例如,若给出单位长度光纤的损耗系数A(dB/km),则L(km)长度光纤的总损耗为

$$\text{总损耗(dB)} = A \cdot L\ (\text{dB}) \tag{4.4}$$

另外,若光纤传输系统由几段不同的光纤组成,已知各段光纤的损耗,则系统的总损耗可由下述和式计算:

$$\text{总损耗 (dB)} = (\text{损耗})_1(\text{dB}) + (\text{损耗})_2(\text{dB}) + (\text{损耗})_3(\text{dB}) + \cdots \tag{4.5}$$

总之,以 dB 为单位,可以变复杂的乘除运算为简单的加减运算,由输入光功率和已知的

衰减系数求出输出光功率,从而大大简化信号光功率与损耗的计算。

为了方便表示光功率的绝对值,常以 1 mW 为基准的分贝数(即 dB 值)为单位,表示为 dBmW(通常以缩写形式 dBm 表示),读做毫瓦分贝。若将此单位用做绝对功率值的相对量度单位,则 P(mW)光功率以 dBm 表示则为

$$10\lg \frac{P(\mathrm{mW})}{1(\mathrm{mW})}\ (\mathrm{dBm}) \tag{4.6}$$

这样,则有 10 mW 为 10 dBm;0.1 mW 为 −10 dBm;1 nW 为 −60 dBm。因而若给定以 dBm 值形式表示的输入光功率 P_{in}(dBm)值时,则由(4.7)式可求出输出光功率值 P_{out}(dBm)[式中 P_l(dB)为光纤系统损耗,其值应为负值]:

$$P_{out}(\mathrm{dBm}) = P_{in}(\mathrm{dBm}) + P_l(\mathrm{dB}) \tag{4.7}$$

反之,若得到以 dBm 表示的出射光功率 P_{out}(dBm),也可转换为以 mW 表示,则需对上式做逆运算,即有

$$P_{out}(\mathrm{mW}) = 10^{P_{out}(\mathrm{dBm})/10}\ (\mathrm{mW}) \tag{4.8}$$

2. 光纤损耗产生的原因

以下以石英系通信光纤为代表进行分析。造成光纤传输损耗的主要因素包括材料的吸收损耗、散射损耗和弯曲等引起的辐射损耗。

(1)光纤材料的吸收损耗

光波通过光纤材料时,一部分光能被吸收转换为热能而消耗。吸收损耗是光纤传输损耗的最主要因素之一。吸收损耗与光波波长和材料成分有关。波长不同,吸收损耗大不相同。吸收损耗还与材料的成分密切相关,在某一波段范围,有些材料高度透明,如石英或光学玻璃;有些材料则吸收能力极强,如在玻璃中掺入少量杂质,可显著提高其在某些波长处的吸收能力。相反,设法除去这些杂质,则可制造出通信用的高透明低损耗光纤。

根据产生的原因,吸收又分为本征吸收和非本征吸收(杂质吸收)。

① 本征吸收损耗。本征吸收是光纤材料固有的吸收,吸收损耗与波长有关。在光波波长段,石英玻璃有两个主要的本征吸收机制(即吸收带)。其一是紫外吸收带,在高能激发下,构成光纤基质的石英材料产生紫外电子受激跃迁吸收带。紫外吸收主要在短波长区,其吸收峰在 0.16 μm 处,其尾部延伸到光纤通信波段(0.8～1.6 μm),参见图 4.1。在 1.3～1.55 μm波段将引起 0.05 dB/km 的损耗,对单模光纤必须设法消除;其二是红外吸收带,红外吸收是由于光子同石英分子振动之间交换能量造成的。对纯 SiO_2 红外吸收带的三个谐振峰为 9.1 μm、12.5 μm 和 21 μm,其带尾向短波长的光纤通信的近红外波段 1.5～1.7 μm 延伸。在 λ=1.55 μm 时,由红外吸收引起的损耗小于 0.01 dB/km,因而其损耗影响很小,可忽略(参见图 4.1)。但在长波段红外吸收的高损耗也同时制约了光纤通信的工作波段向更长波方向扩展。

总之,本征吸收损耗是紫外与红外吸收两种因素共同作用的结果,在 0.8～1.7 μm 波段留下了一段低损耗的窗口区。

② 非本征吸收(杂质吸收)损耗。一种重要的非本征吸收是杂质吸收。杂质吸收是指由于材料不纯净和工艺不完善引入杂质而造成的损耗,影响严重的有两种:

(a)过渡金属离子(Fe^{3+},Mn^{3+},Ni^{3+},Cu^{2+},Co^{2+},Cr^{3+} 等)在光的工作波段有强烈的吸收,它们各有自己的吸收峰,如 Cu^{2+} 的吸收峰为 0.8 μm,Fe^{3+} 吸收峰为 1.1 μm。杂质含量越多,则损耗越严重。为了降低损耗,必须严格控制这些过渡金属离子的含量,使之低于 10^{-10}。

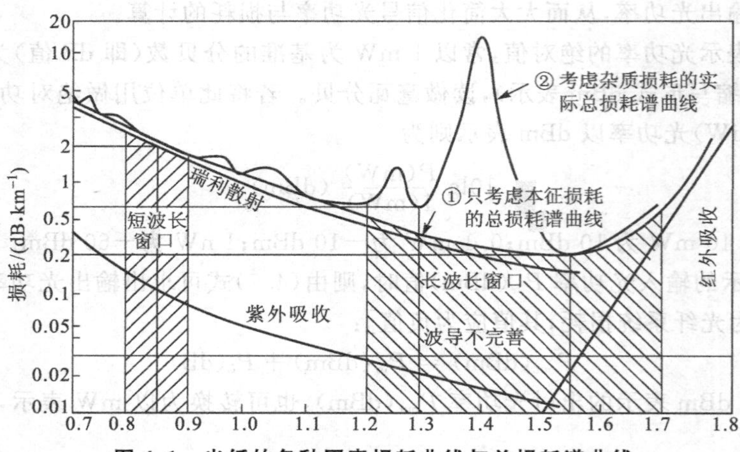

图 4.1 光纤的各种因素损耗曲线与总损耗谱曲线

目前,控制吸收过渡金属离子的问题早已解决。

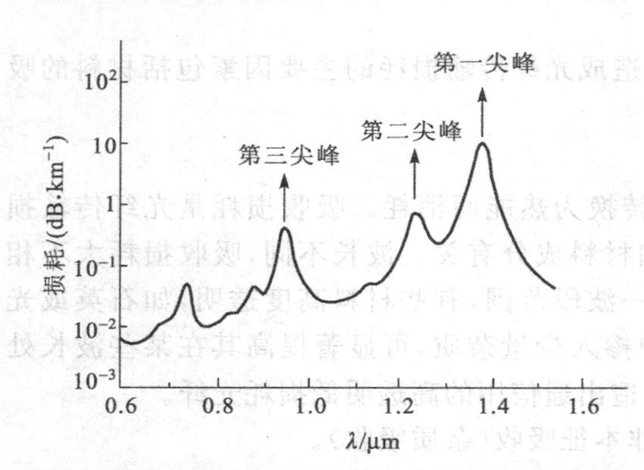

图 4.2 石英材料中的氢氧根的吸收谱

(b)氢氧根离子(OH^-)。由石英玻璃中水分子中解析出来的 OH^- 离子是造成非本征吸收损耗的严重原因。OH^- 离子的振动吸收是造成在 0.95 μm、1.24 μm 及 1.39 μm 处出现三个吸收峰的主要原因(参见图 4.2)。其中,1.39 μm 处吸收峰最强;1.24 μm 处次之,约为1.39 μm处吸收损耗的 1/30～1/10;0.95 μm 处最低。随着生产工艺的改进,严格控制 OH^- 的含量低于 10^{-9} 的关键技术已解决,因而 OH^- 离子的吸收损耗可以忽略。从图中还可看出,光纤通信波段的三个窗口,即 0.85 μm、1.31 μm、1.55 μm,恰是 OH^- 吸收谱的谷区,即低损耗区。

光纤材料的吸收效应具有均匀性和累加性,通过长度为 L 光纤的总吸收量与长度 L 有关。若单位长度光纤材料的吸收系数为 α,则经过L(cm)长度光纤后,剩余光功率所占的比例应为

$$\frac{P(L)}{P_0} = (1-\alpha)^L \tag{4.9}$$

(2) 光纤材料的散射损耗

光纤材料中由于存在远小于波长的不均匀性(例如存在原子密度的起伏,掺杂粒子不均匀等),引起折射率的不均匀并导致光的散射,从而造成光纤的散射损耗。这种散射将使光纤中传导模式的光功率,部分甚至全部转化为另一种模式的光功率(例如辐射模或泄漏模),且这种转化又同原有传导模式的光功率成正比,因而称这种散射为线性散射。线性散射的特点是:不引起光波频率、波长的改变。因此,散射光仍为原来的光波长。

线性散射损耗属于光纤的本征损耗。线性散射具体可分为两类:瑞利散射和米式散射。它们都是由光纤中某些非理想的物理性质造成的,难以在制造过程中消除这些缺陷。

① 瑞利散射损耗。瑞利散射的机理是由于光纤制造过程中 SiO_2 材料从高温熔融到冷却状

态过程中形成的折射率分布不均匀引起的。这些分布不均匀，就像在均匀材料中加入了一些尺度远小于波长的小颗粒。因而，当光波通过它们时，有些光就要受到这些粒子的散射影响，改变方向，从而形成瑞利散射损耗，如图 4.3 所示。

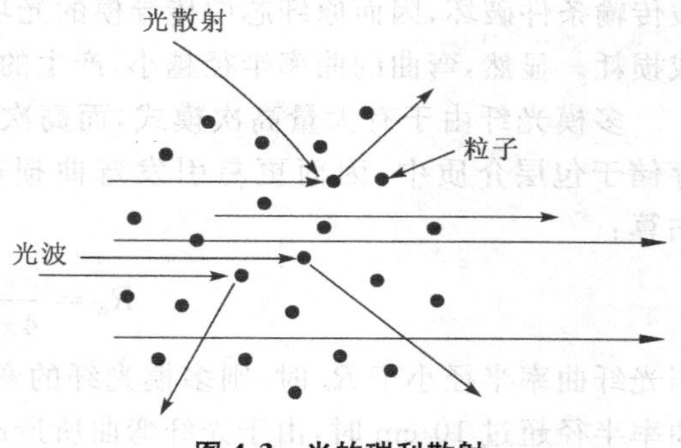

图 4.3　光的瑞利散射

瑞利散射的主要特点如下：

(a) 散射损耗系数 S_R 与波长 λ 的四次方成反比，散射损耗随波长的减小而急剧增加，可近似表为下式：

$$S_R = A(1+B\Delta)/\lambda^4 \quad (dB/km) \qquad (4.10)$$

式中，λ 以 μm 计，A、B 是与石英及掺杂材料有关的常数，参见表 4.2 与石英和掺杂材料有关的常数。若 $\lambda=1.31\ \mu m$，$\Delta=0.3\%$，则按上式计算的瑞利散射损耗为 0.32 dB/km。

瑞利散射损耗曲线如图 4.1 所示。理论和实验分析数据表明，熔融 SiO_2 的瑞利散射极限值在波长为 0.63 μm、1 μm、1.3 μm 处时，分别为 4.8 dB/km、0.8 dB/km 和 0.3 dB/km。

(b) 瑞利散射的损耗系数与光功率无关，因而瑞利散射被称为线性散射。

(c) 瑞利散射与材料种类无关，但依赖于与光波长相关的粒子的尺度，波长越接近粒子大小，散射越强。

表 4.2　瑞利散射公式中与石英和掺杂材料有关的常数 A、B 值

光　纤	材　料	**A**	**B**
多模光纤	CeO_2/SiO_2	0.8	100
多模光纤	P_2O_5/SiO_2	0.8	42
单模光纤	CeO_2/SiO_2	0.63	180±35

若 $\lambda=1.31\ \mu m$，$\Delta=0.3\%$，则按(4.10)式计算得到的瑞利散射损耗为 0.32 dB/km。

② 米式散射(波导散射)损耗。光纤波导的宏观不均匀性，如波导尺寸结构的不均匀、芯包界面不规则、气泡、应力等尺度可与波长相比拟的不均匀性，亦可造成线性散射损耗，称为米氏散射或波导散射损耗。这种散射基本上是前向散射，且造成的散射损耗与波长无关。

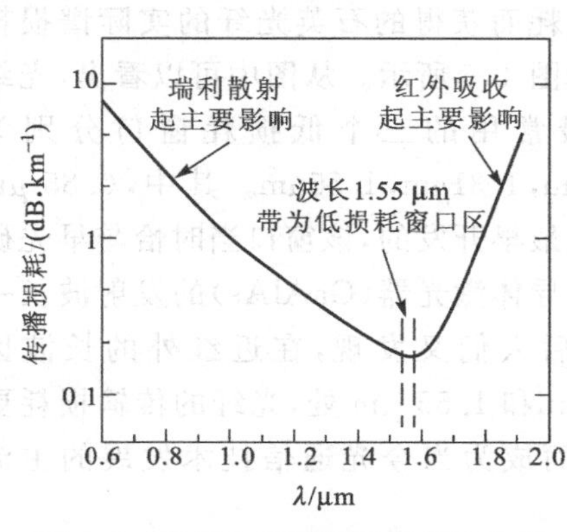

图 4.4　光纤总损耗与波长关系曲线

散射损耗与吸收损耗相同，亦具有均匀性与累加性。若令单位长度光纤材料的散射损耗系数为 δ，则经过 L(cm)长光纤后，剩余光功率的比例为

$$\frac{P(L)}{P_0} = (1-\delta)^L \qquad (4.11)$$

考虑到非本征性损耗随制造工艺不断改进而大幅减小的现实，综合吸收与散射共同影响的石英光纤总损耗随波长变化基本规律的曲线如图 4.4 所示。曲线表明(参见图 4.1)，在短波长区瑞利散射损耗起主要作用，而在长波长区红外吸收损耗起主要作用。

(3) 光纤的弯曲与微弯引起的辐射损耗

光纤在实际应用中不可避免地要产生弯曲，由此将产生弯曲辐射损耗。其实质是，当光纤弯曲时(例如盘绕等)，由于光纤边界条件变化使导波传输条件破坏，因而原纤芯中传导模的光功率将部分地转化为辐射模功率并逸出纤芯，形成损耗。显然，弯曲的曲率半径越小，产生的损耗越大。

多模光纤由于有大量高次模式，而高次模式更接近于截止，即有较大比例模式的功率存储于包层介质中，因而更易引发弯曲损耗。多模光纤的弯曲临界曲率半径可由下式估算：

$$R_c = \frac{3n_1^2\lambda}{4\pi(n_1^2 - n_2^2)^{3/2}} \tag{4.12}$$

当光纤曲率半径小于 R_c 时，则多模光纤的弯曲辐射损耗将急剧增大。一般认为，当弯曲的曲率半径超过 10 cm 时，由于光纤弯曲所造成的损耗可以忽略。

在实际应用中，还存在大量光纤的微弯效应，即光纤轴线发生不规则的微小变化。例如，在光纤成缆过程中，要加各种保护套或夹持加固件，可能引起光纤各部分应力不均衡，形成微弯；光缆在敷设和长期使用过程中，由于环境温度、压力等变化，也可能产生应变造成光纤微弯。微弯将会引起相邻模式间的耦合，使一部分光功率转化为辐射模式，从而形成损耗。损耗的大小取决于微弯的程度、光纤的长度及不同模式间功率的分配。由于微弯损耗难以避免，因而它比宏观的弯曲损耗更为重要。

应该指出，上述所有非本征性的损耗因素，均可通过对光纤光缆的精心设计、制作与使用而大大减小。

3. 光纤的总损耗，损耗谱曲线

随着光纤制造工艺的不断改进和提高，光纤的传输损耗正逐年降低。由于本征损耗不可改变，因而若想降低光纤损耗，必须减小杂质损耗。

将前述各项损耗相加即得到总损耗。总损耗随波长而变化的曲线叫谱损耗曲线（如图 4.1所示）。当只考虑将不可改变的各项本征损耗相加时，则得到如图中①所示的总损耗谱曲线；但当考虑杂质损耗因素，则得到如图中②所示的实际总损耗谱曲线；通过改进制造工艺，大大降低 OH⁻ 离子吸收等杂质损耗，则可得到无谐振峰的光滑谱损耗曲线，回到图中曲线①。通过不断改进光纤制造工艺、降低损耗而获得的石英光纤的实际谱损耗曲线如图 4.5 所示。从图中可以看出，光纤通信最常用的三个低损耗窗口分别为 0.85 μm，1.31μm，1.55μm。其中，0.85 μm 窗口是最早开发的，该窗口当时恰与早先研制的半导体激光器（GaAlAs）的发射波长一致；以后人们又发现，在近红外的长波区 1.31 μm和 1.55 μm 处，光纤的传输损耗更低，因而成为当今光通信技术发展的主流窗口。

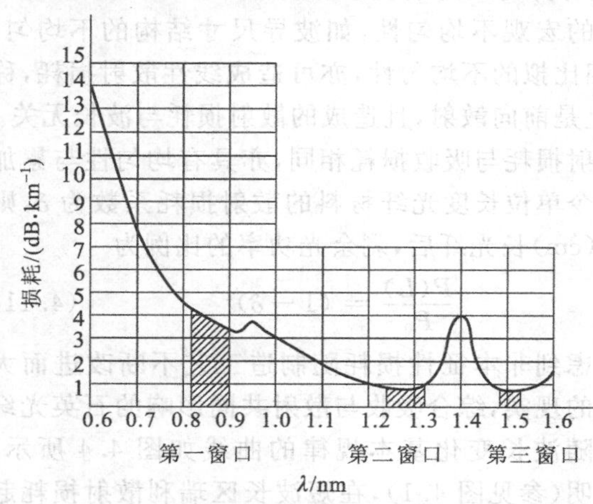

图 4.5　光纤通信的三个低损耗窗口

当前商用阶跃多模光纤的损耗值一般在 0.85 μm 处约为 2.5 dB/km；在 1.31 μm 处为 0.8 dB/km；而单模通信光纤在 1.31 μm 处一般在 0.5 dB/km 以下；在 1.55 μm 处约在

0.2 dB/km以下。

例题 已知在波长为1.55 μm 处光纤的损耗为0.16 dB/km，当用$\lambda=1.55\ \mu$m 的波长，输出功率为2 mW 的激光入射到长度$L=100$ km 的光纤时，问光纤输出端的光功率是多少？

解 ① 长度100 km 的光纤其总损耗为

总损耗＝0.16 dB/km×100 km＝16 dB

② 将入射光功率(2 mW)以相应的分贝数P_{in}(dBm)表示应为

按$10\lg\dfrac{P(\text{mW})}{1(\text{mW})}$折算，1 mW 光功率对应于0 dBm，因而2 mW 入射光功率对应于P_{in}(dBm)＝3 dBm。

③ 出射光功率P_{out}(dBm)应表示为

P_{out}(dBm)＝3(dBm)－16(dB)＝－13(dBm)；若折算为以mW 表示，则应有：－10 dBm 对应于光功率衰减至输入光功率的1/10(0.1 mW)；在此基础上，－3 dBm 再衰减一半，因而输出光功率应为0.05 mW。若按(4.6)式计算，即有

$$P_{out}(\text{mW})=10^{P_{out}(\text{dBm})/10}(\text{mW})=10^{-13/10}=10^{-1.3}(\text{mW})=0.05(\text{mW})$$

4.1.2 光纤的色散特性

色散是光纤作为传输介质的另一重要特性，色散及相应的脉冲展宽限制了光纤的传输容量。因此，千方百计抑制、补偿光纤的色散，是提高系统性能，实现大带宽、高速率、长距离信号传输的关键问题。近代光纤通信的飞速发展，始终伴随着色散问题的不断探索与解决。正是在损耗与色散两大关键问题的突破解决之后，才实现了光纤的低损耗、大带宽、高速率、长距离的传输特性。

1. 光纤色散的概念与影响

光纤色散是指光纤对在其中传输的光脉冲的展宽特性，它是由于光纤中传输信号的不同频率(波长)成分与不同模式成分的群速不同而引起传输信号发生畸变的一种物理现象。色散将使光纤中传输的无论是脉冲信号还是模拟信号均要发生波形畸变。

信号波形畸变将导致传输的光脉冲在时域展宽而强度降低，从而使误码率增加，通信质量下降。为保证通信质量，则势必要加大相邻信息码之间的距离，这将限制通信容量；而且由于光纤的色散具有均匀性和累加性，传输距离越长，脉冲展宽与衰减也越严重，因而色散将限制信号在光纤中的最大无中继传输距离。由此可见，解决色散补偿问题，制造出低色散的优质光纤，对增加通信容量、延长通信距离是十分重要的。

分析表明，实际光源(如半导体激光器与发光二极管)发出的并非单一波长的光，而是以λ_0为中心波长的一个波谱，即具有一定的谱线宽度。通常以光强下降到最大值一半时的谱宽$\Delta\lambda$来定义光源的谱线宽度，称为光源的半功率线宽(FWHP)。不同光源的谱宽是不同的，但不同光源的谱宽均应满足$\dfrac{\Delta\lambda}{\lambda_0}\ll 1$。当用信号脉冲调制光强时，送入光纤的被调制波谱的能量是由不同频率(波长)成分和不同模式成分承载着、并沿光纤传输的。例如，对单模光纤只激发出基模；对多模光纤则激发出多种模式，它们各有不同的传输速度，即群速不同。因而在到达光纤终端时，各种成分(如不同波长、不同模式)间产生时间差，速度快的先到，速度慢的后到，结果导致脉冲展宽，引起复杂的光纤色散现象。可以认为群时延是以单位时间

度量的实际脉冲宽度。

图 4.6 表示了单模光纤传输条件下，输入光脉冲信息、形成的脉冲展宽及其对通信带来的严重影响后果。图 4.6(a)表示单模光纤传输系统；图 4.6(b)表示光纤输入端输入的数码1011；图 4.6(c)表示传输距离 L_1 后，由于每个脉冲展宽，“11”两脉冲波形相互搭接，已较难分辨(易造成误码)；图 4.6(d)表示传输距离 L_2 后，脉冲展宽结果的“1011”数码信号已完全不能分辨，通信失效。因此，为了保证通信质量，对色散造成的脉冲展宽必须加以限制，即对光纤能传输的最高数码率 B_T 加以限制。如果输入理想矩形脉冲，其脉冲宽度为 Δt，则为保证传输过程中相邻脉冲间不搭接，脉冲展宽显然必须$\leqslant \Delta t$。光纤中允许的最大数码率与光纤频带宽度之间的具体关系，尚同选择的调制码型有关，留待尔后讨论。

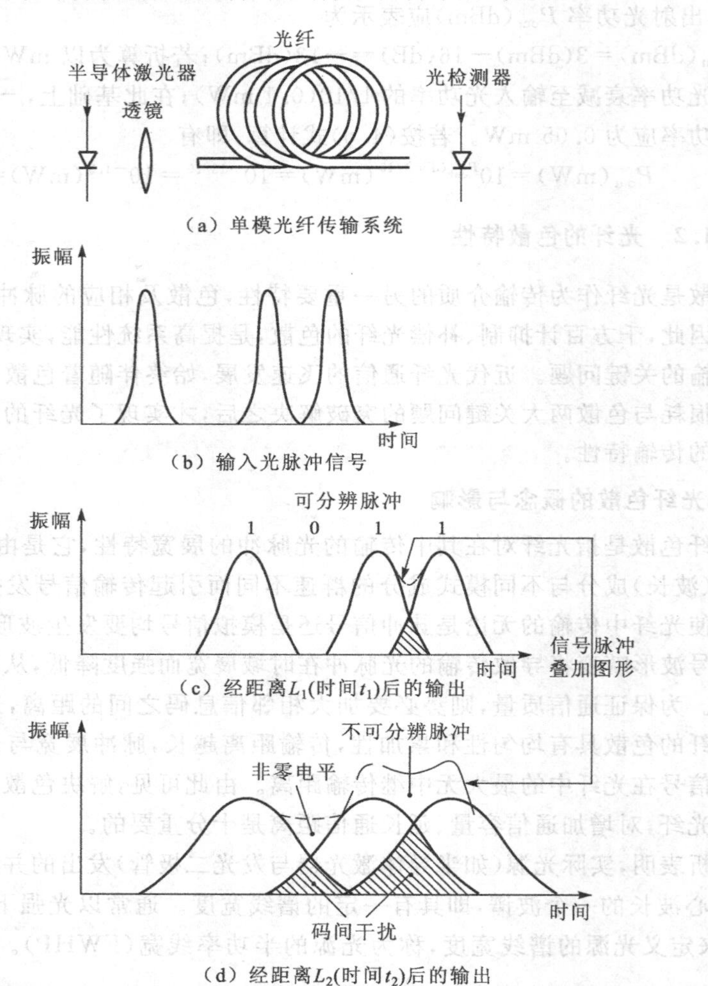

图 4.6　光脉冲数码 1011 经单模光纤传输形成的脉冲展宽及其影响示意图

2. 光纤色散的机理与类型

光信号通过光纤传输引起光信号畸变、脉冲展宽。由于光信号能量是由不同频率和模式成分共同承载的，因而引起色散的原因与机理也是多方面的。色散的主要机理与类型包括:多模光纤的模式色散(或称模间色散);由于光纤材料固有的折射率对波长依赖性而产生的波导色散;以及单模光纤中两种不同偏振模式传输速度不同而引起的偏振色散。

光纤总的色散是由上述各种色散综合作用的结果,但对不同类型光纤,所存在的色散类型是有差别的。例如:对阶跃多模光纤,存在模式色散、材料色散、波导色散;对单模光纤,则没有模间色散,而只存在材料色散、波导色散、偏振色散。其中,单模光纤的偏振色散内容将在尔后有关光纤的偏振特性中讨论。另外,材料色散与波导色散均属于频率色散,即是由于相位常数随频率(或波长)的变化而引起的色散,故又可称为“光谱色散”或“色度色散”。以下分别介绍各种类型的色散。

(1) 模式(模间)色散

多模光纤中,即使对同一波长,不同传输模式仍具有不同的群速度,即传播速度不同,由此引起的脉冲展宽 $\Delta\tau_m$ 称为“模式色散”。在多模光纤中,模式色散引起的脉冲展宽是各种色散因素中影响最严重的一种。并且,传输的模式越多,脉冲展宽也越严重;另外,在多模光纤中,渐变折射率多模光纤由于其自聚焦效应,色散性能得到一定程度的改善,因而其模式色散的脉冲展宽较阶跃折射率光纤的脉冲展宽可减小约两个数量级。

以多模阶跃折射率光纤为例,对模式色散进行时域分析。在全部传导模中,低阶模(基模)近乎与光轴平行传播,传播速度快(如 LP_{01} 模远离截止,传播最快),最先到达出射端;而最高阶模其传播角几乎等于全反射临界角,传播速度最慢,因而最后到达出射端。在弱波导近似条件下,基模与最高阶模通过 L(km)长度光纤,其传播的最大时延差即脉冲展宽 $\Delta\tau_{ms}$ 应为

$$\Delta\tau_{ms} \approx \frac{Ln_1}{c}\Delta \tag{4.13}$$

式中,L 为光纤长度,Δ 为芯与包层相对折射率差。

单位长度(km)光纤的脉冲展宽 $\Delta\tau_0$ 即“特征色散”应为

$$\Delta\tau_0 = \frac{\Delta\tau_{ms}}{L} = \frac{n_1\Delta}{c}\ (\text{ns/km}) \tag{4.14}$$

例如,若 $n_1=1.50$,$\Delta=1.0\%$,则 $\Delta\tau_0=\frac{\Delta\tau_{ms}}{L}=5\times10^{-8}(\text{s/km})=50\ (\text{ns/km})$。表明模式色散的值已很大,若要减小其值,则需尽量减小 Δ 值。由于脉冲展宽波形畸变乃至重叠,可能造成传输信号的相互干扰甚至无法接收。为此,必须保证有较大的脉冲间隔(例如,按上述计算脉冲间隔应在 50 ns 以上)。因此,阶跃折射率多模光纤的带宽容量与传输速率受到严重制约。在多模光纤中,其总的脉冲展宽主要取决于模群间时延差。

为改善阶跃多模光纤的色散性能,20 世纪 80 年代推出并商用化的渐变折射率多模光纤,通过适当选择光纤折射率分布形式,可以大大减小直径达数十微米的光纤模式色散,从而显著地提高多模光纤的传输容量与工作带宽。理论计算可以证明,渐变折射率多模光纤的最大时延差应为

$$\Delta\tau_{mg} = \frac{Ln_1\Delta^2}{2c} \tag{4.15}$$

比较(4.15)式与(4.13)式,可以看出,由于 Δ 是在 0.01 数量级,因而渐变折射率多模光纤的脉冲展宽较阶跃折射率多模光纤的脉冲展宽改善了两个数量级,工作带宽也有相应程度的提高。实际渐变折射率光纤的脉冲展宽值可下降至 0.2～1 ns/km,相应的带宽-长度

的乘积为 0.5～2.5 GHz · km。

(2) 光谱色散

在单模光纤与多模光纤中都共同存在的一类色散是“光谱色散”，又称“色度色散”。光谱色散是指：光信号脉冲通过光纤传输时，由于群速度与波长（频率）有关而产生的脉冲展宽，其单位为 ps/nm · km。光谱色散属于频率色散。这是因为，由光源发出并通过光纤传输的总是具有一定波长范围（谱宽 $\delta\lambda$）的光信号。因而，由于位相常数随波长（或频率）变化将引起色散。光谱色散是光纤材料固有色散与波导结构引起的色散两者之和，且两种色散的符号也可能相反。一般情况下，光纤的材料色散与波导色散两者是交织在一起的，不能截然分开；仅在弱波导条件下，才可采用近似分析将两者分开。为了概念的清晰和便于理解，以下将分别讨论材料色散和波导色散。而在分别讨论之前，由于光纤中传输的光波是多种频率成分的光信号脉冲，而非单一的平面波，因此需要首先研究信号波的群速度、相应的群时延以及由于多种频率成分而引起的光谱色散。

以往研究平面波传输特性所导出的“相速度”，是在单一频率平面波无限延续情况下定义的，但平面波不能传送直流那样的信息；为了利用光波传送信息，必须进行调制，即利用信号来改变振幅或相位（或频率）。称这种经过调制的信号波的传播速度为“群速度”(group velocity)。设调制信号为最简单的正弦波振幅调制（如图 4.7 所示），将角频率为 $\omega_0+\Delta\omega$ 和 $\omega_0-\Delta\omega$ 的两个正弦波叠加，则其差拍波形是在角频率为 ω_0 的正弦波上加角频率为 $\Delta\omega$ 的正弦波进行振幅调制后的包络线波形。由光波导中信号波的传播常数 β 与角频率的关系，可以将其表为

$$\beta(\omega)=\beta(\omega_0)+\left.\frac{d\beta}{d\omega}\right|_{\omega=\omega_0}(\omega-\omega_0)+\cdots \tag{4.16}$$

式中，ω_0 为正弦信号波的中心角频率。进而可以导出以角频率 $\Delta\omega$ 的包络线波形为信号波的传播速度 v_g 为

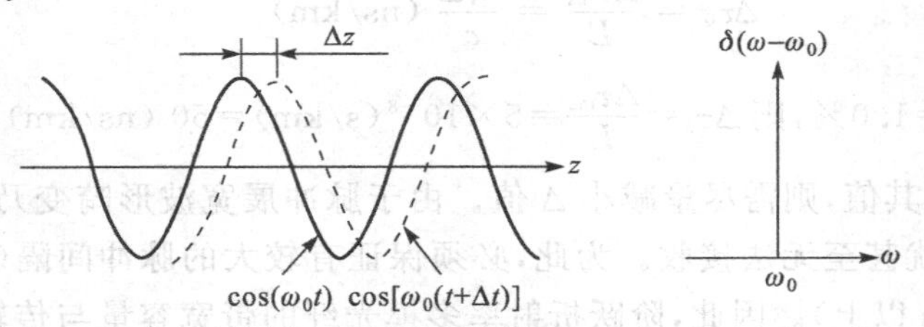

(a) 单一角频率正弦波的频谱与相速度

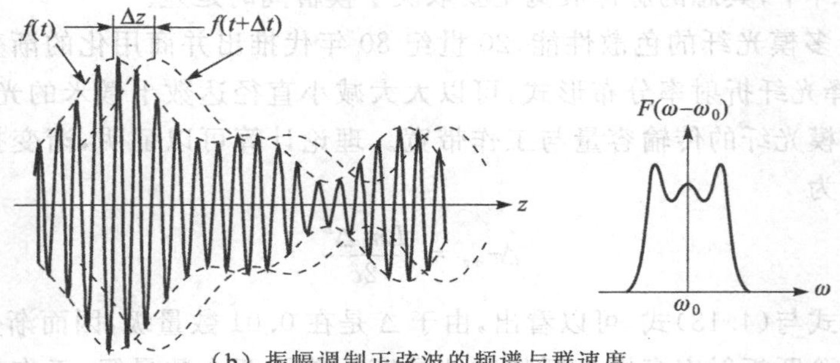

(b) 振幅调制正弦波的频谱与群速度

图 4.7 正弦波振幅调制的相速度和群速度

$$v_g = \left(\frac{d\beta}{d\omega}\right)^{-1} = \frac{d\omega}{d\beta} \tag{4.17}$$

由于传播常数与波长(角频率)有关,因而称反映一组频率段的信号波的传播速度 v_g 为"群速度"。显然,信号波形是以群速度 v_g 传播的。当考虑信号波形为孤立的脉冲波时,由于孤立脉冲波是一种能量包,因而光能量的传播速度也可以用群速度 v_g 给出。

在光纤这类介质光波导中,传播常数 β 不是 ω 的线性函数。这是因为在光纤中存在介质的折射率与波长(或 ω)的依赖关系以及由波导结构决定的等值折射率 n_{eg} 与 ω 的函数关系。因而,在光纤波导中群速度与相速度不等。

研究光纤波导的群速度如(4.17)式,只需将光波导的传播常数 β 对 ω 取微分即可;而决定光纤脉冲展宽的重要物理量光谱色散,或严格地称为"群时延色散"、"群速度色散",则是指传播常数 β 对 ω 的二阶微分。

若定义信号脉冲在长度为 L 的光纤中传播所需时间 τ 为"群时延",则在角频率 ω_0 附近的 ω 的群时延 $\tau_g(\omega)$ 以泰勒级数展开的形式可表示为

$$\tau_g(\omega) = \frac{L}{v_g} = L\frac{d\beta}{d\omega} = L\left[\left.\frac{d\beta}{d\omega}\right|_{\omega_0} + \left.\frac{d^2\beta}{d\omega^2}\right|_{\omega_0}(\omega-\omega_0) + \cdots\right] \tag{4.18}$$

式中,若光源发射的光谱为单一频率(波长)的光波,则式中仅剩下首项,首项虽表示一定的时延,但却因模而异,是即产生多模色散;若光源发射光谱的角频率的谱宽为 $\Delta\omega$,则(4.18)式的[]中第 2 项对应于光谱色散引起的脉冲展宽 $\Delta\tau$,其中包含材料色散和波导色散。

以下,对单模光纤的光谱色散做进一步的重点分析。

在(4.18)式中,若改用 β 和传播常数 k_0 表示群时延 τ_g,则应有

$$\tau_g = L\frac{d\beta}{d\omega} = L\frac{d\beta}{d(ck_0)} = \frac{L}{c}\frac{d\beta}{dk_0} \tag{4.19}$$

式中,c 为光速。若引入归一化相位传播常数 b 表示 β,归一化频率 V 表示 k_0,则可得到相应的 β 值为

$$\beta = k_0[n_1^2 b + n_2^2(1-b)]^{1/2} \tag{4.20}$$

另外,定义如下的 N_1、N_2 分别为纤芯与包层的"群折射率",通常用材料的群折射率 $N = d\beta/dk_0$ 表示光纤材料的色散特性。"群折射率"是内含并反映介质折射率与波长关系的量,亦相当于有效折射率。

$$N_1 = n_1 + k_0\left.\frac{dn_1}{dk_0}\right|_{\omega=\omega_0} = n_1 - \lambda\left.\frac{dn_1}{d\lambda}\right|_{\lambda=\lambda_0} \tag{4.21}$$

$$N_2 = n_2 + k_0\left.\frac{dn_2}{dk_0}\right|_{\omega=\omega_0} = n_2 - \lambda\left.\frac{dn_2}{d\lambda}\right|_{\lambda=\lambda_0} \tag{4.22}$$

将(4.20)式代入(4.19)式,展开计算并将 N_1、N_2 值表示式代入,则得到

$$\tau_g = \frac{L}{c}\frac{d\beta}{dk_0} = \frac{L}{c}\frac{\left[n_2N_2 + (n_1N_1 - n_2N_2)(b + \frac{1}{2}V\frac{db}{dV})\right]}{[n_2^2 + (n_1^2 - n_2^2)b]^{1/2}} \tag{4.23}$$

在满足弱波导近似($\Delta \ll 1$)的条件下,可得到(4.23)式的近似表达式:

$$\tau_g \simeq \frac{L}{c}\left[N_2 + (N_1 - N_2)\frac{d(Vb)}{dV}\right] \tag{4.24}$$

从(4.24)式与(4.18)式、(4.19)式的物理意义分析,"群时延"表征介质折射率随波长变化曲

线的斜率。

用(4.19)式再次对 k_0 进行微分并求 $\Delta\tau_g$，则可得到

$$\Delta\tau_g = L\Delta\lambda\Bigg\{\underbrace{\left(-\frac{1}{c\lambda_0}\right)\left[k_0\frac{dN_2}{dk_0}+\left(k_0\frac{dN_1}{dk_0}-k_0\frac{dN_2}{dk_0}\right)\left(b+\frac{1}{2}V\frac{db}{dV}\right)\right]}_{\text{特征材料色散}\sigma_m\text{项}}+$$

$$\underbrace{\left(-\frac{1}{c\lambda_0}\right)\frac{1}{2}\frac{(n_1N_1-n_2N_2)^2}{n_2(n_1^2-n_2^2)}V\frac{d^2(Vb)}{dV^2}}_{\text{特征波导色散}\sigma_w\text{项}}\Bigg\} \tag{4.25}$$

上式中群时延差 $\Delta\tau_g$ 即为群时延色散，它表示输出波中各频率分量（或波长分量）偏离脉冲波中心（相应 ω_0）的时间。上式表明：群时延色散即光谱色散 $\Delta\tau_g$，包含材料色散与波导色散两部分之和，且与光信号（光源）的波长（频率）范围 $\Delta\lambda(\Delta\omega)$ 以及光纤长度 L 成正比。

光谱色散所包含的材料色散与波导色散是单模光纤色散的主要分量，也是多模光纤色散中的重要分量。图 4.8 给出单模光纤中光谱色散造成的脉冲展宽示意图。以下将分别讨论材料色散与波导色散。

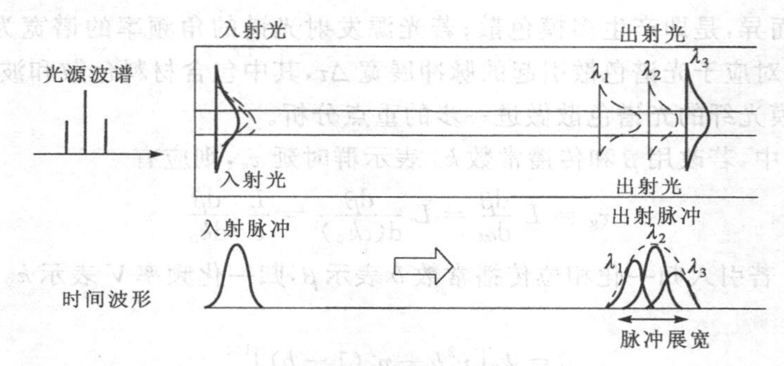

图 4.8　单模光纤中色散造成的脉冲展宽

① 材料色散

材料色散源于材料折射率随波长变化的规律。因此，色散与材料种类有关，随波长变化。通信光纤接近纯石英（SiO_2），因而其特征材料色散本质上与纯熔石英的相同。图 4.9 给出熔石英的折射率和材料色散随波长变化规律曲线。与模间色散不同，材料色散有正、负号。

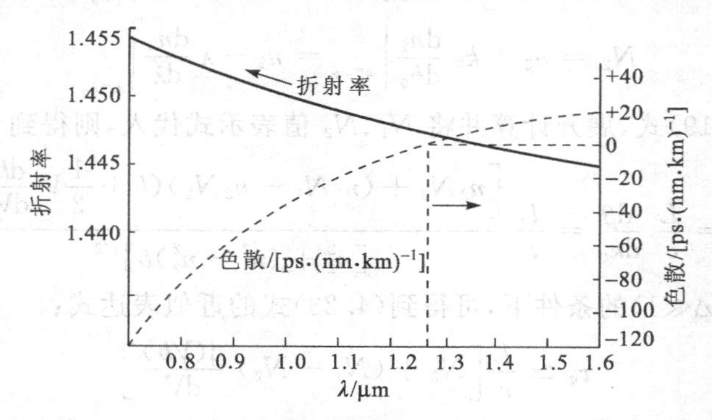

图 4.9　石英的材料色散和折射率随波长的变化关系

由(4.25)式右端{}中的首项可以写成

$$\sigma_m = -\frac{1}{c}\left[\frac{k_0}{\lambda_0}\frac{dN_2}{dk_0} + \left(\frac{k_0}{\lambda_0}\frac{dN_1}{dk_0} - \frac{k_0}{\lambda_0}\frac{dN_2}{dk_0}\right)\left(b + \frac{1}{2}V\frac{db}{dV}\right)\right] \tag{4.26}$$

定义系数 σ_m 为“特征材料色散”(或“特征折射率色散”)。若令约束系数 Γ 表示为

$$\Gamma = b + \frac{1}{2}V\frac{db}{dV} = \frac{1}{2}\left[b + \frac{d(Vb)}{dV}\right] \tag{4.27}$$

并将前式中的群折射率 N_i 表为如下介质折射率 n_i 与波长 λ 的函数形式:

$$\frac{k_0}{\lambda_0}\frac{dN_i}{dk_0} = \lambda_0\frac{d^2 n_i}{d\lambda} \qquad (i = 1,2) \tag{4.28}$$

上式中 $i=1,2$ 分别表示纤芯和包层材料的固有色散。将(4.27)式和(4.28)式代入(4.26)式中,则得到如下特征材料色散的计算公式:

$$\sigma_m = -\frac{1}{c}\left[\Gamma\lambda_0\frac{d^2 n_1}{d\lambda^2} + (1-\Gamma)\lambda_0\frac{d^2 n_2}{d\lambda^2}\right] \tag{4.29}$$

上式表明,特征材料色散正比于折射率曲线的二阶导数,也正比于群时延的导数,表明特征材料色散曲线表征群时延曲线的斜率。

石英系(SiO_2 玻璃)光纤中 SiO_2 折射率波长的函数关系已有精确测量结果[如图 4.10(a)所示],因此,利用上述折射率与波长的关系数据,即可分别计算$\frac{dn}{d\lambda}$、$-\frac{\lambda}{c}\frac{d^2 n}{d\lambda^2}$,进而按上式计算材料色散,分别如图 4.10(b)、(c)所示。

由于$\frac{dn}{d\lambda}$为负值,因而在图中表为$-dn/d\lambda$。从图中还可看出,材料色散为零的波长处在小于 1.3 μm 的短波长侧;另外,在波长小于 1.1 μm 时,材料色散值较大,尤其在 0.85 μm 处材料色散值很高。因此,单模光纤的重要价值在于,它可工作于材料色散较小的近红外较长波区域(1.31 μm,1.55 μm)。

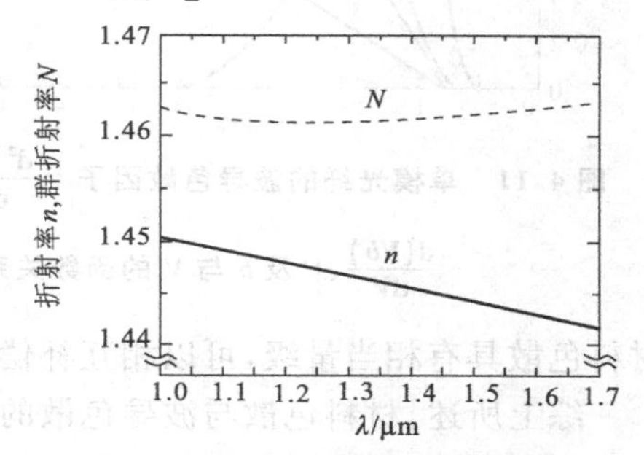

(a) 折射率与群折射率

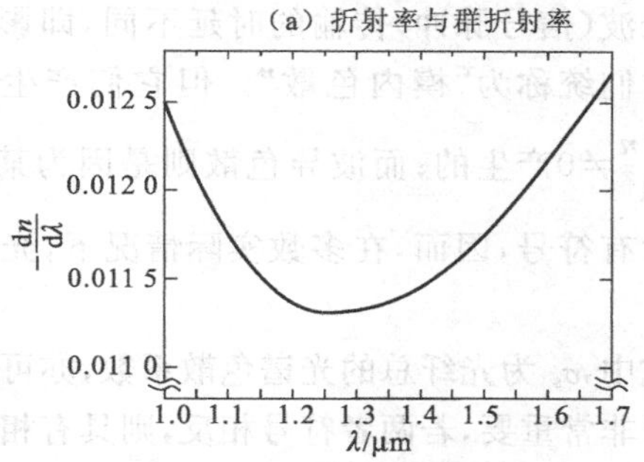

(b) 折射率的一次微分 $-dn/d\lambda$

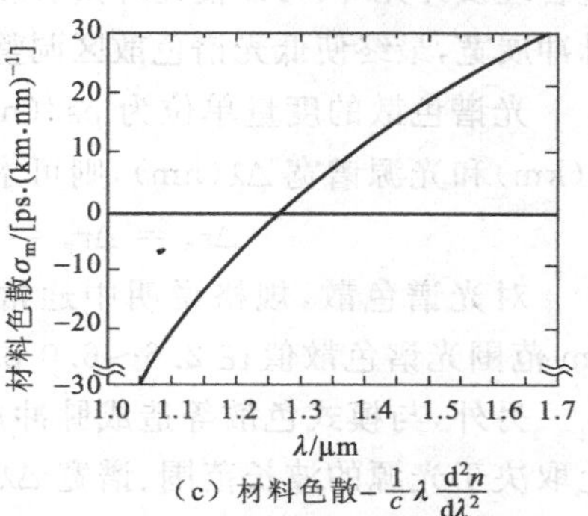

(c) 材料色散 $-\frac{1}{c}\lambda\frac{d^2 n}{d\lambda^2}$

图 4.10 二氧化硅玻璃折射率与波长的关系及材料色散

② 波导色散

由(4.25)式{}中第二项,可以得到

$$\sigma_w = -\frac{1}{c\lambda_0}\frac{1}{2}\frac{(n_1N_1 - n_2N_2)^2}{n_2(n_1^2 - n_2^2)}V\frac{d^2(Vb)}{dV^2} \tag{4.30}$$

当满足弱波导近似($\Delta \ll 1$)条件时,则上式可近似表示为

$$\sigma_w = -\frac{1}{c\lambda_0}(N_1 - N_2)V\frac{d^2(Vb)}{dV^2} \tag{4.31}$$

系数 σ_w 即为“特征波导色散”,或称结构色散。波导色散是模式本身的色散,对光纤中的某一个模

式，在不同的频率（波长）下，由于群速度不同而引起色散。

波导色散起因在于，波导特性是波长的函数，即光在波导中的传播特性、光在纤芯与包层中的能量分布均与波长及波导结构尺寸有关，即和波导直径与波长比（d/λ）这个重要参数有关。由于波长变化会引起光场分布改变，光在纤芯与包层中的传播速度及其平均速度均要发生相应变化，从而引起波导色散。究其根源在于，光源不是单一波长的绝对单色光，而是有一定的谱宽范围。因而，波导色散与光源的谱线宽度有关。

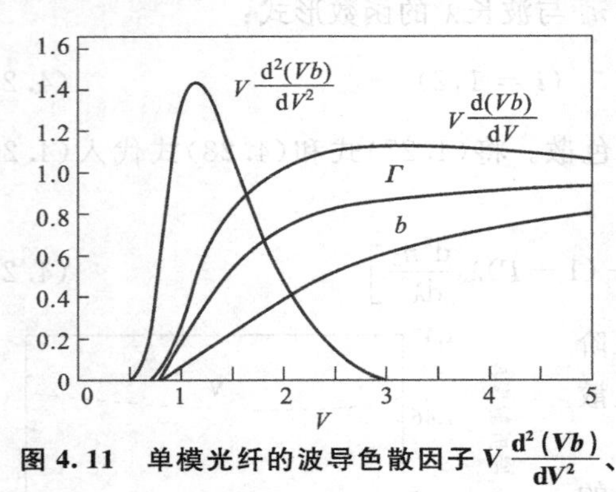

图 4.11　单模光纤的波导色散因子 $V\frac{d^2(Vb)}{dV^2}$、$\frac{d(Vb)}{dV}$、Γ 及 b 与 V 的函数关系

将（4.24）式中表征群时延的因子$\frac{d(Vb)}{dV}$和（4.31）式中表征波导色散的因子$V\frac{d^2(Vb)}{dV^2}$与 V 的函数关系，可作出如图 4.11 所示的曲线。

应该指出的是，波导色散也是含有符号的；另外，一般情况下，波导色散引起的脉冲展宽并不很大，波导色散的值远小于材料色散值。在多模光纤中，波导色散完全可以忽略不计；在单模光纤中，对 0.85 μm 短波长区，波导色散远小于材料色散，也可忽略。仅对 1.31～1.55 μm 较长波长区，波导色散与材料色散具有相当量级，可以相互补偿。

综上所述，材料色散与波导色散的共性在于，它们都表现为某一模式对不同波长（频率）光波（信号脉冲）传输的时延不同，即影响的效果相同，在测量上很难将其分开，因而有时将它们统称为“模内色散”。但它们产生的物理机理并不相同，材料色散是由于光纤材料的$\frac{d^2 n}{d\lambda^2}\neq 0$产生的；而波导色散则是因为某一模式的$\frac{d^2\beta}{d\lambda^2}\neq 0$形成的。由于色散系数 σ_m 与 σ_w 均含有符号，因而，在多数实际情况下，光谱色散是材料色散与波导色散之和，即可表为

$$\sigma_s = \sigma_{sm} + \sigma_{sw} \tag{4.32}$$

式中，σ_s 为光纤总的光谱色散系数，亦可称为“特征光谱色散”系数。需要注意的是，σ_{sm}、σ_{sw} 的符号非常重要，若两者符号相反，则具有相互抵消作用，此即色散补偿功能。从物理意义分析，通过合理设计光纤，可以使光纤具有较大的负波导色散，以抵消原有大的正材料色散，从而抑制脉冲展宽，最终使低光谱色散区调整移动到所希望的（如掺铒光纤放大器）工作带宽区内。

光谱色散的度量单位为 ps/(nm・km)，若给定光纤的特征光谱色散系数 σ_s、光纤长度 L(km)和光源谱宽 $\Delta\lambda$(nm)，则可求总的光谱色散脉冲展宽 $\Delta\tau_s$（以下，$\Delta\tau_g$ 以 $\Delta\tau_s$ 取代）：

$$\Delta\tau_s = \Delta\tau_g = \sigma_s(\text{ps/nm}\cdot\text{km})\cdot L(\text{km})\cdot\Delta\lambda(\text{nm}) \tag{4.33}$$

对光谱色散，规格说明中通常是给出一定波长范围内的光谱色散，例如 1 530～1 565 nm 范围光谱色散值在 2.6～6.0 ps/nm・km。

另外，与模式色散等造成脉冲展宽不同的是，光谱色散所造成的脉冲展宽，在很大程度上取决于光源的波长范围、谱宽 $\Delta\lambda$。为此，要得到低光谱色散，就应选用窄谱宽的光源。例如，半导体激光器（LD）的发射谱线宽度（1～3 nm）是发光二极管（LED）谱宽（30～50 nm）的大约 1/20，因而用 LD 取代 LED，将使光纤的光谱色散降低 20 倍以上。

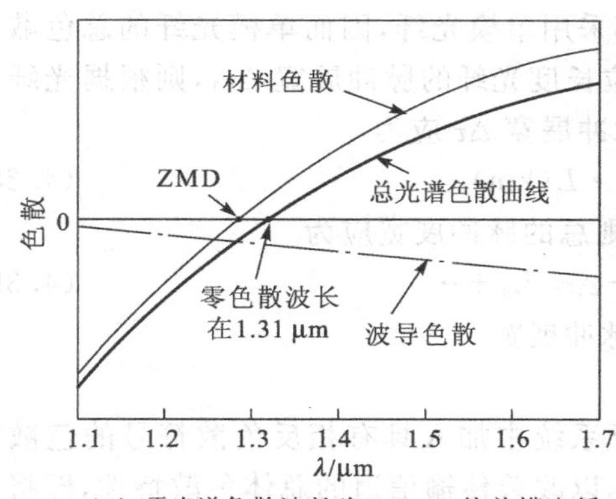

（a）零光谱色散波长为1.31 μm的单模光纤

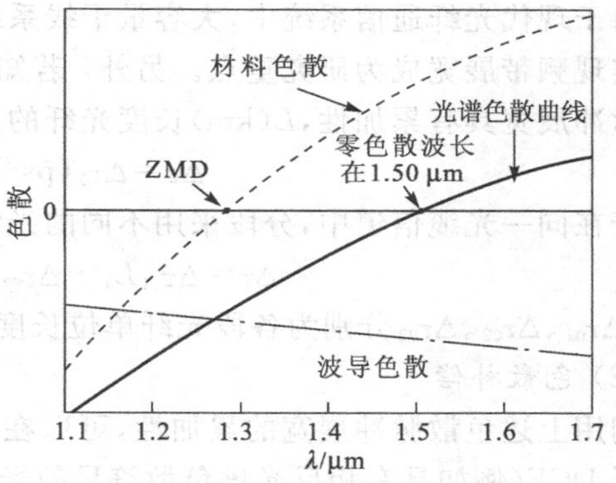

（b）非零色散位移光纤（零光谱色散波长移至1.50 μm）

图 4.12 不同的波导色散和材料色散产生不同的光谱色散

图 4.12 给出了单模光纤的材料色散、波导色散以及总的光谱色散随波长变化的示意图[如图 4.12(a)所示]。在材料色散曲线上有一个材料色散零点，称为 ZMD。一般，在波长略高于 ZMD 点的附近，可以找到色度色散得到补偿的零色散点；同时给出非零色散位移光纤的色散曲线[如图 4.12(b)所示]。图 4.13 则给出了一个具体的石英系单模光纤的色散匹配与总色散情况。图中表明，在弱波导近似条件下，波导色散 σ_w 小于材料色散 σ_m，零色散波长约为1.31 μm。另外，若在此零色散波长为1.31 μm的光纤中传输 1.55 μm 的波长光（为最低损耗波长），则其总光谱色散约为 16 ps/(km・nm)数量级。

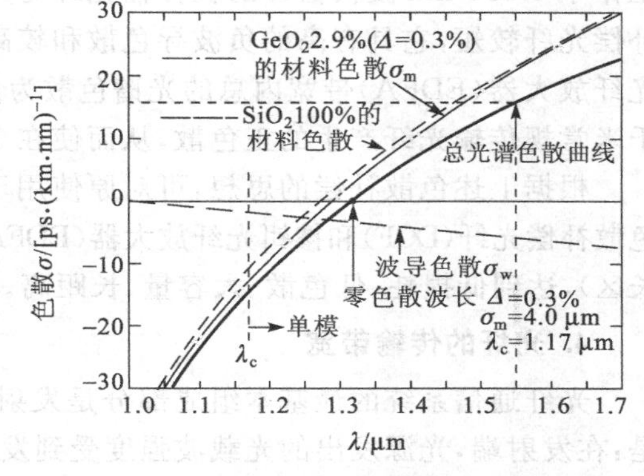

图 4-13 石英系单模光纤的总光谱色散

3. 光纤总色散的计算与色散补偿

（1）总色散的计算

如前所述，光纤中的总色散是由各种模式与频率成分产生色散综合作用的结果。在各种色散因素中，模式色散、光谱色散和偏振模色散的值彼此无关。因此，总的脉冲展宽是模式色散、光谱色散、偏振模色散造成的脉冲展宽的平方和的平方根。若令模式色散、光谱色散、偏振模色散各自的脉冲展宽分别为 $\Delta\tau_m$、$\Delta\tau_s$、$\Delta\tau_p$，则应有总的脉冲展宽 $\Delta\tau$ 为

$$\Delta\tau = \sqrt{(\Delta\tau_m)^2 + (\Delta\tau_s)^2 + (\Delta\tau_p)^2} \tag{4.34}$$

应注意，上式中的光谱色散脉冲展宽 $\Delta\tau_s$，应为材料色散脉冲展宽（$\Delta\tau_{sm}$）与波导色散脉冲展宽（$\Delta\tau_{sw}$）的代数和，即有

$$\Delta\tau_s = \Delta\tau_{sm} + \Delta\tau_{sw} \tag{4.35}$$

对于多模光纤，偏振模色散没有意义，模式色散是主要分量，因而(4.34)式变为

$$\Delta\tau = \sqrt{(\Delta\tau_m)^2 + (\Delta\tau_s)^2} \tag{4.36}$$

对于单模光纤，不存在模式色散，且光谱色散成为主要分量，则(4.34)式变为

$$\Delta\tau = \sqrt{(\Delta\tau_s)^2 + (\Delta\tau_p)^2} \tag{4.37}$$

由于现代光纤通信系统中，大容量干线系统都采用单模光纤，因而单模光纤的总色散及如何实现频带展宽成为研究重点。另外，若知单位长度光纤的脉冲展宽 $\Delta\tau_0$，则根据光纤中色散脉冲展宽具有累加性，L(km)长度光纤的总脉冲展宽 $\Delta\tau$ 应为

$$\Delta\tau=\Delta\tau_0(\text{ps/km})\cdot L(\text{km}) \tag{4.38}$$

若在同一光缆信道中，分段采用不同的光纤，则总的脉冲展宽应为

$$\Delta\tau=\Delta\tau_{01}L_1+\Delta\tau_{02}L_2+\Delta\tau_{03}L_3+\cdots \tag{4.39}$$

式中，$\Delta\tau_{01}$、$\Delta\tau_{02}$、$\Delta\tau_{03}$分别为各段光纤单位长度的脉冲展宽。

(2) 色散补偿

利用上述色散脉冲展宽的累加性，可以在光纤系统中加入具有相反色散符号的色散补偿光纤 DCF(例如具有相反光谱色散符号的光纤)，以改善传输信道的总体色散特性，即将色散符号相反的光纤组合起来使用，利用负色散光纤可以补偿常规光纤中传播产生的正色散，最终产生较低的总脉冲展宽。这对以光谱色散(材料色散＋波导色散)为主要色散分量的单模光纤传输系统尤为重要。图 4.14 给出了光纤传输色散补偿的基本概念与示意图。图中，工作于 1 550 nm 波长窗口的长传输光纤为具有较大正色散量的标准单模光纤(G652)；色散补偿光纤较短，它具有高的负波导色散和较高的衰减值。色散补偿综合作用的结果，在掺铒光纤放大器(EDFA)带宽内总的光谱色散为负值。通常用很短一段负色散光纤可补偿几十千米常规传输光纤产生的正色散，从而使在 1 550 nm 处实现较小的脉冲展宽。

根据上述色散补偿的思想，可对原使用于1 310 nm波长的 G652 光纤系统，利用少量的色散补偿光纤(DCF)和掺铒光纤放大器(EDFA)，即可实现系统的升级与扩容(变为1 550 nm波长区)，达到低损耗、低色散、大容量、长距离。

4. 光纤的传输带宽

光纤通信系统的最基本组成部分是发射机、接收机和传输信道光纤。光纤通信的过程是：在发射端，光源发出的光载波强度受到发射机电路输入信号的调制(调制方法有两种：直接调制和外调制)；被调制的光信号以适合于传输的格式在光纤信道中传输；在接收端，接收机的光探测器对接收到的光信号进行检测并转换为相应的电信号，经放大、处理、解码后得到所需传输的信号。图 4.15 给出了信号对载波进行调制得到的数字调制信号示意图。

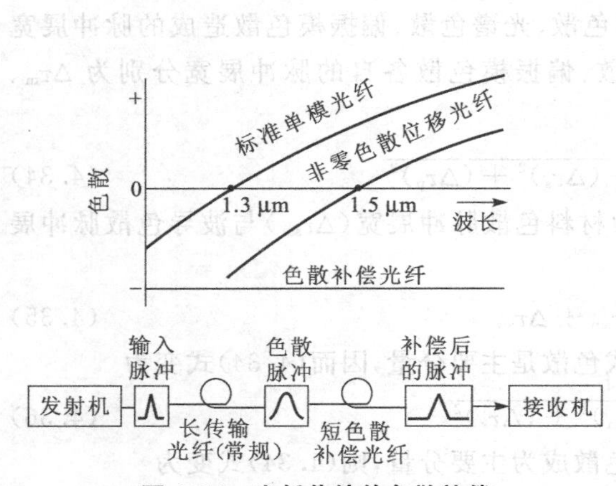

图 4.14　光纤传输的色散补偿

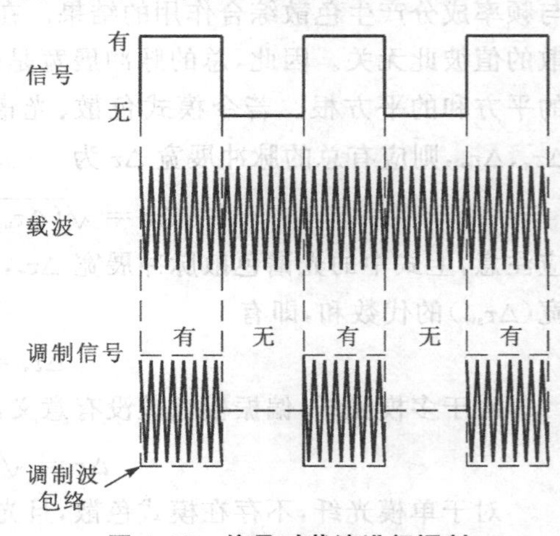

图 4.15　信号对载波进行调制

每一种通信系统都有确定的容量,即能传输或处理的信息数量。光纤系统的传输容量是指它可以承载的总的模拟带宽或数字数据速率。

信号传输容量也称为“带宽”(bandwidth),表述带宽有多种方式,它由信号类型决定。通信系统的带宽与发射机、接收机以及传输线均有关。其中,传输线的容量则取决于传输介质的性质和使用方式。传输介质的选择主要考虑信号携带的信息量和需要传输的距离。一般,传输介质的容量随介质的长度而减小,这种影响在铜线中表现最为明显。在各种传输线中,光纤的传输容最大。光纤的重要优势在于,它不仅具有低损耗的优点,而且能传输大带宽的信号,且传输距离比铜线和同轴电缆长得多。总之,光纤是唯一集中了信号传输所要求的低损耗、大带宽、高速率、长距离等优点的传输线。在通信系统中,这就相当于拥有巨大的带宽,可以实现每秒 10 亿比特的信息传输几十千米。因而,光纤是理想的传输线。一般而言,带宽或信息量越大,信息传播的效果也越好。

广义的“带宽”或“传输容量”是表示系统所能传输的信息量,或光纤所能加载的信息总量。它的表示方法随传输信号的体制或调制方式而异。传输信号有两种不同的基本传输格式,即模拟格式和数字格式,如图 4.16 所示。模拟调制电路产生模拟信号,而数字驱动电路产生数字脉冲信号。模拟信号大小连续变化;数字信号则是一些确定的离散值。多数数字信号采用二进制编码,即只有两种取值:0 或 1。

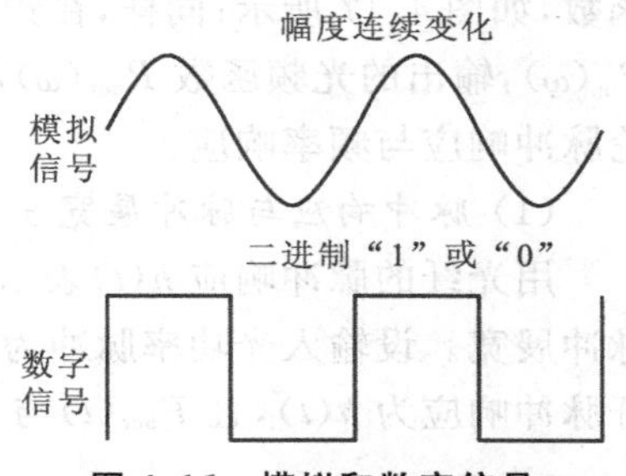

图 4.16　模拟和数字信号

在传输模拟信号的模拟系统中,容量或传输速率采用频率带宽表示,其定义为:调制信号的幅度相对于低频(零频)处的值下降 3 dB(即功率减小 50%)时的频率,其单位用 MHz、GHz 表示。频率带宽表示模拟系统传输信号的最高频率范围;在传输数字信号的数字系统中,容量或传输速率用数据(速)率或比特(速)率表示,其定义为:每秒能传输误码不超过特定要求值(即误码率)的比特数[一般要求在每太比特(10^{12})中允许有一个误码],其单位用 Mb/s、Gb/s、Tb/s 表示。总之,最大数据速率是满足误码率要求的最高传输速率。模拟带宽与数字数据率都是在接收端测量的参数。由于光纤更适合于传输数字格式的信号,光纤具有数字传输所需要的大传输容量,因而,现代光通信系统中传输数字信号要比模拟信号普遍得多,全球的电信网络差不多均已转变为数字传输。但在有线电视等系统中现时仍存在模拟光发射机及模拟光信号的传输。由于要求传输数字信号比携带同样信息量的模拟信号应有更快的响应,因而传输数字信号要比传输模拟信号包含更宽的频率范围,即传输同样信息前者应有更宽的带宽,更大的传输容量。

传输容量或带宽还与信道数(视频或音频的频道数)有关。一个传输过程可以包含很多信道,一个光信道就是以某一波长传输的独立的信号。在一根光纤传输线中可以传输一个光信道,也以通过“波分复用”等复用方式传输多个光信道,以提高传输容量。在尔后对带宽容量的讨论中,将是针对单根光纤即一个光信道容量的概念而言。

色散随信号在光纤中传输距离的增加而增大,经过一段距离的传播后,色散引起脉冲展宽的积累,直至发生脉冲交叠,造成信号波形模糊难以分辨,以致信号无法检测。因而,最终色散与脉冲展宽将限制光纤传输的速率与容量。

以上为对色散、脉冲展宽及其对光纤带宽、传输容量的影响所做的定性分析。为了深入研究光纤的带宽特性，可以将光纤视为一个线性网络系统，用时域和频域两种分析方法分析其色散特性。在光纤传输系统中，初始信号的固有频带称为“基带”，输入为激励，输出为响应。光信号通过光纤传输产生脉冲展宽，这种展宽是相对于基带而言的。在时域内，基带响应表示为脉冲响应 $h(t)$。若输入为无限窄光脉冲 $P_{in}(t)$，输出为光脉冲 $P_{out}(t)$，则 $h(t)$ 为光纤的脉冲响应函数，如图 4.17 所示；同样，在频域内，基带响应表示为频率响应 $H(\omega)$。若输入光频函数为 $P_{in}(\omega)$，输出的光频函数 $P_{out}(\omega)$，则 $H(\omega)$ 为频率响应函数，其中，ω 为角频率。以下分别讨论脉冲响应与频率响应。

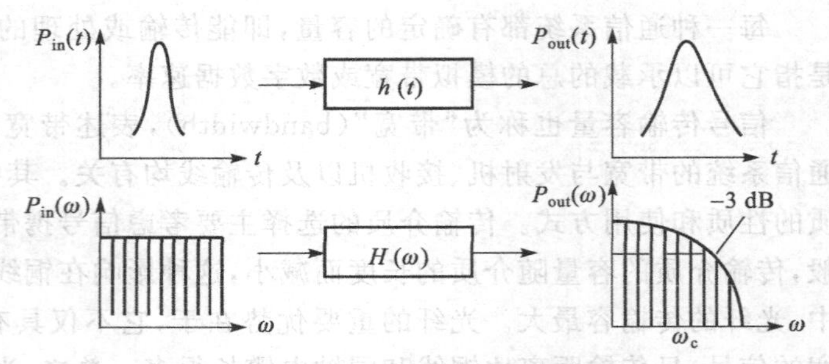

图 4.17　光纤的脉冲响应与频率响应

(1) *脉冲响应与脉冲展宽* σ

用光纤的脉冲响应 $h(t)$ 表示时域的光纤色散特性时，采用均方根脉冲宽度 σ 参数表示脉冲展宽。设输入光功率脉冲为 $P_{in}(t)$，经过光纤传输后输出的光功率脉冲为 $P_{out}(t)$，若光纤脉冲响应为 $h(t)$，且 $P_{out}(t)$ 与 $P_{in}(t)$ 之间满足线性时不变关系，即有

$$P_{out}(t) = \int_{-\infty}^{\infty} h(t-\tau) P_{in}(\tau) \mathrm{d}\tau = P_{in}(t) * h(t) \tag{4.40}$$

式中，* 号表示卷积。当 $P_{in}(t)$ 为 δ 函数时，有 $P_{out}(t) = h(t)$。因而，$h(t)$ 可视为光纤对脉冲激励的响应，亦即在某一时刻到达某点的光功率，是对时间而言的光功率谱密度。

显然，光纤脉冲响应 $h(t)$ 的宽度可以描述光纤的脉冲展宽特性。通常，光纤输出端的光脉冲 $h(t)$ 形状接近于高斯分布。为了说明脉冲展宽，依次定义几种主要脉冲宽度的表示方法（如图 4.18 所示）。

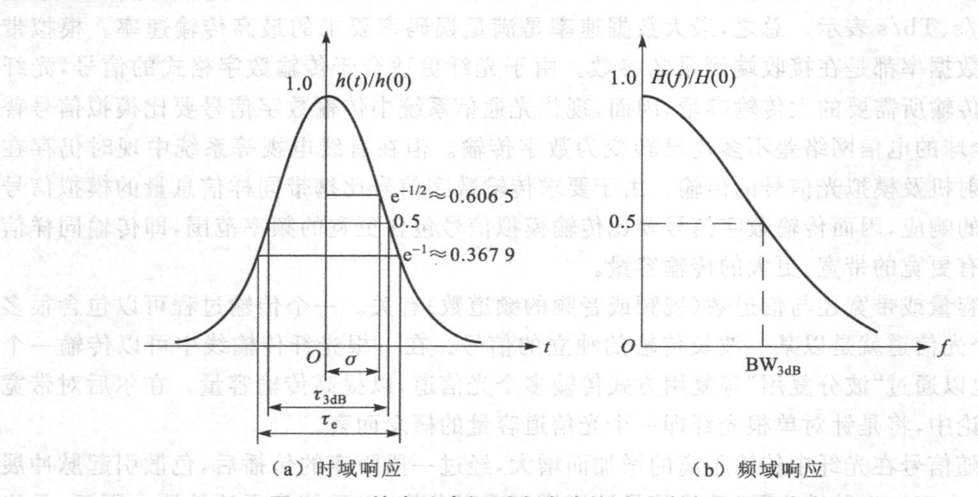

图 4.18　输出端高斯型光脉冲的时域响应及频域响应

① 均方根脉冲宽度 σ。光纤输出脉冲 $h(t)$ 的高斯分布形式为

$$h(t)=\frac{1}{\sqrt{2\pi}\sigma}\exp\left(-\frac{t^2}{2\sigma^2}\right) \tag{4.41}$$

式中，σ为$h(t)$下降至最大值的$e^{-1/2}$所需的时间，它是$h(t)$的半宽度。称σ为均方根(rms)脉冲展宽，又称为光纤的rms脉宽，其定义为

$$\sigma=\sqrt{\langle (t-t_0)^2 \rangle} \tag{4.42}$$

式中，t为光波各成分到达某点的时间；t_0为各成分到达某点时间的平均值；$t-t_0$反映了各成分到达某点时间与平均时间的偏差；$\langle (t-t_0)^2 \rangle$为各成分到达时间的均方偏离值。

上述σ定义的好处是使σ值成为一个可测量。如果分别定义输入与输出脉冲宽度为σ_{in}和σ_{out}，则不论$P_{in}(t)$、$P_{out}(t)$和$h(t)$的具体形状如何，均有下述关系式成立：

$$\sigma^2=\sigma_{out}^2-\sigma_{in}^2 \tag{4.43}$$

因此，只要测出σ_{out}和σ_{in}，即可求出脉冲展宽σ。当输入脉冲为δ函数时(一般认为，当$\sigma_{out}\geqslant 3\sigma_{in}$即可近似视输入脉冲为$\delta$函数)，应有$\sigma_{in}\approx 0$，因而有$\sigma_{out}\approx\sigma$。

② 1/e脉冲宽度τ_e。τ_e为$h(t)$下降至最大值的1/e(≈0.367 9)所需时间的两倍。

③ 半高全宽脉冲宽度τ_n(FWHM)。τ_n指从信号脉冲达到最大值的1/2到脉冲结束下降至该值所需的时间。称τ_n为半高全宽脉冲宽度(Full-Width Half Maximum,FWHM)。由于它与频域的3 dB传输带宽相对应，因而τ_n又可记为$\tau_{3\,dB}$。图4.19给出了在时域测量系统中测量脉冲定时的一些主要参数，其中包括FWHM。

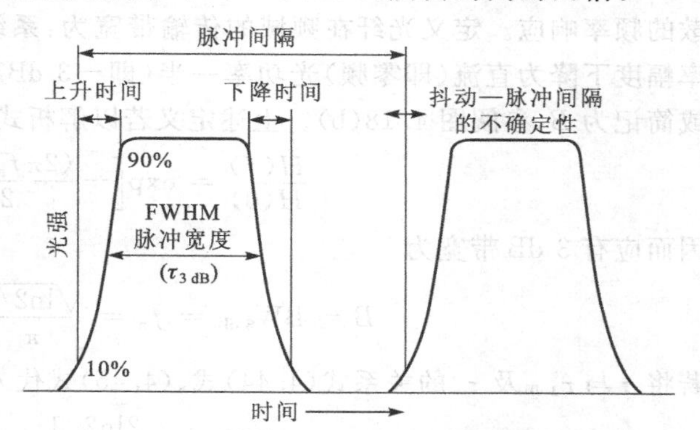

图4.19　脉冲定时测量的有关参数

根据高斯脉冲的表达式(4.41)，可以方便地计算出如下τ_n、τ_e与σ之间的关系：

$$\sigma=\frac{\tau_n}{2\sqrt{2\ln 2}}\simeq 0.424\,7\tau_n=0.424\,7\tau_{3\,dB} \tag{4.44}$$

$$\sigma=\frac{\tau_e}{2\sqrt{2}}\approx 0.353\,6\tau_e \tag{4.45}$$

(2) 频率(域)响应与传输带宽

当光纤存在色散时，在频域它对基带调制信号的作用相当于一个低通滤波器。与时域脉冲响应$h(t)$的脉宽为均方根脉冲宽度σ相对应，在频域频率响应函数$H(\omega)$[$H(f)$]的带宽为3 dB传输带宽，记为$BW_{3\,dB}$。传输带宽是在频域表示光纤容量的传输特性。

参阅图4.17，设$P_{in}(\omega)$、$P_{out}(\omega)$分别为$P_{in}(t)$、$P_{out}(t)$的傅里叶变换，则应有

$$H(\omega)=\frac{P_{out}(\omega)}{P_{in}(\omega)} \tag{4.46}$$

式中，$H(\omega)$为光纤的基带频率响应函数，它具有低通滤波器的特性。频率响应函数$H(\omega)$与脉冲响应函数$h(t)$之间由下列傅里叶变换式相联系：

$$H(\omega)=\int_{-\infty}^{\infty}h(t)\exp(-\mathrm{j}\omega t)\mathrm{d}t \tag{4.47}$$

$$h(t)=\int_{-\infty}^{\infty}H(\omega)\exp(\mathrm{j}\omega t)\mathrm{d}\omega \tag{4.48}$$

若光纤输出端光脉冲呈高斯分布如(4.41)式，则由(4.47)式可得到 $H(\omega)$的脉冲频谱为(以角频率 ω 表示)：

$$H(\omega)=\exp\left(-\frac{\omega^2\sigma^2}{2}\right) \tag{4.49}$$

亦可表示为频率 f 的关系式：

$$H(f)=\exp\left[-\frac{(2\pi f)^2\sigma^2}{2}\right] \tag{4.50}$$

式中，应有 $\omega=2\pi f$。(4.49)式与(4.50)式即为 $h(t)$的频域响应 $H(\omega)$或 $H(f)$。这样，根据由(4.46)式测量并计算得到的 $H(\omega)$函数曲线即可确定 $BW_{3\,dB}$值。

一个模拟传输系统可以传输一定频率范围的信号。通常，用基带 3 dB 带宽表示光纤色散的频率响应。定义光纤在频域的传输带宽为：系统接收端(即光纤输出端)调制信号光功率幅度下降为直流(即零频)光功率一半(即－3 dB)时的频率即为 3 dB 带宽，记为 $BW_{3\,dB}$，或简记为 B，参阅图 4.18(b)。上述定义若以解析式表示应有

$$\frac{H(f)}{H(0)}=\exp\left[-\frac{(2\pi f_n)^2\sigma^2}{2}\right]=\frac{1}{2} \tag{4.51}$$

因而应有 3 dB 带宽为

$$B=BW_{3\,dB}=f_n=\frac{\sqrt{\ln 2/2}}{\pi}\frac{1}{\sigma}\approx\frac{0.187\,4}{\sigma} \tag{4.52}$$

若将 σ 与 $\tau_{3\,dB}$及 τ_e 的关系式(4.44)式、(4.45)式代入上式，则得到

$$BW_{3\,dB}=\frac{2\ln 2}{\pi}\frac{1}{\tau_n}\approx\frac{0.441\,3}{\tau_{3\,dB}} \tag{4.53}$$

$$BW_{3\,dB}=\frac{2\sqrt{\ln 2}}{\pi}\frac{1}{\tau_e}\approx\frac{0.53}{\tau_e} \tag{4.54}$$

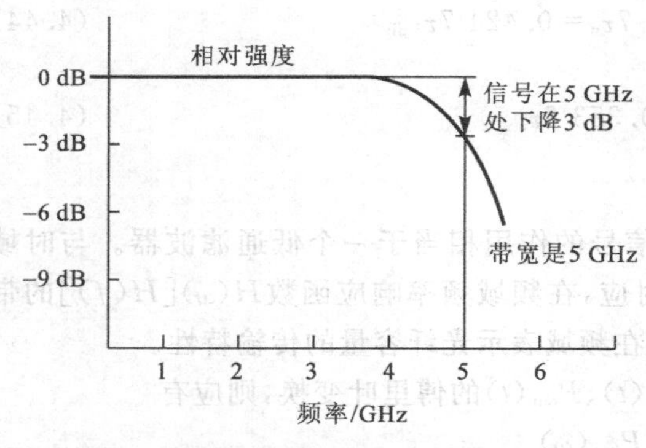

图 4.20 模拟光纤系统中的频率响应

图 4.20 给出了一个模拟光纤系统中的频率响应，该系统能传输的 3 dB 带宽即最高模拟频率约为 5 GHz。上述分析表明，模拟带宽度量反映的是一个系统能够传输的最高模拟频率。

由于总色散随在光纤中传输距离的增加而增大，经过一段距离后，色散会增大到足以限制传输速度，因而最大传输速率相应减小。为此，反映光纤的信息承载容量，应用带宽-长度乘积 $B\cdot L$ 表示，单位为 MHz · km 或 GHz · km。

一般阶跃多模光纤的 3 dB 带宽 $BW_{3\,dB}$约为 10～30 MHz · km 量级；渐变多模光纤约为 200 MHz · km～2.5 GHz · km；单模光纤可达10^3 GHz · km以上。

应该指出的是，以上所说的带宽系指光带宽；然而，实际上接收端要由光电探测器进行检测，检测的光电流正比于光功率，3 dB 光功率的下降相当于电功率输出下降 6 dB。因而，可以认为6 dB 的电带宽与 3 dB 的光带宽等效。

在数字系统中，传输速率或传输容量用数据速率或比特速率，即系统每秒钟可以传输多少比特来衡量，其单位表示为 b/s、Mb/s、Gb/s、Tb/s。其中，b/s 为二进制信号中同步脉冲频率的单位，又称为码速，即每秒钟传输的二进制"1"或"0"的信号计数。对于传输线来说，b/s 表示每秒钟经过其中一点的数据总量；对于交换单元，则表示整个交换节点每秒钟内所处理的信息比特数。

由于数字信号的质量是用误码率来衡量的，接收到的不正确比特数越多，则信号的传输质量越差。因此，常用最大数据速率即满足误码率要求的最高传输速率，来表示数字系统的传输速率或容量。

参阅图 4.19，脉冲间隔系指从一个脉冲起点到下一个脉冲起点的间隔（或指传输一个数据比特和下一个数据比特之间的间隔），因而应有传输速率即为每秒钟传输的脉冲或数据比特，也就是脉冲间隔的倒数。即有

$$传输速率 = \frac{1}{脉冲间隔} \tag{4.55}$$

因此，若脉冲间隔为 1 ns，则传输速率应为 1 Gb/s。

应该指出的是，数字信号比模拟信号的耐失真性更好。另外，对传输同样信息量，数字信号传输比模拟信号传输需要更宽的频率范围（带宽）。这是因为数字信号中理想的方波脉冲可以视为是由一系列位于多个方波频率处的模拟信号构成的，这就是比特率。

4.1.3 光纤的偏振特性

光纤是一种电磁波，描述电磁振荡传输的主要参量除频率（波长）、振幅、相位外，还有一个重要特性，即偏振态。偏振态即电场矢量的取向，在电磁学中称为极化态，在光学中多称偏振态。信号光波在光纤中传输的过程中，由于受到外界条件变化的影响，其偏振态可能沿光纤轴向发生变化，这对某些应用场合可能影响严重。例如，在相干光纤通信中，要求本振光与信号光的偏振态保持一致，否则接收灵敏度将大为下降；另一方面，偏振态因受到外界条件变化的调制而发生改变的这一特性，也可以被利用来构成光纤传感器，从而发挥独到的作用。

对多模光纤无须考虑偏振问题；但对单模光纤，偏振态在传输过程中发生改变则是其重要特性，应予以高度重视。单模光纤传输的模式为基模 HE_{11}，或按线性极化模的命名方法称为 LP_{01}模。它实际上传输的是两个相互正交的偏振模式。在纤芯圆对称性良好的理想光纤中，x、y 两种线偏振模具有相同的相位常数（即传播常数），特性相同，是互相简并的，光可以在两种模式间任意转换。这种情况下，偏振问题对光通信没有实际影响。

然而实际光纤的制作不可能绝对完善；另外，在外部环境的作用下，其轴对称性不可能绝对理想。例如，光纤芯产生椭圆变形或光纤内部具有残余应力等。这将使两正交的偏振模相位常数不等，从而引起在光纤中传输的速度也不同，这种现象叫做光纤的双折射。双折射将引起一系列复杂的效应，例如，由于双折射两模式的群速不同，它们之间的简并被破坏，因而引起偏振模色散。在高性能的传输系统中（例如信号速率高于 2.5 Gb/s 的时分复用系

统),偏振模色散会引起严重问题;另外,由于双折射,将使偏振态沿光纤轴向变化,并因外界条件的变化,而使光纤输出的偏振态不稳定。

根据双折射的特点可将其区分为线性双折射、圆双折射和椭圆双折射,以下将对线性双折射及其对偏振模色散的影响进行重点分析,进而介绍保偏光纤与单偏振光纤。

1. 单模光纤中的线性双折射及偏振模色散

(1) 单模光纤的线性双折射及其主要参数

圆柱阶跃单模光纤中传输的唯一模式是 LP_{01} 模,即基模 HE_{11}。其电磁场分布示意如图 3.17(a)所示,由图表明该模式场为线偏振。当光纤横截面上的直角坐标轴 x、y 确定后,LP_{01} 模的电场矢量既可以平行于 x 轴,也可以平行于 y 轴,亦即存在两种偏振模式。当光纤纤芯为理想圆形,且传播轴为直线、不受外力、不弯曲的情况下,即光纤纤芯为理想的轴对称结构,则 x 偏振模与 y 偏振模的传播常数相等,即有 $\beta_x = \beta_y$ 为简并;但当实际光纤结构偏离理想轴对称(如纤芯发生椭圆变形),且在横向不对称压力作用以及弯曲等条件下运行,则在光纤中将形成线双折射,并存在相互正交的两个特征偏光轴 x 轴和 y 轴。称这两个轴为双折射轴,通常将直角坐标系的 X、Y 轴取与此两轴重合,沿此两主轴方向偏振的两个 LP_{01} 的偏振模分别称为 LP^x_{01} 和 LP^y_{01} 模(参见图4.21),相应的相位常数分别为 β_x 和 β_y。由于光纤在两主轴上的等效折射率不同,因而两个正交偏振态的相速将有区别,相应的两个位相常数亦不同,即有 $\beta_x \neq \beta_y$。这是对入射光的两个正交线偏振分量呈现的一种双折射现象,称为"线性双折射",由于它是因两种偏振模式不同而形成的,因而又称为"模式双折射"。

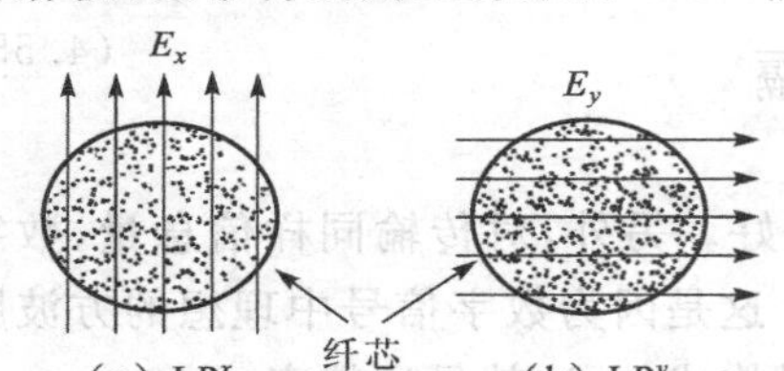

图 4.21　纤芯椭圆变形或单向受力的单模光纤两个特征偏振模

为方便分析线性双折射的特性,定义如下主要参数:

① 定义光纤两线性双折射轴方向线偏振模传播常数(相位常数)之差为"线性双折射率",表示为

$$\Delta\beta = \beta_x - \beta_y \tag{4.56}$$

② 定义线性双折射率与真空中传播常数 k_0 之比为"归一化双折射率"B_F,表示为

$$B_F = \frac{\Delta\beta}{k_0} = \frac{\beta_x - \beta_y}{k_0} = \frac{\beta_x - \beta_y}{2\pi/\lambda_0} = n_x - n_y = \Delta n_{eff} \tag{4.57}$$

式中,n_x、n_y 分别为两线偏振主轴上的等效折射率,Δn_{eff} 为等效折射率差。常规光纤的归一化双折射率值在 $10^{-6} \sim 10^{-5}$ 范围,高于此值的称高双折射率光纤,低于此值的称低双折射率光纤。

③ 拍长 L_B。前述 B_F 及沿两偏振主轴的偏振态,在传播过程中将保持不变。由于两偏振态的传播常数(相位常数)有固定差值,因而随着两偏振态在光纤中的传播,两偏振态之间的位相差与传输距离之间呈如下线性关系:

$$\varphi(L) = (\beta_x - \beta_y) \cdot L \tag{4.58}$$

如果光纤的双折射率在传播方向上是均匀的,则上述相位差引起偏振态沿光纤的变化是周期性的,变化的周期长度为 L_B(参见图 4.22)。L_B 是偏振态完成一个周期变化的长度,称之为"拍长",又称"耦合长度"。由于一个拍长对应于两正交偏振光的位相差为 2π,

即有

$$\Delta\beta \cdot L_B = 2\pi \tag{4.59}$$

因而得到

$$L_B = \frac{2\pi}{\Delta\beta} = \frac{2\pi}{|\beta_x - \beta_y|} \tag{4.60}$$

上式表明，$\Delta\beta$值越大即线性双折射越严重，则拍长越短。普通单模光纤的拍长值在数厘米量级。

若以观察者感受位相变化为一个拍长周期内两偏振光合成光强的变化情况，则可得到如图 4.23 所示的图解。为简单起见，假定两偏振光的振幅相等。光波沿 z 轴传播，在起始点是与 x 轴成 45°的线偏振光。如果观察者只能感受该方向上的偏振光，则在 $L=0$ 的该处，即$\varphi=0$，感受光最强；经历一段长度后，由于 $\beta_x-\beta_y\neq 0$，则将累积相位差。当 $\varphi=\frac{\pi}{2}$时，光波变成圆偏振，观察者只能得到很弱的光感；再经相同路程，到 $\varphi=\pi$，两偏振态反相，虽合成也是线偏振，但由于方向旋转 90°[与状态(1)线偏振方向正交]，因而观察到的光强为零；随后当 $\varphi=\frac{3\pi}{2}$，合成偏振又是圆偏振，但旋转方向与 $\pi/2$ 时相反，光感也很弱；最后，当 $\varphi=2\pi$ 时，重新得到原 45°方向上的线偏振，再一次观察到最大光强。尔后会周期性地重复上述过程，形成一种“拍”的物理过程。拍长 L_B 是描述单模光纤中不同偏振态的模式双折射的最重要的参量。

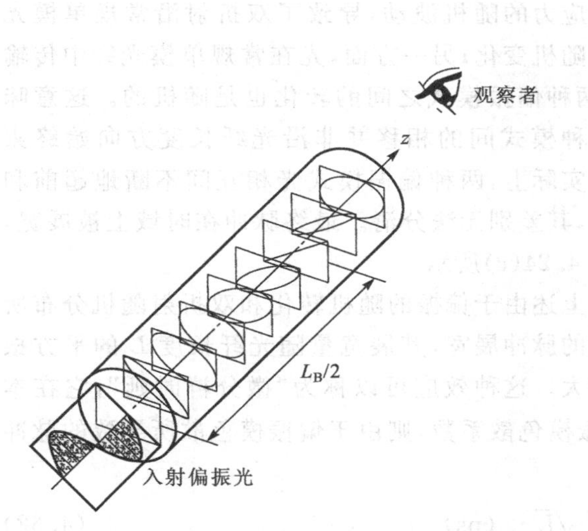

图 4.22　从特征偏光主轴倾斜入射到光纤时，线偏振光偏振态的变化

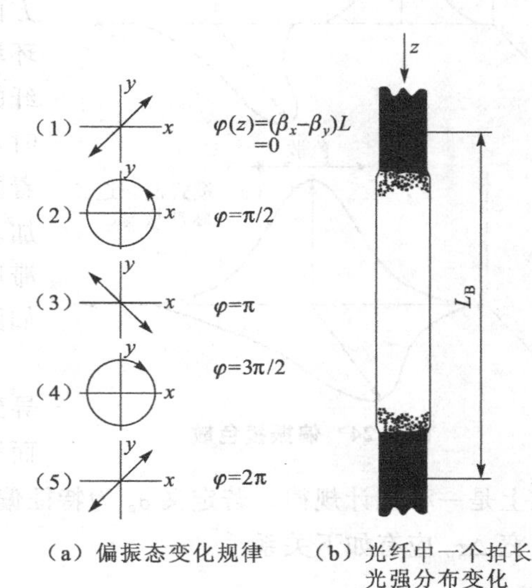

图 4.23　单模光纤中拍长的图解

应该指出的是，上述分析是理想状态下的规律。实际光纤中，沿传播方向的弯曲与外力强度及方向均是变化的，因而线性双折射的主轴方向、双折射率与传播方向均不相同；另外，由于温度等因素的影响，双折射也随时间变化。这样，经长距离传输后，从单模光纤输出光的偏振态将随时间缓慢变化，偏振主轴方向也将不断变化。

(2) 单模光纤的偏振模色散

理想单模光纤的两种相互正交的偏振模式在光纤中的行为相同，它们是简并的。然而实际光纤结构的不对称以及内部应力与外部压力、温度等环境变化作用，将导致单模光纤的双折射效应。相互正交的两种偏振模 LP_{01}^{x}、LP_{01}^{y}，由于其传播常数 β_x、β_y 不同，相应的群速不同，从而引进偏振模色散(Polarized Mode Dispersion，PMD)。

若以 $\Delta\tau_{po}$ 表示单位长度光纤偏振模色散所导致的时延差，则可导出如下偏振模色散的近似表达式：

$$\Delta\tau_{po} = \frac{\Delta\beta}{\omega} = \frac{\beta_x - \beta_y}{\omega} = \frac{n_x - n_y}{c} \tag{4.61}$$

上式表明，偏振模色散与光纤的线性双折射率 $\Delta\beta$ 成正比。

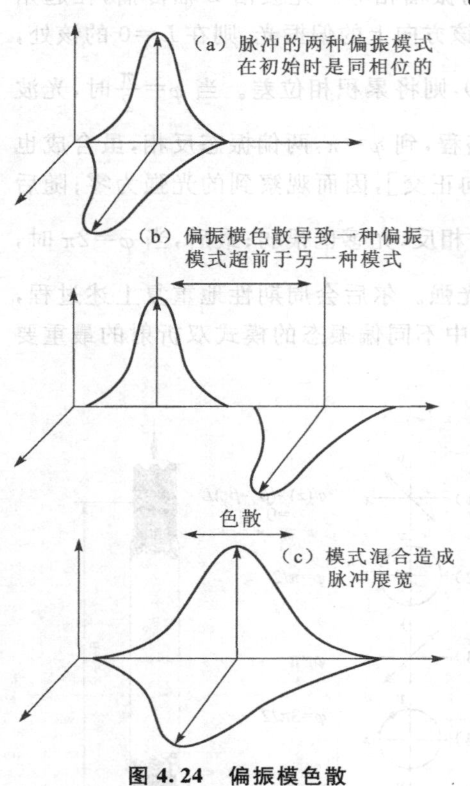

图 4.24　偏振模色散

光纤中的双折射效应一般很小，例如，由制造应力引起的双折射约在 10^{-7} 量级。但由于光纤中传输的距离很长，因而累加的双折射率效应则非常大。若沿整个光纤的双折射是均匀的，则可概略分析计算出，每经过 10 m 长度，一种偏振模式就会超前另一种偏振模式约一个波长，如图 4.24(b)所示。然而实际偏振模色散效应并非如此简单。这是由于，一方面常规单模光纤在整个光纤长度上其制造应力与环境应力的随机波动，导致了双折射沿常规单模光纤的随机变化；另一方面，光在常规单模光纤中传输时，两种偏振模式之间的转化也是随机的。这意味着两种模式间的相移并非沿光纤长度方向始终累加。实际上，两种偏振模式光相互间不断地超前和滞后，其差别无法分清。最终脉冲在时域上被展宽，如图 4.24(c)所示。

上述由于偏振的随机转化和双折射随机分布所导致的脉冲展宽，其展宽量随光纤长度 L 的平方根而增大。这种效应可以称为"微分群时延"，它在本质上是一种统计规律。若定义 σ_p 为特征偏振模色散系数，则由于偏振模色散所导致的脉冲展宽 $\Delta\tau_p$ 应有如下关系：

$$\Delta\tau_p = \sigma_p \sqrt{L} \quad \text{(ps)} \tag{4.62}$$

上式表明，偏振模色散造成的脉冲展宽随传输距离的平方根而增加。

一般，每种光纤在制造后均有一个特征偏振模色散系数 σ_p (ps/km$^{-1/2}$)，对于原有常规单模光纤，每平方根千米(km$^{-1/2}$)的 PMD 值一般为 0.5～1 ps；目前正在生产的光纤的特征 PMD 值一般为 0.05～0.2 ps/km$^{-\frac{1}{2}}$。另外，还要指出，光纤成缆后，其特征偏振模色散系数 σ_p 可能会改变，例如增加到 0.5 ps/km$^{-\frac{1}{2}}$，而且这一数值还可能随时间而改变。

此前，偏振模色散的潜在影响并未得到足够重视，早期生产的光纤并未给出 PMD 值。

然而由于光纤长度的累积效应，偏振模色散的影响必须引起重视。因为，在系统中光纤的偏振模色散是系统偏振模色散的主要来源。另外，成缆对偏振模色散带来的影响也很重要。虽然偏振模色散在量值上比光谱色散要小，但当传输速率超过 2.5 Gb/s 时，偏振模色散就变得比较重要；而对速率超过 10 Gb/s 的长距离传输系统，偏振模色散更必须严格控制。

2. 保偏光纤

普通的光探测器对光的偏振态是不敏感的；大量应用的强度调制——直接检测类型的光纤通信系统，也并不关注光纤中的偏振态情况。即对一般光通信系统，光纤中偏振态的不稳定对于仅需测量光纤的出射光功率是没有影响的。但在另外一些应用场合，例如相干光纤通信系统，要求本振光和信号光的偏振态严格保持一致，否则接收灵敏度将大为下降；另外，当用外差式检波或用光纤组成干涉仪时，如果参照光的偏振态与信号光（光纤的出射光）不一致，就不能产生干涉，从而会使测量出现问题；在集成光学技术中，为提高光纤与光波导的耦合效率，要求光纤与光波导基模的偏振态保持一致。为此，几十年来，通过控制光传输时偏振态的规律，开发了多种可使入射到光纤的线偏振光保持不变的稳偏振面光纤，或称保偏光纤。保偏光纤是具有保持偏振态能力的光纤，具体又分两类：高双折射光纤和单偏振单模光纤。两类光纤都消除了圆对称性的影响，纤芯是非对称的，相互正交的垂直与水平偏振光在光纤中的传输也是不同的。

（1）高双折射光纤（记为 HB）

高双折射光纤是当制造光纤时，有意引进高双折射率，使两正交线偏振基模的相位常数 β_x 和 β_y 有很大的差别。这种情况下，由于相位常数的不匹配，两正交线偏振模之间的耦合很弱，且由于两种偏振的折射率不同，因而可阻止两种偏振模之间光的转换，从而使光纤具有很强的保偏能力。HB 光纤的 B_F 值一般应高于 10^{-4}。

图 4.25 给出几种典型的高双折射光纤的折射指数剖面结构分布图。它们都是依靠在光纤横截面上形成不对称的各向异性的应力产生双折射的。其中，图 4.25(a)为椭圆包层光纤，芯中掺锗，包层掺硼。由于掺杂不同，使芯和包层有不同的热膨胀系数。当拉制光纤时，光纤材料从熔融温度迅速降到室温，芯与包层由于收缩不同，而产生内应力。又由于椭圆包层结构几何形状不对称，由此产生的内应力是各向异性的，因而通过光弹效应引起双折射；图4.25(b)是熊猫光纤的折射率剖面分布。在芯两侧插入高掺杂的应力棒，以产生内应力。由于线胀系数不同，应力不对称（在纤芯的某一方向留下残留应力），而产生不受外力影响的高双折射；图 4.25(c)为蝶结形（或称领结形）光纤的折射率剖面分布。施加压力部分形如蝶结。这种光纤是将施加压力的部分进行了优化，因而可得到很高的双折射。

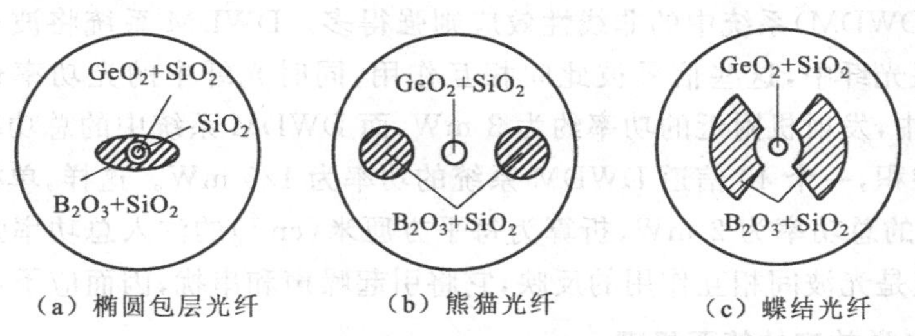

（a）椭圆包层光纤　（b）熊猫光纤　（c）蝶结光纤

图 4.25　几种典型高双折射光纤的折射指数分布

当输入光是线偏振光且正确对准光纤的偏振方向时，则在保偏光纤中传输的光是单一偏振的，在其他情况下则仍为双偏振的。

(2) 单偏振单模光纤

在单偏振单模光纤中，只有一个线偏振模传输，而另一个线偏振模截止。这是由于单偏振光纤对不同的线偏振模其衰减不同，它能很好地传输其中一个偏振方向的光，而在与其正交方向上的光则急剧衰减。创造适当的条件，可使光纤对需要的偏振，其传输性能与标准单模光纤几乎一样；而对不需要的偏振，其衰减系数在几米内就可达到 1 000～10 000。因而最终只有需要的偏振光能传输到光纤的另一端。

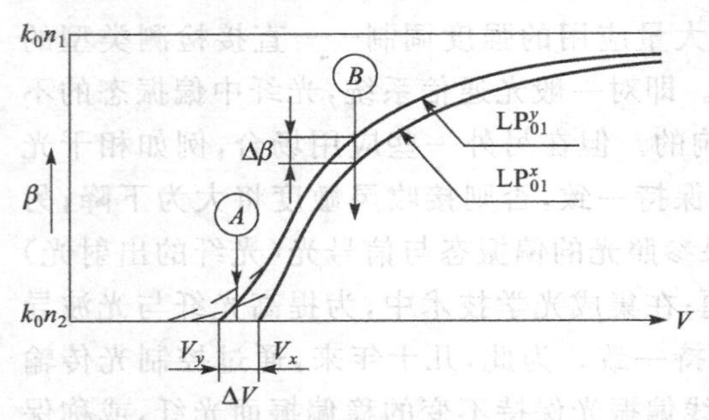

图 4.26 单偏振单模光纤的 β～V 曲线

单偏振单模光纤中只传输一种偏振模的物理意义，可由图 4.26 所示的 β～V 曲线得到解释。在常规的阶跃单模光纤中，基模 LP_{01} 模是无截止现象的；但在纤芯非对称结构的偏振光纤中，基模也可有截止波长，且 LP^x_{01} 线偏振模与 LP^y_{01} 线偏振模分别有不同的截止波长。图 4.26 中给出的两个正交线偏振模的 β～V 曲线中，其 LP^x_{01} 模与 LP^y_{01} 模的归一化截止频率分别为 V_x 与 V_y，两者之差为 $\Delta V=V_x-V_y$。若 V 值恰落在 β～V 曲线中的Ⓐ区，则只有一个线偏振模 LP^y_{01} 传输，而 LP^x_{01} 线偏振模截止，从而成为真正的单偏振单模光纤。

除了上述高双折射率光纤外，尚有一类低双折射保偏光纤，记为 LB。LB 光纤的 B_F 值一般低于 10^{-9}。当需要利用光波偏振态的变化来测定物理量时，这类光纤传感器则要求采用低双折射保偏光纤，以保证测试灵敏度。

4.1.4 光纤的非线性效应

由于光纤是无源介质(或称线性介质)，因而当光纤中的光场较弱时，光纤的各项特征参量随光场作线性变化；但是在高强度的电磁场中，光纤也像所有的电介质一样将表现出非线性特性。光纤中的非线性光学效应不仅与光纤中注入的光强度有关(即在低光功率条件下非常弱，但当光达到高光功率时，非线性效应则变得很明显)，而且与光通过光纤的作用长度有关。单位长度光纤中的非线性效应尽管较微弱，但当光通过数十千米长(甚至更长)的光纤时，非线性效应就会累加到较高值。另外，传输单个信道的光纤中，非线性效应相当小，但密集波分复用(DWDM)系统中的非线性效应则强得多。DWDM 系统将波长间隔很近的信号注入到同一根光纤中，这些信号彼此间相互作用，同时光纤中的光功率也成倍增长。例如，单信道系统中，发射机附近的功率约为 3 mW，而 DWDM 系统中的总功率应是单信道功率与信道数的乘积，一个 40 信道 DWDM 系统的功率为 120 mW。这样，单模光纤中每平方微米(μm^2)承受的总功率为 2 mW，折算为每平方厘米(cm^2)的注入总功率强度则为 2×10^5 W。非线性效应是光波间相互作用的反映，它将引起噪声和串扰，因而应予重视。

1. 非线性光学效应的简要机理

非线性光学效应是光场与物质相互作用时发生的一些现象。光纤作为一种电介质，在外电场(包括入射光波电场)作用下,光纤介质中的原子或分子将发生位移或振动,出现电偶极子,产生感应电偶极矩,并辐射电磁波,形成极化的附加电场。这种由于极化形成的附加电场与入射光波电场叠加形成介质中的总电场。总电场的强度**E**与极化强度矢量**P**之间存在如下的复杂函数关系:

$$\boldsymbol{P}=\varepsilon_0\chi^{(1)}\boldsymbol{E}+\varepsilon_0\chi^{(2)}\boldsymbol{EE}+\varepsilon_0\chi^{(3)}\boldsymbol{EEE}+\cdots \tag{4.63}$$

式中,ε_0 为真空中的介电常数;$\chi^{(1)}$、$\chi^{(2)}$、$\chi^{(3)}$ 分别为一阶(即线性)、二阶和三阶电极化率,它们均为张量。其中,$\chi^{(2)}$、$\chi^{(3)}$ 为非线性电极化率。通常,$\chi^{(1)}\gg\chi^{(2)}\gg\chi^{(3)}$。

由上式可见,在光波电场**E**较弱的情况下,式中第二、三项的影响就弱,从而可将其忽略。因而极化强度**P**与**E**之间呈线性关系,表现出线性光学性质,即可表示为

$$\boldsymbol{P}^{\mathrm{l}}=\varepsilon_0\chi^{(1)}\cdot\boldsymbol{E} \tag{4.64}$$

则该介质可视为线性系统。在线性光学范围内,光的叠加性原理及光传输的互不相干性成立。光波在介质中传播时,各个光频分量各自独立地产生自己的极化,形成自己的折射光波,总的极化强度矢量是各光频分量的线性叠加。各光频分量不存在相互作用,它们的频率在传输时一般也不会改变。表征介质特性的一些参数,如介电系数、吸收系数等均与外加光场的强度无关。

而当光波外加电场很强时,例如,用较强激光照射在光纤介质上,由于单模光纤纤芯面积很小,而激光束在时间、空间、频率上高度集中,因而光场很强。此时,(4.63)式中的第二、三项及其以后各项的作用不能忽略。定义(4.63)式第二项以后各项之和为非线性极化强度矢量,记为

$$\boldsymbol{P}^{\mathrm{NL}}=\varepsilon_0\chi^{(2)}\boldsymbol{EE}+\varepsilon_0\chi^{(3)}\boldsymbol{EEE}+\cdots \tag{4.65}$$

由于非线性极化强度矢量的存在,(4.63)式中**P**与**E**之间呈非线性关系。然而研究表明,(4.63)式中的 $\chi^{(2)}$ 项只有在非反演对称分子结构的介质中才不为零。而光纤的主要成分是 SiO_2,SiO_2 的分子是对称结构,因此光纤通常不显示二阶的非线性效应。仅当需考虑纤芯中的掺杂物时,才需要考虑二阶非线性光学效应;式中 $\chi^{(3)}$ 项所导致的非线性效应对光纤很重要,三阶非线性效应主要包括两类效应:一类是由于光纤折射率随输入功率变化而引起的非线性折射率调制效应,其中包括自相位调制(SPM)、交叉相位调制(XPM)和四波混频(FWM);另一类是在强光作用下产生受激散射,包括受激布里渊散射(SBS)和受激喇曼散射(SRS)。当光纤中传输的功率较小时,所产生的自发喇曼散射和布里渊散射对光纤通信不产生明显的影响;而当传输高功率的强光束时,诱发出的受激喇曼散射与受激布里渊散射,则将对光纤通信产生重要影响。利用上述非线性效应可以实现光波的倍频、和频、差频等频率变换,以及光波的参量振荡、光放大、和使光脉冲变窄等。这些均对光纤通信具有重要影响。

2. 光纤中几种有代表性的非线性光学效应

(1) *受激布里渊散射*(SBS)

当一个窄线宽、高功率的光信号沿光纤传输时,将产生一个与输入光信号同向的声波,声波的波长为光波波长的一半,且以声速传播。由于声波改变了光纤介质的材料密度,从而改变了材料的折射率。折射率的波动能散射光,即称为布里渊散射;又因为散射的光波自身能产生声波,因而称这一过程为受激布里渊散射。理解非线性布里渊散射效应的一个简单

方法是，将声波视为一个将入射光反射回去的移动布拉格光栅，由于光栅向前移动，因而反射光经多普勒频移到一个较低的频率值。

光纤中的受激布里渊散射使散射光波相对于初始入射光波有一个小的频率偏移（一般仅有数十兆赫）。对于工作于 1 550 nm 信号的二氧化硅光纤，其频偏为 11 GHz，约为 0.09 nm。由于频偏很小，不会造成信道间的串扰。但是由于该散射光后向传输，即使传输光信号的部分功率返回到发射机，因而增加了损耗，限制了到达光检测器的最大信号光功率。在各种非线性光学效应中，受激布里渊散射的门限最低，其准确值取决于激光器信号源的线宽和光纤的具体特性。典型的受激布里渊散射门限为几毫瓦数量级（对常规单模光纤阈值功率约为 4 mW），且与信道数无关。由于受激布里渊散射的门限随信号源线宽的增加而增加，一个简单的提高门限的方法是采用低频、正弦小信号对激光器进行调制。受激布里渊散射主要对窄谱线光源系统会产生严重影响，后向散射光反馈回窄谱线激光器，将影响激光器的正常工作。为阻止布里渊散射，必须使用光隔离器，通常将隔离器置于发射机和光放大器之间。

(2) 受激喇曼散射(SRS)

当一个强光信号在光纤中与光纤的材料分子相互作用，引发分子共振时，将产生受激喇曼散射。喇曼散射会产生前后两个方向的散射光，采用光隔离器可以滤除后向散射的光，因而主要表现为前向散射光。由于分子振动调制信号光后，将产生新的光频，并将放大新产生的光。在室温下，大部分新产生的光频率都处于光载波的低频区。对于光纤 SiO_2 材料，新峰值的频率比光载波频率低 13 THz。若从波长考虑，当信号波长为 1 550 nm 时，新的波长将在1 650 nm处产生（在 1 550 nm 窗口处的频移约为 100 nm）。这表明，受激喇曼散射能在信道间造成一定程度的串扰，而且可将信号光能量转移到工作波段以外的其他波长上，从而消耗信号光能量。因而它将限制光纤中传输的最大光功率。

受激喇曼散射将引起波分复用系统中的串扰，因而它对波分复用系统的影响，远远超过单信道光纤系统。这是由于当光纤中有两个或两个以上不同频率的光同时传输时，短波长信道可以认为是长波长信道的泵浦光，从而诱发强的受激喇曼散射，使较高频率（较短波长）信道上的光功率转换到较低频率（较长波长）的信道上去，从而造成复用信道之间的串扰。在波分复用系统中，每信道几个毫瓦的光功率，即可引起明显的喇曼串扰。

受激喇曼散射的门限值取决于光纤的特性、信道间隔、每个信道的平均光功率及再生段的距离。单信道系统的受激喇曼散射的门限值约为 1 W，明显高于受激布里渊散射的门限值。

(3) 自相位调制(SPM)

根据克尔效应原理，光纤中的折射率会随通过它的信号光的瞬时强度的变化而发生微小的变化，进而影响光在其中传播速度的变化。折射率的变化 δn 与光强 I 的关系为

$$\delta n = \sigma I \tag{4.66}$$

式中，σ 是非线性克尔系数。

当有一信号光波在光纤中传播时，其相位 φ 随传输距离 z 而变化，关系式为

$$\varphi = (nz + \varphi_0) + \frac{2\pi}{\lambda}\sigma I(t) z \tag{4.67}$$

式中，首项为线性相移，第二项为非线性相移。若输入的光信号为强度调制型，则非线性相

移将引起相位调制。这种通过对信号的强度调制来调制信号相位的效应称为自相位调制(SPM)。

自相位调制能够产生新的频率;同时展宽了光脉冲的频谱。在波分复用系统中如果SPM效应较严重,则展宽的光谱会覆盖到相邻的信道。自相位调制造成的谱展宽产生类色散效应,这将限制一些长途通信系统的数据率。对于高峰值功率的超短脉冲(小于1 ps),自相位调制相当强,能产生较宽的连续谱。自相位调制还可以与色散效应相结合产生孤子,从而使光脉冲变得稳定。这样,尽管在信号传输过程中光脉冲的强度在衰减,但形状不变,因而孤子传输成为克服自相位调制影响的一种有效方式。

(4) 交叉相位调制(XPM)

交叉相位调制是与自相位调制产生方式相同的另一种非线性效应,并且与后者同样容易产生。与自相位调制是光脉冲对其自身相位的影响不同,交叉相位调制则是表征某一信道光信号强度变化对其他信道折射率改变的影响,进而调制了其他信道中光信号的相位。这种效应仅在多信道(波分复用)系统中才产生,并且交叉相位调制的强度随信道数的增加而增强;另外,信道间隔越小,交叉相位调制的效应也越强。交叉相位调制对系统的传输速率有限制作用。

(5) 四波混频(FWM)

在正常情况下,多个光信道通过同一根光纤时,相互间的作用非常弱,因而可以利用波分复用原理来传输信号。然而,当信号在光纤中传输的距离很长时,光纤中的这种弱相互作用变得非常明显,其中最重要的一种作用就是四波混频,或称四光子混频。四波混频是谐波混频或谐波产生过程中的一种,它是基于光纤介质的三阶非线性极化效应,起源于折射率的光致调制的一种参量过程,需要满足相位匹配条件。其基本思想是,将两个或更多个光相混合,以和频(或差频)的形式产生不同频率的其他光波。当有三个不同波长的光波同时注入光纤时,由于三者的相互作用,将产生一个新波长(或频率)的第四光波,第四光波的频率是由入射波长组合产生的新频率,这种现象称为四波混频效应。它是一种最强的非线性效应,可将原来各波长信号光功率转移到新产生的波长上,从而在光信道间产生串扰与噪声,严重影响系统的传输质量。在波分复用系统中,混合产生的新波长有可能会与其他信道信号的波长完全相同,这将严重破坏信号的眼图并可能产生误码。

四波混频效应与波长失配、波长间隔、注入光波强度、光纤色散、光纤折射率及光纤长度等因素有关。色散在四波混频效应中具有重要作用,通过破坏相互作用的信号间的相位匹配,色散能减少四波混频效应产生的新波长数目。

4.2 光纤的物理化学特性

光纤的物理化学特性主要包括:光纤的机械性能、热性能、耐电压性能、耐酸性能等,这些特性随光纤的具体结构和材料而有很大差异。本节将以石英光纤为对象,介绍其主要的物理化学特性。

4.2.1 光纤的机械性能

为保证光纤在制造、敷设和使用过程中不受损坏,光纤应具有足够的强度,特别是抗拉强度。理论分析表明，抗拉强度 F 与光纤直径 d 之间的关系可以如下经验公式表示：

$$F=\frac{15\ 720\cdot(112+d)}{1\ 525+d} \tag{4.68}$$

式中，d 以 μm 计，F 的单位为 kg/cm²。按上式计算，若直径为 50 μm 的石英光纤则其抗拉强度约为 1 620 kg/cm²。在实际光纤安装过程中，由于要将光纤穿过线槽或管道，其拉伸应力可达到 175 MPa(或 1 784 kg/cm²)。从理论上讲，具有良好机械特性的光纤，在沿其长度方向应能承受 200 万磅/英寸² 的拉力。但实际上，由于光纤拉制过程中不可避免的表面微小缺陷，这一值将降至 50 万磅/英寸²，甚至更小。

分布于光纤表面的随机缺陷会造成严重后果，且光纤越长，缺陷越易形成，当一定应力施加于光纤时，光纤就容易断裂。通常制造商在 10 万磅/英寸² 负载下进行光纤的耐拉力测试，以确保其最小机械强度。

实际使用中都是将光纤制成光缆以增加抗拉强度。光缆中的骨架、钢丝加强芯及橡胶与尼龙外护套等结构，都是为确保光缆的机械强度，以避免光纤承受过大的拉力。光纤表面的机械损伤在光纤受拉伸的情况下起着应力增强的作用，使应变能以裂痕延伸的形式释放出来，形成损坏应力 σ_x：

$$\sigma_x=\sqrt{2E\gamma/\pi x} \tag{4.69}$$

式中，E 为材料的杨式模量，γ 为表面能量，x 为裂痕半径。

光纤的机械性能还表现在其可挠性上，即光纤在受到压力或张力时是否出现永久变形。石英光纤一般遵守虎克定律。石英光纤当受到外力作用而发生弯曲时，光纤内侧壁受到压缩，而外侧壁受到拉伸。当外力消失后，由于弹性作用，光纤会自动恢复原形状。不过当弯曲度小到容许的曲率半径时，就会被折断。石英光纤容许的防折断弯曲半径 R 可由下式估算：

$$R=50d+40d^2 \tag{4.70}$$

式中，R 与 d 的单位均以 mm 计，d 为光纤直径。上式适合于直径为 0.05～0.1 mm 的石英光纤，其折断弯曲半径在 2.6～5.4 mm。因此，在一般弯曲情况下，光纤不会折断。但若弯曲时间过长，光纤可能产生永久变形，引起弯曲损耗。

光纤的机械强度有两种老化方式：其动态疲劳来自于敷设或暂时环境影响施加于光纤的短时应力，如地下光缆在拉向输送管的过程中会受到拉伸应力，而架空光缆在冬季容易受风力与积雪的影响；静态疲劳是光纤缺陷产生的结果，它是在正常情况下维护光纤时发生的。潮湿等环境因素或将缆结构套到光纤上的过程均可能形成缺陷，光纤吸潮受侵蚀后，会降低机械性能，增加传输损耗。为此，光纤外的塑料涂覆层非常重要，它在使光纤免受潮气和机械损伤方面的作用十分有效。

4.2.2　光纤的热性能

石英光纤的纤芯与包层材料具有良好的耐热性，可耐受 400 ℃～500 ℃的高温。因而，光纤的可使用温度主要取决于为保护光纤而外加的涂覆层与套塑层。常用的聚氯乙烯涂覆层的耐热性不高于 80 ℃；塑料光纤则耐热性很差，在 50 ℃以上的温度，塑料光纤则可能变色发黄而失效。

在低温环境中，光纤的可挠性主要取决于包层的耐低温性。光纤的低温使用特性可低至－40 ℃。在过低的温度下，会由于结冰而导致光纤损坏。

当采用耐高温材料制作光纤的涂覆层和保护套层时，石英光纤的高温工作区可达 460 ℃，这种光纤在高温温度传感器中可有重要应用。

4.2.3 光纤的耐电压性能

石英光纤是一种性能优良的绝缘介质，其电阻率高达 1×10^{18} Ω/cm，因此能承受几十千伏至几十万伏的高压，特别适合于在高强电磁场区的应用。

此外，光纤的抗酸碱能力是较差的。

总之，光纤的使用寿命在很大程度上受到环境条件（如高低温、湿度、酸碱度等）的影响；另外，光纤的受力状态影响重要。研究表明，当使用应力为 125 MPa 时，预期的使用寿命可达 10 年以上。采用密封涂覆等措施有利于光纤使用寿命的大大提高。

习题与概念思考题 4

1. 光纤传输损耗的概念及以对数分贝标度形式定义的单位长度光纤光功率衰减系数 A 的表达式是什么？光纤损耗与波长的关系曲线如何？若输出光功率是输入光功率的 35%，计算其损耗的分贝数。
2. 若知波长为 1.55 μm 光纤的损耗为 0.15 dB/km，当有 3 mW 的 1.55 μm 激光入射到 50 km 长的光纤时，问光纤输出端的光功率是多少？
3. 试分析说明多模光纤与单模光纤各自的色散影响因素；何为光谱（色度）色散？以数码脉冲形式分析单模光纤中色散对脉冲展宽及信道传输容量的影响。
4. 色散补偿的基本方法是什么？
5. 时域表示脉冲展宽的几种主要定义及表达式为何？其物理意义？画图说明相应的频域表达式为何？为什么要用带宽长度的乘积($B\cdot L$)反映光纤信息容量？
6. 表示光纤线性双折射的主要参数是哪几个？其物理意义是什么？单模光纤线性双折射偏振态周期变化形成“拍”的图解分析。何为偏振模色散？保偏光纤的重要意义是什么？
7. 在外场作用下，光纤传输可能产生哪些非线性效应？

第5章　光纤的材料与制造、光纤的分类、光缆

5.1　光纤的材料与制造

材料是光纤的核心问题，对光纤制造材料的三个基本要求是：① 高透明性，这是为实现长距离光通信而对光纤材料提出的最重要的质量要求；② 能将这种材料拉制成沿长度方向均匀分布、具有明晰的纤芯——包层界面结构的细长纤维；③ 能适应所需要的工作环境，如高低温、电磁、潮湿等环境。总之，光纤是由高度透明介质材料拉伸为细丝而制成的。

实际应用中的光纤材料，依据其所含化学元素区分，主要有三大类型：应用于传像与传光的“多组分玻璃”(multi-component glass)光纤；大量应用于光通信的石英光纤，又称为“高硅玻璃”(high-silica content glass)光纤；以及“塑料光纤”(plastic optical fiber)。光纤的制造工艺方法也因材料类型与应用要求的不同而不同，以下分别简要介绍。

5.1.1　玻璃光纤（多组分玻璃光纤）

玻璃是一种非晶固体，普通玻璃是石英和其他氧化物所组成的非晶化合物，它是制造光纤最常用的一类材料。

普通窗玻璃看似透明，实际上由于杂质大量存在，光在其中衰减严重，透过率很低；18世纪以后，由于光学仪器工业发展的需求，材料更纯、损耗降低而透明度更高、缺陷更少的各类光学玻璃大量出现。通过掺杂不同的化合物，可以获得具有不同折射率的各种规格光学玻璃。标准光学玻璃在可见波长区的折射率分布在1.44～1.80的范围内。其中，纯二氧化硅的折射率最低。利用光学玻璃制造的玻璃光纤，其纤芯材料为具有高折射率的多组分光学玻璃，而包层材料为具有低折射率的光学玻璃。常用的多组分玻璃配方成分有钠-硼硅酸盐玻璃(Na-B-Si)、钾-硼硅酸盐玻璃(K-B-Si)、钠-锌-铝-硼硅酸盐玻璃(Na-Zn-Al-B-Si)等。由光学玻璃制成的玻璃光纤虽然比普通窗玻璃的透明度大为提高，但仍具有较高的衰减值，一般约为1 dB/m(或1 000 dB/km)。其原因在于，生产光纤的原料(SiO_2)中不可避免地含有铁、铜、钴、镍、镁、铬等过渡族微量金属元素杂质，它们对0.6～1.6 μm的可见光及近红外光具有较强的吸收，因而，不适合于制作通信光纤。但是，对于制造传输照明光能或图像的各类传光束、传像束、光纤面板等光纤器件，这样的衰减与透过率值可以满足使用要求。表5.1给出了现行生产的多组分玻璃光纤的一些主要性能参数与技术指标。

表5.1　多组分玻璃光纤的主要性能参数与技术指标

性能参数	单丝直径(μm)	数值孔径	孔 径 角	透过率(每米)	光纤强度	一般耐温(℃)	光谱范围(nm)
技术指标	15～55	0.56,0.60, 0.64,0.83	70°,75° 80°,120°	≥56%	>150kg/mm²	−40～150	380～1 300

制造玻璃光纤采用直接拉丝工艺，即直接采用纤芯和包层材料拉制光纤。具体有两种

方法：棒管法与双坩埚法。

1. 棒管法

"棒管法"(rod-in-tube method)是最简单的光纤拉制工艺，方法是将具有较高折射率的芯玻璃棒插入较低折射率的玻璃管中，然后通过电炉将其加热，使玻璃管熔化到棒上，形成一个更粗的固体棒，称为"预制棒"。随后将预制棒由送料机构以一定的均匀速度向管状电炉中输送，即将棒的一端高温加热，则从预制棒熔融的另一端就能拉出细丝状的玻璃光纤。其过程如图 5.1 所示。其中，拉丝速度 v_2 可按如下经验公式计算：

$$v_2 = \frac{v_1(\phi_1^2 - \phi_2^2 + \phi^2)}{d^2}$$

式中，ϕ_1、ϕ_2 分别为玻璃管的外径与内径，ϕ 为预制棒直径，d 为要求拉成光纤的直径，v_1 为预制棒的送料速度。

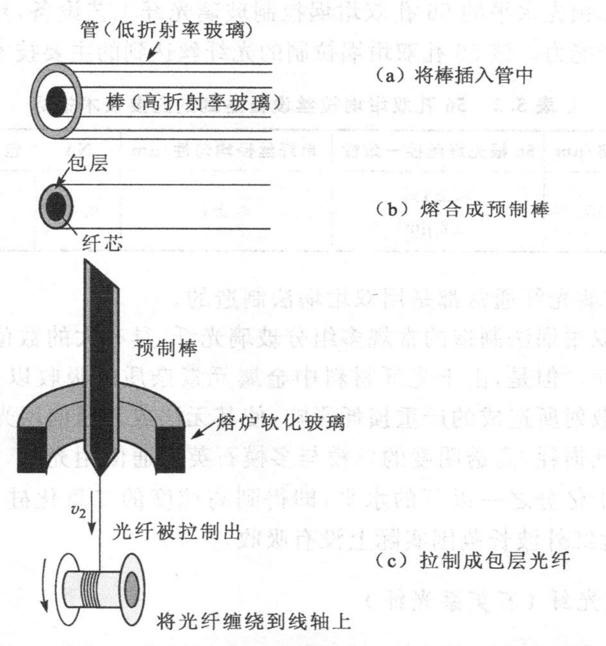

图 5.1　棒管法制造多组分玻璃阶跃折射率多模光纤的原理示意图

为了减少由于光纤芯与包层界面的反射不完全而造成的传输损失，要求芯—包层界面对于传输的光波段必须非常干净、光滑。为此，要求插入到管中的棒表面必须经过火焰抛光，而非机械抛光。因为后者易在芯—包层界面产生散射光的损失；另外，拉丝温度必须得到严格控制。对于制造传像束与传光束的光纤，为减少成束后照射到包层界面上的光能损失，以提高成束后的积分透过率，光纤的包层通常很薄(例如，一般包层厚度约为芯径的 1/10 量级)。

棒管法的优点是，控制温度较低，操作工艺简单方便。其缺点是，拉丝效率低，不能连续生产，损耗较大，可以高达 400 dB/km。

2. 双坩埚法

另一种制造玻璃光纤的方法是"双坩埚法[Double-Crucible (DC) method]"。这种方法出现于 20 世纪 60 年代，它是利用一对底部开有小孔、内坩埚与外嵌套坩埚严格同轴的铂制

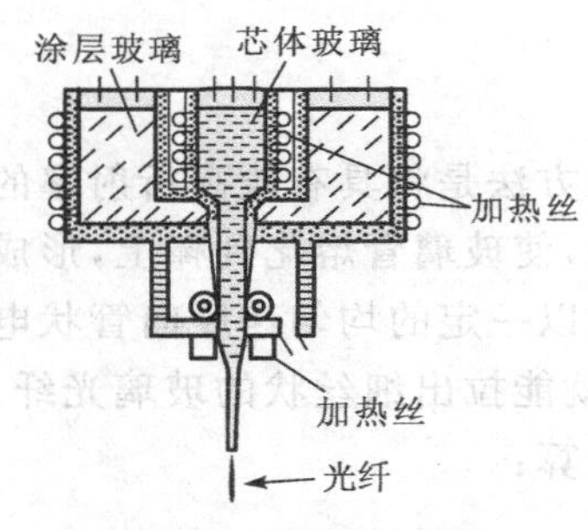

图 5.2　双坩埚法光纤拉丝原理装置

双层坩埚拉丝。将折射率高低不同的芯玻璃与包层玻璃从坩埚顶部分别放入内外双层坩埚中，然后将其在高温下熔化。芯、包层玻璃经熔融后通过同轴漏咀流出，并被连续拉制成光纤。双坩埚拉丝装置示意图如图 5.2 所示。

双坩埚法拉制光纤的优点是：节约材料，降低成本，制造工艺简单，可以一道工序完成拉丝，并可连续大长度拉丝，温控要求简单方便；存在的缺点是，杂质污染的控制较难，因而制出的光纤损耗较大。这种方法主要适用于制造多组分玻璃光纤及光纤束。我国南京玻璃纤维研究设计院在 20 世纪 70 年代设计研制出双坩埚同轴内外漏嘴的整体配合结构；进而于 1990 年研制成功 20 孔双坩埚多组分玻璃光纤拉制工艺设备，大大提高了生产效率与质量；2003 年更研制成功具有国际领先水平的 56 孔双坩埚拉制玻璃光纤工艺设备，具备了拉制 6 千克/小时高质量光纤的生产能力。该 56 孔双坩埚拉制的光纤丝达到的主要技术指标如表5.2所示。

表 5.2　56 孔双坩埚拉丝设备达到的主要技术指标

双坩埚漏嘴数	丝径规格/μm	56 根光纤丝径一致性	单纤丝径均匀性/μm	NA	包层厚度/μm	传输光谱/nm
56 孔	15～55	≤±4% (±2 μm)	≤±1	0.62	1～1.5	350～1 300

目前，多组分玻璃光纤通常都是用双坩埚法制造的。

利用棒管法与双坩埚法制造的常规多组分玻璃光纤，具有大的数值孔径，主要用于传光与传像器件制造方面。但是，由于光纤材料中金属元素杂质的吸收以及制造工艺过程中的气泡、结石、条纹等散射所造成的严重损耗影响，使其无法成为通信用光纤。

为了获得具有低损耗、高透明度的单模与多模石英系通信用光纤，必须将光纤材料中的金属杂质含量降至十亿分之一以下的水平，即得到高纯度的二氧化硅。因为这种材料在可见光到 1.6 μm 的近红外波长范围实际上没有吸收。

5.1.2　熔石英光纤（石英系光纤）

1. 材料与提纯

目前通信用的光纤主要是石英系光纤即熔石英光纤，其主要成分是高纯度的 SiO_2 玻璃。熔石英是现代通信光纤的基础材料，它是用合成方法制成的，即在氢氧焰中燃烧高纯度液态的四氯化硅($SiCl_4$)或其他卤化物化学试剂(如 $GeCl_4$)，产生氯化物蒸气和二氧化硅，然后沉淀成为白色蓬松的粉尘状物。由于制作熔石英光纤的试剂材料的纯度直接影响光纤的损耗特性，为保证光纤的低损耗、高透明性，要求试剂材料的杂质含量不超过 ppb(part per billion，十亿分之一，即 1×10^{-9})的量级。由于大部分卤化物试剂材料中的杂质含量均不符合要求，为此需进行提纯。利用被提纯物质与杂质沸点的不同，可以清除杂质即提纯，此即精馏法。四氯化硅在室温下是液体，在 58 ℃时即可沸腾；而铁、钴、镍、锰、铬、铜等杂质氯化物的沸点比四氯化硅的沸点高得多。因而当四氯化硅变成蒸氧与氧气反应时，这些杂质的氧化物仍为液态。利用精馏法可清除过渡金属杂质；配合以“吸附法”清除 OH^-。这种“精馏—吸附—精馏”交替进行的综合提纯法，比用湿化学方法可

得到更高纯度的 $SiCl_4$，将杂质降低至 10 亿分之一量级的水平(例如有害金属杂质的总含量降低至 5×10^{-9} 以下，产生 OH^- 的含氧化合物含量小于 0.2×10^{-9})，从而生产出透明度极高的石英光纤。精馏—吸附综合提纯法的工艺流程示意图如图 5.3 所示。

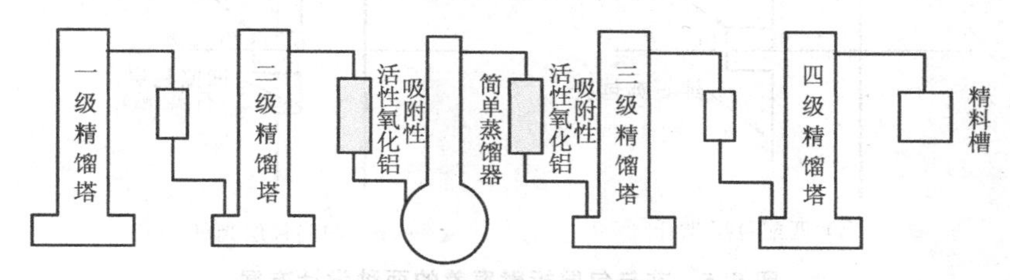

图 5.3　精馏—吸附综合提纯法工艺流程

在解决石英系光纤上述提纯关键技术的基础上，经过二十余年的不断改进，已形成从原材料提纯、预制棒制备到拉丝、涂覆、光纤成缆严格的完整成熟的工艺流程，如图 5.4 所示。

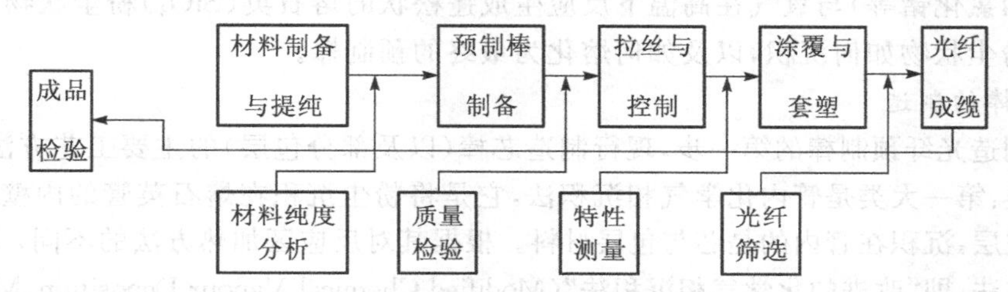

图 5.4　光纤、光缆制备工艺流程图

制造以单模光纤为代表的通信用石英系光纤，其基本的步骤分为两步，即制备光纤预制棒和拉丝。

2. 光纤预制棒制造工艺

制备光纤预制棒，即是将经过提纯的原材料制成一根其内芯与外包层折射指数分布与最终拉出光纤芯、包层折射指数分布相同的圆柱棒，通常称为"预制棒"或"光棒"。预制棒的制造是光纤制造的核心技术，因而其制造技术的水平也就代表了光纤制造技术的水平。

纯的熔石英具有单一的折射率，其光谱折射率的分布是从 0.55 μm 处的 1.460 到 1.81 μm处的 1.444。为了制备具有高折射率棒芯(n_1)和低折射率包层(n_2)的预制棒，必须通过"掺杂"，即在石英中掺以适当的杂质，来造成棒芯与包层的折射率差值。最常见的做法是，在石英中掺入折射率高于石英的掺杂剂，如二氧化锗(GeO_2)或五氧化二磷(P_2O_5)，制成高折射率的棒芯，而以纯石英材料为低折射率的包层；也可以在石英中掺入折射率低于石英的掺杂剂如氟(F)、三氧化二硼(B_2O_3)，构成低折射率的包层，同时以石英材料作棒芯或在石英中掺入少量锗以稍微提高棒芯折射率。两种棒芯与包层折射率差设计的方案如图5.5 所示。其中，图 5.5(a)称为匹配包层光纤，图 5.5(b)称为凹陷包层光纤。

光纤预制棒的基本制备方法是采用化学气相沉积工艺，具体过程采用"两步法"：第一步是制造芯棒，同时制造部分包层；第二步是在芯棒上附加外包层(俗称外包技术)，制成预制棒。

预制棒的光学特性主要取决于芯棒制造质量，而预制棒的制造成本则主要取决于外包技术。因此，芯棒制造技术加上外包技术才能全面反映光纤预制棒制造工艺的特征和水平。光纤产业传统上都是用光纤预制棒的制造技术来命名光纤制造工艺。

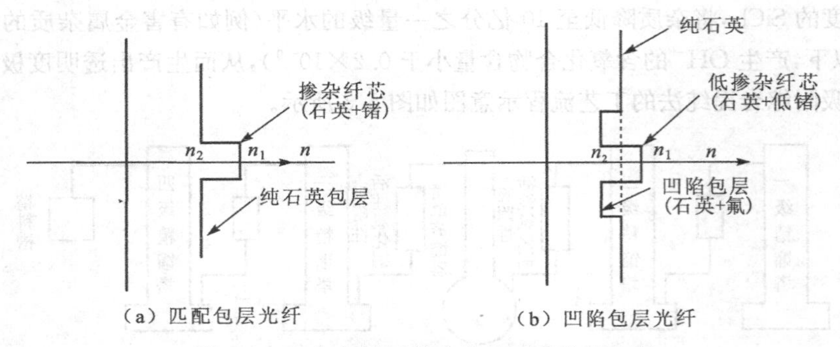

图 5.5 芯与包层折射率差的两种设计方案

经过近二十多年的发展,制备光纤预制棒的方法在不同历史阶段先后出现过数十种。但是演变至今,目前并存流行的、能制造出优质光纤的制棒方法的共性都是,四氯化硅(掺杂时同时有四氯化锗等)与氧气在高温下反应生成蓬松状的熔石英(SiO_2)粉尘状物;而区别则主要在于粉尘状物如何沉积,以及如何熔化为最终的预制棒。

(1)芯棒的制造

作为制造光纤预制棒的第一步,现行制造芯棒(以及部分包层)的主要工艺方法可以分为如下三大类:第一大类是管内化学气相沉积法,它是将粉尘沉积在熔石英管的内壁上,即石英管成为外包层,沉积在管内的是芯与包层材料。根据其对反应区加热方法的不同,又可细分为两种工艺方法,即"改进的化学气相沉积法"(Modified Chemical Vapour Deposition,MCVD),"微波等离子体化学气相沉积法"(Plasma Chemical Vapour Deposition,PCVD);第二大类是"管外(外部)化学气相沉积法"(OVD 法),或称粉尘法;第三大类称为"轴向化学气相沉积法"(VAD 法)。以下依次介绍由这三大类化学气相沉积法所演变形成的 4 类制棒工艺。

① MCVD 法。MCVD 法是目前制作高质量石英光纤比较稳定可靠和广泛使用的光纤预制棒芯棒的生产工艺。它是 1974 年由美国贝尔实验室开发的经典工艺,并为朗讯公司所采用。

MCVD 管内化学气相沉积法的工艺原理如图 5.6 所示。以超纯氧气为载体将 $SiCl_4$ 等原料和 $GeCl_4$ 等掺杂剂送入旋转的熔石英管(转速为几十转/分),用 1 400 ℃~1 600 ℃的高温氢氧焰加热石英管,使各种化学物质发生氧化反应,则 SiO_2、B_2O_3、GeO_2 等在管壁上沉积成精细的包层与芯层玻璃粉尘,反应后的废气被抽送到排气装置里。为使玻璃粉尘沿石英管长度方向均匀沉积,加热反应区应沿管轴方向左右移动,通过加热使玻璃粉尘熔化,然后冷凝成透明的 SiO_2-B_2O_3(包层)和 SiO_2-CeO_2(芯层)玻璃。火焰每移动一次,管壁上就沉积一层厚度 8~10 μm 的玻璃膜层。随着沉积不断产生,硅管中间的空腔逐渐缩小,管壁上沉积了相当厚度的玻璃层,并形成玻璃棒体的雏形,此时停止供料。然后,提高火焰加热温度,使石英管外壁温度达到 1 800 ℃左右,从而使石英管在高温下软化收缩,使中心孔封闭,形成实心棒,此即为原始的光纤预制棒。

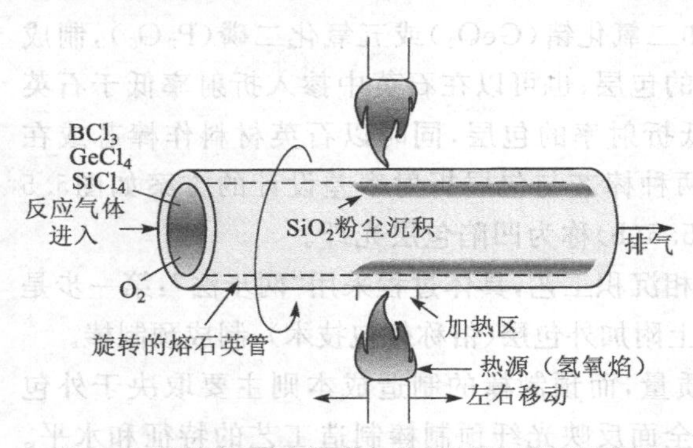

图 5.6 MCVD 管内化学气相沉积法原理示意图

在高温下管内依次发生的氧化反应与沉

积顺序如下。首先氧化沉积的是预制棒的包层，其氧化反应的化学过程为

$$SiCl_4 + O_2 \xrightarrow{\text{高温氧化}} SiO_2 + 2Cl_2 \uparrow$$

$$4BCl_3 + 3O_2 \xrightarrow{\text{高温氧化}} 2B_2O_3 + 6Cl_2 \uparrow$$

最后氧化沉积的为棒芯，其氧化反应的化学过程为

$$SiCl_4 + O_2 \xrightarrow{\text{高温氧化}} SiO_2 + 2Cl_2 \uparrow$$

$$GeCl_4 + O_2 \xrightarrow{\text{高温氧化}} GeO_2 + 2Cl_2 \uparrow$$

原始的光纤预制棒实际上有三层：中心为芯层玻璃；紧邻芯层的是包层玻璃；最外面的是熔石英管壁玻璃，称为外包层，它是保护层，并不起导光作用。

总之，MCVD制棒工艺是一种以氢氧焰为热源、高温氧化为化学反应机理、在高纯度石英管内进行的气相沉积过程。

② PCVD法(Plasma CVD)。PCVD法是由荷兰菲利浦研究实验室于1975年提出的工艺方法，它是一种管内低温等离子体的化学气相沉积法。它与MCVD法的工艺原理基本相同，只是不再用氢氧焰进行管外加热，而是改用微波谐振腔体产生的等离子体加热。其反应机理是，用高频功率(2.46 GHz)微波激活(电离)石英管内的低压气体，产生带电的等离子体，使其能量大大增加，并在低压下快速扩散到管内壁周围发生反应，带电离子重新结合时释放出的热能熔化气态反应物，形成透明的玻璃态沉积薄层。

PCVD法制备芯棒工艺有两步，即沉积和成棒。沉积是借助低压等离子体使流进高纯石英管内的气态卤化物 $SiCl_4$、氧气和少量掺杂剂($GeCl_4$、F_6C_2)在大约1 000 ℃的高温下直接沉积成设计要求的芯玻璃；成棒则是将沉积好的石英玻璃管在玻璃车床上用氢氧焰高温作用，使之熔缩成实心的芯棒。

PCVD法由于高频功率易于耦合进石英沉积管内，且微波谐振腔经过四代改进演变，效率大大提高，谐振腔可快速移动等，因而可实现高的沉积速率与效率，以及稳定的沉积状态。现在单台PCVD沉积设备的生产能力已达百万千米/年以上。

③ OVD法(Outside Vapour Deposition)。OVD工艺是1970年由美国康宁公司Kapron研发的20 dB/km管外化学气相沉积光纤制棒工艺。其工艺机理是，通过火焰加水分解，即将气态卤化物等原料与掺杂剂送入氢氧焰喷灯，使之在氢氧焰中水解，生成石英(SiO_2)玻璃微粒粉尘，并经喷灯喷出，沉积在由石英、石墨或陶瓷(氧化铝)制成的旋转的“母棒”外表面上，经多次沉积形成一定尺寸的多孔粉尘预制棒芯棒。“母棒”并非芯棒的一部分，由于其热膨胀系数与沉积在其上的芯棒材料不同，因此在玻璃熔结成预制棒之前，可以较容易地将“母棒”取出。尔后再将中空的预制棒芯棒在高温下进行烧结脱水处理，使之成为透明无水的实心芯棒。OVD法的原理如图5.7所示。

利用OVD法制造芯棒的化学反应式为

$$SiCl_4 + H_2O \xrightarrow{\text{高温氧化}} SiO_2 + 2HCl + Cl_2 \uparrow$$

$$GeCl_4 + H_2O \xrightarrow{\text{高温氧化}} GeO_2 + 2HCl + Cl_2 \uparrow$$

这种工艺方法的优点是：沉积速度快，适合批量生产；缺点是：环境清洁度要求高，要进行严格的脱水处理。

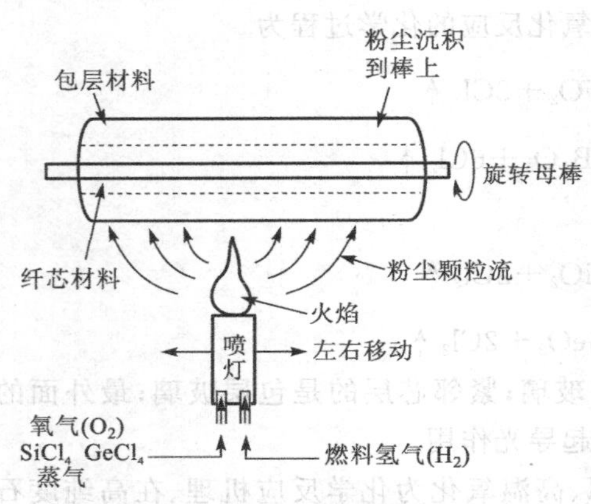

图 5.7 管外化学气相沉积法制造预制棒(OVD 法)

④ VAD 法(Vapour Axial Deposition)。VAD 法即轴向化学气相沉积法。这种工艺是 1977 年由日本电报电话公司(NTT)研发的一种连续制棒工艺。其工作原理与 OVD 法完全相同,也是火焰水解;区别在于:沉积不是发生在母棒(又称"种子石英棒")的外表面(径向),而是发生在母棒的端部(轴向),如图 5.8 所示。由化学反应生成的石英(SiO_2)玻璃粉尘微粒经喷灯喷出,沉积于种子石英棒的一端,沿轴向形成多孔粉尘预制棒。轴向化学气相沉积法不形成中间孔,在种子石英棒不断旋转的同时,通过提升杆沿轴向牵引预制棒慢速移动,并通过一环形加热器进行烧结处理,使之熔缩成透明的光纤预制棒。

VAD 法的重要特点是可连续生长,适于制成大型预制棒,从而可拉制长的连续光纤,例如 100 km 以上的单模光纤。VAD 工艺随着时间而不断发展,20 世纪 70 年代的轴向沉积工艺为芯、包材料同时沉积烧结,80 年代则演变为先沉积芯棒再套管的两步法工艺,90 年代工艺则以粉尘的外包层代替套管制成光纤预制棒。

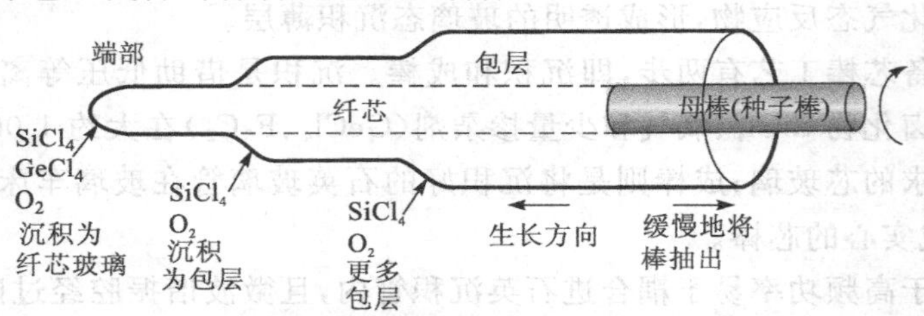

图 5.8 化学气相轴向沉积法制作预制棒(VAD 法)

上述四种制棒工艺的设备通常包括:原料供给、反应沉积和监测控制三大部分。

四种制棒工艺各有所长,应根据沉积速率、沉积效率、光纤类型等不同的要求加以具体选择。分析近 20 多年来的四种制棒工艺的发展历程与趋势,可以看出:MCVD 是最早成熟的工艺,早期的多模光纤主要是该工艺生产的;20 世纪 80 年代以后,伴随着常规单模光纤(SMF)的成熟,OVD、VAD 在光纤市场的份额迅速增加,美国康宁和日本各公司均停止使用 MCVD 工艺,MCVD 的市场份额迅速下降,而 OVD、VAD 工艺的份额迅速增加;但是,随着 MCVD 工艺不断改进与纳入多项新技术,迄今仍占约 1/3 的市场份额。表 5.3 列出芯棒的 4 种化学汽相沉积工艺从 1980—2000 年所占市场份额的变化(不考虑其外包工艺)。

表 5.3 各种化学汽相沉积工艺所占市场份额(%)的变化(1980—2000 年)

年　份	1980	1985	1990	1995	2000
MCVD	76	56	44	40	34
PCVD	<1	1	2	2	4
OVD	8	28	34	36	36
VAD	15	15	20	22	26

(2) 外包技术——在芯棒上附加外包层

制造光纤预制棒的第二步，即在芯棒上附加外包层，制成最终的光纤预制棒。随着全球光纤通信业务的迅速发展，以及大幅度降低光纤制造成本的迫切需求，解决制造大预制棒的高效、低成本外包关键技术成为重要而迫切的问题。

近 20 多年来先后发展起来的外包技术有如下四种：

① 套管法。即将由化学气相沉积法制成的芯棒置入用作光纤外包层的高纯石英管内制造大预制棒的方法；

② SOOT 法。SOOT 法在国外文献中常以"SOOT process"或"SOOT technique"即粉尘法，来泛指 OVD、VAD 等方法的火焰水解外沉积工艺在芯棒上的外包技术；

③ 等离子喷涂法(Plasma Spray)。是指用高频等离子焰将石英粉末熔制于芯棒上制成大预制棒的技术，由阿尔卡特发明并应用；

④ 溶胶一凝胶法(Sol-gel process)。由美国朗讯公司发明，是指由玻璃组成元素的有机化合物溶胶，经水解成凝胶，再脱水烧结成玻璃的方法。溶胶一凝胶法用作外包技术，包括两种技术途径：一种是，先用溶胶一凝胶法制成合成石英管作为套管，再用套管法制成大预制棒；另一种是，先用溶胶一凝胶法制成合成石英粉末，再用高频等离子焰将合成石英粉末熔制于芯棒上制成大预制棒。从本质上说，这种方法应属于 SOOT 法或等离子喷涂法。

比较分析外包技术的发展趋势可以看出，从 1980—2000 年的 20 年间，20 世纪 80 年代初国际上开始用套管法制作大预制棒，对于 MCVD 和 PCVD 芯棒，这是采用最普遍的外包方法。同时，VAD 工艺也采用了套管法，开始了 SMF 的商业化生产。这标志着预制棒制造工艺向"两步法"的转变；稍后，康宁公司将 SOOT 外包技术用于工业化生产。接着，用 VAD 生产光纤的厂家也用 SOOT 外包技术代替了套管法。在整个 20 世纪 80 年代，套管法的份额逐年下降；20 世纪 90 年代，阿尔卡特用等离子喷涂技术取代了套管法；朗讯公司开发了溶胶一凝胶外包技术，几乎所有用 VAD、OVD 制造光纤芯棒的生产厂家都用了 SOOT 外包技术。这些都使套管法的份额继续下降。套管法份额下降的根本原因在于，合成石英管的价格高，且制造大预制棒的套管困难。根据统计，2000 年采用 SOOT 法外包工艺技术的比例已达到 62%，特别对采用 OVD 和 VAD 制棒技术的厂家十分方便；套管法所占的份额约为 28%。

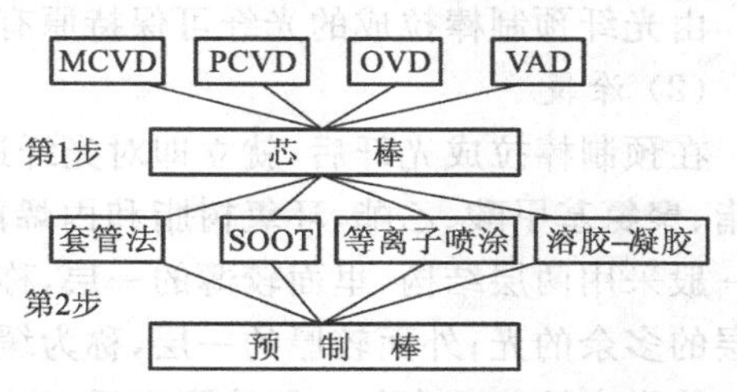

图 5.9　当前商业生产光纤预制棒最常使用的两步法(Two-step Processes)工艺示意图

综上所述，可以用图 5.9 来全面概括两步法的光纤预制棒制造工艺的技术特征。但不同生产厂家所选择的具体工艺技术路线将随具体情况与条件的不同而不同。例如，江苏普天法尔胜光通信有限公司的全火焰水解法光纤预制棒制造技术即是首先采用 MCVD 法沉积光棒芯层，然后采用 OVD 法(即 SOOT 法火焰水解外部气相沉积工艺)进行光棒外包层的沉积，最后经过烧结制成光纤预制棒，该工艺为国内首创，达到国际先进水平。采用该工艺生产的光棒，具有精确的折射率分布和优良的尺寸参数，可拉制出 400～500 km 长度的低损耗、无水峰、高强度优质光纤。该厂生产单模光纤的光纤预制棒其主要参数如表 5.4 所示。

表 5.4　单模光纤预制棒部分技术参数典型值

技术参数	折射率差 Δ/%	截止波长 λ_c/nm	芯/包同心度误差/mm	包层不圆度/%	预制棒长度/mm	预制棒直径/mm
典型值	0.051	1 150～1 330	≤0.3	≤1	800/1 500/2 000	85/120/150

3. 拉丝、涂覆与套塑

拉丝是将预制棒拉制成符合标准要求光纤的工艺；涂覆与套塑则是对光纤丝进行结构保护的工艺，以保证光纤应有的机械强度与性能。

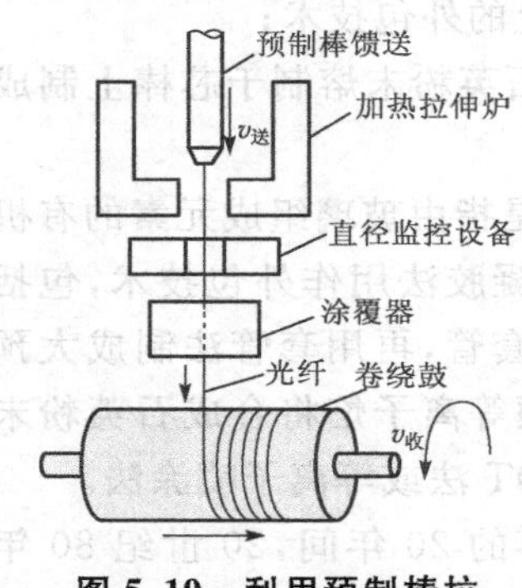

图 5.10　利用预制棒拉制石英光纤

(1) 拉丝

利用光纤预制棒拉制石英光纤的基本设备与工艺过程如图 5.10 所示。

位于拉丝塔顶垂直放置的光纤预制棒，由送料机构以一定的速度($v_送$)均匀地送往加热拉伸炉中(拉丝塔熔炉)加热，预制棒下端受热软化(温度在 1 900 ℃～2 200 ℃)，借助于重力下垂变细而成为光纤丝。在拉丝机正常运转后，要利用光纤直径监控设备(激光测径仪)动态地实时测出光纤外径，并将数据信号送给电子控制装置，与设定要求的标准尺寸进行比较，发出控制指令，实时调节卷绕鼓的收丝牵引速度 $v_收$ 与预制棒的馈送速度 $v_送$，以保持光纤外径恒定地符合要求。收丝速度 $v_收$ 与预制棒馈送速度 $v_送$ 之间的关系由下式决定：

$$v_{收} = v_{送} \cdot \left(\frac{D}{d}\right)^2$$

式中，D 和 d 分别为预制棒与光纤的外径。质量好的拉丝设备可控制光纤外径的波动在 ±0.5 μm 以内，拉丝速度($v_收$)一般在 60～100 m/min。

由光纤预制棒拉成的光纤可保持原有要求的折射率分布形式以及芯与包层的外径比。

(2) 涂覆

在预制棒拉成光纤后，就立即对光纤进行一次涂覆，以保证其机械强度。涂覆材料有硅树脂、聚氨基甲酸、乙酯、环氧树脂和丙烯酸树脂等几种，厚度一般为 30～150 μm。一次涂覆一般采用两层结构，里面较薄的一层，称为预涂层，其折射率高于包层折射率，以吸收透过包层的多余的光；外面较厚的一层，称为缓冲层，是普通的硅酮树脂，用以提高光纤的低温性能与抗微弯性能。在每一层涂覆之后，均要在树脂烘干炉中用数百摄氏度的温度固化树脂。树脂固化后的光纤强度可承受几千克的拉力。

(3)套塑

为进一步增大光纤的机械强度与直径，加强保护性能，还要在光纤涂覆的基础上再加套一层塑料层，这一工艺叫套塑。套塑的方式有松套和紧套两种：松套是在一次涂覆层的外面套上一层塑料套管，光纤在套管中可以自由活动；紧套是在一次涂覆的光纤上紧套上一层尼龙或聚乙烯塑料，套层与一次涂覆层紧贴在一起，光纤不能自由活动。套塑时要合理地设计塑料挤压速度、光纤拉伸速度与冷却速度，以尽可能减小由于塑套冷却收缩产生微弯效应而引起的附加损耗。

以上所讨论的，主要是针对通信用的石英系光纤的制造工艺方法。

5.1.3 塑料光纤

塑料光纤(Plastic Optical Fiber，POF)是以聚合物或有机物等光学塑料为材料的一类重要光学纤维，具有广泛用途。

1. 塑料光纤的材料

塑料光纤材料的选取，主要考虑透过性能和折射率，因而其芯料应选取光学均匀性好、折射率较高、透过性能较好的光学塑料。

光学塑料的折射率与塑料的化学组成成分有关。一般，塑料组成基质成分中具有的极性大的官能团越多，折射率就越大。对大多数塑料纤芯其折射率均在1.4～1.6。

除考虑折射率外，尚应考虑的其他一些重要性能与因素包括：透过性能(衰减)、热性能、机械性能以及成本等。综合考虑，适用作塑料光纤的光学塑料主要有聚甲基丙烯酸甲酯(PMMA，俗称有机玻璃)、聚苯乙烯(PS)、聚碳酸酯(PC)等。其中，应用最多的聚甲基丙烯酸甲酯是一种特殊的合成树脂，其性能稳定，具有很强的透明性(透过率高达90%以上)，适用于可见、红外和紫外波段；其软化点较高，抗张强度好，比重小，对日光性能十分稳定，热性能也很稳定，易机械加工。

目前，标准阶跃折射率塑料光纤主要选取的纤芯材料聚甲基丙烯酸甲酯，其折射率为1.492；包层材料一般选取折射率更低的含氟聚合物，其折射率为1.402。由上述纤芯与包层材料折射率差值(比玻璃光纤或石英光纤要大)所决定的数值孔径NA=0.47；如果纤芯材料选取折射率为1.58的聚苯乙烯，则包层可以采用聚甲基丙烯酸甲酯。这两类塑料光纤中，聚苯乙烯瑞利散射较严重，损耗较大；相比较，纤芯为聚甲基丙烯酸甲酯材料，则损耗较低。

2. 塑料光纤的主要特性与优缺点

塑料光纤在性能等方面主要具有如下突出的优点。

① 重量轻。光学塑料的比重在1 g/cm^3 左右(比重范围一般在0.83～1.50 g/cm^3)，为玻璃比重的1/2～1/3。

② 柔软、韧性好，具有优良的机械性能。直径为1 mm的塑料光纤，按曲率半径为6 mm做180°反复弯曲数百次，对光纤毫无损害；即使直径达到2 mm，仍可自由弯曲而不断裂；且抗冲击强度好。

③ 不可见光波段的透过性能好。塑料光纤在可见光和近红外波段的透过性能接近光学玻璃。但在紫外和远红外波段其透过率大于50%，优于玻璃光纤。

④ 成本低，经济性好，工艺操作简便。塑料光纤的原材料比玻璃光纤的原材料便宜得多，因而经济性好；另外，塑料光纤的工艺操作温度通常在300 ℃以下，而玻璃和石英光纤的制作温度需要1 000 ℃以上的高温，因而塑料光纤的工艺操作简单。

但塑料光纤在性能方面也存在如下显著的缺点和问题，影响其应用的领域与范围。

① 光学特性传输损耗大。塑料光纤是一种纤维状的长链分子，随着拉丝过程，长链分子的宏观取向将和光纤的轴向一致。由于塑料光纤是由单体聚合而成，很难得到密度均匀的材料，因而光学均匀性不能得到很好的保证；深入的研究表明，塑料光纤存在高损耗的重要原因在于，塑料光纤材料原子间存在的碳一氢键和碳一氧键对可见光和近红外波长具有吸收作用。目前，一般商用塑料(PMMA)阶跃折射率光纤的损耗约为数百至1 000 dB/km；较好的情况，商

用塑料光纤在利用红色LED通信的650 nm波长处，损耗可降低至150 dB/km左右；在实验室中获取的最佳塑料光纤的损耗可减小至50～20 dB/km。图5.11给出了一种塑料(PMMA)阶跃折射率光纤的光谱衰减曲线。图示表明，与玻璃光纤不同，塑料光纤的损耗在紫外短波长一侧有一定的下降；最小损耗在500 nm附近，损耗值约为70 dB/km；但在近红外区则损耗高得多。

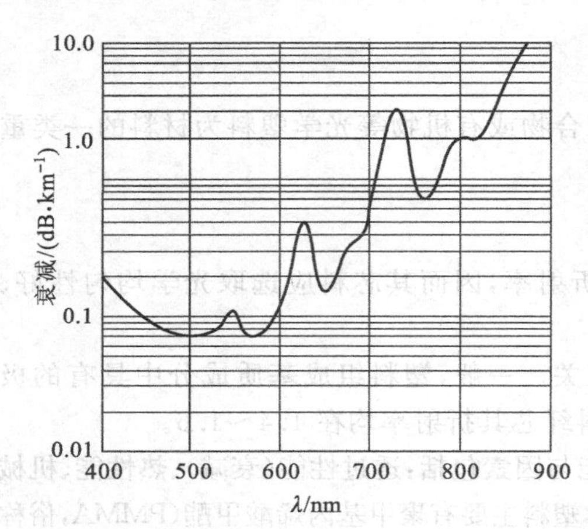

图5.11 一种商用有机玻璃(PMMA)阶跃折射率光纤的衰减曲线

② 耐热及高低温性能差。由于塑料本身熔点低，因而其耐热性能差，一般只能在－40 ℃～80 ℃的温度范围内使用，只有少数塑料光纤可以在200 ℃的温度下工作。另外，当温度低于－40 ℃时，塑料光纤将变硬、变脆。总之，耐高低温等恶劣环境的性能比玻璃光纤差。

③ 抗化学腐蚀和表面磨损的性能比玻璃光纤差，在丙酮、醋酸乙酯或者苯的作用下，其光学性能会受到很大影响，硬度差，易老化。

表5.5给出了塑料光纤与玻璃光纤的部分性能对比；表5.6列出了我国春辉科技公司制造的塑料光纤、多组分玻璃光纤、大芯径石英光纤三类产品的部分结构与性能参数参考数据。

表5.5 塑料光学纤维与玻璃光学纤维的性能比较

纤维	塑料光学纤维	玻璃光学纤维
光学性能	光吸收系数一般为0.008～0.0018 cm^{-1}，实验室公认最低损耗为20 dB/km(650～680 nm波段)，接近一般玻璃的光吸收 紫外和远红外透过性能好	光吸收系数一般为0.000 02～0.000 01/cm^{-1}，实验室中熔融硅的最低损耗≤0.2 dB/km(在1.5 μm)，相应的吸收系数<10^{-6} cm^{-1} 近红外波段透过性能好
热学性能	使用温度一般小于100 ℃，个别可短时间在200 ℃下工作	多组分光纤可用于300 ℃，石英光纤波导可用于400 ℃，塑料涂层玻璃光纤可用于150 ℃以下
力学性能	柔软性能好，耐弯曲，耐冲击，光纤直径一般不小于50 μm，制作导光束用的塑料单纤维直径可大于2 mm，这时柔软性能仍很好	单纤维直径一般在5～150 μm，大于100 μm的光纤就不能弯曲，易折断
化学稳定性	在化学药品的浸蚀下，易着色、变质或老化	优良
耐辐射性	较差	差
加工性能	制作温度低，加工工艺简单	制作需要高温(如石英光纤需要1 900 ℃)，工艺复杂
比　重	比重小，一般在1左右，因而质量轻	比重大，一般在2.4左右，因而较重
成　本	原料便宜，易于大量生产，成本低	原料较贵，可大批生产，成本高

表5.6 三类光纤产品部分结构与性能参数对比

	塑料光纤	多组分玻璃光纤	大芯径石英光纤
光纤直径/μm	200～2 000	12～50	100～900
包层厚度/μm	3～5	1～2	50～100
NA数值孔径	>0.5	0.63	0.2～0.37

（续表）

	塑 料 光 纤	多组分玻璃光纤	大芯径石英光纤
衰减/($dB\cdot km^{-1}$)	1 000	450	20～30
允许最小弯曲半径/mm	$d\times10$	$d\times15$	$d\times20$
允许温度范围/℃	−40～70	−40～180	−20～180

3. 塑料光纤的应用与发展

普通塑料光纤通常采用挤压法制作，我国目前已形成了数十芯机头拉制塑料光纤的先进的多排多孔共挤法塑料光纤规模化生产技术。

塑料光纤由于它所具有的轻便、柔软、价廉及便于处理等一些独特优点，因而在短距离的光纤照明（工程照明、室外装饰照明、室内照明）、光纤工艺制品、低分辨的传像束与图像传输、数据信号传输控制与光纤传感以及短距离通信链接系统（如办公楼或汽车内部）等多方面都有广泛的应用，而且在很多方面正在形成对玻璃光纤的竞争与挑战。尽管经过数十年研究，塑料光纤的性能有了很大的提高，但制约阶跃多模塑料光纤在最重要的通信领域应用的要害问题仍是其损耗太大，且带宽受限。为解决此问题，近些年来新发展起来渐变折射率塑料光纤，它比阶跃型塑料光纤有更宽的传输带宽。例如，芯径为 50～200 μm 的渐变折射率塑料光纤能将 2.5 Gb/s的信号传输 200～500 m 远，这使其在高速局域网方面增大了应用的吸引力。另外，为降低损耗设法改变塑料光纤原料的化学成分，例如：采用较重的同位素—氘取代常规的氢，使碳—氢键的吸收峰移向更长的波长；使用氟化的塑料代替常规的碳氢化合物塑料，因碳—氟键的衰减要更小一些。图 5.12 给出了分别利用标准氢基PMMA、氘化的 PMMA、氟化的塑料等不同材料制造的渐变折射率塑料光纤在 550～850 nm 波长范围内的衰减曲线。图示表明，氟化塑料光纤的损耗在上述波长范围内直到 1.3 μm 波长均能保持相当低的水平。然而，改变塑料的化学成分也会带来昂贵的原料提高成本等代价。

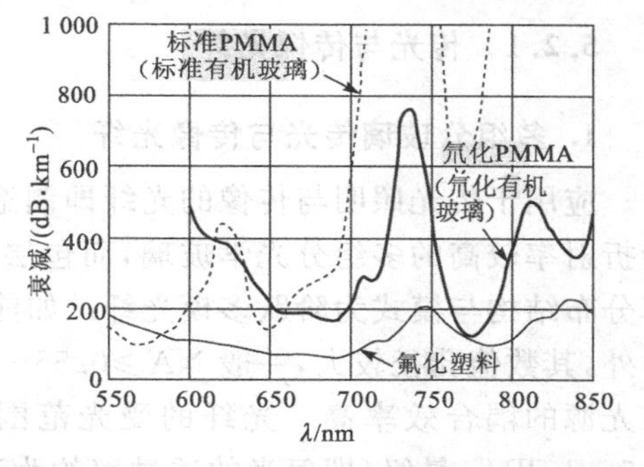

图 5.12　用常规 PMMA、氟化塑料和氘化 PMMA 制造的渐变折射率塑料光纤的衰减谱

5.2　光纤的分类

进入 20 世纪以后，光纤种类的演变与发展始终是伴随着科学技术与通信等产业的需求而发展的。从 20 世纪 50 年代美国的物理学家和研究人员首先提出光纤"包层"的概念（1951 年）和制造出第一根玻璃包层的光纤开始，多组分玻璃光纤首先在制造传光束、传像束与光纤面板等器件，实现光传输照明以及传输图像等应用领域得到了发展，并很快实用化；60 年代末自聚焦光纤在日本研制成功；1970 年美国康宁公司解决了降低光纤传输损耗的关键技术，研制成功传输损耗为 20 dB/km 的石英系光纤，从而打开了通信用低损耗光纤的发展道路，并与激光器相结合，促成了 70 年代以后 30 多年间光纤通信产业的飞速发展。其历程包括：光纤类型从石英系的阶跃多模光纤发展到渐变折射率多模光纤，进而发展到石英阶跃单模光纤。而且，随着通信对色散带宽、损耗要求的不断提高，又不断研制派生出多种新型的单模光纤。与此同时，通信与非通信应用领域的各种不同应用需求的特种光纤也陆续研发出来，从而形成了应用于通信、传感、传像、传光照明、高能传输与信号控制等多领域的多种类型与规格的数十种光纤。

从不同的角度可对光纤进行不同的分类。例如，按制造材料可将光纤区分为：石英系光纤（silica-based optical fiber）、多组分玻璃光纤（multi-component glass optical fiber）、塑料光纤（plastic optical fiber）、卤素化合物光纤（如氟化物光纤）等；按光纤传输模式可将其分为：多模光纤（multimode fiber）、单模光纤（single-mode fiber）；按光纤剖面折射率分布可将其分为：阶跃折射率型（step-Index）光纤、渐变折射率型（graded-index）光纤。折射率分布结构除此两种基本类型外，单模光纤根据对其色散与损耗要求的不同，还有多种不同的折射率分布剖面结构（如 W 形光纤等）；按应用领域和用途可将光纤区分为，通信光纤，非通信光纤。其中，非通信光纤中包括：传光照明光纤，传像光纤，大芯径石英光纤（强激光光纤），以及应用于其他特殊目的的特种光纤（如红外光纤、紫外光纤、保偏光纤、液芯光纤等）。此外，还有按照制造方法、机械性能强度等对光纤加以分类的。

本节将以光纤的用途和应用领域为主要着眼点，依次介绍传光与传像光纤、作为最广泛大量应用的各种类型的通信光纤以及各种特殊用途的特种光纤。

5.2.1　传光与传像光纤

1. 多组分玻璃传光与传像光纤

应用于传光照明与传像的光纤即制造传光束与传像束的单元光纤，其纤芯材料一般均为折射率较高的多组分光学玻璃，而包层则为折射率较低的多组分光学玻璃。其剖面折射率分布结构与模式为阶跃多模光纤。如前所述，这类光纤是用双坩埚法或捧管法拉制而成。另外，其数值孔径较大，一般 NA≥0.55～0.64，其集光能力全接收角 $2\alpha_{max}>66°\sim80°$，因而与光源的耦合效率高。光纤的受光范围如图 5.13 所示。这类光纤的损耗较大，一般为 0.5～1 dB/m量级（即每米的透过率约为>50%），主要原因是多组分玻璃中杂质的吸收损耗很大。其光谱透过率曲线如图 5.14 所示，在可见光波长范围内传输效率较高。

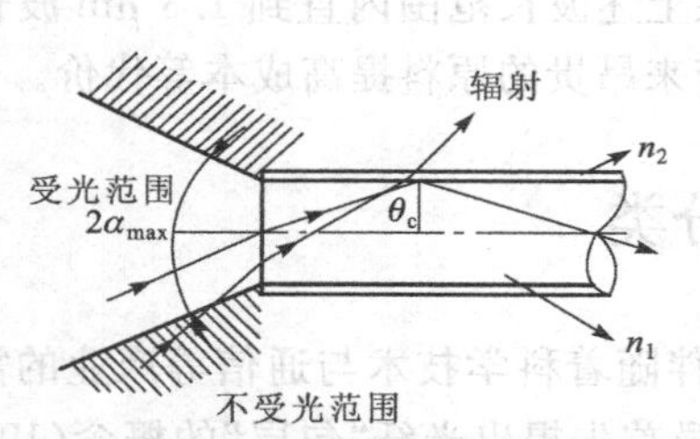

图 5.13　传光与传像光纤的接收角与受光范围

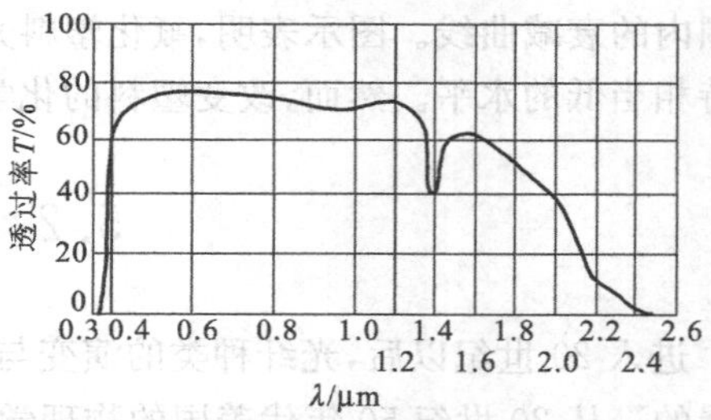

图 5.14　多组分光学玻璃光谱透过率曲线

一般制造照明用传光束的光纤直径在 40～70 μm 范围；而用于制造传像束的光纤直径一般在 15～30 μm 范围，传像光纤的包层通常很薄，以提高传光效率，其包层厚度约为纤芯直径的 1/10。若取纤芯与包层折射率的配比为 $n_1/n_2=1.626/1.510$，则其数值孔径约为 0.60，相应的集光角度 $2\alpha_{max}$ 约为 74°。

2. 大芯径石英光纤

大芯径石英光纤一般为阶跃折射率多模光纤，主要应用于高功率激光传输、激光医疗、激光焊接、传感与照明等。这种光纤一般采用纯石英材料作纤芯；而包层则采用具有更低折射率的掺杂石英、硬塑料或软塑料，具有多种结构形式。这种大芯径石英光纤的制造工艺相对简单。其纤芯的直径一般在100～1 000 μm数量级，包层相对于纤芯一般较薄，外面是具有保护性的50～100 μm厚的塑料涂覆层。大芯径阶跃折射率石英光纤由于芯径较大，易于耦合，且具有优良的光学性能，宽广的光谱范围，良好的机械与挠曲性能，适合于大的光功率传输，可以承受相当高的光功率，是传输He－Ne、Ar^+离子、YAG等大功率激光的理想介质；但其弯曲性能稍差。例如，一类石英包层的光纤，当纤芯直径为200 μm时，其额定的传输连续功率为0.2 kW，但当纤芯直径为550 μm时，则传输的光功率可增加到1.5 kW；同时额定的最小弯曲半径也增加了2.5倍。

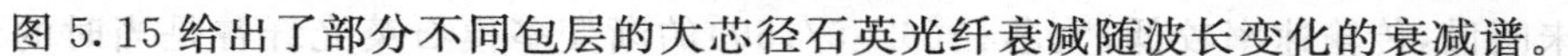

图5.15给出了部分不同包层的大芯径石英光纤衰减随波长变化的衰减谱。

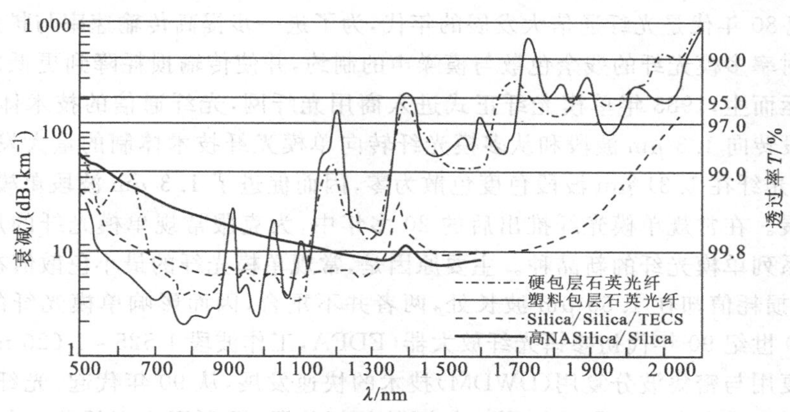

图5.15　各种大芯径石英光纤的衰减谱

还应指出的是，尽管大部分大芯径石英光纤为阶跃型光纤；但也有一部分传送高功率激光的大芯径石英光纤具有渐变折射率纤芯，外面有薄的石英包层，且一般采用塑料涂覆层，再外部还带有缓冲层。

表5.7给出了由南京春辉科技公司生产的大芯径硬包层石英光纤（HCS）的部分性能与结构参数的参考数据。

表5.7　大芯径石英光纤的部分性能与结构参数

	石英纤维芯径/mm	0.1	0.2	0.3	0.4	0.5	0.6	0.65	0.8	0.9
	有机硅包层直径/mm	0.2	0.3	0.4	0.6	0.7	0.8	0.9	1.2	0.12
	最小弯曲半径/mm	2	3	4	5	8	10			
	二次套塑外径/mm	1.2～2.0								
	数值孔径（NA）	0.21～0.24								
每米透过率%	**紫外光（波长0.25～0.4 μm）**	85～98								
	可见光（波长0.4～0.7 μm）	97～99								
	近红外（波长0.76～1.6 μm）	90～99								
	He－Ne（波长0.6328 μm）	99								
	YAG（波长1.06 μm）	98								
	Ar^+（波长0.5145 μm）	98								
	传输功率/（W/cm^2）	≤800（D＝0.5mm）（连续Nd:YAG激光）								

5.2.2 通信光纤

光纤应用中最广泛大量的品种，始终是通信用石英光纤。20 世纪 70 年代光纤通信开始起步，所使用的通信光纤为阶跃多模石英光纤，1974 年光纤在 0.85 μm 波段的传输损耗已下降到 1.2 dB/km 左右；随着对带宽需求的增加，为解决阶跃多模光纤中的多模色散问题，20 世纪 70 年代中期研制成功渐变(梯度)折射率多模光纤，1976 年第一条速率为44.7 Mb/s的光纤通信系统在美国亚特兰大建成，应用于市话中继，采用 0.85 μm 短波长窗口。20 世纪 80 年代初期渐变折射率多模光纤曾广泛应用于电信(电话等)领域，当时 WDM(波分复用)技术尚未问世，传输速率较低，大芯径(62.5/150)的渐变多模石英光纤曾是当时的最佳选择；20 世纪 80 年代是光纤通信大发展的年代，为了进一步提高传输速率与扩展带宽，必须克服渐变折射率多模光纤的残余色散与模噪声的制约，并使传输损耗降到更低的值。为此，单模光纤应运而生，1983 年单模光纤正式进入商用光纤网，光纤通信的技术体制出现了从 0.85 μm 波段转向 1.3 μm 波段和从多模光纤转向单模光纤技术体制的重大发展变化。而且，由于石英光纤在 1.31 μm 波段色度色散为零，因而促进了 1.3 μm 波段单模光纤通信系统的迅速发展。在常规单模光纤推出后的 20 多年中，为克服常规单模光纤的局限性，又不断推出了一系列单模光纤的新品种。主要原因是，常规单模光纤的最小色散值在1.31 μm波长处，而最小损耗值却在 1.55 μm 波长处，两者并不重合，因而影响单模光纤的传输性能。另外，随着 20 世纪 90 年代初掺铒光纤放大器(EDFA，工作波段 1 525 ~ 1 620 nm)的研制成功以及波分复用与密集波分复用(DWDM)技术的快速发展，从 90 年代起，光纤产品(系统)的设计再次转入重点考虑色散特性影响与调整的新阶段，即利用改变纤芯一包层界面的设计结构，达到调整光纤的波导色散，使零色散点移动到设计所要求的波长处，从而实现研制出各种新型优化光纤的目的。由此继常规单模光纤之后，又派生出了多种性能各异的新型单模光纤。如今，石英单模光纤已占有 90%以上的光纤产品市场，成为通信光纤的主流产品。

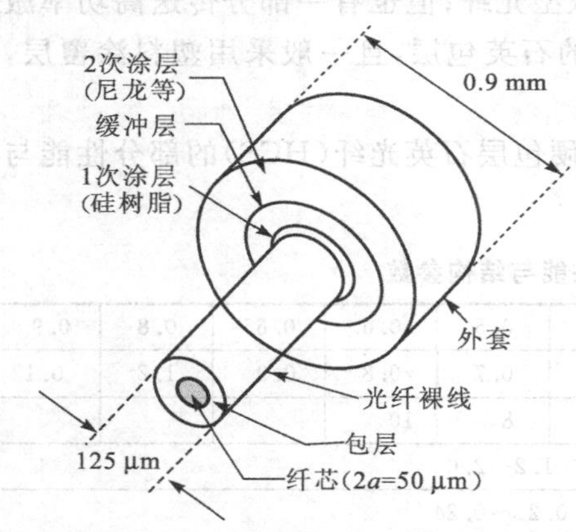

图 5.16 阶跃多模石英光纤的标准结构

纵观整个通信光纤 30 多年的发展历程，其最本质、最有代表性的三类光纤依次是：阶跃折射率多模石英光纤，渐变折射率多模石英光纤和单模石英光纤。图5.16给出了阶跃多模石英光纤的基本构造示意图；图 5.17 则给出了阶跃折射率多模光纤、渐变折射率多模光纤、阶跃折射率单模光纤的折射率分布与结构示意图。

以下将逐次介绍上述三类通信光纤，其中重点介绍单模光纤演变的各种类型。

1. 阶跃折射率多模光纤

20 世纪 70 年代阶跃折射率多模光纤首先应用于通信中，其标准结构如图 5.16 所示，其芯径($2a$)与包层直径($2b$)的典型值为 $2a/2b$＝50 μm/125 μm(美国的典型数据为100 μm/140 μm)。阶跃折射率多模光纤芯包最大相对折射率差值 Δ＜0.01，其数值孔径一般在

0.2～0.3以上。由于阶跃折射率多模光纤存在严重的模间色散，成为脉冲展宽的主要部分，严重影响其传输速率，因而它主要应用在短距离的数据传输系统中。

2. 渐变折射率多模光纤

为减小阶跃多模光纤模间色散对光纤传输容量的不利影响，从既要基本消除直径达数十微米的模间色散，又要能保证有足够的光能量耦合至光纤中的考虑出发，20 世纪 70 年代中期渐变折射率多模光纤研制成功，它成为阶跃多模光纤与 20 世纪 80 年代初期问世的单模光纤之间的一种过渡性选择。

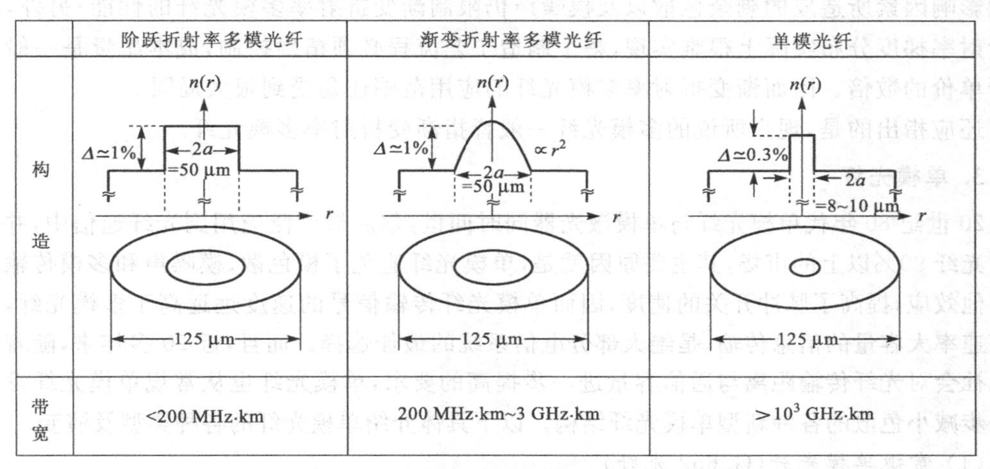

图 5.17 按石英光纤的纤芯折射率分布进行分类

1998 年 2 月由 ITU-T 建议的 G.651 规范，给出渐变折射率多模光纤的两种标准芯径分别为 50 μm 和 62.5 μm，其包层直径均为 125 μm。渐变多模光纤的剖面折射率分布已如前述。ITU-T 对 G.651 光纤的主要参数(芯径、包层直径、同心度误差等)作了严格规定。这两类渐变多模光纤分别称为 Ala(50 μm/125 μm)和 Alb(62.5 μm/125 μm)类多模光纤。两类光纤在 850 nm 和 1 310 nm 两个窗口传输的最大衰减与最小带宽的参考数据(据 2001 年数据)参见表 5.8。

表 5.8 Ala 与 Alb 渐变光纤在两窗口传输的最大衰减与最小带宽数据

性能参数 \ 类型 / 光源	Ala		Alb	
	850 nm	1 310 nm	850 nm	1 310 nm
最大衰减/(dB·km^{-1})	2.4～3.5	0.75～1.5	2.8～3.5	0.7～1.5
最小带宽/(MHz·km)	200～800	200～1 200	100～800	200～1 000

20 世纪 80 年代中期，渐变折射率多模光纤在国际上曾广泛地应用于电信领域，但以后在电话系统中逐渐被性能更优良的单模光纤取代；但数据通信局域网 LAN(即将一定地域范围内的计算机与通信设备互联起来的数据通信系统，可以充分实现资源共享与信息交换)则正大量地用渐变多模光纤取代铜缆，并获得迅速发展；另外，接入网的引入光缆和室内软光缆，也为其带来较大的市场。渐变多模光纤具有易于连接耦合、可以使用低成本光源、在 1～2 km 的短距离通信范围能提供足够的带宽(1～10 Gb/s)等优点。因此，它在局域网等

方面仍有很大的市场应用潜力，近10年来全球的年增长率在20%以上，越来越多的LAN选用渐变多模光纤取代铜线，新一代渐变多模光纤将纳入10 Gbit以太网标准。我国在20世纪80年代采用Ala类渐变多模光纤较多，在90年代则采用Alb类光纤较多，尔后采用Ala类光纤势头又有上升。

应该指出的是，尽管渐变多模光纤在短距离通信的局域网及接入网等方面尚有较大的应用潜力与市场空间，但它自身存在的一些严重制约因素，使其不能在长距离、高性能的通信系统中得到应用。主要问题是两方面：首先，除基本消除模色散外，材料色散、波导色散等其他影响因素所造成的剩余色散以及模噪声仍限制渐变折射率多模光纤的性能；另外，理想的折射率梯度分布实际上很难实现，整个制造工艺流程必须精确控制，成本昂贵是一般单模光纤单价的数倍。因而渐变折射率多模光纤的应用范围还是受到很大局限。

还应指出的是，现今所说的多模光纤一般皆指渐变折射率多模光纤。

3. 单模光纤

20世纪80年代单模光纤与单模激光器同时问世，尔后被广泛应用到光纤通信中，并占有通信光纤90%以上的市场，其主要原因就是，单模光纤避免了模色散、模噪声和多模传输附带的其他效应，提高了脉冲开关的速度，因而单模光纤传输信号的速度远远高于多模光纤，能实现高速率大容量的信息传输，是绝大部分电信系统的最佳选择。而且，近20多年来，随着现代信息社会对光纤传输距离与通信容量进一步提高的要求，单模光纤也从常规单模光纤发展到进一步减小色散的各种新型单模光纤结构。以下具体介绍单模光纤的各种类型及演变。

(1) 常规单模光纤(G. 652光纤)

具有阶跃折射率分布的最简单的单模光纤，即为常规单模光纤或称之为标准单模光纤，ITU-T定义其为G. 652光纤，其缩略表示为SMF。

常规单模光纤为阶跃型折射率分布，其相对折射率差值(Δ)一般为0.36%，低于其他标准类型的1%。由于其材料固有色散与波导结构色散符号相反，在1 310 nm附近恰好抵消，即其零色散波长在1 310 nm附近，因而称之为1 310 nm波长性能最佳的单模光纤，又称为色散未移位单模光纤；但由于其最低损耗在1 550 nm附近，而在该波长处有一较高的正色散值约为17 ps/nm·km。因此，它是一种可供双窗口工作的单模光纤。但由于其在1 310 nm附近色散最低，因而更适合于在1 310 nm窗口应用，故其工作波长定为1 310 nm。其主要参数的典型数据为：零色散波长在1 300～1 324 nm，零色散斜率为$S_0 \leqslant 0.093$ ps/(nm^2·km)，最大色散系数$D(\lambda) < 3.5$ ps/(nm·km)，两窗口的损耗分别为0.3～0.4 dB/km和0.15～0.25 dB/km。其折射率剖面结构如前所述有匹配包层型和下凹内包层型。

从1983年起，单模光纤正式进入商用光纤网，同时制订出G. 652单模光纤的标准。20世纪80年代中、后期，无论是国外还是国内，G. 652光纤均得到大量应用和敷设。初期的G. 652单模光纤由于制造工艺水平的局限，残存较大的偏振模色散PMD值。为满足高速率系统的要求，2000年10月修订G. 652光纤标准(G. 652-2000版本)，将G. 652光纤细分为G. 652A、G. 652B、G. 652C三种类型(其中G. 652C为波长段扩展的新型非色散位移单模光纤)，分别支持不同速率高速系统的要求；2003年1月再次修改的G. 652光纤标准，希望全面反映单模光纤的技术进步，提高G. 652光纤的特性，使各类光纤至少都应支持10 Gb/s的长途应用。调整后的三类G. 652光纤的传输特性如下：

① G. 652A 型光纤支持 10 Gb/s 系统传输距离可达 400 km，支持 10 Gb/s 以太网的传输距离达 40 km，支持 40 Gb/s 系统的传输距离为 2 km；

② G. 652B 型光纤应支持 10 Gb/s 系统的传输距离达 3 000 km 以上，支持 40 Gb/s 系统的传输距离为 80 km；

③ G. 652C 型光纤的基本属性与 G. 652A 相同，但在 1 550 nm 波长处的衰减系数更低。非常重要的是，通过改进脱水工艺，C 类光纤尽可能地消除了 OH 离子在 1 380 nm 附近比较严重的"水吸收峰"，使光纤的损耗完全由玻璃的本征损耗决定，在该吸收峰处的损耗亦能低于 0.4 dB/km，从而使系统可以工作在 1 360～1 530 nm 波段。1998 年美国朗讯公司首先推出了这种新型的单模光纤。这种光纤由于大大拓展了单模光纤的工作波长范围，使光纤的全部可用波长范围从大约 200 nm 增加到 300 nm，可用波长范围增加了 100 nm，实现了光纤从1 260 nm到 1 625 nm 的完整波段传输。为此，称其为"全波光纤"(All-Wave Fiber)，也称作"低水峰光纤"(LWPF)或"零水峰光纤"(ZWPF)。它是近年来最先进的城域网用非色散位移光纤。

与此同时，在定义 G. 652 上述三类光纤的基础上，为使消除水吸收峰的光纤也能支持 G. 652B型光纤所支持的应用范围，必须对消除水吸收峰光纤的 PMDQ 值提出更严格的要求。为此，ITU-T 于 2003 年 1 月在 G. 652 系列中又增加定义了一种新的低水峰光纤类型，即G. 652D型光纤。这种光纤的特性与 G. 652B 光纤基本相同，而衰减系数与 G. 652C 光纤相同，系统可以工作在 1 360～1 530 nm 波段。例如，由江苏普天法尔胜光通信公司生产的 G. 652D 低水峰非色散位移单模光纤，即消除了常规单模光纤在 1 383 nm 波长附近由于氢氧根离子引起的吸收水峰，将工作窗口扩大到 E 波段(1 380 ～1 480 nm)，从而适用于1 260 ～1 625 nm 的全波段的传输系统，使光纤在全波段上的色散和衰减得到优化，满足在单根光纤上多信道、高速率传输的要求。

综上所述，常规单模光纤 G. 652 经过了近 20 年的发展，从前期的非色散位移单模光纤 G. 652A、G. 652B，发展到了 20 世纪末以后性能更优良的、波长段扩展的、非色散位移单模光纤 G. 652C 和 G. 652D。全波光纤的出现使多种光通信业务有了更大的灵活性，也大大提高了 G. 652 光纤的市场竞争力。从我国光纤通信业务已往发展的具体情况看，实际已应用较多的是G. 652B光纤。

(2) 色散位移光纤(G. 653 光纤)

为解决标准阶跃折射率单模光纤其零色散波长在 1 310 nm 附近而其最低损耗波长在1 550 nm附近两者不重合的矛盾。研发了使光纤－包层界面的结构复杂化，以调整波导色散，使零色散点移动到 1 550 nm 附近，从而使光纤的零色散窗口与最低损耗窗口两者均统一在 1 550 nm 波长上的光纤。称这种光纤为色散位移光纤(Dispersion-Shifted Fiber，DSF)，它也是1 550 nm波长性能最佳的单模光纤，ITU-T 定义其为G. 653 光纤。

G. 653 光纤色散位移平衡原理如图 5. 18 所示；图 5. 19 则是可能实现色散位移的剖面折射率分布的部分设计结构。G. 653 光纤的工作波长定为 1 550 nm，其部分主要参数的典型数据为：零色散波长范围为 1 500～1 600 nm，色散斜率 $S_0 \leqslant 0.085$ ps/(nm^2 · km)，在 1 525～1 575 nm 范围内最大色散系数 $D(\lambda) < 3.5$ ps/(nm · km)。

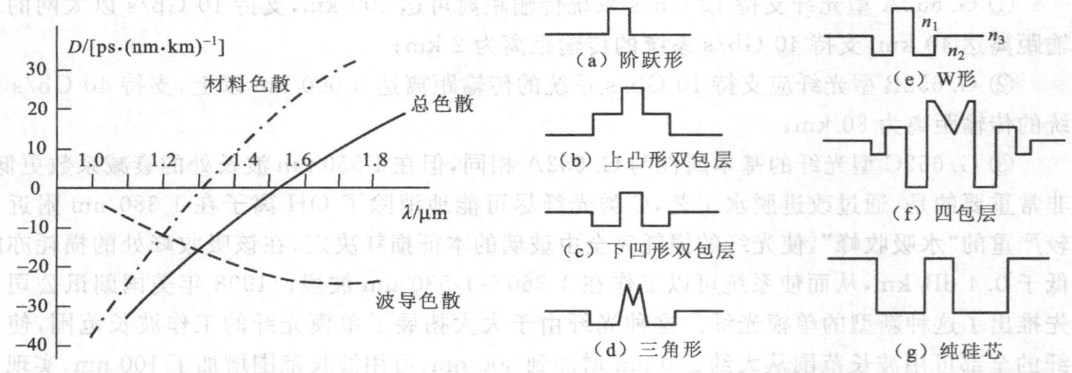

图 5.18 色散位移光纤的色散平衡 **图 5.19 色散位移单模光纤的折射指数分布形式**

由于 G.653 光纤在 1 550 窗口具有良好的特性，且与掺铒光纤放大器(EDFA)及外调制器等技术相结合可实现长距离的全光通信。因而 G.653 光纤曾一度用于 1 550 nm 工作波长的超长海底光缆和陆缆。例如，美国 AT&T 实现了 10 Gb/s 系统在级联 274 个 EDFA 的线路上 9 000 km 无误码传输。另外，G.653 光纤在日本也获得大量应用。但是进一步的研究表明，虽然 G.653 光纤在单波长(信道)、长距离通信中具有很大的优越性，本应成为人们的首选光纤。但因 20 世纪 90 年代以后，随着大容量、超长距离传输需求的迅速增长，采用 EDFA 与密集波分复用(DWDM)相结合的技术体制，已经成为现实，即在 1 550 nm波长附近(1 530～1 560 nm)，选用密集的多路光载波，使其各自受到不同信号的调制，然后再汇集在一根光纤上，通过 EDFA 实现大容量、超长距离的传输。由于光纤中传播的光功率密度大大增加，若将G.653光纤用于 DWDM 系统时，因其在零色散波长区色散值很小将引起严重的非线性效应，即产生“四波混频”，从而使传输信号恶化，对系统危害很大。因此，零色散位移光纤 G.653 不适用于密集波分复用系统。这也就是 G.653 光纤在尔后未获得大量推广的根本原因。

(3) *截止波长位移光纤(G.654 光纤)*

这种光纤是指 1 550 nm 波长损耗最小的光纤，其设计思想是重点解决降低 1 550 nm 波长处的衰减，其零色散点仍位于 1 310 nm 波长处。这种光纤又称为截止波长位移光纤(CSF)，其工作波长定为 1 550 nm，ITU-T 定义其为 G.654 光纤。这种光纤曾主要应用于需要很长再生段距离的海底光纤通信，但是也未获得大量推广。

以上讨论了 G.652、G.653 和 G.654 三类单模光纤，表 5.9 给出了 ITU-T 关于三类单模光纤的主要参数规范。

(4) *非零色散位移光纤 NZDF(G.655 光纤)*

20 世纪 90 年代以后，为解决 1 550 nm 波长下采用 EDFA 以后出现的大容量实现问题，提出了采用密集波分复用技术。对于色散位移光纤 G.653，其零色散波长为 1 550 nm，而 EDFA 的适宜工作波长也为 1 550 nm，因而在这一波长下工作，其色散为零。然而对 DWDM 的信号来说，相互作用的各光波若具有相同的传播相位，则将使“四波混频”效应更为严重，它所派生的新波长往往与某一传输波长相同，这将显著降低多波长 DWDM 系统的信号传输质量。

表 5.9　ITU-T 关于三类光纤主要参数的规范

主要参数 \ 参数值 \ 光纤种类	G.652 光纤	G.653 光纤	G.654 光纤
模场直径(标称值)	9～10 μm 变化不超过±10%	7～8.3 μm 变化不超过±10%	10.5 μm 变化不超过±10%
模场同心度误差/μm	<1	<1	<1
2 m 光纤截止波长/nm	1 100～1 280	—	1 350～1 600
22 m 光缆截止波长/nm	<1 270 或 1 260	<1 270	<1 530
跳线光缆中光纤截止波长/nm	<1 240	—	—
零色散波长/nm	1 300～1 324	1 500～1 600	—
零色散斜率/[ps·(nm²·km)⁻¹]	≤0.093	≤0.085	—
最大色散系数(1 288～1 339 nm)/[ps·(nm·km)⁻¹]	<3.5	—	<3.5
最大色散系数(1 525～1 575 nm)/[ps·(nm·km)⁻¹]	<20	<3.5	<20
包层直径/μm	125±2	125±2	125±2
典型衰减系数(1 310 nm)/(dB·km⁻¹)	0.3～0.4	—	—
典型衰减系数(1 550 nm)/(dB·km⁻¹)	0.15～0.25	0.19～0.25	0.15～0.19
1 550 nm 的宏弯损耗/dB	<1	<0.5	—
适用工作窗口/nm	1 310 和 1 550	1 550	1 550

为有效遏制四波混频效应，使在光纤上容许传播较大功率和多路波长，1993 年为适应 EDFA 与 DWDM 应用的系统而专门设计的新型非零色散位移光纤(Non Zero Dispersion Fiber，NZDF)问世。其设计思想是，采用特殊的纤芯结构来调整波导色散大小，以使零色散波长移到掺铒光纤放大器的工作波段之外。具体实现是，将零色散点设置在 1 550 nm 以下或以上的较短波长范围内(如 1 520 nm 或 1 570 nm)，使 1 530～1 565 nm 波长范围内的色散值保持在 0.1～6.0 ps/nm·km，1 550 nm 波长处光纤的色散值接近于零但并不为零。既避开了零色散区，但又保持了较小的色散值。这种光纤由于将工作波段的色散值控制在所需范围内，因而可有效地抑制由于四波混频效应所引起的非线性失真；同时，色散值又很小，可以保证色散不会成为系统容量的限制因素。ITU—T 定义这种非零色散位移光纤为 G.655 光纤，又称非零色散光纤。

采用 NZDF 的好处是，兼容了常规单模光纤(G.652)与色散位移光纤 DSF (G.653)两类光纤的优点，同时又解决了常规单模光纤的色散受限和 DSF 难以实现 DWDM 的致命弱点。将 G.655 光纤与 G.653 光纤相比，除零色散点移动外，其余特性相同。在 1 550 nm 波长处具有最小损耗与色散，虽然其色散系数不为零，但比 G.652 光纤已大大降低，缓解了因色散而使传输距离受限的矛盾；更重要的是，可以在此低色散与低损耗波段区，方便地开通多波长 DWDM 系统，而不会受到四波混频效应的制约。总之，G.655 光纤是实现高速率长距离传输的较理想选择。国外从 1998 年开始大量使用；我国从 1998 年开始使用，如国内第一条 G.655 光缆线路(广州——惠州)和 G.655 国家一级干线沈阳——大连线。2000 年以后，国家一级干线大量使用，因此 G.655 在尔后的几年得到了更大的发展。

图 5.20(a)、(b)给出了非零色散位移光纤的两种剖面折射率结构设计方案。

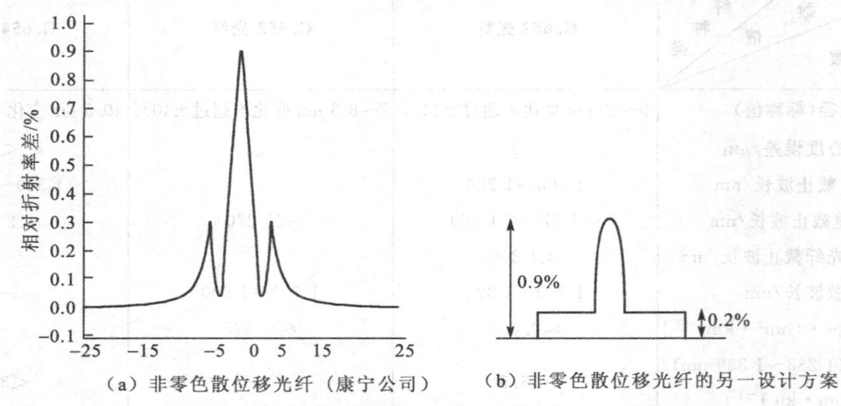

(a) 非零色散位移光纤（康宁公司）　(b) 非零色散位移光纤的另一设计方案

图 5.20　非零色散位移光纤的两种设计方案

鉴于各大公司生产的 G.655 光纤差异较大，2000 年 10 月世界电信标准大会进一步规范了 G.655 光纤的标准。新标准将 G.655 光纤分为 A、B 两类，且将要求提高。以后又补充规范了一种新的 G.655C 型光纤。三类 G.655 光纤所支持的应用条件分别为：

① G.655A 类光纤。适用于带光放大器的单通道 SDH 系统和高至 10 Gb/s(STM−64)、波道间隔≥200 GHz(粗波分复用)的 G.692 带光放大器的波分复用系统。即 G.655A 光纤支持 200 GHz 及其以上间隔的 DWDM 系统在 C 波段(1 530～1 565 nm)的应用，同时可以支持以 10 Gb/s 为基础的 DWDM 系统，这类光纤只能用于 C 波段，其色散值范围为0.1～6.0 ps/(nm・km)，对 PMD 值不做要求。

② G.655B 类光纤。适用于速率高到 10 Gb/s(SMT-64)、波道间隔≤100 GHz 的G.692带光放大器的密集波分复用系统，此种光纤可用于C、L(1 530～1 565 nm)两波段，其中在C波段的色散值范围为 0.1～10 ps/nm・km。另外，为满足密集波分复用，对链路的 PMD 值提出要求。总之，G.655B光纤可以支持以 10 Gb/s 为基础的、100 GHz 及其以下间隔的 DWDM 系统在 C 和 L 波段的应用，并能支持 10 Gb/s 速率系统传输 400 km 以上的距离。

③ G.655C 类光纤。这类光纤支持 100 GHz 及其以下间隔的 DWDM 系统在 C、L 波段的应用，并能支持 N・10 Gb/s 的系统传输 3 000 km 以上，或支持 N・40 Gb/s 系统传输 80 km以上。其最大 PMD 值为 0.20 ps/km，其他特性与 G.655B 是一样的。

由于非零色散位移光纤(G.655 光纤)是近七八年间发展起来的新型光纤，因而其规格与性能仍在不断改进发展之中。已出现的如下两种有代表性的改进型光纤分别为：大有效面积光纤和色散平坦型光纤(小色散斜率光纤)。两种光纤的折射率分布如 图 5.21(a)、(b)所示。

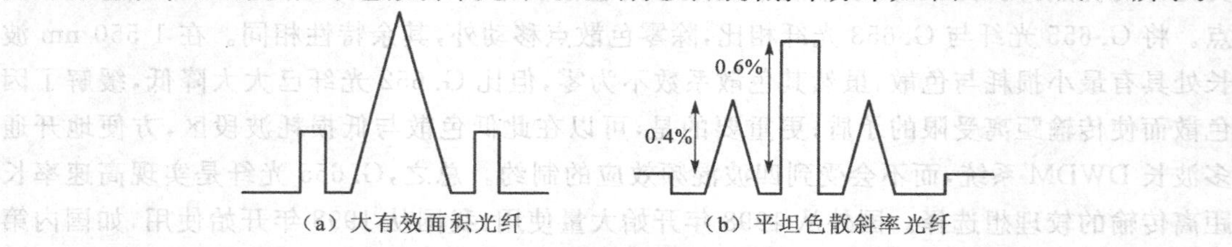

(a) 大有效面积光纤　(b) 平坦色散斜率光纤

图 5.21　非零色散位移光纤的改进型

- 大有效面积光纤。其设计思想是使模场直径最大化。由康宁公司生产的大有效面积光纤(Larger Effective Area Fiber),其模场分布的有效面积明显大于普通的G.655光纤,其模场直径从普通G.655光纤的8.4 μm增大到LEAF光纤的9.6 μm,相应有效面积从50 μm^2 增加到75 μm^2,因而在注入相同光功率时,其光功率密度大大降低,从而有效抑制了非线性效应。使之更适合于DWDM系统的应用。
- 色散平坦型光纤。为提高光纤的有效带宽,希望实现在整个长波通信的波段(1 300～1 600 nm),不仅具有低损耗,也应有低色散。色散平坦型单模光纤有两个零色散波长,分别为1 305 nm和1 620 nm。在此二零色散点之间色散特性平坦,数值较小,且色散斜率也很小(参见图5.22)。色散平坦型光纤剖面折射率分布结构复杂,其基本初始结构为W形光纤。

图5.23综合给出了几种单模光纤的色散分布曲线,从中可以看出单模光纤各种类型设计思想的演变。

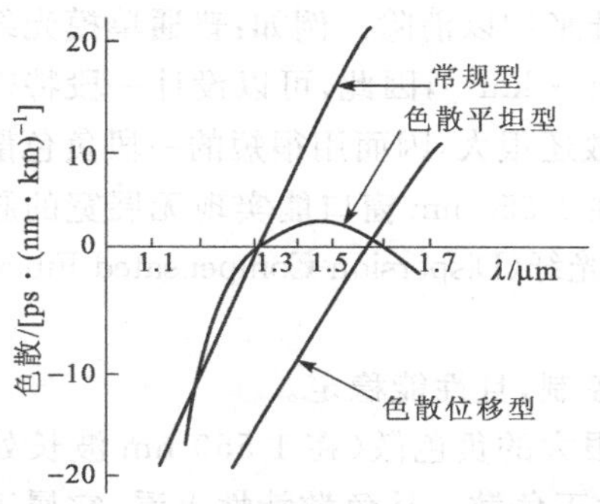

图5.22 色散平坦型光纤色散特性

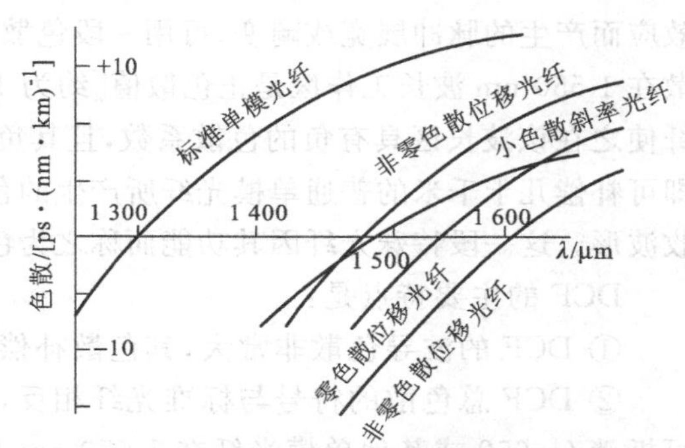

图5.23 几种单模光纤的色散分布线

(5) G.656光纤

为了进一步增大可利用的波长范围,以增加波道数,2002年由日本NTT等公司提出了一种适用于DWDM系统S+C+L波段(其中S波段波长范围为1 460～1 530 nm)应用的新型光纤,即在S+C+L波段(1 460～1 625 nm)为非零色散,但色散变化又维持在一个较小的范围。ITU-T于2004年6月发布规范,命名这种新型光纤为G.656光纤。

综上所述,近十多年来随着光纤通信技术的迅速发展,为适应不同用途的需要,各种新型的单模通信光纤品种不断出现,近年来又出现了G.657和G.658光纤。例如,普天法尔胜研发生产的弯曲不敏感B类光纤(G657.B2),其性能即符合、优于ITU-T G.657建议B类光纤的要求,光纤采用低水峰光纤制造工艺,在全波段(1 260 ～1 625 nm)范围内,具有较低的损耗,但比普通常规单模光纤具有极强的抗弯曲能力,如在1 550 nm窗口处,7.5 mm弯曲半径的光纤附加损耗小于0.5 dB,能够满足弯曲半径较小的光缆和小尺寸光器件对弯曲性能的特殊要求。目前光纤通信产品的应用出现了明显的细分化,对长途、城域和接入网等不同层次的网络和不同的使用要求,均有相应的光纤品种去满足。上述各种通信光纤、特别是各种类型单模光纤在我国不同层次的网络建设中均有了大量应用。例如,我国西部的长途通信干线、大部分城市的城域网建设、接入网的大部分多采用G.652A和G.652B类光纤;城域网一般采用4－16信道的粗波分复用系统,G.652A可用于10 Gb/s速率的粗波分复用系统,G.652C和G.655类光纤可用于建设大城市的城域网骨干光缆;我国东部地区及连接西安、成都等枢纽城市的长途光缆多采用 G. 655B 类光纤。我国从 1989 年起大量敷设单模光纤通信线路，且前期建成的通信线路基本上是以 G. 652 单模光纤、特别是 G. 652B 为主（仅京九光缆少量采用 G. 653 光纤）；1999 年开始则较多地采用 G. 655 光纤，线路建设发展到以 G. 652 和 G. 655 光纤为主的阶段。

5.2.3 特种光纤

除了上节所介绍由 ITU-T 规范的大批量生产的通信用系列标准光纤，以及应用也相当广泛的传光与传像光纤外，尚有一些具有特殊性能与应用的光纤，例如色散补偿光纤、掺铒光纤、多芯单模光纤、保偏光纤、红外光纤以及光子晶体光纤等，我们称之为“特种光纤”。

1. 色散补偿光纤(DCF)

为解决长途光纤通信中的色散补偿问题，特别是对已大量安装的 G. 652 光纤，解决常规单模光纤在 1 550 nm 波长窗口的色散补偿问题，具有极大的迫切性。

色散补偿，又可称为光均衡，其基本原理是当光脉冲信号经长距离光纤传输后，由于色散效应而产生的脉冲展宽或畸变，可用一段色散补偿光纤来加以消除。例如：普通单模光纤的色散在 1 550 nm 波长工作区是正色散值[约为 17 ps/(nm · km)]，因此，可以设计一段特殊的光纤使之在该波长区具有负的色散系数，且其负色散系数还很大，因而用很短的一段负色散光纤即可补偿几十千米的普通单模光纤所产生的色散，使在 1 550 nm 窗口能实现无展宽的脉冲接收波形。这一段特殊光纤因其功能而称之为色散补偿光纤(Dispersion-Compensated Fiber)。

DCF 的主要特点是：

① DCF 的波导色散非常大，其色散补偿量可以控制，且性能稳定。

② DCF 总色散的符号与标准光纤相反，并具有很大的负色散（在 1 550 nm 波长处），足可抵消 G. 652 或其他单模光纤在 1 550 nm 处的较大正色散。从色散特性上看，它属于一种色散位移光纤。若对原使用 1 310 nm 的 G. 652 光纤系统予以升级和扩容（变至 1 550 nm 波长区），则只需少量的 DCF 和 EDFA 即可达到目的。

③ DCF 可放在光纤线路中的任何位置上（仅受到 EDFA 和光接收机灵敏度的限制）与常规的 G. 652 光纤串联，安装灵活方便。

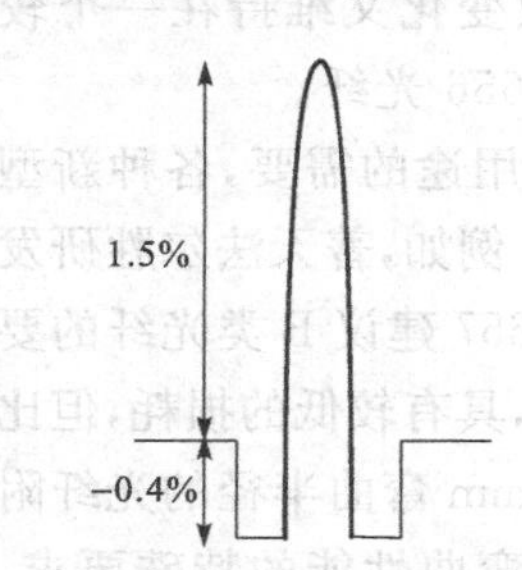

图 5.24 色散补偿光纤的一种结构

④ DCF 的纤芯与包层的折射率差一般很大，且有效面积很小。改善 DCF 的剖面结构和制造工艺，可实现较大范围的色散补偿，且得到较低衰减。

⑤ DCF 虽然引入了插入损耗（典型值为 0.5～1.0 dB/ km)，但可通过 EDFA 予以弥补。

色散补偿光纤已研制出单包层、W 形、三包层及四包层等多种结构。其色散值在 1 550 nm 波长处一般为 −50 ～ −200 ps/(nm · km)，更高的色散补偿系数例如可达 −548 ps/(nm · km)。图5. 24给出了色散补偿光纤的一种设计结构。色散补偿光纤存在的最大问题是损耗较大。

2. 掺铒光纤(EDF)

掺铒光纤（Erbium-Doped Fiber）是掺铒光纤放大器 EDFA（Erbium Doped Fiber Ampifier）的关键光纤器件，它是特种光纤的一种重要类型。掺铒光纤是在以熔石英为主要成分的单模光纤中掺以稀土元素杂质中的铒元素(Er^{3+}离子),即称为掺铒光纤 EDF。有关掺铒光纤的具体内容参见尔后的 6.8.1 节中的“掺铒光纤放大器”。

3. 多芯单模光纤

多芯单模光纤(Multi-Core mono-mode Fiber,MCF),它是一个外包层内含有多根纤芯,而每根纤芯都是各自有内包层的单模光纤。例如,MCF－4 即为阿尔卡特公司等研发的四芯单模光纤。

多芯单模光纤可以提高光缆的集成密度,并具有良好的技术经济优势,可全面降低光纤光缆的成本。其主要性能指标略优于或相当于 G.652 常规单模光纤。

4. 保偏光纤

保偏光纤是具有保持偏振态稳定能力的光纤,具体包括高双折射光纤与单偏振态单模光纤。详细内容已于 4.1.3 节中介绍过。由江苏法尔胜光电科技公司研发生产的“熊猫型”与“一字型”保偏光纤均具有双折射效应高、弯曲稳定性好、保偏性能好、紫外固化双涂覆层结构、一致性好、环境稳定性和可靠性高、衰减低等优良性能。其中,“一字型”保偏光纤吸取了领结型与椭圆茄克型保偏光纤的双重优点,创造了国内领先的小应力区结构,其应力作用区面积仅为“熊猫型”的 1/3～1/4,但却可达到同等或更好的保偏效果。上述保偏光纤可广泛应用于光纤陀螺、光纤偏振传感器、熔锥型保偏耦合器等偏振相关器件领域;其中,“一字型”保偏光纤已成功应用于海、陆、空、天等各类平台的导航、定位和姿态控制系统。

5. 红外光纤

利用非硅酸盐玻璃制造的光纤能传输在石英光纤中不能通过的红外波长,而传输红外波长损耗极低的石英光纤已被证明是难以制造的。图 5.25 给出了能传输红外波长的几种材料光纤的衰减谱。

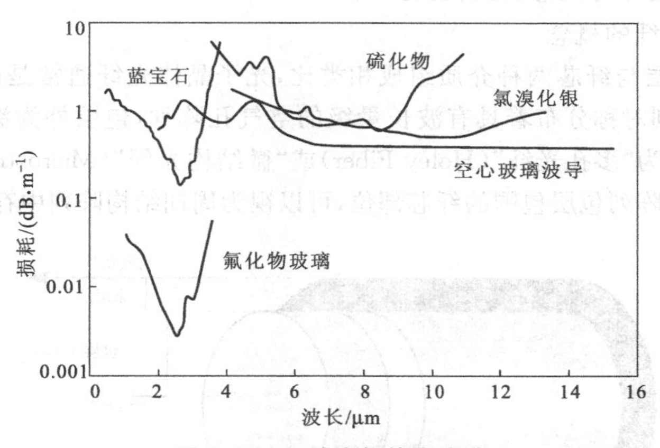

图 5.25　红外光纤的衰减谱

氟化物光纤(通常简称为氟光纤)能传输 0.4～5 μm 波长范围的光波,其成分主要由四氟化锆(ZrF_4)和二氟化钡(BaF_2)组成,并掺入其他成分形成玻璃混合物。商品氟光纤的最低损耗在 2.6 μm 处,约为 25 dB/km,实验室研究已有损耗为 1 dB/km 氟光纤的报道。氟光纤易受潮气影响,因此应在低温度条件下保存和使用;另外,由于氟光纤的折射率高于 2,因此端面的菲涅耳反射损失较严重。但是,由于氟光纤有一些可取的光学特性,因而可将其应用于某些掺铒光纤放大器中。

卤化银(图中为 AgBrCl)制成的光纤能传输 3～16 μm 的红外波长。卤化银并非真正的玻璃,而是由许多小晶体构成的固体。

人工水晶蓝宝石(Al_2O_3)所拉制出的单晶光纤能传输 0.5～3.1 μm 波长,其衰减比氟光纤高,但材料的耐久性更好。

红外光纤主要应用于红外光通信研究以及空间与军事科学研究的需求。

6. 光子晶体光纤

(1) 光子晶体光纤产生的背景与重要意义

随着人类进入以原子物理、光量子物理来科学描述微观世界的时代,用于描述这些微观世界快速运动的时间单位与精度,也逐步发展到毫秒(10^{-3} s)、微秒(10^{-6} s)、纳秒(10^{-9} s)、皮秒(10^{-12} s)乃至飞秒(10^{-15} s)。用于研究反映物理、化学中电子快速运动过程的电子技术,已可产生毫秒、微秒、纳秒和皮秒级的电脉冲,但无法产生飞秒脉冲。20 世纪 60 年代出现的激光技术为产生皮秒和飞秒级的光脉冲提供了新的技术手段。飞秒激光技术经历了 1981 年的染料激光(第一代)和 1991 年以掺钛兰宝石激光(第二代)为代表的发展阶段,实现了超快的时间特性和超强的功率特性(峰值功率可提高至 10^{15} W),成为激光受控核聚变的快速点火、新一代加速器、精密微纳加工等前沿科学技术的重要支撑技术,从而开创了飞秒激光技术应用的新时代。在这样的前沿科技发展需求的背景下,1995 年在德国研制出了第一根光子晶体光纤(Photonic Crystal Fiber,PCF),到 21 世纪初已形成以光子晶体光纤激光为代表的新一代飞秒激光技术。其主要特征是,将微纳结构引入增益介质,从而使产生飞秒激光的主要物理机制成为可控、可调、可设计,且其集成的功能具有高效率、高功率(平均)、高光束质量、结构简单、运行稳定等特点。因而了解和研究光子晶体光纤具有重要意义。

(2) 光子晶体光纤的概念、结构类型与机理

① 光子晶体光纤的概念

与光纤是由包层与纤芯两种介质组成相类比,光子晶体光纤通常是由单一介质构成的,其包层周期性地规则对称分布着具有波长量级的空气孔阵列,包层外为涂覆层,如图 5.26 所示。因此,也可称其为"多孔光纤"(Holey Fiber)或"微结构光纤"(Microstructure Fiber)。光纤的中心,即被空气孔阵列包层包围的纤芯部位,可以视为周期结构阵列中存在的"缺陷"。

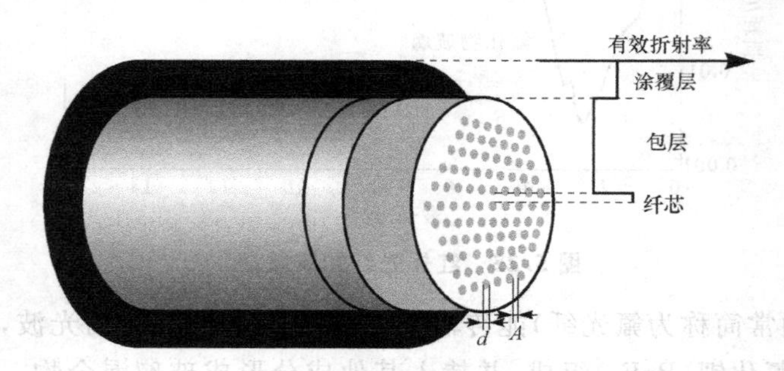

图 5.26 光子晶体光纤结构示意图

光子晶体光纤的微结构特性主要由三个参量决定,即空气孔的直径 d,相邻两孔之间的距离 Λ,以及纤芯的直径 D。PCF 的这种微结构特性决定了它与传统光纤的特性有很大差异。

② 光子晶体光纤的结构类型、机理与特性

根据纤芯缺陷部位的介质情况，可以将光子晶体光纤区分为两类：纤芯可以是实心的，即与包层介质材料相同，如图 5.27(a)所示，称其为折射率引导型(Index Guiding)PCF。这种 PCF 可视为由许多石英芯的细微管按设计要求的六角形等做规则排列，纤芯缺陷处插入实心细石英棒，尔后在高温下通过数次复丝拉伸获得；纤芯也可以是空心的(即为空气孔)，如图 5.27(b)所示，称其为光子带隙引导型(Photonic Bandgap Guiding)PCF。

以下，重点介绍折射率引导型光子晶体光纤。

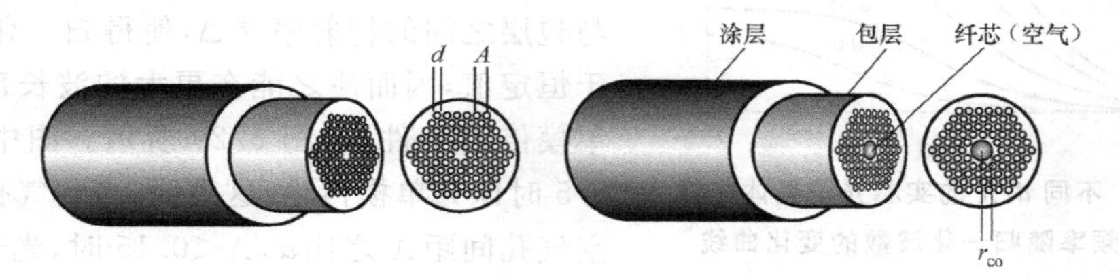

(a)折射率引导型 PCF(实心)(TIR－PCF)　(b)光子带隙引导型 PCF(空心)(PBG－PCF)

图 5.27　两种光子晶体光纤结构示意图

(a)折射率引导型光子晶体光纤

折射率引导型 PCF 的传光机理，与传统阶跃光纤的纤芯与包层界面处全反射的传光机理类似。纤芯为石英材料，其折射率为 n_1；包层则为由石英材料和空气孔构成的二维光子晶体，其多孔的阵列结构有效地降低了包层的平均折射率(包层折射率可视为石英与空气折射率的平均，并以空气填充率加权)，因而包层材料的有效折射率 n_{eff} 低于纤芯的 n_1，即 $n_{\mathrm{eff}} < n_1$，其折射率差构成了与传统阶跃光纤类同的全内反射传光机理。为此，又称之为全内反射(Total Internal Reflection)PCF，简称 TIR-PCF。图 5.28 示出了折射率引导型 PCF 的典型端面结构及其全内反射传光机理。

由于 PCF 的特殊结构，使之具有一些常规光纤难以具有的特性。

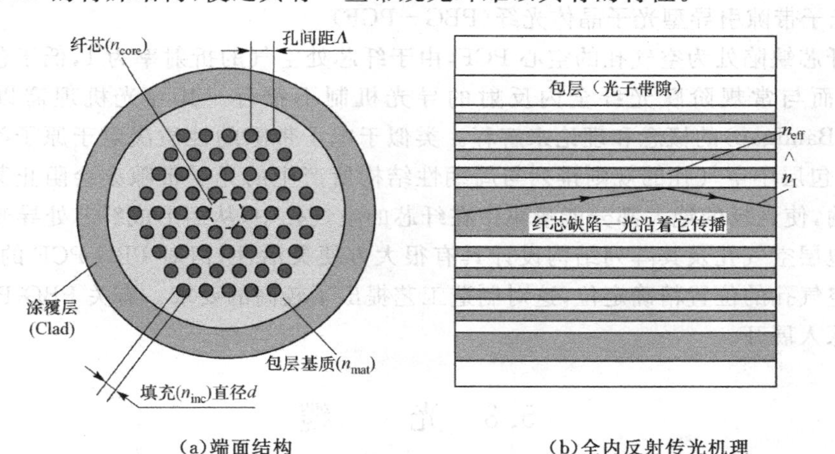

(a)端面结构　(b)全内反射传光机理

图 5.28　折射率引导型 PCF 的端面结构与传光机理

对于普通的阶跃折射率光纤，满足单模传输的条件是 $0 < V = \frac{2\pi a}{\lambda}\sqrt{n_1^2 - n_2^2} < 2.405$ [参见(3.173)式]。对于给定的光纤，对应着一个特定的波长 λ_c，只有当工作波长 $\lambda > \lambda_c$ 时，

才能保证单模传输；而对于光子晶体光纤，V 参数同样可以用来判断 PCF 中的模式。但不同的是，通过适当的结构设计，如调节占空比、孔径大小等可以使包层的有效折射率 n_{eff} 在一个很大的变化范围内得到改变，而不再是常数。例如，可以获得较大的相对折射率差 Δ，其值甚至可超过常规光纤（约为 0.01）一个数量级以上。另一方面随着波长的减小，光场越来越集中在折射率高（n_1）的纤芯中，这相当于等效地提高了包层的折射率 n_{eff}，从而有效地减小了纤芯与包层之间的折射率差 Δ，使得归一化频率 V 趋于恒定值，因而使之能在更大的波长范围内满足单模传输条件，如图 5.29 所示。图中，当 $V_{eff}<2.5$ 时即为单模传输，这表明，当空气孔直径 d 与空气孔间距 Λ 之比 $d/\Lambda<0.15$ 时，光子晶体光纤对任意波长的光（从紫外到红外的全波长范围内），均可保证单模传输。此即重要的 PCF 无截止的单模传输特性。这一特性具有重要意义。例如，由于上述结论中不涉及 PCF 的纤芯直径 D，即与光子晶体光纤的纤芯直径无关。这就意味着当我们将光子晶体光纤用于激光，特别是飞秒激光的产生、放大和传输时，可以将其纤芯做得较大。从而在保证单模传输和光束质量的情况下，不仅大大提高其能够承受的平均功率，而且大大减小了因非线性效应对飞秒激光峰值功率的限制。此即高功率低非线性的应用。正因为如此，用大模场光子晶体光纤研制的飞秒激光振荡级可输出高达 10 W 的平均功率而没有脉冲分裂，放大器输出功率高达数百瓦而仍能保持高光束质量的单模传输。目前，大模场光子晶体光纤的纤芯直径已接近 100 μm，平均功率数数百瓦的单模高光束质量的飞秒激光放大系统已经实现；相反，也可将纤芯面积做得很小（如 1 μm²），从而可以极大地提高泵浦效率。另外，也可用于高效率的色散补偿。有关 PCF 的损耗特性与可控的色散特性等，此处不再展开。

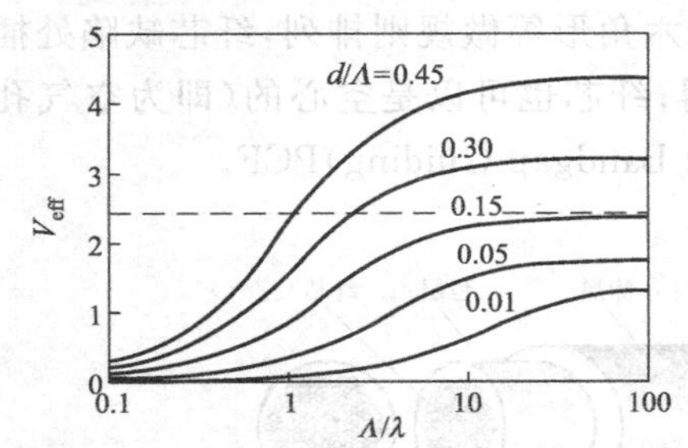

图 5.29 不同 d/Λ 的实芯光子晶体光纤归一化频率随归一化波数的变化曲线

（b）光子带隙引导型光子晶体光纤（PBG－PCF）

对于纤芯缺陷处为空气孔的空心 PCF，由于纤芯处空气的折射率为 1，低于包层的平均折射率，因而与常规阶跃光纤全内反射的导光机制不符合。其导光机理需以光子带隙（Photonic Bandgap）的概念和理论来解释。类似于电子带隙的性质决定于原子类型与晶体结构；PCF 包层中空气孔的规则排列与周期性结构所产生的光子带隙亦会阻止某些波长的光不能传输，使光场的绝大部分能量集中在纤芯的空气孔中，从而形成纤芯处导光的机制。

虽然包层空气孔及其阵列结构设计具有很大方便灵活性，但对 PBG-PCF 的导光机制，要求纤芯空气孔的位置精确定位，这对制造工艺提出了较高的要求。有关 PBG-PCF 的内容此处不再深入展开。

5.3 光　　缆

经过涂覆与套塑的光纤，虽然已具有一定的抗拉强度，但仍不能承受弯折、扭曲、强拉伸以及侧向压力等，也不能承受温度、潮湿等恶劣环境的影响。对于光纤最普遍、大量应用的光纤通信领域，必须解决好光纤成缆的工程化应用基础。光纤成缆即是将多根光纤与各种保护元件组合起来，封装成捆，组成光缆的工艺过程。

5.3.1 光纤成缆的必要性与设计制造要求

1. 成缆的必要性

光纤成缆的必要性，首先在于方便操作，便于工程上的安装、敷设与检查、维修，这对于应用在大通信容量路由器、由数百根光纤组成的光缆来说，作用尤显突出；另一个重要原因是为了保护光纤，使之免受光缆在敷设和使用过程中可能受到的各种力对光纤产生的机械破坏作用。光纤成缆需要特别关注的几方面问题是：沿光缆长度方向施加的应力或张力（如光缆在制造与敷设过程中的拉伸不能超过光缆长度的0.1%～0.2%），还要能承受短期的动态力；抗挤压性即沿光缆直径方向施加的挤压力或侧向压力（如深海海底光缆要能承受数千米深海水的压力）；第三方面则是，光纤成缆可以免受恶劣环境影响所造成的渐变与退化。例如，光纤长期暴露在潮湿环境中会导致其强度与光学特性的退化，为此要在光缆设计中设置防水和隔离潮气的屏障；架空光缆要能承受从夏季高温到冬季严寒的极端温度变化（－40 ℃～＋60 ℃）；光缆还应防止潮气结冰所可能导致的微弯、损耗等影响。此外，为了防止超乎寻常的意外破坏力——如水底光缆为防止船锚可能的破坏，在靠岸部分要铠装；陆地直埋光缆也需要防止挖掘或地鼠等意外破坏。

2. 光缆的设计原则与制造要求

对光缆的主要技术要求是，在制造成缆、安装敷设以及各种恶劣的使用环境下，光纤不断裂，所受的应力尽可能小，且其传输性能不受影响并保持长期稳定性。

（1）光缆设计的基本原则

① 为光纤提供良好的机械保护，使光缆具有优良的机械性能，包括抗拉强度、抗压、抗冲击和弯曲性能，以确保光纤不受外界应力而损坏。为此，在光纤中需有承受负荷的专门元件——强度元件，并采取多种相关措施；

② 在成缆的过程中应保持光纤的传输性能不改变，为此要设计合理的光缆结构，减小机械力可能引起的微弯损耗，选择线膨胀系数适当的光缆材料，减小热湿度效应引起的微弯损耗；

③ 光缆的制造、安装敷设、维护检修应方便可靠；

④ 根据技术条件要求，选择性能优良的光纤，以保证通信传输的性能与质量要求。

（2）光缆设计中的一些考虑和要求

光缆是为特定使用环境和条件而设计的，因此具有很强的针对性和专用性，必须充分考虑所敷设的环境，同时应符合用户要求提供的服务。

根据不同的应用要求和光缆使用环境，可将光缆类型细分为近20种，但其中最重要的几种类型是：办公室内或仪器设备内部（如计算机内部）用单芯软光缆、架空光缆、地下管中或直埋光缆、海底光缆、野战光缆、复合光缆等。每种光缆都有自己独特的结构形式和性能特点。

不同使用要求与敷设环境的光缆，设计中应考虑的一些重要原则如下：

- 仪器设备内部使用的光缆应体积小，结构简单，价格低廉；
- 办公室内和建筑物内光缆应符合电气与消防安全法规的要求；
- 光缆中包含光纤的数目取决于终端用户的数目。从个体终端使用的两纤双工光缆，到包含数百至上千光纤的多纤光缆；
- 分支或扇出光缆是一种建筑物内光缆，其中的光纤可组合成单纤或多纤子缆，使用户可将光缆分组；

- 复合光缆或混合光缆同时含有光纤和铜导线，能将不同的通信服务和电力发送到同一点；
- 室外光缆设计应能承受恶劣的室外工作环境，如架空光缆或地下光缆，大部分光缆应带有聚乙烯护套，以防止潮气进入，同时能经受极限温度与日光照射；
- 架空光缆。由于悬挂在室外电杆上，因而应有保护光纤免受应力影响的内应力件（如钢筋等）；
- 全介质光缆。采用绝缘的加强件而不含金属元件，因此可防雷击，适用于室外多雷地区；
- 铠装光缆。最外层有一层铠甲对光缆起机械保护作用，铠甲内外均用聚乙烯层包围，使铠甲免受腐蚀；
- 海底光缆。采用多层防护结构设计，以承受巨大海水压力和防止渔业作业等破坏。

(3) 对光缆制造工艺的基本要求

根据光纤特点，光缆制造工艺应注意：

① 严格控制放线、收线张力及其他外力对光纤的作用，以保证在制造过程中光纤不断裂，所受应力小；

② 严格控制制造过程中外力引起的微弯损耗；

③ 选用合理的塑料挤出工艺，避免由于塑料热收缩而导致的微弯损耗。

5.3.2 构成光缆的结构要素

所有的光纤光缆都是由共同的结构要素构成的，但根据不同的使用环境与性能要求，其各要素的具体组合与侧重可不相同。

光缆的组成结构可分为缆芯、强度元件和防护层三大部分。

1. 缆芯

缆芯是光缆结构的功能主体部分，其中包含着能实现通信预定要求的必要数量的套塑光纤。缆芯的主要作用是，给光纤妥善地定位，并使光纤在各种外力的影响下始终能保持优良的传输性能。缆芯中的不同光纤可以用颜色编号以便于识别；缆芯中也可以包含多个子缆，每个子缆包含多根光纤，各子缆也可以进行编号。

2. 强度元件

强度元件是光缆的重要结构要素，它从机械上保证了光纤的安全，决定了光缆可以承受拉伸负荷的能力；另外，由于强度元件材料的线膨胀系数与光纤的线膨胀系数不同，当外界温度变化时，光纤有可能受到纵向压缩应变导致微弯损耗。为此，在选择强度元件材料时，应考虑机械与热两方面因素的影响，即应选择具有高杨氏模量、高弹性范围、高比强度、低线膨胀系数和一定柔软性的材料，以得到强度高、重量轻、热性能稳定的光缆结构。强度元件材料用得较多的金属材料是钢丝、钢绞线或钢管等，其杨氏模量高，价格便宜，但比重太高；用作强度元件的重要非金属材料是芳伦纤维（Kevlar 纤维），它是一种芳香族聚酰胺纤维，是由许多细丝绞合或平行成束，它具有极高的杨氏模量与比强度，一般多应用于强电磁干扰环境和多雷区。

强度元件有两种结构方式，一种是放在光缆中心的中心加强方式，多为金属加强芯；另一种是放在护层中的沿圆周排放的外层加强方式，多为非金属强度元件。

在强度元件外面通常都挤包或绕包塑料，以保证强度元件与光纤接触的表面光滑且有一定的弹性。

3. 防护层

光纤防护层一般包括填充物、缓冲层、内护套、防水层、铠装层、外护套等。

① 填充物:在由光纤与强度元件构成的多单元缆芯的组合光缆中,各缆芯单元之间通常要加入由聚乙烯 PE(抗潮性好,为室外光纤的标准材料)、聚氯乙烯 PVC(阻燃,柔软,多用于室内光缆)和聚丙烯等制成的填充物,其作用是固定各缆芯单元的位置。

② 缓冲层:用于保护缆芯免受径向压力,通常采用塑料尼龙带沿轴向螺旋式绕包缆芯的方式。

③ 内护套:多用于强度元件沿光缆边缘排放的光缆中,是在光缆中心的缆芯外套上设置的一层聚酯薄膜或其他材料制成的护套。它一方面可将缆芯各单元捆扎成一个整体,另一方面可起隔热与缓冲作用。

④ 防水层:在海底光缆及一些特殊应用场合,必须在光纤中加装防水防潮层,以避免水和潮湿气体对光缆传输特性和机械性能的影响。目前广为使用的防水层是 LAP(铝一聚乙烯层)护套,即为复合铝带双面涂塑,并与 PE(聚乙烯)护层紧密黏结,从而对光缆起到径向防潮作用;与此同时,在松套管和缆芯中所有的缝隙均充满防潮阻水的油膏与化合物,以确保光缆一旦断裂也在纵向不渗水。

⑤ 铠装层:地下直埋光缆为确保光纤不受径向压力损害,需要在光缆外加装钢质金属护套,金属护套内外均应有塑料护套保护,以防止腐蚀;类似地,浅海光缆一般也应有一层或数层铠装,以防止拖轮或船锚等外界对光缆的损伤破坏。

⑥ 外护套:利用挤塑的方法将塑料挤铸在光缆外围,构成光缆外护套。常用的外护套材料有聚乙烯(PE)、聚氯乙烯(PVC)和聚氨基甲酸酯等。为了加强防护效果,有的水下光缆(如 GYTA5333),在钢丝绕包铠装的内侧挤塑一层中密度聚乙烯(MDPE)外护层,而在铠装外侧再挤塑上一层高密度聚乙烯(HDPE)外护层。

除了上述缆芯、强度元件和防护层三方面结构外,有的如复合光缆在含有光纤的同时,还含有铜导线,从而可实现将不同的通信服务和电信号传输到同一点。例如,光纤将工作站与局域网相连,同时铜导线将语音电话服务传送给同一用户。

5.3.3 常用光缆的典型结构

根据使用要求与环境条件的不同,常用光缆的一些典型结构列举如下。

1. 绞合型紧结构光缆

这种光缆又称为“层绞式光缆”是一种紧结构光缆。其结构特点类似于普通电缆,其中心强度元件承受张力,被覆光纤紧密排列并以一定的节距绞合成缆、并紧紧地被包埋在塑料之中[图 5.30(a)为紧套的八芯绞合型光缆];也可将多个由若干光纤绞合构成的单元缆芯再绞合成缆,从而制成多单元高密度的多芯光缆[如图 5.30(b)所示。]。

绞合型光缆中所用的光纤有紧包光纤和松包光纤两种,紧包光纤绞合型光缆在受张力时,因光纤“不自由”没有相对活动的余地,光纤的应变直接取决于光缆的应变,其抗侧压的性能也较差;而松包光纤绞合型光缆中,由于光纤在塑料套管中有一定的径向活动余地,因而可使光纤的应变小于光缆的应变。

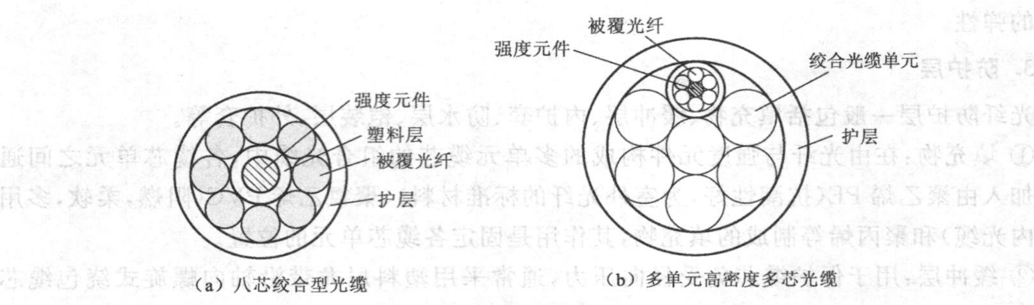

图 5.30　紧套绞合型(层绞式)光缆

2. 骨架型松结构光缆

在这种结构中光纤处于较大的空间中，有相对活动的余地。V形槽骨架型光缆是其中最典型的一种(参见图5.31)。由于光缆在缆中是“自由”的，并有一定的余长，当光缆受张力(或压缩)时，光纤有一定的相对活动余地，这样就可以减小光纤所受的应力，并可减小光纤的微弯。又因光纤不直接受侧向力的作用，因此这种光缆结构不仅具有优良的抗张强度，还具备优异的抗冲击性能，成缆引起的微弯损耗小。其缺点是加工工艺较复杂，对于V形槽骨架结构，需解决螺旋槽骨架的挤出及成缆时成缆节距与螺旋槽节距的同步问题。

我国和欧亚国家多采用上述两种典型结构的光缆。

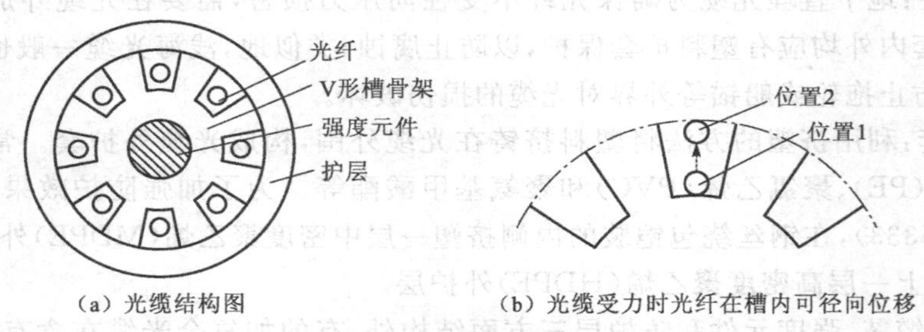

图 5.31　V形槽骨架型光缆

3. 带状结构光缆

将多根光纤平行放置并镶嵌在塑料护套中，即构成带状光缆单元，如图5.32(a)所示；若将若干个带状光缆单元按一定方式堆放在松管内，可制成松管光缆，如图5.32(b)所示；也可将若干带状光缆单元按一定方式排列扭绞成缆。

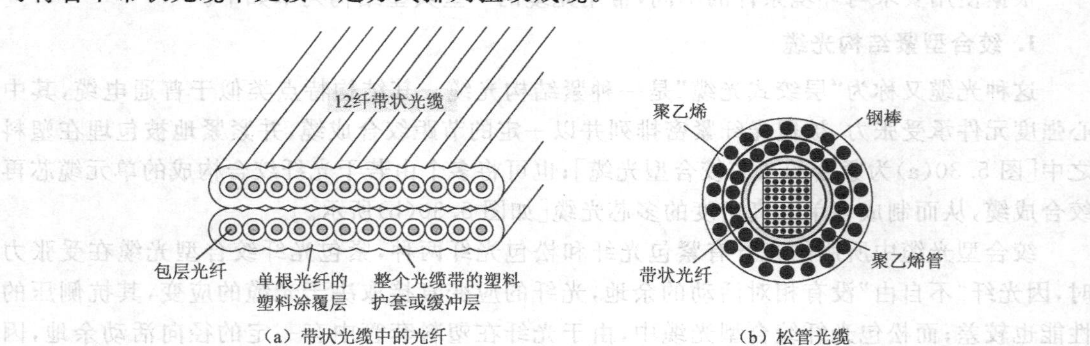

图 5.32　带状结构光缆

这种光缆结构的优点是空间利用效率(光纤数/面积)高,光纤容易处理和识别,可做到多根光纤一次接续。缺点是制造工艺复杂,加工引起的微弯损耗及光缆的温度特性较难控制。

4. 无金属光缆

无金属光缆又称全介质光缆,其主要特点是整根光缆中不含任何金属材料,而是采用绝缘的非金属强度件如芳伦纤维或芳香尼龙细丝,因而具有优良的抗电磁干扰性能,适用于室外强电磁干扰环境和多雷地区。图5.33为无金属光缆的两种结构类型:图5.33(a)为中心强度结构;图5.33(b)为外强度结构。

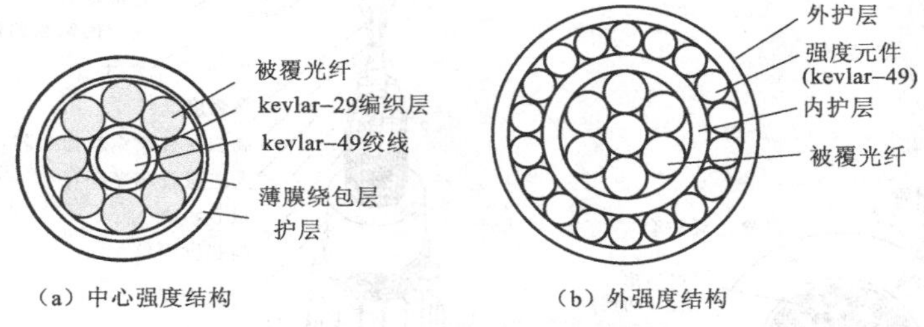

图5.33 无金属(全介质)光缆

5. 分支光缆

分支光缆是一种建筑物内光缆,其中的光纤可组装成单纤或多纤子缆,这样可将光缆分组,使用户各用自己的子光缆为自己的通信需求服务,而无须接插板,如图5.34所示。

6. 复合光缆

如前所述,复合光缆(如图5.35所示)在含有光纤的同时,还含有铜导线,可实现将不同的通信服务与电信号传输到同一点。

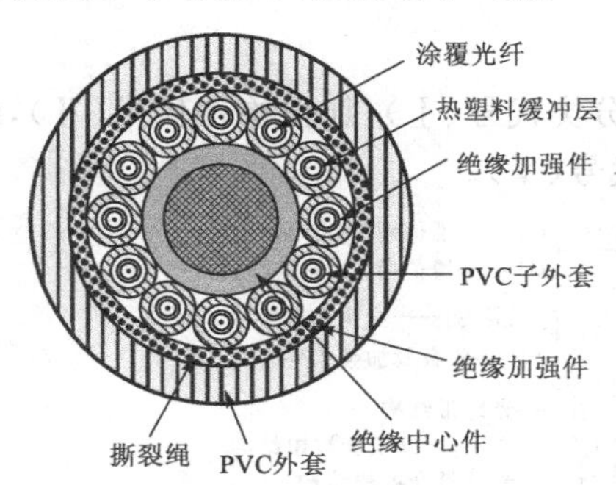

图5.34 分支光缆的示意图

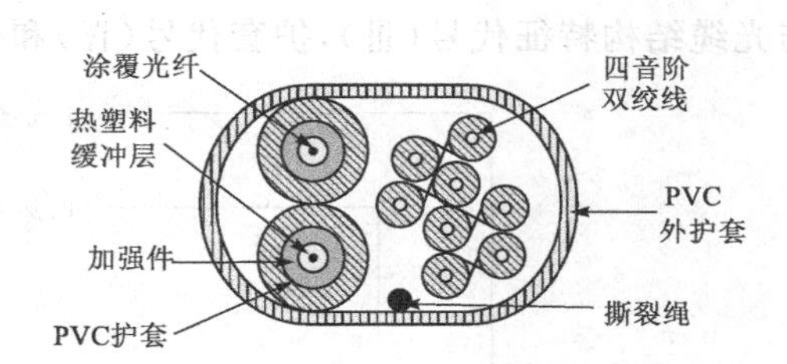

图5.35 复合光缆同时包含铜导线和光纤

7. 地下敷设用光缆

图5.36所示为一早期地下敷设用四芯光缆。该结构的主要特点是采用聚乙烯-铝综合护层,具有优良的防潮性能;此外,由于中心强度元件和光纤绞合层的外面均采用了缓冲层,光纤之间又加上塑料填芯,因而光缆具有优良的抗冲击性能。该光缆使用于地下埋设、管道敷设等潮湿环境中。

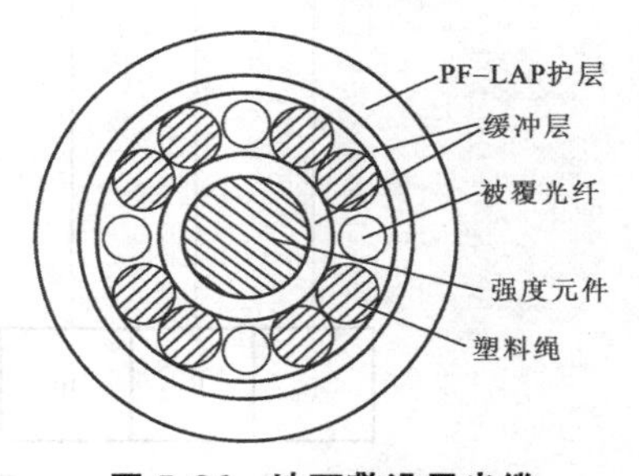

图5.36 地下敷设用光缆

8. 海底光缆

海底光缆中的缆芯结构同于陆上一般光缆的结构(有绞合型,也有骨架型),但其特点是还加有耐水压层和铠装层。耐水压层通常都是用金属管(铜管、铝管等),既能防水抗压,又可兼作供电线。其结构如图 5.37 所示。需注意的是,浅海用光缆由于海底环境复杂,因此其铠装防护比深海光缆要求更高。

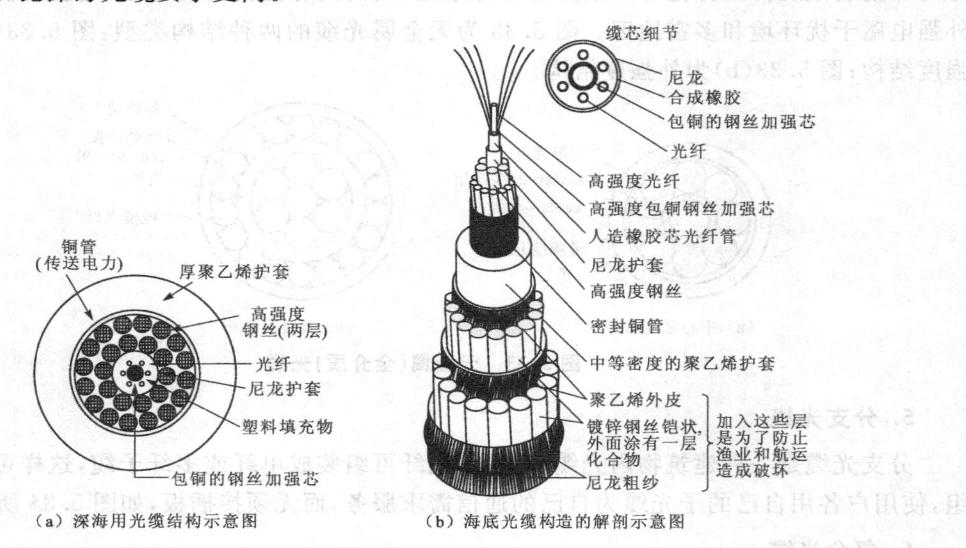

(a) 深海用光缆结构示意图 (b) 海底光缆构造的解剖示意图

图 5.37 海底光缆

5.3.4 光缆型号的命名方法与举例

1. 光缆型号命名方法

光缆型号的命名内容应包括(如图 5.38 所示):分类代号(Ⅰ),加强构件代号(Ⅱ),缆芯与光缆结构特征代号(Ⅲ),护套代号(Ⅳ)和外护层代号(Ⅴ)。

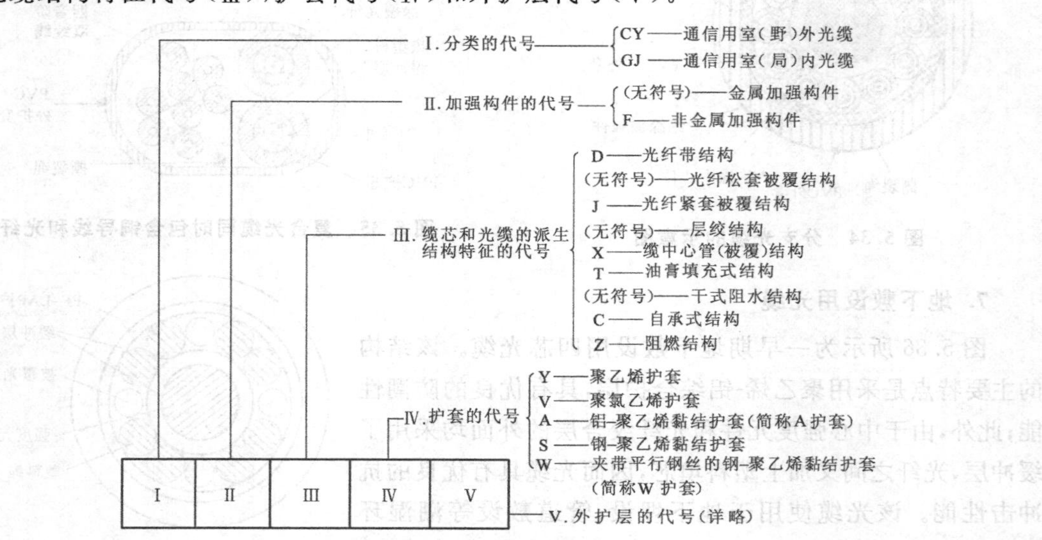

图 5.38 光缆型号的命名方法

2. 光缆型号命名举例

为了增加感性了解，便于应用和选择光缆，现以我国普天法尔胜光通信有限公司的一种典型光缆产品举例如下(参见表 5.10)。

表 5.10　典型光缆名称、结构特征与主要性能特点

型号名称命名	光缆剖面结构图示	产品结构特征与主要特点
GYTA5333 松套层绞式 水下光缆	中心金属加强件 光纤 纤膏 PBT束管 缆膏 阻水带 铝带 PE内护层 阻水带 钢带 MDPE护套 铠状钢丝 HDPE外护层	该结构光缆是由 5 根以上松套束管(或部分填充绳绕中心加强件绞合成圆整的缆芯，绞层可以为单层，也可以为双层。缆芯外首先纵包双面涂塑铝带后挤上 PE 内护套，再纵包阻水带和双面涂塑钢带，挤上中密度聚乙烯外护层，在外护层外绕绞一层镀锌钢丝，钢丝外再挤上一层高密度聚乙烯外护层 具有优良的机械抗拉应变性能、抗侧压性能、温度特性和传输特性，以及优良的阻水、防潮防腐性能 适用于水下或爬坡直埋 适应温度：−40 ℃～+60 ℃

习题与概念思考题 5

1. 多组分玻璃光纤与石英通信光纤的制造方法各有哪些方法？后者的主要工艺过程是什么？需要重视哪些问题？
2. 相对于多组分玻璃光纤和石英通信光纤，塑料光纤的主要优、缺点有哪些？对其应用领域有何影响？
3. 划分光纤的种类有哪些方法？如何具体区分？
4. 近 40 年来石英通信光纤的结构经历了怎样的发展历程？决定通信光纤种类与形式演变的主要影响因素有哪些？
5. 20 世纪 80 年代以后，单模光纤经历了怎样的演变历程？由 ITU-T 定义命名的 G. 652～G. 656 各类单模光纤针对解决的问题与设计思想分别是什么？
6. 色散补偿光纤补偿长途通信光纤干线中产生的色散的原理方法是什么？
7. 何为光子晶体光纤？其结构特征是什么？有几种类型？折射率引导型光子晶体光纤的传光机理如何理解？有何特殊性质？
8. 光纤成缆的必要性与设计指导思想是什么？常用光缆有哪些主要类型？构成光缆的主要结构要素有哪些？

第6章 无源与有源光器件

本章以光纤技术最有代表性、最大量的应用领域——光纤通信为背景，介绍无源光器件和有源光器件。在一般的光纤通信系统中，除了采用光发射机（含调制器、载波光源、信道耦合器）、传输信道光纤光缆、中继器和光接收机（含检测器、放大器、信号处理器）等基本设备外，还需要一系列配套的功能部件，以实现系统各部分之间光路的连接转换、信道的互通、分路/合路、交换、隔离、复用/解复用、波长/频率选择、功率控制、噪声滤除、偏振选择控制以及光开关、光放大等功能。光纤通信中所用的上述全部光器件可分为两大类：无源光器件(Passive Optical Device)和有源光器件(Active Optical Device)。两类光器件的本质区别在于，在实现器件自身功能过程中，有源光器件一般需从外部吸取能量（即需外界电源驱动），并具有以不同方式改变信号的功能；而无源光器件则无须外界电源驱动，且对信号的作用总是相同的，即只是衰减、合并和分离信号。

有源光器件按其功能性质也可以分为两类：一类是具有光电能量信号转换的功能，如光源（将电转换为光）、光检测器（将光转换为电）；另一类则是具有控制光信号、从而可实现控制系统行为的功能，如光开关、光放大器（放大光信号）、光调制器（利用电光效应等实现调制控制等功能）、波长变换器等。上述内容中有关光源和光检测器部分内容将在第9章光纤通信技术中详细介绍。

无源光器件是光通信系统中一类重要的基础性光器件，其功能有许多是和相应的电子器件类似的。若按功能分类，比较重要的无源光器件包括：光纤连接器、光纤耦合器（光分路/合路器）、波分复用/解复用器、光滤波器、光衰减器、光隔离器、光环行器、光偏振选择控制器等。图6.1表示了部分无源光器件在光纤通信线路中的功能与作用。当前，无源光器件门类齐全，性能得到很大提高，标准日益完善，新型器件不断出现。

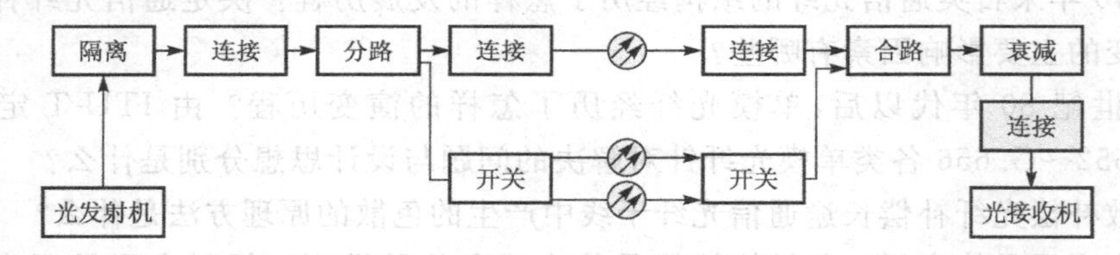

图6.1 光纤通信线路中的部分无源光器件的布局

本章将依次概要介绍上述各类重要的无源光器件以及光开关、光放大器、光调制器等有源光器件的工作原理与结构特性，为学习光纤通信与光纤传感系统等应用奠定必要的器件基础。

6.1 光纤连接器

光纤（光缆）连接器是光纤通信系统中应用最广泛的器件之一。任何一个光纤通信（传感）线路中均需解决光纤与光纤、光纤与光源、光纤与光检测器之间的低损耗连接问题。

光纤的连接分为两类,即永久性的(固定的)连接和可拆装的(非固定的)连接。前者常用于光纤传输线路两光纤段之间的永久性连接(例如长途光缆间的接头,室外光缆连接),称之为光纤的接续,通常采用熔接方法,这是一种光学的连接方法,连接点称为"接头"。固定接头的方法有熔接法、V形槽法和套管法。其优点是,具有低的损耗和良好的机械稳定性,但以牺牲灵活性为代价。后者可用于光纤与光源尾纤或光电探测器尾纤之间的连接,这是一种活动的机械式连接结构,称之为"光纤连接器"。光纤连接器是为可变连接设计的,用于设备间临时性连接,因而是可以插拔的。光纤通信系统的中继和终端的端机(发射机与接收机)与光纤线路之间的连接和调度,以及各种实验测试系统中与光纤之间的连接都要用到大量的光纤连接器。光纤连接器还特别适用于通信系统中结构可能需要变化的地方,如设备与局域网间的接口处、网络与终端设备间的连接、电信系统进入大楼的位置等。

永久性连接——熔接法连接和可拆装连接——机械拼接法连接两种连接的典型方法与设备分别如图 6.2 和图 6.3 所示。在图 6.2 中,光纤熔接机利用机械方法将待连接的两光纤端面对齐,然后采用电弧或激光脉冲加热,将它们熔接到一起。典型的熔接接合损耗为 0.05～0.2 dB,多数情况为<0.1 dB。熔接法设备昂贵,但接头有良好的光学特性;机械拼接法可以用简化的通用光纤连接器为代表,图 6.3 中光纤被固定在细长的圆柱套筒内,套筒上有一个与光纤包层直径相匹配的插孔,套筒对中、准直光纤,并保护光纤免受机械损伤。光纤端面与套筒的抛光端面对齐,套筒固定在连接器的主体上,连接器主体连着光缆结构。减压套管(缓冲罩)保护连接体与光缆之间的接头。大多数标准光纤连接器是通过适配器(通常称为耦合插座)连接的。

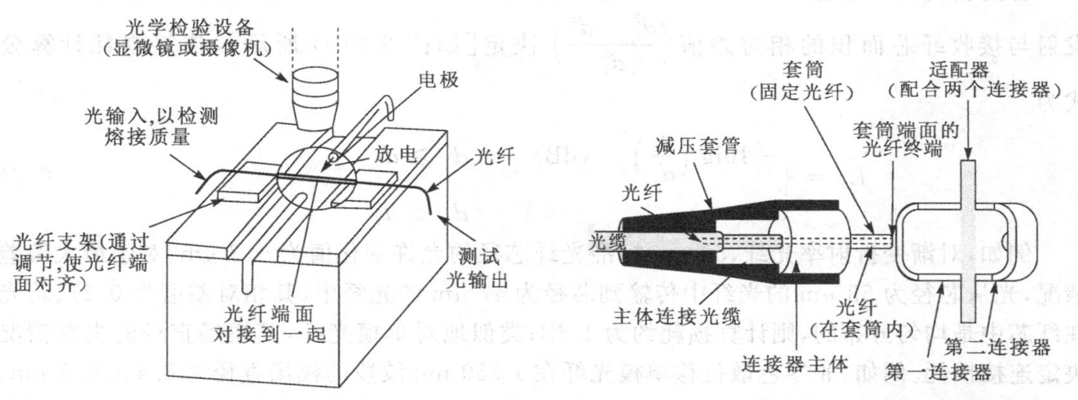

图 6.2　利用光纤熔接机熔接光纤

图 6.3　具有连接装置或适配器的简化通用光纤连接器

本节将重点介绍光纤连接器的主要原理与结构类型,首先讨论光纤的连接损耗机制及其影响因素。讨论所涉及的一些原则对接头也有参考意义。

6.1.1　光纤的连接损耗及影响因素

两段光纤相连接,其耦合效率可以用传输系数 T 表示。若发射光纤输出的光功率为 P_1,接收光纤接收的光功率为 P_2,则有传输系数为

$$T = \frac{P_2}{P_1} \tag{6.1}$$

由 4.1 节，相应的连接耦合损耗 L 即光功率的损失可以由下式表示：

$$L = -10\lg T = -10\lg\left(\frac{P_2}{P_1}\right) \quad (\text{dB}) \tag{6.2}$$

图 6.4　光纤的理想连接

若两光纤实现理想的连接耦合（如图 6.4 所示），无任何性能参数失配和连接位置误差（即两光纤端面平整，完全接触，无横向偏移与对准角度误差），则应有 $P_2 = P_1$，从而 $T = 1$，$L = 0$ dB，即表示连接无损耗；然而，实际上两光纤难以满足理想的连接耦合条件。引起连接损耗的因素可能有多方面，例如光纤类型不匹配，光纤的几何特性与波导特性有差异，以及两光纤之间的连接错位。以下将依次讨论，其中将重点讨论两光纤之间连接错位造成的损耗影响。

1. 光纤类型不匹配对连接损耗的影响

经验与统计数据表明，若两段光纤的类型不匹配，例如光从芯径为 $\phi 62.5\ \mu\text{m}$ 的渐变多模光纤传向芯径为 $\phi 50\ \mu\text{m}$ 的渐变多模光纤，将会有约 2 dB 的损耗，即损失约 36% 的光功率。若从芯径 $\phi 62.5\ \mu\text{m}$ 的渐变多模光纤传向芯径为 $\phi 9\ \mu\text{m}$ 的单模光纤，将有约 17 dB 的损耗，即损失约 98% 的光功率。

2. 光纤几何特性与波导特性差异对连接损耗的影响

比较重要的特性差异因素有两类，即纤芯直径差异与数值孔径差异（参见图 6.5）。

（1）*纤芯直径差异对连接损耗的影响*

若两段光纤纤芯直径不同，在光纤轴线精确对准的条件下，则连接损耗可以近似地由发射与接收纤芯面积的相对差值 $\left(\frac{d_1^2 - d_2^2}{d_1^2}\right)$ 决定［如图 6.5(a) 所示］，连接损耗计算公式为

$$L_d = \begin{cases} -10\lg\left(\dfrac{d_2}{d_1}\right)^2 \quad (\text{dB}) & d_1 \geqslant d_2 \\ 0 & d_1 < d_2 \end{cases} \tag{6.3}$$

例如，对渐变折射率光纤，50 μm 标准光纤芯径的允许变化值为 $\pm 3\ \mu$m。对于最大偏差情况，光从芯径为 53 μm 的光纤中传输到芯径为 47 μm 的光纤中，其相对差值为 0.21。若光在纤芯中是均匀分布的，则计算损耗约为 1 dB；类似地对单模光纤，其模场直径的失配情况决定连接损耗。例如，非零色散位移单模光纤在 1 550 nm 波段的模场直径为 $8.4 \pm 0.5\ \mu$m，在最大偏差情况下，相对差值亦为 0.21，其相应的损耗亦为 1 dB。实际上，大部分单模光纤连接器的连接损耗的数量级在 $0.1 \sim 0.5$ dB。

（2）*光纤数值孔径差异对连接损耗的影响*

若两光纤的数值孔径不同［如图 6.5(b) 所示］，例如发射光纤的数值孔径（NA_1）大于接收光纤的数值孔径（NA_2），则部分光不能被约束在纤芯中，也将产生连接损耗。损耗公式可以表为

$$L_N = \begin{cases} -10\lg\left(\dfrac{\text{NA}_2}{\text{NA}_1}\right)^2 \quad (\text{dB}) & \text{NA}_1 \geqslant \text{NA}_2 \\ 0 & \text{NA}_1 < \text{NA}_2 \end{cases} \tag{6.4}$$

3. 两光纤连接相对错位对连接损耗的影响

以单模光纤为例进行分析。两光纤连接的相对错位包括（参见图 6.6）：横向偏移，轴向分

离(间隔),轴线倾斜错位,端面不平整。研究中假定其他条件理想情况下,只存在某一种错位造成的损耗影响。

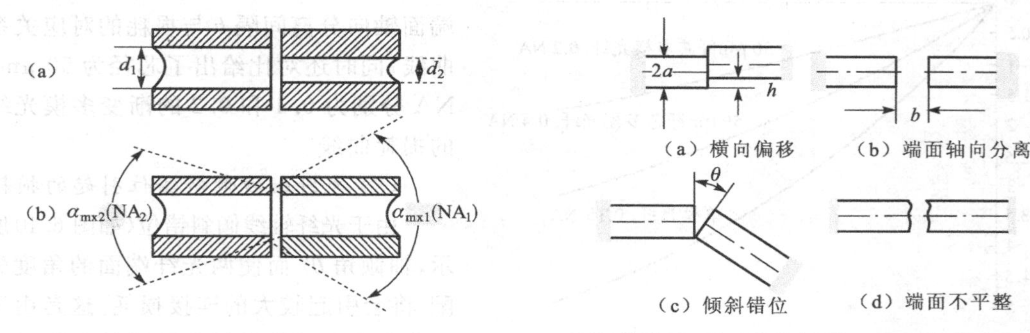

图 6.5 纤芯直径差异(a)与数值孔径差异(b)的影响

图 6.6 光纤连接错位的几种情况

(1) 光纤横向偏移损耗

首先进行简化的定性分析,假设光在两相同单模光纤纤芯中是均匀分布的,若两光纤端面紧靠,但有相对横向偏移量为 h(如图 6.7 所示),则连接损耗应由接收光纤与发射光纤纤芯没有重叠部分的面积所决定。如果横向偏移量为芯径的 10%,则相应的连接损耗约为 0.6 dB。一般横向偏移引起的连接损耗在零点几分贝至几个分贝之间。

单模光纤连接若模场分布用高斯分布近似,则其横向偏移损耗可由下式估算:

$$L_h = -10\lg\exp\left[-\left(\frac{h}{a_0}\right)^2\right](\text{dB}) \tag{6.5}$$

式中,a_0 为单模光纤的模场半径。

(2) 光纤轴向分离(间隔)损耗

两光纤连接若端面轴向分离(分离间隔为 b),则光束离开发射光纤端面后,由于其数值孔径的发散角,部分光线不能照射到接收光纤纤芯端面上,从而引起耦合损失(参见图 6.8)。当间隔 b 加大时,连接耦合的损耗也随之增大。由于端面间隔所引起的损耗可由下式估算:

$$L_b = -10\lg\left[\frac{a}{a + b\tan\left(\arcsin\dfrac{\text{NA}}{n_0}\right)}\right](\text{dB}) \tag{6.6}$$

式中,$2a$ 是纤芯直径,b 是光纤两端面轴向分离间隔,NA 为数值孔径,n_0 为两光纤间介质的折射率,由于光纤是在空气中,$n_0 = 1$。

除了上述由光束发散所引起的损耗外,发射光纤与接收光纤两端面的菲涅耳反射损失约为 0.08,所对应的总反射损耗为 0.35 dB。

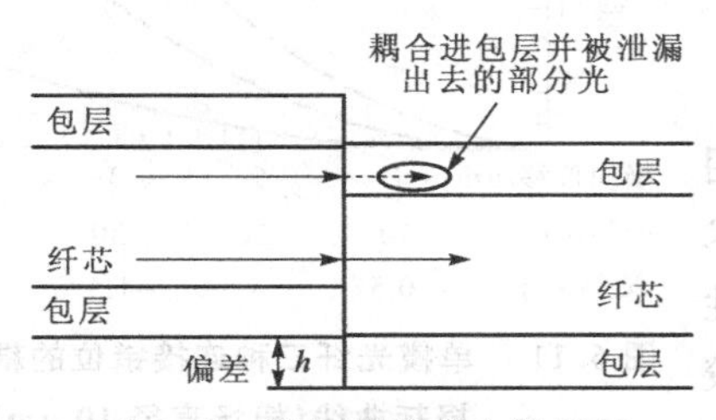

图 6.7 横向偏移产生的损耗

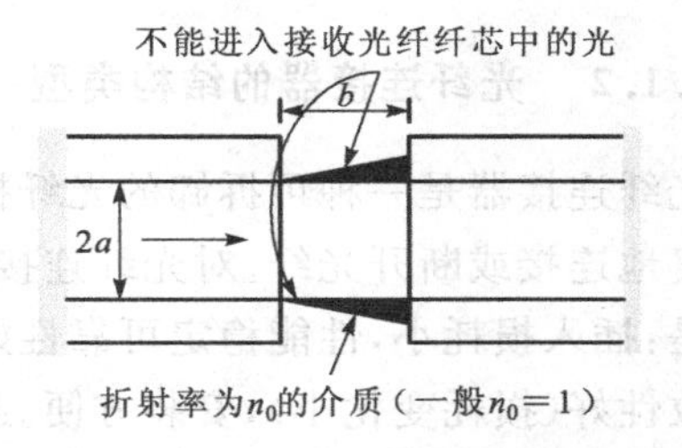

图 6.8 端面间隙损耗

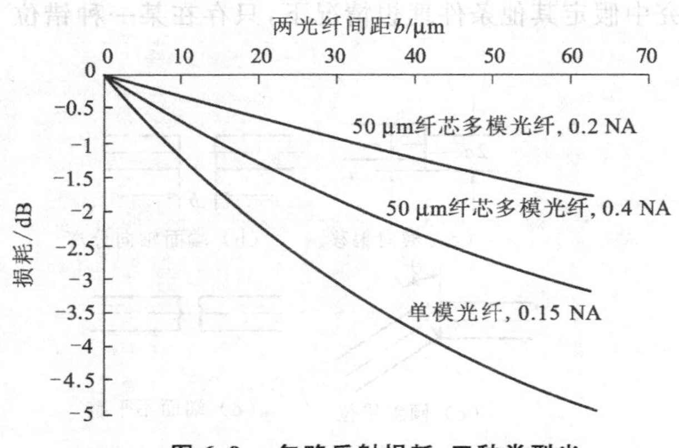

图 6.9　忽略反射损耗，三种类型光纤由光纤间隙所引起的损耗

图 6.9 给出了数值孔径为 0.15 的单模光纤在不考虑反射损耗条件下，其端面轴向分离间隔 b 与损耗的对应关系曲线；同时还对比给出了芯径为 50 μm、NA 分别为 0.4 和 0.2 的渐变多模光纤的损耗曲线。

（3）光纤轴线倾斜错位引起的损耗

由于光纤轴线倾斜错位（如图 6.10 所示，轴倾角 θ）而使两光纤端面的角度失配，将会引起较大的连接损耗。这是由于部分光线在接收光纤中可能从包层逸出泄漏出去。好的连接要求两光纤的轴线严格准直。图 6.10 表明，对于具有较小数值孔径的单模光纤，光纤轴线倾斜错位将引起更大的连接损耗；而数值孔径较大的多模光纤由于可在更大角度范围内接收输入光，因而损耗较小。单模光纤的轴线倾斜损耗可由下式估算：

$$L_\theta = -10\lg \exp\left[-\left(\frac{\pi n_2 a_0 \theta}{\lambda}\right)^2\right](\text{dB}) \tag{6.7}$$

式中，a_0 为单模光纤的模场半径，n_2 为包层折射率，θ 为两光纤之间的轴倾角。当要求 $L_\theta < 0.1$ dB 时，应有 $\theta < 0.3°$。

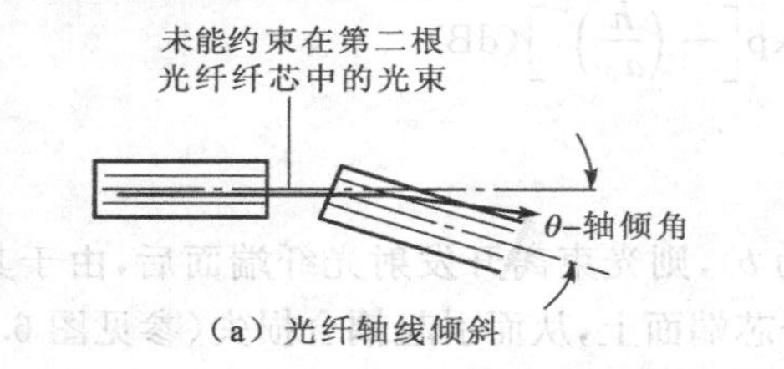

（a）光纤轴线倾斜

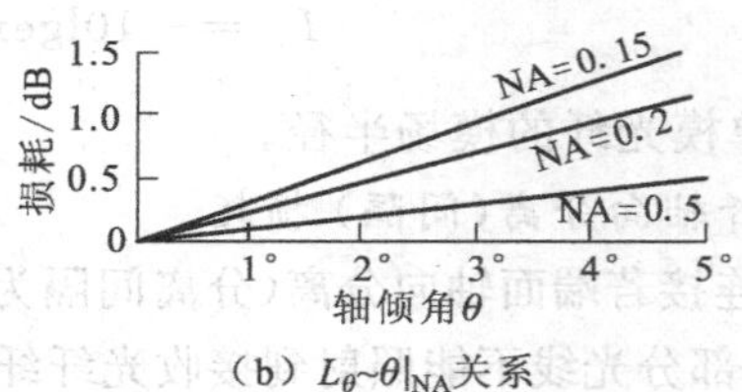

（b）$L_\theta \sim \theta|_{NA}$ 关系

图 6.10　光纤轴线倾斜错位引起的损耗

（4）光纤端面不平整引起的损耗

要求光纤连接的两个端面必须经过高精度抛光与正面胶合，否则将引起连接损耗。

图 6.11 给出了两单模光纤连接的横向偏移、轴向分离（间隔）和轴线倾斜三种情况的耦合损耗曲线。图示表明，横向偏移与轴线倾斜对光纤耦合损耗的影响较大；而端面轴向分离（间隔）的影响较小。

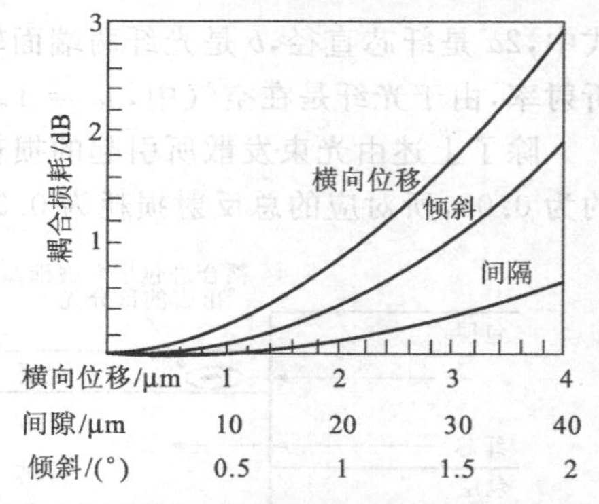

图 6.11　单模光纤三种连接错位的耦合损耗曲线（模场直径 10 μm）

6.1.2　光纤连接器的结构类型

光纤连接器是一种可拆卸的光纤接插件，它可用来反复地连接或断开光纤。对光纤连接器的主要技术要求是：插入损耗小，性能稳定可靠性好，插拔重复性与一致性好（损耗变化小），安装方便。此外，距光源较近处使用的光纤连接器，还要求有大的回波损耗（其定义为反射光与入射光的光功率比，要求达到 −60 ～−45 dB，甚至达到 −115 dB)，以消除接头反射光对激光器的不利影响。

随着光纤连接器在光纤通信中的广泛应用，不同厂家研发生产的光纤连接器类型与型号已多达数百种，但其主要类型如图 6.12 所示。迄今大部分光纤连接器的设计均已被 IEC(国际电工委员会) 等组织标准化。

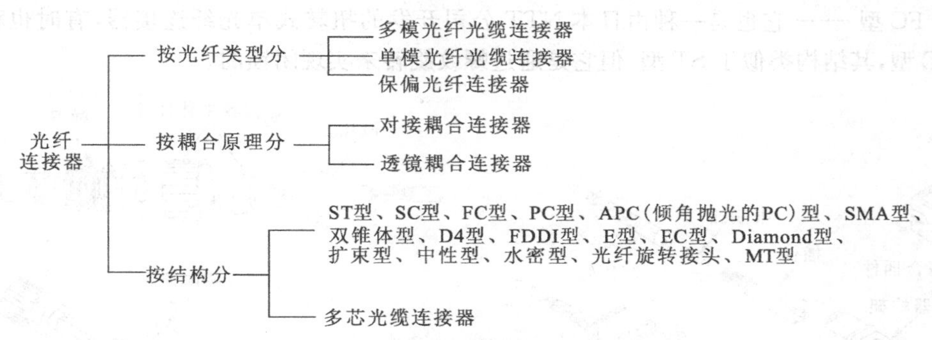

图 6.12　光纤连接器的主要类型

从设计原理与耦合机理上分析，光纤连接器有对接耦合式(或称精密套管对接式) 与透镜耦合式(或称透镜扩束式) 两类；从结构形式看，光纤连接器常采用螺丝卡口、卡销固定、推拉式三种结构。这三种结构都包括单通道连接器和既可应用于光缆对光缆，也可用于光缆对线路卡连接的多通道连接器。这些连接器利用的基本耦合机理既可以是对接类型，也可以是透镜扩展光束类型。以下进行具体分析。

1. 对接耦合式(精密套管对接式) 光纤连接器

这类光纤连接器是依靠连接器高精度的几何设计来确保两光纤的准确对接的。类似于光纤的固定连接技术，光纤活动连接器的制备同样包括光纤端面制备、光纤对准调节、光纤接头固定三个基本环节。其中，光纤端面制备一般都是采用研磨抛光方法；光纤对准调节一般采用无源或有源二次对准技术；而光纤接头固定结构则随着固定光纤并使之对准的方式以及连接器的锁定装置而形式各异。

对接耦合式光纤连接器，无论是对单模光纤还是多模光纤系统，常用的对准机构设计一般都采用直套筒式锥形(双锥形) 套筒结构。图 6.13 所示为一直圆柱套筒型光纤连接器的典型结构，两根待连接的光纤被固定在两个金属或陶瓷的内套筒中，内套筒中心打有直径为 $126^{+1}_{-1}\ \mu$m(对单模光纤) 或 $127^{+2}_{-0}\ \mu$m(对多模光纤) 左右的精密小孔，其孔径稍大于包层外径。两个内套筒共置于一个精密的圆柱形定位筒(即外套筒) 内，以保证两根光纤同轴且两端面准确地接触。两个内套筒的轴向定位由两端的保持弹簧来保证。

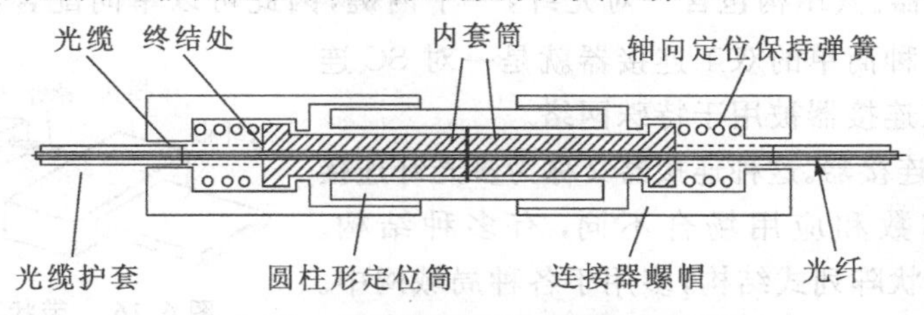

图 6.13　圆柱套筒型连接器基本结构

对接耦合式光纤连接器的几种重要典型结构有：

① SC型 —— 咬合式单光纤连接器。这是由日本NTT公司开发的一种广泛采用的咬合式单光纤连接器，适合于多芯光缆安装。其结构如图6.14所示。

② ST型 —— 扭转式单光纤连接器。这是一种在数据通信系统中长期广泛使用的扭转式单光纤连接器，图6.15是其结构示意图，它是通过扭转来实现闭锁的。

③ FC型 —— 它也是一种由日本NTT公司开发的扭转式单光纤连接器，有时也称其为FC—PC型，其结构类似于ST型，但它是通过螺纹旋转来实现闭锁的。

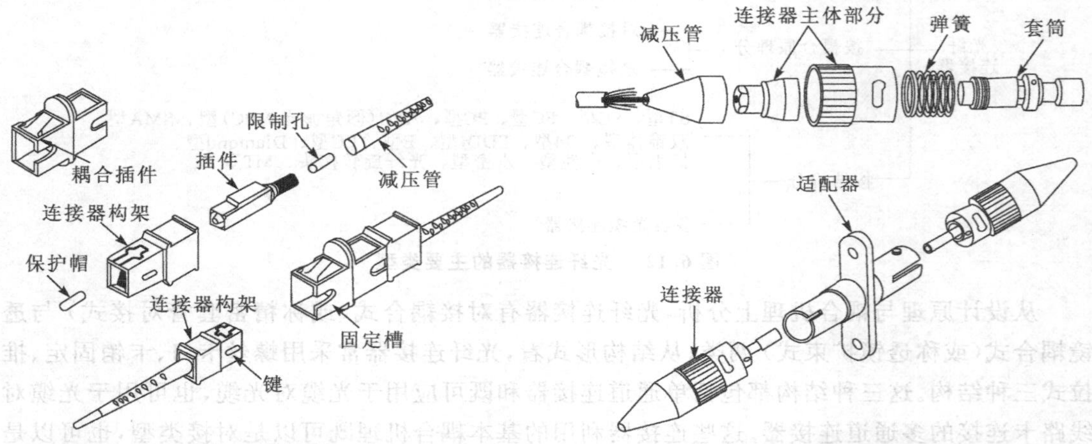

图 6.14　SC型连接器的展开和装配形式　　图 6.15　ST型连接器的展开和装配形式

④ PC型光纤连接器。它是利用光纤端面的物理接触来提高连接器的性能的，光纤端面设计成圆弧状，纤芯端面接触间隙小于λ/4，从而使菲涅耳反射损耗大为降低，回波损耗大大提高。

表6.1给出了部分有代表性的单模光纤单芯圆柱形活动连接器的主要特性

表 6.1　部分单模光纤单芯圆柱形活动连接器的主要特性

类　型	插　损 典型 / 最大 /dB	回　损 典型 / 最差 /dB	重复性 /dB	寿命 / 次	工作温度 /℃
FC—PC	0.2/0.5	45/40	±0.1	1 000	−40 ~ 85
ST—PC	0.2/0.5	45/40	±0.1	1 000	−40 ~ 85
SC—PC	0.2/0.5	45/40	±0.1	1 000	−40 ~ 85
DIN—PC	0.2/0.4	45/40	±0.1	1 000	−40 ~ 85

⑤ 双工连接器。其结构包含一对光纤，一个内键，因此可以单向配合，即双工连接器是单向键配合的。一种简单的双工连接器就是一对SC连接器；另一些双工连接器被用于特殊网络。

⑥ 多芯光缆连接器。这种连接器又称为多光纤连接器(MT)，根据芯数和应用场合不同，有多种结构。图6.16为一种带状阵列式结构，多用于各种局域网中。带状光缆的连接，采用塑料铸模技术制造，两个插头用两

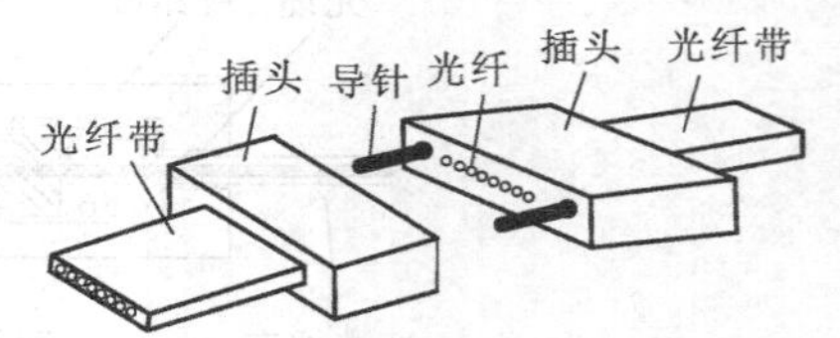

图 6.16　带状阵列式连接器

根导针对准定位,可以一次连接数根至 10 ～ 12 根光纤。平均插入损耗小于 0.3 ～ 0.35 dB。

2. 透镜耦合式光纤连接器

透镜耦合式光纤连接器是在待连接的两光纤端面间加入一对准直-聚焦透镜,这对透镜可以将发射光纤出射的光准直扩束,随后又可将扩展的平行光束聚焦到接收光纤的纤芯处[参见图 6.17(a)]。这种连接器的优点是,两光纤间横向偏移对耦合损耗影响的敏感程度大为减小,同时连接器两光纤端面间轴向分离(间隔 b)的敏感程度也减小了。另外,便于将一些光处理元件(如分束器、光开关等)插入到光纤端面间的扩展光束中,从而制成分束器、波分复用器、隔离器、衰减器以及光开关等光无源器件。但是,这种连接器对两光纤的轴线倾斜角度偏差影响的敏感程度加大。

图 6.17(b) 所示为自聚焦透镜耦合连接器的结构示意图。图中的自聚焦透镜由 1/4 周期长度的自聚焦光纤棒构成。这种结构的优点是,其焦距短,且可和光纤端面黏结在一起,因而结构紧凑。当需要在两光纤中加入其他光学器件时,这种结构特别适用。

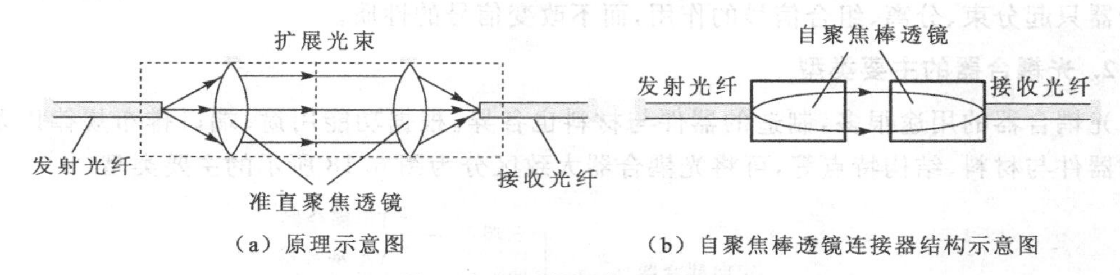

(a) 原理示意图　　(b) 自聚焦棒透镜连接器结构示意图

图 6.17　透镜耦合式连接器

6.2　光纤耦合器

6.2.1　光耦合器的概念与主要类型

1. 基本概念

在光纤通信、传感与光纤测量中,经常需要把输入的光信号分成两路或多路输出;或将两路或多路输入信号合并成一路输出;有时又需把 N 路光信号合路再向 N 路或 M 路分配。能完成上述功能的器件就是光耦合器。在光纤系统中其使用量很大,仅次于光纤连接器。6.1 节 所述的光纤连接器与熔接接头可以解决两段光纤的连接,以及两个器件之间的光信号传输;而光耦合器则连接的是三个或三个以上的点。

由于光信号传输及耦合的特点与电信号不同,首先是必须将光信号耦合到纤芯中;另外,若想在两个或多个输出端口分配光信号,则它们之间必须是并联的,且各终端接收机接到的信号强度将降低。假设光耦合器的输入信号在各输出端之间平均分配,且无附加损耗,则输出端的数量每增加一倍,其信号强度将减小 3 dB。表 6.2 给出了无附加损耗条件下光耦合器中平均分配光信号的损耗规律。显然,输出终端的数量是受限的,允许的最多输出端数目取决于接收机的灵敏度和系统其他器件的设计;另外,输入端信号与所有输出端信号总和之间的差值即附加损耗是必然存在的;还有,输入信号在各输出端之间平均分配信号功率只是其中一种情况,各输出端之间信号的分配也可能是不同的比例(如两个输出端光信号分配为 6 ∶ 4 或 9 ∶ 1)。

表 6.2　无附加损耗条件下光耦合器中平均分配信号的损耗规律

输出端口数目	每个输出端口所占的信号功率比	损耗/dB
2	0.5	3.01
4	0.25	6.02
5	0.20	6.99
8	0.125	9.03
10	0.1	10
15	0.067	11.76
20	0.05	13.01
25	0.04	13.98
50	0.02	16.99
100	0.01	20

需要强调的是，光耦合器可以合并来自不同信号源的信号，也可以分离不同波长承载的信号并将它们路由到不同的目的地址，或在两个或多个接收机之间分配信号。但应明确，光耦合器只起分束、分离、组合信号的作用，而不改变信号的性质。

2. 光耦合器的主要类型

光耦合器的用途很多，制造的器件与材料也各异。根据功能用途、端口排布规律以及制造的器件与材料、结构特点等，可将光耦合器大致区分为图 6.18 所示的主要类型。

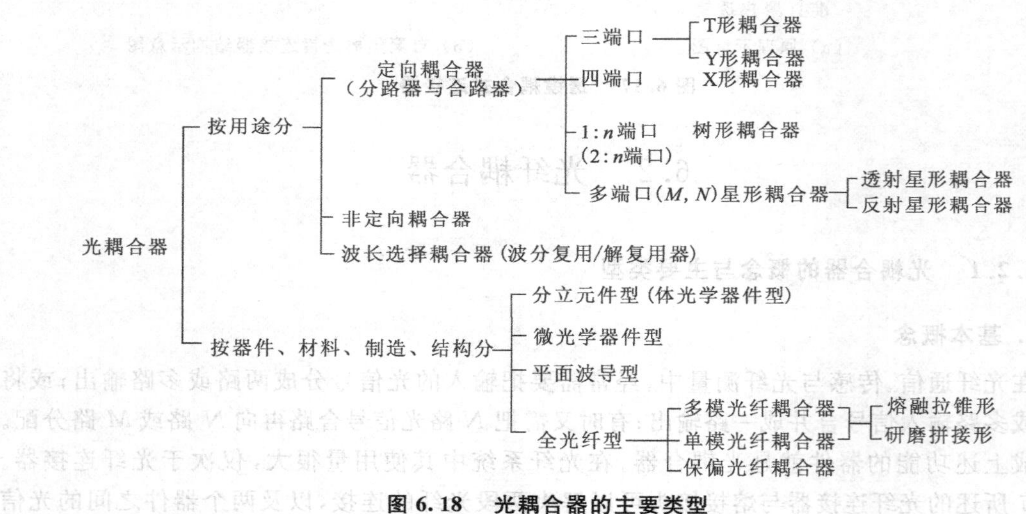

图 6.18　光耦合器的主要类型

在实际应用中，将根据具体的应用与功能要求来选择和设计具体类型的光耦合器。例如，是在两个输出端之间分配信号（最简单）；或将信号的一小部分分流到几个终端（如局域网）；或向多个不同的终端传输相同的信号（如有线电视分配信号即采用 1∶n 树形分束器）；或将不同波长的光信号传送到不同的地址（波分复用器）。应该指出，虽然波分复用器可以视为一种耦合器，但由于其在现代光通信技术中的特殊重要性，因而将在后面专门介绍。

另外，分类中的体光学器件型是指由传统透镜、分光镜、衍射光栅等构成的光耦合器，通常包括准直、扩束或聚光透镜等；微光学器件型则是指由传统透镜和其他器件小型化以及自聚焦透镜等构成的耦合器，其尺寸很小，便于与光纤相匹配；平面波导器件与单模或多模光纤耦合时，由于形状不匹配而使其使用受限。

图 6.19 给出几种重要典型耦合器类型的原理示意图，其中图(a) ～ (e) 通常是定向的。

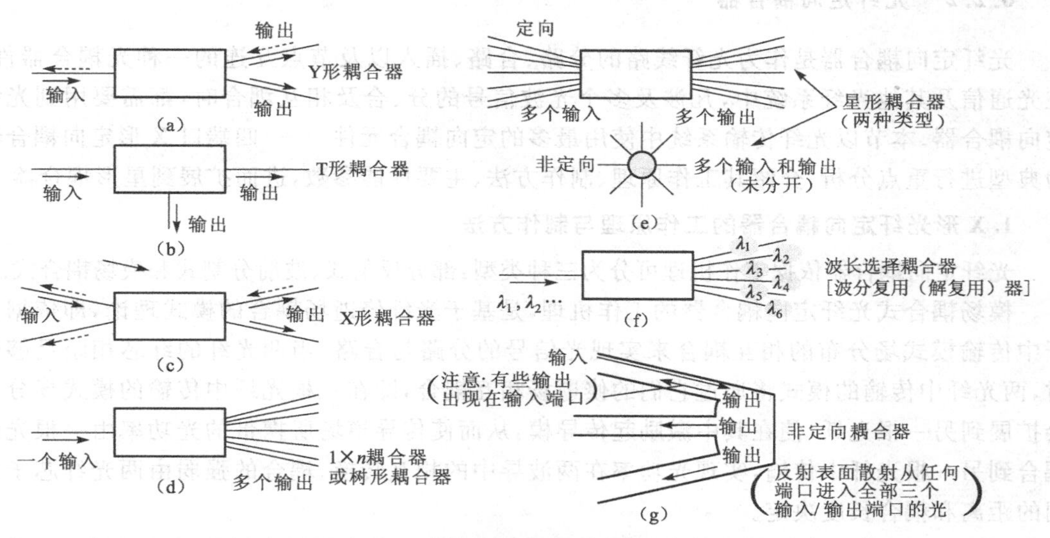

图 6.19 几种重要的耦合器类型

3. 光耦合器的主要特性

① 输入与输出端口的数量。光耦合器的输入与输出端口数量取决于应用的具体需求。另外，输出端口一般(但并非总是)有别于输入端口。

② 信号的分流(分束)与衰减。仅知端口的数量，尚不能表明信号在各输出端口是如何分流的，因此必须根据应用需求明确分流原则。多数耦合器在各输出端口间是均分信号的，但也有一些应用需求并非均分信号。光信号的分流与附加损耗都会造成点到点的衰减。附加损耗通常较小，但不可忽略。

③ 光传输的方向性。大多数的光耦合器是具有方向性的，即按预期的相同方向传输光信号，此即定向耦合器的特点，如图 6.19 所示；而且，大多数光耦合器实际上也是双向的，即可从光耦合器的输入、输出任一端口输入光信号，则必从另一端口输出光信号(如图中虚线所示)。方向性与双向性是光耦合器的优点。而在非定向耦合器中，从任何一端口输入的光信号将从所有的端口输出，包括输入端口。

④ 波长的选择性。光耦合器分光与合光的机制在一定程度上依赖于所传输光的波长。大多数光耦合器是对波长不敏感的耦合器，即在它们的工作波长范围内，光信号的传输功能几乎不发生改变；但是也有一类光耦合器(即波长选择耦合器)对波长的传输有选择性，即可根据信号光的波长来分光，将不同波长的光送到不同的方向，此即波分复用器(解复用器)，它实质上是一种特殊用途的光耦合器。

在以上介绍的各种类型光耦合器中，光纤耦合器的制作只需要光纤而不需要其他光学元件；具有易与传输光纤连接匹配且损耗较低、耦合过程无须离开光纤、不存在任何反射端面引起的回波损耗等优点，因而在光纤通信与光纤传感技术中获得了广泛而大量的应用。以下将具体介绍光纤耦合器的原理结构与性能参数，并以光纤传输系统中应用最多的光纤定向耦合器，特别是 X 形定向耦合器为重点进行讨论。

6.2.2　光纤定向耦合器

光纤定向耦合器是作为光纤线路的分路、合路、插入以及节点互连的一种光耦合器件。在光通信及其他光纤系统中，凡涉及多个光波信号的分、合及相互耦合时，都需要用到光纤定向耦合器。本节以光纤传输系统中使用最多的定向耦合元件 —— 四端口 X 形定向耦合器为典型进行重点分析，介绍其工作原理、制作方法、主要性能参数，进而扩展到星形耦合器。

1. X 形光纤定向耦合器的工作原理与制作方法

光纤定向耦合器依据工作机理可分为三种类型：部分反射式、波前分割式和模场耦合式。

模场耦合式光纤定向耦合器的工作机理，是基于光纤倏逝场耦合的模式理论，即依据光纤中传输模式场分布的相互耦合来实现光信号的分路与合路。当两光纤的纤芯相距足够近时，两光纤中传输的模式将通过它们的倏逝场相互耦合，即在一根光纤中传输的模式场分布会扩展到另一根光纤，使在其中激励起传导模，从而使传导模场所携带的光功率由一根光纤耦合到另一根光纤中传输，实现光功率在两波导中的相互转换。耦合的强弱由两光纤芯子之间的距离和耦合长度决定。

以 2×2 四端口的 X 形光纤定向耦合器为例，它是一种由两根光纤构成的四端口互易元件，也叫 2×2 定向耦合器。其常用的制造方法有两种(如图 6.20 所示)：一种是研磨拼接法[如图 6.20(a) 所示]，即将两段光纤的侧面借助于其镶嵌的石英玻璃块进行研磨加工，使光纤包层被磨掉一部分直到接近纤芯，随后进行抛光处理，将镶嵌有磨抛光纤的两石英玻璃块拼合在一起并固定，即构成 X 形拼接式光纤耦合器。通过精密微调两石英玻璃块的相对位置可以改变耦合比；另一种是熔融拉锥法[如图 6.20(b) 所示]，这是目前使用最广泛的一种技术，即先将两光纤绞合，形成耦合区的锥形，然后以火焰均匀加热耦合区，并在高温下熔融拉锥，使耦合区形成双锥形。拉锥的作用是使两光纤的纤芯相互靠近，并使光纤芯径减小，后者将导致 V 值减小，从而使光波向芯外扩散，两者均使耦合加强。在拉伸过程中可以进行动态监测，以控制耦合区的长度和双锥体的腰径，使之达到预定要求。熔融型光纤耦合器是使用非常广泛的一种类型。

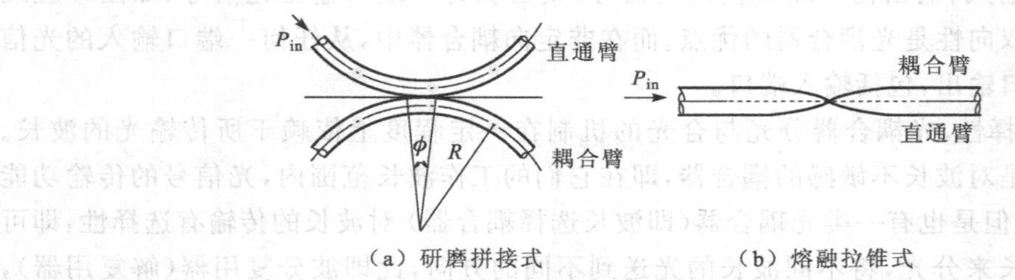

(a) 研磨拼接式　　　　(b) 熔融拉锥式

图 6.20　X 形光纤耦合器的耦合区及其形成方法

X 形光纤定向耦合器的具体工作机理依赖于所用光纤是单模光纤还是多模光纤。在多模耦合器中，高阶模泄漏到包层并进入到另一根光纤的纤芯，耦合度依赖于耦合区的长度，而不是波长；在单模光纤中，光在两个纤芯之间的转移是以随长度而变化的谐振互作用来实现的。如果所有的光从一根光纤输入，它逐渐地转移到另外一根光纤中，再随进一步传输逐渐地转移回来，如此来回地循环。其循环一次的长度依赖于耦合器的设计和波长。

2. 光纤定向耦合器的主要特性参数

图 6.21 给出了 2×2 光纤定向耦合器的具体结构与光路分流图。图中 ①、② 为输入端口，③、④ 为输出端口。光功率通过与输入端口相连接的光纤进入光耦合器，在耦合器中进行分路或合路，然后通过与两个输出端口相连接的光纤输出。

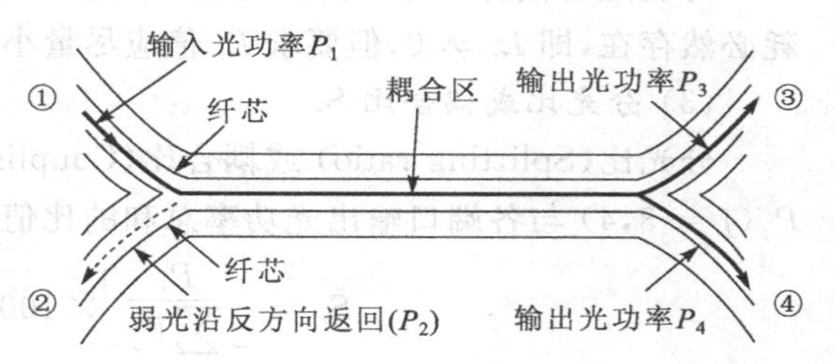

图 6.21 2×2 熔锥型光纤定向耦合器结构与分路示意图

在理想情况下，当在端口 ① 输入光功率 P_1 时，在 ③、④ 端口将按设计预定的比例输出光功率 P_3 和 P_4，而无返回端口 ② 的功率分量，即 $P_2=0$，故为定向耦合器。基于定向耦合器的双向性，当由其他端口输入时，其特性也将以此类推。由于理想的 2×2 定向耦合器可视为一个无源且无插入损耗的器件，它有确定的分光比。根据耦合波方程，可以求得其功率传输函数由如下矩阵确定

$$\boldsymbol{T}_0=\begin{bmatrix}\cos^2(CL) & \sin^2(CL)\\ \sin^2(CL) & \cos^2(CL)\end{bmatrix} \tag{6.8}$$

式中，C 为耦合系数，L 为耦合区的长度。

然而，实际的定向光耦合器不可能无损耗，方向性也不是绝对的(如图 6.21 在输入端口 ② 有反射和散射返回的弱光功率 P_2)，因而实际的光功率传输矩阵函数为

$$\boldsymbol{T}=\begin{bmatrix}a_{11} & a_{12}\\ a_{21} & a_{22}\end{bmatrix} \tag{6.9}$$

且满足 $$a_{11}+a_{12}<1,\qquad a_{21}+a_{22}<1$$

式中，a_{11}、a_{12} 和 a_{21}、a_{22} 分别为输入端口 ① 和 ② 到输出端口 ③ 和 ④ 的功率传输因子。

以 2×2 耦合器为例，光纤定向耦合器的主要特性可以用插入损耗 L_i、附加损耗 L_e、耦合比(或分光比)S_r 与隔离度(串音)I 四个参数来描述。现以端口 ① 输入为例，说明各参数的含义。设端口 ① 的输入光功率为 P_1，端口 ③、④、② 的输出功率分别为 P_3、P_4、P_2，则有如下各参数的定义表达式。

(1) 插入损耗 L_i

插入损耗是指通过耦合器某一光通道所引入的功率损耗，通常定义为输出端口 $j(j=3,4)$ 与输入端口 $i(i=1,2)$ 光功率之比的对数，即

$$L_i=10\lg\frac{P_j}{P_i}\quad(\text{dB}) \tag{6.10}$$

如图 6.21 中，若两输出端口均分一输入信号时，则端口 ③ 和 ④ 各有 3 dB 的插入损耗；若端口 ③ 的输出功率为 0.9，而端口 ④ 的输出功率为 0.1，则输出端口 ③ 和 ④ 的插入损耗分别为 0.46 dB 与 10 dB。

(2) 附加损耗 L_e

附加损耗是指某一端口输入光功率 P_i 与各输出端口输出光功率之和的比值的对数。对于 2×2 四端口光纤定向耦合器，则定义附加损耗为

$$L_e = 10\lg\left[\frac{P_i}{\sum_j P_j}\right] \quad (\text{dB}) = 10\lg\frac{P_i}{P_3 + P_4} \quad (\text{dB}) \tag{6.11}$$

对理想的耦合器，应无附加损耗，即应有 $P_3 + P_4 = P_i$，因而 $L_e = 0$。然而实际上附加损耗必然存在，即 $L_e \neq 0$，但要求 L_e 值应尽量小。

(3) 分光比或耦合比 S_r

分光比(Splitting ratio) 或耦合比(Coupling ratio)S_r 是指某一输出端口输出的光功率 $P_j(j = 3,4)$ 与各端口输出光功率总和的比值，即

$$S_r = \left[\frac{P_j}{\sum_j P_j}\right]\times 100\% = \frac{P_j}{P_3 + P_4}\times 100\% \tag{6.12}$$

S_r 值可用于描述一个耦合器(分光器) 的分光性能。

由于光纤耦合器各端口的输出功率是随耦合区长度而变化的，对 2×2 四端口光纤耦合器，在耦合理想的情况下，各输出端口输出光功率 P_3、P_4 各自所占的功率比可分别表示为

$$\frac{P_3}{P_1} = \frac{P_3}{P_3 + P_4} = \sin^2(CL) \tag{6.13}$$

$$\frac{P_4}{P_1} = \frac{P_4}{P_3 + P_4} = \cos^2(CL) \tag{6.14}$$

上式表明，调节耦合区的长度 L，即可调整实现所要求的分光比 S_r。

(4) 隔离度(方向性)I

隔离度(或方向性) 是表示由光纤耦合器某一输入端口(信道) 至非指定输出端口(信道) 之间的功率传输损耗，一般用于表征同侧(输入或输出) 端口之间的功率损耗。如图6.21 所示，隔离度可以表示为

$$I = 10\lg\frac{P_2}{P_1} \quad (\text{dB}) \tag{6.15}$$

对于一个典型的熔融型光纤耦合器，其隔离度(方向性) 一般约为 40 ～ 50 dB。

表 6.3 给出了一个四端口宽带光纤定向耦合器的主要技术指标。

表 6.3　四端口宽带光纤耦合器(定向耦合器) 主要技术指标

	单窗口型		双窗口型	
	A	B	A	B
工作波长 /nm	1 310 或 1 550		1 310 或 1 550	
工作带宽 /nm	±40		±40	
耦合比	1/99 ～ 50/50		1/99 ～ 50/50	
附加损耗 /dB	＜0.15	＜0.3	＜0.2	＜0.3
方向性 /dB	＞60		＞60	
耦合比偏差 /%	±3	±5	±3	±5
工作温度 /℃	－40 ～＋85		－40 ～＋85	
封装尺寸 /mm	ϕ3.5×52，ϕ4.5×75			

3. 星形耦合器

在光纤通信网中经常用到星形耦合器，其结构如图 6.22 所示。它是一个多端口的光纤

耦合器，可以有 M 组输入光纤，N 组输出光纤，中间有一段混合区。在混合区，M 个输入光纤的光功率混合在一起，再平均分配到 N 个输出光纤中去；但通常多数为 $N \times N$ 型，即输入与输出端口数量相等。图 6.22(a) 为 8×8 透射星形耦合器，其输出与输入端口分居两侧，从任一输入端口输入的光信号都将按比例地分配至每一输出端口输出，输入端口与输出端口之间互相隔离，且输出端与输入端可以互易；图 6.22(b) 为 1×8 反射星形耦合器，其输出端口与输入端口同居一侧，由任一个端口输入的光信号都将按比例地从每一个端口输出；此外，还有兼具上述两种耦合器特点的混合星形耦合器。

星形耦合器的制作均采用多根光纤扭绞、加热、熔融拉锥而成。其中，对于多模光纤，这种熔融拉锥式星形耦合器的耦合特性对模式比较敏感，输出端口的功率变化较大；对于单模光纤，这种制作方法需要精确调整多根光纤倏逝场间的耦合，具有很大困难。为避免上述问题，通常采用多个 2×2 定向耦合器级联的方法构成 $N \times N$ 星形耦合器。

图 6.23 给出了由 4 个 2×2 耦合器级联构成一个二级的 4×4 耦合器的示意图。图 6.24 进一步给出了将 12 个 2×2 耦合器级联构成一个三级的 8×8 耦合器；将 32 个 2×2 耦合器级联构成一个四级的 16×16 耦合器；将 80 个 2×2 耦合器级联构成一个五级的 32×32 耦合器。对于一个 $N \times N$ 的耦合器，则所需的 2×2 耦合器的数目应为

$$M = \frac{N}{2}\log_2 N = \frac{N}{2} \cdot \frac{\lg N}{\lg 2} \tag{6.16}$$

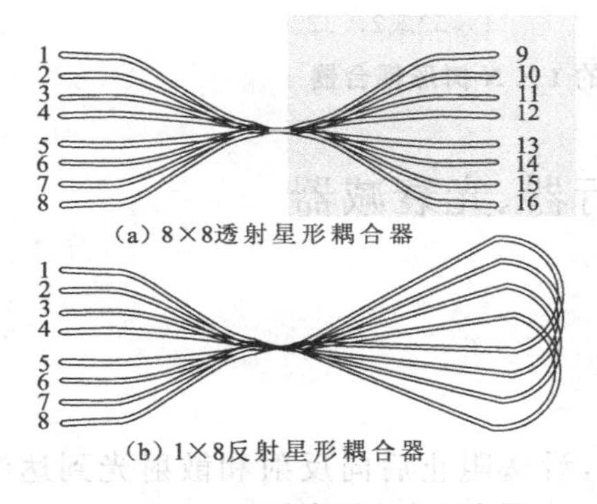

图 6.22　两种类型星形耦合器

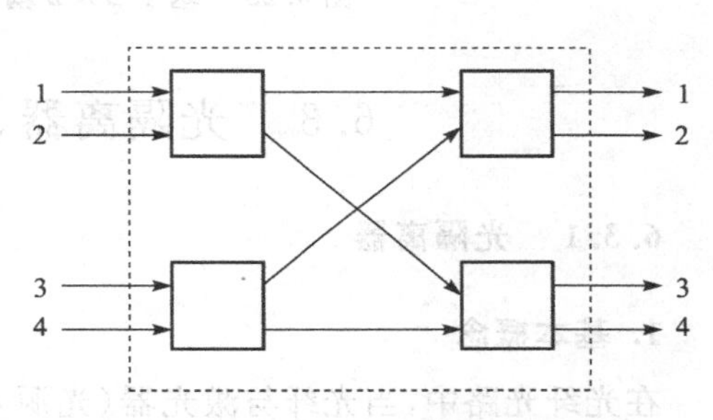

图 6.23　4 个 2×2 耦合器构成的 4×4 的星形耦合器

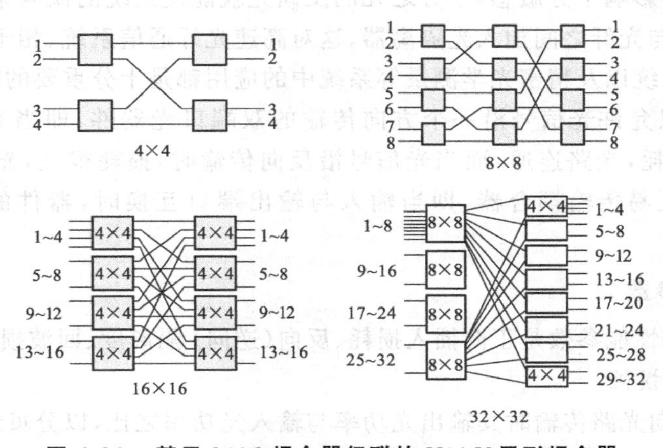

图 6.24　基于 2×2 耦合器级联的 N×N 星形耦合器

相应的分路损耗分析，根据理想星形耦合器任一输入端口输入的光功率都应均匀分配给所有输出端口的机理，则应有：4×4 耦合器（二级）的分路损耗为 6 dB(1/4)；8×8 耦合器（三级）的分路损耗为 9 dB(1/8)；16×16 耦合器（四级）的分路损耗为 12 dB(1/16)；$N\times N$ 耦合器的分路损耗为 $3\log_2 N$ dB$(1/N)$。

类似于星形耦合器，也可将 1×2 或 2×2 耦合器逐级级联，从而构成 $1\times N$ 或 $2\times N$ 的树形耦合器，如图 6.25 所示。

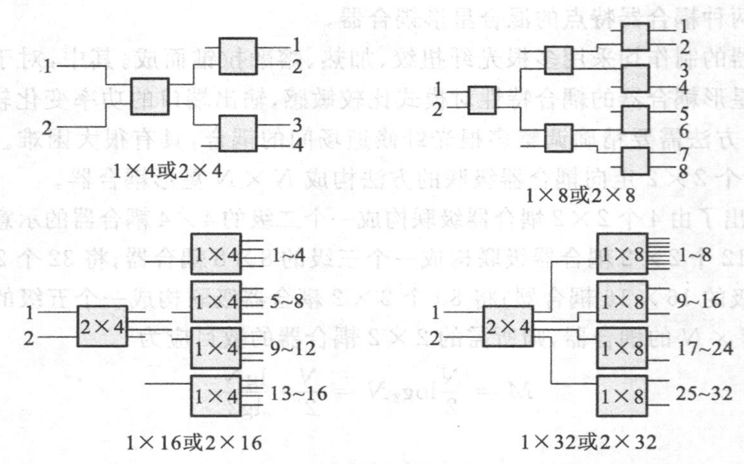

图 6.25　基于 2×2 耦合器级联的 $1\times N$ 树形耦合器

6.3　光隔离器、光环行器、光衰减器

6.3.1　光隔离器

1. 基本概念

在光纤光路中，当光纤与激光器（光源）耦合时，设法阻止后向反射和散射光到达激光器，以避免影响激光器的工作稳定性具有十分重要的意义。因为光纤系统中应用的半导体激光器对于反馈光的影响十分敏感，千分之几的反馈光就能使系统的误码率增加几个量级。为此，必须在激光器与光纤之间加入光隔离器。这对高速光纤通信系统、相干光纤通信系统、频分复用光纤通信系统以及精密光学测量等系统中的应用都是十分重要的问题。

光隔离器是只允许光信号沿一个方向传输的双端口光器件，即当光信号沿正向传输时，具有很低的损耗，光路连通；而当光信号沿反向传输时，损耗很大，光路被阻断。光隔离器也是一种光非互易传输耦合器，即当输入与输出端口互换时，器件的工作特性是不一样的。

2. 主要性能参数

光隔离器主要性能参数是正向插入损耗、反向（逆向）隔离度、回波损耗，其定义分别为：

(1) 正向插入损耗

其定义为：正向光路传输时其输出光功率与输入光功率之比，以分贝形式表示应有

$$L = 10\lg(P_{\text{o正}}/P_{\text{i正}}) \quad (\text{dB}) \tag{6.17}$$

(2) 反向(逆向)隔离度

首先需定义反向(逆向)插入损耗为:反向(逆向)光路传输时其输出光功率与输入光功率之比,以分贝形式表示应有

$$L' = 10\lg(P_{\text{o反}}/P_{\text{i反}}) \quad (\text{dB}) \tag{6.18}$$

由以上即可定义反向(逆向)隔离度为:反向插入损耗与正向插入损耗之差,表为

$$I = L' - L \quad (\text{dB}) \tag{6.19}$$

(3) 回波损耗

其定义为:输入端口自身返回光功率与输入光功率之比。

光隔离器加入到光路中,对其要求是:正向插入损耗越小越好,典型值为 1 dB;反向隔离度越大越好,典型值为 40 ~ 50 dB。

3. 光隔离器的类型与工作原理

光隔离器的工作机理是基于偏振与法拉第磁光效应。如图 6.26 所示,当光波通过置于磁场中的法拉第旋转器时,迎着外加磁场的磁感应强度方向观察,光波的偏振方向总是沿与磁场(H)方向构成右手螺旋的方向旋转,而与光波的传播方向无关。这样,当光波沿正向和沿反向两次通过法拉第旋转器时,其偏振方向旋转角将叠加而不是抵消(如在互易性旋光片中的情形),此即法拉第效应的旋向不可逆性,这种现象称之为"非互易旋光性"。

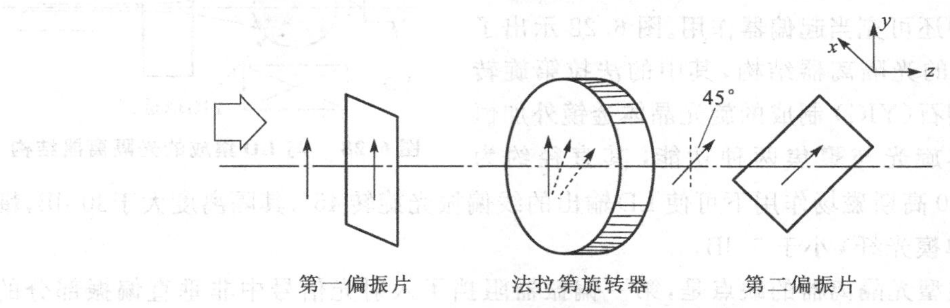

图 6.26　法拉第磁光(旋光)效应示意图

光隔离器有两种类型:基本类型和复杂类型。两种类型隔离器的基本原理是一致的。

基本类型的光隔离器结构,由一对偏振方向夹角 45° 的线偏振器即偏振片(分别为起偏器和检偏器)和位于两者之间的一个旋光角度为 45° 的法拉第旋转器构成。隔离器的工作原理如图 6.27 所示。当正向传输时,入射光应为偏振光(否则将增加 3 dB 的损耗),当偏振光沿 $+z$ 方向通过法拉第旋转器时,其偏振方向将沿与磁场成右手螺旋的方向旋转 45° 角(设磁场方向 H 与 $+z$ 方向一致),从而与检偏器(偏振器 2)的透射光轴方向一致,故可低损耗传输,并进入单模光纤;若光纤端面有部分反射光(如图 6.27 中虚线所示)沿 $-z$ 方向反向传输,则偏振器 2 只透过反射光中偏振方向与垂直方向成 45°,即与偏振器 2 的透射光轴方向一致的光,经法拉第旋转器后,偏振光的方向继续旋转 45° 成水平方向,从而使反射光的偏振方向与偏振器 1(检偏器)的透射光轴方向垂直,因而反射光不能通过偏振器 1,达到了对反向光隔离的目的,从而可保护激光器的性能不会受到噪声的影响。

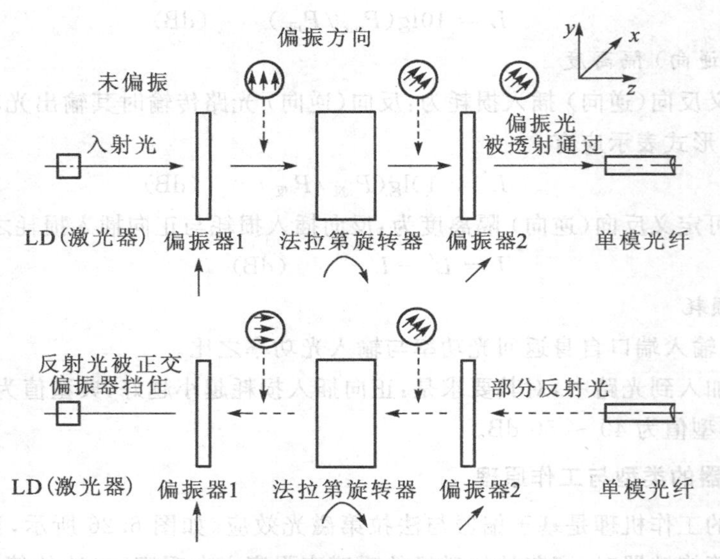

图 6.27　基本类型光隔离器的工作原理

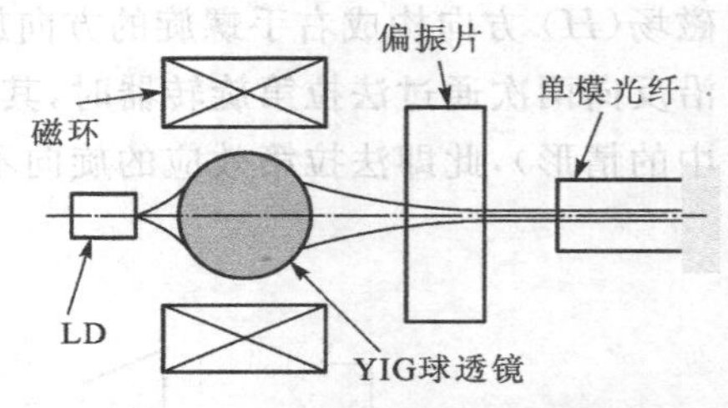

图 6.28　与 LD 集成的光隔离器结构

基本类型的光隔离器多应用于半导体激光器(LD)的输出端，因为 LD 的输出光为线偏振光，且由于 LD 本身为波导器件，具有较强的偏振选择功能，因而在光隔离器中还可充当起偏器作用。图 6.28 示出了一种与 LD 集成的光隔离器结构，其中的法拉第旋转器采用钇铁石榴石(YIG) 制成的旋光晶体透镜外加恒磁场做成，兼具旋光与聚焦两种功能，其直径约为 2.1 mm，在 1 700 高斯磁场作用下可使 LD 输出的线偏振光旋转 45°，其隔离度大于30 dB，耦合损耗(LD－单模光纤) 小于 5 dB。

上述基本类型光隔离器的缺点是，第一偏振器阻挡了入射光信号中非垂直偏振部分的分量通过，带来了 3 dB 的损耗。避免这种损耗的复杂化方案是：将入射光信号分解成垂直偏振与水平偏振两部分。垂直偏振光仍按原图示方向通过隔离器；而水平偏振光则可先旋转 90°，然后再通过相同的隔离器。图 6.29 给出了一个复杂化方案光隔离器的原理框图。具有任意偏振态(SOP) 的输入信号 I，首先正向通过空间分离偏振器 SWP_1（如偏振分光镜）分成相互垂直的两个偏振分量：水平方向分量和垂直方向分量。垂直分量方向不变，而水平分量偏离输入方向。然后水平分量和垂直分量均经过法拉第旋转器，偏振方向旋转 45°，再经过一个 $\lambda/2$ 波片（为 45° 互易旋光片），偏振方向再旋转 45°。这样水平分量正好变成垂直分量，垂直分量变成了水平分量，最后两个分量又在 SWP_2 上合路输出为 I'；反之，若有反方向的输入信号 I_1（虚线）沿原路返回时，由于 $\lambda/2$ 波片和法拉第旋转器的偏转作用相互抵消，因而垂直和水平两个分量通过这两个器件后偏振态将保持不变，在输入端的 SWP_1 上不能合路输出，即反向光不能合路通过光隔离器。这种复杂化方案的光隔离器一般应用于光纤线路中。近年来，光隔离器正在向小型化方向发展。

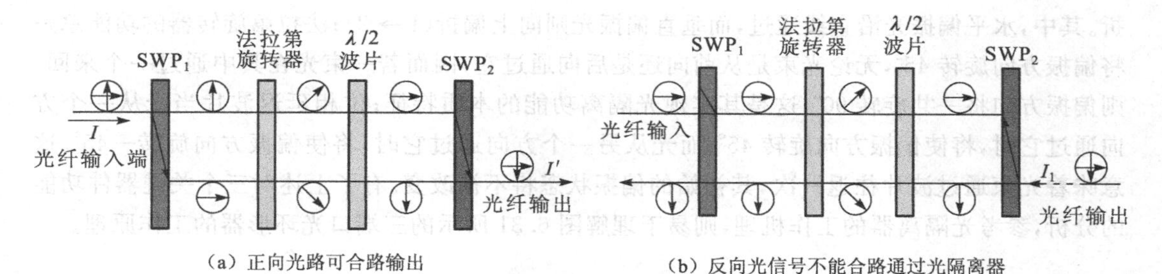

(a) 正向光路可合路输出　　(b) 反向光信号不能合路通过光隔离器

图 6.29　复杂化方案光隔离器的原理方案示意图

6.3.2　光环行器

光环行器也是一种光非互易传输耦合器。其功能是，作为一个单行道使光信号只能沿规定的路径环行，依次通过一系列端口(如①→②→③→④)，否则就有很大损耗。

光环行器也是一类应用广泛的光无源器件，例如在光收发机、光纤放大器、光纤布拉格光栅滤波器等器件应用中，光环行器能将光纤中沿不同方向传输的光分离开来[一般用于将一根光纤中传输的正向(输入)和反向(输出)光信号分开]，从而为系统的设计带来方便，使系统结构简化，性能提高。

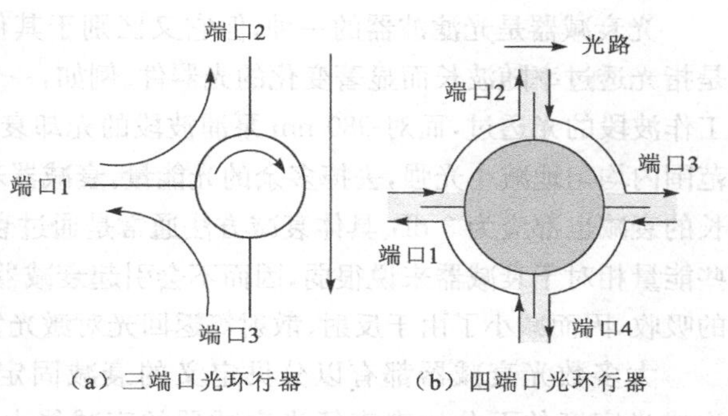

(a) 三端口光环行器　　(b) 四端口光环行器

图 6.30　光环行器

光环行器所依据的原理与结构与光隔离器十分类似，同为法拉第磁光效应及相应结构，有区别的只是偏振分光镜的设计不同；光环行器也具有与光隔离器同样定义的主要性能参数：正向插入损耗、反向(逆向)隔离度、回波损耗等。

图 6.30 给出了三端口光环行器[如图 6.30(a) 所示] 和四端口光环行器[如图 6.30(b) 所示] 的光路单向环行示意图。

光路运行示意图以三端口光环形器为例，光信号从端口 1 输入，只能从端口 2 输出；端口 2 输入的光信号只能从端口 3 输出；而从端口 3 输入的光信号只能从端口 1 输出。

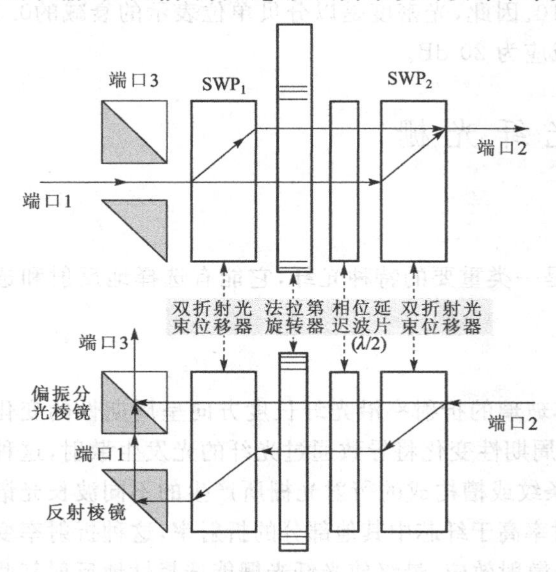

图 6.31　光环形器原理结构示意图

图 6.31 给出了三端口环形器实现环形定向传输(1 → 2 → 3) 的原理结构示意图，它是图 6.29 结构的具体实现。图中双折射光束位移器由强双折射材料制成，它可将输入的非偏振光分成垂直偏振与水平偏振两束不同偏振的光，且两束偏振光沿有微小差别的方向偏

折。其中，水平偏振光沿直线通过，而垂直偏振光则向上偏折($1\rightarrow2$)；法拉第旋转器的功能总是将偏振方向旋转 45°，无论光束是从前向还是后向通过它，因而若一束光在其中通过一个来回，则偏振方向将一共旋转 90°，这是其实现光隔离功能的本质特征；位相延迟波片当光从一个方向通过它时，将使偏振方向旋转 45°；而光从另一个方向通过它时，将使偏振方向旋转−45°。这意味着光束通过波片往返一次，其初始的偏振状态将不被改变。有了上述对三个关键器件功能的分析，参考光隔离器的工作机理，则易于理解图 6.31 所示的三端口光环形器的工作原理。

6.3.3 光衰减器

为防止强光可能使接收机过载(例如发射机距接收机很近时，接收机接收的光信号可能很强)，光路中需要使用光衰减器。

光衰减器是光滤波器的一种，但它又区别于其他类型的光滤波器。在光纤系统中，光滤波器是指光透过率随波长而显著变化的光器件。例如，一个滤波器可以对 1 530～1 565 nm 掺铒放大器工作波段的光透过，而对 980 nm 泵浦波段的光却衰减 50 dB；但光衰减器的功能却是在整个光谱范围内均匀地减小光强，去掉多余的光能量。衰减器若对某一波长光衰减了 3 dB，则对其他所有波长的衰减也都应为 3 dB。具体衰减方法通常是通过衰减器吸收掉多余的光能量，由于光信号的这些能量相对于衰减器来说很弱，因而不会引起衰减器显著的发热现象。由于衰减器对光信号能量的吸收，因而减小了由于反射、散射等返回光对激光发射机可能产生的噪声影响。

大多数光衰减器都有以分贝定义的衰减固定值。通常以透过光亮度(光强度)T 的百分比或光密度的百分比来表征光衰减器的衰减能力和程度。定义光密度 q 为

$$q=\lg\left(\frac{1}{T}\right)\quad(\mathrm{dB})\tag{6.20}$$

显然，光密度与衰减的定义式相差系数 10。因此，光密度是以分贝单位表示的衰减的0.1倍。若知衰减器的光密度 $q=2$ dB，则其衰减应为 20 dB。

6.4 光纤光栅

6.4.1 光纤光栅的功能与机理

光纤光栅是一类重要的无源光器件，也是一类重要的特种光纤，它能有选择地反射和透射某些波长的光。

1. 基本概念

光纤光栅的结构特征是，一段光纤其纤芯玻璃的折射率沿光纤长度方向呈周期性的变化(如先增大，后减小，再次增大)。纤芯折射率的周期性变化将导致通过光纤的光发生散射，这种效应与分布在反射性表面上一排高度平行的条纹或槽构成的衍射光栅所产生的不同波长光谱展开的现象类似。光纤光栅中“条纹”处的折射率高于纤芯中其他部分的折射率，这种折射率变化的分布结构，将使通过其中的光发生布拉格散射效应，最终使光纤光栅能选择性地反射某些选定的波长，而使其他波长的光波透射。为此，光纤光栅又称为反射型或短周期光栅，亦称为“光纤布拉格光栅”(Fiber Bragg Grating，BFG)。1990 年光纤布拉格光栅开始出现。

2. 功能机理

光纤光栅的布拉格散射与衍射光栅的散射并不完全相同。光纤布拉格光栅能有选择性地反射某一窄带波长的机理可做如下分析(参见图6.32):每当光照射到光纤光栅的高折射率区域一次,就有一部分光被散射回去。若某一波长与光纤中高折射率区域的间隔相匹配,即满足相位匹配条件时,则从每个高折射率区域散射的光就会发生相长干涉,从而产生强反射;与此同时,高折射率区域也散射其他波长的光,但散射光波之间的相位不同,它们通过相消干涉而相互抵消,于是这些非谐振波长就以较低的损耗透射出光栅。结论是,布拉格效应选择性地反射与光纤周期相匹配的波长光。

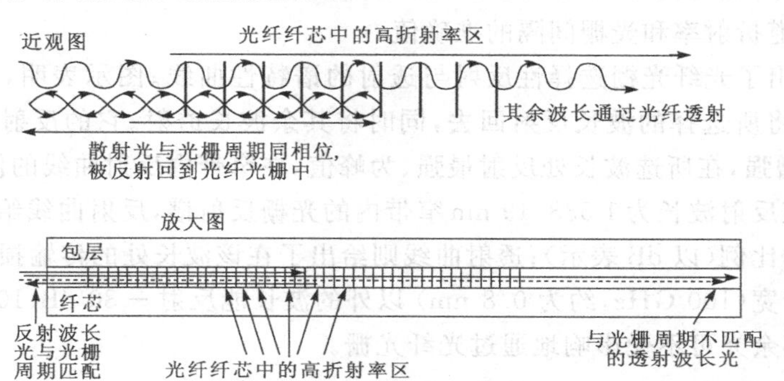

图6.32 BFG反射与光栅周期匹配的波长光,同时透射其余波长的光

3. 制作方法

光纤光栅的制作方法是,通过紫外光照射掺锗石英玻璃纤芯,破坏纤芯中的原子键来形成光栅(纤芯玻璃成分配方应调整到使这种破坏效应最强)。具体照写光栅的方法是相位掩模法,参见图6.33。一台外置的紫外激光器通过一块薄的贴近相位掩模板的平板照射光纤,平板底部刻蚀有由高度平行的沟槽构成的图案(凹槽的周期与光栅周期成比例),紫外激光被调制成±1级衍射光,两光叠加于光纤芯部并形成干涉条纹。它能沿两个方向衍射大部分光,产生干涉花样覆盖在光纤上面。由于高、低强度区域交错分布,高强度区域的紫外光破坏了玻璃中的原子键,从而改变了玻璃的折射率并形成光栅。基于几何关系,排列在光纤中的光栅的间隔为掩模板上条纹间隔的一半,如果相位掩模间隔为b,则光纤光栅的间隔为$b/2$。紫外激光波长(193 nm/248 nm的中紫外光或334 nm的近紫外光)不影响条纹间隔,但影响光栅的强度。

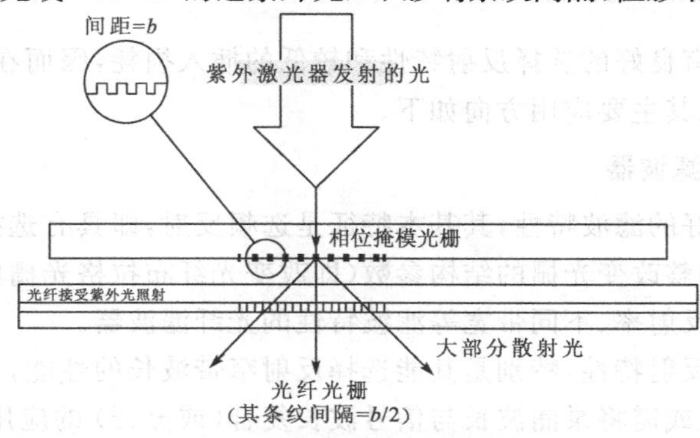

图6.33 紫外光在敏感的光纤纤芯上照刻光栅

4. 传输特性规律分析

前述对光纤光栅选择性反射选定波长的机理分析表明，光通过光纤光栅时所产生的效应与波长密切相关。研究表明，光纤光栅的条纹间隔和折射率结构等参数决定了光纤光栅反射的波长，即光纤光栅选择反射的波长是写入光栅条纹间隔的两倍，可以下式表示：

$$\lambda_g = 2m_1 b \tag{6.21}$$

式中，b 为光栅间隔，m_1 为纤芯玻璃折射率，λ_g 为光纤光栅选择反射的波长。

若知光栅间隔为 0.5 μm，折射率为 1.47，则光纤光栅选择反射的波长即为 1.47 μm。反之，若给定对选择反射波长的要求，则可计算光纤光栅的间隔。应该注意的是，为了选出精确的波长，必须知道折射率和光栅间隔的准确值。

图 6.34 给出了光纤光栅选择性反射与透射的谱特性曲线。图示表明，光纤光栅为一反射滤波器，它能将所选择的波长反射回去，同时将其余波长透射。它的反射在某波段范围内（窄带）会大大增强，在所选波长处反射最强、为峰值，在窄带内反射曲线的侧面接近直角。图中给出的是峰值反射波长为 1 538.19 nm 窄带内的光栅反射谱，反射曲线给出了在该波长处被反射光所占的比例（以 dB 表示）；透射曲线则给出了在该波长处的传输损耗。曲线表明，该滤波器在所选带宽（100 GHz，约为 0.8 nm）以外的波长能反射 −30 dB（10^{-3}）的入射光，所选带宽以外的其余光可不受影响地通过光纤光栅。

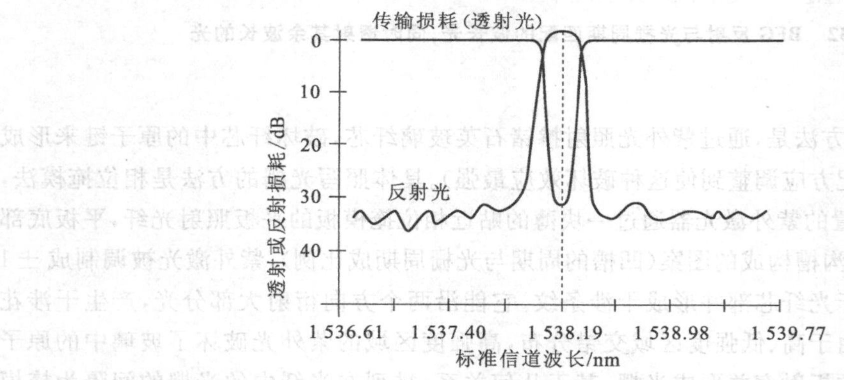

图 6.34　光纤光栅的反射和透射

6.4.2　光纤光栅的主要应用

光纤光栅由于具有良好的选择反射特性和较低的插入损耗，因而在光纤通信、传感等领域获得了广泛的应用。其主要应用方向如下。

1. 固定或可调谐滤波器

光纤光栅具有良好的滤波特性，其基本特征是选频反射，即具有选择反射一个或多个波长的能力。而且通过调整改变光栅的结构参数（即改变光纤布拉格光栅的折射率或波长），可以调谐得到具有不同反射率、不同带宽等滤波特性的光纤滤波器。

光纤光栅的选频反射特性，特别是其能选择反射窄带波长的性能，非常适用于光纤通信系统，对波分复用系统或需将泵浦波长与信号波长复合（或分开）的应用场合尤显重要。由于在实际光通信系统中更多的是需要传输型的带通滤波器，最好的方法是将光纤光栅与光纤环行器结合使用。即令输入的光信号经光纤环行器进入光纤光栅，被选频反射后由光纤环行器的输出端输出，从而成为一个传输型滤波器。

图 6.35 给出一个从传输 8 个信号波长（1 546 nm、1 548 nm、1 550 nm、1 552 nm、1 554 nm、1 556 nm、1 558 nm 和 1 560 nm）系统中，选择反射出 1 552 nm 波长的原理示意图。图中在输入端将 8 个波长信号首先通过一个光学环行器并耦合输入光纤光栅，光纤光栅将 1 552 nm 波长的光选择反射回光纤环行器，并基于环行器通道的单向性，而被路由至“下载”端口。这一端口相当于一个滤波器，它选出 1 552 nm 波长信号并将其引向所希望的地址；与此同时，其余 7 个信号波长均直接通过光栅。

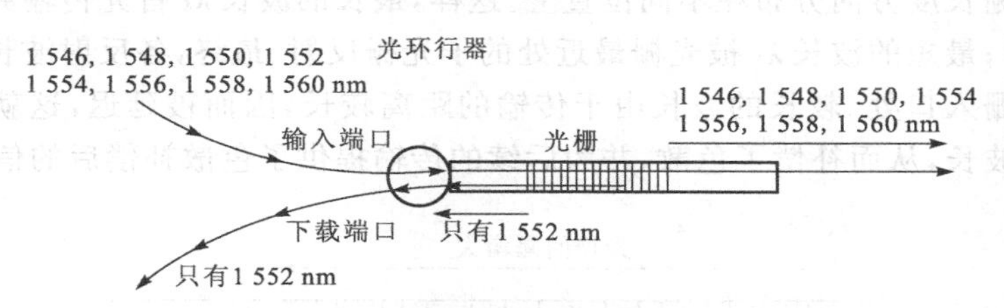

图 6.35　光纤布拉格光栅选择反射出某一个波长

以此类推，可将多波长系统中的多个波长信号依次地选频分开。

2. 光纤光栅光分插复用器

在波分多路的光通信系统中，随着光纤网中每一节点信息量的大量增加，非常需要一种只对本节点上下载的波长信号进行光电转换，而让其他波长信号直接通过节点的新型分插复用处理方式，这就是全光波分多路分插复用器。可以实现上述功能的光分插复用器的结构有：耦合器型结构，光纤光栅与光纤环行器结合型结构，光纤光栅 M-Z 结构。图 6.36 给出了将光纤光栅与光分插复用器相结合，实现在中间站上下载某一波长信号的原理示意图。该通信系统共传输 4 个波长，即 1 550 nm、1 552 nm、1 554 nm 和 1 556 nm。较短的 3 个波长必须从城镇 A 传到城镇 C，但系统又必须将 1 556 nm 的信号从城镇 A 传到 B，并经城镇 B 传到 C。在中间站 B 下载一个信号的同时，用具有同样波长的其他信号代替原来的信号。图中，分插复用器首先通过光纤光栅的反射下载 1 556 nm 的信号，而 1 550 nm、1 552 nm 和 1 554 nm 的信号继续传输；光环行器在 B 处下载 1 556 nm 的信号，同时 B 处的发射机发送的从另一端口进入光纤光栅的 1 556 nm 信号也被反射。光环行器发送所有信号并通过光纤光栅到达 C，同时从 B 上载 1 556 nm 的信号，并与从 A 传输过来的 1 550 nm、1 552 nm 和 1 554 nm 的信号一起传输。

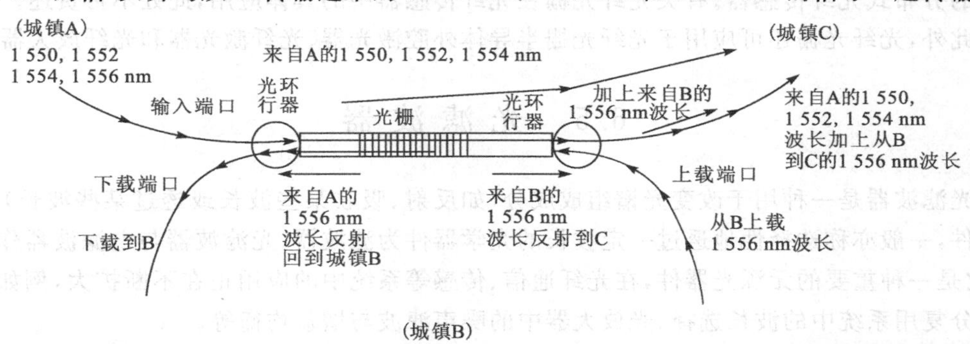

图 6.36　光分插复用器利用光纤光栅在中间站下载一个波长，同时用同一光信道中的其他信号来代替它

3. 光纤色散补偿

采用光纤光栅补偿原有光纤的色散是一种较好的色散补偿方案。在每经过一段色散的光纤后插入光纤光栅型的色散补偿器，具有插入损耗低、体积小、成本低等优点，且与光纤系统完全匹配。

光纤光栅色散补偿的机理在于，光栅作为具有选择性的光学延时线，能调节同一脉冲中不同波长成分的传输时间，使它们近乎相等。如图 6.37 所示，假设脉冲中较长的波长先到达，较短的波长后到达。另外，整个光纤光栅由能反射不同波长的子光栅（光栅分段）构成，这些子光栅沿光栅长度方向分布在不同位置上。这样，最长的波长 λ_4 首先传输到达光栅最远距离处，并被反射；最短的波长 λ_1 被光栅最近处的子光栅反射。最终，各反射波长将在同一时间全部返回到光栅入口处。较长的波长由于传输的距离较长，因而被延迟，这就使较短的波长能赶上较长的波长，从而补偿了色散，并为后续的传输提供了色散补偿后的信号。

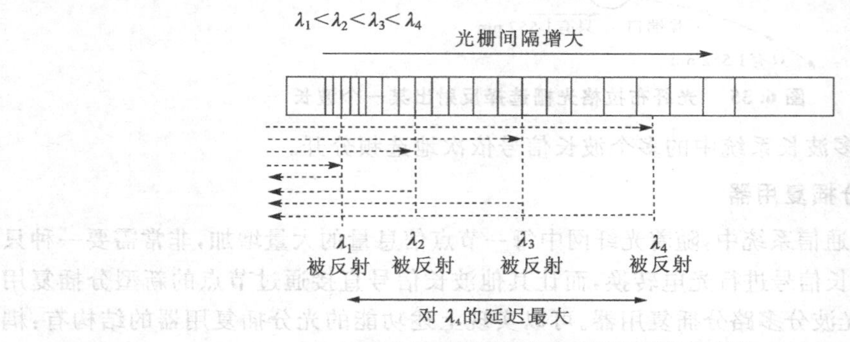

图 6.37 光纤光栅作为延迟线补偿色散

计算表明，为了抵消 100 ps 的色散，光栅分段之间的距离应相当于 50 ps 的传输时间，若平均折射率为 1.5，则只需要约 10 mm 长的光纤光栅。在非色散位移光纤上，每 400 km 光纤可用 10 cm 长的啁啾光纤光栅进行补偿，系统可实现 10 Gb/s 的传输。在远距离的光纤线路中可以利用间隔不同的一连串光纤光栅作为延时线来补偿色散。

4. 光纤光栅应用于光纤传感技术中

光纤布拉格光栅的波长随温度、压强和应力的变化呈良好的线性关系，因而光纤光栅可以作为这些物理量的传感元件应用于光纤传感器中。其中包括，将光纤光栅埋置在复合材料内部的分布式光纤传感器。有关光纤光栅在光纤传感器中的具体应用，此处不再赘述。

此外，光纤光栅还可应用于光纤光栅半导体外腔激光器、光纤激光器和光纤放大器。

6.5 光 滤 波 器

光滤波器是一种用于改变光谱组成成分（如反射、吸收某些波长或透过某些波长）的光学器件，一般亦称选择性地透过一定波长的光学器件为滤波器。光滤波器与电滤波器作用类同，它是一种重要的无源光器件，在光纤通信、传感等系统中的应用正在不断扩大，例如应用于波分复用系统中的波长选择、光放大器中的噪声滤波与增益均衡等。

根据结构与工作机理的差异，光滤波器主要可以分为如下几类：干涉滤波器（干涉滤光片型)、F-P腔型滤波器、M-Z干涉滤波器、均衡滤波器、光纤光栅滤波器、声光调制滤波器等;另外,按其波长(频率)是否可改变,也可将光滤波器分为固定滤波器与可调谐滤波器。本节将在介绍干涉滤波器的基础上,重点讨论F-P腔型窄带(可调谐)滤波器。

光滤波器的主要特性参数有:中心波长及可调谐波长范围、滤波器带宽、插入损耗等。

6.5.1 干涉滤波器

干涉滤波器通过在一块平板玻璃上交替沉积多层具有高低不同折射率的两种介质材料(如 T_iO_2 与 S_iO_2)的薄层而制成,其工作机理以干涉效应为基础。

干涉滤波器的功能是选择性地透过一定窄范围的波长,而将其他波长的光反射掉。其工作机理是,任意两层介质之间由于折射率差而在每两层界面处造成反射(类似于两光纤端面间空气隙结构在端面处将产生菲涅耳反射损失),交替的层对越多,则对大多数波长的反射越多。但由于这些波长的光波相位失配,因而干涉相消,抑制了它们透射光束的振幅;与此同时,满足特定条件的波长光可以透过。这些波长是由薄层的光学特性所选择的,即需满足光波在两个薄层之间的往返应是波长的整数倍。由于这些波长的相位一致且干涉相长,因而透射光束的强度相长叠加。图6.38给出了干涉滤波器选择波长透射与其他波长光反射的原理示意图。其中,选择透射的波长由下式给出:

$$m\lambda = 2nb\cos\theta \tag{6.22}$$

式中,m 是整数,n 是薄层的折射率,b 是薄层的厚度,θ 是入射光波与法线的夹角。显然,透射波长取决于薄层厚度、折射率与入射到滤波器上的角度。

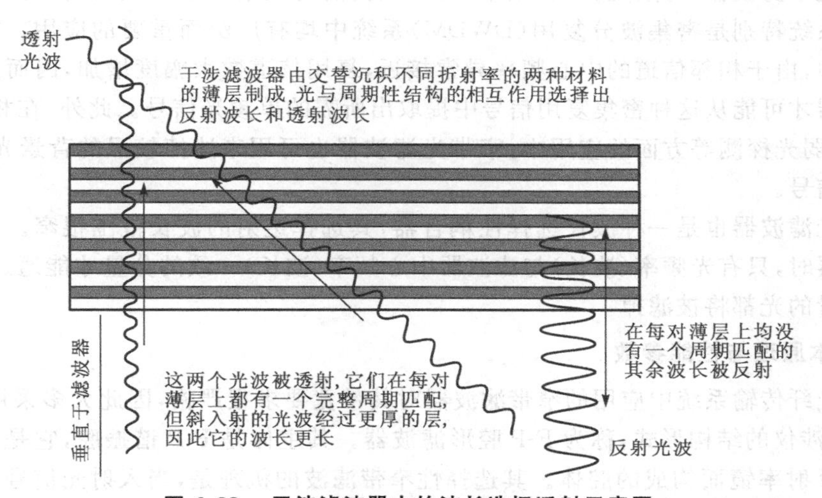

图6.38 干涉滤波器中的波长选择透射示意图

应该注意的是,光纤光栅是选择性地反射一个很窄范围的波长;而干涉滤波器则是选择性地透射一个很窄范围的波长。明确这一概念对解复用器的设计很重要。

干涉滤波器虽是分立的"体光学器件",但实际应用于WDM系统中的均很小,长度只有几毫米。

透射与反射波长的精确选择以及透射与反射曲线的具体形状均取决于滤波器的具体设计,包括薄层的厚度(b)、材料折射率(n)以及"堆积"的层数。通常,层数越多分辨率越高,选择的波长范围也越窄。通过调整薄层的厚度、材料成分和层数，可以设计出具有不同选择透射特性的干涉滤波器。通常应用于 WDM 系统中的三种重要滤波器是线通（窄带）滤波器、带通滤波器和截止滤波器，其透射特性参见图 6.39。

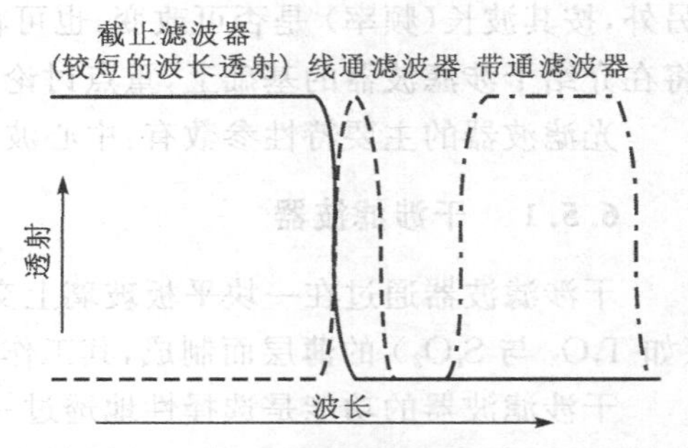

图 6.39　线通滤波器、带通滤波器和截止滤波器的透过率谱示意图

如果选择透射（或反射）的波长范围很窄，则称线通（或窄带）滤波器。频带窄或宽是相对概念，一种经验法则认为，如果频带小于中心频率或工作频率的 0.1%，则该频带就可认为属于窄频带。例如滤出 100 GHz 光信道的滤波器即为窄带滤波器；如果选择透射（或反射）波长的范围相对较宽，则该滤波器就称为带通滤波器。这种滤波器在某一波谱范围的中心波长及其附近一定波长范围具有高透射率，而在其他波长时，透射率骤然下降。例如选择掺铒光纤放大器 10 nm 范围波长的滤波器即属于带通滤波器；截止滤波器则是设计在一定波长处透射与反射有一个突变，如图 6.39 的截止滤波器即为透过短波长而阻止长波长。用来分离掺铒光纤放大器 C 带和 L 带两输入信道的滤波器，其截止波长为 1 567 nm，该滤波器将短波长反射回 C 带放大器，而将长波长透射到 L 带放大器。

6.5.2　F-P 腔型窄带光滤波器

窄带光学滤波器、特别是波长（频率）可以改变的可调谐窄带滤波器，在全光交换系统、波分复用系统特别是密集波分复用（DWDM）系统中均有广泛而重要的应用。在密集波分复用系统中，由于相邻信道的中心频率异常接近，复用信道数大幅度增加，因而只能利用窄带光滤波器才可能从这种密集复用信号中提取出所需的单频光信号。此外，在相干光通信、光放大、微弱光探测等方面的应用中，窄带光滤波器也可用来滤掉较强的背景光噪声，提取微弱的光信号。

窄带光滤波器也是一种波长选择性耦合器，其选择透射的波长范围很窄。当光信号进入光滤波器时，只有光频率（波长）与滤波器中心频率（波长）一致的分量才能通过，其他频率（波长）分量的光都将被滤掉。

1. 基本原理与性能参数

由于光纤传输系统中应用的窄带滤波器对其带宽要求很严格，因此大多采用法布里-珀罗（F-P）干涉仪的结构形式，称为 F-P 腔形滤波器。其主体是 F-P 谐振腔，它是由一对高度平行的高反射率镜面构成的腔体。其选择性窄带滤波的机理是，当入射光信号通过 F-P 腔时，在两镜面间由于多次反射产生多光束干涉，当相位关系满足入射光波长与腔长 L 之间具有整数倍关系时，光波可形成稳定振荡并输出等间隔的梳状波形（对应的滤波曲线为具有尖锐锋的梳状），参见图 6.40。设入射光波的入射角为 θ_i，谐振腔长为 L，腔中材料折射率为 n，则为实现选择性透射应满足的相位关系条件为：在谐振腔两反射镜面之间一次往返后的相位变化量 δ 应为 2π 的整数倍，即

$$\delta = \frac{4\pi nL\cos\theta_i}{\lambda} = 2m\pi \tag{6.23}$$

式中，m 取正整数。

在图示入射光波垂直入射条件下，上式可演变为中心波长的表达式

$$\lambda = \frac{2nL}{m} \tag{6.24}$$

特别情况，若谐振腔中为空气，则应有

$$L = m \cdot \lambda/2 \tag{6.25}$$

表明相位关系应满足腔长是半波长的整数倍。以上为 F-P 腔型固定滤波器的特性与规律。由式(6.23)可以看出，在 m 值确定后，通过调整改变 L、n、θ_i 三个参量可以改变峰值透过率的波长，即实现可调谐滤波器的目的。

用于描述 F-P 腔型可调谐窄带滤波器传输特性的主要性能参数有(参见图 6.40)：

① 自由谱域(FSR，Free Spectral Range)：相邻波长(频率)之间的距离。

② 带宽(BW，Band Width)：谐振峰 50%处的光谱宽度。

③ 精细度(F，Finesse)：自由谱域与谱宽(带宽)的比值。

④ 可调谐波长范围。

⑤ 插入损耗。

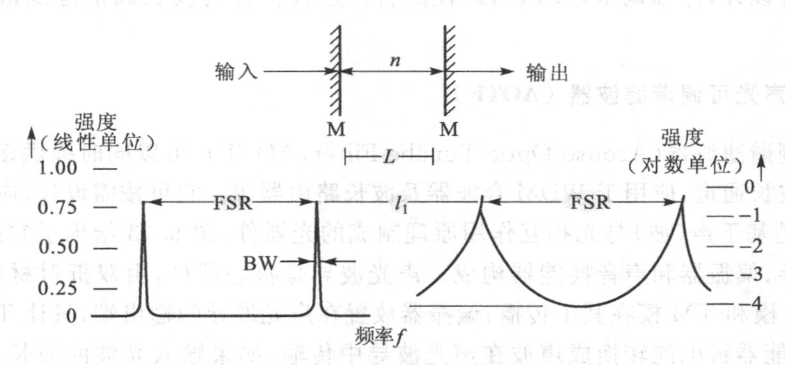

图 6.40　F-P 谐振腔与光传输示意图

2. 光纤 F-P 腔型可调谐滤波器的实现方案

目前，世界上已研制出了多种结构的波长可调谐滤波器，其基本原理都是通过改变腔长、材料折射率或入射角度来达到波长可调谐的目的，实现动态地选择波长。以下讨论调节腔长与入射角实现调谐的两种方案。

(1) 调节腔长 L 方案

在光纤 F-P 腔型可调谐滤波器腔体的一端镀上高反射膜，另一端镀上抗反射膜，彼此之间留有适当空隙(参见图 6.41)。在电信号的驱动下，PZT(压电陶瓷)可进行伸缩，造成空气间隙变化，引起腔长的改变，从而实现波长的调谐。这种结构滤波器可实现 FSR 在 10～10^4 GHz 量级，精细度可达 300 以上。

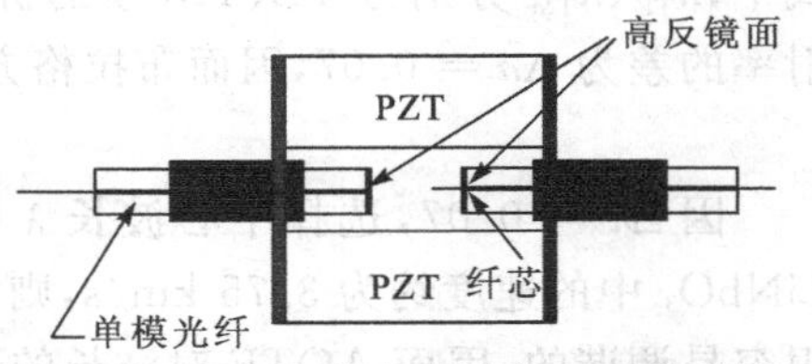

图 6.41　空气隙式可调谐 FFD 滤波器

(2) 调节入射角度方案——F-P 标准具型可调谐滤波器

所谓 F-P 标准具是指由一块两侧面均镀上高反射膜的平晶所形成的谐振腔，如图 6.42 所示。图中的 GRIN 透镜为自聚焦透镜，其功能是将光纤一端射入的光束准直为平行光，或进行反变换。经 GRIN 透镜准直后的平行光进入谐振腔，满足相位条件的波长光再经 GRIN 透镜聚焦在输出光纤的端面上。标准具位于平行光路中并成一定倾斜角，其作用有两个，其一是避免菲涅耳反射光进入输入光纤；其二是可调节角度实现波长调谐和选择的功能。这种滤波器的优点是，有宽的动态调谐范围、窄的通带和高的调谐速度。

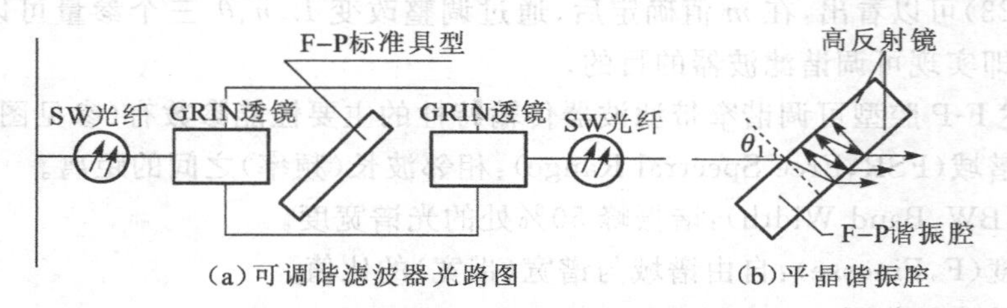

(a) 可调谐滤波器光路图　　(b) 平晶谐振腔

图 6.42　旋转 F－P 标准具型可调谐滤波器

这种 F-P 标准具型滤波器存在的一个问题是，当光束穿过具有一定厚度的倾斜平晶时，会发生空间位置的平移，因此可能影响输入和输出光纤的耦合效率，增加插入损耗。所以在工艺上要精心设计，仔细调节，以达到最佳配合。这种器件的波长调谐范围最高可达几十纳米。

6.5.3　声光可调谐滤波器（AOTF）

声光可调谐滤波器(Acouso Optic Tunabe Filter，AOTF)，可以同时提供多个彼此独立且可调谐的波长通道，应用于 WDM 合波器及波长路由器等。它可按需设计、应用灵活。

AOTF 是基于声（波）与光相互作用原理制成的光器件，图 6.43 给出了它的一种结构。它由声光波导、偏振器和声音换能器构成。声光波导是核心器件，由双折射材料制成，只允许最低次 TE 模和 TM 模在其中传播；偏振器放置在声光波导的输出端，只让 TM 模的光波通过；声音换能器将电能转换成声波在声光波导中传输，如果输入光波的波长为 $\lambda_1, \lambda_2, \cdots, \lambda_N$，由于声波在波导中传播引起的介质折射率的周期性变化，其作用相当于形成了动态光栅，当光波的波长满足布拉格(Bragg)条件时，则 TE 模的能量会转移到 TM 模，因而能通过偏振器输出，其余的被拒绝。布拉格条件为

$$\frac{n_{\mathrm{TM}}}{\lambda} = \frac{n_{\mathrm{TE}}}{\lambda} \pm \frac{1}{\Lambda} \tag{6.26}$$

式中，n_{TE}、n_{TM} 分别为 TE、TM 模的折射率，Λ 为光栅周期。对于 $LiNBO_3$ 晶体，n_{TE}、n_{TM} 模折射率的差为 $\Delta n = 0.07$，因而布拉格方程为

$$\lambda = \Lambda(\Delta n) \tag{6.27}$$

因 $\Delta n = 0.07$，选择中心波长 $\lambda = 1.55\ \mu\mathrm{m}$，则由布拉格方程知，$\Lambda = 22\ \mu\mathrm{m}$，声波在 $LiNbO_3$ 中的速度约为 3.75 km/s，则相应的电驱动 RF 频率为 170 MHz。由于 RF 的频率是很容易调谐的，因而 AOTF 对波长的选择也是很容易实现的。

上面讨论的 AOTF 是假设所有输入的光能集中在 TE 模，因而是与偏振有关的器件。实际上，AOTF 也可以是与偏振无关的器件，即其输入的光能量不一定非由 TE 模来携带。

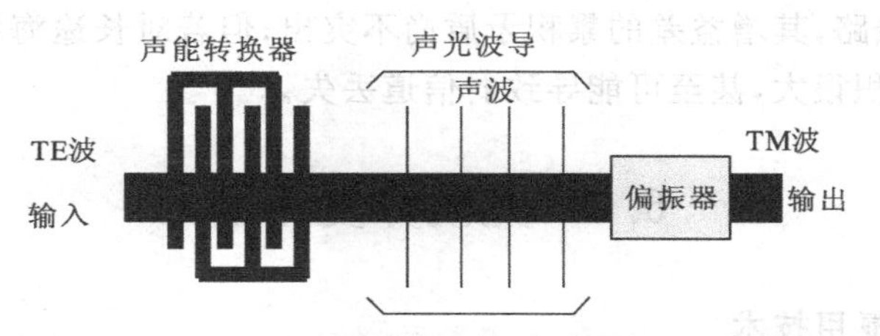

图 6.43　声光可调谐滤波器(AOTF)的一种结构

图 6.44给出了一个与偏振无关的 AOTF 的原理框图。由 TE 模和 TM 模携带的输入光能量,经输入偏振器(分波器)分解为 TE 模和 TM 模,然后各自通过声光波导与声波相互作用,被选择波长的 TE 模和 TM 模在这里互换,最后经输出偏振器(合波器)重新组合输出,实现可调谐功能。

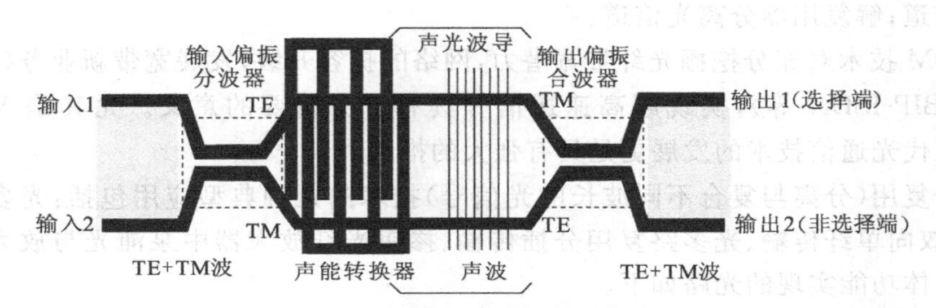

图 6.44　与偏振无关的 AOTF 的原理结构图

AOTF 在 1 550 nm 波段,其可调谐的波长范围达 300 nm 以上。

6.5.4　均衡滤波器

由于光纤放大器的增益是随波长而变化的,即不是对所有的波长均匀地放大。这在长途通信的一系列放大器之后将产生严重问题,即强放大波长处的信号将淹没弱放大波长处的信号。为此,需解决在放大器增益带宽内的信号均衡化滤波问题。这是又一类功能的滤波器。

均衡滤波器的设计思想如图 6.45 所示,即必须衰减那些被极强放大的波长信号。这种滤波器的透过率意在抵消增益,即增益越高的波长,其透过率要越低;而增益越低的波长,其透过率要越高。最终达到通过放大器与均衡滤波器二者之后的输出,在放大器增益带宽内是均衡的,如图 6.45(c)所示。

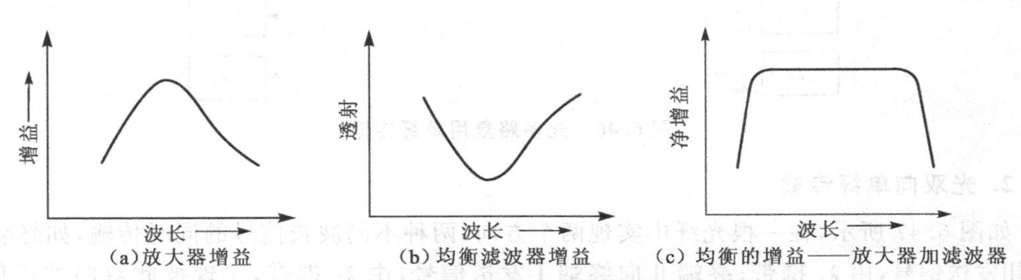

(a)放大器增益　(b)均衡滤波器增益　(c)均衡的增益——放大器加滤波器

图 6.45　均衡滤波器均衡光纤放大器的非均匀增益

均衡滤波器对长途海缆尤显必要,因为若每个放大器都有 0.5 dB 的增益差,对于只有少量放大器级联的线路，其增益差的累积矛盾尚不突出；但若对长途海缆有 100 个放大器级联，则其增益差将累积很大，甚至可能导致弱信道丢失。

6.6 光波分复用器

6.6.1 光波分复用技术

光波分复用（Wavelength Division Multiplexer，WDM）的概念是指在一根光纤中能同时传输多波长的光信号。其基本原理是在发射端复用器将不同波长的光信号组合起来（复用），并通过一根光纤传输，在接收端解复用器又将组合的光信号分离开（解复用）并送入不同的终端。因此，称此项技术为光波长分割复用，简称光波分复用（WDM）技术。其中，复用器合并光信道；解复用器分离光信道。

光 WDM 技术对充分挖掘光纤带宽潜力，网络的扩容升级，发展宽带新业务（如 CATV，HDTV 和 BIP-ISDN 等），实现超高速通信等具有十分重要的意义。尤其是 WDM 加上 EDFA 对现代光通信技术的发展更是具有强大的推动力。

光波分复用（分离与复合不同波长的光信号）技术的几种典型应用包括：光多路复用单纤传输、光双向单纤传输、光多路复用分插传输、掺铒光纤放大器中泵浦光与放大信号光的分离等。具体功能实现的光路如下。

1. 光多路复用单纤传输

如图 6.46 所示，在发射端将载有各种信息的、具有不同波长的已调制光信号 $\lambda_1,\lambda_2,\cdots,\lambda_n$ 通过复用器（M）组合在一起，并在一根光纤中单向传输，由于各信号是通过不同光波长携带的，所以彼此之间不会混淆；在接收端通过解复用器（D）将不同光波长的信号分离，完成多路信号传输的任务。

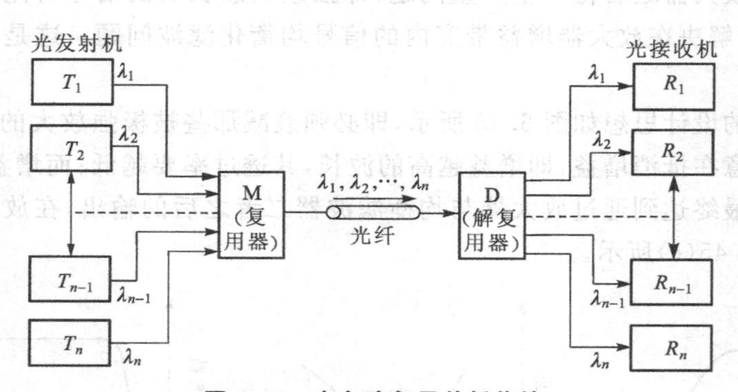

图 6.46　光多路复用单纤传输

2. 光双向单纤传输

如图 6.47 所示，在一根光纤中实现两个方向、两种不同波长信号的同时传输，如终端Ⅰ向终端Ⅱ发送信号，由 λ_1 携带；终端Ⅱ向终端Ⅰ发送信号，由 λ_2 携带，实现彼此双向的通信联络，这种结构也称为单纤全双工通信系统。光纤制导中下行的观测信号与上行指令控制信号的单纤双向传输，即是这种典型的传输方式。

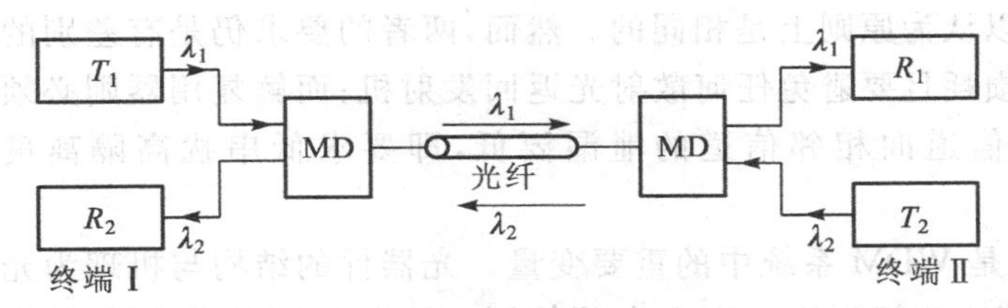

图 6.47　光双向单纤传输

3. 光多路复用分插传输

如图 6.48 所示，在发射端将来自独立发射机的 8 个不同波长的光信号，经复用器复合后通过单纤传输；在中间站分插复用器将波长 λ_4 信号路由到本地接收机下载，与此同时上载中间站本地发射机发射的另一波长信号记为 λ_4^*，并通过分插复用器与其他 $\lambda_1, \lambda_2, \lambda_3, \lambda_5, \lambda_6, \lambda_7, \lambda_8$ 信号会合，经单纤传输进入解复用器；解复用器将 8 个信号分离，并路由到 8 个独立的接收机上，每个接收机接收一个波长信号。这种多波长复用分插的传输方式还可有多个中间站点分插。总之，位于系统中间的分插复用器，既可以在中间点下载已有信道，也可以上载携带 WDM 信号的新信道到光纤中，上载的信号可以代替下载的信号。

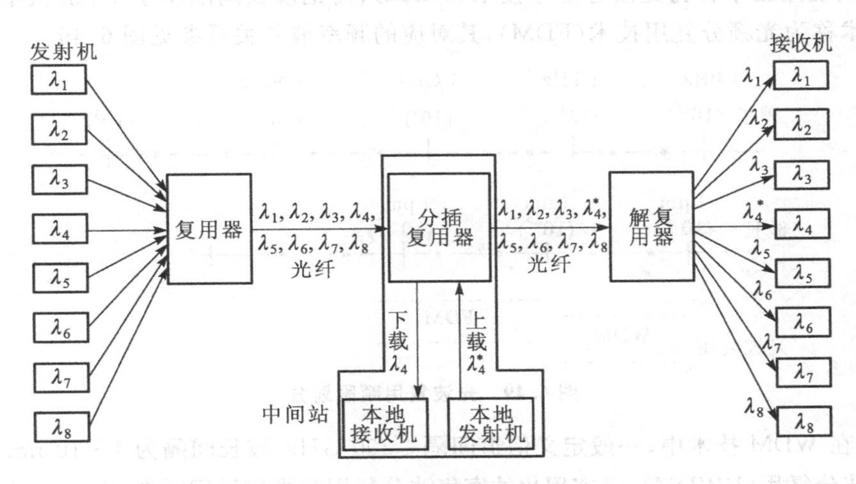

图 6.48　光多路复用分插传输

有关波分复用(WDM)技术应该说明的几个重要问题是：

① 光 WDM 技术充分利用光纤的低损耗波段及其较宽的波长带宽，在一根光纤中同时传输多个不同波长光源(信道)的光信号，从而大大提高了光纤和光通信系统的传输容量与通信效率；并将其应用领域大大扩展，例如实现了多媒体信号(音频、视频、数据、文字、图像等)的混合传输，扩展了网络应用的形式，并对已建成的光纤通信系统的扩容带来了很大的方便。WDM(DWDM)技术经过近十年的发展和不断完善，如今在光通信系统中获得了大量而广泛的应用，已经高度实用化。

② 在应用光 WDM 技术的系统中，实现预期功能与质量最核心的关键器件就是光波分复用器与解复用器。复用器和解复用器可以视为同一装置的镜像，从原理上说两者是互易的(双向可逆)，即只要将解复用器的输出端和输入端反过来使用，就是复用器。因此，复用

器和解复用器可以认为原则上是相同的。然而,两者的要求仍是有差别的,各有侧重:复用器必须有低插入损耗且要避免任何散射光返回发射机;而解复用器则必须可靠地分离光信道并要求从一个信道向相邻信道的泄漏要低,即要求低串扰高隔离度(隔离度应达到20～40 dB)。

③ 信道密度是WDM系统中的重要变量。光器件的结构与机理为光信道提供了均匀分布的间隔(尽管这些间隔不一定会全部使用),这些间隔的分布决定了信道密度。国际电信联盟定义了一组间隔为100 GHz的标准中心频率,这一频率间隔大约对应于掺铒光纤放大器带宽中的0.8 nm。另外,也有人在研究信道间隔为50 GHz,甚至25 GHz。这样,根据信道间隔的大小可以概略划分光复用技术中的频分复用(FDM)技术与波分复用(WDM)技术;而在WDM中可以进一步地划分:密集波分复用(DWDM)与宽(粗)波分复用(WWDM)。

光频分复用(Frequency Division Multiplexing,FDM)技术与光波分复用技术在概念本质上是一回事,但光频分复用比光波分复用的信道间隔要窄很多。FDM是以频率的单位GHz来描述间隔的,而WDM是以波长的单位nm来描述间隔的。一般认为,当波长间隔大于1 nm时的复用技术称为光波分复用技术(WDM);而把波长间隔小于1 nm极窄信道间隔的复用技术称为光频分复用技术(FDM),其对应的频率波长关系参见图6.49。

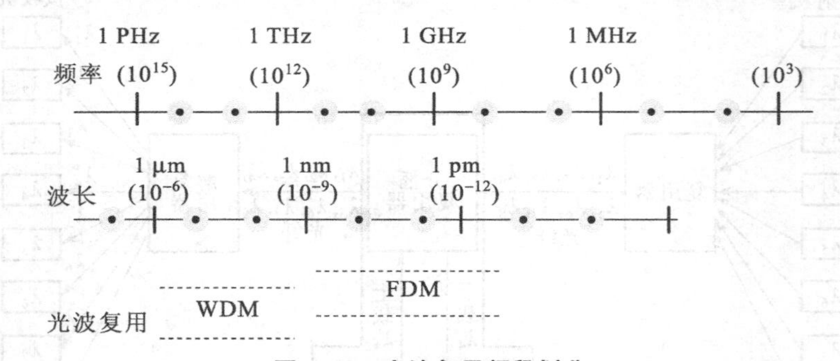

图6.49 光波复用频段划分

另外,在WDM技术中,一般定义信道间隔≤200 GHz、波长间隔为1～10 nm的波分复用为密集波分复用(DWDM),已实用化的密集波分复用标准信道间隔有200、100和50 GHz;而对间隔很宽的、波分间隔为10～100 nm(例如1 000 GHz)的系统则定义为宽(粗)波分复用(WWDM)。实际系统中20～25 nm的宽信道间隔在一些系统中得到应用。图6.50给出了在C带铒光纤放大器的1 530～1 565 nm范围内,密集波分复用紧密间隔系统(40信道,每信道100 GHz)与粗波分复用宽间隔系统(4信道,每信道1 000 GHz)两种WDM系统的示意图,后者的信道间隔约为8 nm。显然,信道间隔越宽,复用器与解复用器的制作及成本就越简单低廉。

④ 分插复用器。一般解复用器可以分离光纤中传输的所有信道,但在很多情况下需要从所有信道中只分离出一或两个信道,这就是分插复用器应有的功能。分插复用器可以下载一个或多个信道,也可以在该信道上载新的信号。利用前述的光纤光栅等波长选择性滤波器,即可实现分插复用器的功能。图6.51给出了反射一个信道而透射其他信道的分插复用器的示意图。

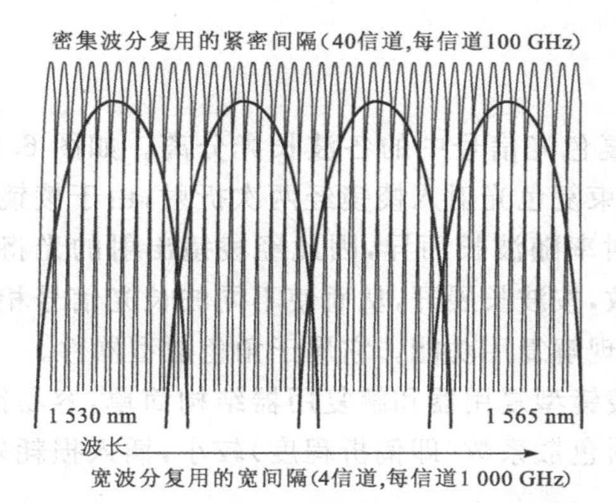

图 6.50　WDM 系统中的两种信道间隔对比

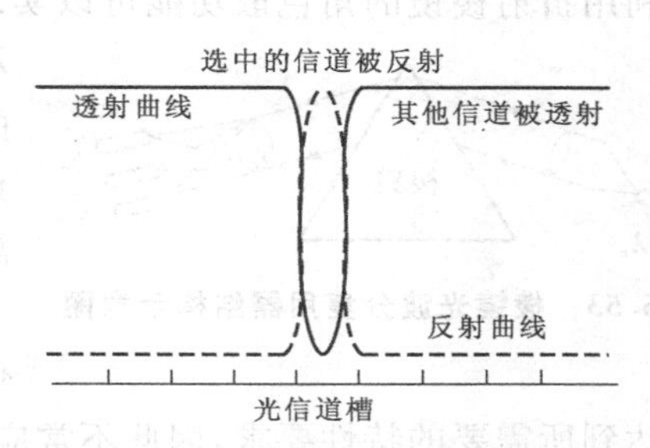

图 6.51　反射一个信道并透过其他信道的分插复用器

6.6.2　光波分复用器

光波分复用器(Wavelength division multiplexer)是一种用来合成不同波长光信号或分离不同波长光信号的无源器件,前者称为"复用器",后者称为"解复用器"。光波分复用器属于波长选择性耦合器,其主要性能指标如下:

① 插入损耗:是指由于增加光波分复用器/解复用器而产生的附加损耗,系统设计时一般容许几个分贝的插入损耗,但一般较好的商用产品均低于 0.5 dB。

② 串扰:是指其他信道的信号耦合进某一信道,并使该信道传输质量下降的影响程度,有时也可用隔离度来表示这一程度。

③ 信道宽度:是指各光源之间为避免串扰应具有的波长间隔。

光波分复用器的种类很多,根据所采用的分光元件及工作原理,可将其分为如下几种类型(参见图 6.52)。

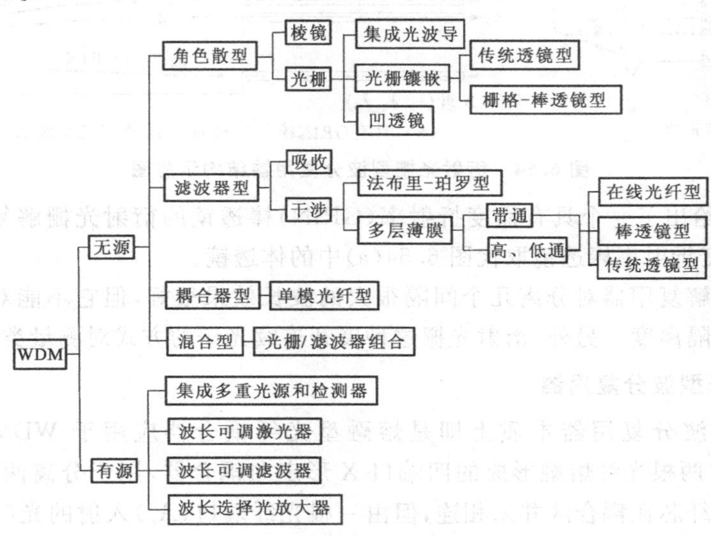

图 6.52　光波分复用器的分类

以下介绍几种类型的光波分复用器。

1. 棱镜分光式波分复用器

利用折射棱镜的角色散功能可以实现将复色光信号中的各波长光分离。如图 6.53 所示，一束复色光射入棱镜经两次折射，由于棱镜材料的折射率随波长而异，因此经棱镜出射的光将发生角色散，按波长展开，从而使不同波长光信号相互分离，实现解复用功能。它属于角色散型器件。

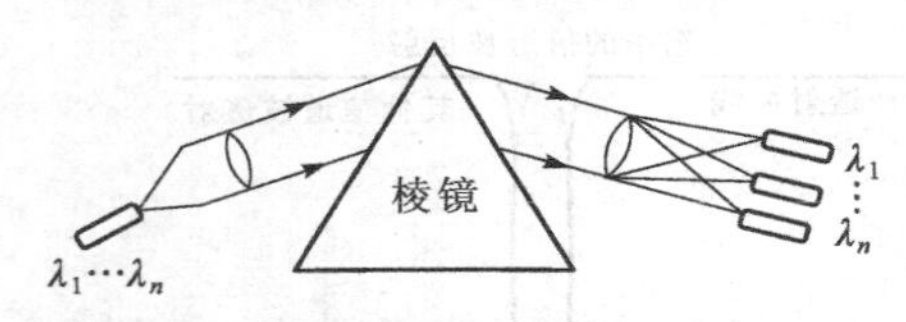

图 6.53　棱镜光波分复用器结构示意图

棱镜型复用器和解复用器结构简单，容易制造，但材料色散系数（即偏折程度）较小，插入损耗较大，难以达到所需要的特性要求，因此不常应用。

2. 衍射光栅型波分复用器

所谓光栅是指在一块能够透射或反射的平面上刻划多条平行且等距的槽痕，形成许多具有相同间隔的狭缝。当一束含有多波长的复色光信号入射衍射光栅时，将产生衍射。由于不同波长具有不同的衍射角，因而不同波长成分的光信号将以不同的角度出射，从而实现不同波长的光信号分离。因此，该器件与棱镜的作用一样，均属角色散型器件。

光栅种类较多，但用于 WDM 中主要是闪耀光栅，它的刻槽具有一定的形状[如图 6.54(a)中所示的小阶梯]，当光纤阵列中某根输入光纤中的光信号经透镜准直以平行光束射向闪耀光栅时，由于光栅的衍射作用，不同波长的光信号以方向略有差异的各种平行光束返回透镜传输，再经透镜聚焦后，按一定规律分别注入输出光纤之中。由于闪耀光纤能使入射光方向矢量几乎垂直于光栅表面上产生反射的沟槽平面，形成所谓“利特罗”(Littow)结构，因而可提高衍射效率，降低插入损耗。

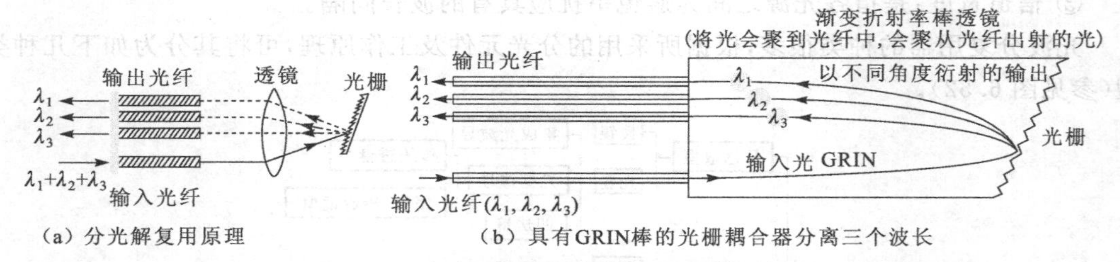

(a) 分光解复用原理　　(b) 具有GRIN棒的光栅耦合器分离三个波长

图 6.54　衍射光栅型波分复用器结构示意图

图 6.54(b)给出了一个具有梯度折射率(GRIN)棒透镜的衍射光栅解复用器的原理结构，光路中以梯度折射率棒透镜取代图 6.54(a)中的体透镜。

衍射光栅型解复用器对分离几个间隔很大的波长效果很好，但它不能对紧密间隔的波长提供高的信道隔离度。另外，衍射光栅这种展开连续光谱的方式对测量类仪器很适用。

3. 熔融光纤型波分复用器

熔融光纤型波分复用器本质上即是熔融型光纤耦合器应用于 WDM 功能的实现。图 6.55所示为由两根光纤熔融形成的四端口 X 形定向耦合器，用于分离两个波长光信号。两根单模光纤的纤芯在耦合区并未相连，但由一根光纤端口(A_1)入射的光(λ_1，λ_2)在通过耦合区段时，利用包层厚度的作用能将一部分光(λ_2)耦合到另一根光纤中去。

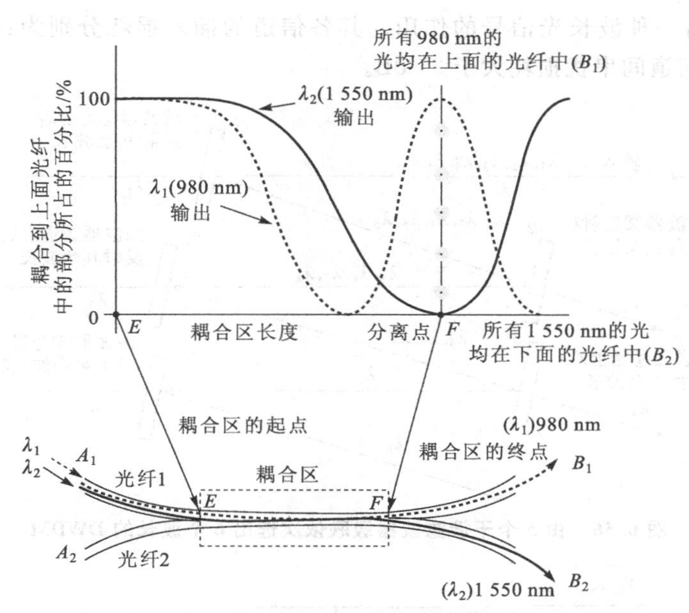

图 6.55　熔融光纤型波分复用器分离两个波长示意图

进一步的研究表明，两个熔融光纤之间光能量转换的程度取决于耦合区的长度(该长度用波长来衡量)和两纤芯相互靠近的程度。只要调整控制适当，则经过一段耦合长度后，信号光能量可以从一根光纤完全转移到另一根光纤中。图 6.55 中，从 A_1 端口入射的 λ_1(980 nm)和 λ_2(1 550 nm)两个不同波长的光信号，经过耦合区到 F 点时，将从 B_1 端口输出 λ_1 信号，从 B_2 端口输出 λ_2 信号，从而实现了解复用的功能。这表明，熔融型光纤耦合器可以将光定向到不同的端口来分离波长。图中上方给出了两种波长光的能量随耦合长度变化而在光纤 1 和光纤 2 之间波动转移的过程曲线，在 F 点实现完全转移。

熔融光纤型波分复用器的优点是便于连接，插入损耗极小(典型值 0.2 dB)，结构小巧紧凑，用于间隔很大的波长分离效果很好，例如掺铒光纤放大器的泵浦光(980 nm)和信号光(1 550 nm)。但复用波长数少，不适合用于分离密集波分复用系统中的多波长光信道；且对光源波长及温度变化的适应性较差；另外，隔离度较差(20 dB 左右)。

4. 干涉滤波器型波分复用器

利用基于多层介质膜干涉效应的干涉滤波器(干涉滤光片)选择性透射(其余波长反射)的特性，采用级联的方法可以构建干涉滤波器型的波分复用器(解复用器)。特别有利的是，近些年才研发成功的极窄线宽的干涉滤波器非常适用于 DWDM 系统。图 6.56 给出了一个由 5 个干涉滤波器级联依次选出 6 个波长的解复用器原理示意图。

图 6.56 表明，级联干涉滤波器的每一级可以为解复用器选出一个波长，如果需要分离 n 个波长光信号(光信道)，则需要 $n-1$ 级(个)干涉滤波器。这种波分复用器适用于宽波段，插入损耗也较小，已得到广泛应用。其典型的解复用波长数为 2～6 个，在利用 LD 做光源时，最大的波长复用数可达 8～10 个。

图 6.57 给出了由干涉滤波器(滤光片)和 1/4 周期长度自聚焦透镜组合而成的波分复用器，结构Ⅰ为合波复用，结构Ⅱ为分波解复用。图中，每两个自聚焦透镜之间夹一块干涉

滤光片，起到分离一种波长光信号的作用。其各信道的插入损耗分别为：0.5 dB，1.0 dB，1.1 dB，0.7 dB；信道间串扰损耗大于 25 dB。

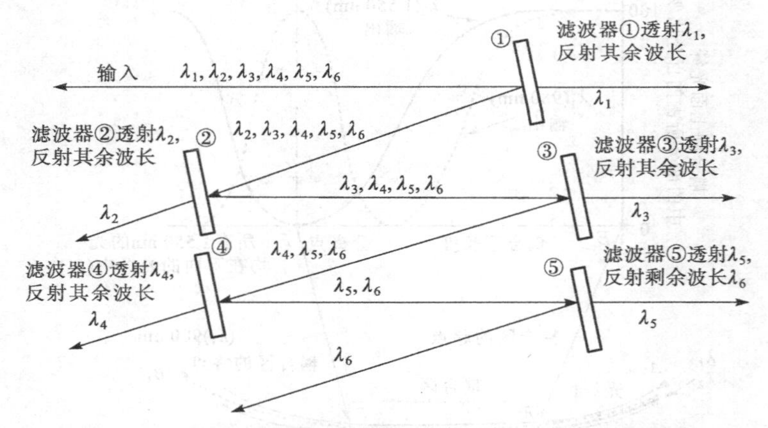

图 6.56　由 5 个干涉滤波器级联依次选出 6 个波长的 DWDM

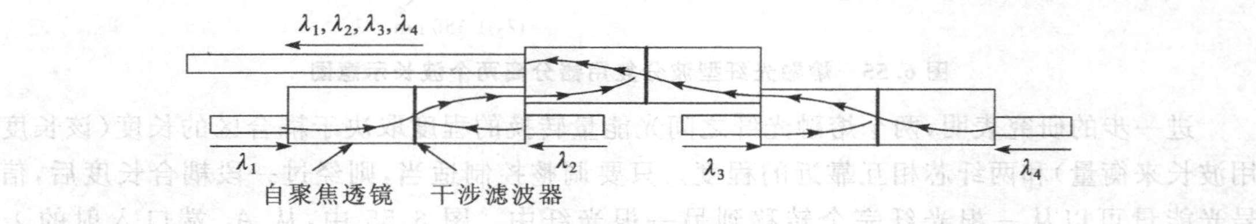

结构Ⅰ(合波复用)

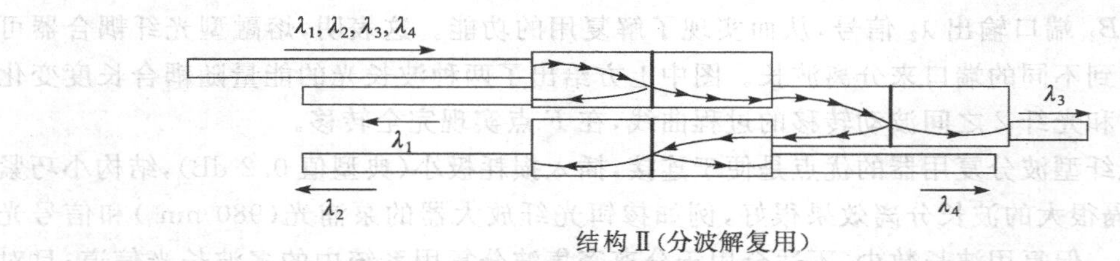

结构Ⅱ(分波解复用)

图 6.57　干涉滤光片与自聚焦透镜组合的波分复用器

由于多级级联的干涉滤波器其每一级都可能存在泄漏，其累积造成的损耗效应将很严重。为了减少这种泄漏，可以采用将全部光信号分成若干个信道组，然后再分成单独的信道。图6.58设计给出了由 4 个高通和低通滤波器加上 5 个 8 信道解复用器构成的一个 40 信道解复用系统。

系统中输入的全部 40 个波长光信号，首先到达高通滤波器 1，它透过 $\lambda_{17}\sim\lambda_{40}$，而反射所有波长小于 λ_{17}（$\lambda_1\sim\lambda_{16}$）的短波长光信号至低通滤波器 1；$\lambda_1\sim\lambda_{16}$ 在低通滤波器 1 处，透过短波长 $\lambda_1\sim\lambda_8$ 输入至 8 信道解复用器 1，同时反射 $\lambda_9\sim\lambda_{16}$ 并输入至解复用器 2；$\lambda_{17}\sim\lambda_{40}$ 的所有波长信号被路由至低通滤波器 2，其中的短波长信号 $\lambda_{17}\sim\lambda_{24}$ 透过低通滤波器 2 并输入解复用器 3，$\lambda_{25}\sim\lambda_{40}$ 被路由至高通滤波器 2；$\lambda_{25}\sim\lambda_{40}$ 中的 $\lambda_{25}\sim\lambda_{32}$ 被高通滤波器 2 反射输入至解复用器 4，而 $\lambda_{33}\sim\lambda_{40}$ 则透过高通滤波器 2 并输入至解复用器 5。上述 5 组光信号在 5 个解复用器处分别被解复用为 8 信道。这种分组结构和方法的一个重要优点是可以实现多信道的解复用，且具有模块化的特性。

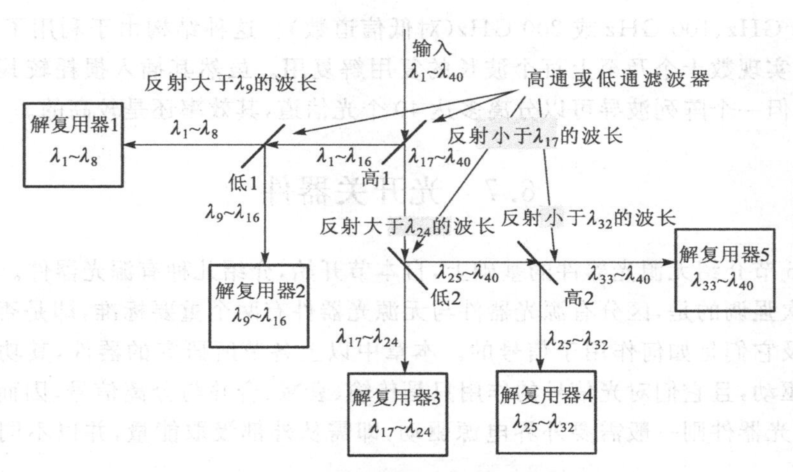

图 6.58 通过信道分组对 40 个信道解复用

5. 平面光波导型(阵列波导光栅)波分复用器

平面光波导是在平面型基底材料上，采用半导体加工工艺制造的光波导结构。根据光波导之间的功率耦合与波长、间隔、材料等有关的特性即可制造出相应的光波分复用器。图 6.59给出了平面波导型 1×8 波分复用器的结构示意图。

以此为基础，近些年来又出现了一种特别适用于光纤通信的新型阵列波导光栅(Arrayed Wavequide Grating，AWG)型波分复用器，如图 6.60 所示。其机理可以视为是马赫-曾德尔(MZ)干涉仪的演变。图中，输入与输出端分别通过平面扇形波导和输入、输出耦合器与 AWG 相连。

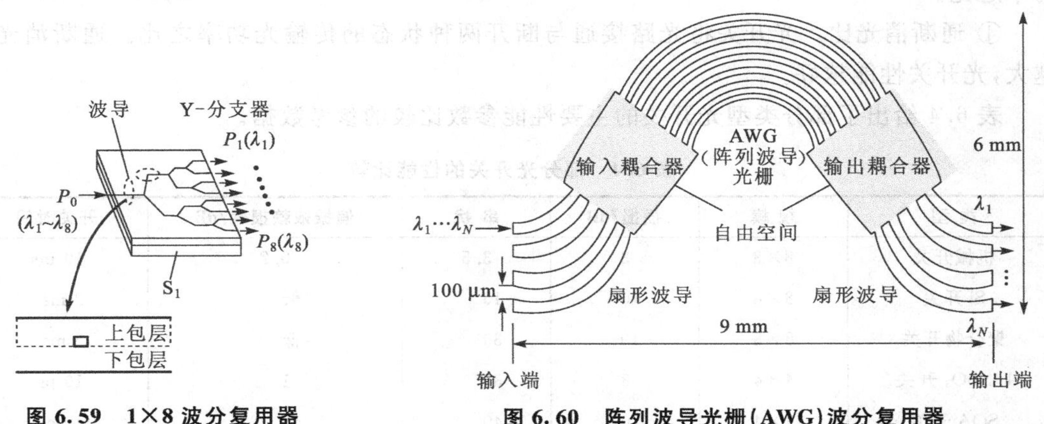

图 6.59 1×8 波分复用器

图 6.60 阵列波导光栅(AWG)波分复用器

AWG 是由规则排列波导组成的弯曲平面波导阵列，相邻波导的长度相差固定值 ΔL，相应产生的位相差随波长而变。基于此，长度不同的各波导，它们的输出在输出耦合器中所产生的干涉效应以及对光谱的展开，与衍射光栅的作用相同。因而当某一输入光纤中输入多波长信号时，不同的波长将以不同的角度从波导阵列出射，输出端的各光纤中将分别有各分离出的光波长信号，从而起到分离多个信道、解复用的功能。所以从实现的功能角度看，阵列波导光栅是一种可以同时分离多个光信道的单片器件，其典型的数量是16～40 个输出，间隔为50 GHz、100 GHz或200 GHz(对低信道数)。这种结构由于利用了 $N\times N$ 矩阵形式，因而可实现数十个乃至上百个波长的复用解复用。虽然其插入损耗较其他解复用器高几个分贝，但一个阵列波导可以分离多达40个光信道，其效率还是较高的。

6.7 光开关器件

在上述6节介绍无源光器件的基础上，自本节开始，介绍几种有源光器件。

应该再次强调的是，区分有源光器件与无源光器件有两个重要标准，即是否需要外界电源的驱动以及它们是如何作用于信号的。本章中以上各节所研究的器件，其功能实现均无须外界电源驱动，且它们对光信号的作用只是传输、衰减、合并与分离信号，因而属于无源光器件；而有源光器件则一般需要外界电源驱动，即需从外部汲取能量，并以不同的方式改变信号。

光开关是实现光传输通路的通断与路由转接的一种光器件，也是实施光交换的一种重要光信号处理器件。光开关在系统保护、系统测量、系统监控、全光交换技术以及多方面的网络应用中有重要价值。

光开关有以下的主要性能指标：

① 插入损耗。由于光开关的插入所引起的原光路信号光能量的损失(dB)。系统对光开关的要求是：插入损耗小、插入损耗一致性好。

② 开关响应速度(开关时间)。衡量光开关对电控信号变化的响应快慢程度。

③ 串扰。光开关闭合时，从其他信道泄漏出并进入本通道的光功率与本通道的输出光功率之比。

④ 通断消光比。光开关将光路接通与断开两种状态的传输光功率之比。通断消光比越大，光开关性能越好。

表6.4给出了部分类型光开关的主要性能参数比较的参考数据。

表6.4 部分光开关的性能比较

类 型	规 模	插损/dB	串 扰	偏振依赖损耗/dB	开关时间
机械开关	8×8	3	3.5	0.2	10 ms
Si开关	8×8	10	15	低	2 ms
聚合物开关	8×8	10	30	低	2 ms
$LiNbO_3$ 开关	4×4	8	35	1	10 ps
SOA开关	4×4	0	40	低	1 ns

依据工作原理的不同，光开关最重要的两大类是机械式光开关和电子式光开关。机械式光开关是在外力作用下，通过光纤的移动来实现光通路的导通与关闭。其特点是串扰小，插入损耗低，技术成熟。但开关速度低，不易集成；电子式光开关是指光波的空间位置随控制电信号改变的一种器件，其特点是开关速度快，易于集成，可靠性高。此外，随着技术的发展又开发出了热光开关、声光开关、电全息开关、液晶开关、气泡开关等。其中，有些种类开关具有很大的应用潜力。以下将介绍几种有代表性的光开关。

1. 机械式光开关

机械式光开关又称为光机械开关，它是通过移动光纤或光器件改变信号方向，从而将光信号转移到不同的光纤中。图 6.61 给出了光机械开关的简例，输入信号从左侧光纤输入，一个机械滑片上下移动该光纤并将其对接锁定在三根输出光纤位置中的一个，从而实现光纤路由的转换。

机械式光开关概念虽简单，但对其移动光纤或光器件实现对接的精度要求非常严格。这种光开关由于简单方便，已得到广泛应用，主要用于保护性交换的场合。

2. MEMS 开关

MEMS 开关是指微电子机械系统(Micro-Electro-Mechanical Systems，MEMS)式光开关。MEMS 实际上是由半导体材料制作的一种微小可动反射镜。它是利用集成电路的光刻法，采用毫微米技术工艺，制成微小的光机械结构，利用微型的可移动微反射镜偏折光束改变光的方向，实现光开关的作用。它本质上是一种光机械开关，但有其技术特殊性。图 6.62表示了 MEMS 光开关的工作原理，图中悬浮的反光镜片下面沉积的电路层可以传输电流，其产生的电磁力可以拉动反光镜片使之倾斜，倾斜的反光镜可以动态地反射输入光信号实现扫描，并将输入光信号依次导向不同的光纤输出端。MEMS 光开关需要 10 V 电压驱动，可以在毫秒量级内切换位置，并可运转数亿次。这种光开关今后有希望应用于光交换。

3. 电光开关

应用于制作电光波导调制器的电光波导技术，也可用于制作电光开关。与电光波导调制器不同的是，原调制器输入端的单一输入波导(单端口)，被现光开关的一对输入波导(双端口)取代，同时与一个有源的 2×2 耦合器相匹配；在输出端，有源的两平行波导的单一输出，被一个在一对输出波导之间分离信号的 2×2 耦合器取代，最终形成了一个 2×2 的电光开关，参见图 6.63。它利用方向耦合器的控制电极，实现对两路输入光信号与两路输出光信号的路由控制与连接。电光开关的结构特点是，开关中没有移动的固体或液体。

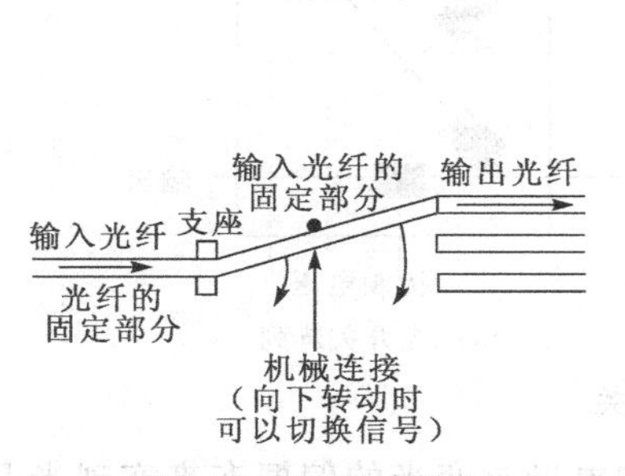

图 6.61 光机械开关

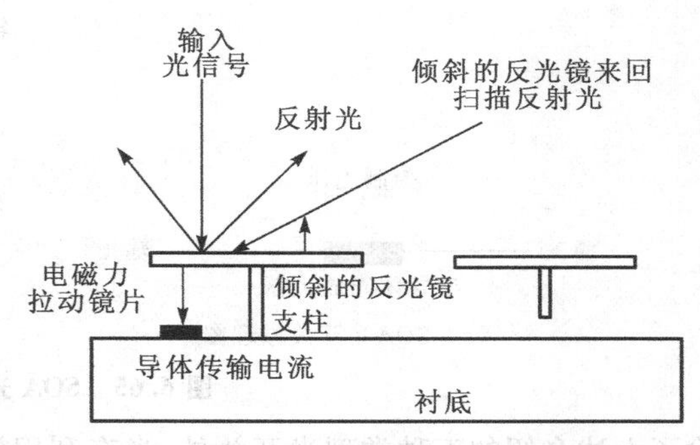

图 6.62 MEMS 光开关的工作原理

图 6.63 中，电光开关的两平行的波导臂是用铌酸锂($LiNbO_3$)制作的，铌酸锂这种电-光材料，具有折射率随外界电场的变化而变化的光学特性。如果在其基片上进行钛扩散，则形成折射率逐渐增加的光波导(即光通路)，再装上电极即可作为光开关或转换元件使用。在

这种波导上施加不同的电压可以产生很大的折射率变化。电光开关的运转即依赖于这种电压的调控。当控制电极上加电压 V_1 时，只要参数设计合理，就能实现光束在波导上完全交错，形成交叉连接；然而当控制电极加上适当电压 V_2 后，将改变折射率及相位差，光通路将随之变化，形成平行连接。这种方向耦合器称为 2×2 光交叉连接单元，也称为 2×2 光开关。当只使用一入一出时，可实现常规的光开关功能；当使用二入二出时，即可实现光路交换。这种通过调控加在两光波导臂上的驱动电压来改变二输出端口上的光路开关与交换特性的方案，对一个或两个端口很有效；对于更复杂的功能结构要求则须通过级联的方法来解决。

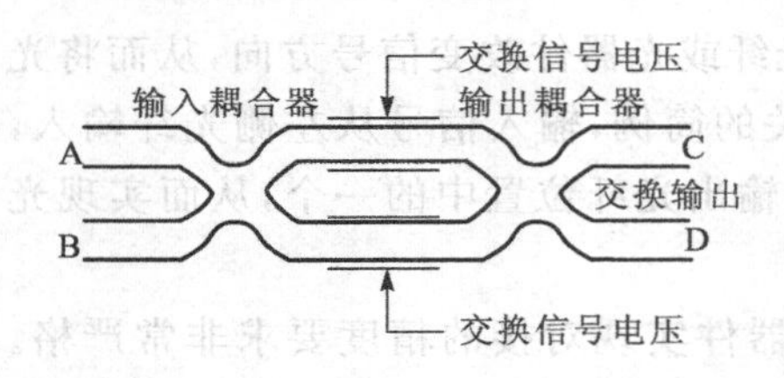

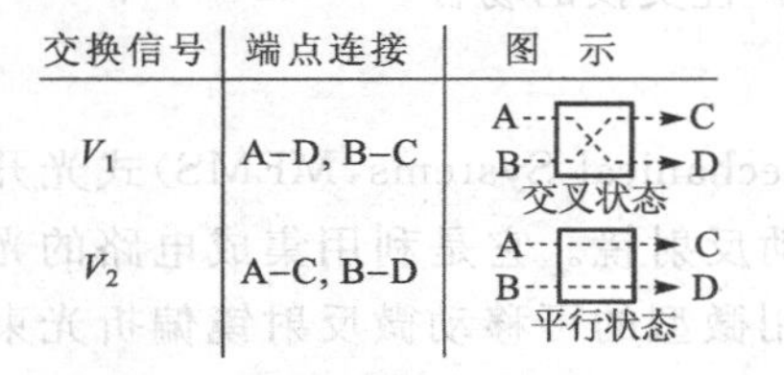

交换信号	端点连接	图示
V_1	A–D, B–C	交叉状态
V_2	A–C, B–D	平行状态

图 6.63　2×2 的电光开关

4. 热光开关

2×2 的热光开关本质上是一个 MZI 干涉仪。热光开关是，依靠温度对折射率变化的影响来实现开关功能的。具体机理是通过温度变化改变其中一个臂的折射率（受温度的影响），使两臂上光信号之间的相位差有所改变，从而使光信号在输入/输出端之间实现通断的。MZI 可以在硅或聚合物基片上集成，但其开关速度和串扰性能不太好，其结构如图 6.64 所示。

图 6.64　热光开关

5. 半导体(SOA)光开关

半导体光放大器的功能是对输入光信号进行放大，但如果让控制它的偏置信号电压为零，则半导体光放大器将无法实现其放大功能，并将输入的光信号完全吸收，关断了光通路。正是基于这一原理，通过控制偏置电信号的大小来实现光路的“通”与“断”。从这个意义上讲，半导体光放大器也可以作为光开关使用。图 6.65(a)为 SOA 光开关原理图，图 6.65(b)给出了一个 SOA 光开关阵列。

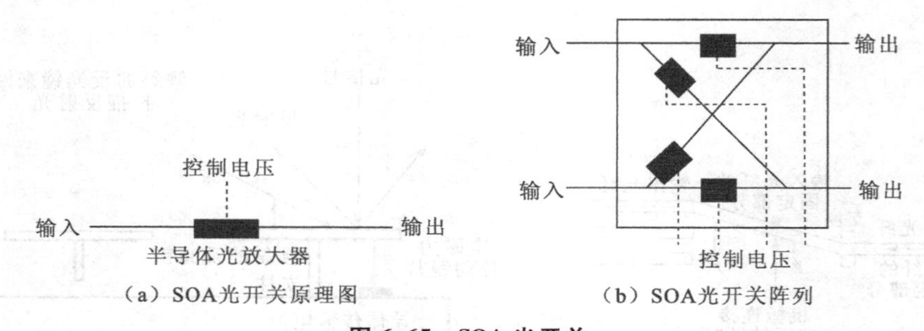

（a）SOA光开关原理图　　（b）SOA光开关阵列

图 6.65　SOA 光开关

除了上述介绍的五种类型光开关外，尚有利用施加电场改变光的偏振态来实现光开关功能的液晶开关（如图 6.66 所示）；基于声波使固体内部材料密度高低分布改变，导致光束偏角改变，实现开关功能的声光开关；还有正处于研发过程中的电全息光开关及气泡开关等。

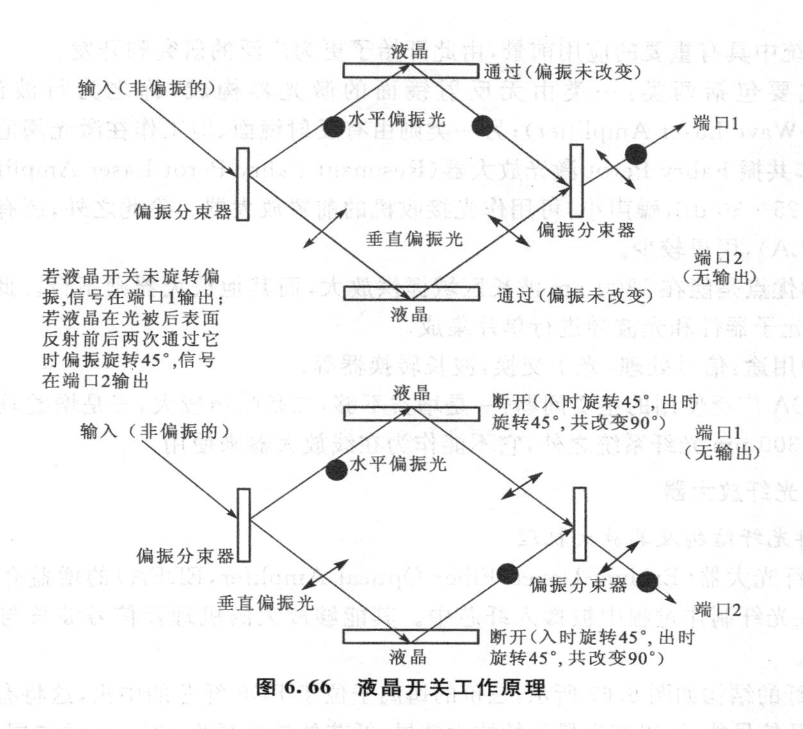

图 6.66　液晶开关工作原理

6.8　光放大器

为解决光信号随传输距离而衰减的难题,光放大技术获得了迅速发展。光放大技术是指不需要进行光-电-光的转换,直接对光信号进行实时、在线、透明放大的技术。其核心器件为光放大器(Optical Amplifier,OA),它是一种全光放大器,主要由增益介质、输入输出结构等构成,其作用是增强光信号的功率,放大输入的弱光信号。在光纤通信技术中,由传统的光电混合中继放大器到纯光放大器是一个重大的飞跃。这意味着光电中继器中由于电子响应速度和带宽限制所带来的"电子瓶颈"的影响将不复存在,利用原有系统进行高速率信号传输将成为现实。同时,它也使得光通信系统中波分复用技术(WDM)和密集波分复用技术(DWDM)的实现成为可能。

6.8.1　几种类型光放大器的基本原理

根据放大所采用的增益介质和放大工作机理的不同,可对放大器做不同的区分。按照采用的增益介质可将光放大器分为两大类,一类是半导体放大器(Semiconoductor Optical Amplifier,SOA),另一类是光纤放大器。前者的增益介质是半导体晶体材料构成的 PN 结,后者则是光纤。而在光纤放大器中,根据放大机理的不同,又可区分为稀土掺杂放大器(如掺铒光纤放大器,EDFA)和分布式光放大器(如拉曼光纤放大器,RFA)等。在上述各类放大器中,本节将重点介绍实际应用最广泛、最重要的掺铒光纤放大器。

1. 半导体光放大器

在半导体增益材料中,通过受激发射,可以实现光的放大,这就是半导体光放大器(SOA)的基本原理。

对 SOA 的研究开始于 1962 年发明半导体激光器不久,但直到 20 年后人们才认识到它将在光波系统中具有重要的应用前景，由此开始了更为广泛的研究和开发。

SOA 主要包括两类：一类由无反射镜面的激光器构成，称之为行波激光放大器(Travelling-Wave Laser Amplifier)；另一类则由有反射镜面、但工作在激光阈值之下的激光器构成，称作共振 Fabry-Perot 激光放大器(Resonant Fabry-Perot Laser Amplifier)，其增益理论上可达 25～30 dB，噪声小，可用作光接收机的前置放大器。除此之外，还有一类注入锁模放大器(JLA)，用得较少。

SOA 的优点是能在 1300 nm 波长区域提供放大，而其他放大器则不行。此外，SOA 还可以与其他光子器件和光波导进行单片集成。

SOA 的用途：信号处理，光子交换，波长转换器等。

影响 SOA 广泛使用的主要问题：一是增益不够，二是噪声较大，三是增益具有偏振依赖性，故除了 1300 nm 光纤系统之外，它不能作为在线放大器来使用。

2. 掺铒光纤放大器

(1)掺铒光纤结构及其放大机理

掺铒光纤光大器(Erbium-Doped Fiber Optical Amplifer，EDFA)的增益介质是铒离子(Er^{3+})，它在光纤制作过程中被掺入纤芯中。其能够放大的机理及信号波长与铒离子的能级分布有关。

掺铒光纤的结构如图 6.67 所示，三价的铒离子位于 EDF 纤芯的中央，这将有利于其最大地吸收泵浦及信号能量，以产生最佳的放大效果；纤芯外是外径为 125 μm 的包层；最外层是外径为 250 μm 的保护层，其折射率略大于包层折射率，因而可将从包层中辐射出的光转移掉。

光纤通信系统中的光纤放大器之所以大部分采用了掺铒光纤放大器，是因为铒元素能在 1530～1625 nm 范围内提供有用的增益，且石英光纤在这一波长范围内具有最低的衰减。掺铒光纤产生受激辐射放大的机理见图 6.68 铒的能级图。当用一高功率的泵浦光 λ_{pump}(由半导体激光器提供的 1480 nm 或 980 nm 波长)注入掺铒光纤时，将铒离子(Er^{3+})从低能级的基态 E_1 ($^4I_{15/2}$)激发到高能级的 E_3($^4I_{11/2}$)上。Er^{3+} 在高能级上的寿命很短，很快即以无辐射跃迁的形式衰变到亚稳态能级 E_2($^4I_{13/2}$)上。由于 Er^{3+} 在能级 E_2 上的寿命较长，在其上的粒子数聚积越来越多，从而在能级 E_2 和 E_1 之间形成粒子数的反转分布。这样，当具有 1550 nm 波长的光信号 λ_{Er} 通过这段掺铒光纤时，处于亚稳态能级的粒子即以受激辐射的形式跃迁到基态，并产生出和入射信号光(1550 nm)完全一样的光子，从而大大增加了信号光中的光子数量，也即实现了信号光在掺铒光纤中传输时不断被放大的功能。因此，利用掺铒光纤即可制成掺铒光纤放大器 EDFA。图 6.69 给出掺铒光纤中光信号放大物理过程示意图。

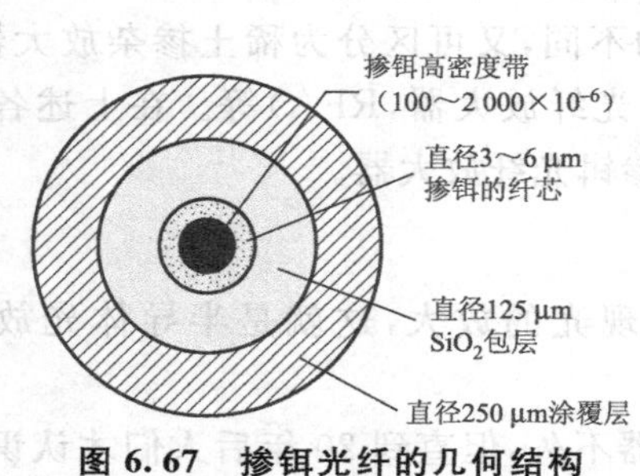

图 6.67 掺铒光纤的几何结构

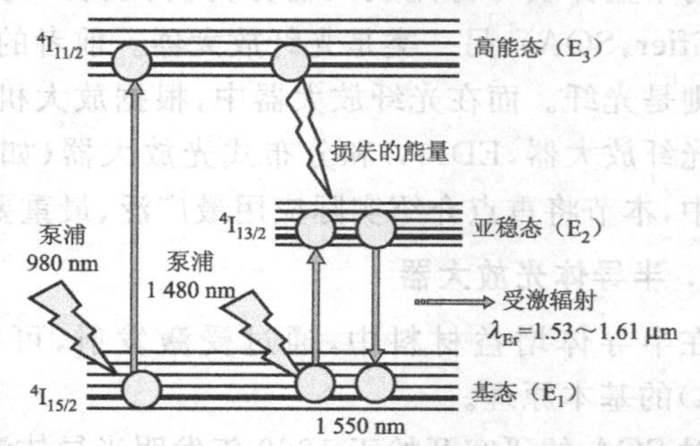

图 6.68 铒的能级图与铒原子的受激发射

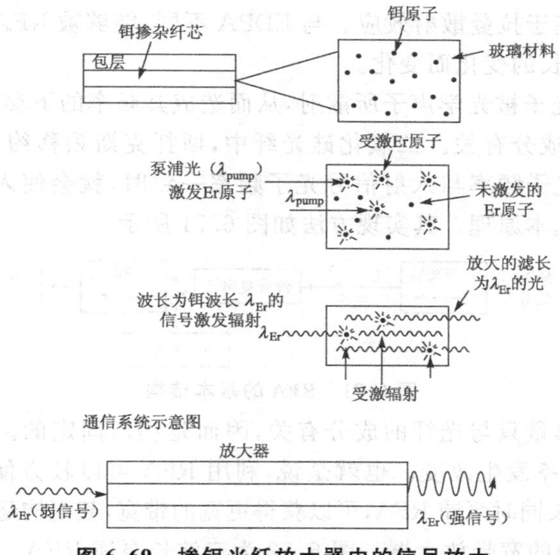

图 6.69　掺铒光纤放大器中的信号放大

掺铒光纤纤芯中铒的掺杂浓度取决于光纤放大器的设计要求，通常掺杂浓度在 100～1000×10^{-6}，且集中在 3～6 μm 的纤芯中。实际上 EDF 的模斑直径要比纤芯直径大一倍以上。

掺铒光纤的光放大机理于 1987 年由英、美研究人员同时发现，掺铒光纤放大器的问世极大地促进了以密集波分复用为主导的光通信技术的发展，1995 年以后 EDFA 即进入实用化。

2. 掺铒光纤放大器的结构

掺铒光纤放大器的结构如图 6.70 所示。

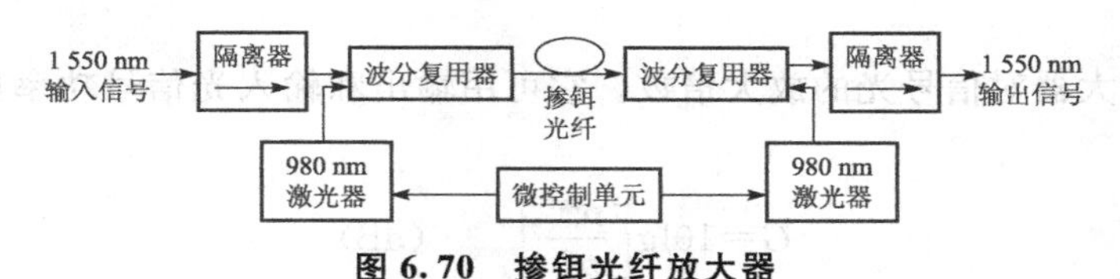

图 6.70　掺铒光纤放大器

EDFA 在 1.55 μm 区其放大能力与最低光纤损耗波长相互匹配，可以取得超过 30 nm 的工作带宽，因而可用于同时放大多个波分复用通道的信号。

EDFA 光纤的典型长度为几十米，在低于 10 mV 的泵浦功率处，可以获得高于 30 dB 的总增益。因其自身就是光纤，故很容易与光纤传输线耦合。

EDFA 在 C 波段即 1530～1565 nm（此处光纤衰减最小）提供了良好的光放大，通过适当的设计，也可以工作在 L 波段即 1565～1625 nm 处。

3. 掺铒波导光放大器（EDWA）

掺铒波导放大器（EDWA）是一种集成光学放大器，其工作原理与掺铒光纤放大器相同。它用掺铒波导代替掺饵光纤，从而结构更加简单，尺寸更小，插入损耗更低，设计也更灵活。可以把多个放大器与一个共享的泵浦源集成在一块芯片上，从而构成 EDWA 阵列，以同时放大多路光信号。这种集成放大器阵列通常可以包含 4 个、8 个或更多的放大器。

4. 拉曼光纤放大器(RFA)

拉曼光纤放大器基于拉曼散射效应。与EDPA不同,能够被RFA放大的信号波长与泵浦波长有关,随泵浦波长的变化而变化。

在RFA中,泵浦光子被光学声子所散射,从而造成其频率的下移,该下移量被称作斯托克斯频移,它与光纤的成分有关。二氧化硅光纤中,斯托克斯频移约为13.2 THz。当经过斯托克斯频移的泵浦光子频率与入射信号光子频率一致时,就会使入射光得到放大。这就是拉曼光纤放大器的基本原理。其实现方法如图6.71所示。

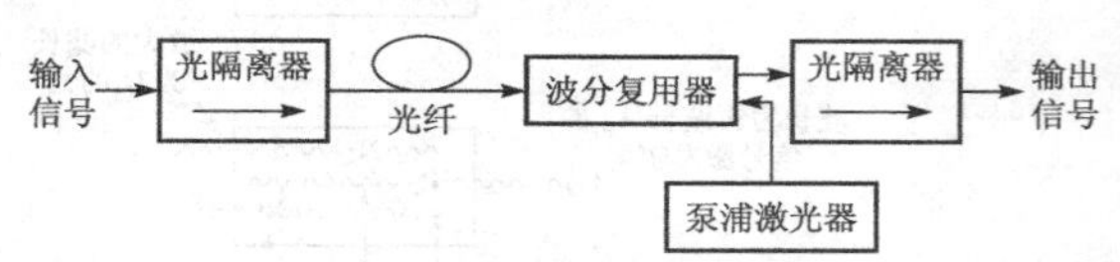

图6.71　RFA的基本结构

由于斯托克斯频移量只与光纤的成分有关,因而是相对固定的。改变泵浦光的频率就可以使斯托克斯光的频率发生改变。也就是说,利用RFA可以较方便地放大不同频率的信号。此外,若用多个波长同时泵浦RFA,可以获得更宽的带宽,甚至构建工作带宽超过100 nm(例如1500～1600 nm)的宽带放大器。图6.72为三波长泵浦RFA。

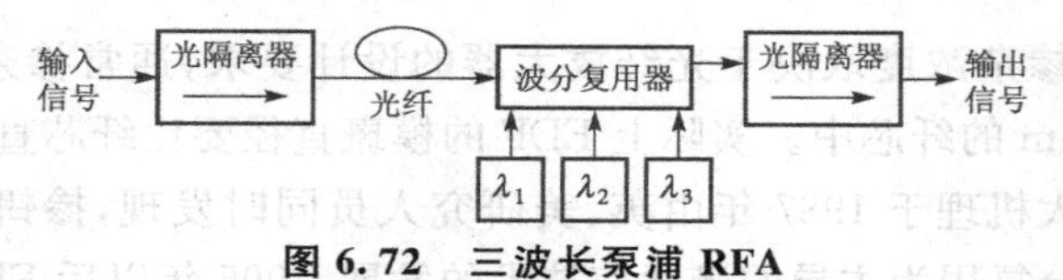

图6.72　三波长泵浦RFA

6.8.2　光放大器的特性参数

1. 增益

增益即光放大器对信号光的放大倍数。它可用输出和输入光信号功率比值的分贝数G来表示:

$$G=10\lg\left[\frac{p_s^{\text{out}}}{p_s^{\text{in}}}\right]\qquad(\text{dB})\tag{6.28}$$

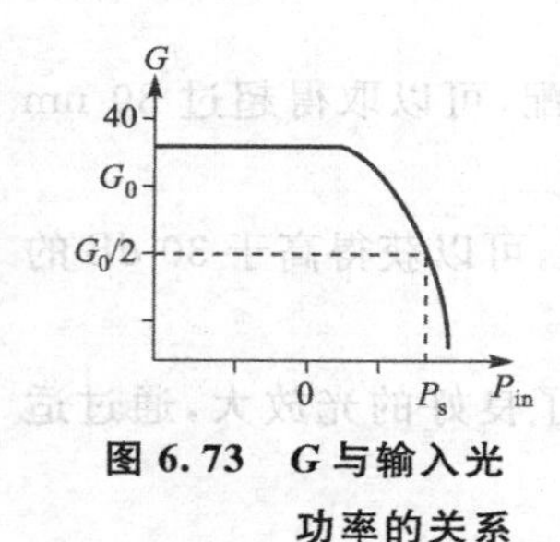

图6.73　G与输入光功率的关系

影响G大小的因素包括光放大器的泵浦波长、输入光信号的功率以及掺杂光纤的参数等。图6.73给出了G与输入光功率之间的关系。其中,当输入光功率较小时,增益G稳定在常数G_0上,称为光纤放大器的小信号增益;随着输入光功率的增加,G开始下降,当G降为G_0一半时所对应的输出光功率称为饱和输出光功率。

光放大器的增益与信号波长的关系称之为增益谱。理想情况下,增益谱是一条平坦的曲线,但实际上,光放大器的增益会随着信号波长而有所不同。

2. 噪声指数(Noise Figure)

噪声指数是指光放大线路中,光放大器的输入信噪比与输出信噪比的比值。它可用于衡量光放大器的插入对信号质量的影响程度。其表达式为

$$F=\frac{(S/N)_{\text{in}}}{(S/N)_{\text{out}}} \tag{6.29}$$

或以分贝的形式表示为

$$F_{\text{dB}}=10\lg\frac{(S/N)_{\text{in}}}{(S/N)_{\text{out}}} \tag{6.30}$$

由此可知，在光纤通信系统中引入光放大器具有两面性，一方面它可以把信号功率放大到一个可用的水平；另一方面也使信号质量得到了劣化。噪声指数越大，放大器引入的噪声也越多。在前述几种光放大器中：$F_{\text{半导体激光器}}$（8 dB）$>F_{\text{商用掺铒光纤}}$（6 dB）$>F_{\text{掺铒波导放大器}}$（5 dB）$>F_{\text{拉曼放大器}}$（4.6 dB）。

3. 非线性失真

光纤放大器的非线性失真来自两方面：一是增益谱的不平坦，二是光纤的非线性。增益谱的不平坦决定于介质自身增益系数随入射光频率而变化的特性；而光纤的非线性效应，如受激布里渊散射，在光功率达到一定阈值后会将注入到光纤中的光转化为背向散射光，从而使系统噪声指标恶化。

6.8.3 光放大器的应用

光放大器可以应用在光纤通信系统的不同位置中。根据所在位置的不同，分别称之为前置放大器、在线放大器和功率放大器。各种放大器的功能区别如下。

前置放大器：位于接收机之前，用于对微弱的光信号进行预放大，从而增加传输距离。

在线放大器：位于长距离光纤通信系统中，取代电中继器的功能，它可以同时放大所有信道，在多信道光波系统中特别有吸引力。

功率放大器：位于发射机之后，用于增强发射光功率。它可以使传输距离得到增加。

除此之外，光放大器还可以用于补偿局域网的分配损耗。

习题与概念思考题 6

1. 如何界定无源光器件与有源光器件？
2. 试分析说明影响光纤连接器连接损耗的因素有哪些？产生怎样的影响？
3. 何为光纤定向耦合器？以 2×2 定向耦合器为例，说明定向耦合器各主要参数的定义。
4. 说明光隔离器主要性能参数之定义及其工作原理。
5. 光纤光栅的工作机理是什么？将其用做光分插复用器的原理是什么？
6. 分析说明干涉滤波器波长选择透射的工作原理。
7. 试述光波分复用技术的指导思想及重要意义，波分复用器的主要性能指标是什么？构建利用 4 级干涉滤波器选出 5 个波长的 WDM 系统。
8. 光开关的主要性能指标有哪些？
9. 掺铒光纤与掺铒光纤放大器的工作机理与重要应用方向是什么？光放大器的主要特性参数有哪些？

第二篇

光纤技术应用

半个多世纪以来，随着光纤光学学科与技术的迅速发展与成熟，光纤与光纤技术在各个领域的应用，取得了广泛而突飞猛进的发展。从50年前起始于传像（医用内窥镜等）、传光的应用，到20世纪80年代以后，光纤传感特别是光纤通信技术的蓬勃发展与广泛大量的应用，光纤与光纤技术已经越来越深入到国民经济、科学研究与人们生活的各个领域。20世纪末21世纪初，光纤通信更被视为通信技术的三大支撑技术之一（卫星通信、光纤通信、移动通信）。可以相信21世纪光纤技术的全面应用必将展现更加辉煌的前景。本篇将较全面地依次介绍光纤在传光照明信号控制与能量传输、光纤传像、光纤通信以及光纤传感等各方面的应用。

第7章　光纤在传光照明、能量信号传输与控制方面的应用

利用光纤的传光功能，将光纤与可见光光源或激光光源相结合，可以实现照明、装饰以及光信号与高功率能量的传输与控制，这是光纤应用的一个重要分支领域，而且随着建筑业新型照明装饰等潜在的巨大需求被开发，光纤在照明装饰、能量信号传输与控制这一领域将呈快速增长趋势。

能实现上述全部或部分功能的材料有：玻璃光纤、石英光纤、液芯光纤和塑料光纤。不同的材料由于其性能的差异，各有其适合的应用领域与场合。从上述各种材料所制成的传光器件的结构形式与形状看，有如下几类：刚性的导光棒，具有半柔性的大芯径单纤或多纤光缆，具有柔性的非相关光纤束（以上三类均为端面发光），以及侧面发光的大芯径光纤；而从具体用途和应用领域区分主要有：仪器、设备、兵器装备与汽车内部仪表盘照明，利用传导太阳能的室内绿色照明，大量彩色光纤工艺制品，各种建筑物室内外光纤照明装饰工程，医疗用人体内照明，大功率激光传输治疗以及电力系统等工业用光信号传输与控制。

以下按材料区分依次介绍玻璃光纤、石英光纤、液芯光纤与塑料光纤等各自在上述各方面的主要应用领域。

7.1　玻璃光纤在照明、能量与信号传输方面的应用

玻璃光纤即多组分玻璃光纤，它是由高折射率的光学玻璃作芯料、低折射率玻璃为包层，采用双坩埚法或棒管法拉制而成的阶跃多模光纤。它具有大的数值孔径（一般 NA≥0.60）、接收角一般>70°，与光源的耦合效率高；透过率≥56%，在较宽的光谱范围内（380～1 300 nm）具有较高的传输效率，其衰减一般为 300～600 dB/km；制作传光束（非相干光纤束）的单丝直径一般为 15～55 μm，具有良好的柔软性，可自由弯曲，光纤强度>150 kg/mm^2；玻璃光纤材料自身耐温>500℃。

玻璃光纤应用于照明绝大多数都是以“非相关光纤束”即“传光束”的形式出现。“非相关光纤束”即是指组合成光纤束的各光纤是作无规则随机排列的，因而这种光纤束只能传光而不能传像，一般即简称为“传光束”或“导光束”，以与“传像束”相区别。由于传光束具有柔性，根据使用需要可以在两端变换各种形状；玻璃光纤还可以做成刚性的导光棒。以下分别介绍两类传光照明器件在各方面的应用。

7.1.1　玻璃光纤传光束

根据照明需要，由数百、数千乃至数万玻璃光纤做无规则排列组合成传光束，束的两端用黏胶黏结，束外加以保护结构。传光束的透过率一般每米大于 50%，其耐温性取决于胶结剂和护套材料，耐温范围一般为 −40 ℃～120 ℃，其最小弯曲半径 R 一般大于 $30D$（D 为光束制品

外径)，其外护套管根据不同的使用要求可选用不锈钢软管、硅橡胶管、PVC+单簧管及台灯管等。根据使用场合要求的不同以及传光束按输入输出端形状是否变换可分为如下两种情况：

1. 常规传光束

常规传光束的输入与输出端均为圆形的光束[如图 7.1(a)所示]，又称为一进一出的"单一光导"，它与冷光源相结合[如图 7.1(b)所示]可以实现如下多种情况下的照明，特别适合于观察空间狭小、有障碍等困难条件下的照明。

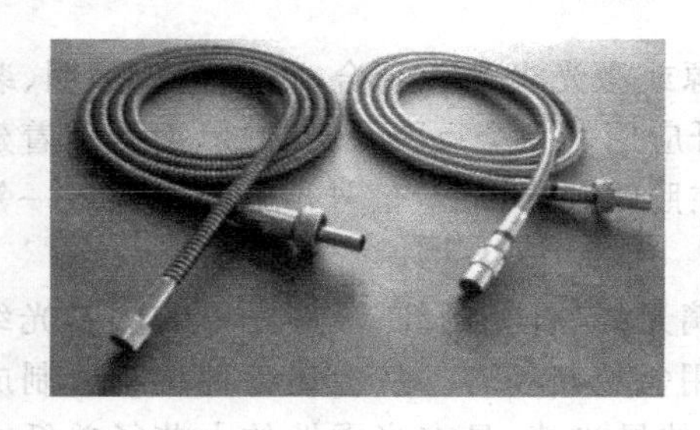

(a) 单一光导（一进一出）

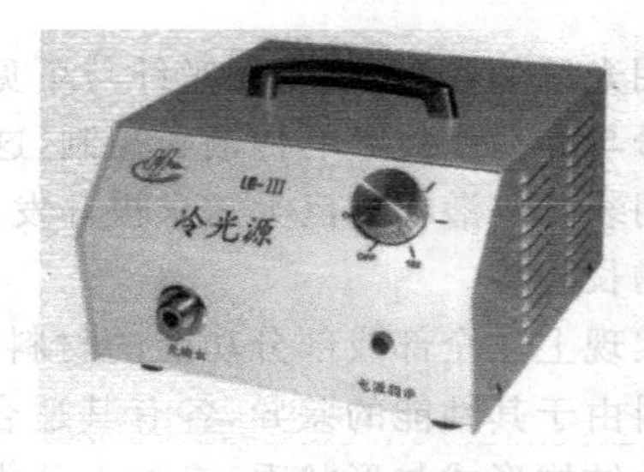

(b) 卤素灯冷光源

图 7.1 单一光导及冷光源

① 用于医疗观察仪器的照明。最有代表性的是采用柔性传像束与导光束的各种形式医用内窥镜(胃镜、腹腔镜、关节镜、肛肠镜等)，其导光束的传光照明原理结构如图 7.2(a)所示。这种照明方式的优点是，光源置于患者体外，并聚焦于导光束的输入端，热量可采取隔热片或介质膜反射器从光束中排除，从而保证患者体内病患处不受光源热灼伤；另外，这种方式照明所获得的照度比传统照明系统高得多，显著提高了体内检查诊断与手术效果。此外，医用传光束还广泛应用于各种手术及显微镜手术的医疗器械中，如手术头灯[如图 7.2(b)所示]等。

② 传光束大量应用于光纤工业窥镜照明[其结构类同于光纤医用窥镜示意图 7.2(a)]。

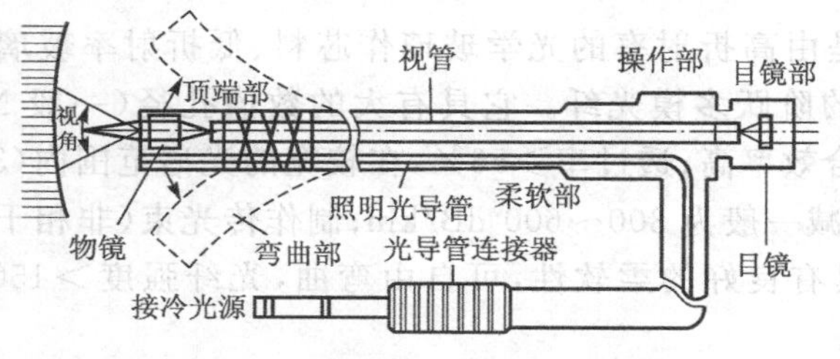

(a) 医用内窥镜导光束照明示意图

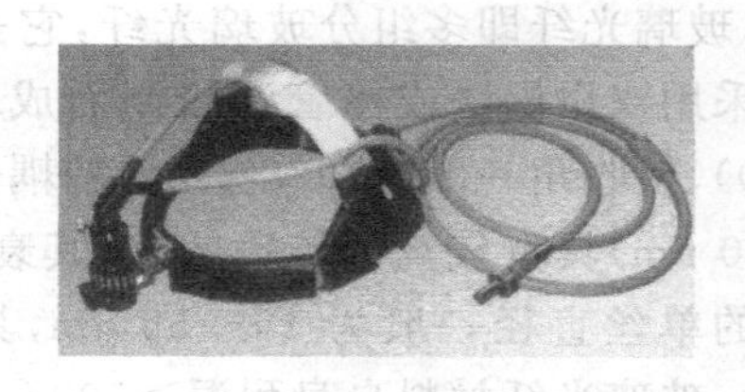

(b) 医用手术头灯

图 7.2 传光束在医疗仪器中的应用

2. 复合传光束

复合传光束包括光束分离与合并以及形状变换两种更复杂的情况。

① 光束的分离与合并。传光束可以分为一系列的输入与输出分支光导，即将传光束照明的单端结构变为多端结构，最终输出端各分支光导输出面积的总和应等于传光束输入面积的总和。这种分支光导的最简单结构即为一进二出的 Y 形光导，广泛用于多种光纤传感器中；此外，还有适用于各种不同应用需要的一进多出[如图 7.3(a)、(b)所示]或多进多出[如图 7.3(c)所示]等各种形式分支光导结构。分支光导结构应用的典型例子如汽车与飞机中的多个仪表表盘可利用多分支光导实现多点的弱光照明。

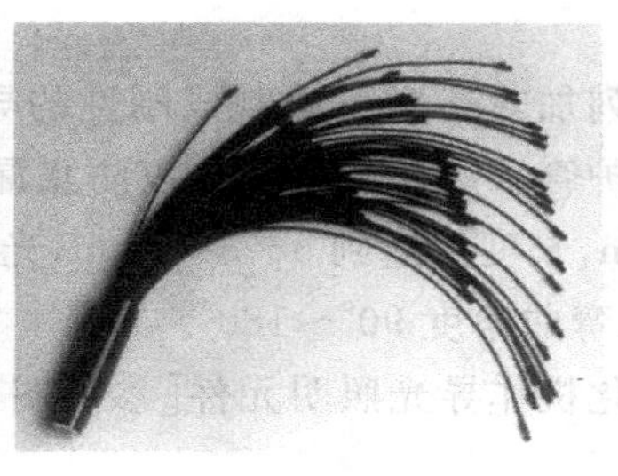

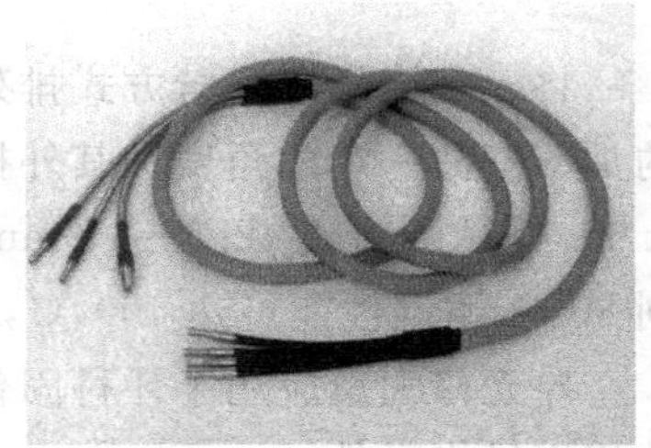

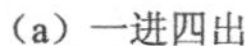

（a）一进四出　　（b）一进多出　　（c）三进四出

图 7.3　各种分支光导结构图

② 变形传光束。变形传光束即输出截面相对于输入截面形状变换的传光束，对其设计的唯一要求是，输出端面与输入端面光束的截面积应相等。这种变形传光束通常是作为两个不同形状光学系统之间转换的接口件，或者是依据系统对照明器件结构的特殊要求，一般多是从圆形转换为其他形状（如线状、矩形、环形等）。这种变形传光束，由于其输出端面的形状面积与所照明的面积相匹配，因而将提高光能的传输照明效率，并将紧凑照明结构。

图 7.4(a)为圆形光束转换为线形光束，可用于狭缝照明（如摄谱仪的输入狭缝照明，半导体激光器输出的准直等）、字码扫描等；图 7.4(b)为圆形光束转换为环形光束照明，主要用于显微镜及 CCD 照明等，具有结构紧凑合理、发光均匀、照明效果好、360°无阴影等优点。图7.4(c)为显微镜环形光束照明集成电路板。

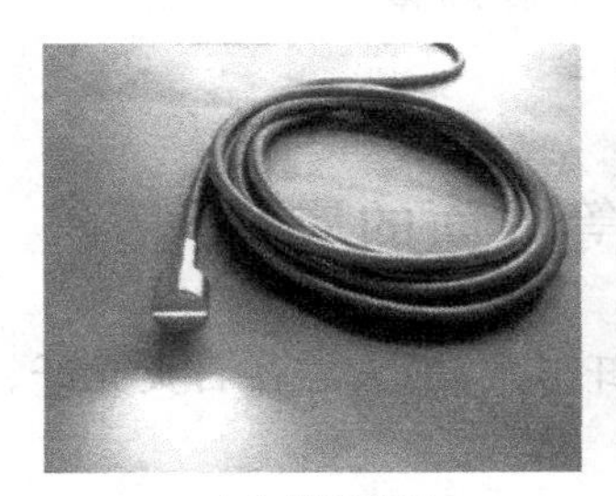

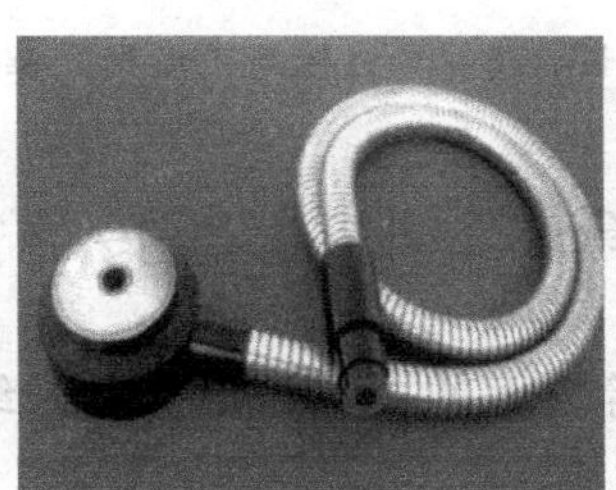

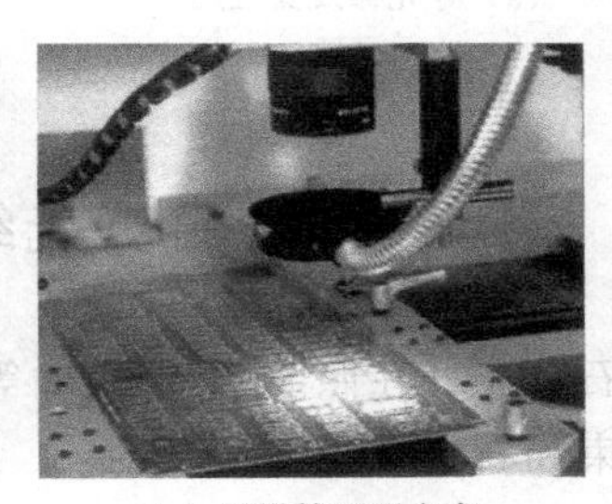

（a）线形光束　　（b）环形光束　　（c）显微镜环形光束照明集成电路板

图 7.4　变形传光束的实例(线形、环形光束)

实际上，根据应用需要传光束可以变换多种形状，图 7.5 为部分变形光束输出端面的结构图。利用改变传光束的分布状态和形状，可以在信息显示（如数字、字符、图案、标志）等多方面获得应用。

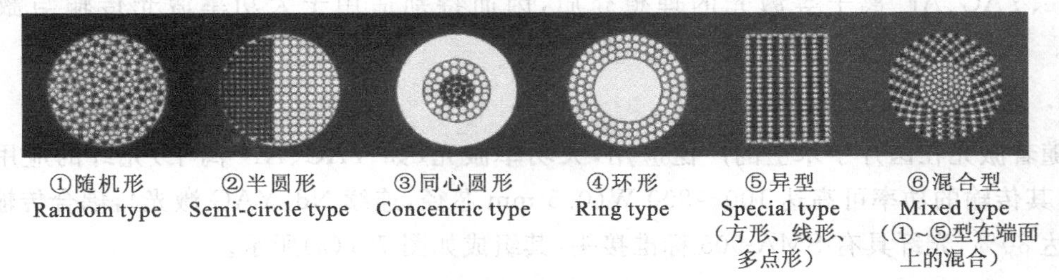

①随机形 Random type　②半圆形 Semi-circle type　③同心圆形 Concentric type　④环形 Ring type　⑤异型 Special type（方形、线形、多点形）　⑥混合型 Mixed type（①~⑤型在端面上的混合）

图 7.5　变形光束输出端面结构图

7.1.2 导光棒

将一束光纤以平行方式排列加热熔融可以制成刚性的导光棒，并可根据需要将导光棒的头部弯曲一定的角度。其外护管采用黑色玻璃管以防止漏光。导光棒的数值孔径 NA≥0.60，外径可制成 ϕ2.5～15 mm，长度可达到 5～500 mm，光透过率在 85 mm 长度时可以达到 80%，耐温性能可达 400 ℃，弯曲角度 90°～180°。

导光棒大量应用于牙科固化机作导光照明元件[参见图 7.6(a)]，也可作为半导体激光治疗用导光元件。

为提高照明光强度，还可将导光棒通过加热拉伸成锥形导光棒，以改变出射光束的孔径角，减少光线散射，提高照明光强。这种锥形导光棒可应用于硬管镜照明的耦合[参见图 7.6(b)]。

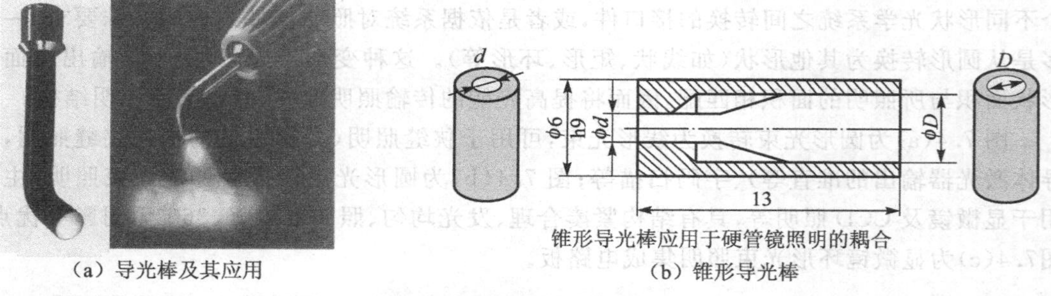

(a) 导光棒及其应用　　(b) 锥形导光棒

图 7.6 导光棒与锥形导光棒

7.2 石英光纤在照明、能量传输等方面的应用

石英光纤在照明、能量传输等方面的应用包括三种光纤形式，即大芯径石英光纤、石英传光束和石英导光棒。

7.2.1 大芯径石英光纤

大芯径石英光纤具有优良的光学性能，较小的数值孔径(NA 一般约为 0.21～0.24)，优良的光谱透过特性和良好的温度特性，机械强度高，弯曲性能好，易于耦合，适合于大功率传输，已广泛应用于激光医疗、光纤传感器、信息传输与照明等多方面领域，它是传输 He-Ne、YAG、Ar^+ 离子等激光的理想介质，因而特别适用于大功率激光传输与激光医疗等。

1. 大功率石英光纤

随着激光在医疗手术上的广泛应用，大功率激光(如 YAG、Ar^+ 离子)光纤的应用十分广泛，其传输的功率可高达 100～800 W(0.5 mm 芯径，连续 Nd:YAG 激光)，耦合传输的效率可达 80%，光纤具有 SMA-905 标准接头，其组成如图 7.7(a)所示。

2. 光纤血疗仪及一次性无菌光纤针

这种光纤血疗仪及光纤针是应用于低能量氦-氖(He-Ne)激光血管内照射治疗仪的，用于治疗脑梗塞、心肌梗塞等疾病，其耦合效率≥65%，组成示意图如图 7.7(b)所示。

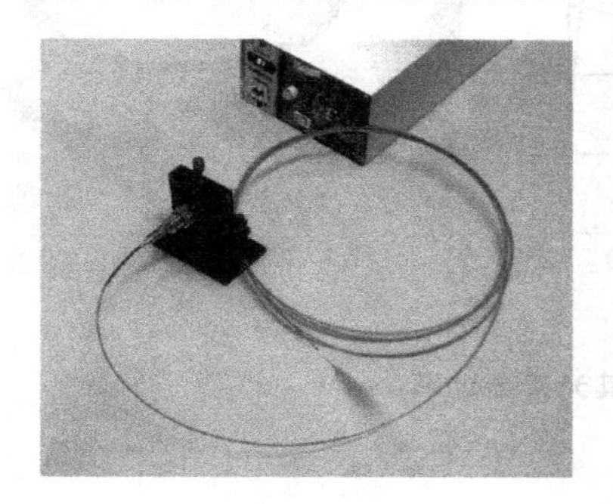

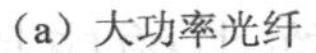
(a) 大功率光纤

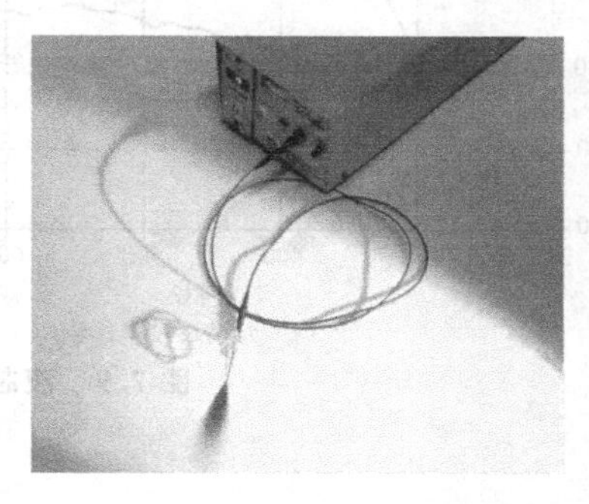
(b) 血疗仪用光纤与光纤针

图 7.7　大芯径石英光纤在激光医疗方面的应用

7.2.2　石英光纤束

类似于多组分玻璃传光束，由若干石英光纤做随机排列亦可制成石英传光束。石英传光束具有宽的光谱范围(0.2～1.8 μm)和高的透过率，可广泛应用于紫外光固化、荧光检测及刑侦取证等，并在高温光纤传感与液位光纤传感等传感领域也有大量应用。

7.2.3　石英导光棒

由高纯石英材料制成的石英导光棒，具有优良的传光性能，其光谱范围宽，传输效率高(透过率≥90%)。石英导光棒配以不锈钢护套，具有良好的温度特性，能承受较高的温度而不发热。现有的石英导光棒产品其通光直径 $\phi3$～$\phi10$，长度可为 180 mm 或根据使用要求确定，输出端可设计成弯头(各种石英导光棒，见图 7.8)。

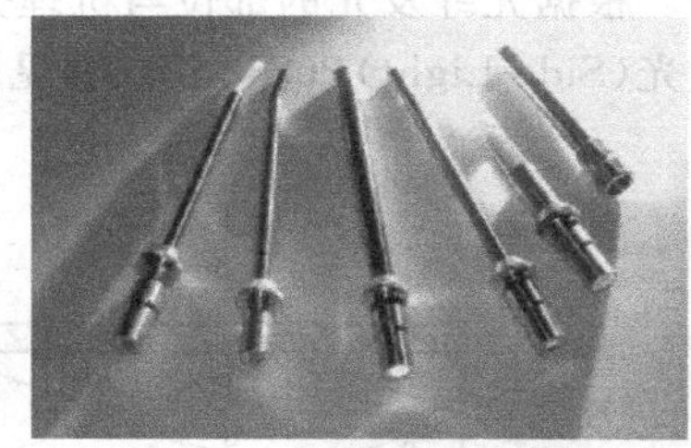

图 7.8　各种石英导光棒

7.3　液芯光纤及其应用

液芯光纤是一种新型结构的传光元件，它是采用四氯乙烯(n=1.50)等液体材料作为纤芯，而以聚合物材料作为包层和保护层。要求纤芯液体高透明、无色、无杂质，折射率必须高于外套包层的折射率。这种液芯光纤具有大芯径($\phi3$～$\phi10$)，大数值孔径(NA≥0.5，2α≥60°)，光谱传输范围宽(300～600 nm，300～800 nm 两种系列)，光谱透过效率高[参见图 7.9(a)液芯光纤与多组分玻璃光纤光谱透过率比较，尤其紫外光谱段透过率可达每米 80%。]，使用寿命长等特点。现有产品[参见图7.9(b)]的传光直径规格有 $\phi3$、$\phi5$、$\phi8$、$\phi10$，其最小弯曲半径分别为 40、60、100、150，环境适应温度为−10 ℃～+40 ℃。液芯光纤特别适用于光谱治疗、紫外固化、荧光检测、刑侦取证等方面。

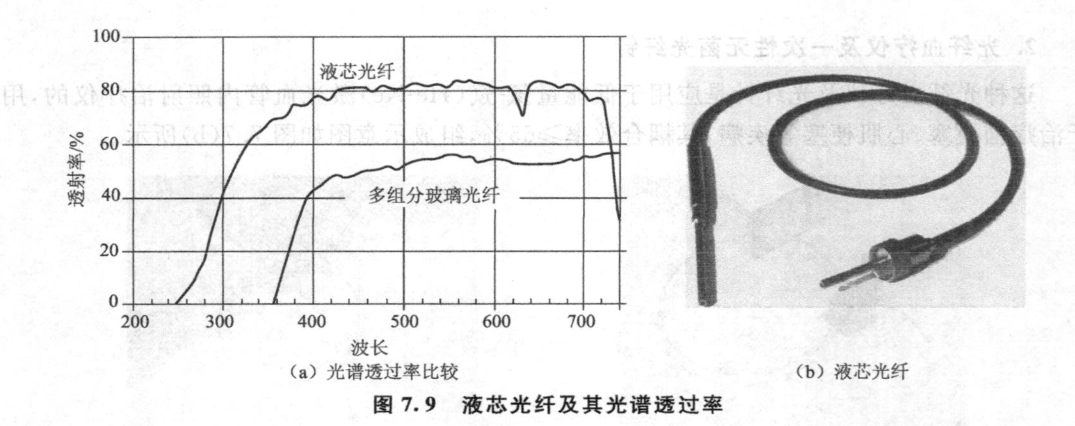

（a）光谱透过率比较　　（b）液芯光纤

图 7.9　液芯光纤及其光谱透过率

7.4　塑料光纤(POF)在照明、装饰中的应用

塑料光纤即聚合物光纤(Polymer Optical Fiber,POF),是采用聚合物材料或有机材料制造的可传导光功率的传输线。其主要光学与物理特性已在 5.1.3 节中讨论过。近年来,塑料光纤与光、电、声等技术相结合,在室内装饰照明、文物、珠宝照明、室外工程照明与建筑物轮廓装饰照明、光纤工艺制品与广告牌等方面的应用发展迅速,产品琳琅满目。

根据光纤发光的部位与机理分类,可将塑料光纤分为端面发光(End-Light)POF 和侧面发光(Side-Light)POF 两类(参见图 7.10)。

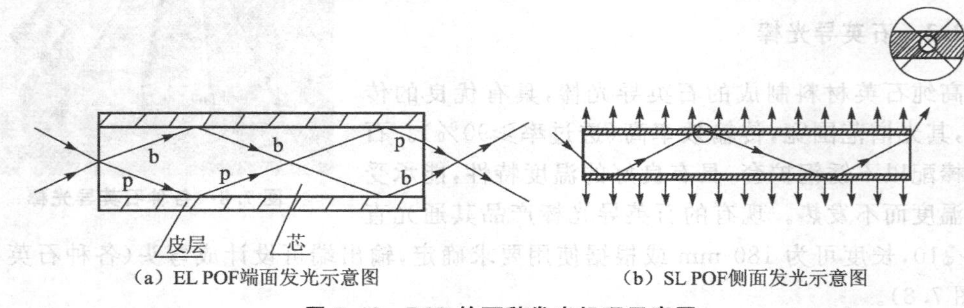

（a）EL POF端面发光示意图　　（b）SL POF侧面发光示意图

图 7.10　POF 的两种发光机理示意图

7.4.1　端面发光 POF 的应用

图 7.11(a)、(b)表示塑料光纤在输入端注入照明光条件下,输出端端面发光的状态。

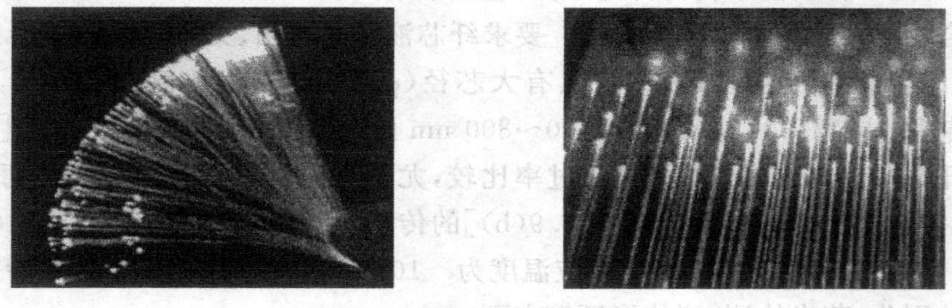

图 7.11　端面发光塑料光纤

端面发光塑料光纤的主要应用有：

(1)制成用于传光照明的单芯与多芯 POF 系列光缆，参见图 7.12。

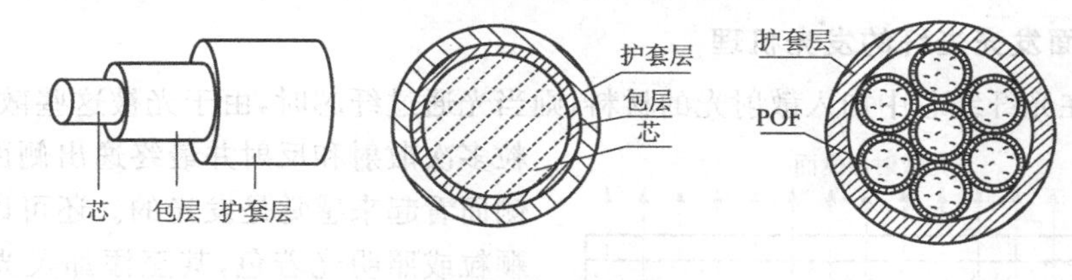

(a) 单芯POF光缆截面图　　多芯POF光缆截面图

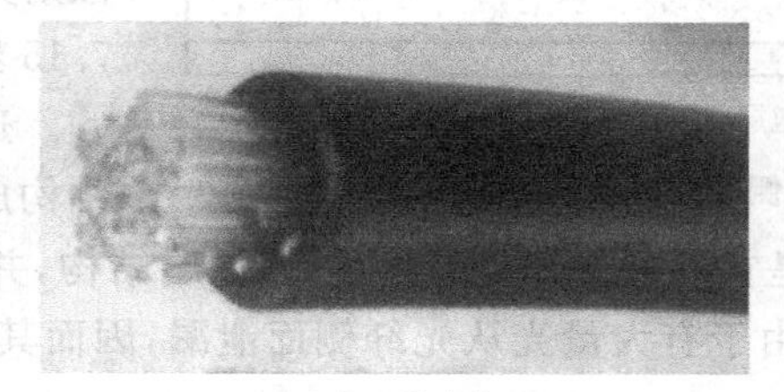

(b) POF单芯光缆实物照片　　(c) POF多芯光缆实物照片

图 7.12　端面发光的 POF 光缆

(2)用多根细塑料光纤制成的传光束亦可用做光纤照明，参见图 7.13。

图 7.13　用于照明的塑料光纤传光束

(3)塑料光纤一个非常重要的应用方向就是，利用其低成本和柔软等优良性能，制造各种色彩丰富绚丽且各点亮度可变化的光纤灯、光纤盆花、光纤圣诞树、浮雕画、装饰画以及大型光纤外景等光纤工艺制品(参见图 7.14)；此外，还可用于制作富有连续不断动态变化的各种 POF 广告牌与显示牌。

(a) 光纤圣诞树　　(b) 大型景观画　　(c) 光纤花

图 7.14　光纤工艺制品

7.4.2 侧面发光 POF 的应用

1. 侧面发光光纤的发光机理

利用在光纤纤芯中加入散射光的材料，则当光通过纤芯时，由于光被这些散射光的微小颗粒多次散射和反射并最终逸出侧面，则使光纤从侧面看起来感觉是发光的。还可以将光纤、散射颗粒或照明光着色，甚至添加荧光材料，则这些散射光将使光纤看起来像一个发光的氖管。图7.15 给出侧面发光光纤机理的示意图。

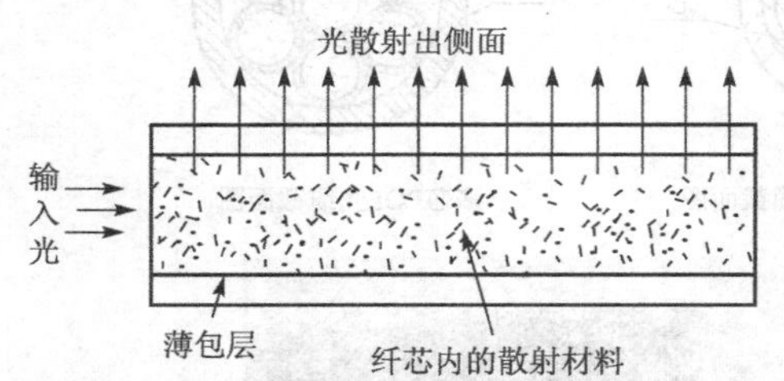

图 7.15 侧面发光光纤的发光结构与机理

通常侧面发光光纤由硬塑料光纤或液芯光纤构成，其直径一般至少为几毫米，有的甚至达到 2 cm，但是它们仍保留光纤的纤芯-包层结构，并由于这种结构机理而在上述散射区域向侧面发光。由于有大量光从光纤侧面泄漏，因而其衰减相当高。

2. 侧面发光 POF 的应用

我国现行生产的大芯径侧面发光光纤，其芯材为丙烯酸酯树脂，包层材料为氟树脂。其光纤直径为 3～22 mm［现有规格多为 6、11、14、17(mm)］，数值孔径为 0.7，最小弯曲半径≥$8D$，适用温度为－30 ℃～＋80 ℃，光纤长度可达 30 m、60 m。图7.16(a)所示为粗直径的侧面发光 POF；图7.16(b)为细直径高侧亮 POF。

(a) 粗直径的侧面发光POF

(b) 细直径高侧亮POF

图 7.16 侧面发光 POF

侧面发光 POF 主要应用于建筑物轮廓勾勒装饰照明［如图 7.17(a)所示］、广场的走道台阶照明，以及游泳池与水下照明［如图 7.17(b)所示］等，具有广泛的应用前景。

(a) 北京钓鱼台宾馆湖心亭

(b) 南京水西门广场水下光纤照明

图 7.17 侧面发光 POF 的应用

7.5 日光采集、光纤传输照明系统

2002 年我国南京玻纤院研发成功全自动日光采集光纤传输照明系统[其主体结构见图 7.18(a)],展示了直接利用太阳能、节省能源的室内绿色照明。该系统在不进行能量转换前提下的主要组成包括:由光纤光敏探测器构成的太阳跟踪传感器、日光采集聚光系统、光纤束传光照明系统、机械传动系统、光信号反馈处理电路等。其中,采光器中 6 块透镜的采光面积为 0.2 m^2,采用大芯径聚合物光纤 POF 传光,其直径为 12 mm,数值孔径为 0.64,孔径角 75°,使用长度为 20m,其传输效率高,当太阳光直射照度为 95 000 lx 时,6 根光纤输出的总光通量达 3 000 lm 以上。图 7.18(b)给出了日光采集、光纤传输照明的布局示意图;图 7.18(c)给出了室内日光照明的光谱分布图;图 7.18(d)给出了室内照明效果图。表 7.1 给出了不同规格数量采集头所获得的光通量及照明面积;表 7.2 给出了 6 个采光点照明系统与 100 W 白炽灯照明效果的数据比较。

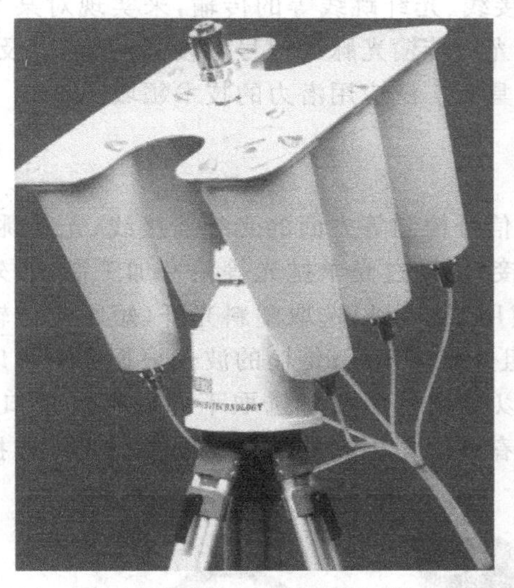

(a) 全自动日光采集光纤传输照明系统主体结构

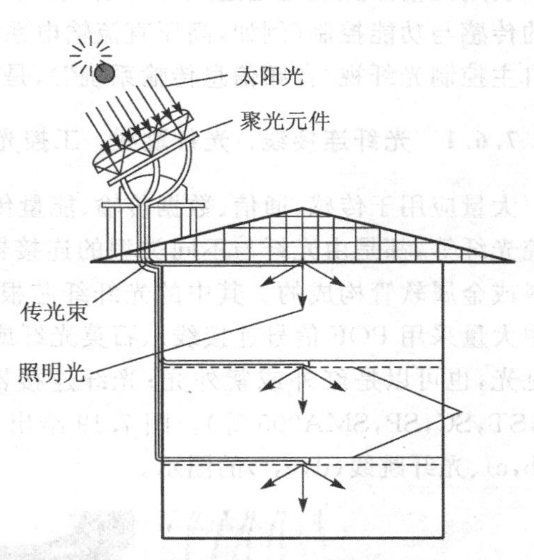

(b) 日光采集、传输、照明布局示意图

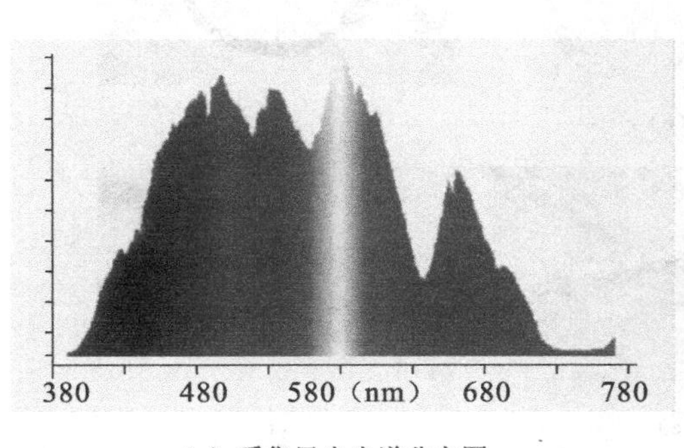

(c) 采集日光光谱分布图

(d) 室内照明效果图

图 7.18 日光采集光纤传输室内照明结构与效果示意图

表 7.1 不同数量采集头获得的光通量及照明面积

	4-lens	6-lens	10-lens
采光面积/m^2	0.12	0.2	0.3
光通量/lm	2 200	3 300	5 500
有效照明面积/m^2	最大可达 15	最大可达 25	最大可达 40

表 7.2 6 个日光采光点照明与 100 W 白炽灯照明效果对比

	总光通量/lm	色温/℃	同一参考平面处照度/lx
6-lens 采光器	3 300	5 495	240
100 W 白炽灯	1 250	2 400～2 950	80

7.6 光纤在光信号及能量传输控制与传感领域中的应用

利用光信号及能量通过光纤传输线、光纤连接线、光纤跳线等的传输，来实现对某个系统的传感与功能控制(例如，高压直流输电系统中光纤传输光脉冲信号触发晶闸管，以及“双向自主控制光纤视/音频信息传输系统”)，是一种具有广泛应用潜力的技术领域。

7.6.1 光纤连接线、光纤跳线、工控光纤

大量应用于传感、通信、数据传输、能量传输、信号控制等方面的光纤连接线、光纤跳线、工控光纤等，都是由光纤与不同类型的连接器或接口，经过光学抛光等精密加工制做，外加塑料或金属软管构成的。其中的光纤纤芯根据使用要求可以选取塑料光纤(短距离传输应用中大量采用 POF 信号连接线)、石英光纤或多组分玻璃光纤；传输的波长根据需要可以是可见光，也可以是红外或紫外光；光纤连接器可以根据使用要求选取不同的标准接口(如 FC,ST,SC,SP,SMA905 等)。图 7.19 给出了由春辉公司生产的部分不同类型光纤连接线(a,b,c)、光纤跳线(d,e,f)的图示。

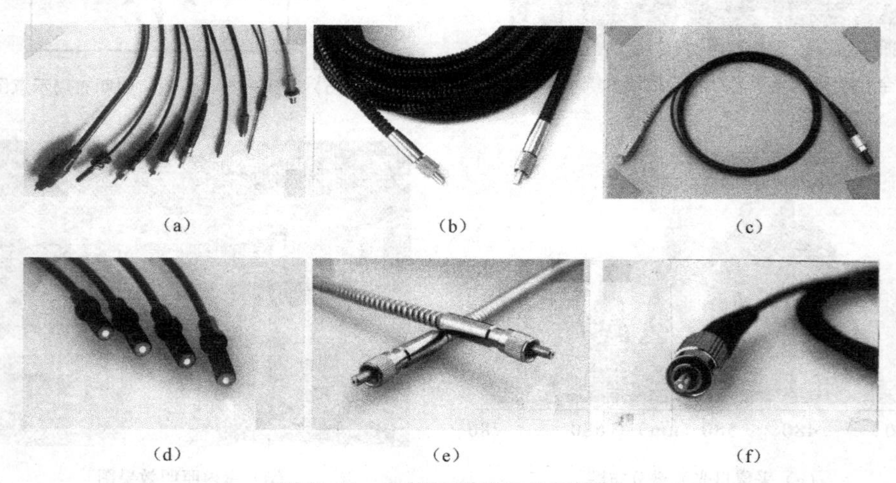

(a) (b) (c)

(d) (e) (f)

图 7.19 光纤连接线与光纤跳线

光纤作为光信号与光能量的传输线，在应用方面除了光通信的主流应用外，在非通信应用领域，利用光能量传输照明以及用于医疗仪器设备中，也是一些重要的应用方向；此外，在工业、电力、传感、军用等领域也有大量应用(根据应用需求的不同特点可选择多组分玻璃光纤、石英光纤或塑料光纤)，常称这类光纤为“工控光纤”。图 7.20(a)、(b)、(c)、(d)所示分别为：应用于电力传感控制用石英光纤；应用于光谱检测用石英光纤；应用于高温传感器用石英光纤束和应用于印刷传感用光纤束。根据应用需求侧重的不同，这些光纤或光纤束的性能(如透过率、传输功率、光谱范围、光纤芯径、长度等)也各有差异。

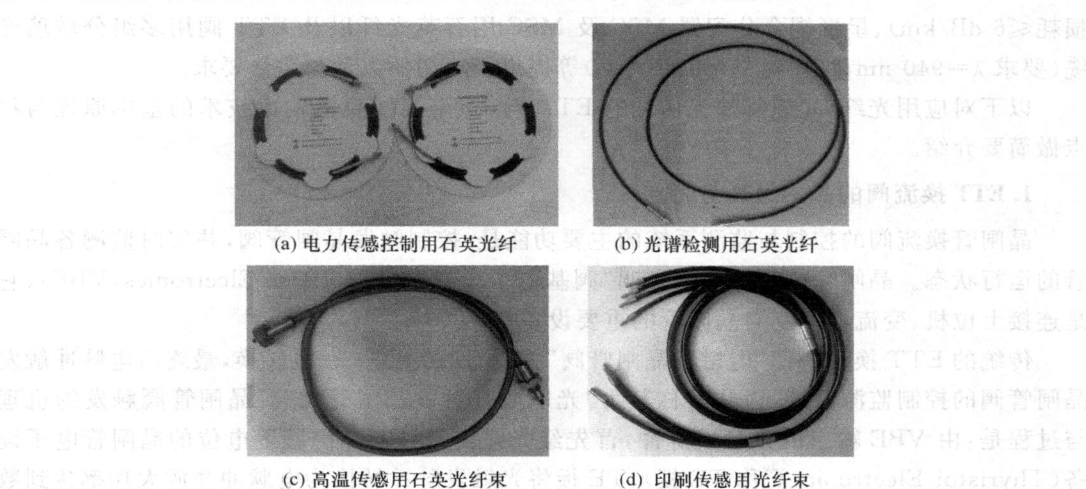
(a) 电力传感控制用石英光纤　(b) 光谱检测用石英光纤
(c) 高温传感用石英光纤束　(d) 印刷传感用光纤束

图 7.20　工控光纤的应用

7.6.2　光纤中光信号能量传输与控制在高压直流输电系统中的应用

长期以来，远程、大容量输电一直是世界电力系统的重要研究课题。从早期的交流输出和交流电网占主导地位，到 20 世纪 50 年代以后高压直流输电(High-Voltage Direct Current Transmission 简称 HVDCT)以其大量节省输电材料、能耗大为降低、适合电网间互联、对通信设备的干扰小和安全性与可靠性好等诸多优点，而成为远程大容量架空与海底电缆输电等的主流技术。

国际上高压直流输电技术的发展，与换流技术(特别是高电压、大功率换流设备)的发展密切相关。20 世纪 60 年代以后，高压大功率晶闸管出现并与计算机控制技术相结合，实现了晶闸管换流阀技术，即传统的电触发晶闸管(Electronic Triggered Thyristor，ETT)技术成为高压直流输电的主流技术，并延续至今。这一技术领域以瑞典的 ABB 公司为代表；20 世纪 90 年代中期，针对 ETT 换流技术存在的一些缺点，西门子(SIEMENS)公司研制的直径 5 英寸、耐压 8 kV、且带有自保护功能的光触发晶闸管投入商用，并取得良好效果。这种换流技术称为 LTT(Direct Light Triggered Thyristor)。迄今，世界范围内大的高压直流输电工程有 70 多个，其中大部分电压等级超过 400～500 kV(现今很多为 800 kV)，输送功率大于 1 000 MW，线路长度大于 600 km。在这些工程中，ETT 换流技术与 LTT 换流技术并存，虽然前者由于历史等原因仍占更大的比分，但 LTT 换流技术由于其具有的一些优点和技术进步，而大有后来居上的势头。在两种换流技术中，应用的关键技术之一是：均采用特制的光纤与导光缆传输光信号及光能量，用以解决系统中高低电位隔离、良好绝缘与减小电磁干扰影响，提高系统运行的安全性与可靠性问题。例如，1987 年 12 月完成的我国首项舟山高压直流输电工程中，就使用了 5 000 根导光截面积为 1 mm^2、4 种结构规格、12 种长度规格的多组分玻璃导光缆。其中，包括多根多分支导光缆。

由于“西电东输”是我国能源战略的基本方针，国家也将建设 800 kV 特高压直流输电工程作为国家电网建设的重点，例如，云南—广东±800 kV 直流输电工程、向家坝—上海±800 kV 高压直流输电示范工程等。这些工程均对 LTT 阀用石英光缆(要求：λ=940 nm，光损耗≤6 dB/km)、星形耦合分配器 MSC 及 MSC 用石英光纤以及 ETT 阀用多组分玻璃光缆(要求 λ=940 nm，光损耗≤160 dB/km)等提出了迫切的数量与质量要求。

以下对应用光纤、光缆传输光信号的 ETT 与 LTT 高压直流输电技术的基本原理与特点做简要介绍。

1. ETT 换流阀的基本原理与特点

晶闸管换流阀的控制与监测系统的主要功能是：控制触发晶闸管阀，并实时监测各晶闸管的运行状态。晶闸管的阀控系统又叫“阀基电子设备”(Valve Base Electronics，VBE)，它是连接上位机、变流器控制与晶闸管的重要设备。

传统的 ETT 换流阀即“电触发晶闸管阀”，它采用的是电-光-电转换，最终由电脉冲触发晶闸管阀的控制监测系统，为此又称其为“光电混合触发晶闸管阀”。晶闸管阀触发的机理与过程是：由 VBE 输出的光触发脉冲，首先经光缆传送到与晶闸管等电位的晶闸管电子设备(Thyristor Electronic，简称 TE 板)，TE 板将光触发脉冲转换为电脉冲并放大功率达到数瓦级，尔后再将此强电触发脉冲传输至晶闸管阀的门极，触发晶闸管。其中，处于高电位的 TE 板是 ETT 阀控制保护功能的核心部件，它包括取能回路、放大器回路、光电转换器件、监视回路和单独保护回路(BOD 保护)等。

为实现处于低电位的触发脉冲发生装置与处于高电位的晶闸管元件门极通道之间的电位隔离与良好绝缘，避免和减小触发信号在传输过程中受到电磁干扰，采取触发与监控信号均是以红外线(940 nm)光脉冲信号的形式，通过 VBE 与晶闸管阀塔之间特制的光纤、光缆传输。

2. LTT 换流阀的原理与特点

(1) 工作原理与特点

光触发晶闸管换流阀 LTT 与 ETT 相比，其根本特点是采用电-光转换的控制监测系统，光脉冲信号不再进行光-电转换，即通过特制光纤传输直接送到晶闸管元件的门极光敏区，触发晶闸管。其具体的工作机理与过程是，阀控系统接收来自变流器控制的电脉冲控制信号，并将其转换为光脉冲触发信号，经光纤传输、变换(MSC)后直接触发晶闸管的光敏感单元；与此同时，晶闸管反馈的状态信息也通过光纤传送回阀控系统，再经现场总线发送至上位机进行监控处理。

由于采用了电-光转换与光信号直接触发晶闸管的机理，LTT 阀省去了晶闸管的高电位取能与逻辑电路，光电转换与处于高电位的门级触发电路，因而节省了大量电子设备、电子元器件与导光缆，并将正向过电压保护器件(BOD)集成到晶闸管本体中，极大地简化了结构，提高了系统工作的可靠性；更由于采用了长距离的光纤或导光缆(长度几十米至一百多米)传输触发与控制光信号的方式，实现了阀控制系统与晶闸管高压阀之间的高度绝缘隔离和对晶闸管阀的远程控制与监测。因而有效地减小、排除了晶闸管高压可能产生的干扰以及电控晶闸管中电磁干扰对脉冲触发信号的影响，大大增强了光触发晶闸管换流阀系统的安全性与工作可靠性；此外，为适应远距离控制和延长光源使用寿命的要求，LTT 阀需有很高的光灵敏度，即光接收窗口的光敏区应很小，以使光触发能量可以很小。通过采用多级放大（如五级）等措施，实现了相对于 ETT 阀（需数瓦能量）仅以较小的光触发能量（如 40 mW）即可获得同样的启动性能，实现光触发。从而使触发光源可以采用较小功率（如 3 W）的激光二极管（LD），使用寿命＞40 年，且一个激光二极管可用于 14 个 LTT 阀片的触发。

（2）光控晶闸管阀的控制与监测系统

图 7.21 给出了光控晶闸管阀的控制、监测系统的组成与功能以及工作机理示意图。

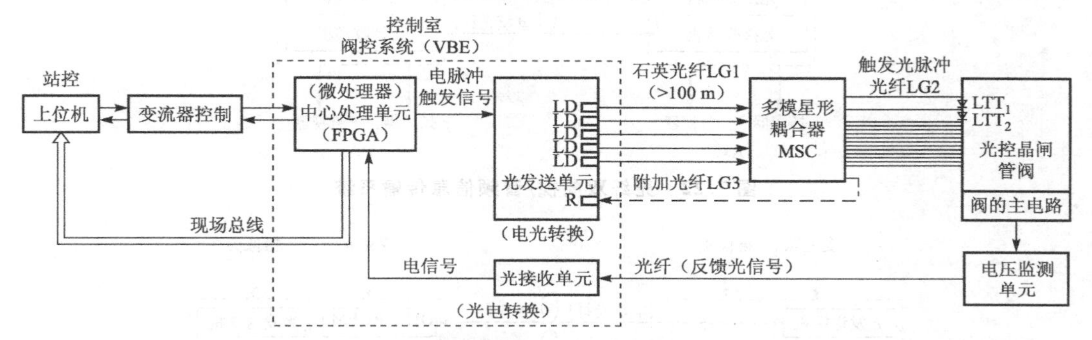

图 7.21　光控晶闸管阀（LTT）的控制与监测系统

光控晶闸管阀的阀控系统（VBE）包括：位于控制室的中心处理单元，光发送单元，光接收单元以及位于阀侧的电压监测单元等。

阀控系统的中心处理单元是阀控系统的核心，其核心器件为微处理器（如 16 位）和现场可编程门阵列（FPGA）。中心处理单元接收来自变流器控制部分的触发控制信号，并将这些信号通过 FPGA 转换成晶闸管的电触发脉冲，然后传送至光发送单元；与此同时，来自光接收单元的、由电压监测单元反馈的晶闸管状态信息，经微处理器处理后，将各类检测结果通过现场总线传至上位机。

光发送单元的主要功能是，将中心处理单元发出的电触发脉冲信号进行电-光转换，获得光触发脉冲信号，尔后通过石英光纤 LG1（图中为 5 路），送入多模星形耦合分配器 MSC，经光能量再分配后输出并经石英光纤 LG2（图中为 16 路）送至晶闸管阀，触发晶闸管。

光接收单元的功能则是，接收由与各晶闸管相连的电压监测单元采集获得的每个闸管的状态电压反馈信号，经光电转换后送往中心处理单元进行处理。

7.6.3　双向自主控制的光纤闭路视/音频信息传输系统

1. 概述

为学科研究示范需要，南京理工大学“光学工程”学科的光纤技术与应用研究方向，曾在学校的光学楼（A 端）与综合实验大楼（B 端）两办公室之间（距离约 500m），利用两套 PFM—501AV 型发送与接收光端机以及 GYT53 型中心束管式单模四芯钢丝铠装光缆和相关的视音频设备（摄像头、监视器、麦克风、扬声器），研发建设了学校首条教学与研究示范性的、异地两点间光纤闭路双向视/音频信息传输实验系统(参见图7.22);在此基础上,为使系统能在24小时通电备用的状态下,实现节能、延长设备使用寿命,以及为提高系统的自动控制技术水平,尔后又进一步研制成功一种“基于冗余能量维持”的“光信息传输控制器”(Optical Information Transfer Controller based on Redundant Optical Energy Maintaining 简称OITC-ROEM)。两者相结合研制成功“双向自主控制光纤闭路视/音频信息传输系统”(参见图7.23),该系统充分体现了光纤信息传输与信号控制的功能。

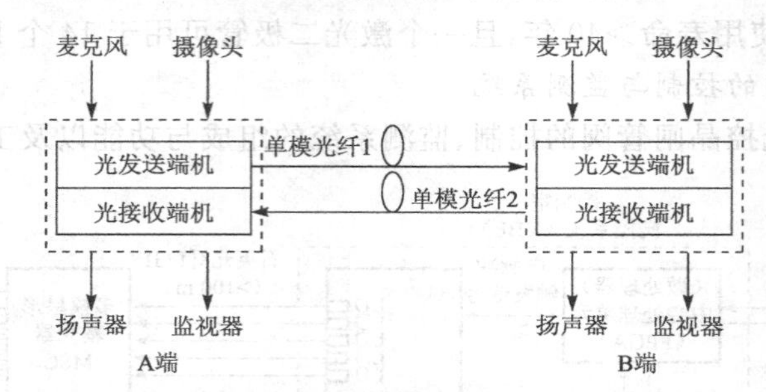

图7.22 光纤双向视/音频信息传输系统

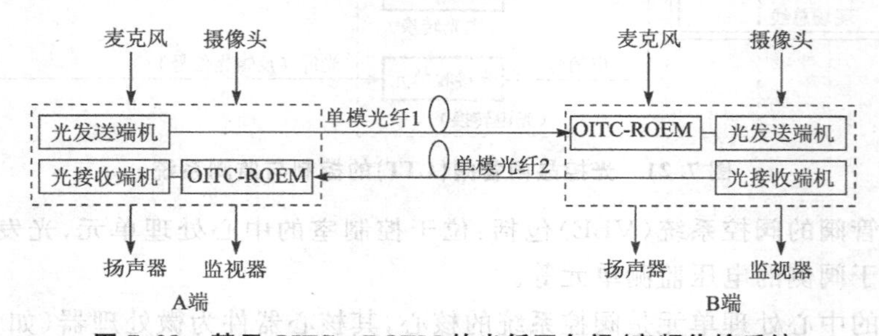

图7.23 基于OITC—ROEM的光纤双向视/音频传输系统

2. 基于OITC-ROEM的双向自主控制光纤闭路视/音频信息传输系统

(1)双向自主控制系统的功能要求

为了使用方便,要求双向传输系统中A、B两端的任一端,均具有对整个系统的双向自主控制功能,即可随时、自主地启动和关闭己方与对方的设备。按下A、B两端任一方的开机控制按键,均可将两端的光端机、监视器、摄像头、话筒、扬声器全部打开;按下任一方的关机控制按键,亦可将双方的光端机、监视器、摄像头、话筒、扬声器均关闭。

(2)基于OITC-ROEM的双向自主控制光纤视/音频信息传输系统

图7.23给出了基于OITC-ROEM的双向自主控制光纤视/音频信息传输系统的原理框图。其中的OITC-ROEM即“基于冗余能量维持”的“光信息传输控制器”,它是双向信息传输系统中实现双自主控制功能而无须借助其他控制设备的关键模块。

① 对OITC-ROEM的工作要求

在OITC-ROEM模块中,包含系统两端的启动按钮和关闭按钮,因而任何一方都能够对整个系统的启动和关闭进行实时控制。假定$X_{A开}$为A端启动按钮(常开),$X_{A关}$为A端关闭按钮(常闭);$X_{B开}$为B端启动按钮(常开),$X_{B关}$为B端关闭按钮(常闭)。当两端中任意一端的启动按钮被按下时,双方的设备应同时打开;反之,当两端中任意一端的关闭按钮按下时,双方设备应同时关闭。

总之,上述四个开关中任意一个开关被按下时,所能实现的系统控制功能如表7.3所示。

表7.3　系统控制功能表

	$X_{A开}$	$X_{A关}$	$X_{B开}$	$X_{B关}$
A端状态	ON	OFF	ON	OFF
B端状态	ON	OFF	ON	OFF

② 基于冗余能量维持的OITC－ROEM控制方案与机理

为实现上述表7.3系统控制功能的要求,OITC－ROEM巧妙地利用系统自身的冗余光信号来实现对两端光端机及视、音频设备进行控制。具体方案是,利用光分路器将接收到的来自对方发送端机的光信号分为两部分:一部分(a路)输出到本地光接收端机,用于开启视、音频设备,实现图像和声音信号的解调;另一部分(b路)则经光接收模块的光电转换电路变为电信号,用于打开和维持本端所有系统设备(包括光端机)的供电电源。一旦A、B任意一方关闭电源,则意味着对方的OITC－ROEM将接收不到光信号,从而使其主电源无法维持,于是整个系统进入关闭状态。

图7.24以A端为例(B端与A端完全对称),给出了为实现上述控制方案,反映OITC-ROEM内部各器件状态之间控制逻辑的电路模块及其与外部光端机、视音频设备的连接关系。其中的光分路器对实现上述控制方案与机理具有重要作用。

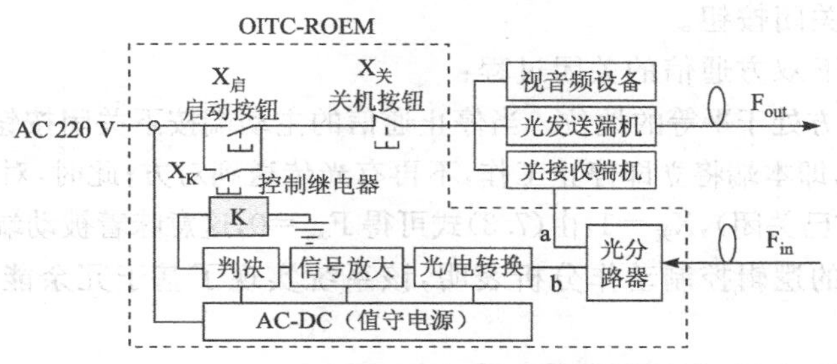

图7.24　OITC－ROEM内部控制逻辑电路模块及其与光端机、视音频设备的连接关系(A端)

图中,$X_{启}$为A端启动按钮(常开)状态;$X_{关}$为A端关闭按钮(常闭)状态;X_K为继电器状态;F_{out}为A端发送端机的工作状态:若为1,则表示有光信号输出(亦即本端主电源已接通);F_{in}为A端接收端机的光信号状态:若为1,则表示对方有光信号传输过来(亦即对方主电源已接通)。因而F_{out}、F_{in}实际上相应于A、B两端端机主电源的状态。上述几个器件状态之间以逻辑运算关系可以表示为

$$F_{out}=(X_{启}+X_K)\cdot X_{关} \tag{7.1}$$

当接收光纤中有光信号时,图7.24中$F_{in}=1$。该信号经过光分路器分为两路:其中的b路光经光-电转换、信号放大和判决电路以后,使继电器K的线包通电,对应的常开触点闭合($X_K=1$);当接收光纤中光信号消失时,有$F_{in}=0$,此时继电器K的线包将脱电,导致其闭合的触点回复到常开状态$X_k=0$。由此可以看出,K线圈中的电流实际上是由接收光信号F_{in}来维持的。因而,X_K和F_{in}具有相同的状态,即

$$X_K=F_{in} \tag{7.2}$$

将(7.2)式代入(7.1)式可得

$$F_{out}=(X_{启}+F_{in})\cdot X_{关} \tag{7.3}$$

(7.3)式可以用来分析整个双向通信系统的工作过程。

需要指出的是,关机按扭是常闭的(除非被按下去的瞬间),始终有 $X_{关}=1$ 存在;启动按钮是常开的,平时有 $X_{启}=0$,一旦被按下去则有 $X_{启}=1$。另外,基于冗余能量维持的机理,可以保证,当任意端作为启动的主动端时,均可为被动端提供启动光信号,同时为系统的两端提供维持的光信号。

③ 系统运行的逻辑控制动作分析

首先来分析双方视音频通信的建立过程:

通信的主动方首先按下启动按钮,此时有 $X_{启}=1$ 和 $F_{in}=0$(因对方尚未工作),同时 $X_{关}=1$。由式(7.3)可知,必有 $F_{out}=1$。这意味着主动方已可工作。

对通信的被动方,有 $X_{启}=0$ 和 $F_{in}=1$(因对方已先行启动),同时 $X_{关}=1$,由(7.3)式知 $F_{out}=1$,这意味着被动方也已经启动工作。

通信建立起来以后,如何维持呢?

对于主动方,由于常开按钮被松开,此时 $X_{启}$ 恢复到 0 的状态。但需注意到,因对方已启动,本地将有光输入,即 $F_{in}=1$,而 $X_{关}$ 仍然保持为 1,由(7.3)式可知,$F_{out}=1$。这意味着主动端的主电源将依靠被动端的工作而得到维持。

这表明,只要主动端工作,被动端也将一直工作。通过上述过程,双方的通信被将维持,直到其中一方按下关闭按钮。

下面来分析一下双方通信的关闭过程:

通信开始后,双方处于平等的地位。当停止通信的主动端按下关闭按钮时,$X_{关}=0$,从(7.3)式可以看出,$F_{out}=0$,即本端将立即停止工作,不再有光传送到对方;此时,对于通信的被动方,因 $X_{启}=0$, $F_{in}=0$(对方已关闭),$X_{关}=1$,由(7.3)式可得 $F_{out}=0$,这意味着被动端也将自动关闭。

上述系统运行的逻辑控制动作分析表明,该系统实现了基于冗余能量维持的双向自主控制功能。

④ OITC—ROEM 的组成模块分析

由图 7.24 可以看出,OITC-ROEM 的内部组成主要包括光分路器、光-电转换器、信号放大器、判决电路以及启动按钮、关机按钮、控制继电器、AC-DC 转换器等。以下逐一进行分析。

(a) 光分路器

光分路器的作用是把来自接收光纤的信号光按一定的分光比分为两路。其中一路给接收端机,用于图像和声音信号的解调;另一路给 OITC-ROEM,用于系统控制信号的产生。光分路器分光比的确定与两个因素有关:(1)光接收端机清晰解调出图像、声音信号所需的最小输入光功率;(2)系统控制部分正常工作所需的最小输入光功率。实验表明:对于本系统所用的光发送端机所发出的光信号,在经过约 1000m 的传输衰减后,其接收光量的 1/4 仍可满足接收端机正常的视音频信息解调,这说明其冗余能量是足够大的。冗余出的部分,被用做 OITC-ROEM 的系统控制信号产生,完全能够满足要求。本系统中光分路器 a、b 两支光路的分光比取为 1∶3。

(b) 光-电转换及信号放大电路

OITC-ROEM 光-电转换器件的峰值敏感波长应该与光发送端机所发出的激光波长一

致。本系统发送端机产生的激光波长为 1310 nm，因此可以选用峰值波长为 1310 nm 的 InGaAs PIN-TIA 光接收模块作为敏感与放大器件。该器件具有如下显著特点：灵敏度高；光电转换线性度好；响应速度快；+5 V 电压工作，电路配置简单。

(c) 判决电路

它的作用是将上述光-电转换及信号放大所得到电信号与+5 V 基准电平比较，产生稳定的控制信号，控制继电器的接通。比较器可以选用 LM311，基准电平可以由电阻分压器产生，分压比可通过实验确定。当接收到的光信号大于上述基准电平时，比较器输出高，否则输出低，由此决定继电器 K 的导通与关闭。

(d)启动、关机按钮与继电器 K

启动按钮为常开按钮，按下时接通，主系统得电启动，松开后因为继电器 K 已接通，故也不影响系统工作；关机按钮为常闭按钮，断开时主系统失电停止，对方由于收不到光信号，继电器 K 停止工作，故也将关电停机；继电器 K 主要用做维持系统主电源，由对方光端机所发出的光信号维持。

(e)AC-DC 模块

AC-DC 模块的作用是为 OITC-ROEM 提供直流工作电源（+5 V）。待机状态时，AC-DC 模块及 OITC-ROEM 内部所有其他模块电路都将处于通电状态。与光端机及视音频设备比起来，该部分的功率很小。

习题与概念思考题 7

1. 为什么称传光束为“非相关光纤束”？为什么传光束只能传光而不能传像？
2. 何为复合传光束？有哪些类型及应用？
3. 塑料光纤有哪些类型？可以应用于哪些领域？
4. 侧面发光塑料光纤其发光机理与端面发光的机理有何区别？有何应用？
5. 日光采集、光纤束传光照明系统有哪些优点？举例说明。
6. 光纤中光信号与能量传输在控制领域有哪些重要应用方向？双向自主控制光纤视/音频信息传输系统中是如何实现双向自主控制的？

第8章 光纤传像器件、系统与应用

利用光纤传输图像有三种技术途径：第一种是利用光纤通信技术进行图像传输，即光纤视频通信技术；第二种是无源光纤传像技术，作为其核心传像器件的机理，是基于传像器件两端的各光纤像元作相关排列。无源光纤传像技术经历五十多年的发展，技术已经比较成熟，应用领域也在逐渐拓宽；第三种是利用光纤编码复用技术，通过单根光纤或线阵光纤束实现图像传输，其中包括 $\varphi \sim t$ 编码复用传像、$\varphi \sim \lambda$ 编码复用传像以及 $\lambda \sim t$ 编码复用传像。

本章将重点研究无源光纤传像与像质优化技术，反映无源光纤传像与像质优化技术研究的进展与应用成果；同时简要介绍光纤编码复用传像技术，特别是在 $\lambda - t$ 编码传像方面的研究进展。

8.1 无源光纤传像器件与光纤传像系统

本节将在介绍两种无源光纤传像器件（柔性的光纤传像束和刚性的光纤面板以及微通道板）的传像原理、制造方法与性能指标的基础上，研究无源光纤传像系统的成像原理、系统组成与主要应用。

8.1.1 光纤传像器件（光纤传像束，光纤面板以及微通道板）

“无源光纤传像器件”是指，这类光纤传像器件与其他光无源器件的性质相同，其传像功能的实现无须外界电源驱动，且这种传像器件对图像信号的作用是不加改变地将图像信号从传像器件的输入端面传递到输出端面，即不改变输入图像信号的性状；但由于存在损耗，像面亮度会有一定程度的衰减。

无源光纤传像器件主要有两种类型，即具有柔性的光纤传像束（包括具有半柔性的石英多芯型传像光纤）和刚性的光纤面板；此外，顺便介绍同样做相关排列的电子图像倍增器——微通道板（但该器件并非无源光纤传像器件）。

1. 光纤传像束与石英多芯型传像光纤

（一）柔性光纤传像束的传像机理、制造方法与主要性能指标

(1) 光纤传像束的传像机理

由数千、数万、乃至数十万根具有粗纤芯、薄包层的阶跃折射率多模光纤，在输入与输出端面之间做相关排列的光纤束，即称为“相关光纤束”或“相干光纤束”(coherent bundle)，又称为“定位光纤束”(aligned bundle)。通常简称为“光纤传像束”(image guide bundle)，以与做非相关随机排列的“传光束”相区别。因此，光纤传像束的输入、输出端面的排布情况应该完全相同。而作为传像束中的任何一根光纤,其在光纤束两端的相对空间坐标位置完全相同,如图 8.1 所示。实际的光纤传像束两端是胶合的,使做相关排列的光纤像元相对定位,而中间大部分长度的光纤束保持自由松散状态,以具有柔性。

光纤传像束上述相关排列的结构特点,决定了传像束如下的传像机理:光纤传像束中每一根光纤都有良好的光学绝缘,因而每根光纤都能独立传光,而不受周围光纤的影响;像束输入端的每一根光纤端面均可视为一取样孔,该取样孔通过自身的光纤通道独立地传递一个具有一定亮度的像元;物体经物镜成像在像束的输入端面上,并被各取样孔划分为若干个亮度不等的像元,因而整个像束的输入端面可以视为是由许多取样孔呈规则排列的析像器;每个像元沿着各自的光纤通道被分别传送,由于传像束输入/输出端面间的相关排列特性,因而被各光纤通道分别传送的全部像元,在像束的输出端面将重新组合成与输入端面完全一致的图像。若在同一方向观察输入/输出端面,则两者成镜像。只不过由于像束损耗的存在,整个图像的亮度大体按同一比例衰减。这就是光纤传像束能将图像从像束的一端(输入端)传递到另一端(输出端)的机理。应该注意的是,光纤传像束对图像所起的作用是"传递"图像即"传像",而非透镜式的"成像",两者的功能有本质的差别。另外,传像束的上述结构特点与成像机理决定了,由传像束所传输的图像不可避免地存在颗粒性,即具有离散成像结构的特征(由连续介质透镜所成的图像则具有连续性)。因而以光纤传像束作为核心传像器件的光纤传像系统其传像质量将明显低于由连续介质组成的传统硬光学系统的成像质量。

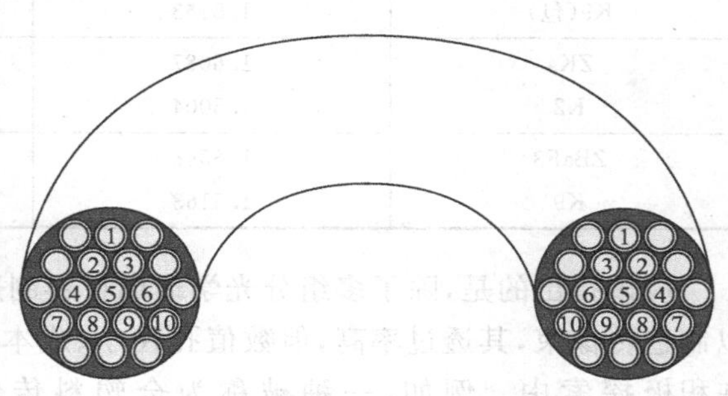

图 8.1 做相关排列的光纤传像束

(2)柔性光纤传像束的制造方法

制造具有柔性的光纤传像束有两种基本的工艺方法:排丝叠片法和酸溶法。两种方法各有利弊,但综合比较,前者是利用单丝制束,柔性更好,可以适应于制造各种规格的像束(如小信息量像束与大信息量像束),采用更为普遍;而后者是利用复丝制束,可以获得具有较高分辨率的传像束,但像束截面的大小与像元数受到局限。

① 排丝叠片法制造光纤传像束。排丝叠片法又称为溜丝排片法。整个传像束制造过程包括:纤芯与包层材料的选取,光纤单丝的拉制,排丝叠片成束,端部胶合与研抛,像束外部铠装。

(a)纤芯与包层材料的选取。绝大部分光纤传像束均由多组分光学玻璃制成,即纤芯与包层的材料均为多组分光学玻璃。其中,要求纤芯玻璃的折射率较高(大于 1.60),包层玻璃的折射率较低(一般低于芯玻璃折射率约 0.1)。芯与包层折射率差值越大,则光纤的数值孔径越大,集光能力越强;为了提高光纤的透过率,要求光学玻璃的过渡金属离子含量少,尽量没有气泡、条纹和结石以及可能造成光散射的微小杂质,以降低光纤的吸收和散射损耗;从热性能考虑,两种玻璃的热膨胀系数在任何温度下均要相近,才便于拉制,不易折断。并且芯玻璃与包层玻璃的软化点也要接近,一般芯玻璃的软化点比包层玻璃高 20 ℃～100 ℃为好;此外,还要考虑两种玻璃的匹配性和化学稳定性,以防止界面附近出现析晶、乳化或相互渗透现象。表8.1给出了几种传像束用光学玻璃材料的配比。

表 8.1 几种传像束用芯、包层玻璃材料配比

配对玻璃	折射率 n_d	膨胀系数	软化点/℃
F2(芯)	1.6128	74×10^{-7}	535
K9(包)	1.5163	76×10^{-7}	625
ZK4	1.6087	70×10^{-7}	520
K2	1.5004	65×10^{-7}	690
ZBaF3	1.6568	81×10^{-7}	660
K9	1.5163	76×10^{-7}	625

应该指出的是，除了多组分光学玻璃材料制造的光纤传像束外；利用石英玻璃材料也可以制造传像束，其透过率高，但数值孔径小、成本高；此外，利用塑料制造光纤传像束也始终在积极探索中。例如，一种被称为全塑料传像光纤 PITF（Plastic Image-Transmitting Fiber）已研制成功。但综合比较其性能及成本等方面的利弊，迄今为止，数十年来以多组分玻璃材料制造的传像束仍始终占统治地位。

(b)光纤单丝的拉制。要制作出柔软可弯曲、性能优良的传像束，必须首先拉出柔软的、传光性能良好的光纤单丝。现行的拉制多组分玻璃光纤单丝的方法如 5.1 节所述主要有两种，即棒管法与双坩埚法，其中双坩埚法用得更为普遍。制作传像束所用的光纤单丝直径一般在 10～30 μm 范围内，更多则是在 13～20 μm 范围。

(c)排丝叠片成束。排丝与叠片是制作光纤传像束实现相关排列的关键工艺。

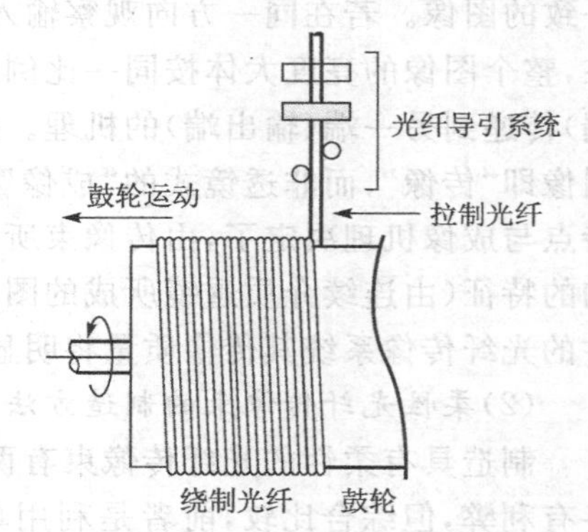

图 8.2 用横向移动的鼓轮绕制传像束单片(排丝)的基本原理图

- 排丝：利用精密排丝机或排丝鼓轮在单片机等的控制下，将细长的光纤单丝在鼓轮上依次缠绕多匝，即鼓轮每旋转一周则沿其轴横向移动一根光纤直径的距离，最终绕成一个圆柱螺旋状的单层光纤束，此即排丝[参见图 8.2 和图 8.3(a)]；在图 8.3(b)所示的黏合区涂胶固化，然后将密绕的圆柱螺旋状的单层光纤束从圆柱鼓轮上取下来，则各光纤之间已实现有序排列定位；若将圆柱螺旋状的单层光纤束在胶合固化的黏合区切开[如图 8.3(c)所示]并展开，则得到两端做相关排列并

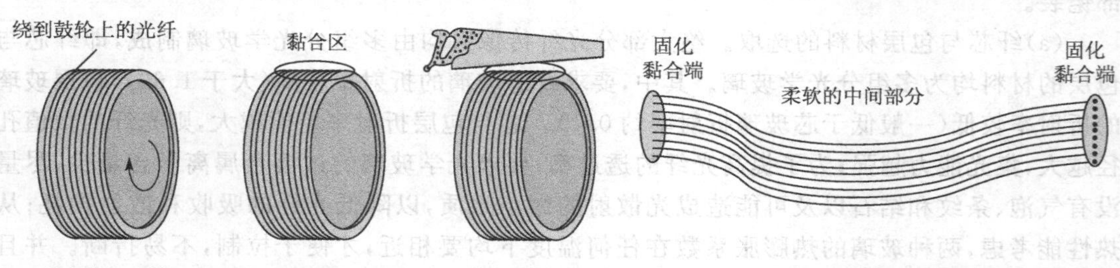

(a) 首先将长光纤缠到一个鼓轮上　(b) 然后在鼓轮上某个位置涂胶将光纤黏合到一起　(c) 胶固化后将黏合处切开　(d) 若将紧密排列的光纤环打开，就会得到单排相关光纤束．光纤在黏合处是整齐排列的，而在中间是散开的

图 8.3 排丝工艺过程示意图

固化定位、而中间为柔软松散的单排(片)光纤束[如图 8.3(d)所示]。以上即为排丝工艺的主要过程。

• 叠片成束:利用叠片的夹具,将所有的单排(片)光纤束按照一定的叠片(合片)规则(如呈六角形排列),一片一片地重叠起来并用环氧树脂胶合,最后压紧并放在烘箱内在恒定的温度下烘烤固化,则制成两端胶合固化并做相关排列而中间松散柔软的传像束。

应该说明的是,现行的叠片成束工艺,有很多是采用将完成排丝工序的各圆柱螺旋状单层光纤束的胶合固化区直接放在图示夹具中一片片叠起来并胶合,最终再切开胶合固化区展开成束(参见图 8.4)。叠片位置的正确性依靠专门的光学检测技术予以保证。

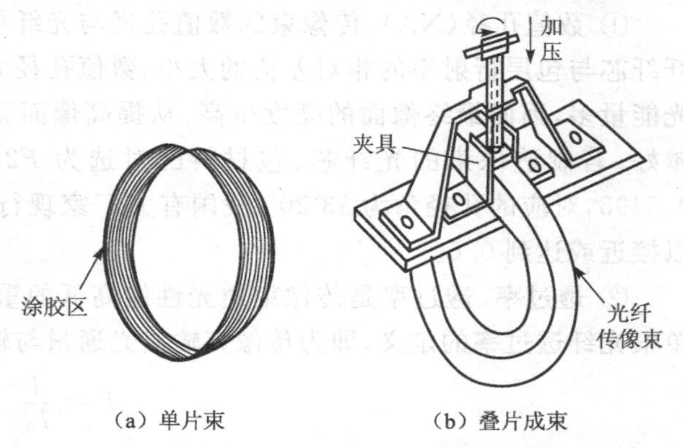

图 8.4 叠片成束工艺原理示意图

(d)端面研抛、外加保护套结构并铠装。以上利用排丝叠片法制造光纤传像束最细的单丝直径(决定最高分辨率),目前国内的最高水平为13～14 μm,若要求达到更高分辨率,则这种方法难以达到。另外,其制造工艺过程较长,成本较高。

② 酸溶法制造光纤传像束。酸溶法制造光纤传像束可以使分辨率达到更高,这是因为这种方法是采用复丝制束技术,可以获得更细的单丝、更小的像元。

酸溶法制造柔性像束的前期即拉制复丝的工艺过程,类同于制造刚性光纤面板拉制复丝的工艺过程。例如,一种具体的拉制复丝结构方案如图 8.5 所示。首先拉制直径约为 2.5 mm的单根阶跃折射率多模光纤棒。需要注意的是,这种光纤单丝有两个包层,在传统包层外面又加上一个可溶于酸的玻璃外包层;第二步是将 37～169 根光纤单丝组合到一起成为一次复丝棒,将它们加热到软化,并拉伸成直径约为 2 mm 的坚硬多纤,称为一次复丝;第三步是将很多一次复丝(一般取 61～271 根)集束成二次复丝棒加热,并经两次拉伸形成包含数以千根或万根光纤单丝(像元)的硬光纤像束,即为二次复丝。在最终形成的像束(二次复丝)中,每根光纤(像元)的直径可以达到 3～20 μm。在上述工艺的每一步中,集束的光纤数目的选择,应以能将它们更好地集束(捆)在一起为准,且各次复丝棒的横截面排列以按六角形排列为好。在拉成二次复丝硬光纤像束的基础上,根据所需长度规格,封住硬像束的两端并将其浸泡到酸溶液中,溶解掉硬像束棒中间的各光纤可溶解的外包层,则可制成包含多根光纤做相关排列的柔性传像束。

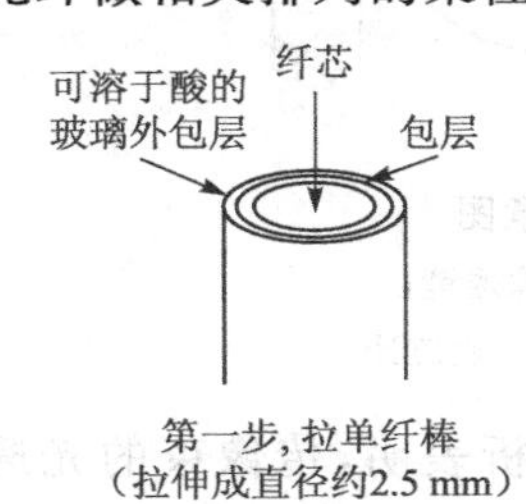

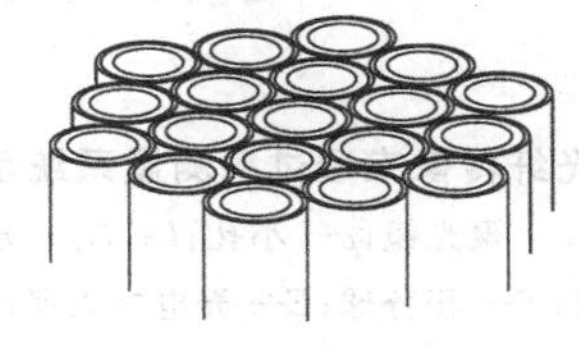

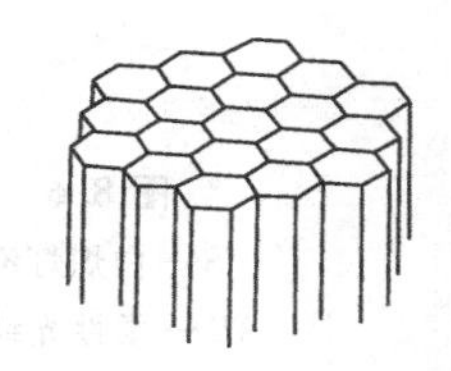

图 8.5 酸溶法制造传像束的基本工艺步骤

(3) 柔性光纤传像束的主要性能指标

光纤传像束作为柔性光纤传像系统的核心中继传像器件，其主要性能指标包括光学性能与结构参量两方面，它在很大程度上将影响和决定相应光纤传像系统的性能和质量。具体有：数值孔径(NA)、透过率(τ)、分辨率(R)；像束截面积、像束长度(L)；断丝率与集团断丝率、最小弯曲半径、温度适应范围。

① 数值孔径(NA)。传像束的数值孔径与光纤单丝的数值孔径一致，它的大小取决于光纤纤芯与包层折射率的相对差值的大小。数值孔径大则表明像束的集光能力强，进入像束的光能量多，因而最终像面的亮度也高。从提高像面亮度和观察效果出发，希望数值孔径越大越好。若制造像束的光纤芯、包材料配对选为 $F2/K9$(1.6128/1.5163)，则其数值孔径为 0.5495，对应的孔径角为 33°20′。我国有关厂家现行制造的光纤传像束，其数值孔径一般可以接近或达到 0.6。

② 透过率。透过率是传像束透光性能高低的重要标志。传像束透过率 T 的定义类同于单根光纤透过率的定义，即为传像束输出光通量与输入光通量之比，表为

$$T=\frac{I}{I_0} \tag{8.1}$$

式中，I_0 为传像束的输入光通量，I 为输出光通量。为消除光纤孔径角对输入光通量可能产生的影响，通常限制光源发射光锥的孔径角应小于光纤(亦即传像束)的孔径角 α_{mx}。

上述定义的概念完全可以由像束透过率的测试系统与方法来实现，如图 8.6 所示。由于在光纤传像系统中，传像束通常是位于成像物镜后的会聚光路中作为中继传像器件，因此在图8.6的测试光路中，像束的输入端面 A 同样是位于会聚光路中成像透镜 L_4 的像面处。光源 S 发出的白光经聚光镜 L_1、L_2 会聚于小孔 ρ 处，小孔 ρ 处的点光源经透镜 L_3 后变成平行光束，并被成像透镜 L_4 会聚于光纤传像束的入射端面 A 处，照明传像束的整个端面；传像束的另一端置于积分球入口处，由传像束送入积分球的光能，经过积分球的漫射作用，可在积分球内均匀分布，然后为光电接收器 E 接收。只要适当选择光电接收器的线性工作范围与光电流大小，则可由检流计 G 上直接读出 I 值。I 值即为用积分球收集的从传像束输出的总光通量；然后，移去传像束 AB，并将光源焦点直接对准积分球入口处，则可从检流计上测读出输入传像束的入射光通量 I_0，两者的比值 I/I_0 即为传像束的透过率。

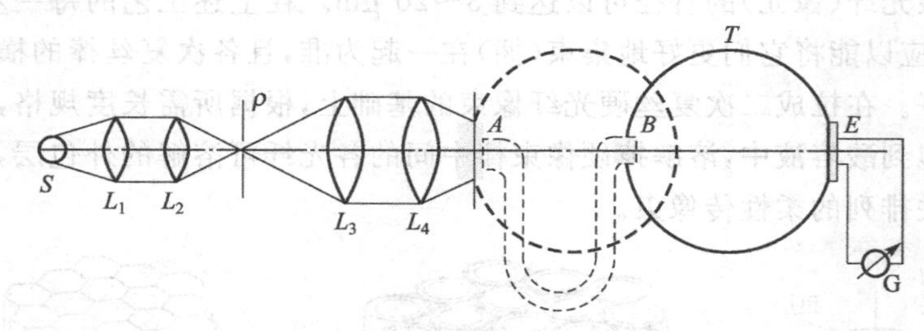

图 8.6　柔性光纤传像束透过率测量系统示意图

S— 白炽灯泡；L_1、L_2— 聚光镜；ρ— 小孔；L_3、L_4— 成像透镜；

AB— 柔性光纤传像束；T— 积分球；E— 光电接收器；G— 检流计

以上测量的透过率实际上为传像束的白光积分透过率。分析表明，传像束的光透过特性，即其白光的积分透过率，主要取决于两方面因素：首先是取决于单根光纤的透过率，而考

虑了端面菲涅耳反射损失、纤芯与包层界面全反射损失以及光纤材料的吸收与散射损失（与光纤长度有关）等三方面影响因素的单根光纤的透过率，是由 2.1 节中(2.19) 式决定的($T_F=t_1t_2t_3=(1-R)^2\cdot(1-\beta)^{L\cdot q_m}\cdot \mathrm{e}^{-\alpha(L\sec\alpha)}$)；其次则与传像束的填充系数 K 有关，K 值越大，则积分透过率越高。由于在传像束中只有纤芯所占面积才对传光有贡献，而所有的包层、胶层和间隙所占面积则对传光不起作用。为此，定义传像束有效传光面积即像束中所有纤芯面积之和 S 与传像束端面总面积 S_0 的比值为“填充系数”，以 K 表示即有

$$K=\frac{S}{S_0} \tag{8.2}$$

实际上 K 值应由两方面的因子决定：其一是组成像束的光纤单丝其纤芯面积与光纤单丝面积的比值因子，它由 $\left(\frac{d_c}{d}\right)^2$ 体现，比值中的 d 为光纤直径，d_c 为纤芯直径；其二是反映像束中光纤排列方式的间距因子 K_0，它是两光纤间隔系数 d/b 的函数，可以表为

$$K_0=\frac{\pi}{2}\left(\frac{d}{b}\right)^2\Big/\left[4\left(\frac{d}{b}\right)^2-1\right]^{\frac{1}{2}} \tag{8.3}$$

式中，b 为两光纤之间的间距。

若使像束中光纤按如下方式排列：即令下一排的光纤位于上一排的凹档中，并不断改变两光纤之间的间距 b(即改变间隔系数 d/b)，则可获得取不同排列方式（即取不同间隔系数）时的 $K_0\sim d/b$ 曲线，如图 8.7 所示。

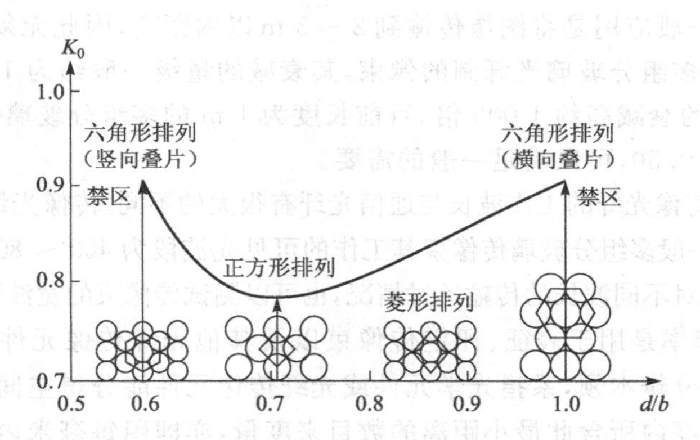

图 8.7　填充系数的间距因子 K_0 与光纤排列方式(d/b)的关系

对(8.3) 式计算如下几种特殊情况所对应排列方式的不同 K_0 值，应有

$$K_0=\begin{cases}\dfrac{\pi}{2\sqrt{3}}=\dfrac{\pi}{3.464}=0.907, & b=d\text{（六角形排列，横向叠片）} \quad ①\\[2ex] \dfrac{\pi}{4}=0.785, & b=\sqrt{2}d\text{（正方形排列）} \quad ②\\[2ex] \dfrac{\pi}{2\sqrt{3}}=0.907, & b=\sqrt{3}d\text{（六角形排列，竖向叠片）} \quad ③\end{cases} \tag{8.4}$$

由上式显见，在给定像束截面积条件下，K_0 值的大小决定了像束中能填充排列的光纤单丝数目的多少。从提高像束积分透过率的角度，显然取六角形排列结构应为最佳选择。当 d/b 为其他值，且为菱形排列时，则 K_0 值应为中等大小值。

这样，反映光纤单丝面积因子与光纤排列方式因子综合影响的(8.2)式的填充系数 K 值为

$$K = \frac{S}{S_0} = K_0 \cdot \left(\frac{d_c}{d}\right)^2 \tag{8.5}$$

当传像束端面上光纤呈正方形排列时，应有

$$K = \frac{\pi}{4}\left(\frac{d_c}{d}\right)^2 = 0.785\left(\frac{d_c}{d}\right)^2 \tag{8.6}$$

当传像束端面上光纤呈六角形排列时，应有

$$K = \frac{\pi}{2\sqrt{3}}\left(\frac{d_c}{d}\right)^2 = 0.907\left(\frac{d_c}{d}\right)^2 \tag{8.7}$$

一般用于制作传像束的光纤其包层很薄，为 1 ～ 2 μm。例如，若光纤单丝直径为 16 μm，包层厚度为 1 μm，则按正方形排列，$K = 0.60$；若按六角形排列，则 $K = 0.69$。显然，六角形排列的填充系数优于正方形排列的填充系数。因此，为了提高传像束的透过率性能，不仅要求单光纤的透光性能要好，还要求传像束的填充系数要尽可能高，为此应尽量取好的排列方式(六角形)，即 d/b 值大，且要包层薄。但必须注意的是，包层厚度太薄容易产生串光。为此，必须控制包层应有一合理厚度，根据耦合模理论分析，包层的厚度一般应大于 $\pi\lambda$，λ 为工作波长。实际制造中，像束单丝包层厚度大体控制为光纤直径的 1/10 左右。总体看，各种规格像束其非传光面积约占像束面积的 10% ～ 40%。

由于传像束的一般应用是将图像传输到 2 ～ 3 m 以内距离，因此无须达到通信光纤那样低的衰减要求。采用多组分玻璃光纤制的像束，其衰减的量级一般约为 1 dB/m，比通信光纤在1 300 nm 波长处的衰减高约 1 000 倍。目前长度为 1 m 的多组分玻璃传像束，其白光积分透过率约为 0.45 ～ 0.50，可以满足一般的需要。

还需指出的是，传像光纤的工作波长与通信光纤有很大的不同。传像光纤主要工作于可见光波段而非通信窗口。一般多组分玻璃传像束其工作的可见光波段为 400 ～ 800 nm。有时为了更全面地了解研究传像束对不同波长的传输透过情况，也可以测试传像束的宽波段光谱透过率。

③ 分辨率。分辨率是用于表征、评定传像束以及其他光纤传像元件传输图像质量的重要指标。分辨率或称分辨本领，系指光学元件或光纤传像元件能分辨空间两点像之间的最小距离，通常用单位长度内所含此最小距离的数目来度量，亦即用每毫米内所能分辨的线距对数(lp/mm) 来表示。显然，分辨率越高，传输图像的质量就越好，传输图像的清晰度就越高。在光纤规则排列、各光纤绝缘良好的前提下，传像束的分辨率主要取决于相邻光纤中心间的距离以及排列方式。

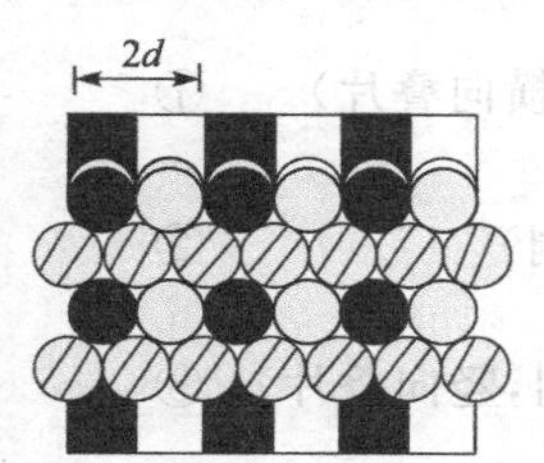

图 8.8 条状图像通过光纤直径为 d 的传像束，在极限空间频率下传递的图解表示(剖面斜线光纤为受照 50%)

根据信息光学理论，由光纤所组成的离散结构传像元件，单光纤所携带的像元可以视为最小的单个信息点，因为不能期望一根光纤能传递比纤芯直径更细小的空间信息的细节。图 8.8 给出了条状图像通过由直径为 d 的光纤组成的传像束，在极限空间频率下传输图像的图解表示。若相邻光纤取样间距 d_0 等于光纤直径 d，则信息光学的理论指出，图示情况下能传递的最大空间频率，应由像面上取样

间距两倍(体现隔像元或隔行分辨)的倒数 $1/2d_0$($=1/2d$)决定。

由于传像束中光纤排列方式不同(例如按正方形排列或按六角形排列),则相邻两排光纤之间的距离不同,亦即取样间距 d_0 不同,因而传像束的分辨率也就不同;而在同一种排列方式中,由于沿不同方向相邻两排光纤的间距也不同,即取样间距 d_0 不同,因而分辨率亦不相同。后者所反映的是,入射图像相对于像束输入端面的旋转取向影响。

图 8.9 表示了在静态取样条件下,两种不同排列方式及不同排列方向的取样间距 d_0 及分辨率 R 的变化情况。其规律为:

(a) 若像束中光纤取正方形排列:当取向为 0、$\pi/2$ 时,相邻光纤中心位于一直线上,相邻两排光纤间距(取样间距)d_0 等于 d,则其分辨率为 $1/2d$;当取向为 $\pi/4$、$3\pi/4$ 时,交错光纤的中心位于一直线上,相邻两排光纤间距(取样间距)d_0 等于$\sqrt{2}d/2$,则分辨率为 $1/\sqrt{2}d$。

(b) 若像束中光纤取六角形排列:当取向为 0、$\pi/3$、$2\pi/3$ 时,相邻光纤中心位于一直线上,相邻两排光纤间距(取样间距)d_0 等于$\sqrt{3}d/2$,分辨率为 $1/\sqrt{3}d$;当取向为 $\pi/6$、$\pi/2$、$5\pi/6$ 时,交错光纤中心位于一直线上,相邻两排光纤间距(取样间距)d_0 等于 $d/2$,分辨率为 $1/d$。

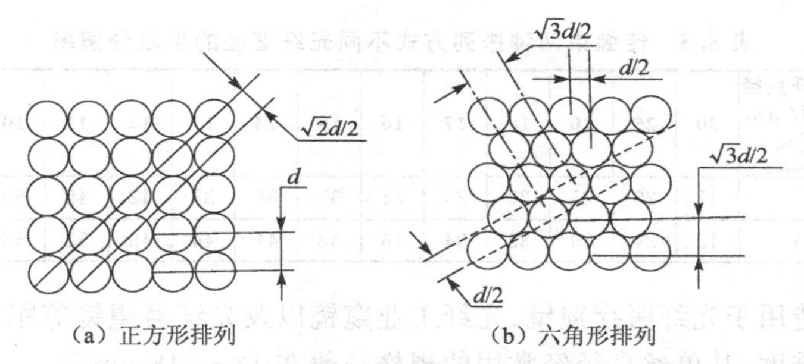

(a) 正方形排列　　(b) 六角形排列

图 8.9　两种光纤排列方式及不同方向的取样与分辨率

将上述规律列表表示,如表 8.2 所示。

根据上述分析及列表计算,可以得到如下结论:

(a) 由连续介质光学玻璃构成的透镜或透镜系统,在理想的成像条件下,其向各方向的分辨率应是相同的、唯一的;而由光纤做相关排列的传像束,基于其离散结构的传像特点,其沿不同方向的取样间距和分辨率是不同的。这与连续介质透镜系统有根本差别。

表 8.2　传像束不同排列方式及不同方位的取样间距(d_0)与分辨率(R)

排列方式 \ 分辨率 R \ 取样间距 d_0 \ 坐标方位		0	$\pi/6$	$\pi/4$	$\pi/3$	$\pi/2$	$2\pi/3$	$3\pi/4$	$5\pi/6$	π
正方形排列	d_0	d		$\sqrt{2}d/2$		d		$\sqrt{2}d/2$		d
	R	$1/2d$		$1/\sqrt{2}d$		$1/2d$		$1/\sqrt{2}d$		$1/2d$
六角形排列	d_0	$\sqrt{3}d/2$	$d/2$		$\sqrt{3}d/2$	$d/2$	$\sqrt{3}d/2$		$d/2$	$\sqrt{3}d/2$
	R	$1/\sqrt{3}d$	$1/d$		$1/\sqrt{3}d$	$1/d$	$1/\sqrt{3}d$		$1/d$	$1/\sqrt{3}d$

(b) 传像束的分辨率与光纤的排列方式(正方形或六角形)以及方位取向有关,不同排列方式、不同方位取向传像束的分辨率是不同的。定义某种排列方式中若沿某一方位取向具

有最低的分辨率，则称此分辨率为该种排列方式的“极限分辨率”。为此应有

正方形排列方式沿 0，π/2 方位具有的极限分辨率为

$$R_{正} = \frac{1}{2d}(\text{lp/mm}) \tag{8.8}$$

六角形排列方式沿 0，π/3，2π/3 方位具有的极限分辨率为

$$R_{六} = \frac{1}{\sqrt{3}d}(\text{lp/mm}) \tag{8.9}$$

上两式中光纤直径 d 以 mm 为单位计，如直径光纤为 16 μm，则 d 值表为 0.016 mm。

比较上两式可以看出，在相同光纤直径的情况下，$R_{六} > R_{正}$，即六角形排列方式的分辨率优于正方形排列方式，六角形排列的分辨率是正方形排列的 1.15 倍。因此，传像束制造工艺一般均取六角形排列结构，以提高分辨率，改善像质。

(c) 表 8.2 和上两式还表明一个重要规律：传像束的分辨率与光纤直径成反比，直径越小，则像束的分辨率越高。表 8.3 给出了两种理想排列情况下，由不同直径光纤组成的传像束的极限分辨率。

表 8.3　传像束两种排列方式不同光纤直径的极限分辨率

光纤直径 d/μm 极限分辨率 R/(lp·mm^{-1}) 排列方式	30	25	20	18	17	16	15	14	13	12	11	10	8	6	5	4
$R_{正} = 1/2d$(mm)	17	20	25	28	29	31	33	36	38	42	45	50	63	83	100	125
$R_{六} = 1/\sqrt{3}d$(mm)	19	24	29	32	34	36	38	41	44	48	52	58	72	96	116	144

国内现行制造用于光纤医疗窥镜、光纤工业窥镜以及光纤潜望镜等军用装备的传像束，基于制造工艺的难度，其单丝直径经常用的规格一般在 13～18 μm。

最后应指出的是，由于组成像束的光纤之间有空隙，各光纤的包层都有一定的厚度，另外，各层叠片之间还有胶层厚度，因而落在上述这些部分的输入图像就不能被传送，从而造成部分图像细节的缺失。因此，由光纤传像束所传输的静态图像不可避免地存在网格效应，即出现网格的颗粒状。这一基于离散结构的本征机理性缺欠，可以通过尔后所介绍的动态取样或波分复用等像质优化技术来解决。

以上所讨论的数值孔径、透过率、分辨率三项性能指标属于传像束的光学性能指标。

④ 传像束截面积。在单丝直径及排列方式确定的前提下，传像束截面积大小直接决定了光纤传像系统所能观察到的视场形状、范围大小以及传输图像信息量的大小。根据光纤传像系统应用的具体需要，光纤传像束的截面可以为圆形、正方形或矩形（例如 9 mm×12 mm的矩形或与 CCD 摄像芯片相匹配的形状）。显然，知道了像束截面（传像系统视场）的要求以及光纤单丝直径，即可计算出传像束所包含的光纤数或像元数（如含有数十万像元），因而也就知道了像束所传输图像的信息量。

根据传像束截面大小与像元多少，可将传像束分为小截面传像束与大截面传像束。小截面传像束多用于光纤医用窥镜、光纤工业窥镜等，像束截面一般＜ϕ3 mm，光纤直径 12～15 μm，一般包含数万像元；大截面传像束则主要用于军用观察仪器（如光纤潜望镜、瞄准镜等）、高速摄影等，一般像束截面积＞5 mm×5 mm，甚至可以达到 30 mm×30 mm，单丝直径 15～17 μm，像元数为数十万甚至达到 300 万。因此大截面传像束亦可称为大信息量传

像束。

⑤ 传像束长度。传像束长度是传像束的又一重要性能指标，像束长度主要根据使用场合条件的具体需要。但要考虑的是，随着像束长度的增大，其透过率将显著下降。为此，必须综合平衡需要与可能的关系，特别是对于无主动照明的被动光纤观察仪器，像束长度不能太长。我国现行生产的用于具有主动照明的光纤工业窥镜的小截面传像束，其长度最长可达6 m；而大截面像束的长度，由于制造难度大，衰减大，最长可达 3.5 m，一般长度多在 1～2 m范围内。

⑥ 断丝率与集团断丝率。断丝将阻断该光纤的通路，在视场中产生黑点，甚至丢失目标图像信息；尤其是由相邻两个以上光纤断丝所形成的集团断丝危害更大。为此规定传像束制品的断丝率应＜0.3‰（小截面像束）～0.8‰（大截面像束）；对集团断丝更要严格限制在视场中心区不能出现。

⑦ 弯曲半径。柔性传像束应满足一定弯曲半径的要求，通常规定小截面像束弯曲半径≥2 cm；而铠装以后的大截面像束的弯由半径应≥30 cm。

⑧ 适应温度范围为－40 ℃～＋60 ℃。

图 8.10、图 8.11、图 8.12 分别为我国南京春辉公司生产的小截面像束、100 万像元的大截面传像束以及传像束的铠装示意图。此外，根据使用需求还可制成分路结构和有序排列结构的光纤传像束。

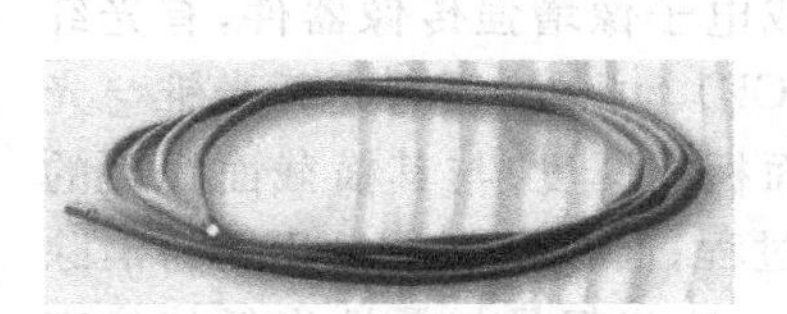

图 8.10　小截面传像束

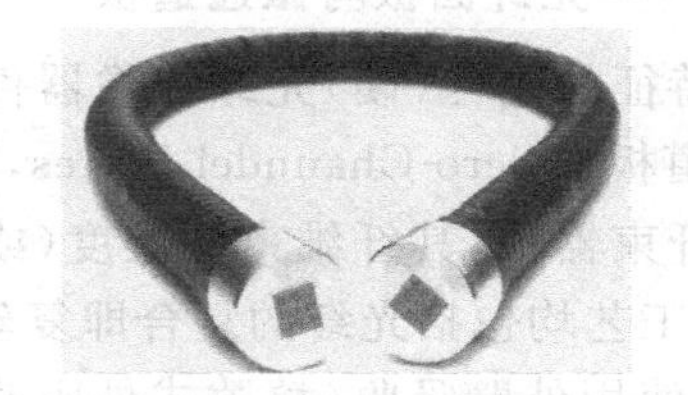

图 8.11　大截面光纤传像束外观图（100 万像元）

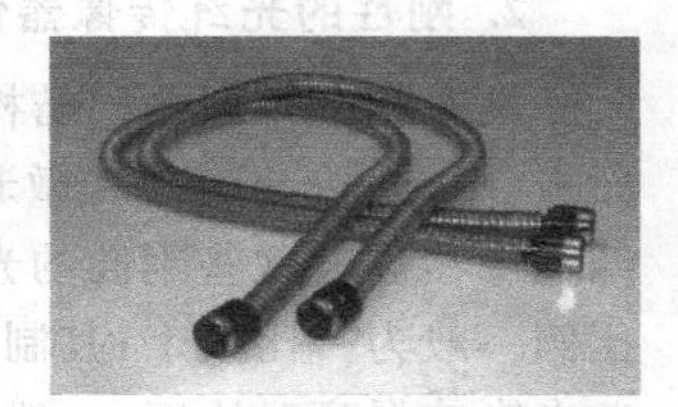

图 8.12　典型铠装传像束

（二）石英多芯型传像光纤

1987 年我国北方交大光波所与天津 46 所等单位在我国首次研制成功石英多芯型传像光纤，并取得了优良的图像传输效果。他们采用 MCVD 法和一次复丝制造工艺，研制出 30 万像素（像元）的石英多芯型传像光纤，达到了当时国际的先进水平。

石英多芯型传像光纤，由于它具有通信石英光纤特有的优良传光特性，因而其传输图像的质量优良。特别表现为：传输损耗低（每米透过率高达 96%～99%），因而能传输图像的距离长；色保真性好，传输图像色彩逼真；传像的像素细、分辨率高，传输图像清晰度好。此外，也具有优良的机械、热和耐辐射特性。上述优点是柔性多组分玻璃传像束所不足的，因而在冶金、锅炉、核反应堆同位素加工、军事、公安等领域均有重要的应用前景。

但是它也存在不足之处，主要是可挠性较差，属于一种半柔、半刚性的光纤传像器件，当其长度由于使用需要达到几米以上时，其保管、运输、架设使用、安全性等都成为问题；另外，其数值孔径小。因而其推广应用受到局限。表 8.4 给出了 20 世纪末国内外几种基本类型石英多芯型传像光纤的性能特点和典型数据。

表 8.4　不同类型石英多芯传像光纤性能

类型	玻璃材料		结构与性能参数典型值					特点	用途
	芯	包层	折射率差/%	NA	芯径/μm	芯间距/μm	像素数		
通用传像光纤	GeO_2-SiO_2	SiO_2	2	0.26～0.3	6	10	30 000	低损耗，细径，近红外透过性能好	适用于一般远距离图像传输
高密度传像光纤	GeO_2-SiO_2	F-SiO_2	3.5	0.4	3	6	50 000	低损耗，细径，可挠性好，NA大，信息量大	适用于大信息量、细径要求之远距离传输
耐辐射传像光纤	SiO_2	F-SiO_2	1		7	11	30 000	低损耗，耐辐射性能好，紫外透过好	适用于放射条件下之远距离图像传输

除了上述柔性的光纤传像束和半柔半刚性的石英多芯型传像光纤外，尚有一类刚性的传像束可作为低分辨率成像观察用，例如第 7 章所述及的牙科光固化机用导光棒，同时也可兼作低分辨的成像观察，根据需要也可将导光传像棒弯曲一定的角度；此外，细直径的刚性传像棒也可在某些医用内窥镜中得到应用。

2. 刚性的光纤传像器件——光纤面板与微通道板

具有相关排列共同结构特征的刚性(硬)光纤传像器件或电子像增强传像器件，有光纤面板(fiber faceplate)和微通道板(Micro-Channdel Plates，MCP)。此外，还有光纤光锥与光纤扭像器等。这些刚性的光纤束器件，其纤维束的长度(或面板的厚度)与其横截面线度的比例一般为一比数十；其制造工艺均包括光纤的复合即复丝过程；面板在复丝过程中为消除杂光影响提高对比度，一般均使用外壁吸收(填隙式外吸收)。这些都是与柔性光纤传像束有重要差别的。以下分别介绍两种做相关排列的刚性光纤传像束器件。

(一)光纤面板

光纤面板是由数以百万计的、其单丝直径为 3～10 μm 的光纤制成的大面积阵列式无源光纤传像器件。其光纤单丝结构、光纤的相关排列结构与传像机理以及在面板的输入与输出端面按 1∶1 传输二维光学图像的功能等方面，均与柔性的光纤传像束相同。但是它也有其自身的一些特点和要求：首先在光学性能方面具有较高的分辨率，有的甚至可达 100 lp/mm 以上，因而其单丝直径(像元)很细。由于面板厚度薄，即单光纤的通道短，因而衰减小、透过率高。同时具有较高的数值孔径以及良好的图像传递性能，并要求具有真空气密性等；在面板的制造工艺方面，采用拉制复式光导纤维的方法，即采用二次复丝技术；为改善图像传输对比度，消除光纤间串光及杂光影响，一般使用外壁吸收即采用皮料黑化或插黑丝的方法。这些均与利用单丝排丝叠片制造的柔性光纤传像束有重要差别。光纤面板在军事上的微光、夜视系统以及多方面的光、电子系统中有重要而广泛的应用。

(1)光纤面板的制作方法

光纤面板的制作具有特殊性，大致分为四个步骤：材料的选取；复合光纤的拉制；熔压成型；最后进行切割及表面精加工。

① 材料的选取。光纤面板的制作工艺对玻璃有更严格的要求。首先，由于在一般微光

夜视系统中的应用均要求大数值孔径，即 NA＞1，因此应选取高折射率芯玻璃与低折射率包层玻璃，使其有大的相对折射率差值 Δ；另外，在热膨胀系数及软化点方面，要求芯料和涂层的热膨胀系数在各个温度区间相一致，尤其是在低温阶段。若有差别，芯料玻璃的热膨胀系数比涂层玻璃的热膨胀系数的差一般应小于 5×10^{-7}，这样才能保证在拉制0.5～2 mm的粗丝中具有良好的性能，不会产生炸裂和弯曲。同时还要注意热膨胀系数应该和它所配合的电子束管的金属和玻璃管壳的热膨胀系数相匹配；此外，要求材料有化学稳定性。光纤面板要求玻璃材料在整个拉制、热熔工艺中不析晶，不乳化，两种玻璃不相互渗透或反应。考虑到光纤面板的应用，还要求材料不含有对光阴极有毒化的元素，如镉、砷、锑、铝、锌、氟等。所以，在选取材料过程中，必须先进行一系列试验来选择合适的玻璃材料。

② 复合光纤的拉制。由于光纤面板的高分辨率要求单丝直径很细，例如要使分辨率达到 100 lp/mm 以上，则要求单丝直径小于 5 μm，因而必须采用拉制复合纤维的方法。所谓复合纤维，是由一组单根光纤组成，其包层熔合在一起形成一个力学整体，而不影响组内单根光纤的光学性质和独立性。这种复式光纤用作制造大相关光纤束中的基本单元，且应有一个有效压紧的截面。

由于制作光纤面板的光纤直径较粗，因而不能用鼓轮缠绕，而必须用拨丝轮拉引，且切割成一定的长度，拉制的方法多用棒管法。提供热压成型光纤面板的光纤有两种：一种是一次复合光纤（一次复丝）；另一种是二次复合光纤（二次复丝）。最普遍采用的拉制复式光纤的工艺流程如图 8.13 所示。

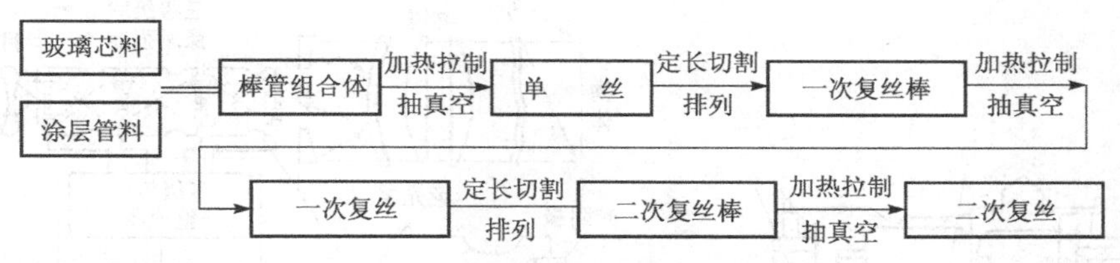

图 8.13　拉制复合光纤的工艺流程

拉制复丝的具体步骤是，首先利用芯和包层材料拉制成直径较粗的光学纤维（称为单丝），用 m 根这种单丝组合成棒，再拉制一次，这时拉制成的光学纤维叫一次复式纤维（一次复丝）。每根一次复丝内包含有 m 根单丝，一般一根一次复丝中包含数千根直径为 5～6 μm 的单丝，其横截面积要比单元丝大得多。处理这种直径较粗的光学纤维将给操作者带来很大方便；有时，由于要求分辨率更高，且为提高面板的真空气密性和对比度，则可把 n 根这种一次复丝组合起来再拉制一次，这时拉制成的光学纤维叫二次复式纤维（二次复丝）。这样，每根二次复丝内就包含有 $m\times n$ 根 5 μm 左右的单元丝。其直径很粗，操作起来也很方便。

单丝组合成棒叫一次复丝棒；一次复丝组合成棒叫二次复丝棒。一次复丝棒或二次复丝棒的横截面可以是圆形、正方形或正六角形。由于圆形排列会给下次排列造成较大的几何空隙，因此现行均采用正六角形的最佳排列方式。

为了提高光纤面板的对比度，可以在排列成一定形式的单丝中间，有规则地插入吸收杂散光的黑丝（直径比单丝小）。或者在拉制单丝时就用双涂层。内涂层是低折射率玻璃，外涂层就是吸收层。此外，为提高复合光纤间的气密性，可在拉制复合光纤过程中抽真空。

③ 光纤面板的熔压。光纤面板的熔压，就是将排列成一定形状的二次复丝或一次复丝

组合体在加温加压的条件下，通过将包层玻璃软化而将所有做相关排列的光纤互相黏合在一起，使之成为一个整体结构。光纤面板的熔压是一项重要工艺。一次复丝和二次复丝的熔压过程都一样，只是在排列方法上有所差别。

④ 光纤面板的冷加工。对熔压后的光纤面板块，要按应用需要的厚度进行切割，并进行研磨抛光，加工成各种大小、厚薄、凹凸等各种成像所需要的形状。

(2) 光纤面板的功能与应用

光纤面板最重要的功能与应用方向之一，是用做微光夜视仪器等电子光学器件中的端窗与级间耦合元件，其十分重要的优点是可以在不同形状的表面间，实现对输入与输出图像的 1∶1 传递。根据电子光学系统中对光学透镜或电子透镜的像场或物场场曲特性的要求，利用光纤面板的传像功能，可以将光纤面板的输入/输出端面分别设计制成平面/球面(如微光像管的光阴极面板)、球面/平面(如微光像管的荧光屏面板)、曲面/曲面(如光学透镜的校场曲面板)以及平面/平面(如微光像管之间的耐高场强面板)等多种形式。

① 在微光像增强器中的应用。例如，早期的微光夜视仪中，为获得高亮度增益，可将完全相同的单级像管(参见图8.14)，用光学纤维面板进行多级耦合。因此像管的输入窗和输出窗都是由光纤面板制成，以便将球面像转换为平面像来完成级间直接耦合。由于每级像管都成倒像，所以耦合的级数多取单数，通常为三级。采用三级级联像增强器的微光夜视仪如图 8.15 所示。该像增强器称为第一代像增强器，俗称一代管。

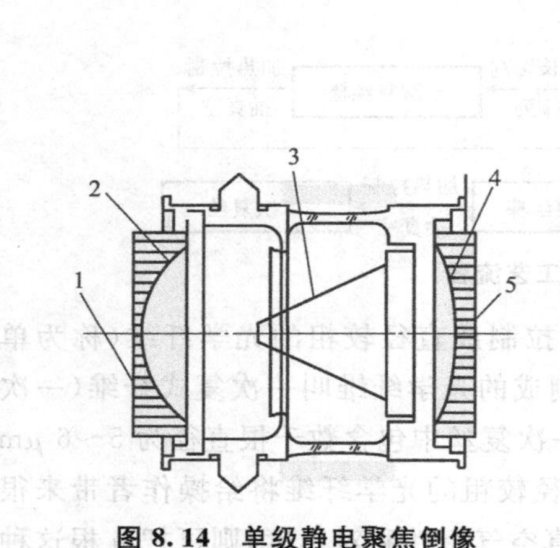

图 8.14 单级静电聚焦倒像式像管结构示意图

1、5—光纤面板；2—光阴极；3—阳极；4—荧光屏

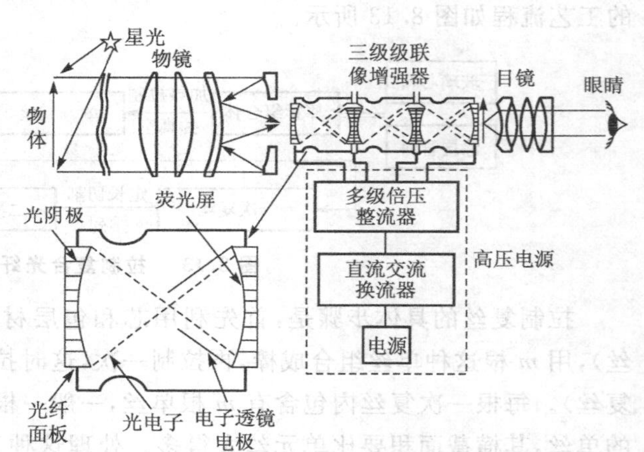

图 8.15 采用三级级联像增强器的像管结构示意图与微光夜视仪原理图

采用光纤面板实现级间耦合，可以取代传统的中继成像系统，因而有利于大大减小整个组合器件的尺寸；同时，各单管的光纤面板外表面全成平面，有助于减小极间耦合的分辨率损失，并可以大大提高全系统的耦合效率与有效增益，也使各级的分别设计与检验成为可能。

除了一代像增强器外，在第二代、第三代像增强器中光纤面板均有重要应用。在微光像增强器中使用的光纤面板，其厚度一般小于 10 mm，同时要求气密性好，与光阴极不起作用。

② 在其他方面的应用。除了在微光像增强器中的应用外，光纤面板还在多方面有重要应用。主要包括：应用光纤面板作耦合元件的 X 射线像增强器(如图 8.16 所示)；光纤面板应用于阴极射

线管和雷达显示管等;采用光纤面板作为平像场器的变像管;应用光纤面板的图像放大显示管(如图8.17所示);应用于宇宙探测的微光摄像管以及应用于航空摄影中校正场曲畸变的平像场器等。

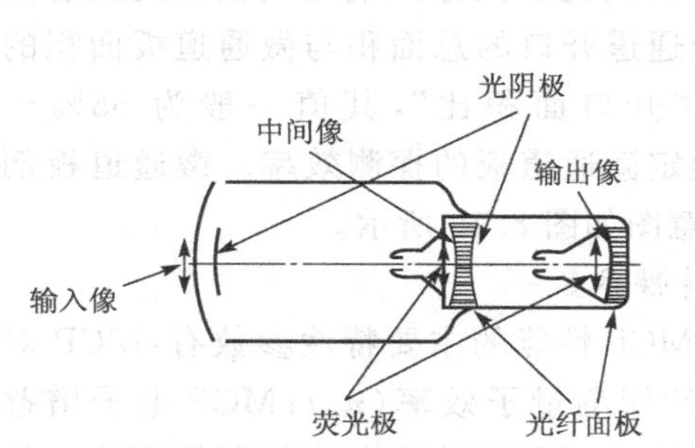

图 8.16　两级 X 射线像增强器

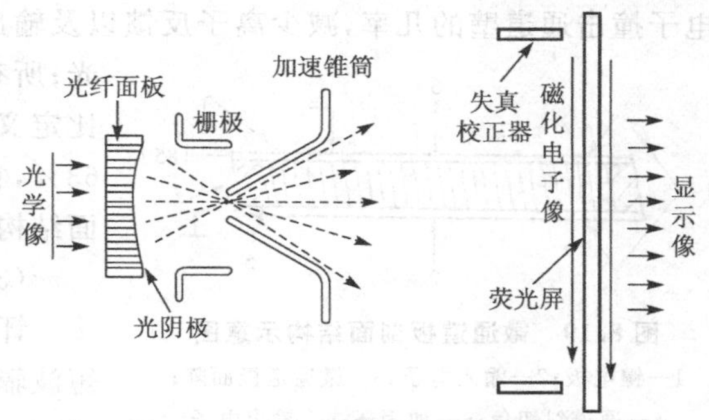

图 8.17　光纤光学图像放大显示管

（二）微通道板

(1) 机理、结构与特点

微通道板并非无源光纤传像器件,而是一种做相关排列的大面阵微通道有源电子图像倍增器。它是由高二次电子发射系数的含铅玻璃制成。一块微通道板中至少含有数百万根并列的光纤中空细管、即微通道空芯管(管的内壁直径在 $\phi 6 \sim 50\ \mu\text{m}$),每一根细管就是一个微型电子倍增器,相当于一个微型的连续打拿极光电倍增管。细管内壁镀有高二次电子发射材料,两端加有电压。当电子以一定角度从微通道细管的端部入射并在电场的加速作用下,以抛物线轨迹打到通道管的内壁时,将激发出二次(次级)电子,这些二次电子被管壁电压加速,并激发出更多的二次电子。最终在输出端将可获得很高的电子倍增输出,每一级微通道板可以获得的电子倍增增益可以高达 $10^3 \sim 10^4$。微通道板不仅对电子撞击敏感,而且对离子、X 线、紫外线以及高能的 α、β、γ 射线均有一定的响应度。由于一块微通道板包含数百万像元,因而具有对电子及其他粒子的二维密度分布、即二维电子图像进行高分辨率倍增成像的功能。总之,微通道板具有高增益、低噪声、高分辨、宽频带、低功耗、长寿命及自饱和效应等优点,因而它的出现在以微光夜视应用领域为代表的光电子图像的像增强器发展中具有里程碑的意义,图8.18给出了微通道板工作原理与结构示意图。

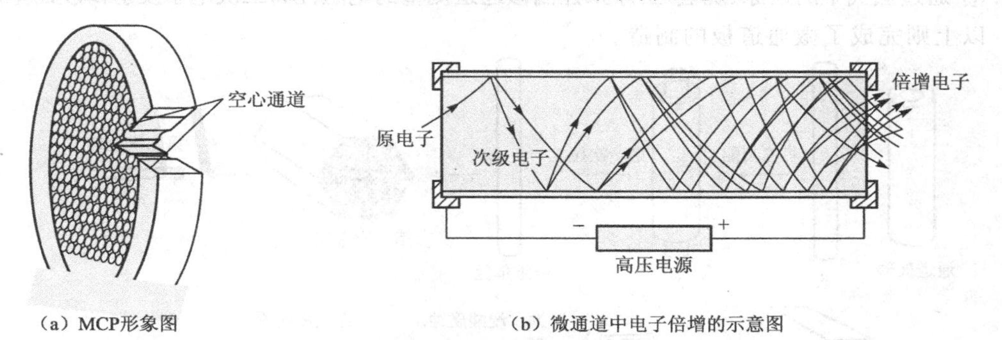

(a) MCP形象图　　(b) 微通道中电子倍增的示意图

图 8.18　微通道板形象与工作原理

(2) 结构参数

微通道板的主要结构数据为:微通道孔径 $6 \sim 50\ \mu\text{m}$;端面口径 $\phi 18 \sim \phi 50$(常用 $\phi 18$、$\phi 25$);板厚度 0.5～5 mm,且板厚应满足微通道的最佳长径比 L/d_c(L 为微通道板厚度,即通道长度；d_c 为通道直径），一般 L/d_c 值在 40～100 范围；微通道轴线与微通道板端面法线间的夹角定义为“斜切角”，其值一般＜15°，可为 5°、6°、8°、11°、12°和 15°。斜切角可以增加入射电子撞击通道壁的几率，减少离子反馈以及输出窗口荧光屏向输入端光阴极面的反射杂光；所有微通道开口的总面积与微通道板面积的比定义为“开口面积比”，其值一般为 58%～63%，它决定微通道板的探测效率。微通道板剖面结构示意图如图 8.19 所示。

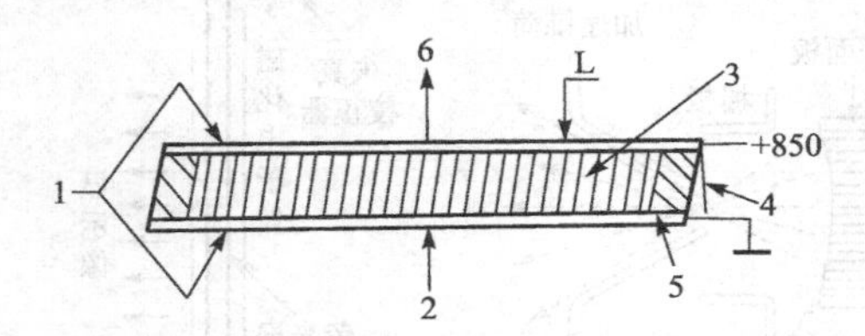

图 8.19　微通道板剖面结构示意图

1—镍电极；2—输入电子；3—微通道极面阵；4—通道斜切角；5—加固环；6—输出电子

(3) 特性参数

评价 MCP 性能的主要特性参数有：MCP 对短波辐射的探测量子效率（η_m）；MCP 电子增益（G_m）；动态范围；MCP 的暗电流与背景等效电子输入（i_d，EBI）；MCP 的鉴别率（N_f）与 MTF 值；MCP 的噪声因子与固定图像噪声；电流增益饱和特性等。

(4) 制作方法

传统的制造微通道板的工艺过程如图 8.20 所示。其前期的制造工艺与光纤面板相似，具体步骤如下：

① 首先将芯与通道玻璃管组装成粗玻璃纤维，然后将其拉成单丝；

② 将若干玻璃纤维单丝叠积捆成束，将其加热软化并拉成细束（相当于一次复丝）；

③ 将若干拉制后的细束玻璃纤维（一次复丝）叠捆成束，并加热软化后再拉成细束，如此反复则得到熔凝光纤组件的 MCP 的毛坯棒；

④ 将 MCP 毛坯料以与垂直方向夹角小于 10°以及（40～100）：1 的长径比来切割 MCP 毛坯棒，获得 MCP 薄板毛坯；

⑤ 将 MCP 薄板毛坯进行端面磨抛，浸酸腐蚀，即利用化学处理方法刻蚀除去芯料玻璃，从而形成微通道；

⑥ 通过加装图 8.19 所示的加固环将微通道板固定，并在两端面加装镍电极；

⑦ 通过氢气中的还原（烧氢）工序来控制微通道侧壁的电阻性高二次电子发射薄膜的生成。

以上则完成了微通道板的制造。

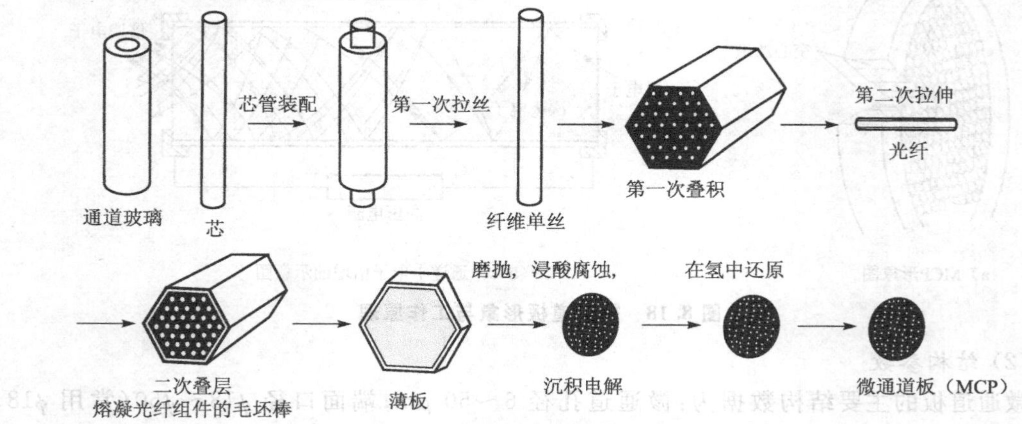

图 8.20　微通道板的制造工艺流程

(5) 微通道板的应用

微通道板是一种大面阵的二维电子图像倍增器，且对多种电磁波谱段的辐射均有一定的响应度，因而它在多种技术领域均有重要应用价值。

① 在微光夜视技术领域具有重要应用。MCP 技术的成功将微光像增强器从第一代级联式像增强技术推向了第二代微通道板式像增强技术，使微光像增强器实现了体积小、重量轻、响应快、高增益、低噪声、高分辨率以及优良的抗强光性能。目前，采用包含 MCP 像增强器的微光夜视仪器，已成为国内外微光夜视装备的主流部分。含有 MCP 的第二代微光像增强器的结构类型分为静电聚焦倒像式二代像增强器[参见图 8.21(a)]和近贴式二代像增强器[参见图 8.21(b)]两类。其各自工作原理与特点如下：

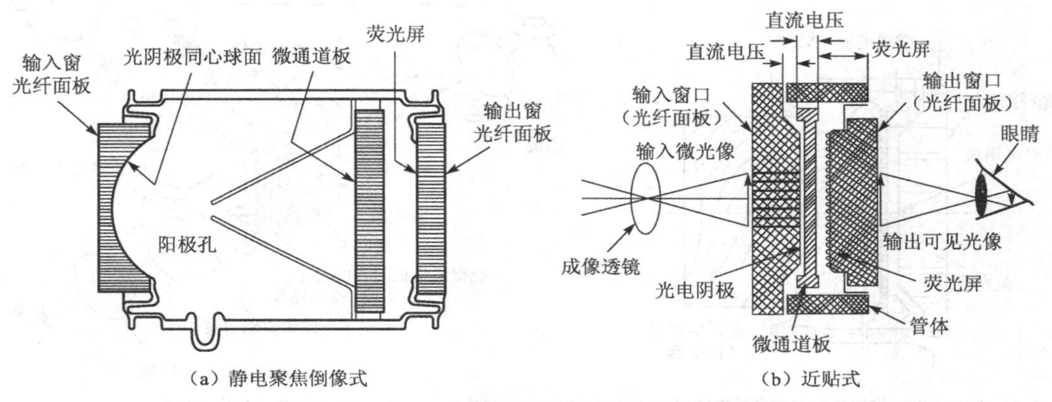

(a) 静电聚焦倒像式　　(b) 近贴式

图 8.21　含 MCP 的二代微光像增强器两种类型

(a) 静电聚焦倒像式像增强器。如图 8.21(a)所示，微通道板与光阴极之间采用静电透镜，MCP 置于电子透镜的像面位置，与荧光屏之间是近贴均匀场。为了使电子透镜的像面成为平面，而把阳极孔径置于稍微超前于阴极球面中心的位置。像管中还在阳极与 MCP 之间设置一个消畸变电极。该电极与光阴极电位相近，可使外缘电子收拢以减小鞍形畸变；同时又使电子垂直入射到微通道板输入面以获得均匀的电子倍增。由微通道板增强后的电子图像通过近贴聚焦到荧光屏上。由于在荧光屏上所成的像，相对于光阴极上的像来说是倒像，因此称为倒像管。

(b) 近贴式像增强器。如图 8.21(b)所示，微通道板近贴于光阴极和荧光屏之间，构成两个近贴空间，故称为双近贴式像管或薄片管。由于采用双近贴、均匀场，所以图像无畸变；且放大率为 1，不倒像，为此需在荧光屏输出端配加一个光纤倒像器，人眼才能通过目镜看到正像；同样由于近贴，会出现光阴极、MCP、荧光屏三者之间的相互影响。如在光阴极和 MCP 之间的近贴，为避免场致发射，所加电压较低，因而电子到达微通道板的能量较低，这使近贴管的增益受到限制；又如光阴极与荧光屏之间的空间很小，其光反馈比较严重，这使其分辨力受到影响。

② 在其他方面的应用。MCP 可以应用于高分辨率、高亮度的显像管、示波管，通过在示波屏前设置一块 MCP，对小束流进行倍增，较好地解决了显像管(示波管)设计中高亮度与高分辨率要求的矛盾；MCP 可应用于制作 MCP 光电倍增管和二维图像光子计数器；MCP 应用于场离子显微镜，可以直接探测到离子图像，提高场离子显微图像的清晰度；此外，利用

MCP 对 X 线、紫外线及电子的响应特性和倍增效应，可以制成多种辐射的探测器和成像器件。

（三）光纤光锥与光纤扭像器

根据应用的需要，作为光纤面板的变形，可将刚性传像器件（如传像棒）扭转 180°，即做成“光学扭像器”，则可将输入图像扭转 180°，实现倒像功能，如图 8.22 所示；也可将刚性传像器件按相似形做成一头大一头小的“光纤光锥”，则可实现将输入图像放大（即放大率 $M>1$）或缩小（$M<1$）的功能。

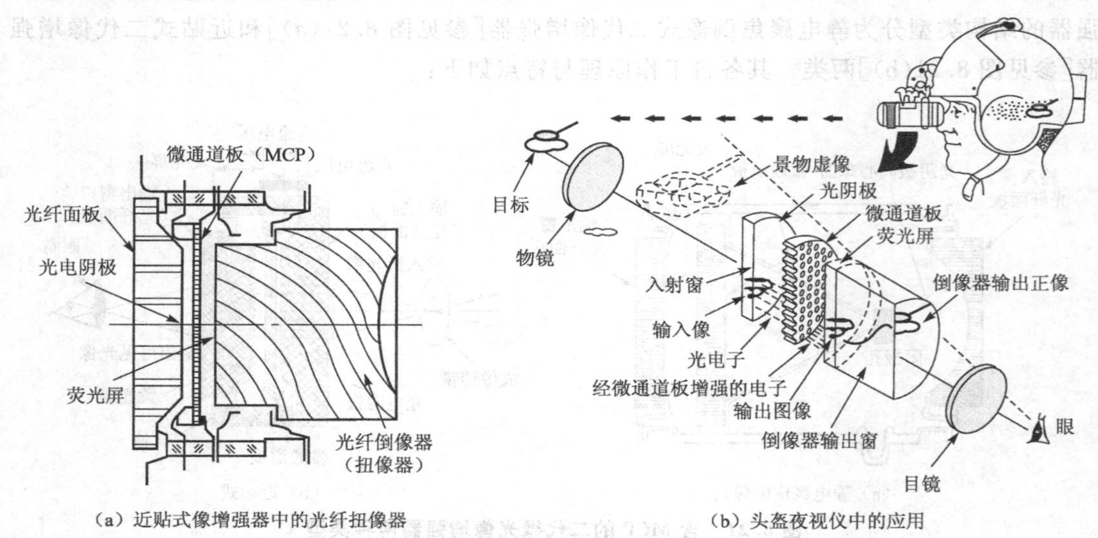

（a）近贴式像增强器中的光纤扭像器　（b）头盔夜视仪中的应用

图 8.22　光纤扭像器及其应用

8.1.2　光纤传像系统（光纤望远系统，光纤内窥镜）

凡在光学成像系统中以无源光纤传像器件作为中继传像器件的均可视为光纤传像系统。本节将重点讨论以柔性光纤传像束为中继传像器件、对远距离目标进行被动式观察的光纤望远系统与无源光纤传像技术；附带介绍备有光纤光源主动照明的对近处微小目标进行观察的光纤内窥镜系统。光纤传像系统无论在军用还是民用领域均有广泛而重要的应用价值。

1. 光纤望远系统与无源光纤传像技术

（一）光纤望远系统的基本概念

光纤望远系统是相对于由透镜所组成的传统望远系统而定义的。由于传像束的传像机理决定了单独像束自身不能对远方物体成像，像束所起的作用只能是将图像从像束的一个（输入）端面传送至另一个（输出）端面。即在系统中起中继传像作用。

“光纤望远系统”系指在由物镜和目镜所组成的基本望远系统的共焦面处，加入具有柔性的大信息量光纤传像束作为中继传像器件而构成的对远距离目标进行观测的系统（如图 8.23所示）。根据上述赋予的定义，光纤望远系统的视放大率应有如下关系：

$$\Gamma=\frac{\tan\omega'}{\tan\omega}=\Gamma_0\cos\varphi=\left(-\frac{f'_{ob}}{f'_{ep}}\right)\cdot\cos\varphi \tag{8.10}$$

式中，Γ_0 为由望远系统物镜焦距和目镜焦距所决定的望远系统基本放大率；ω' 与 ω 分别为由望远物镜和目镜与像束截面所决定的系统像方与物方视场角；φ 为像束的输出端面相对于输入端面绕光轴旋转的方位角度，若 $\varphi=0$ 为正像，$\varphi=180°$，则为倒像，Γ 为正值。

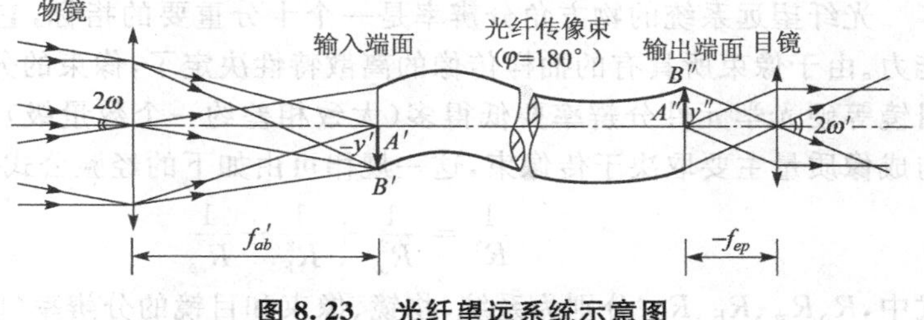

图 8.23　光纤望远系统示意图

（二）光纤望远系统的主要性能参数与重要特性的研究分析

(1) *光纤望远系统的放大倍率 Γ*

光纤望远系统的放大倍率即其视放大率 Γ 由(8.10)式决定。其值的具体确定，最根本的是应根据对要求观察距离的目标能进行分辨。具体设计应综合考虑：战术上多远距离对多大间隔两点分辨的需要、传像束制造工艺可能达到的最细光纤单丝直径以及由系统目镜焦距值所决定的目镜放大率使人眼看不到像束输出面上的网格等多方面的因素来确定。

具体设计应满足下式：

$$\alpha''=\frac{y(m)}{L(m)}\times(2\times10^{5''})=\frac{b(\mathrm{mm})}{f'_{ob}(\mathrm{mm})}\times(2\times10^{5''}) \tag{8.11}$$

式中，α'' 为战术需要和像束像元结构可能分辨的角度(以秒计)；L 为目标距离(以 m 计)；y 为要求分辨的目标两点间隔(以 m 计)；b 为制造工艺允许最细单丝直径 d 条件下按六角形排列的像束相邻两像元间隔(以 mm 计)；f'_{ob} 为物镜焦距值(以 mm 计)。

由上式可以确定满足需要和可能分辨目标的系统物镜焦距值：

$$f'_{ob}=\frac{L}{y}\cdot b=\frac{L}{y}(\sqrt{3}d)(\mathrm{mm}) \tag{8.12}$$

目镜倍率与焦距值 f'_{ep} 的确定，应综合考虑两方面的制约因素：若 f'_{ep} 值太小，即目镜倍率太大，则由于像束离散结构特点，视场中像束输出端面的丝像、网纹背景与断丝(黑点)的影响突出，严重影响观察效果；但若目镜焦距 f'_{ep} 值太大，即倍率太小，又会导致系统的结构尺寸与重量增大。为此，一般应选取目镜倍率 $\leqslant 10^{\times}$，相应的目镜焦距值 $f'_{ep}\geqslant 25$ mm(取人眼分辨较严格的条件)。

在确定上述 f'_{ob}、f'_{ep} 的基础上，即可确定光纤望远系统的放大倍率(像束不倒像)应为

$$\Gamma=\frac{f'_{ob}}{f'_{ep}} \tag{8.13}$$

(2) *光纤望远系统的视场*

光纤望远系统的物方视场由像束截面的直径(对圆形截面)或对角线(对正方形或矩形截面)与物镜焦距的比值决定，表为

$$\tan\omega=\frac{D}{2f'_{ob}}\text{(对圆形截面像束，}D\text{ 为像束截面直径)} \tag{8.14}$$

$$\tan\omega=\frac{\sqrt{A^2+B^2}}{2f'_{ob}}\text{(对矩形截面像束，}A\text{、}B\text{ 为矩形边长)} \tag{8.15}$$

反之，若给定物方视场角要求和 f'_{ob}，则可确定所需像束截面的形状和尺寸。

(3) 光纤望远系统的物方角分辨率

光纤望远系统的物方角分辨率是一个十分重要的指标，它决定了系统分辨远方目标的能力。由于像束所具有的抽样传像的离散特性决定了，像束的分辨率比系统中相应的物镜和目镜等硬光学元件分辨率要低得多（大致相差约一个数量级），因而光纤望远系统的分辨率与成像质量主要取决于传像束，这一规律可由如下的经验公式体现：

$$\frac{1}{R^2}=\frac{1}{R_{ob}^2}+\frac{1}{R_F^2}+\frac{1}{R_{ep}^2} \tag{8.16}$$

式中，R、R_{ob}、R_F、R_{ep} 分别为系统、物镜、像束和目镜的分辨率（以 lp/mm 表示）。

由(8.11)式可知，光纤望远系统的物方角分辨率应由下式决定：

$$\alpha''=\frac{1}{f'_{ob}\cdot R_F}\times(2\times10^{5''})=\frac{\sqrt{3}d}{f'_{ob}}\cdot(2\times10^{5''}) \tag{8.17}$$

上式表明，在像束给定（$\sqrt{3}d$、R_F 确定）的条件下，若要提高系统的物方角分辨能力，则需采取增大物镜焦距的方案。现行大截面像束的单丝直径若取为 16 μm，物镜焦距取为 150 mm，则系统的物方角分辨率可以达到 37″。

表 8.5 给出在像束单丝直径 $d=16$ μm、按六角形排列条件下，不同物镜焦距值所对应的望远系统物方角分辨率的关系。

表 8.5 物镜焦距与系统物方角分辨率的关系($\sqrt{3}d=\sqrt{3}\times0.016=0.0277$)

f_{ob}/mm	50	75	100	125	150	175	200
α/″	111	74	55	44	37	32	28

一般硬光学望远系统的物方角率多为 5″～10″ 数量级，因此设计的目标是增大物镜焦距，使光纤望远系统的物方角分辨率与传统望远系统的物方角分辨率相差在半个数量级内，即达到 25″～50″。当然，物镜焦距的增大，必将同时导致视场的减小和结构尺寸的增大。为此，必须恰当地选择物镜焦距，以使系统的倍率、视场和分辨率几者间能取得较好的平衡，以实现系统的综合性能最佳。

以上为光纤望远系统主要性能参数设计选择的基本分析。

(4) 光纤望远系统中的有效光束限制特性分析

光纤望远系统的视场由像束输入端面的边框决定，因而该边框成为光纤望远系统的视场光阑。

光纤望远系统有效光束的限制情况与传统硬光学望远系统不同，具有特殊性（参见图 8.24）。

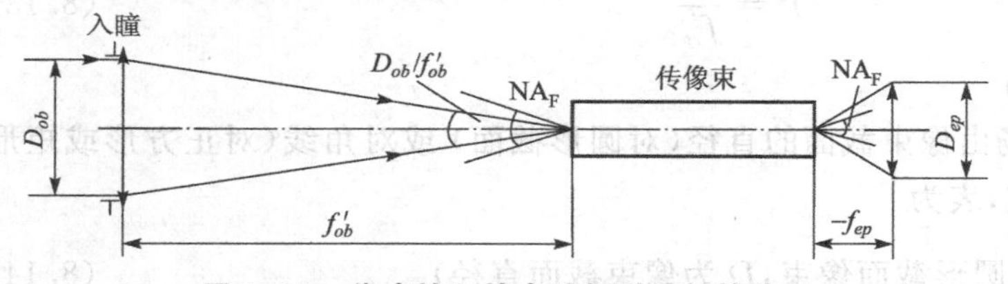

图 8.24 像束输入输出端相对孔径的关系

一般多组分玻璃的传像束其数值孔径为0.5～0.6，通常望远物镜的相对孔径最大为1/4～1/3，而目镜相对具有较大的相对孔径。即整个光纤望远系统的物镜、像束、目镜的数值孔径之间具有如下的规律：

$$\frac{D_{ob}}{f'_{ob}}<NA_F<\frac{D_{ep}}{f_{ep}} \tag{8.18}$$

这样，在整个光纤望远系统中，有效光束的限制情况应分为两段考虑：在像束的输入端面之前，物镜框为有效光阑及入瞳，起实际限制物方光束的作用，因而凡能进入物镜的成像光束均可进入像束进行传输；而在像束的输出端面之后，像束的数值孔径起实际限制系统像方有效光束的作用。这样，整个光纤望远系统的出瞳不再像硬光学望远系统的传统定义那样，是孔径光阑（通常设为物镜框）经整个望远系统在系统像方所成的像；而是由像束输出端面处各光纤出射孔的出射光束（由像束数值孔径决定）经目镜所成的像决定，如图8.25所示。其位置在目镜的像方焦面处，即$l'_z = f'_{ep}$，其大小由下式决定：

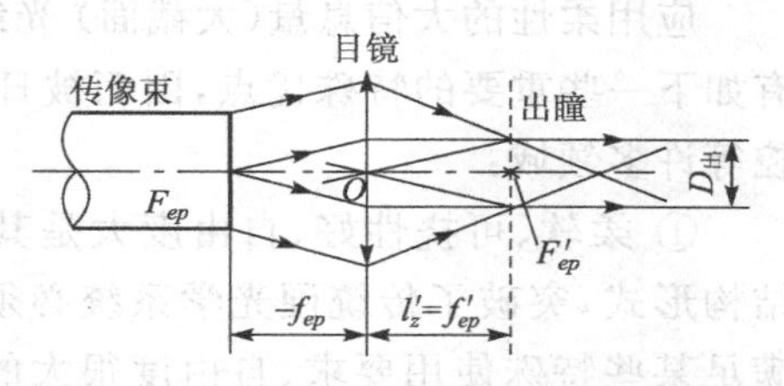

图 8.25　像束输出端的光束限制情况

$$D_{出} = \mathrm{NA}_F \cdot f'_{ep} \tag{8.19}$$

上述理论分析与实验现象是相吻合的。若$\mathrm{NA}_F = 0.55$，$f'_{ep} = 25$ mm，则有$D_{出} = 13.8$ mm，此即出射的轴上光束的口径。

由于在出瞳处出射光束口径远大于眼瞳，因此当光纤望远系统与人眼配合使用时，人眼瞳孔起实际限制光束的作用，故眼瞳可视为全系统（包含人眼）的实际出瞳。

（5）光纤望远系统中传输图像亮度的特性分析

① 由于像束中各光纤通道具有相同的透过率，即像束在传输图像亮度方面具有全视场均匀一致的特性。这样，当入瞳与望远物镜重合一致，即望远物镜远系统不存在渐晕的条件下，整个光纤望远系统将不存在渐晕现象。即凡通过物镜进入像束输入端面各点处的光束，可以基本保持不变地全部从像束输出端面各相关点处输出。因此，光纤望远系统原则上不存在渐晕现象，这是与传统望远系统不同的一个重要特点。

应该指出，由于光纤传像束的特殊传像机理与方式，对应于轴外点的斜光束，在进入像束的长光路（例如1～3 m）传输过程中，不但不产生渐晕现象，而且不会引起整个系统横向尺寸的增大。这正是导致光纤望远系统在长光路条件下能保持结构尺寸与重量非常轻便、紧凑的根本原因。

② 光纤望远系统中，像束传输图像的亮度可由下式定性表示

$$E \propto (\mathrm{NA})^2 \cdot (t \cdot K) \tag{8.20}$$

式中，NA为像束的数值孔径；K为像束的填充系数，对六角形排列，K值约为70%；t为光纤单丝透过率，t与K值的乘积相当于像束的积分透过率。

上式表明，像束的NA值及单丝透过率t对像束传输图像的亮度，特别是对整个光纤望远系统最终像面的亮度具有很大的权重系数影响。

应该指出，虽然长像束的积分透过率较低（例如3 m长像束的积分透过率可能低于0.30），从而导致整个光纤望远系统的积分透过率较低（甚至可能低到0.2左右），然而由于传像束结构与传像机理的特殊性，图像是由被光纤包层和胶层间隔开的数十万个纤芯的不同亮度点阵构成的，这些纤芯的透过率大大高于像束的积分透过率，因而由这些离散点阵构成的图像在人眼中所产生的刺激或主观亮度感觉，将远高于系统积分透过率所给出的数值，这是光纤望远系统的又一重要特点。正是由于这一原因，即使在3 m长像束条件下光纤望远系统的实测积分透过率低到0.2，但通过光纤望远系统所观察到的图像亮度的主观感觉却仍

然是良好的、可接受的。

（三）光纤望远系统的应用

应用柔性的大信息量（大截面）光纤传像束作为中继传像器件的光纤望远系统，由于它有如下一些重要的特殊优点，因而被日益广泛地应用于军事、保安、航空、航天、军工生产监控等许多领域：

① 柔软、可挠性好、自由度大是其最突出的优点。这种柔软、可弯曲传像的光学铰链结构形式，突破了传统硬光学系统必须成平面或空间折线刚性结构的固定模式，形成了可满足某些特殊使用要求、自由度很大的柔性光学铰链结构形式，从而大大增加了观察瞄准仪器的灵活性与适应性，适于隐蔽观察。这对光学类仪器的功能与结构形式，是一革命性的演变，也为解决一些空间受到严格限制、通道弯曲狭窄、光路中遇有障碍、遮蔽等困难情况下的观测，开辟了新的技术途径。这一特点对兵器、军工、反恐、航空、航天等尤有重要意义，它的应用对发展"刚"、"柔"结合体制的新型观、瞄侦察装备具有重要价值；与此同时，对民用也很需要。

② 比较容易实现 1 m以上较长光路的结构需要。尤其重要的是，在相同光路长度的要求下，这种光纤传像系统的结构和重量将比硬光学系统结构的重量轻巧半个数量级以上，有利于装备的轻型化与便携式。

③ 是无源实时的被动式观察系统，无须电源供电，可长时间工作。具有良好的安全性和抗电磁干扰性。

④ 大信息量的光纤传像系统也可与数字 CCD 摄像监视系统取得良好的匹配，从而实现视频转换与摄像监视功能。

国内外应用大信息量光纤传像束与光纤望远系统的实例有很多，例如，美国在阿波罗计划的"土星"号火箭以及法国在宇宙火箭中应用大信息量传像束对目标进行观察和对发动机的工作状态进行监控；在飞机上用于航空取景器的光纤中继传像系统；应用于直升机上的光纤目视监视系统；进行风洞内流场的实验观察与拍摄；应用于检查炮手瞄准效果的光纤监测系统；以及光纤焊接监视系统等。

为适应现代战争对我军轻型潜望侦察装备的要求，南京理工大学在对无源光纤传像技术研究的基础上，于1991年设计研制成功3 m长光路应用大截面传像束的光纤潜望系统（参见图8.26），进而于 2000 年设计研制成功具有大潜望高的轻型便携式光纤潜望镜（参见图 8.27），从而大大提高了部队利用高地灌木丛林及堑壕[参见图 8.28(a)、(b)] 等遮蔽物，实施大潜望高隐蔽侦察的效能。此外，利用光纤传像束的柔性与轻便性研制成功的轻型枪用光纤传像红点瞄准镜[参见图8.29(a)、(b)]，可以利用墙角、凸台等遮蔽物实施隐蔽瞄准拐弯射击，为公安、武警在反恐、反劫持人质等斗争中，提供了有效的技术装备支持。

2. 光纤内窥镜

光纤内窥镜是始于 20 世纪 60 年代初，伴随着相干光纤束（传像束）的出现而最早问世的。它是光纤最起始的应用领域，至今已有近 50 年的历史，然而久盛不衰，应用领域仍在不断扩大。虽然受到 CCD 技术电子窥镜的强劲挑战和冲击，但仍因其特有的优点，而保持其重要的地位。

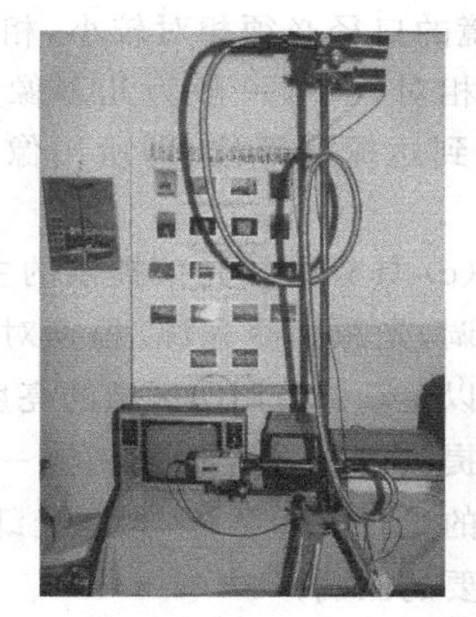

图 8.26　像束长 3 m 的光纤潜望系统

图 8.27　便携式光纤潜望镜

（a）高地灌木丛中

（b）在2 m深的堑壕中

图 8.28　光纤潜望镜实施隐蔽侦察

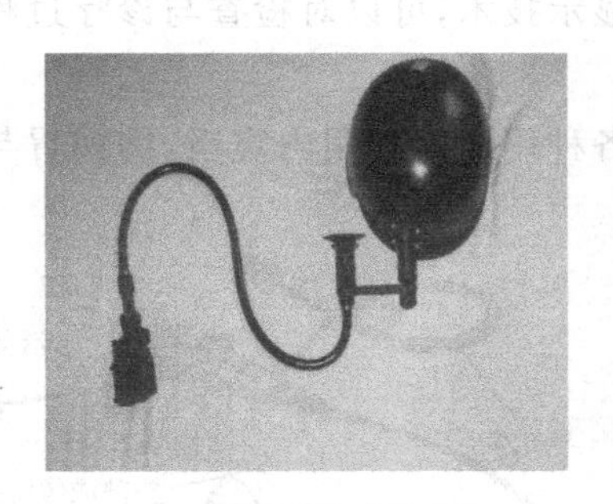

（a）枪用光纤红点瞄准镜

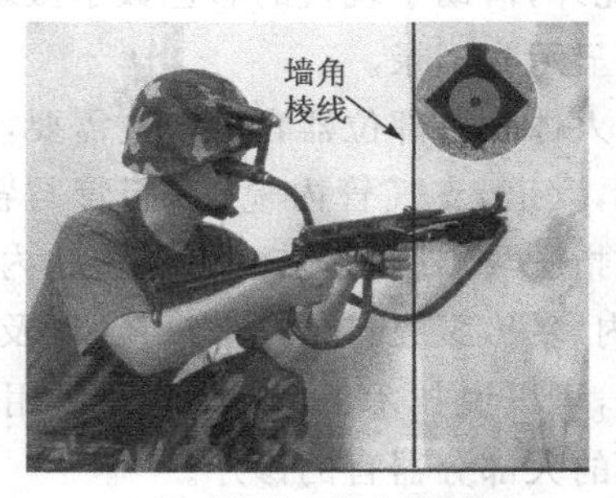

（b）利用墙角隐蔽瞄准射击

图 8.29　枪用光纤红点瞄准统隐蔽瞄准射击

光纤内窥镜也是以光纤传像束（小截面）为中继传像器件的光纤传像系统，根据应用领域可以将其分为两大类：一类是以人体内各种器管为探测诊疗对象的各种光纤医用内窥镜；另一类则是广泛应用于工业各领域的光纤工业内窥镜。这两大类光纤内窥镜虽然具体用途各异，侧重的特点各有不同，但它们都有几个重要的共同点：

（a）它们都是以相对近距离的目标或微细物体作为探察观测对象的，因此从成像系统来说，属于有限距离成像（非无限远平行光成像），本质上为一放大成像系统（参见图 8.30）；

（b）由于要求能进入人体内部或发动机、机床等内部的狭小空间进行探测，即到达人眼所无法进入和直接看到的地方。因此要求内窥镜的口径必须相对较小，相应地作为内窥镜系统中继传像器件的光纤传像束，也必须截面相对较小，一般为几万像元甚至数千像元；另外应有较长的长度(最长为 6 m)，以保证能到达探测部位。即所用像束为较长的小截面像束；

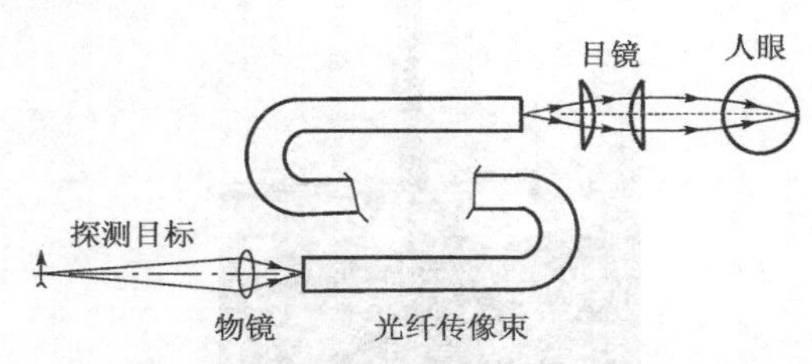

图 8.30　光纤内窥镜原理方案示意图

(c) 具有由导光束提供的主动照明，且亮度可调，光源为冷光源。根据对目标观察的需要可以主动调节照明区域的亮度，从而为成像观察提供良好的照明条件。这一点是与被动观察式的光纤望远系统(无源光纤传像系统)有着重要的区别；

(d) 由于无论在人体内部还是机器内部的狭小空间，探头均需做 360° 全方位的探测观察，因而在光纤窥镜内无例外地都有能控制探头做全方位转动的蛇骨等相应手动控制与运动机构。

以下将分别简要介绍光纤医用内窥镜与光纤工业内窥镜。

(1) 光纤医用内窥镜

光纤医用内窥镜从早期的由透镜、棱镜组合成的硬直管型内窥镜，照明采用小灯泡做内部光源的方案，发展到以后的以柔软可弯曲的小截面传像束作为中继传像器件，以柔软的导光束将置于外部的冷光源照明引入照明部位，且照明亮度可调的方案，使医用内窥镜在技术上有了质的飞跃。由于传像束很柔软，且可做得很细，因而插入人体复杂的体腔内很方便，可以减少检查盲点，并大大减少病人痛苦；而用亮度可调、由柔软导光束引入外部冷光源的照明，则由于光谱接近日光色泽，因而可使操作者获得清晰而富真实感的图像，易于发现细小的病位；此外，借助于现代的彩色数字摄影、照相与显示技术，可以对检查与诊疗过程进行彩色的动态显示与记录。

根据人体内各部位器官的检查需要，可以制作各种用途的医用内窥镜，例如胃与上消化道内窥镜，食道、支气管内窥镜，胆管与肾内窥镜，大肠十二指肠与结肠内窥镜，尿道膀胱内窥镜，耳、鼻、咽喉内窥镜，腹腔与子宫内窥镜，以及心脏血管内窥镜等，可以说技术的进步，已使医用内窥镜覆盖了人体的大部分器官的诊疗。

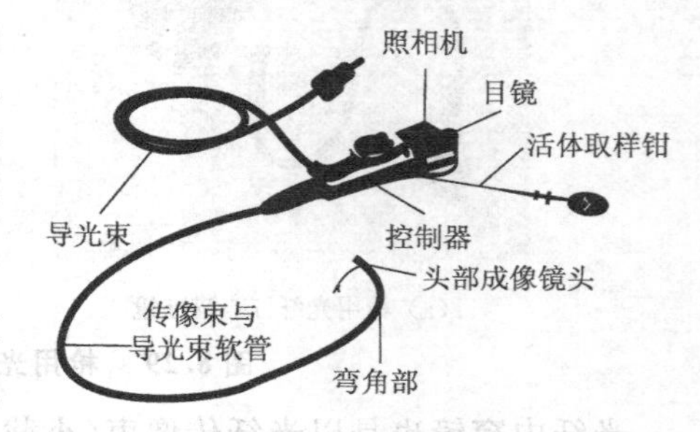

图 8.31　医用光学内窥镜组成示意图

医用光学内窥镜示意图如图 8.31 所示，其主要结构包括：成像部分、传像与照明部分、观察与记录部分以及附属部件。各部分结构的组成与功能如下：

① 成像部分装在光纤内窥镜的头部里面，高强度的冷光源所发出的光通过光纤传光束传至内窥镜的头部，由导光孔出射，照明观察区域。观察目标的图像通过观察窗，经过棱镜改变入射方向后，再由物镜成像在光纤传像束的端面上，图像就由光纤传像束传至另一端，然后由目镜系统进行观察，这样就实现了内窥的目的。

观察窗通常有侧视式和直视式两种，如图 8.32 所示。① 侧视式的窗口正对观察的体腔壁，使用方便。缺点是插入人体内时不能看到端头前方的体腔；② 若采用直视式观察窗，插入人体内就方便，操作迅速，但检查腔壁一定要有弯头机构，将端头弯过来，对着腔壁才能观察；③ 近年些来，有一种结构较先进的具有斜视式观察窗的光纤光学胃镜，同时具有侧视和直视的优点。

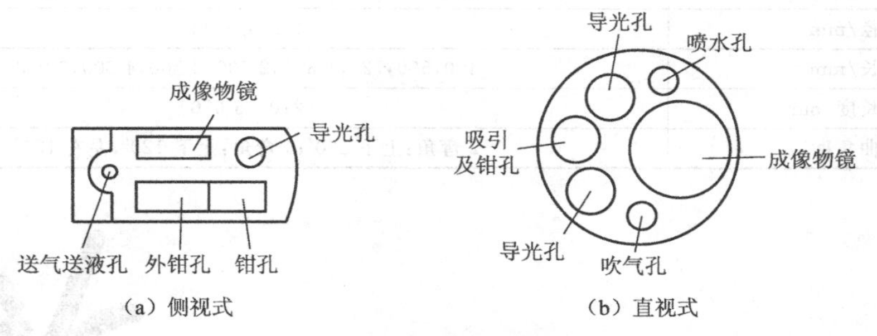

图 8.32　光纤内窥镜头部观察窗

光纤内窥镜的物镜一般采用固定焦距可调式的物镜，可在较大的视野范围内看清楚物体。当观察时，可以略微调焦，使远近的物体都能看清楚。这种内窥镜的观察窗物镜旁侧一般设有喷水和喷气的小孔，当物镜玷污时，可以用水和气体进行清洗和吹干。

② 光纤内窥镜的传像与传光部分包括：一根具有较高分辨率的光纤传像束，其单丝直径一般为 12 ～ 15 μm，它是安放在一根起保护作用的软管里面；软管中还包括照明用的光纤传光束、吹气管、调焦弹簧管、活体取样钳和弯头的牵引钢丝。从使用的观点来看，希望软管越细越好，这样便于插入人的体腔内，减少痛苦。使软管变细主要是缩小光学纤维束的直径，所以要求光学纤维束不断提高质量，使观察区域既保持有足够的亮度，又不过分缩小观察的视场。

③ 光纤内窥镜的观察和记录部分，主要是用于目视观察的目镜和彩色电视与照相摄影系统，用于观察、记录、存储。

④ 随着光纤内窥镜的发展，附属机构也随之增多。除了胃、肠内窥镜用的活体取样钳、胃内黏膜注射针外，还有食道内窥镜用的异物取出钳，支气管内窥镜用的附针穿孔钳等，因而使医用内窥镜的功能与用途得到很大扩展。

(2) 光纤工业内窥镜

光纤工业内窥镜的原理和基本结构与光纤医用内窥镜是类同的，但却相对简单。因为除了物镜与传像束的成像系统以及传光束的照明系统外，它不需要医用内窥镜所特有的喷水、吹气以及取样钳等结构。光纤工业内窥镜具有广泛而重要的用途，可用于高温、有毒、核辐射及人眼难以观察到的场所，方便而迅速地检查各种机器、设备等物体的内部。例如可用于检查发动机内部的伤痕或磨损；航空涡轮、叶片、燃烧室的机体检查；船舶检查锅炉、汽轮机、柴油发动机及管道等。我国在光纤工业内窥镜领域已取得长足进步。表 8.6 给出了我国南京春辉公司生产的 5 种型号光纤工业内窥镜的主要性能参数；图 8.33 为便携式光纤工业内窥镜及其显像照相装置示意图；图 8.34 给出了手控开关控制探头的水平及俯仰四个方位示意图。

表 8.6 光纤工业内窥镜主要性能参数(光纤工业内窥镜 FIE4/FIE5/FIE6/FIE8/FIE11)

光学系统	观察方向	直 视
		侧视 90°
	视场角/(°)	80～105
	观察深度/mm	10～∞
	焦距	固定
外径/mm	4/5/6/8/11	
总长/mm	400,500,720,1 350,2 300,3 500,4 600,6 000	
工作长度/mm	270～5 670	
弯曲角度	2 弯角:上下 120°;4 弯角:上下 120°,左右 120°	

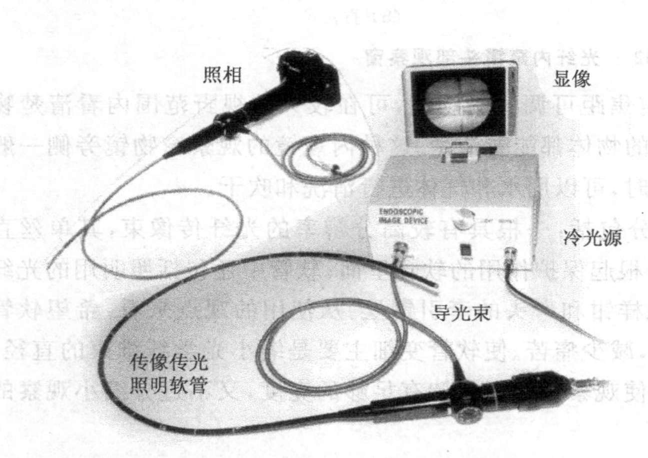

图 8.33 便携式光纤工业内窥镜系统组成

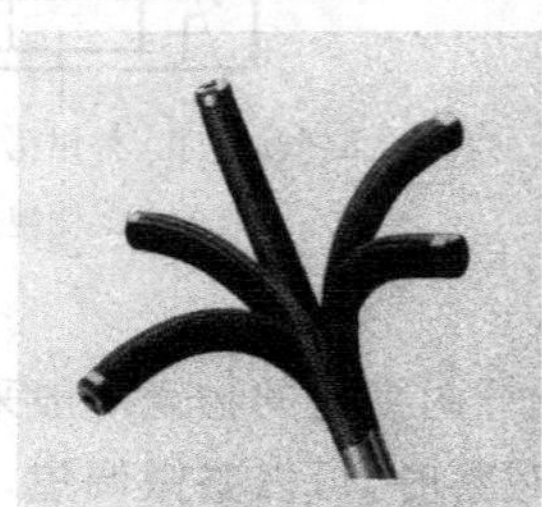

(a) 探头方位

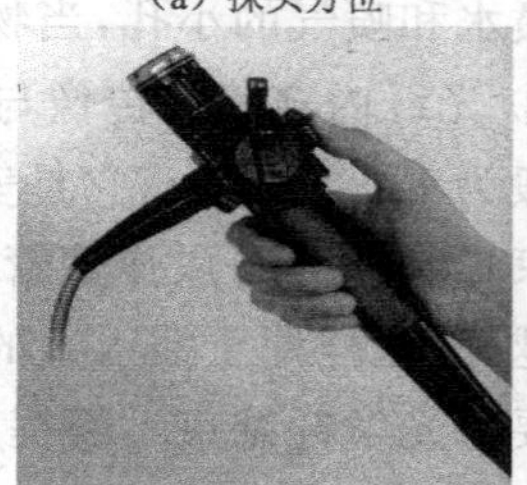

(b) 手控开关

图 8.34 手控开关控制探头方位示意图

8.2 光纤传像系统的像质优化技术

需要指出的是,光纤传像系统除了存在其理论分辨率明显低于由连续介质构成的硬光学系统的缺点外(增大物镜焦距等措施对提高系统物方角分辨率的潜力也是有限的);尚有一个致命的弱点,就是所传输的图像往往带有明显的网纹或丝像背景;更严重的是,断丝将造成视场中令人讨厌的黑点并将丢失所应观察到的部分像点信息。这些都将严重影响光纤传像(望远)系统的成像质量。为此,采用有实用价值的图像处理技术,消除网纹效应和断丝影响,较大幅度地提高像束系统的分辨率,有效地改善像束系统成像质量,是进一步发展光纤传像技术急需解决的迫切问题。

数十年来,国内外在改善光纤传像系统像质方面所进行的研究工作比较重要的有 N. S. Kapany 提出的动态扫描的方法,这是一种利用光点成像的时间平均效应来提高像束系统分辨率、消除断丝和网纹影响。其原理方案是可行的,但结构复杂,使用不便,难以在便携式仪器装备上实现和推广；此外还有用于消除图像颗粒性网纹结构的全息法、空间滤波法、微透镜阵列法等。但这些方法都各有其局限性。本节将在简要介绍动态扫描方法的基础上，重点讨论基于空间多路传输的波分复用优化像质的原理方案。

8.2.1 动态扫描法优化像质的方案

1. 原理方案

光纤传像系统在静态取样条件下，由于光纤之间有空隙，包层有一定的厚度，并且传像束层与层之间的胶层有一定厚度，所以落在这部分上面的入射图像细节就不可能被传送。因此，光纤传像元件传递的静态图像会出现网格形状，这是因为光纤芯径范围以外的图像细节未被传送的原因。可以设想，如果让光纤传像元件对入射的图像做相对运动，即用动态取样方法，那么由于每根光纤可以对多个像元取样，这样被传送的每个像元都是经过若干根光纤传送的一个综合效应的像，因而即可避免在静态取样时出现的缺陷，并克服在静态取样条件下图像的某些细节不能被传送的弊病，从而提高了光纤传像元件的分辨率，改善了所传图像的质量。

对传像束的动态取样分析，可以想象为单根光纤对入射图像的均匀扫描，即令单根光纤(或光纤传像元件)的输入、输出端面一起相对于入射图像的像面做同步运动，这种依次的扫描传输其实质是一种时分多路传输系统。

下面具体考虑单根光纤对图像进行光学扫描情况，并假设对整个图像的扫描时间在人眼视觉暂留时间之内。人眼视觉暂留时间的长短随景物的亮度和颜色而异，从 1/30 s 到 1/5 s。设输入图像亮度分布为 $f_{\text{in}}(\boldsymbol{r})$，$\boldsymbol{r}$ 为位置矢量，传输光纤的芯径为 d，输入端面和输出端面平行，光纤输入端面与输入图像面重合，并对图像进行扫描。由以往的分析可知，光纤芯面积所收集的那一微小部分图像的光通量可设想集中在输出端的圆心上，也即积分抽样。光纤在图像各个位置上进行积分抽样传输，在光纤出射端的中心点亮度构成一个假想的像面亮度分布 $f_{\text{out}}(\boldsymbol{r})$。

根据傅里叶光学分析，图像积分取样点中心亮度经传输后，在光纤出射端受到光纤输出孔径限制，中心点亮度被分布到整个纤芯出射端面，光纤所形成的各个位置上的图像像斑在人眼视网膜上造成的视觉暂留叠加。这个过程是一个卷积过程，所以最终整个扫描图像所显现的像的亮度分布在空域和频域分别为(略去中间推导过程)：

$$
\begin{cases}
f_{\text{out}}(\boldsymbol{r}) = f_{\text{in}}(\boldsymbol{r}) \otimes h_f(\boldsymbol{r}) & (8.21) \\
F_{\text{out}}(\boldsymbol{f}) = F_{\text{in}}(\boldsymbol{f}) \cdot H_f(\boldsymbol{f}) & (8.22)
\end{cases}
$$

式中，$\boldsymbol{f}$ 为空间频率矢量。另外式中，

$$
\begin{cases}
h_f(\boldsymbol{r}) = K \cdot \text{circ}_{\text{in}}(\boldsymbol{r}) \otimes \text{circ}_{\text{out}}(\boldsymbol{r}) & (8.23) \\
H_f(\boldsymbol{f}) = K \cdot C_{\text{in}}(\boldsymbol{f}) \cdot C_{\text{out}}(\boldsymbol{f}) & (8.24)
\end{cases}
$$

式中，$\text{circ}_{\text{in}}(\boldsymbol{r})$ 和 $C_{\text{in}}(\boldsymbol{f})$ 分别为取样窗口函数及其傅里叶变换，$h_f(\boldsymbol{r})$ 和 $H_f(\boldsymbol{f})$ 可以分别视为光纤传像系统的点扩散函数和系统调制传递函数。根据光纤传像束基本理论模型分析，应有光纤传像系统的调制传递函数为

$$
H_f(\boldsymbol{f}) = K \cdot \left[\frac{d\text{J}_1(\pi d\,|\,\boldsymbol{f}\,|)}{2\,|\,\boldsymbol{f}\,|}\right]^2 = K \cdot \left[\pi\left(\frac{d}{2}\right)^2 \cdot \frac{2\text{J}_1(\pi d\,|\,\boldsymbol{f}\,|)}{\pi d\,|\,\boldsymbol{f}\,|}\right]^2 \quad (8.25)
$$

即光纤传像系统的调制传递函数应由一阶贝塞尔函数决定，而由一阶贝塞尔函数可知，当$|\pi df|=1.22\pi$时，$J_1(\pi df)/(\pi df)$第一次取零值。实际上对应于该点处传输的空间频率f已达到截止频率$R_{动}$，即有

$$R_{动}=|f|=\frac{1.22}{d} \tag{8.26}$$

在(8.25)式中，由于$J_1(\pi d|f|)$为连续函数而非离散函数形式，表明图像不存在网纹效应；再由(8.26)式可见，光纤扫描传输系统的图像传输截止频率只与光纤芯径d有关，且其截止远高于六角形紧密排列结构形式的光纤传像束的极限分辨率$R_{六}$。比较(8.26)式和(8.9)式可得

$$\frac{R_{动}}{R_{六}}=\frac{1.22/d}{1/\sqrt{3}d}=2.12 \tag{8.27}$$

由上式可见，光纤动态扫描传像系统图像传输的截止频率即极限分辨率，应等于静态取样条件下六角形排列像束分辨率的2.12倍，即动态扫描大大提高了系统的分辨率，且消除了网纹效应。

2. 动态扫描原理方案的实现

在光纤扫描系统中无论采用何种形式进行扫描，都是使光纤纤芯端面与所传输图像像面进行相对运动。对于以光纤传像束作为光纤传像元件，有一种回转扫描系统是较理想的方案，如图8.35所示。将两块厚度为L的光学平板玻璃放置在光纤传像束前端和后端的平行光路之中，并与系统光轴分别成α和$\pi-\alpha$角度，做同步旋转。此时在像束输入端，由光纤传像束所传输的像点做圆周运动，由于在光纤传像束出射端的倾斜平板玻璃亦做同步旋转运动，因此每个像点在最终像面上均形成相对静止的像。

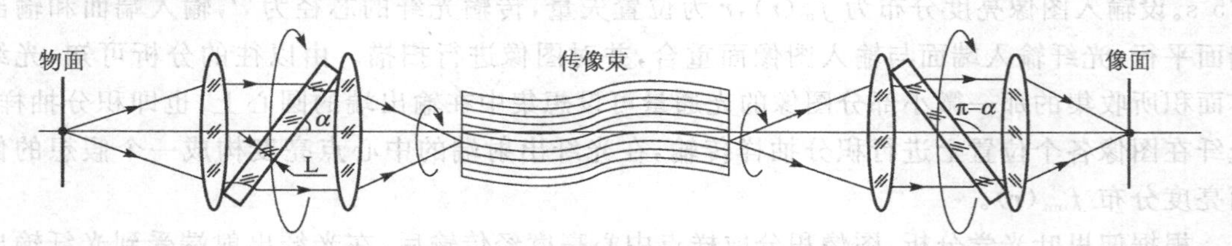

图8.35 动态扫描优化像质的光纤传像系统方案

动态扫描虽然从原理上是一种较理想的消除光纤传像束网纹效应和断丝、暗丝等影响并提高分辨率的方案，然而扫描系统的实现必须由复杂的电路系统和机械系统保证，这无疑对动态扫描系统的设计和制造提出了很高的要求，且系统庞大，因而工程实用性较差。

8.2.2 波分复用优化像质的方案

一种有实用价值的光纤传像系统优化像质处理方案，就是类似于动态扫描原理的空间多路传输技术，又可称为波分复用技术。这种方案可以用较简单的结构形式，取得较好的消除断丝与网纹影响、明显提高分辨率、改善光纤传像系统传像质量的效果。这是一种光学的图像处理技术，它是在传像束的前后分别加入相互匹配的波长信息分解和波长信息复合系统（如图8.36所示）。这一方案改善像质的基本思想

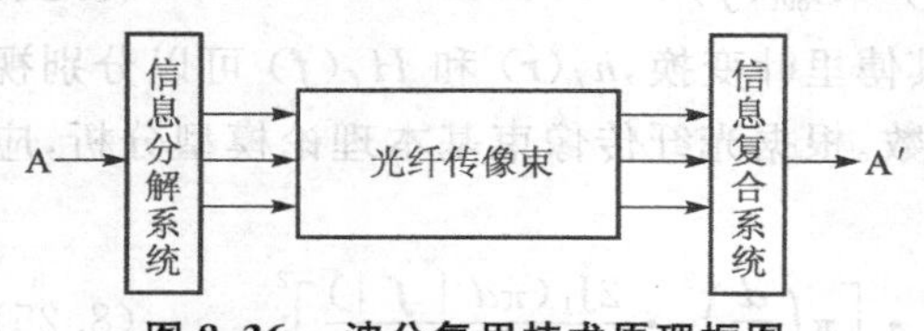

图8.36 波分复用技术原理框图

是:使物体上每一点的信息均通过多根光纤通道传送,而每一根光纤又都传送多个物点的信息,因此,最终像面上每一点都是系统成像的空间平均效应的结果。

具体实现波长信息分解与复合系统的方案是,在光纤传像系统的传像束前后,分别加入一对能实现共轴且使波长信息分解与复合作用可以相互匹配的直视色散棱镜 Ⅰ 和 Ⅱ。

图 8.37 为实现波分复用原理的示意图。轴上物点 A 在不加色散棱镜 Ⅰ 的情况下,将成像在像束入射端面光纤通道 2 处,因而一根光纤只能传递该像元的全部波长与光强信息。一旦该光纤折断,则该像元的全部信息不能传输,视场中将出现黑点;当系统中加入色散棱镜 Ⅰ 和 Ⅱ 后,则 A 点在传像束入射端面上的像,为一条展开的线光谱带。该光谱带的全部波长信息被所覆盖的多根光纤抽样,并分别传送到像束的出射端面。具体过程为:A 点发出的复色光 O,经过直视色散棱镜 Ⅰ 后,发生色散,不同波长的光发生不同的偏折,并分别进入不同的光纤通道。其中,D 黄光(以进入通道 2 的光线 y 表示),通过直视色散棱镜Ⅰ和Ⅱ后 y' 不改变方向;蓝光 b 经色散棱镜Ⅰ后向上偏折,进入光纤通道 1;红光 r 经色散棱镜Ⅰ后则向下偏折,进入相应的光纤通道 3。在像束的出射端色散棱镜Ⅱ处,则恰为一相反的复合过程。各波长光线,经色散棱镜Ⅱ后,复合为复色光 O',最终会聚成像在 A' 点。类似地,轴外点 B 发出的复色光,经色散棱镜Ⅰ后也发生同样的色散,并同样经过多个光纤通道传输,只不过相对于 A 点发出的色散光线所通过的光纤通道,有一定的相对平移错位。综合考虑一个由许多相邻物点组成的二维物体,经由色散棱镜Ⅰ— 传像束 — 色散棱镜Ⅱ所组成的波分复用系统,则其图像信息传输的物理过程必然是:被成像物体上每一点发出的不同波长信息,均是经由传像束的多根光纤通道(例如 A 点由光纤 1,2,3) 传输的;与此同时,每一光纤通道也必同时传输多个物点发出的不同波长信息(例如光纤通道 2 可能同时传输 A 点发出的黄光 y 和 B 点发出的蓝光 b)。总之,每根光纤的信息通道都是复用的。故此,称这种方法为"波分复用"(wavelength multiplexing)。

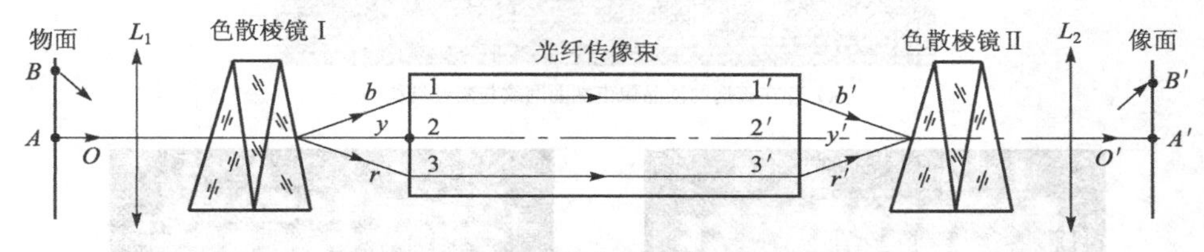

图 8.37　实现波分复用原理的示意图

在像束出射端面的后方,像束出射端面上每个像元在系统最终像面上的像,均为一被色散棱镜 Ⅱ 展开的光谱带,相邻光纤像元的光谱带相互交叠,因而最终像面上所成的像是像束多路传输系统平均效应的结果,各单根光纤纤芯之间被包层和胶层隔断的部分不能被看到,从而消除了传像束的网纹结构;如果某一根光纤折断,则其影响不像一般光纤传像系统中那样,在像面上产生一个黑点,而是使各相关像点分别损失某一波长信息,即在像面与该断丝相关的像点处,只产生难以察觉的一轻微的彩色暗纹,从而看不到断丝的黑点。这就是应用波分复用技术消除断丝影响与网纹效应、改善像质的基本原理;另外,由于波分复用法类似于动态扫描原理,实现了每根光纤对图像多个像元不同波长信息传输的空间平均效应,使原本落在像束入射端面上纤芯之间包层与胶层上的物点信息仍然获得传输,而不被丢失,因而使系统的分辨率也获得显著提高。我们从理论上,运用积分抽样理论与频谱分析的方法以及从传输图像信息量的角度,均证明了:应用波分复用技术后,系统的分辨率应该获得明显提高，像质应有大的改善。理论分析还表明，如果色散元件的色散量越大，则传输每个像点信息的光纤通道就越多，而每根光纤传输的各像点的波长分量要减少，相应的图像传输与处理过程中的空间平均效应就越强，系统成像质量的改善则越明显。

对上述具体分析加以概括，波分复用改善光纤传像系统像质的核心思想与基本原理是：利用色散棱镜的波长展开与复合效应，使物体上每一物点的光信息均通过多根光纤通道传输；而每一根光纤通道又都同时传输相邻多个物点的不同波长信息。经过信息复合，最终像面上每一像点都是系统成像的空间平均效应的结果。这样，原本落在像束端面断丝处、纤芯之间以及包层与胶层上的白光物点信息的大多数波长分量，仍能通过多根光纤通道传输，而不会丢失。因而，传像束的断丝影响与网纹效应得以消除，系统的分辨率会有大幅度提高。

在研究中，运用光学成像的本征理论以及成像信息量分析了波分复用改善传像束像质的机理，并研究解决了色散元件选择、图像二维改善的最佳条件、最佳色散量的选择等关键技术。图 8.38 给出了应用波分复用技术改善像质的效果示意图。其中，图 8.38(a) 为存在疵病的次品像束排丝结构放大示意图(网纹，断丝黑点)；图 8.38(b) 是在有缺陷的像束输出端面上传输的图像；图 8.38(c) 是经波分复用系统改善像质后获得的图像。

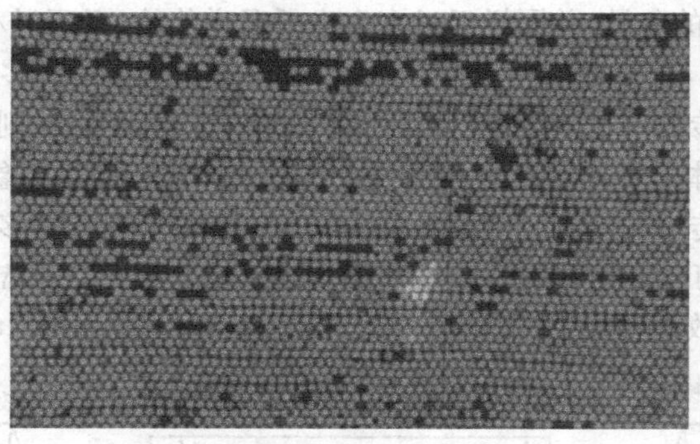

(a) 存在疵病的次品像束端面网纹与断丝结构

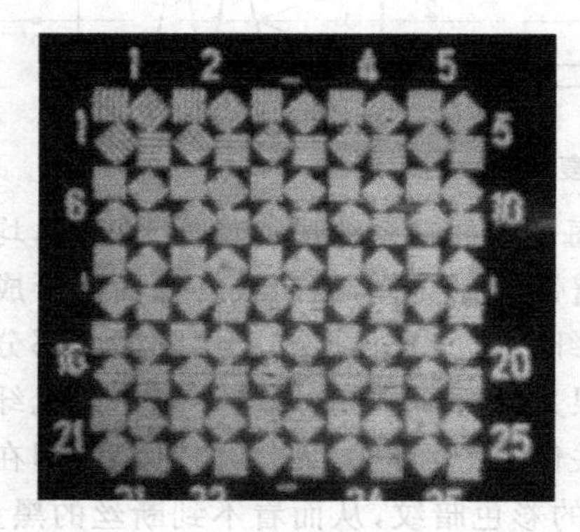

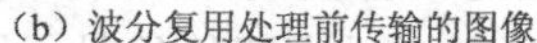

(b) 波分复用处理前传输的图像

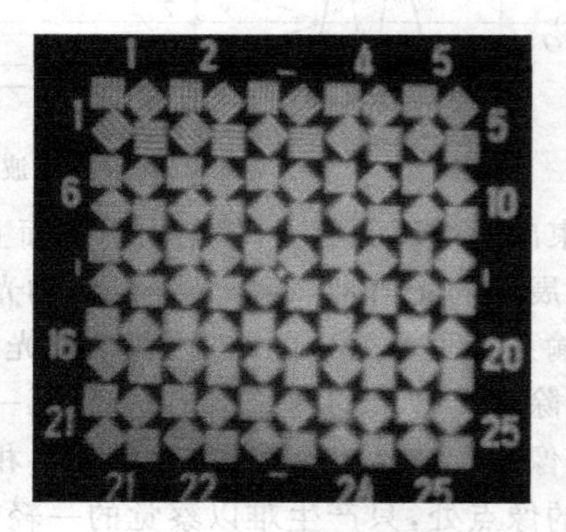

(c) 波分复用处理后改善的图像

图 8.38 波分复用技术优化光纤传像系统像质的效果对比

由南京理工大学承研的应用波分复用技术优化光纤传像系统成像质量的研究及取得的发明专利、论文等系列成果，提出了有关无源光纤传像以及应用波分复用技术优化光纤传像系统成像质量的系统的理论分析与工程设计方法，对将光纤传像(望远) 系统与技术推向工程实用化，特别是对在军用型号装备中得到实际应用具有重要意义。前述光纤望远系统中的便携式光纤潜望镜中即应用了波分复用优化像质的技术。图8.39给出了应用波分复用技术优化像质的光纤潜望镜视场中所成的像，图 8.39(a) 为 450 m 距离处的高压塔；图 8.39(b) 为 3 640 m 距离处的灵谷塔。

(a) 距离450 m的高压塔

(b) 距离3 640 m的南京灵谷塔

图 8.39　应用波分复用技术的光纤潜望镜观测效果

8.3　光纤编码传像

利用光在光纤中传输的三种物理量(波长 λ、轴向角 θ 和时间 t) 的不同组合方案：$\lambda \sim \theta$、$\theta \sim t$、$\lambda \sim t$，均可实现编码传输二维图像。然而，研究表明，利用波长 - 时间($\lambda \sim t$) 复用编码方式是一种相对简单实用的有效方案。

理论分析和我们的实验研究均表明，利用波长 — 时间编码通过单根光纤即可以传输空间分布的二维图像信息，然而，实际可传输的图像像元很少；且由于传输的图像存在色差，因而不适用于传输彩色图像；另外，单根光纤传输的图像能量太小，亮度太低，难以实用，也是其致命弱点。

通过由数以百计的光纤排成的线阵光纤束，利用上述 $\lambda \sim t$ 编码方案，则可以克服单根光纤 $\lambda \sim t$ 编码传像的弊病，获得较高质量的、大信息量二维彩色图像；同时，避免了使用制造难度较大的二维光纤传像束。

8.3.1　线阵光纤束的波长编码传像原理

由线阵光纤束作为光纤望远系统的中继传像元件[参见图 8.40(a)]，可以传输一维图像，但该图像是由一排离散像元(像元数等于光纤根数) 构成的一维图像，像质不佳，存在网纹效应与断丝形成的黑点。

为提高传像质量，增大传输像元数，在原有的光纤传像系统中加入波长编码组件。利用置于平行光路中的、色散量相互匹配的一对直视色散棱镜(阿米西棱镜)，分别作为系统的波长编码器和解码器。系统原理方案如图 8.40(b) 所示。编码器的工作机理是，使物方一物点发出的一条(例沿轴光线) 光线(白光) 经色散棱镜系统 P_1 后按波长展开，从而使不同的波长信息通过线阵光纤束的不同光纤通道传输；相应的，像方匹配的波长解码器 —— 色散棱镜 P_2 将传输来的多路波长信息复合为一条白光光线，进行解码。最终像面上获得像质改善的一维连续高分辨彩色图像。这种波长编、解码技术实质上就是空间多路传输或称波分复用技术。

在原理方案或实验系统中，重要的问题是，选择色散棱镜的色散方向必须与线阵光纤束的方向一致，即选择最佳色散方向；另外，编码元件(P_1)与解码元件(P_2)必须保证色散量相匹配。

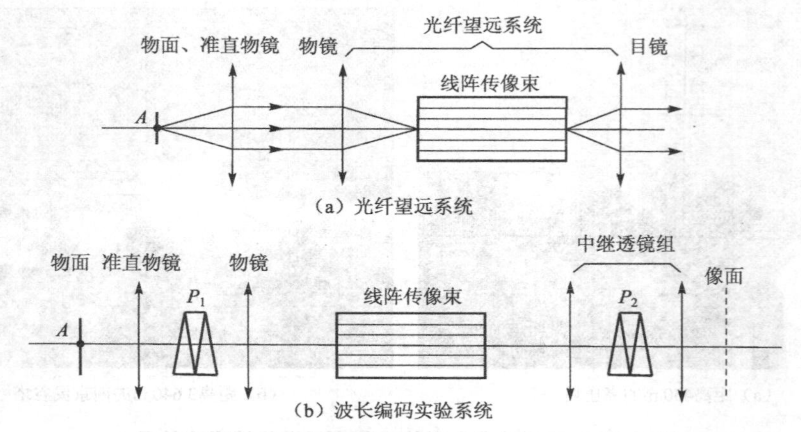

(a) 光纤望远系统

(b) 波长编码实验系统

图 8.40　波长编码的原理方案与实验系统

根据理论分析计算，采用波长编、解码获得的像元数(例如沿线阵光纤束 x 方向)应为

$$N_x = \frac{2.44l}{d} \tag{8.28}$$

若选择光纤直径 $d = 20\ \mu\text{m}$，线阵光纤束宽度 $l = 10\ \text{mm}$，即线阵光纤束由500根单丝直径为20 μm、长度3 m的光纤组成，则按(8.28)式计算，通过波长编码获得的沿 x 方向的像元数应为1 220。并且所获得的是满足色保真性要求、像质大为改善的一维图像。

8.3.2　时间编码的方案实现

实现波长——时间编码传像的难点在于高速扫描的时间编码系统，要求能够实现物、像的高精度、高速同步扫描。根据理论分析与实验，考虑人眼的视觉暂留效应，要求扫描速率 $f > 25$ 帧/s；时间编码方向即扫描方向的选择应与波长编码方向正交，可以获得最佳效果。在研制时间编码的扫描实验系统中，曾先后研制了低速扫描(扫描速度0.5 mm/s)时间编码实验系统和步进电机驱动反射镜以及同步电机驱动反射镜做往复摆动实现高速扫描的两套时间编码实验系统。由于上述高速扫描的两种方案，在实现高速同步扫描合像这一关键技术上均存在本征性弊病——难以实现高精度位相同步。因而最终选择了以电流计扫描器作为时间编码的高速扫描系统新方案，设计研制了具有带动有效通光口径 $\geqslant \phi 40$ mm(长宽比为60 mm×42 mm)的一对大负载反射镜能力的大转动惯量G13型振镜系统，并设计研制了双路相位可调三角波信号驱动电路系统，最终成功地解决了物像高速同步扫描中的高精度相位同步问题。

8.3.3　线阵光纤束 $\lambda \sim t$ 编码复用实验系统与二维图像的传输效果

通过直视色散棱镜组合波长编码与电流计高速扫描器的高精度同步扫描时间编码复用的实验系统(参见图8.41)，成功地实现了用一维线阵光纤束传输二维图像的研究目标，最终获得了稳定、清晰、大信息量的高分辨彩色图像[参见图8.42(a)鉴别率图案像和图8.42(b)花卉图像]。由500根光纤组成的光纤束经波长编码与时间编码复用获得了1 488 400像元

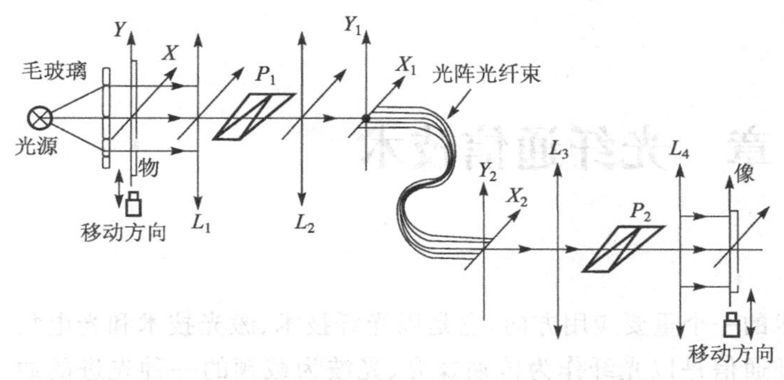

图 8.41　线阵光纤束 $\lambda-t$ 编码复用系统

(1 220×1 220)，大约相当于由 500 层光纤束（每层由 500 根光纤构成）按六角形排列（像元数为 29 万）的传像束信息量的 5 倍；图像的分辨率为 28 lp/mm；色保真性效果良好。

上述讨论表明，$\lambda\sim t$ 复用作为三种编码传像技术途径之一，可以有效地传输图像并取得良好的二维图像传输效果。

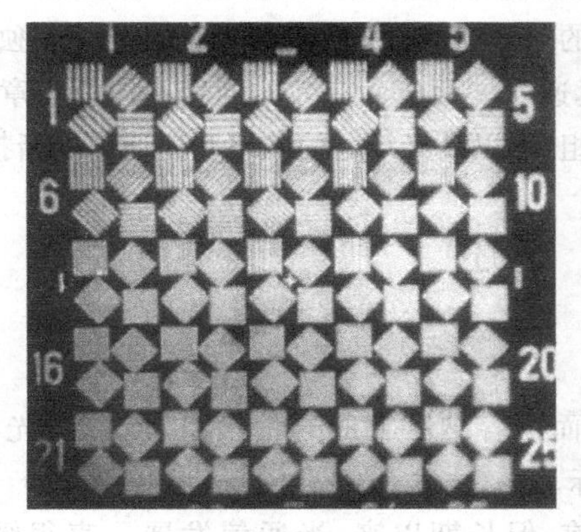

（a）鉴别率板图案像

（b）花卉图案像

图 8.42　$\lambda\sim t$ 编码复用二维图像传输效果

习题与概念思考题 8

1. 光纤传像束与传光束有何本质区别？传像束的传像机理与特点是怎样的？传像束的制造方法与主要工艺过程有哪些？
2. 光纤传像束有哪些主要性能指标？其物理意义如何？试分析影响传像束积分透过率与分辨率的结构因素有哪些？光纤丝的排列方式有何具体影响？若组成像束的单丝直径为19 μm，问其按正方形排列和六角形排列的极限分辨率分别为多少？用于制造传像束的多组分玻璃光纤与石英多模通信光纤其芯包直径要求有何不同？
3. 光纤面板与微通道板的功能与工作机理有何区别？
4. 光纤望远系统的组成与工作原理是什么？影响光纤望远系统物方分辨能力的因素是什么？若系统中所用像束单丝直径为 17 μm，并按六角形排列，问为分辨 1 km 处标杆相隔 0.5 m 的两条黑粗刻线，望远物镜焦距应如何确定？另外，光纤望远系统的光束限制情况与传统长光路望远系统（如具有透镜转像的潜望镜）的光束限制情况有何区别？
5. 光纤医用和工业内窥镜与光纤望远系统的功能和特点有何重要差别？基本组成如何？
6. 波分复用技术优化光纤传像系统像质的概念和机理如何分析？为何系统中要采用色散棱镜等色散元件？波分复用技术为何可以减小乃至消除像束的网络效应与断丝影响？

第9章　光纤通信技术

光纤通信技术是光纤应用技术的一个重要应用方向，它是以光纤技术、激光技术和光电集成技术为基础而发展起来的。光纤通信是以光纤作为传输媒介、光波为载频的一种先进的通信手段。即利用近红外区域波长1 000 nm左右的光波作为信息的载波信号，把电话、电视、数据等电信号调制到光载波上，再通过光纤传输信息的一种通信方式。光纤通信具有许多独特的优点，所以光纤一经问世，就以科技史上罕见的速度迅速发展而成为有效的通信手段。本章主要介绍了光纤通信的特点、分类和光纤通信系统的基本组成，以及光纤通信网络和光通信的新技术。

9.1　概　　述

9.1.1　光纤通信的发展史

由于光波具有极高的频率和极宽的带宽，从而可容纳巨大的通信信息，所以用光波作为载体来进行通信一直是人们几百年来追求的目标。

利用光来传递信息的历史可追溯到几千年前，但长期以来，光通信发展一直很缓慢，直至1960年，梅曼发明了激光器，光通信才进入了实质性发展阶段。但终因当时光通信传输介质不是衰耗过大，就是造价昂贵而无法实用化。

1966年7月，英籍华裔学者高锟博士(K. C. Kao)发表了一篇十分著名的文章，从理论上分析并证明了用光纤作为传输媒体实现光通信的可能性，并科学地预言了制造通信用超低损耗光纤的可行性，即加强原材料提纯，设法降低玻璃纤维中的杂质，加入适当的掺杂剂，可以使光纤的损耗系数降低到20 dB/km以下，从而奠定了光纤通信的理论基础。

1970年，美国康宁玻璃公司根据高锟文章的设想，用改进型化学汽相沉积法(MCVD法)研制出当时世界上第一根损耗为20 dB/km的超低损耗石英光纤，证明了用当时的科学技术与工艺方法制造超低损耗光纤作为通信的传输介质是大有希望的，即找到了实现低损耗传输光波的理想传输媒介，成为光纤通信发展的里程碑。同年美国贝尔实验室研制出世界上第一只在室温下连续波工作的砷化镓铝(GaAlAs)异质结半导体激光器，为光纤通信找到了合适的光源器件。从此，便开始了光纤通信迅速发展的时代。

自1970年以后，世界各国对光纤通信的研究倾注了大量的人力与物力，其规模之大、速度之快远远超出了人们的意料，使光纤通信技术取得了极其惊人的进展，为国家信息基础设施提供了宽敞的信息传输通路。纵观光纤通信的发展过程，可以看到以下几点发展趋势：

① 光载波波长由短波长(0.85 μm)向长波长(1.31 μm和1.55 μm)发展；

② 所采用的光纤由多模光纤向单模光纤发展；

③ 通信系统速率由低速率向高速率发展；

④ 数字传输系列由准同步数字系列(PDH)向同步数字系列(SDH)发展；

⑤ 光纤通信应用领域遍及市话、长途和接入网；

⑥ 光纤通信新技术、新型器件层出不穷。

此外，在光孤子通信、超长波长通信和相干光通信方面也取得了巨大进展。

总之，光纤通信技术用带宽极宽的光波作为传送信息的载体以实现通信取得了极其惊人的进展。然而，就目前光纤通信而言，其实际应用仅是其潜在能力的2%左右，尚有巨大的潜力等待开发利用。因此，光纤通信技术并未停滞不前，而是在向更高水平、更高阶段发展。

9.1.2 光纤通信的特点

光纤通信之所以受到人们的极大重视，得到如此迅速的发展，与光纤通信的优越性是分不开的。光纤通信的主要优点有：

① 传输频带宽，通信容量大，可比微波通信容量提高 10 万倍。通信系统的通信容量与系统的带宽成正比，带宽通常用载频的百分比表示。如果载波的频率越高，则传输频带越宽，即通信容量就越大。光纤通信用频率很高的光波作为载波，具有很宽的传输频带。理论上讲，一根光纤的带宽能力，可容纳 10^{10} 路电话，或 10^{7} 路电视，传输数字信号的码速容量为 40 Tb/s。光纤通信巨大的信息传输能力，使其成为信息传输的主体。

② 光纤损耗低，中继距离长，适应于远距离传输。由于光纤具有极低的衰耗系数，目前常用的石英光纤在 1.31 μm 和 1.55 μm 波长的传输损耗分别为 0.50 dB/km 和 0.20 dB/km 以下。若配以适当的光发送与光接收设备，可使其中继距离达数百公里以上。因此，光纤通信特别适用于长途一、二级干线通信。中继距离的增加，大大减少了光纤通信系统的中继器使用量，从而使光纤通信系统的总成本降低。

③ 抗电磁干扰能力强，寿命长，环境适应性能好。光纤是一种非金属的介质波导，大多由石英玻璃制成，传输的是光信号，在有强烈电磁干扰的地区和场合中使用，光纤也不会产生感应电压、电流，光纤通信抗电磁干扰能力很强。另外，光纤对恶劣环境有较强的抵抗能力，它比金属电缆更能适应温度变化，而且腐蚀性液体或气体对其影响较小。从而提高了光纤通信系统的使用寿命，一般认为光缆的寿命为 20～30 年。

④ 光缆的尺寸小，质量轻，可绕性强，便于施工维护。光纤芯径一般只有几微米到几十微米，相同容量话路光缆，要比电缆轻 90%～95%。光缆比电缆占用空间小，故光缆的敷设方式方便灵活，既可以直埋、管道敷设，又可以水底和架空。另外，运输也比电缆方便。

⑤ 无漏信号和串音，安全可靠，保密性强。光波在光纤中传输时主要被约束在纤芯区域，基本上没有光泄露，很难对光缆进行窃听，因此，它比常用的铜缆保密性强。这也是光纤通信系统对军事应用具有吸引力的又一方面。

⑥ 工作频带内损耗基本相等，均衡容易。光纤对每一频率成分的损耗几乎是相等的，一般不需在中继站和接收端采取幅度均衡措施。若需要均衡，一般也容易达到要求。

⑦ 光纤资源丰富，节约有色金属和能源。制造光纤纤芯和包层的主要原料是二氧化硅，它是地球上蕴藏量最丰富的物质，取之不尽，用之不竭，且价格便宜。而电缆主要材料是铜、铝等有色金属，与光纤相比之下稀少，采用光纤后可节省大量的铜材。

9.1.3 光纤通信系统简介

一般通信系统由发送机、接收机和信道构成。在发送机端产生信息并将其转换成适合在信道传送的形式。信息通过信道由发送机传送到接收机。目前,全光通信技术尚未成熟,典型的点到点光纤通信系统方框图如图9.1所示,主要由光发送机、光接收机以及光纤信道等几部分组成,若干个点到点光纤通信系统组合构成光纤通信网。

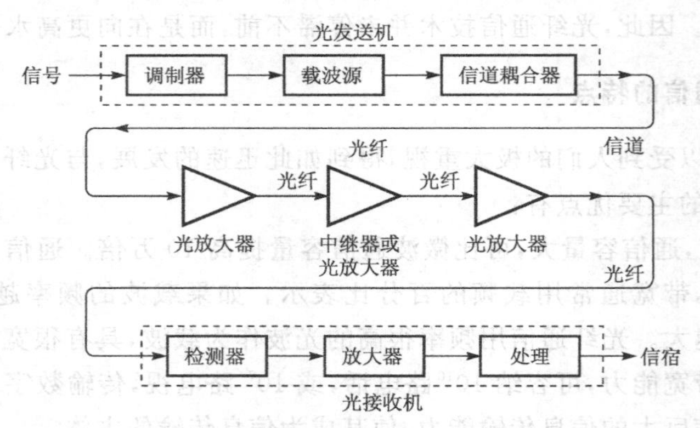

图9.1 光纤通信系统方框图

光纤通信系统中所传输的信息包括语音、图像、数据等所有信号源,经光发送端机对信号进行处理将信号转变成适合于在光纤上传输的光信号,经光纤传输,在长途光纤通信系统中,每隔一段距离需设置中继器或光放大器,把经过长距离传输衰变的微弱和畸变的光信号进行放大整形再生后继续传输。而光接收端机则接收光信号,将光信号转变成电信号,并从中提取信息.最后得到对应的语音、图像、数据等信息。

光纤通信系统中要传输的信号可分成数字和模拟两类信号,它们均可以作为光纤通信系统传输的信源。要使光波成为携带信息的载体,必须在发射端用传输信息对光波进行调制,在接收端再把信息从光波中检测出来。然而,由于目前技术水平所限,对光波进行频率调制与相位调制等仍局限在实验室内,尚未达到实用化水平,因此目前实用的光纤通信系统大都采用强度调制与直接检测方式(IM-DD)。又因为目前的光源器件与光接收器件的非线性比较严重,所以对光器件的线性度要求比较低的数字光纤通信在光纤通信中占据主要位置。

1. 光发送机

光发射机是实现电光转换的光纤通信终端设备,主要由调制器、载波源和信号耦合器组成。调制器有两个功能,首先将电信号转换成适合传输的形态,其次将这种信号加载到由载波源产生的载波上。所采用的调制格式有模拟和数字两种不同类型。模拟信号为连续信号,与信源信息的形态类似,模拟调制不需要改变信号形式,但需要适当地放大这个信号,以便有足够的幅度驱动载波源。数字调制所发送离散形式的信息,为了将数字信号加载到载波上,调制器只要在行当的时刻将载波源打开或关闭即可。光纤通信系统中常采用半导体激光器(LD)或发光二极管(LED)作为载波源产生光载波。这两种器件都是通过控制注入电流来工作的,其输出光功率与注入电流有确定的比例关系,可以使输出光功率与来信调制器的输入电流的形状相关,将发送的信息包含在光功率的变化之中。信道耦合器将已调制的光载波耦合到光纤线路中进行传输。

2. 信道(传输线路)

信道是指光发送机和光接收机之间的传输路径，主要由光纤或光缆、中继器或光放大器、光纤连接器、耦合器等构成。其功能是将光发射端机发出的已调制光信号传输给光接收端机，完成信息传输任务。

在长途光纤通信线路中，由于光纤的损耗和色散等会造成信号的幅度衰减和波形失真，这些衰减和失真随着信号传输距离的延长而增加，因此，每隔一定距离（一般为 50～70 km）就要设置一个中继器或光放大器。光放大器可以放大弱小光信号的功率，为接收机提供足够的功率。中断器（又称再生器）将微弱的并已失真的光信号转换成电信号，然后还原成原来的数字脉冲串，以便进一步传输。中继器只能用在数字系统中，而光放大器则对模拟和数字信号都适用。

在光纤线路中光纤与光纤、光纤与光端机、光纤与中继器、光纤与光放大器的连接耦合以及各路信号的分/合等，都使用光纤连接器、耦合器等无源器件来实现。

3. 光接收机

光接收端机主要由光电检测器、放大器和信号处理器等组成。其功能是将光纤或光缆传输来的光信号经光电检测器转换为电信号，然后，将这微弱的电信号经放大电路放大到足够的电平后，再传送给接收端的信号处理器。信号处理器的任务是将调制的电信号再还原成语音、图像、数据等信号，送给用户。

4. 备用系统与辅助系统

为了确保系统的畅通，通常应设置备用系统，当主系统出现故障时，对人工或自动切换到备用系统上工作，这样就可以保障通信的畅通和正确无误。

辅助系统包括：监控管理系统、公务通信系统、自动倒换系统、告警处理系统、电源供给系统等。

9.1.4 光纤通信关键技术

目前，光纤通信已经广泛应用到长途骨干网、城域网和接入网中，在现代电信网中，光纤通信作为现代通信的重要手段之一起着关键的作用。就光纤通信技术本身而言，主要包括：光纤光缆技术、传输技术、光有源器件、光无源器件以及光网络技术等。

1、光纤光缆技术

光纤技术的进步主要包括两个方面：一是通信系统所用的光纤；二是特种光纤。早期光纤的传输窗口只有三个，即 850 nm（第一窗口）、1 310 nm（第二窗口）和 1 550 nm（第三窗口）。近几年相继开发出第四窗口（L 波段）、第五窗口（无水峰的全波光纤）以及 S 波段窗口。这些传输窗口开发成功的巨大意义就在于从 1 280～1 625 nm 的广阔的光频范围内，都能实现低损耗、低色散传输，使通信系统传输容量几百倍、几千倍甚至上万倍的增长。

另一方面是特种光纤的开发及其产业化，这是一个相当活跃的领域。特种光纤主要有包括以下几种。

(1)有源光纤

有源光纤主要是指掺有稀土离子的光纤。掺杂不同稀土离子的有源光纤应用于不同的工作波段器件的制作，这些掺杂光纤放大器与拉曼(Raman)光纤放大器一起给光纤通信技术带来了革命性的变化。掺杂光纤放大器的显著作用是可以直接放大光信号、延长传输距离。

(2)色散补偿光纤(DCF)

色散补偿光纤是利用基模波导色散来获得高的负色散值，在1550 nm处，色散值通常在−50～200 ps/(nm·km)。将这种色散值为负的色散补偿光纤串接入系统中以抵消常规G.652光纤在1550 nm波长处和正色散值，从而控制整个系统的色散大小，从而减小误码。为了能在整个波段均匀补偿常规单模光纤的色散，最近又开发出一种既补偿色散又能补偿色散斜率的“双补偿”光纤(DECF)。该光纤的特点是色散斜率之比(RDE)与常规光纤相同，但符号相反，所以更适合在整个波形内的均衡补偿。

(3)多芯单模光纤(MCF)

多芯单模光纤是一个共用外包层、内含有多根纤芯、而每根纤芯又有自己的内包层的单模光纤。这种光纤的明显优势是成本较低，生产成本较普通的光纤约低50%。此外，这种光纤可以提高成缆的集成密度，从而也可降低施工成本。

除了以上几种光纤外，近年来还出现了如双包层光纤、光子晶体光纤等特种光纤，这些光纤的出现都为推进光纤技术的发展起到了关键作用。光缆方面的成就主要表现在带状光缆的开发成功及批量化生产。带状光缆是光纤接入网及局域网中必备的一种光缆，目前光缆的含纤数量达千根，有力地保证了接入网的建设。

2. 光有源器件技术

光纤通信系统中光有源器件的研究与开发一直是最为活跃的领域。激光二极管(LD)直接强度调制已经达到2.5 Gb/s的速率，但为了提高频率稳定性和在密集波分复用等系统中的一些特殊应用，外调制技术也在不断应用和发展。光电二极管(PIN)和雪崩光电二极管(APD)性能也在不断发展和提高，一般结构的PIN和APD产品，其相应带宽可达20 GHz以上，随着各项技术的发展，结构改进后的PIN和APD增益带宽可以超过100 GHz。

除此之外，目前在光电集成器件(OEIC)技术、垂直波面发射激光器(VCSEL)技术、窄带响应可调谐集成光子探测器技术以及基于硅基的异质材料的多量子阱器件与集成(SiGe/Si MQW)等方面也取得了重大成就。

3. 光无源器件技术

光无源器件种类繁多、功能各异，在光通信系统及光网络虽发挥着关键作用，如连接光波导或光路，控制光的传播方向，控制光功率的分配，控制光波导之间、器件之间和光波导与器件之间的光耦合、合波与分波、光信道的上/下载与交叉连接等。常用的有光纤活动连接器、光分/合路器、光衰减器和光隔离器等。随着光纤通信技术的发展，相继又出现了许多光无源器件，如环行器、色散补偿器、增益均衡器、光的上/下复用器、光交叉连接器、阵列波导光栅等。按光纤通信技术发展的一般规律来看，当光纤接入网大规模兴建时，将大大推进光无源器件技术的发展，这主要是由于接入网的特点所决定的。

4. 光复用技术

光复用技术种类很多，包括时分复用(TDM)技术、波分复用(WDM)技术、频分复用(FDM)技术、空分复用(SDM)技术和码分复用(CDM)技术。其中最为重要的是波分复用(WDM)技术和光时分复用(OTDM)技术。

光复用技术是当今光纤通信技中最为活跃的一个领域，它的技术进步极大地推动了光纤通信事业的发展，给传输技术带来了革命性的变革。波分复用技术当前的商业水平是273个或更多的波长，研究水平是1 022个波长(能传输368亿路电话)，近期的潜在水平为几千个波长，理论极限约为15 000个波长(包括光的偏振模色散复用，OPDM)。OTDM是指在一个光频率上，在不同的时刻传送不同的信道信息。这种复用的速率已达到320 Gb/s的水平。若将DWDM与OTDM相结合，则会使复用的容量增加得更大。

5. 光放大技术

光放大器的开发成功及其产业化是光纤通信技术中的一个非常重要的成果，它大大地促进了光复用技术、光孤子通信以及全光网络的发展。光放大器主要有三种：光纤放大器、拉曼光放大器以及半导体光放大器。光纤放大器就是在光纤中掺杂稀土离子作为激光活性物质。每一种掺杂剂的增益带宽是不同的。掺铒光纤放大器的增益带较宽，覆盖S、C、L频带；掺铥光纤放大器的增益带是S波段；掺镨光纤放大器的增益带在1 310 nm附近。而拉曼光放大器则是利用拉曼散射效应制作成的光放大器，拉曼放大是一个分布式的放大过程，即沿整个线路逐渐放大的，其工作带宽几乎不受限制。半导体光放大器(SOA)一般是指行波光放大器，工作原理与半导体激光器相似，其工作带宽是很宽的，但增益幅度稍小一些，制造难度较大。这种光放大器虽已实用，但产量很小。

除此之外，光纤通信技术还有很多其他技术，如光接入技术、孤子复用技术以及光通信路由技术等，这些技术的不断发展和新技术的不断涌现，都极大地提高了光纤通信系统的通信能力，并扩大了光纤通信系统的应用范围。

9.1.5 光纤通信的类型与应用

光纤通信系统可以根据系统所使用的传输信号形式、传输光的波长和光纤类型以及光接收和发送方式不同进行的分类。

1. 按传输信号分类

① 数字光纤通信系统。这是目前光纤通信主要的通信方式。数字光纤通信输入采用脉冲编码(PCM)二进制信号，信息由脉冲的“有”和“无”表示，所以噪声不影响传输的质量。而且，数字光纤通信系统采用数字电路，易于集成以减少设备的体积和功耗，转接交换方便，便于与计算机结合等，有利于降低成本。数字通信的优点是，抗干扰性强，传输质量好。中继器采用判决再生技术，消除传输过程中的噪声积累和信号损伤延长传输距离。数字通信的缺点是所占的频带宽。但光纤的带宽比金属传输线要宽许多，弥补了数字通信所占频带宽的缺点。

② 模拟光纤通信系统。若输入电信号不采用脉冲编码信号的通信系统即为模拟光纤通信系统。模拟光纤通信最主要的优点是占用带宽较窄，电路简单，不需要数字系统中的模/数和数/模转换，所以价格便宜。目前，电视传输广泛采用的模拟通信系统采用调频(FM)或调幅(AM)技术，传输几十至上百路电视。避免了数字电视传输中复杂的编码和解码技术，以及设备价格昂贵等问题。这种系统的缺点是光电变换时噪声较大。在长距离传输时，采用中继器将使噪声积累，故只能应用在短距离传输线路上。如果希望在较长距离上传输，则要先采取脉冲频率调制(PFM)，然后再送到光发送机进行光强调制。由于采用

PFM调制后，改善了传输信噪比，故中继距离可达20 km以上，而且可以加装中间再生中继器。其传输总长度可达50～100 km。

2. 按波长和光纤类型分类

按波长及光纤类型可将光纤通信系统分为四类，这种分类代表了光纤技术的发展过程。

① 短波长(0.85 μm左右)多模光纤系统。其通信速率一般在34 Mb/s以下。光电检测器为Si-PIN光电二极管或Si-APD雪崩管。中继距离在10 km以内，光源为GaAlAs半导体激光器或发光二极管。

② 长波长(1.31 μm)多模光纤系统。其通信速率一般为34～140 Mb/s，1983年以前英国和美国所建长途干线大多属这一类。中继距离为25 km或20 km以内。所用光源为InGaAsP半导体多模激光器或发光二极管。光电检测器为Ge-APD或InGaAs-PIN二极管和InGaAs-APD。

③ 长波长(1.31 μm)单模光纤系统。其通信速率一般为140～560 Mb/s，自1983年起美日英等国兴建的长途干线均属这一类。其中继距离可达到30～50 km(140 Mb/s)。其光源为InGaAsP单横模激光器(隐埋条型)，这种激光器在直流工作时是单纵模，但在高速调制时为多模。其光电检测器与第二类相同。

④ 长波长(1.55 μm)单模光纤系统。其通信速率一般为565 Mb/s以上。由于调制速率高，会产生模分配噪声，限制了大容量长中继距离的传输，因此要采用零色散位移光纤和动态单纵模激光器。

3. 光纤通信的应用

光纤可以传输数字信号，也可以传输模拟信号。光纤在通信网、广播电视网与计算机网，以及在其他数据传输系统中都得到了广泛应用。光纤宽带干线传送网和接入网发展迅速，是当前研究开发应用的主要目标。

9.2 光源与光发送机

光发送机的作用是将电信号转变成光信号，并有效地把光信号送入传输光纤。其关键器件是光源，主要功能是产生光载波，完成电信号到光信号的转换。目前光纤通信广泛使用的光源主要有半导体激光二极管(LD)和发光二极管(LED)，有些场合也使用固体激光器。本节首先介绍半导体光源的工作原理、基本结构和主要特性，然后进一步介绍光发送机各组成部件的工作机理。

9.2.1 光纤通信对光源器件的要求

光纤通信对光源器件的要求是：

① 光源器件发射光波长与使用光纤的传输窗口波长一致，一般应位于光纤的三个低衰耗窗口，即0.85 μm、1.31 μm和1.55 μm附近。

② 可以进行光强度调制，线性好，带宽大；发射光功率足够高，以便可以传输较远的距离。光源器件一定要能在室温下连续工作，而且其入纤光功率足够大，最少也应有数百微瓦，甚至达到1 mW(0 dBm)以上。

③ 温度稳定性好，即温度变化时，输出光功率以及波长变化应在允许的范围内。光源器件的输出特性如发光波长与发射光功率大小等，一般来讲随温度变化而变化，尤其是在较高温度下其性能容易劣化。

④ 发光谱宽窄，以降低光纤色散的影响。光源器件发射出来的光的谱线宽度应该越窄越好。因为若其谱线过宽，会增大光纤的色散，减小了光纤的传输容量与传输距离（色散受限制时）。例如对于长距离、大容量的光纤通信系统，其光源的谱线宽度应该小于 2 nm，甚至到亚纳米级。

⑤ 可靠性高，要求它工作寿命长，工作稳定性好，具有较高的功率稳定性、波长稳定性和光谱稳定性；光纤通信要求其光源器件长期连续工作，因此光源器件的工作寿命越长越好。目前工作寿命近百万小时（约100 年）的半导体激光器已经商用化。

⑥ 体积小、质量轻、与光纤之间有较高的耦合效率。光源器件要安装在光发送机或光中继器内，为使这些设备小型化，光源器件必须体积小、质量轻。由于光纤的几何尺寸极小（单模光纤的芯径不足 10 μm），所以要求光源器件要具有与光纤较高的耦合效率。

能够满足以上要求的光源一般为半导体发光器，另外全光纤激光器作为一种新型的激光器也有望在光纤通信系统中发挥其作用。目前，光纤通信中最常用的半导体发光器件是 LED 和 LD。前者可用于短距离、低容量或模拟系统，其成本低，可靠性高；后者适用于长距离、高速率的系统。

9.2.2 发光二极管（LED）

1. LED 的发光机理与结构

LED 的核心部分是由 P 型和 N 型半导体结合构成的 PN 结，为正向工作器件。一般的 PN 结由同一种半导体材料构成，P 区、N 区具有相同的带隙和接近相同的折射率，这种 PN 结称为同质结。在同质结中，光发射在结的两边都可以发生，因此，发光不集中，强度低，需要较大的注入电流。器件工作时发热非常严重，必须在低温环境下工作，不可能在室温下连续工作。为了克服同质结的缺点，需要加强结区的光波导作用及对载流子的限定作用，这时可以采用异质结结构。所谓异质结，就是由带隙及折射率都不同的两种半导体材料构成的 PN 结。异质结可分为单异质结（SH）和双异质结（DH）。异质结是利用不同折射率的材料来对光波进行限制，利用不同带隙的材料对载流子进行限制，如图 9.2所示。LED 是由 P 型半导体形成的 P 层和 N 型半导体形成的 N 层，以及在中间由异质结构成的有源层组成。有源层是发光的区域，其厚度为 0.1～0.2 μm。

形成发光条件的过程参见图 9.2。由双异质结构成 LED 的能带状态，使 P 层和有源层以及 N 层的能量差（即带隙）变大。这个能量差就是所谓的异质结势垒。在正向偏压作用下，N 区的电子将向正方向扩散进入有源层，P 区的空穴也将向负方向扩散进入有源层。进入有源层的电子和空穴，由于异质结势垒作用而被封闭在有源层内，形成粒子数反转分布。封闭在有源层内并形成粒子数反转分布的电子，经跃迁与空穴复合时，电子从高能级范围的导带跃迁到低能级范围的价带，并释放出能量约等于禁带宽度 E_g（导带与价带之差）的光子，即发出荧光。这种复合的自发辐射光通过外加正向偏置形成的注入电流，源源不断地向有源层提供电子和空穴得以维持。

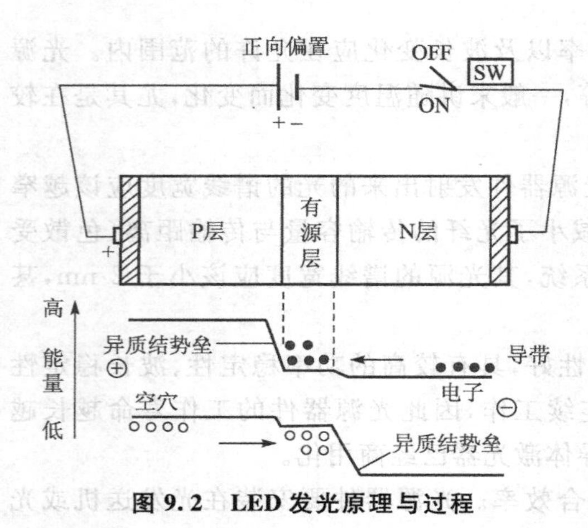

图 9.2 LED 发光原理与过程

LED 由于利用正向偏压下的 PN 结在有源层内载流子的复合发出自发辐射的光，所以 LED 的出射光是一种非相干光，其谱线较宽（30～60 nm），辐射角也较大。在低速率的数字通信和较窄带宽的模拟通信系统中，LED 是可以选用的最佳光源，与 LD 相比，LED 的驱动电路较为简单，并且产量高、成本低。LED 主要有五种结构类型，但在光纤通信中获得了广泛应用的只有两种，即面发光二极管（SLED）和边发光二极管（ELED）。

SLED 的结构如图 9.3 所示，由 n-p-p 双异质结构成。双异质结生长在 LED 顶部的 nGaAs 衬底上，pGaAs 有源层厚度仅 1～2 μm，与其两边的 nAlGaAs 和 pAlGaAs 构成两个异质结，限制了有源层中的载流子及光场分布。这种 LED 有源层发射面限定在一个小区域内，该区域的横向尺寸与光纤尺寸相近。有源层中产生的光发射穿过衬底耦合入光纤，由于衬底材料的光吸收很大，可利用腐蚀的方法在衬底材料正对有源区部位腐蚀出一个凹坑，使光纤能直接靠近有源区。另外，在 p^+ GaAs 一侧用 SiO_2 掩模技术形成一个圆形的接触电极，从而限定了有源层中源区的电流密度约 200 A/cm^2。这种圆形发光面发出的光辐射具有朗伯分布。SLED 输出的功率较大，一般注入 100 mA 电流时，就可达几个毫瓦，但光发散角大，水平和垂直发散角都可达到 120°，与光纤的耦合效率低。为了提高耦合效率，可在发光面与光纤之间凹陷的区域注入环氧树脂，并在光纤末端放置微透镜或形成球透镜，从而使入纤功率提高 2～3 倍。

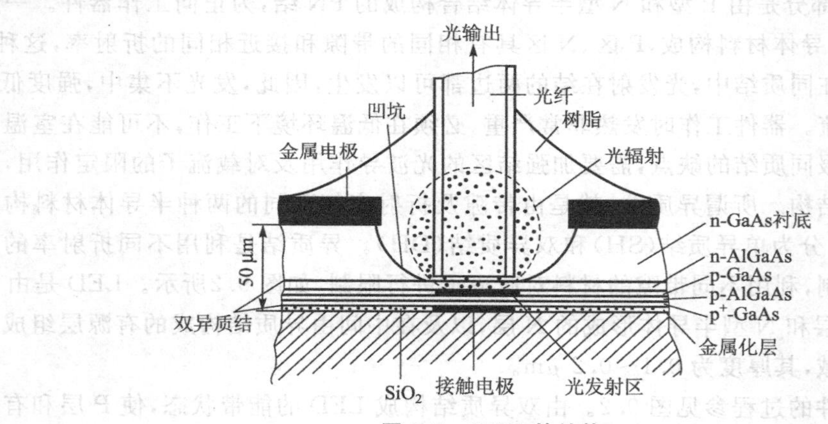

图 9.3 SLED 的结构

ELED 的结构图如图 9.4 所示。这种结构的目的是为了降低有源层中的光吸收并使光束有更好的方向性，光从有源层的端面输出。ELED 利用 SiO_2 掩模技术，在 P 面形成垂直于端面的条形接触电极（40～50 μm），从而限定了有源区的宽度；同时，增加光波导层，进一步提高光的限定能力，把有源区产生的光辐射导向发光面，提高与光纤的耦合效率。另外，ELED 有源区一端镀高反射膜，另一端镀增透膜，以实现单向出光。这种 LED 在垂直于结平面方向，发散角约为 30°，具有比 SLED 高的输出耦合效率。

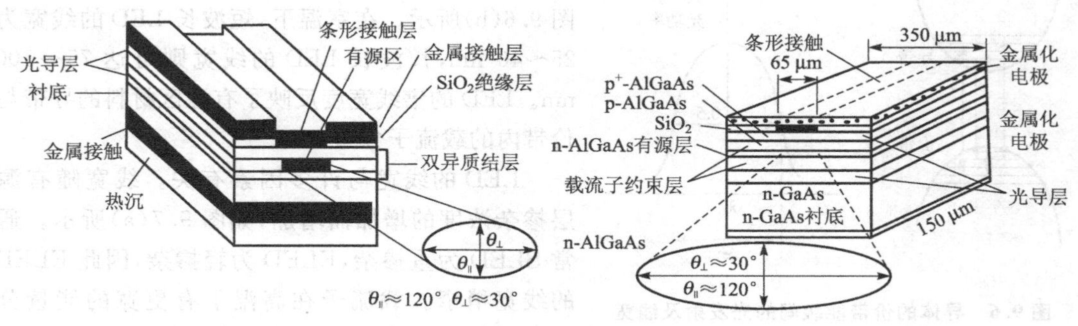

图 9.4　ELED 的结构

2. LED 的主要特性

(1) 光功率——注入电流($P\sim I$)特性

LED 的输出光功率 P 与注入电流 I 的关系，即 $P\sim I$ 特性，如图 9.5 所示。LED 为非阈值器件，其发光率随工作电流增大而增大，当注入电流较小时，线性度非常好；但当注入电流比较大时，由于 PN 结的发热，发光效率降低，并在大电流时出现逐渐饱和现象。在同样的注入电流下，SLED 的输出功率要比 ELED 大 2.5～3 倍，这是由于 ELED 受到更多的吸收和界面复合的影响。

在通常应用条件下，LED 的工作电流通常为 50～150 mA，偏置电压 1.2～1.8 V，输出功率约几毫瓦，但因其与光纤的耦合效率很低，入纤功率要小很多。

温度对 LED 的 $P\sim I$ 特性也有影响，如图 9.5 所示，当工作温度升高时，同一电流下的发射功率要降低，如当温度从 20 ℃升高到 70 ℃时，输出功率下降约一半。但相对 LD 而言，LED 的温度特性较好，在实际应用中，一般可以不加温度控制。

(2) 发光波长与光谱特性

LED 发射的光子的能量、波长取决于半导体材料的带隙 E_g，以电子伏特(eV)表示，发射波长为

$$\lambda=\frac{1.240}{E_g(\mathrm{eV})}(\mu\mathrm{m}) \tag{9.1}$$

例如，对于 GaAs，$E_g=1.42$ eV，用它制作的 LED 的发射波长就为 $\lambda=0.87\ \mu$m。不同的半导体材料、不同的材料成分有不同的禁带宽度 E_g，可以发射不同波长的光。

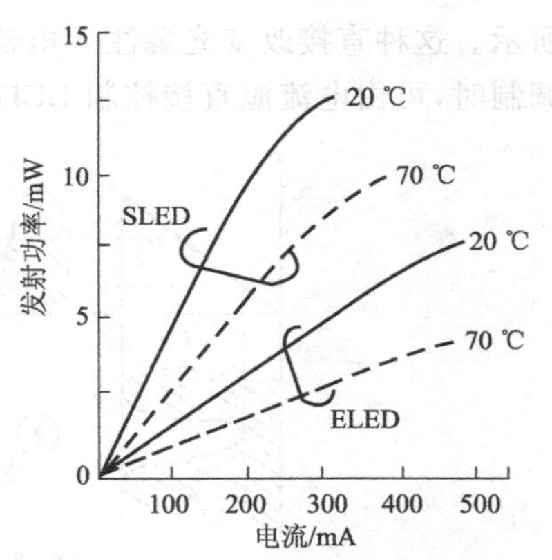

图 9.5　典型 LED 的 $P\sim I$ 特性

LED 的工作原理基于半导体的自发辐射，并且 LED 没有谐振腔实现对波长的选择，因此发光谱线较宽。由于半导体材料的导带和价带都由许多不同的能级组成，如图 9.6(a)所示。大多数的载流子复合发生在平均带隙上，但也有一些复合发生在最低及最高能级之间。因此，LED 的发射波长在其中心值附近占据较大的范围。如把光强下降一半时的两点间波长范围定义为输出谱线

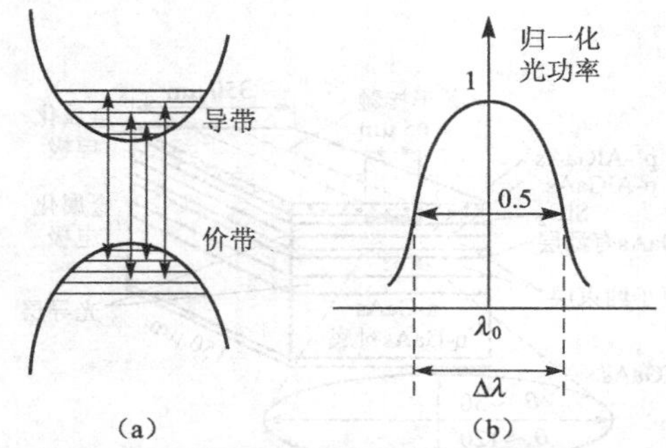

图 9.6　导体的价带能级间的光发射及线宽

宽度(半功率点全宽 FWHP),即光源的线宽 $\Delta\lambda$,如图 9.6(b)所示。在室温下,短波长 LED 的线宽为 25～40 nm,长波长 LED 的线宽则可达 75～100 nm。LED 的谱线宽度反映了有源区材料的导带与价带内的载流子分布。

LED 的线宽与许多因素有关。线宽随有源层掺杂浓度的增加而增加,如图 9.7(a)所示。通常 SLED 为重掺杂,ELED 为轻掺杂,因此 ELED 的线宽稍窄。载流子在高温下有更宽的能量分布,因此,大电流时随结温升高而线宽加大,同时峰值波长向长波移动,移动速度为 0.2～0.3 nm/℃(短波长器件)或 0.3～0.5 nm/℃(长波长器件),如图 9.7(b)所示。由于 LED 的线宽大,使光纤色散加重,从而限制了传输距离和速率。

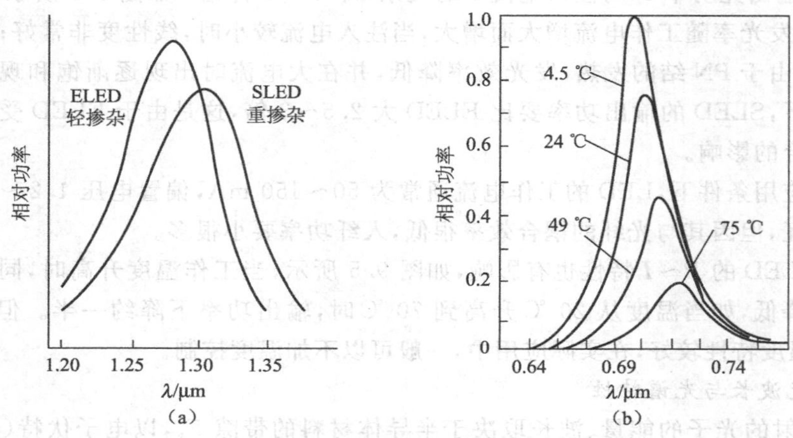

图 9.7　LED 的谱线特性

(3)调制特性

从 LED 的 $P\sim I$ 特性可见,改变 LED 的注入电流就可以改变其输出光功率,如图 9.8 所示。这种直接改变光源注入电流实现调制的方式称为直接调制或内调制(IM)。在数字调制时,可由电流源直接控制 LED 的通断;在模拟调制时,则先要将 LED 直流偏置 I_B。

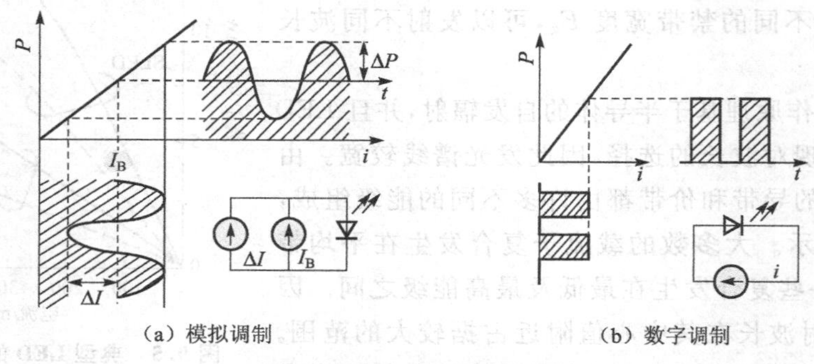

(a) 模拟调制　　(b) 数字调制

图 9.8　LED 的调制原理图

LED 的调制特性主要包括线性和带宽两个参量。从 LED 的 $P\sim I$ 特性可知，当注入小电流时，其线性相当好，但当注入电流较大时，会逐渐出现饱和现象，使模拟调制信号产生失真。因此，即使对于线性要求较高的模拟传输来说，LED 工作在线性区时也是非常合适的光源。但若是对线性要求特别高（如广播电视传输）时，则需要利用线性补偿电路来进行线性补偿。

LED 调制特性的另一个重要参量是调制带宽。在调制频率较低时，输出交流功率正比于调制电流；但随着调制频率的提高，交流功率会下降。图 9.9 为 LED 的频率响应，图中显示出少数载流子的寿命 τ_e 和截止频率 f_c 的关系。对有源区为低掺杂浓度的 LED，适当增加工作电流可以缩短载流子寿命，提高截止频率。

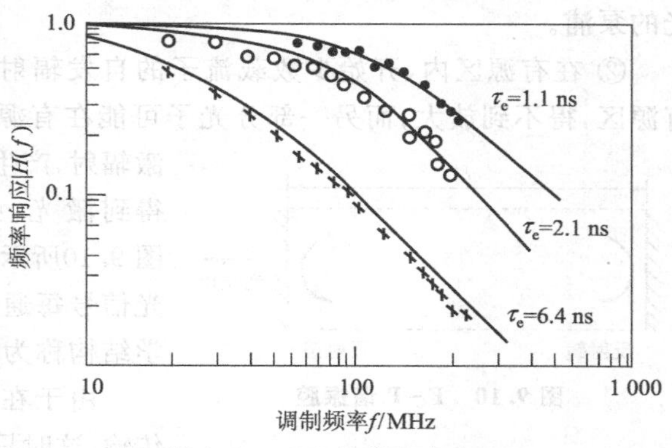

图 9.9 LED 的频率响应

3. LED 的特点

LED 是光纤通信中应用非常广泛的光源器件之一，因为它具有以下优点：

① 线性度好。LED 发光功率的大小基本上与其中的工作电流成正比关系，也就是说 LED 具有良好的线性度。

② 温度特性好。相对于 LD 而言，LED 的温度特性比较好，在温度变化 100 ℃的范围内，其发光功率的降低不会超过 50%，因此在使用时一般不需要加温控措施。

③ 价格低、寿命长、使用简单。LED 是一种非阈值器件，所以使用时不需要进行预偏置，也不存在阈值电流随温度及工作时间而变化的问题，故其使用非常简单。此外，与 LD 相比它价格低廉，工作寿命也较长。据报道工作寿命近千万小时（10^7）的 LED 已经问世。

同样，LED 也存在以下缺点：

① 由于 LED 的发光机理是自发辐射发光，所发出的光不是相干光而是荧光，所以其谱线较宽，一般在 30～100 nm 范围，故难以用于大容量的光纤通信之中。

② LED 和光纤的耦合效率比较低，一般仅有 1%～2%，最多不超过 10%。光源器件与光纤之间的耦合效率，与光源发光的辐射图形、光源出光面积与纤芯面积之比以及两者之间的对准程度、距离等因素有关。

4. LED 的应用范围

由于 LED 谱线较宽、与光纤耦合效率较低，所以难以用于大容量长距离的光纤通信。但因其使用简单，价格低廉，工作寿命长等优点，它广泛地应用在较小容量，较短距离的光纤通信之中；而且由于其线性度甚佳，所以也常用于对线性变要求较高的模拟光纤通信之中。

9.2.3 半导体激光器（LD）

1. 半导体激光器的工作原理与结构

半导体激光器即激光二极管（LD）是利用在有源区中受激辐射而发射光的光器件。LD 产生激光输出的三个基本条件：粒子数反转分布、提供光反馈和满足激光振荡的阈值条件。

① 为了产生受激辐射，必须建立粒子非平衡分布，使高能级的粒子数大于低能级的粒子数，产生粒子数反转分布。使受激辐射大于受激吸收、处于粒子数反转状态，可采用电或光的泵浦。

② 在有源区内，开始少数载流子的自发辐射产生光子。一部分光子一旦产生，就穿出有源区，得不到放大；而另一部分光子可能在有源区内传播，并引起其他电子一空穴对的受激辐射，产生更多的性能相同的光子，得到放大。为了得到激光，必须将激活物质置于光学谐振腔中，如图 9.10所示。通过腔两端的反射，向光子提供正反馈。光信号每通过一次增益介质就得到一次放大。这种光学结构称为法布里一珀罗谐振腔，简称 F-P 谐振腔。

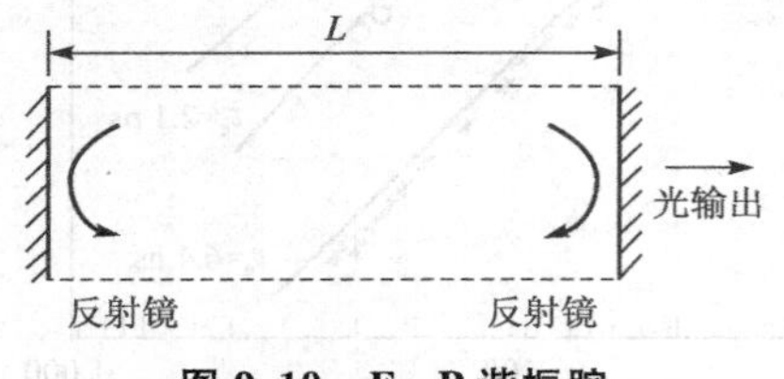

图 9.10 F-P 谐振腔

由于在谐振腔中，光波是在两块反射镜之间往复传输，这时只有在满足特定相位关系的光波才能得到彼此加强，即相位条件，对应光波频率为

$$f_m=\frac{mc}{2nL} \tag{9.2}$$

式中，f_m 为光波的频率；n 为工作介质的折射率；c 为光速；$m=1,2,\cdots$。由(9.2)式可以看出，激光器中振荡光频率只能取某些分立值，一系列不同的 m 取值对应于沿谐振腔轴向一系列不同的电磁场分布状态(驻波)，通常把这种沿谐振腔的轴线方向(纵向)形成的驻波叫做纵模。一般半导体激光器的 m 值为 2 000 左右。相邻两纵模之间的频率之差：

$$\Delta f=\frac{c}{2nL} \tag{9.3}$$

称为纵模间隔，它与谐振腔长及工作物质有关。LD 中激光振荡也可以出现在垂直于腔轴线的方向，这是平面波偏离轴向传输时产生的横向电磁场分布，称为横模。

③ 在注入电流的作用下，有源区的受激辐射不断增强，称为增益。在 F-P 腔中，每次通过增益介质时的增益尽管很小，但经过多次振荡后，增益变得足够大。LD 工作过程中，光在谐振腔内传播，除了增益介质的光放大作用外，还存在工作物质的吸收、介质不均匀引起的散射，反射镜的非理想性引起的透射及散射等损耗情况，所以也就只有光波在谐振腔内往复一次的放大增益大于各种损耗引起的衰减，激光器才能建立起稳定的激光输出。因此 LD 是阈值器件，只有在工作电流超过阈值电流的条件下，才会输出激光。

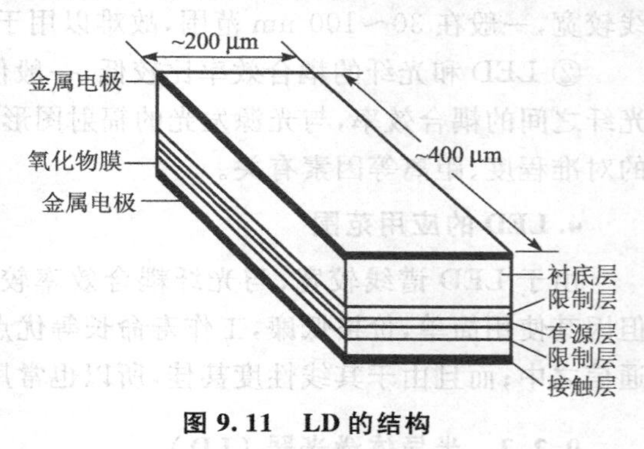

图 9.11 LD 的结构

LD 的结构如图 9.11 所示。其结构与 LED 的结构类似，通常也是由 P 层、N 层和形成双异质结构的有源层构成。和 LED 所不同的是，为了实现光的放大反馈，用半导体工艺技术在垂直于 PN 结有源层的两个端面加工出两个相互平行的反射镜面，这两个反射镜面与原来的两个结里面(晶体的天然晶面)构成了谐振腔结构。当在双异质结 LD 两端加上正偏置电压时，像 LED 一样在 PN 结区域内形成粒子数反转分布，产生电子与空穴的复合而

释放光子。只要外加正偏置电流足够大，光子的往复运动就会激射出更多的、与之频率相同的光子，即发生振荡现象，从而发出激光。

2. LD主要特性

(1) $P \sim I$ 特性

LD的 $P \sim I$ 曲线如图9.12所示。从图9.12可以看出，随着激光器注入电流 I 的增加，其输出光功率 P 增加，但不是成直线关系，存在一个阈值电流 I_{th}。当注入电流小于阈值电流时，激光器发出微弱的自发辐射光，类似于LED的发光情况，LD发出的是光谱很宽、相干性很差的自发辐射光。只有当注入电流大于阈值电流后，激光器进入受激辐射状态发射出激光，输出光功率才随注入电流增加而迅速增加且与注入电流基本保持线性关系。

(2) 温度特性

LD的 $P \sim I$ 特性对温度很敏感，图9.13给出了不同温度下 $P \sim I$ 特性的变化情况。LD的 $P \sim I$ 特性随器件的工作温度要发生变化，当温度升高时，LD的 $P \sim I$ 特性发生劣化，阈值电流也会升高，阈值电流与温度 T 的关系可表示为

$$I_{th}(T) = I_0 \exp\left(\frac{T}{T_0}\right) \tag{9.4}$$

式中，T_0 为器件的特征温度，T、T_0 为热力学温度；I_0 为 $T = T_0$ 时阈值电流的1/e。

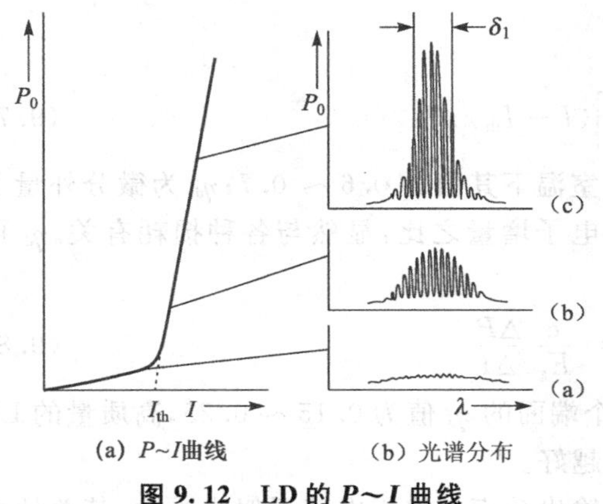

图9.12 LD的 $P \sim I$ 曲线

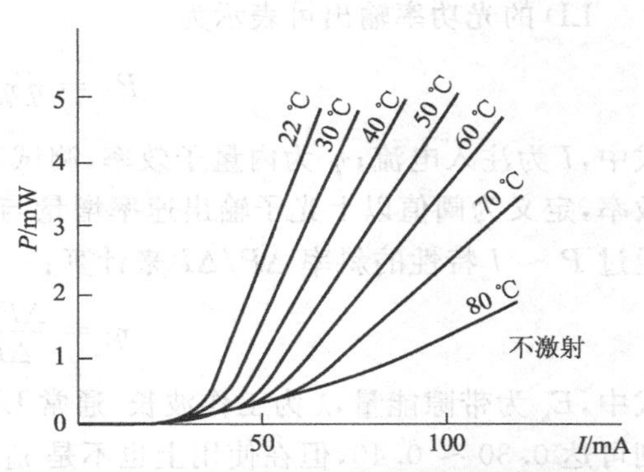

图9.13 LD的 $P \sim I$ 曲线随温度的变化

为解决LD温度敏感的问题，可以在驱动电路中进行温度补偿，或是采用制冷器来保持器件的温度稳定。通常将LD与热敏电阻、半导体制冷器等封装在一起，构成组件。热敏电阻用来检测器件温度，控制制冷器，实现闭环负反馈自动恒温。

(3)发射波长与光谱特性

LD的发光原理是位于高能级(E_2)的电子跃迁到低能级时释放出多余的能量而转换为辐射发光。辐射光的光量子能量等于 $E_2 - E_1$，光的频率与该能量差成正比，即

$$h\nu = E_2 - E_1 = E_g \quad (\text{eV}) \tag{9.5}$$

式中，ν 是光的频率，h 是普朗克常数，则光波长由上式得

$$\lambda = \frac{hc}{E_2 - E_1} = \frac{1.24}{E_2 - E_1} \times 10^{-6}\ \text{m} \tag{9.6}$$

FP-LD 通常工作在多纵模状态，输出多纵模激光，光谱较宽(2～4 nm)，如图9.14(a)所示。然而光纤长距离、大容量的传输过程中，多纵模的存在将使光纤中的色散增加。这种多纵模 LD 可以工作在1.31 μm波长上，速率高达 2 Gb/s 的第二代光纤通信系统，但不能工作在 1.55 μm 波长的第三代光纤通信系统，除非采用色散位移光纤，或设计出单纵模工作的LD，单纵模 LD 中除了一个主模外，其他纵模都被抑制，同时主模的谱线宽度非常窄，通常小于 1 nm，如图 9.14(b)所示。

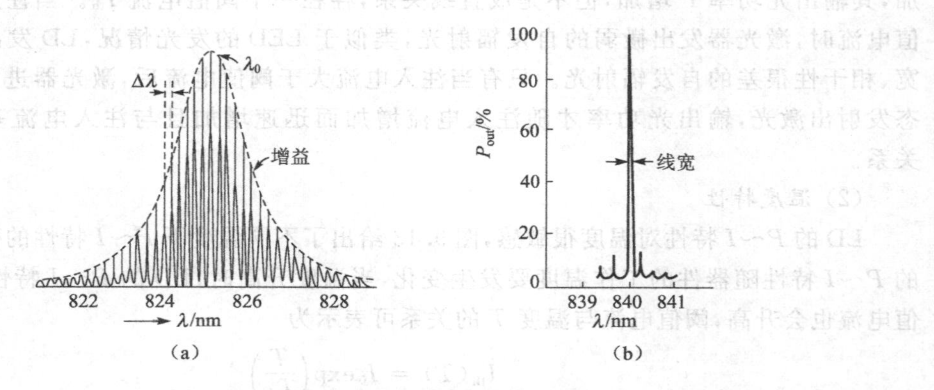

图 9.14　LD 的多模(a)及单模(b)输出谱

(4)发光效率

LD 的光功率输出可表示为

$$P_0 = \eta_i \eta_d \left[\frac{h\nu}{e}\right](I - I_{th}) \tag{9.7}$$

式中，I 为注入电流；η_i 为内量子效率，测试表明，室温下其值为 0.6 ～ 0.7；η_d 为微分外量子效率，定义为阈值以上光子输出速率增量与注入电子增量之比，显然与各种损耗有关。η_d 可通过 $P \sim I$ 特性的斜率 $\Delta P/\Delta I$ 来计算：

$$\eta_d = \frac{\Delta P/h\nu}{\Delta I/e} = \frac{e}{E_g}\frac{\Delta P}{\Delta I} \tag{9.8}$$

式中，E_g 为带隙能量，λ 为工作波长。通常 LD 每个端面的 η_d 值为 0.15 ～ 0.25，高质量的 LD 则可达 0.30 ～ 0.40，但在使用上也不是 η_d 越大越好。

当注入电流 I 在阈值电流 I_{th} 以上时，LD 的输出功率与注入电流近似成线性，其总效率 η_T(外量子效率) 可表示为

$$\eta_T \approx \eta_d \left[1 - \frac{I_{th}}{I}\right] \tag{9.9}$$

在高注入电流时(如 $I = 5I_{th}$)，$\eta_T \approx \eta_d$；而低注入时则 η_T 要下降。另外，LD 的转换效率为输出光功率与输入电功率之比，通常约为 10%，这在激光器中效率是高的。

(5) 调制特性

与 LED 调制不同的是，LD 由于存在阈值电流，在实际的调制电路中，为提高响应速度和不产生失真，需要进行直流偏置处理。图 9.15 为 LD 的直接调制的原理图。在高速调制情况下，LD 会出现许多复杂动态性质，如出现电光延迟、弛豫振荡、自脉动和码型效应等现象。这些特性会对系统传输速率和通信质量带来影响。

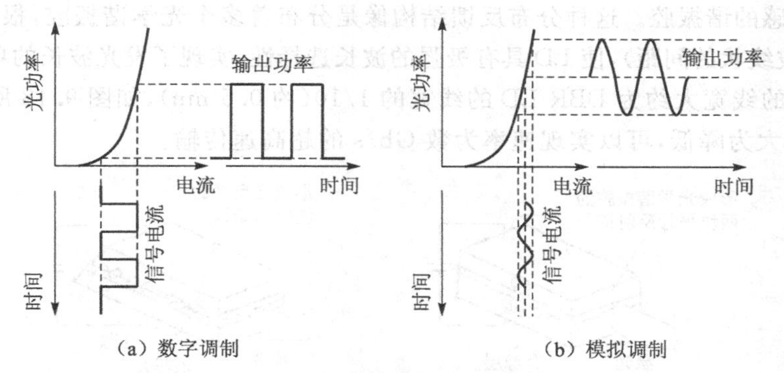

(a) 数字调制　　　　(b) 模拟调制

图 9.15　LD 的直接调制原理图

LD 在信号电流直接调制下,除了输出强度发生变化外,其谱特性也会发生变化,如图9.16 所示。在阈值附近,输出较宽,随着电流的增大,模式选择性增大,相邻模得到抑制。这时,总的强度不变,但模间相对强度在改变。这种模间分配效应在直接调制下最明显,使长距离光纤系统中因光纤色散而在接收机内产生强度脉动,使误码率增大。

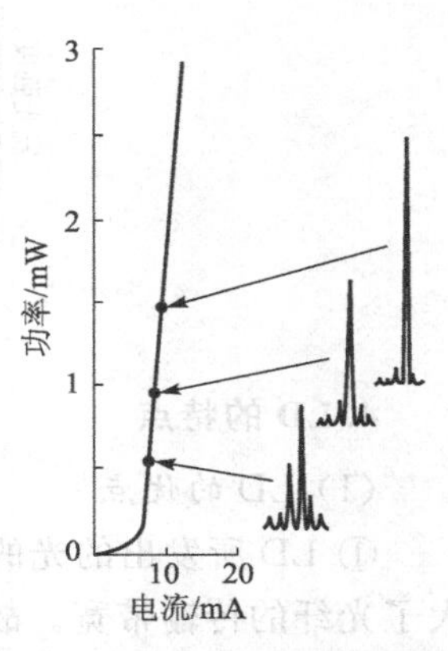

图 9.16　GaAs-LD 直流光输出谱特性

(6) 噪声特性

LD 的输出总伴随有噪声分量,表现为强度、相位和频率的随机波动,即使在恒定的电流偏置下,这些波动亦总是存在。LD 的噪声源于自发辐射,每个自发辐射光子向由受激辐射建立的相干光场叠加一个相位随机变化的小的场分量,从而以随机的方式扰动了相干光场的振幅和相位,由于 LD 的自发辐射速率较大,因而随机扰动的速率很高,结果辐射光强度和波动速率亦很高。强度的波动导致激光器的调制脉冲输出信噪比降低。而相位波动导致在连续工作时有限谱线,在脉冲工作时导致 LD 输出谱线的展宽。

3. 单纵模 LD

单纵模工作的 LD 的设计思想基于纵模的损耗差,即不同的纵模具有不同的损耗,使某一纵模的损耗最小(净增益最大)而达到振荡条件。图 9.17 给出了这种 LD 的增益和损耗分布,具有最小损耗的纵模首先达到阈值条件而成为振荡主模,其他模式由于具有较大的损耗而基本上被抑制掉。

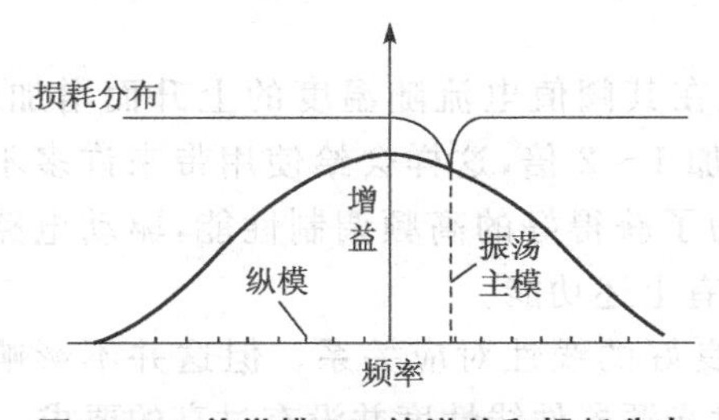

图 9.17　单纵模 LD 的增益和损耗分布

单纵模 LD 的性能通常由边模抑制比(MSR)来表征,其定义为

$$MSR = P_{mm}/P_{sm} \tag{9.10}$$

式中,P_{mm} 为主模的功率,P_{sm} 为最大的边模(次模)的功率。对于一个较好的单纵模 LD,MSR 大于 30 dB。

分布反馈 LD 是一种可以产生动态控制的单纵模激光器,这种结构的 LD 又可分为分布反馈 LD(DFB-LD,光栅沿着整个有源层)和分布布拉格反射 LD(DBR-LD,其光栅位于有源层的两端)。在对光具有放大作用的有源层附近,表面刻有波纹状衍射光栅,以形成光的反馈,构成一只对波长敏感的谐振腔。这种分布反馈结构像是分布着多个光学谐振腔，根据衍射光栅的周期性结构（波纹状的间距），使 LD 具有极强的波长选择性，实现了发光波长的单纵模工作。

DFB-LD 的线宽大约为 DBR-LD 的线宽的 1/10（约 0.5 nm），如图 9.18 所示，从而使波长色散的影响大为降低，可以实现速率为数 Gb/s 的超高速传输。

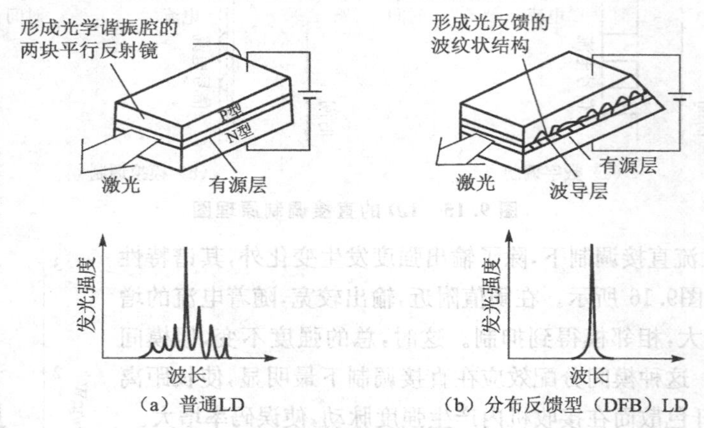

（a）普通LD （b）分布反馈型（DFB）LD

图 9.18 分布反馈 LD

4. LD 的特点

(1) LD 的优点

① LD 所发出的光的谱线十分狭窄，有 1～5 nm。从而大大降低了光纤系统的色散，增大了光纤的传输带宽。故 LD 可适用于大容量的光纤通信。

② LD 所发出的光的方向一致性好，发散角小，与光纤的耦合效率较高。一般用直接耦合方式就可达 20%以上，如果采用适当的耦合措施可达 90%。由于耦合效率高，入纤光功率大，故 LD 适用于长距离的光纤通信。

③ LD 是一个阈值器件，在实际使用时必须对之进行预偏置。对 LD 进行预偏置可以减少由于建立和阈值电流相对应的载流子密度所出现的时延，提高 LD 的调制速率，使 LD 适用于大容量光纤通信。

(2) LD 的缺点

① 和 LED 相比，LD 的温度特性较差，主要表现在其阈值电流随温度的上升而增加。当温度从 20 ℃上升到 50 ℃时，LD 的阈值电流会增加 1～2 倍，这样会给使用带来许多不便。在一般情况下 LD 要加温度控制和制冷措施。为了获得好的高频调制性能，驱动电路安装在靠近 LD 的位置。目前商品化 LD 组件大多具有上述功能。

② LD 的发光功率与工作电流之间并非是一种良好的线性对应关系。但这并不影响 LD 在数字光纤通信中广泛应用，因为数字光纤通信对光源器件线性度并没有过高的要求。

③ 由于 LD 中谐振腔反射镜面的不断损伤等原因，LD 的工作寿命较 LED 为短，但目前可达到数十万小时。

5. LD 的应用范围

由于 LD 具有发光谱线狭窄，与光纤的耦合效率高等显著优点，所以它被广泛应用在大容量、长距离的数字光纤通信之中。尽管 LD 也有一些不足，如线性度与温度特性欠佳。但数字光纤通信对光源器件的线性度并没有很严格的要求；而温度特性欠佳可以通过一些有效的措施来补偿，因此 LD 成为数字光纤通信最重要的光源器件。

6. LED 与 LD 比较

综上所述，光纤通信系统中最常用的半导体发光器件是 LED 和 LD。前者可用于短距离、低容量或模拟系统，其成本低、可靠性高；后者适用于长距离、高速率的系统。在选用时应根据需要综合考虑来决定，因为它们都有各自的优缺点和特性。表 9.1、表 9.2 就两者的性能做系统的比较。

表 9.1　半导体激光器(LD)和发光二极管(LED)的性能比较

	激光二极管 LD	发光二极管 LED
1	输出光功率较大，几毫瓦至几十毫瓦	输出光功率较小，一般为 1～2 mW
2	带宽大，调制速率高，几百兆赫至几十吉赫兹	带宽小，调制速率低，几十兆赫到 200 MHz
3	光束方向性强，发散度小	方向性差，发散度大
4	与光纤的耦合效率高，可高达 80%以上	与光纤的耦合效率低，仅百分之几
5	光谱较窄	光谱较宽
6	制造工艺难度大，成本高	制造工艺难度小，成本低
7	在要求光功率较稳定时，需要 APC 和 ATC	可在较宽的温度范围内正常工作
8	输出特性曲线的线性度较好	特性曲线线性好，但在大电流下易饱和
9	有模式噪声	无模式噪声
10	可靠性一般	可靠性较好
11	工作寿命短	工作寿命长

表 9.2　半导体激光器(LD)和发光二极管(LED)的性能参数

	激光二极管 LD		发光二极管 LED	
工作波长 $\lambda/\mu m$	1.3	1.55	1.3	1.55
谱线宽度 $\Delta\lambda$/ nm	1～2	1～3	50～100	60～120
阈值电流 I_{th}/mA	20～30	30～60	—	—
工作电流 I/mA	—	—	100～150	100～150
输出功率 P/mW	5～10	5～10	1～5	1～3
入纤功率 P/mW	1～3	1～3	0.1～0.3	0.1～0.2
调制带宽 B/MHz	500～2 000	500～1 000	50～150	30～100
辐射角 θ/(°)	20×50	20×50	30×120	30×120
寿命 t/h	10^6～10^7	10^5～10^6	10^8	10^7
工作温度/℃	−20～50	−20～50	−20～50	−20～50

9.2.4　光发送机

在光纤通信系统中光发射机主要有调制电路和控制电路组成，如图 9.19 所示。光发射机中，输入电路将电端机输出的电信号变换成适合光纤通信的电信号后，通过驱动电路调制光源(直接调制)，或送到光调制器调制光源输出的连续光波(外调制)。对于直接调制方式，驱动电路需给光源加一直流偏置；而外调制方式中光源的驱动为恒定电流，以保证光源输出连续光波。自动偏置和自动温度控制电路是为了稳定输出的平均光功率和工作温度。此外，光发射机中还有报警电路，用以检测和报警光源的工作状态。

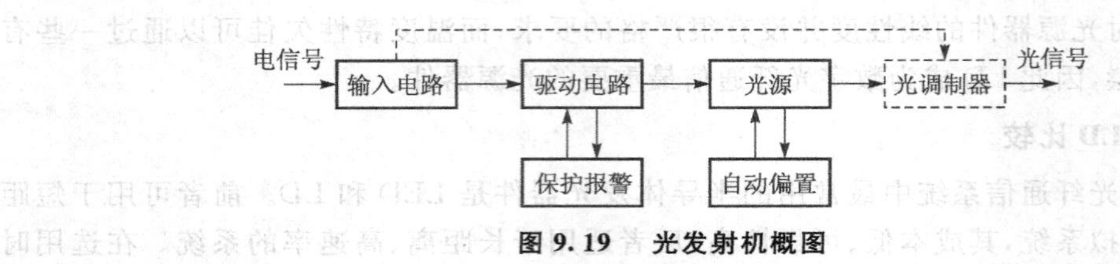

图 9.19 光发射机概图

本节首先简要介绍光载波的调制方式,然后着重介绍光源的驱动和控制电路。

1. 光波的调制

在光纤通信系统中,把随信息变化的电信号加到光载波上,使光载波按信息的变化而变化,称为光波的调制。从本质上讲,光载波调制和无线电波载波调制一样,使光波携带信息的光参量可以有振幅、强度、频率、相位和偏振等,也即有相应的调幅、调强、调频、调相、调偏等多种调制方式。但为了便于解调,在光频段多采用光的强度调制方式。

从调制方式与光源的关系上来分,强度调制的方法有两种:直接调制和外调制。直接调制是用电信号直接调制光源器件的偏置电流,使光源发出的光功率随信号而变化;外调制一般是基于电光、磁光、声光效应,让光源输出的连续光载波通过光调制器,光信号通过光调制器实现对连续光载波的调制。光源直接调制的优点是简单、经济、容易实现,但调制速率受载流子寿命及高速率下的性能退化的限制(频率啁啾)。外调制方式需要光调制器,结构复杂,但可获得优良的调制性能,特别适合高速率光通信系统。

从调制信号的形式来分,光调制又分为模拟调制和数字调制。模拟调制又可分为两类,一类是利用模拟基带信号直接对光源进行调制;另一类采用连续或脉冲的射频波做副载波,模拟基带信号先对它进行调制,再用该已调制的副载波去调制光载波。由于模拟调制的调制速率较低,均使用直接调制方式。数字调制主要指脉冲编码调制(PCM)。先将连续的模拟信号进行抽样、量化、编码,转化成一组二进制脉冲代码,然后对光信号进行通断调制。数字调制也可使用直接调制和外调制。

2. LED 的驱动电路

在小型模拟或低速、短距离数字光纤通信系统中,可以来用 LED 作为系统光源。但不论哪种通信系统,用 LED 做光源时,均采用直接强度调制方式,即通过改变 LED 的注入电流调制输出光功率。下面分别介绍模拟系统及数字系统的 LED 驱动电路。

(1)LED 的直接调制原理与电路

图 9.8(a)为对 LED 进行模拟调制的原理图。连续的模拟信号电流量加在直流偏置电流 I_B 上,适当选择直流偏置的大小,使静态工作点位于 LED 特性曲线线性段的中点,可以减小光信号的非线性失真。调制线性的好坏取决于调制深度 m。设调制电流幅值为 ΔI,偏置电流为 I_B,则

$$m=\frac{\Delta I}{I_B} \tag{9.11}$$

LED 的数字调制原理图如图 9.8(b)所示。信号电流为单向二进制数字信号,用单向脉冲电流的“有”、“无”(“1”码和“0”码)控制 LED 的发光与否。模拟系统或数字系统都是通过控制流经 LED 电流的办法来达到调制输出光功率的目的。但由于二者功率和频率特性不同,对驱动与偏置电路也不同,下面分别加以讨论。

(2)LED的模拟驱动与偏置电路

在模拟系统中，对驱动电路的要求是提供一定的工作点偏置电流 I_B 及足够的信号驱动电流 ΔI_B，以使光源能够输出足够的功率，并使其输出功率随输入信号线性变化，非线性失真小。产生的非线性失真必须低于－50～－30 dB。但由于LED本身存在非线性失真，在高质量要求的信号传输(如广播电视传输)中，还需要线性补偿电路。LED对温度不很敏感，因此驱动电路中一般不采用复杂的自动功率控制(APC)和自动温度控制(ATC)电路，较LD的驱动电路简单得多。

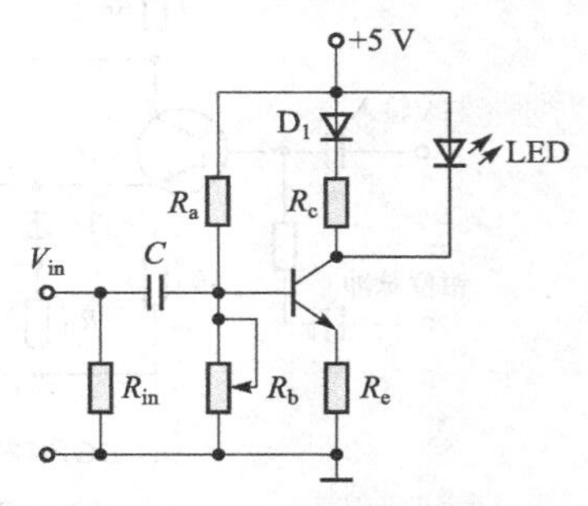

图 9.20　LED模拟驱动电路

图9.20为一种简单而又具有高速特性的共发射极跨导式驱动器。它将基极电压转变为集电极电流以驱动LED。晶体管工作在甲类工作状态，调整基极偏置，使晶体管和LED都偏置在各自的线性区，并使静态集电极电流即LED的偏置电流 $I_B=I_m/m$。设 $I_m=24$ mA，$m=0.8$，则 $I_B=30$ mA，工作电流范围为(30±24)mA；其频率响应大于100 MHz。采用锗二极管和电阻与LED并联，在大电流时起分流作用，扩大驱动电流范围，提高LED的线性，该电路的谐波失真小于－45 dB。

(3)LED驱动电路中的补偿网络

从LED调制特性可以知道，当系统传输电视图像时，LED本身的非线性将导致微分增益(DG)失真和微分相位(DP)失真。DG失真产生的原因是位于不同亮度电平上的副载波振幅的放大程度不同，表现为图像的彩色饱和度随亮度电平发生变化；DP失真是位于不同亮度电平上的副载波相位使相对于色同步的相位发生变化，表现为彩色色调随亮度电平发生变化。目前制造的GaAlAs LED中，由于非线性造成的DG失真一般为5%～15%，最高达20%；DP失真一般为1°～5°，最高可达10°。在电视传输系统中，这两项指标的要求通常分别为1%和1°。因此，为了达到要求，在LED驱动电路中需要采取预补偿措施，以校正输出特性的非线性，如图9.21所示。TV信号经缓冲放大器后先进行DP预校正及DG预校正，再送到驱动器，驱动LED。

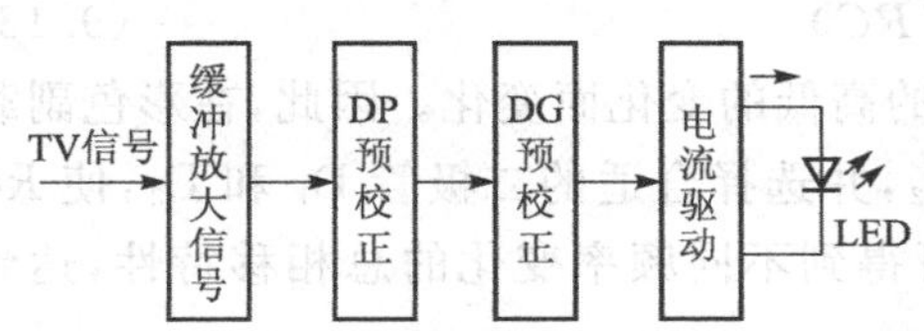

图 9.21　有预失真校正电路的发送机框图

LED驱动电路中，利用预补偿网络中的非线性元件，使输入的电视信号得到和光源特性相反的非线性失真，从而抵消光源原来的非线性失真，使总的输出特性的非线性得到改善，如图9.22所示。实现图9.22的电路如图9.23所示，具有电路简单可调，补偿效果好等优点。该电路将DG和DP分别进行补偿，都是利用二极管网络的电阻随输入信号电平做非线性变化这一特性，对LED的非线性进行补偿。

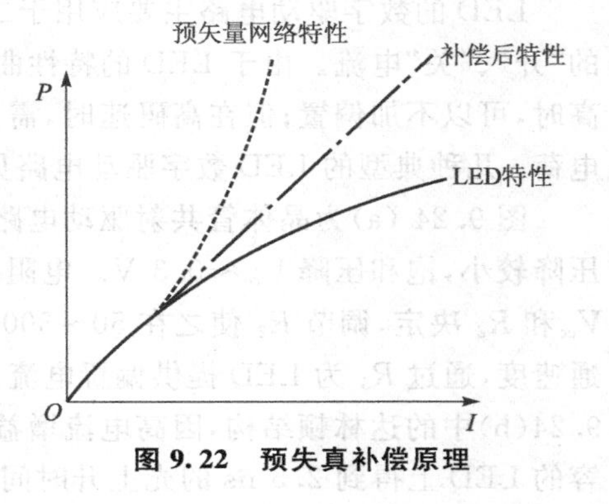

图 9.22　预失真补偿原理

图9.23(a)是DG预畸变网络。经该网络对DG进行预畸变后的1 V_{p-p} 视频信号，再送到DP预畸变网络对DP进行补偿。图9.23(a)中的二极管 D_1～D_3 分别被偏置在电压 V_1～V_3 上，当视频

信号导入时，BG 的射极电位将随信号电平而变化，此时二极管 $D_1 \sim D_3$ 也将随信号电平的高低依次导通或截止。此时，该电路增益为

$$A_v = 20\lg \frac{R_L}{R_e} \quad (dB) \tag{9.12}$$

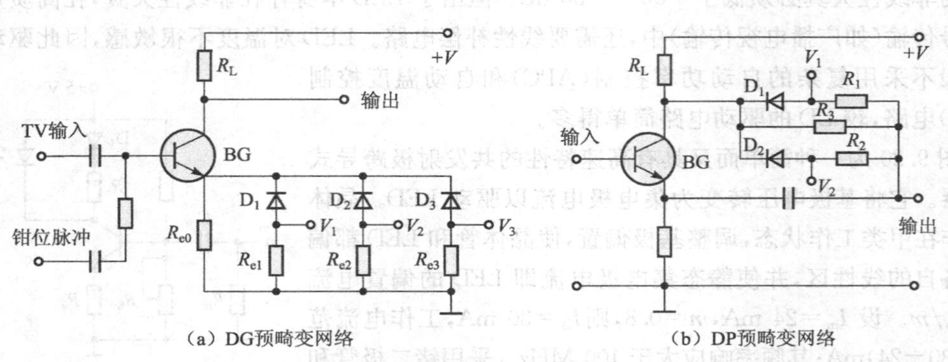

图 9.23　LED 驱动电路的补偿网络

式中，R_e 为射极电阻，当信号电平在最小值和最大值之间变化时，射极电阻 R_e 将在最小值和最大值之间变化，对应的电路增益发生变化。这样，适当选择偏置电压 V_1、V_2、V_3 及电阻 R_{e1}、R_{e2} 和 R_{e3} 后，就可使不同亮度电平上的副载波幅度不随输入信号电平变化而变化，从而达到补偿目的，大大改善 DG 的失真。

图 9.23(b)是 DP 预畸变网络。它是一个由二极管组成的 RC 移相网络。D_1 和 D_2 被偏置在不同电压 V_1 和 V_2 上，当由 DG 补偿网络来的信号电平变化时，BG 的集电极电位发生变化，从而 D_1、D_2 将随信号电平的高低导通或截止。RC 移相网络的相移 φ 为

$$\varphi = 2\arctan(2\pi f RC) \tag{9.13}$$

式中，R 为 RC 移相网络电阻，R 随着输入信号电平的高低的变化而变化。因此，在彩色副载波频率 $f=4.43$ MHz 附近，适当调节偏压 V_1 和 V_2，并选择合适的二极管 D_1 和 D_2，使 RC 网络的相移特性正好与 LED 的相位特性相反，就可得到不同频率变化的总相移特性，达到补偿目的，从而改善 DP 的失真程度。

(4) LED 的数字驱动电路

LED 的数字驱动电路主要应用于二进制数字信号，驱动电路应能提供几十至几百毫安的“开”、“关”电流。由于 LED 的特性曲线比较平直，温度对光功率的影响也不严重，码速不高时，可以不加偏置；但在高码速时，需加小量的正向偏置电流，有利于保持 LED 电容上的电荷。几种典型的 LED 数字驱动电路见图 9.24 所示。

图 9.24 (a)为晶体管共射驱动电路，晶体管用做饱和开关，提供电流增益 β，其两端的电压降较小，饱和压降 $V_{ce} \approx 0.3$ V。电阻 R_2 用以提供 LED 的驱动电流，通过 LED 的电流由 V_{cc} 和 R_2 决定，调节 R_2 使之在 50～300 mA 变化，基极电路中的 R_1C_1 并联组合用于加快导通速度，通过 R_3 为 LED 提供偏置电流。为了提高 LED 的开关速度，常采用低阻抗电路，图 9.24(b)中的达林顿结构，因高电流增益，降低了输出阻抗。这一电路可从具有 180 pF 的电容的 LED 上得到 2.5 ns 的光上升时间，可传输 100 Mb/s 的数字信号。但由于发射极输出的负载不是纯电阻，可能使电路发生振荡。R_1C_1 并联串接于发射极电路，组成发射极跟随电路，提供电压阶跃，以补偿驱动电流开始时，对 LED 电容充电所造成的光驱动电流的下

降，从而使驱动器可工作在高码速情况下。

图 9.24(c)为发射极耦合开关式驱动电路，可传输 300 Mb/s 以上的数字信号。晶体管 T_1 和 T_2 是发射极耦合式开关，T_3 为恒流源。LED 的驱动电流由恒流源决定。这种电路类似线性差分放大器，实际做开关用。由于它超越了线性范围工作，输入端过激励时，仍没有达到饱和，所以开关速率更高。

图 9.24(d)为高速 LED 驱动电路，R_1C_1 用于脉冲的上下过冲整形，改善 LED 的脉冲响应，R_2 可改善脉冲下降时间。当 LED 为 SLED 时，可传输 2 Gb/s 以上的数字信号。该电路的脉冲前后沿为 0.35 ns，预偏置为 15 mA，电流峰值为 100 mW。图 9.25 为 TTL 开关式驱动电路实例。

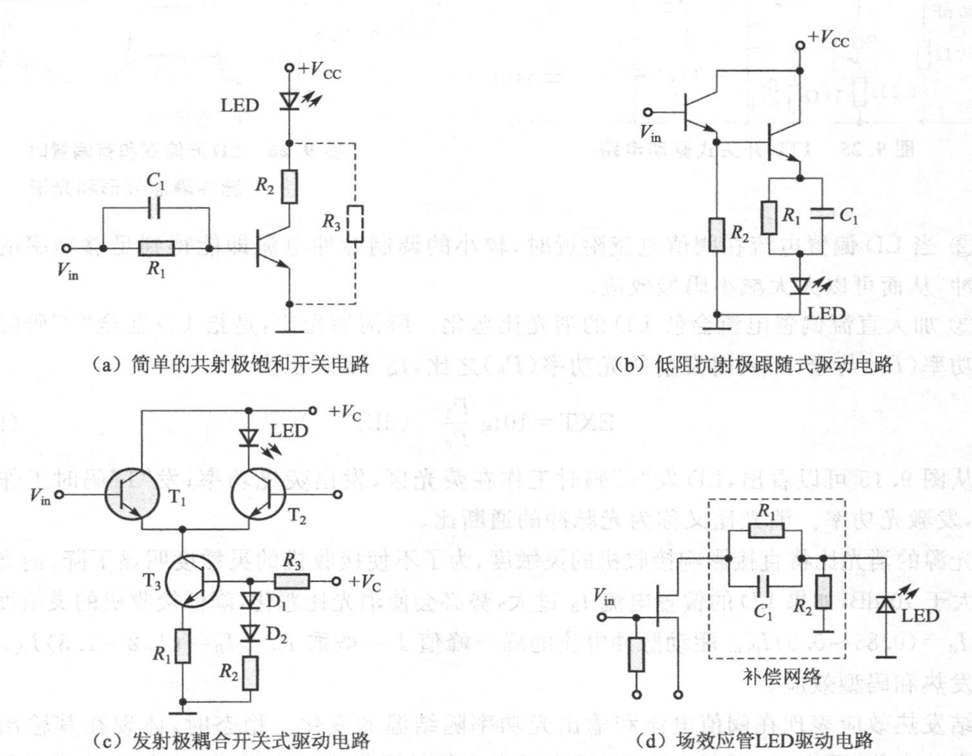

图 9.24 LED 数字驱动电路

3. LD 的驱动电路

由于 LD 一般用于高速率系统，且是阈值器件，它的温度稳定性较差，与 LED 相比，其调制问题要复杂得多，驱动条件的选择、调制电路的形式和工艺，都对调制性能至关重要。下面具体讨论 LD 驱动条件的选择，并说明调制电路的设计。

(1)偏置电流和调制电流大小的选择

采用直接调制方式时，偏置电流的选择直接影响 LD 的高速调制性质。选择直流预偏置电流应考虑以下几个方面：

① 加大直流偏置电流使其逼近阈值，可以大大减小电光延迟时间，同时使弛豫振荡得到一定程度的抑制。图 9.26 为 LD 无偏置和有偏置时脉冲瞬态波形和光谱。由图 9.26 中

可以看出，由于LD加了足够的预偏置电流，调制电流脉冲幅度较小，预偏置后弛豫振荡大大减弱，谱线减少，光谱宽度变窄；另外，电光延迟的减小，也大大提高了调制速率。

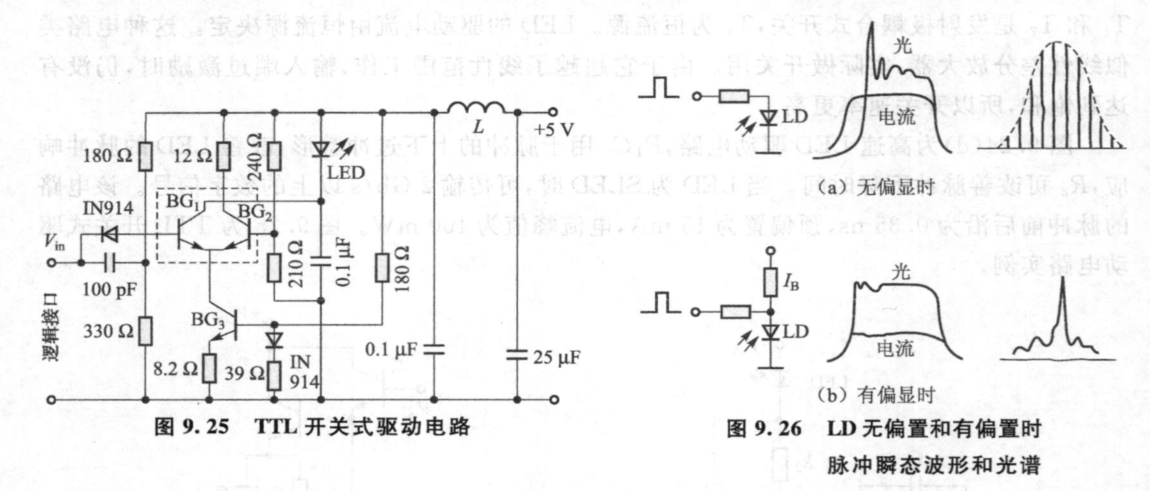

图 9.25 TTL 开关式驱动电路

图 9.26 LD 无偏置和有偏置时脉冲瞬态波形和光谱

② 当LD偏置电流在阈值电流附近时，较小的调制脉冲电流即能得到足够功率的输出光脉冲，从而可以大大减小码型效应。

③ 加大直流偏置电流会使LD的消光比恶化。所谓消光比，是指LD在全“1”码时发送的光功率(P_1)与全“0”码时发射的光功率(P_0)之比，用dB表示为

$$\text{EXT}=10\lg\frac{P_1}{P_0}\quad(\text{dB})\tag{9.14}$$

从图9.15可以看出，LD发“0”码时工作在荧光区，发出荧光功率；发“1”码时工作在激光区，发激光功率。消光比又称为光脉冲的通断比。

光源的消光比将直接影响接收机的灵敏度，为了不使接收机的灵敏度明显下降，消光比一般应大于10 dB，如果LD的偏置电流I_B过大，势必会使消光比恶化，降低接收机的灵敏度。通常取$I_B=(0.85\sim0.9)I_{th}$。驱动脉冲电流的峰－峰值I一般取$I_m+I_B=(1.2\sim1.3)I_{th}$，以避免结发热和码型效应。

结发热效应表现在阈值电流和输出光功率随结温的变化。稳态时，体现在其输出特性随温度的变化；瞬态时，调制电流I_m的出现也会使结温发生一定波动，这种波动将引起阈值电流和输出光功率发生波动。在电流脉冲持续时间内，结温将随时间t的增加而增加，而输出光功率却随时间增加而减小；当电流脉冲过后，情况正好相反，结温随t减小，输出的光功率却随t增加，最后达到偏置电流的稳定值。因此，如果同一连续的脉冲电流去调制LD，而且脉冲电流的宽度足够宽，那么由于结的发热效应，光脉冲将出现调制失真。实验证明，当偏流逼近阈值，并适当选择调制电流幅度，对减小结发热效应有利。

④ 实验证明，异质结LD的散粒噪声在阈值处出现最大值，如LD正好偏置在阈值上，散粒噪声的影响较严重。

因此，偏置电流I_B的选择，要兼顾电光延迟、弛豫振荡、码型效应、消光比以及散粒噪声等各方面情况，根据器件具体性能和系统的具体要求，适当的选择偏置电流的大小。由于LD的电阻较小，LD的偏置电路应是高阻恒流源。

调制电流 I_m 幅度的选择，应根据 LD 的特性曲线，既要有足够的输出光脉冲功率，又要考虑到光源的负担。考虑到某些 LD 在某些区域有自脉动现象发生，I_m 的选择应避开这些区域。

(2) LD 的直接调制电路

LD 的直接调制电路有许多种，但概括起来有两类：一类是单管集电极驱动电路，另一类是射极耦合开关电路。

图 9.27 为单管集电极驱动电路原理图。图中 DT 为驱动管，输出特性在放大区表现为恒流源，用集电极电流驱动光源，当电信号加在 DT 基极时，即可驱动集电极电路中的 LD，使之输出的光功率随信号的变化而变化，DT 工作在开关状态。

图 9.28 为射极耦合光发送驱动电路。图中晶体管 BG_2 和 BG_3 为发射极耦合对，组成非饱和电流选择开关。当 BG_2 基极电位高于 BG_3 基极电位时，BG_2 导通，恒流源的驱动电流 I_m 全部流过 BG_2，故流过 LD 的电流为零。反之，当 BG_2 基极电位低于 BG_3 基极电位时，BG_3 导通，所有驱动电流都通过 LD。电流开关的转换过程由输入数字信号转换成 ECL 电平来控制，ECL 电平“1”码时，输出为－1.8 V，“0”码时，输出为＋0.8 V，经过 BG_1 和 D_1 电平移动后加到 BG_2 基极，而 BG_3 基极电平固定在－2.6 V，它由温度补偿的参考电平 V_{bb} 经 BG_4 和 D_2 电平移动得到。V_{bb}＝－1.31 V 是“1”码和“0”码电平的中间值。选择适当的输入电压，使晶体管不驱动到饱和状态，就能起到快速开关作用，同时恒流源可使开关噪声很小。

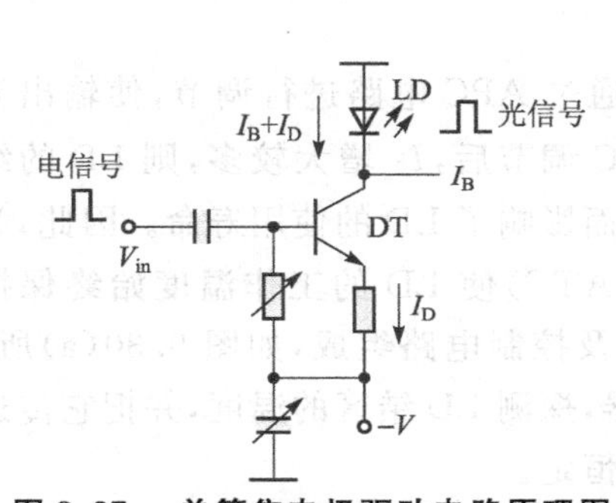

图 9.27 单管集电极驱动电路原理图

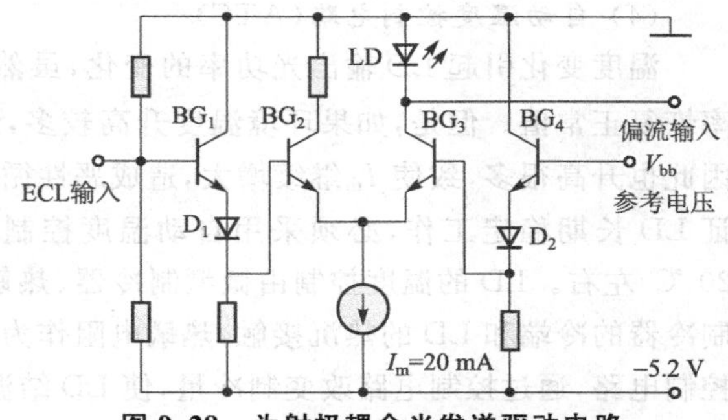

图 9.28 为射极耦合光发送驱动电路

(3) 自动功率控制电路(APC)

在使用中，LD 结温的变化以及老化都会使 I_{th} 增大，量子效率下降，从而导致输出光脉冲的幅度发生变化。为了保证 LD 有稳定的输出光功率，需要有各种辅助电路，例如功率控制电路、温控电路、限流保护电路和各种告警电路等。

光功率自动控制有许多方法，一是自动跟踪偏置电流，使 LD 偏置在最佳状态；二是峰值功率和平均功率的自动控制；三是 $P\sim I$ 曲线效率控制法等。但最简单的办法是通过直接检测光功率控制偏置电流，用这种办法即可收到良好的效果。该办法是利用 LD 组件中的 PIN 光电二极管，监测 LD 背向输出光功率的大小，若功率小于某一额定值时，通过反馈电路后驱动电流增加，并达到额定输出功率值。反之，若光功率大于某一额定值，则使驱动电流减小，以保证 LD 输出功率基本上恒定不变。

图 9.29 为某光通信系统中光发射机的 APC 电路，作为 LD 输出光功率自动控制的实例。该电路是通过控制 LD 偏置电流 I_B 大小来保持输出光脉冲幅度的恒定。在运放的输入端，再生信号由输入信号再生处理后得到，它固定在－1～0 V。LD 组件中 PIN 管接收 LD

的背面输出光，它受到与正面输出光同样的温度及老化影响，从而可用来反馈控制 LD 输出光功率。该 PIN 产生的信号与直流参考比较后送到放大器的同相端，直流参考通过调节 R_1 控制预偏置电流 I_B。调节 R_2 使再生信号与 PIN 输出取得平衡，使 I_B 保持恒定。当输出光功率产生变化时，平衡破坏，反馈偏置电路将自动调整 I_B，使输出功率恢复到原来的值，电路又恢复平衡状态。图中用 R_3C_1 构成 LD 的慢启动网络，当刚开启电源或有突发的电冲击时，由于电路的时间常数很大(约 1 ms)，I_B 只能慢慢增大。这时，前面的控制电路首先进入稳定控制状态，然后 I_B 缓慢增大，保护 LD 免受冲击。

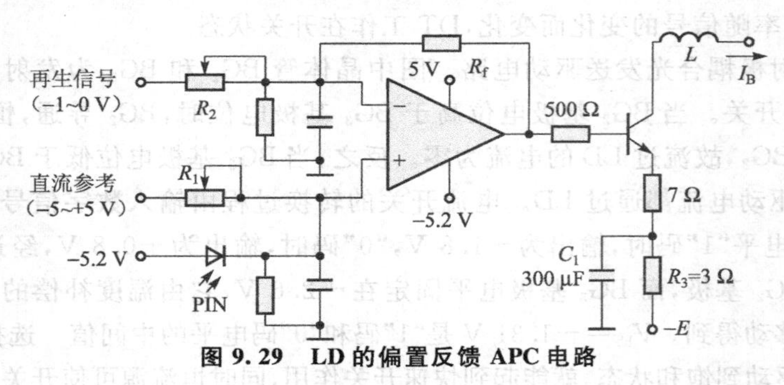

图 9.29　LD 的偏置反馈 APC 电路

(4) 自动温度控制电路(ATC)

温度变化引起 LD 输出光功率的变化，虽然可以通过 APC 电路进行调节，使输出光功率恢复正常值。但是，如果环境温度升高较多，经 APC 调节后，I_B 增大较多，则 LD 的结温因此也升高很多，致使 I_{th} 继续增大，造成恶性循环，从而影响了 LD 的使用寿命。因此，为保证 LD 长期稳定工作，必须采用自动温度控制电路(ATC)使 LD 的工作温度始终保持在 20 ℃ 左右。LD 的温度控制由微型制冷器、热敏元件及控制电路组成，如图 9.30(a)所示。制冷器的冷端和 LD 的热沉接触，热敏电阻作为传感器，探测 LD 结区的温度，并把它传递给控制电路，通过控制电路改变制冷量，使 LD 结温保持恒定。

微制冷器多采用半导体制冷器。它是利用半导体材料的珀尔帖效应制成的。当直流电流通过两种半导体组成的电偶时，出现一端吸热另一端放热的现象，这种现象称为珀尔帖效应。用若干对电偶串联或并联组成的温差电功能器件的温差控制可以达到 30 ℃～40 ℃。

图 9.30(b)是 ATC 的电路框图。ATC 电路主要由 R_1、R_2、R_3 和负温度系数热敏电阻 R_T 组成“换能”电桥，通过电桥把温度的变化转换为电量的变化。运算放大器 A 的差动输入端跨接在电桥的对端，用以改变三极管 T 的基极电流。在设定温度(例如 20 ℃)时，调节 R_3 使电桥平衡，A、B 两点没有电位差，传输到运算放大器 A 的信号为零，流过制冷器 TEC 的电流也为零。当环境温度升高时，LD 的管芯和热沉温度也升高，使具有负温度系数的热敏电阻 R_T 的阻值减小，电桥失去平衡。这时 B 点的电位低于 A 点的电位，运算放大器 A 的输出电压升高，T 的基极电流增大，制冷器 TEC 的电流也增大，制冷端温度降低，热沉和管芯的温度也降低，因而保持温度恒定。

(5) 光源的保护及告警电路

光源的保护是指保护光源不要因为外界因素而受到损害。光源的保护包括温度保护和电流保护两个方面。上面介绍的自动温度控制实际上也是温度保护。

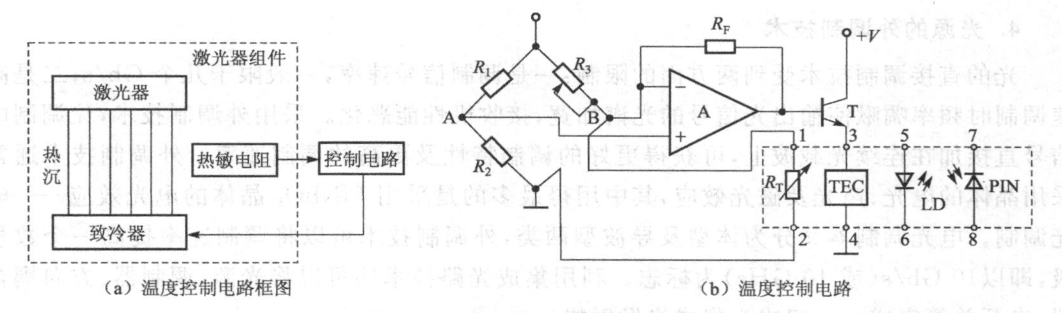

（a）温度控制电路框图　　（b）温度控制电路

图 9.30　LD 的温度控制(ATC)

电流保护包括电流接通时的保护、工作过程中的过流保护以及反向冲击电流保护等。电流接通时的保护是为了防止在系统开机接通电源瞬间，由于电路因素引起的冲击电流可能对 LD 造成的损坏。实际系统中 LD 的驱动部分与其他电路是共用一个电源，因此光源的偏置电流必须缓慢增加，以起到保护作用。工作过程中为使光源不致因通过大电流而损坏，一般需对光源进行过流保护。过流保护的方法很多，基本思想是利用反馈控制使通过光源的电流不超过某一限定值，从而起到保护的作用。图 9.31 所示是 LD 的过流保护电路。为防止光源受到反向冲击电流或电压的破坏，一般在光源上并联一个肖特基二极管。这样当反向冲击电流或电压出现时，肖特基二极管迅速导通，就可以实现对光源的保护。

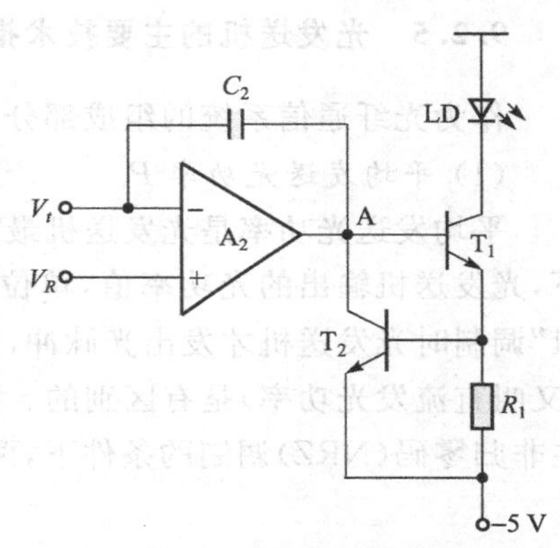

图 9.31　光源的过流保护电路

完整的光发射机除了上述各种控制、保护之外，还应包括告警电路，当光发送电路出现故障或工作不正常时，应及时发出相应的声、光告警信号，以便于工作人员维护。告警电路一般包括无光告警、寿命告警、温度告警等。

① 无光告警电路 当光发送机电路出现故障，或输入信号中断、或 LD 损坏时，都可能使 LD 长时间不发光。这时，无光告警电路都应动作，发出相应的声光告警信号。图 9.32(a)所示为无光告警电路原理图。

② 寿命告警电路 随着使用时间的增长，LD 阈值电流也将逐渐增大。当阈值电流增大到开始使用时的 1.5 倍时，就认为 LD 的寿命终止。由于 $I_B \approx I_{th}$，所以寿命告警电路常采用监测偏流 I_B 的值来判断 LD 寿命是否终止。也就是说，当 $I_B > 1.5I_{th0}$（I_{th0} 为 LD 开始启用时的阈值电流）时，寿命告警电路就发出告警指示。图 9.32(b)所示为寿命告警电路原理图。

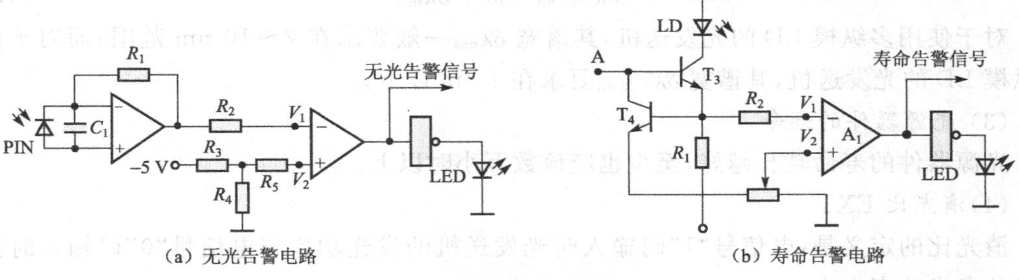

（a）无光告警电路　　（b）寿命告警电路

图 9.32　告警电路原理图

4. 光源的外调制技术

光的直接调制技术受到两方面的限制：一是调制信号速率，一般限于几个 Gb/s；二是高速调制时频率啁啾使输出光信号的光谱加宽，接收机性能恶化。采用外调制技术，让调制电信号直接加在连续光载波上，可获得更好的调制特性及更高的调制速率。外调制技术通常采用晶体的电光、声光及磁光效应，其中用得最多的是采用 $LiNbO_3$ 晶体的电光效应——电光调制。电光调制器又分为体型及导波型两类，外调制技术可以将调制速率提高一个数量级，即以10 Gb/s（或 10 GHz）为标志。利用集成光路技术还可以将光源、调制器、方向耦合器、光开关等集成在一起成为集成光发射机。

在考虑外调制器时，与直接调制方式一样，必须考虑许多设计参数和性能指标。外调制器主要考虑调制带宽、调制功率、光插入损耗、消光比、温度灵敏度、与光源及光纤的耦合效率、几何尺寸对调制性能的影响等。

9.2.5 光发送机的主要技术指标

作为光纤通信系统的组成部分，光发送机有许多技术指标，但其最主要的是如下几项：

(1) *平均发送光功率* P_t

平均发送光功率是光发送机最重要的技术指标，它是指在“0”、“1”码等概率调制的情况下，光发送机输出的光功率值，单位为 dBm。由于在“0”码调制时光发送机不发光，只有在“1”调制时光发送机才发出光脉冲，因此平均发送光功率与光源器件的最大发送光功率 P_{max}（又叫直流发光功率）是有区别的。后者是指在全“1”码调制的条件下光源器件的发光功率。在非归零码（NRZ）调制的条件下，两者的关系为

$$P_t = \frac{1}{2} P_{max} \tag{9.15}$$

在一般情况下，光发送机的平均发送光功率越大越好。进入光纤的有效光功率越大，中继距离越长。但也不能过大，否则会降低光源器件的寿命。P_t 一般不越过 0 dBm(1 mW)。

(2) *谱宽*

光发送机中所用光源器件的谱线宽度越窄越好。因为谱宽越窄，由它引起的光纤色散就越小，就越利于进行大容量的传输。目前，关于谱宽的提法有三种，即常用的均方根谱宽 $\delta\lambda_{rms}$ 和半值满谱宽 $\delta\lambda_{1/2}$，它们适用于多纵模 LD。还有一种是 CCITT 定义的－20 dB 谱宽 $\delta\lambda_{-20\,dB}$，它主要用于单纵模 LD，意指从中心波长的最大幅度下降到 1%（－20 dB）时两点间的宽度。

假设光源的谱线分布服从高斯分布，则很容易推导出它们有如下关系：

$$\delta\lambda_{-20\,dB} = 6.07\delta\lambda_{rms} \tag{9.16}$$

对于使用多纵模 LD 的光发送机，其谱宽 $\delta\lambda_{rms}$ 一般要求在 2～10 nm 范围；而对于使用单纵模 LD 的光发送机，其谱宽 $\delta\lambda_{-20\,dB}$ 要求在 1 nm 以下。

(3) *光源器件的寿命*

光源器件的寿命越长越好，至少也应该数万小时以上。

(4) 消光比 EXT

消光比的定义是：电信号“1”码输入时光发送机的发光功率与电信号“0”码输入时光发送机的发光功率之比。

$$\mathrm{EXT}=10\lg\frac{\text{“1”码时光功率}}{\text{“0”码时光功率}} \tag{9.17}$$

因为在实际工作中无法测量出单个“1”码与单个“0”码的光脉冲功率，故常采用下式来实际测量消光比：

$$\mathrm{EXT}=10\lg\frac{\text{全“1”码调制时光功率}}{\text{全“0”码调制时光功率}} \tag{9.18}$$

光发送机的消光比一般要求大于 8.2 dB，即“0”码光脉冲功率是“1”码光脉冲功率的 1/7。通常希望光发送机的消光比大一些为好，但对于有些情况并非都如此。例如对于码速率很高(如 2.5 Gb/s 以上)的光发送机，若使用的是单纵模 LD 时会出现“啁啾声”现象。而所谓“啁啾声”是指单纵模 LD 谐振腔的光通路长度会因注入电流的变化而变化，导致其发光波长发生偏移。当使用 DFB 单纵模 LD 时，增大偏流会降低“啁啾声”的影响，而增大偏流则会减小消光比，因此消光比并非越大越好。

9.3 光电检测器与光接收机

光纤通信系统中，光发送机输出的光信号在光纤中传输时，不仅幅度会受到衰减，而且脉冲的波形也会被展宽。光接收机的任务是以最小的附加噪声及失真恢复出由光纤传输、光载波所携带的信息，因此光接收机的输出特性综合反映了整个光纤通信系统的性能。本节首先介绍光电检测器的原理与特性，然后重点讨论接收机前端的噪声特性、模拟及数字接收机的性能，如信噪比或误码率、接收机灵敏度等。

9.3.1 光接收机组成概述

光纤通信系统有模拟和数字两大类，和光发射机一样，光接收机也有模拟接收机和数字接收机两种形式，如图 9.33 所示。它们均由反向偏压下的光电检测器、低噪声前置放大器及其他信号处理电路组成，是一种直接检测(DD)方式。与模拟接收机相比，数字接收机比较复杂，在主放大器后还有均衡滤波、定时提取与判决再生、峰值检波与自动增益控制(AGC)放大电路。但因它们在高电平下工作，并不影响对光接收机基本性能的分析。

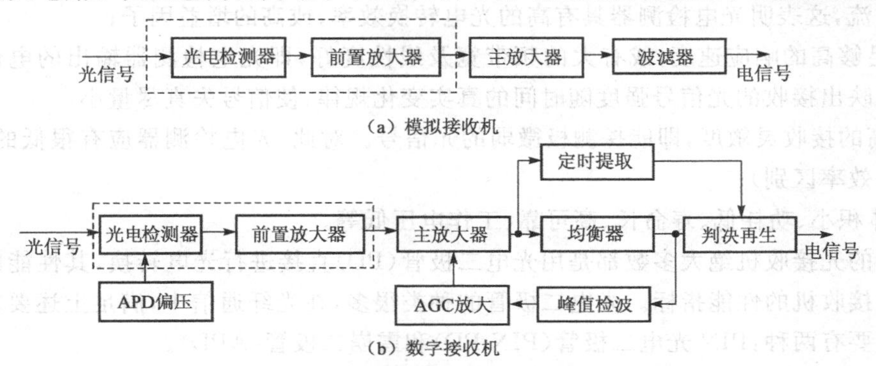

图 9.33 光纤通信接收机框图

光电检测器是光接收机的第一个关键部件，其作用是把接收到的光信号转化成电信号。目前在光纤通信系统中广泛使用的光电检测器是 PIN 光电二极管(PIN-PD)和雪崩光电二极管

(APD)。PIN-PD 比较简单，只需 10～20 V 的偏压即可工作，且不需偏压控制，但它没有增益。因此使用 PIN-PD 的接收机的灵敏度不如 APD 接收机；APD 具有 10～200 倍的内部电流增益，可提高光接收机的灵敏度。但使用 APD 比较复杂，需要几十到 200 V 的偏压，并且温度变化较严重地影响 APD 的增益特性，所以通常需对 APD 的偏压进行控制以保持其增益不变，或采用温度补偿措施以保持其增益不变。对光电检测器的基本要求是高的转换效率、低的附加噪声和快速的响应。由于光检测器产生的光电流非常微弱(nA～μA)，必须先经前置放大器进行低噪声放大，光电检测器和前置放大器合起来叫做接收机前端，其性能的优劣决定接收灵敏度的主要因素。

经光电检测器检测而得的微弱信号电流，流经负载电阻转换成电压信号后，由前置放大器加以放大。但前置放大器在将信号进行放大的同时，也会引入放大器本身电阻的热噪声和晶体管的散弹噪声。另外，后面的主放大器在放大前置放大器的输出信号时，也会将前置放大器产生的噪声一起放大。前置放大器的性能优劣对接收机的灵敏度有十分重要的影响。为此，前置放大器必须是低噪声、宽频带放大器。

主放大器主要用来提供高的增益，将前置放大器的输出信号放大到适合于判决电路所需的电平。前置放大器的输出信号电平一般为 mV 量级，而主放大器的输出信号一般为 1～3 V(峰-峰值)。

均衡器的作用是对主放大器输出的失真的数字脉冲信号进行整形，使之成为最有利于判决码间干扰最小的升余弦波形。均衡器的输出信号通常分为两路，一路经峰值检波电路变换成与输入信号的峰值成比例的直流信号，送入自动增益控制电路，用以控制主放大器的增益；另一路送入判决再生电路，将均衡器输出的升余弦信号恢复为“0”或“1”的数字信号。

定时提取电路用来恢复采样所需的时钟。衡量接收机性能的主要指标是接收灵敏度。在接收机的理论中，中心的问题是如何降低输入端的噪声，提高接收灵敏度。光接收机灵敏度主要取决于光电检测器的响应度以及检测器和放大器的噪声。

9.3.2 光电检测器

作为光纤通信系统的光电检测器，需要具备一定条件和要求才能完成光电转换：

① 在工作波长上光电转换效率高，即对一定的入射光功率，光电检测器能输出尽可能大的光电流，这表明光电检测器具有高的光电转换效率，或高的增益因子；

② 足够高的响应速度，或有大的频带宽及线性度好，即光电检测器输出的电信号能不失真地反映出接收的光信号强度随时间的真实变化规律，使信号失真尽量小；

③ 高的接收灵敏度，即能探测极微弱的光信号。对此，光电检测器应有很低的噪声(与光电转换效率区别)；

④ 体积小、功耗低、寿命长、高可靠、工作电压低等。

目前的光接收机绝大多数都是用光电二极管(PD)直接进行光电转换，其性能的好坏直接影响着接收机的性能指标。光电二极管的种类很多，在光纤通信中，满足上述要求的光电检测器主要有两种：PIN 光电二极管(PIN-PD)和雪崩二极管(APD)。

1. 光电检测器的工作原理

PD 是一个工作在反向偏压下的 PN 结二极管，如图 9.34 所示。由二极管做成的光电检测器的核心是 PN 结的光电效应。

当半导体受到光的照射，且光子能量 $h\nu$ 大于半导体材料的带隙 E_g 时，位于价带的电子将吸收光能向导带跃迁，这种现象称为光电效应。保持运动状态的电子，不久又和价带的空穴相遇而复合，这时光电效应消失。所以为了把光信号变换成电信号，必须充分利用电子和空穴复合以前的状态。

在半导体光电检测器件中，为了使电子和空穴分离，通常采用 PN 结面附近区域产生空间电荷区，形成自建电场，如图 9.34 所示。当 P 型半导体紧密接触后，P 型区的空穴和 N 型区的电子分别向 N 型区和 P 型区扩散，因而在两个区的接触面两侧形成了不存在载流子电子和空穴的区域，这个区域就叫耗尽层。在这样的状态下，如果光从 P 区一侧入射，则光能量在被吸收的同时仍继续向 N 区一侧延伸吸收，在经过耗尽层时，由于吸收光子能量，电子从价带被激励到导带而产生光生电子空穴对，并且在耗尽层空间电场作用下，分别向 N 型区和 P 型区相互逆方向作漂移运动，并形成漂移电流。在耗尽层两侧是没有电场的中性区，由于热运动，部分光生电子和空穴通过扩散运动可能进入耗尽层，然后在电场作用下，形成和漂移电流相同方向的扩散电流。漂移电流分量和扩散电流分量的总和即为光生电流。于是，当与 P 层和 N 层连接的电路开路时，便在 P 区和 N 区两端之间产生与被分隔开的电子和空穴数量成正比的电动势。若与外电路连通，N 区过剩的电子经外部电路与 P 区空穴复合形成光生电流。当入射光功率变化时，光电流也随之线性变化，从而把光信号转换成电信号。这种由 PN 结构成，在入射光作用下，由于受激吸收过程产生的电子空穴对的运动，在闭合电路中形成光生电流的器件，就是简单的 PN 结光电二极管。

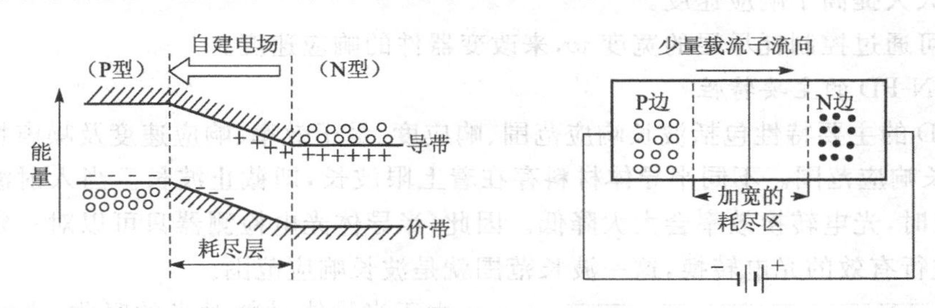

图 9.34 反向偏置的 PN 结

产生光电效应必须满足

$$h\nu > E_g \tag{9.19}$$

即存在

$$\lambda_c = \frac{hc}{E_g} \tag{9.20}$$

式中，λ_c 为产生光电效应的入射光的最大波长，称为截止波长。以 Si 为材料的 PD，$\lambda_c = 1.06\ \mu m$；以 Ge 为材料的 PD，$\lambda_c = 1.60\ \mu m$ 。

如图 9.34 所示，PD 通常要施加适当的反向偏压，目的是增加耗尽层的宽度，缩小耗尽层两侧中性区的宽度，从而减小光生电流中的扩散分量。由于载流子扩散运动比漂移运动慢得多，所以减小扩散分量的比例便可显著提高响应速度。但是提高反向偏压，加宽耗尽层，又会增加载流子漂移的渡越时间，使响应速度减慢。这种结构的 PD 无法降低暗电流和提高响应度，器件的稳定度也比较差，实际上不适合做光纤通信的检测器。为了解决这一矛盾，就需要改进 PN 结 PD 的结构。

2. PIN-PD

(1) PIN-PD 的工作原理与结构

由于 PN 结耗尽层只有几微米，大部分入射光被中性区吸收，因而光电转换效率低，响应速度慢。为改善器件的特性，在 PN 结中间设置一层掺杂浓度很低的本征半导体 I (Intrinsic)，这种结构便是常用的 PIN-PD。PIN-PD 的工作原理和结构见图9. 35。

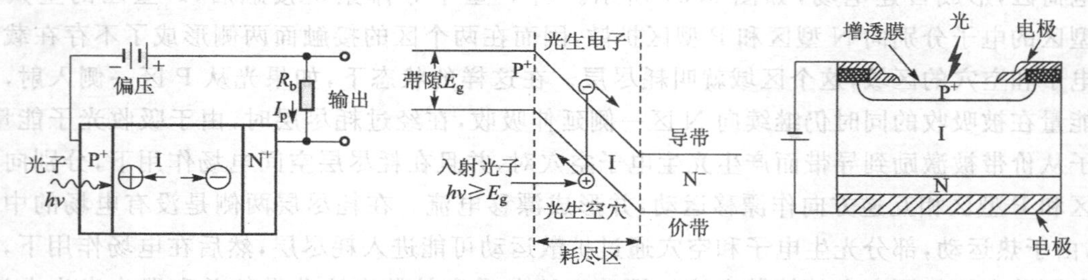

图 9. 35 PIN－PD 工作原理与结构

PIN-PD 中，中间的 I 层是 N 型掺杂浓度很低的本征半导体；两侧是掺杂浓度很高的 P 型和 N 型半导体，用 P^+ 和 N^+ 表示。I 层很厚，吸收系数很小，入射光很容易进入材料内部被充分吸收而产生大量电子空穴对，因而大幅度提高了光电转换效率。两侧 P^+ 层和 N^+ 层很薄，吸收入射光的比例很小，I 层几乎占据整个耗尽层，因而光生电流中漂移分量占支配地位，从而大大提高了响应速度。

另外，可通过控制耗尽层的宽度 w，来改变器件的响应速度。

(2) PIN-PD 的主要特性

PIN-PD 的主要特性包括波长响应范围、响应度、量子效率、响应速度及噪声特性等。

① 波长响应范围。不同半导体材料存在着上限波长，即截止波长。当入射波长远远小于截止波长时，光电转换效率会大大降低。因此，半导体光电检测器只可以对一定波长范围的光信号进行有效的光电转换，这一波长范围就是波长响应范围。

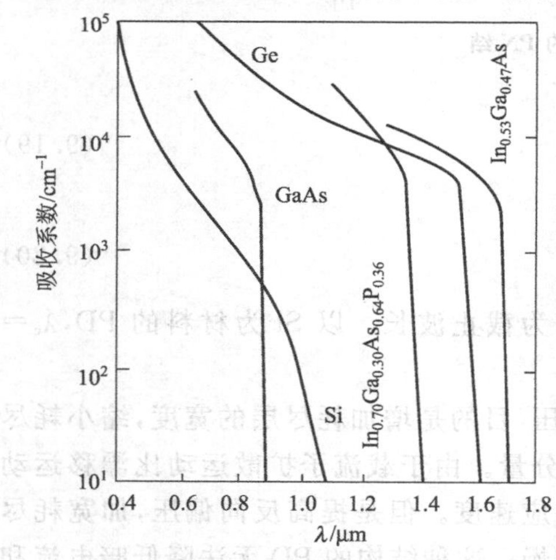

图 9. 36 材料吸收系数随波长的变化情况

由于半导体材料对光的吸收，光在材料中按指数率衰减，因此在厚度 w 的材料内被吸收的光功率为

$$P(w)=P_0\left[1-e^{-\alpha(\lambda)w}\right] \tag{9.21}$$

式中，P_0 为入射光功率；$\alpha(\lambda)$ 为材料吸收系数，其大小与材料性质有关，且是波长的函数。半导体材料的吸收作用随波长减小而迅速增强，即 α 随波长减小而变大。图 9. 36 为光纤通信中用做光检测器的几种材料的吸收系数随波长的变化情况。

② 响应度与量子效率。响应度是描述光检测器能量转换效率的一个参量。它定义为一次光生电流 I_p 和入射光功率 P_0 的比值，即

$$R=\frac{I_p}{P_0} \tag{9.22}$$

式中，P_0 为入射到光电二极管上的光功率；I_p 为所产生的光电流，R 的单位为 A/W。

量子效率 η 表示入射光子转换为光电子的效率。它定义为单位时间内产生的光电子数与入射光子数之比，即

$$\eta = \frac{\text{光电转换产生的有效电子－空穴对数}}{\text{入射光子数}} = \frac{I_p/e}{P_0/h\nu} = R\frac{h\nu}{e} \tag{9.23}$$

将上式代入(9.22)式可得光电检测器的响应度：

$$R = \frac{\eta e}{h\nu} \approx \frac{\eta\lambda}{1.24}(\mathrm{A/W}) \tag{9.24}$$

式中，波长 λ 的单位取 μm。可见，光电检测器的响应度随波长的增大而增大，这是因为较低能量的光子(λ 较大)，也能产生相同的光生电流，但这种关系只有在光子能量大于半导体的带隙能量前提下成立，一旦光子能量小于带隙能量，则 $\eta = 0$。

量子效率和响应度取决于材料的特性和器件的结构。假设器件表面反射率为零，P 层和 N 层对量子效率的贡献可以忽略，在工作电压下，I 层全部耗尽，那么 PIN-PD 的量子效率可以近似表示为

$$\eta = 1 - e^{-\alpha(\lambda)w} \tag{9.25}$$

式中，$\alpha(\lambda)$ 和 w 分别为 I 层的吸收系数和厚度。由(9.25)式可以看到，当 $\alpha(\lambda)w \gg 1$ 时，$\eta \to 1$，所以为提高量子效率，必须减少入射表面的反射率，使入射光子尽可能多地进入 PN 结；同时减少光子在表面层被吸收的可能性，增加耗尽区的宽度，使光子在耗尽区内被充分吸收。

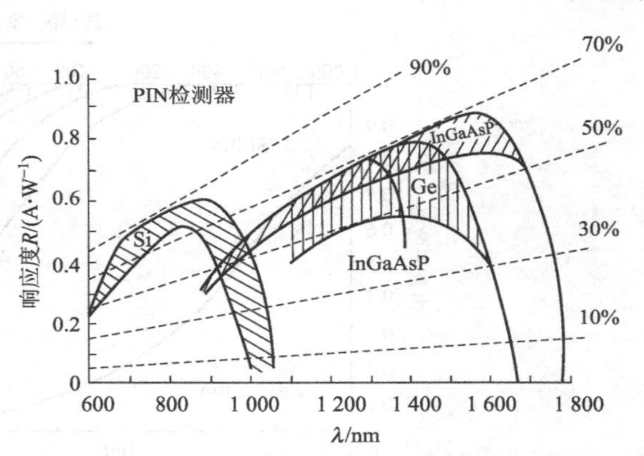

图 9.37　PIN－PD 响应度、量子效率与波长的关系

图 9.37 为 PIN-PD 的响应度、量子效率与波长的关系。可以看出，响应度、量子效率随着波长的变化而变化。由图可见，Si 适用于 0.8～0.9 μm 波段，Ge 和 InGaAs 适用于 1.3～1.6 μm 波段。响应度一般为 0.5～0.6(A/W)。如果 R=0.55 A/W，则表明 1 mW 的光功率入射到该光电二极管上，可以产生 0.55 mA 的光电流。

③ 响应时间和频率特性。PD 对高速调制光信号的响应能力用脉冲响应时间 τ 或截止频率 f_c(带宽 B)表示。对于数字脉冲调制信号，把光生电流脉冲前沿由最大幅度的 10%上升到 90%，或后沿由 90%下降到 10%的时间，分别定义为脉冲上升时间 τ_r 和脉冲下降时间 τ_f，如图9.38所示。当 PD 具有单一时间常数 τ_0 时，其脉冲前沿和脉冲后沿相同，且接近指数函数 $\exp(t/\tau_0)$ 和 $\exp(-t/\tau_0)$，由此得到脉冲响应时间：

$$\tau = \tau_r = \tau_f = 2.2\tau_0 \tag{9.26}$$

对于幅度一定，频率为 $\omega = 2\pi f$ 的正弦调制信号，用光生电流 $I(\omega)$ 下降 3 dB 的频率定义为截止频率 f_c。当光电二极管具有单一时间常数时 τ_0 时，

$$f_c = \frac{1}{2\pi\tau_0} = \frac{0.35}{\tau_r} \tag{9.27}$$

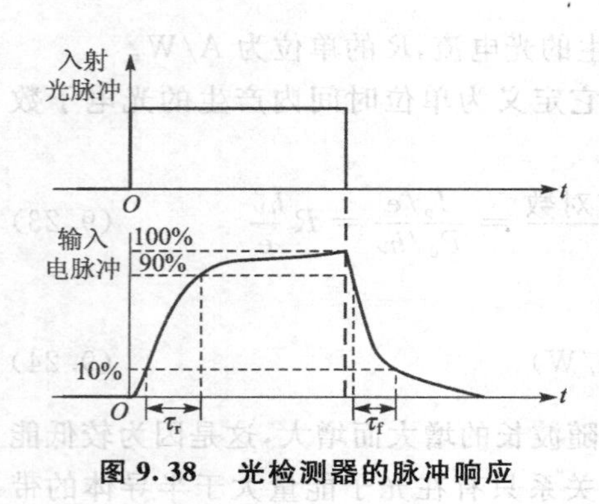

图 9.38　光检测器的脉冲响应

PIN-PD 响应时间或频率特性主要由光生载流子在耗尽层的渡越时间 τ_d 和包括 PIN-PD 在内的检测电路 RC 常数所确定。

当调制频率 ω 与渡越时间 τ_d 的倒数可以相比时，I 层对量子效率 $\eta(\omega)$ 的贡献可以表示为

$$\eta(\omega) = \eta(0)\frac{\sin(\omega\tau_d/2)}{\omega\tau_d/2} \tag{9.28}$$

由 $\eta(\omega)/\eta(0) = 1/\sqrt{2}$ 得到由渡越时间 τ_d 限制的截止频率：

$$f_c = \frac{0.42}{\tau_d} = 0.42\frac{v_s}{w} \tag{9.29}$$

式中，渡越时间 $\tau_d = w/v_s$，w 为耗尽层宽度，v_s 为载流子渡越速度，正比于电场强度。

由(9.28)式和(9.29)式可以看出，减小耗尽层宽度 w，可以减小渡越时间 τ_d，从而提高截止频率 f_c，但是同时要降低量子效率 η。图 9.39 为内量子效率和带宽的关系。

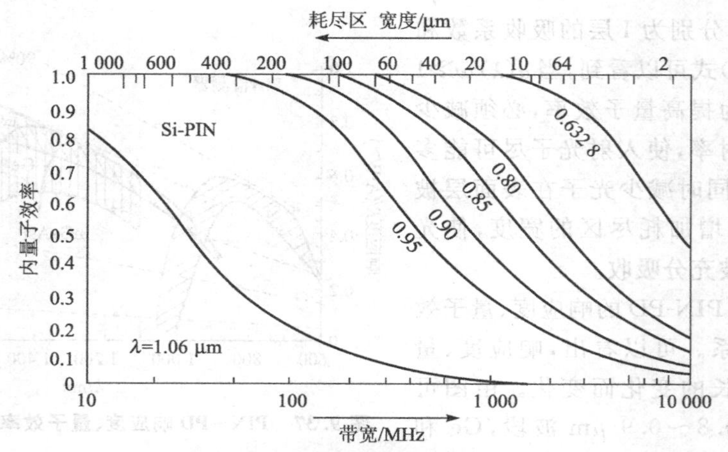

图 9.39　内量子效率和带宽的关系

由电路 RC 时间常数限制的截止频率：

$$f_c = \frac{1}{2\pi R_t C_d} \tag{9.30}$$

式中，R_t 为 PD 的串联电阻和负载电阻的总和，C_d 为结电容 C_j 和管壳分布电容的总和。

④ 噪声特性。PD 的噪声包括量子噪声、暗电流噪声、漏电流噪声以及负载电阻的热噪声。噪声影响光接收机的灵敏度。量子噪声是由于入射光子和所形成的电子－空穴对都具有离散性和随机性而产生，与平均光电流 I_p 成正比。暗电流 I_d 噪声是当没有入射光时流过器件偏置电路的电流，它是由于 PN 结内热效应产生的电子－空穴对形成的，是 PIN-PD 的主要噪声源。除此之外，PD 中还有表面漏电流 I_L。表面漏电流是由于器件表面物理特性的不完善，如表面缺陷、不清洁和加有偏置电压而引起的。电阻的热噪声指，温度高于绝对零度时，电阻中大量的电子就会在热激励下做无规则运动，而在电阻上形成的无规则弱电流。除负载电阻的热噪声以外，其他都为散弹噪声。散弹噪声是由于带电粒子产生和运动的随

机性而引起的一种具有均匀频谱的白噪声。

因此,PD 的总均方噪声电流为

$$\langle i^2 \rangle = 2e(I_p + I_d + I_L)\Delta f + \frac{4kT\Delta f}{R} \tag{9.31}$$

式中,I_p 为光电流,暗电流 I_d 均为暗电流,I_L 为面漏电流,Δf 为噪声带宽。量子噪声不同于热噪声,它伴随着信号的产生而产生,随着信号的增大而增大。当没有光入射时,信号消失,量子噪声也同时消失。

3. 雪崩光电二极管(APD)

(1) *APD 的结构与工作原理*

APD 是利用 PN 结在高反向电压下产生的雪崩倍增效应来使光电流得到倍增的高灵敏度的检测器。工作电压很高,为 100～200 V,接近于反向击穿电压。当耗尽层中的场强达到足够高时,入射光产生的电子或空穴在强电场中可得到极大的加速,而获得很高的能量,高能量的电子和空穴在运动过程中与晶格碰撞,使晶体中的原子电离,激发出新的电子-空穴对。碰撞电离产生的电子和空穴在电场中又被加速,电离其他的原子,经过多次电离后,载流子迅速增加,形成雪崩倍增效应。因此,ADP 具有很高的内增益,可达到几百。ADP 响应速度特别快,带宽可达 100 GHz,是目前响应速度最快的一种 PD。

图 9.40 为一种被称为拉通型 APD(RAPD)的结构,大致和 PIN-PD 相同。这是一种全耗尽型结构,具有光电转换效率高、响应速度快和附加噪声低等优点。这里的 P 层是稍微填加了受主元素的 P 型半导体,意味着 P 层是高阻层。π 层为低掺杂区(接近本征态),而且很宽。当偏压加达到一定程度后,耗尽区将被拉通到 π 层,一直抵达 P^+ 层。倍增的高电场区集中在 PN^+ 结附近窄的区域内。随着偏置电压的增加,结区的耗尽层逐渐加宽,直到P 区的载流子全部耗尽,使 P 区成为耗尽区。进一步加大偏置电压,耗尽区逐渐扩大,直至“拉通”到整个 π 区。π 区较宽以提高量子效率,π 区电场比 PN^+ 结区电场低。入射光子在 π 区吸收后建立一次电子-空穴对,其中电子在电场作用下向 PN^+ 结漂移,并在 PN^+ 结区内产生雪崩倍增;一次空穴则直接被 P^+ 吸收。

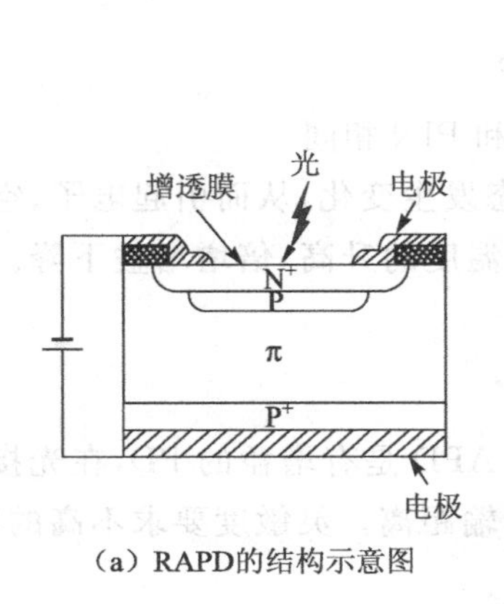

(a) RAPD的结构示意图　　(b) 场分布示意图

图 9.40　拉通型 APD(RAPD)的结构图

(2) APD 的特性

与 PIN-PD 相比，APD 的主要特性也包括波长响应范围、量子效率、响应度、响应速度等，ADP 响应度、量子效率与波长的关系如图 9.41 所示。

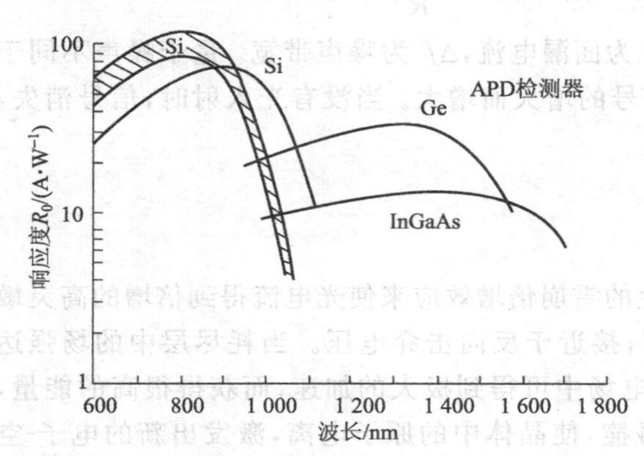

图 9.41 ADP 光电二极管响应度、量子效率与波长的关系

除此之外，由于 APD 中雪崩倍增效应的存在，APD 的特性还包括雪崩倍增特性、倍增噪声、温度特性等。

① 倍增因子 g。倍增因子 g 指一次光生电流产生的平均增益的倍数，定义为 APD 输出光电流 I_0 和一次光生电流 I_p 的比值：

$$g=\frac{I_0}{I_p} \tag{9.32}$$

g 值随反向偏压、波长和温度而变化。显然，APD 的响应度比 PIN-PD 增加了 g 倍。现在 APD 的 g 值已达到几十甚至上百。

② 噪声特性。APD 中的噪声除了量子噪声、暗电流噪声、漏电流噪声之外，还有附加的倍增噪声。

雪崩倍增效应不仅对信号电流有放大作用，而且对噪声电流也有放大作用。同时雪崩效应产生的载流子也是随机的，所以会引入新的噪声成分。用附加噪声因子 F(大于 1)可描述雪崩效应的随机性所引起的噪声增加的倍数。通常附加噪声因子可表示为

$$F=g^x \tag{9.33}$$

式中，x 称为附加噪声指数，反映了不同材料的 APD 的附加噪声的大小。对于 Si，x=0.3～0.5；对于 Ge，x=0.6～1.0；对于 InGaAsP，x=0.5～0.7。

APD 中表面漏电流不被倍增，热噪声与 PIN 的特性相同。量子噪声为

$$\langle i_s^2\rangle=2eI_p\Delta f g^{2+x} \tag{9.34}$$

暗电流噪声为

$$\langle i_d^2\rangle=2eI_d\Delta f g^{2+x} \tag{9.35}$$

当(9.34)式和(9.35)式的 $g=1$ 时，得到的结果和 PIN 相同。

③ 温度特性。当温度变化时，原子的热运动状态发生变化，从而引起电子、空穴电离系数的变化，使得 APD 的增益也随温度而变化。随着温度的升高，倍增增益下降。为保持稳定的增益，需要在温度变化的情况下进行温度补偿。

4. PD 一般性能和应用

表 9.3 分别列出 PIN-PD 和 APD 的一般性能。APD 是有增益的 PD，在光接收机灵敏度要求较高的场合，采用 APD 有利于延长系统的传输距离。灵敏度要求不高的场合，一般采用 PIN-PD。

表 9.3　PIN 与 APD 的一般特性

	Si-PIN	InGaAs-PIN	Si-APD	InGaAs-APD
波长响应 $\Delta\lambda/\mu m$	0.4～1.0	1.0～1.6	0.4～1.0	1.0～1.65
响应度 $R/(A\cdot W^{-1})$	0.4(0.85 μm)	0.6(1.3 μm)	0.5	0.5～0.7
暗电流 I_d/nA	0.1～1	2～5	0.1～1	10～20
响应时间 τ/ns	2～10	0.2～1	0.2～0.5	0.1～0.3
结电容 C_j/pF	0.5～1	1～2	1～2	<0.5
工作电压/V	−15～−5	−15～−5	50～100	40～60
倍增因子 g	—	—	30～100	20～30
附加噪声指数 x	—	—	0.3～0.4	0.5～0.7

9.3.3 光接收机

如图 9.33 所示，光接收机主要由三部分电路组成，分别为由光电二极管和前置放大器构成的接收机前端，由主放大器和均衡器构成的线性通道及由判决器和时钟恢复电路构成的再生电路组成，下面依次分别做具体介绍。

1. 光接收机前端

光接收机前端的作用是将光纤线路末端耦合到 PD 的光信号转换为光电流，然后进行预放大，以便后级作进一步处理。一台性能优良的光接收机，应具备有无失真地检测和恢复弱信号的能力，这首先要求其前端应有低噪声、高灵敏度和足够的带宽。

在实际电路分析中可将 PD 看成是一个与其结电容 C_d 并联的电流源，等效电路如图 9.42 所示，其中 R_L 为负载电阻。

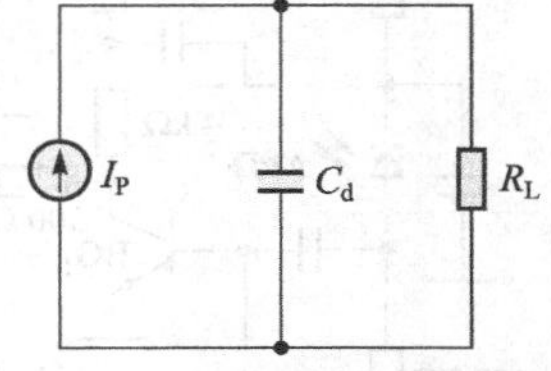

图 9.42　PD 的等效电路

接收机前端的设计需要综合考虑接收灵敏度和带宽两个因素，根据不同的应用要求，前端的设计有三种不同的方案，即低阻抗、高阻抗和跨阻抗前端，如图 9.43 所示。图中 C_i 为总的输入电容，其中包括 PD 的结电容和前置放大器的晶体管引起的电容。

(1) 低阻抗前端

如图 9.43(a)所示，这种前端从频带要求出发选择光检测器的负载电阻 R_L，使其满足

$$R_L \leqslant \frac{1}{2\pi\Delta f C_i} \tag{9.36}$$

式中，Δf 为光纤通信系统所要求的前端频带宽度。低阻抗前端电路简单，不需要或只需要很少的均衡，前置级的动态范围也较大。但缺点是灵敏度较低，噪声比较高。

(2) 高阻抗前端

为减小低阻抗前端热噪声，可采用高阻抗前端设计方案，使负载电阻 R_L 增大后将使前置放大器的动态范围缩小，而且当光比特率较高时，输入端信号高频分量损失过大，对均衡电路要求较高，很难实现，所以高阻抗前端一般只适用于低速系统。

(3) 跨阻抗前端

如图 9.43(b)所示，这种前端将负载电阻连接为反相放大器的反馈电阻，因而又称为互阻抗前端，它是一个性能优良的电流—电压转换器，即使 R_L 很高，而反馈使有效输入阻抗降

低了 G 倍，G 是前置放大器的增益，从而使其带宽比高阻抗前端增加了 G 倍，动态范围也提高了，所以具有频带宽、噪声低、灵敏度高、动态范围大等综合优点，被广泛采用。

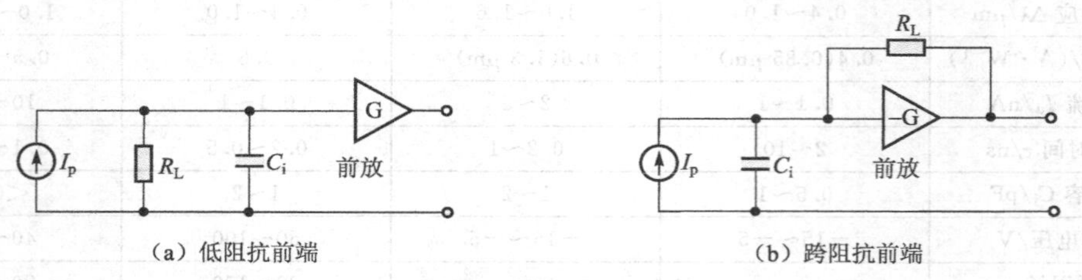

图 9.43　光接收机前端的等效电路

图 9.44 介绍了两种跨阻抗前端电路。其中，图 9.44(a)为 44.7 MHz 光纤通信系统的接收机前端。该放大器前端第一级采用电压负反馈电路，第二级采用射极补偿电路，以提升高频分量。光检测器为 Si-APD，晶体管为输入电容小、β 大的普通晶体管。晶体管 BG_1 和 BG_2 构成一反馈对，R_f 为并联反馈电阻，BG_2 的 500 Ω 的基极接地电阻是为了消除振荡。BG_3 提供 3.7 倍的增益，使得在最小输入光功率时，输出信号的峰/峰值达到 4 mV，有效跨阻达 14.8 kΩ。当误码率为 10^{-9}，APD 最佳增益为 80 时，接收灵敏度为 −55 dBm。

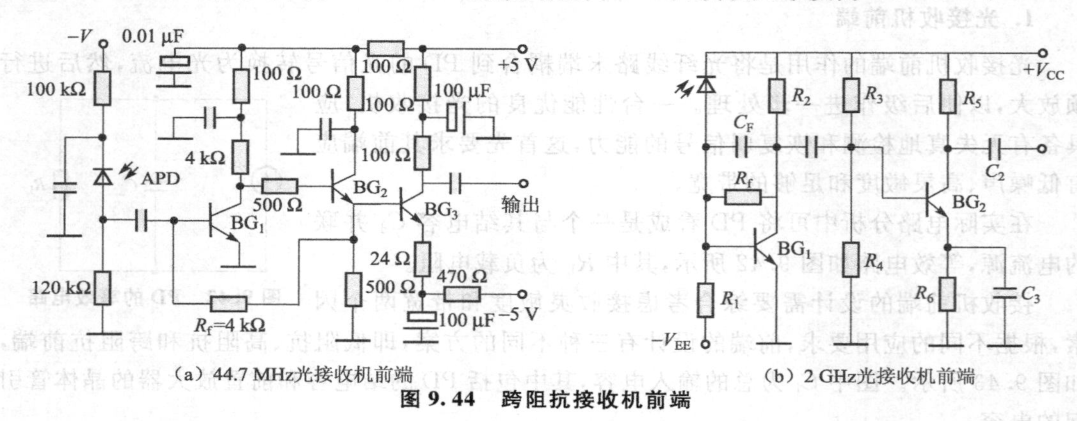

图 9.44　跨阻抗接收机前端

图 9.44(b)为 1 300 nm 波段的接收机前端电路，$R_f = 400\ \Omega$ 时平坦带宽为 2 GHz。此处采用微波 Si-BJT(NE6400，$f_c = 10$ GHz)，因 GaAs-MES-FET 在噪声方面的优势在高速跨阻抗接收机中已经消失，放大器第一级采用并联负反馈，使引起不稳定的环路延迟减到最小，包括漏散电容的 C_F 可以补偿放大器的高频响应。第二级为串联负反馈(通过级间阻抗适配来实现)，集电极电阻为 50 Ω，以与负载匹配，获得了良好的性能。

2. 光接收机的线性通道

光接收机的线性通道由一个高增益放大器(称为主放大器)和一个低通滤波器组成，起一个线性系统的作用，有时在主放大器后接入一个均衡器以校正前端有限的带宽。自动增益控制(AGC)将放大器的平均输出电压限制在固定电平而不随输入平均光功率而变，如图 9.45 所示。

主放大器的作用有两个方面：

① 将前置放大器输出的信号放大到判决电路所需的信号电平；

② 当光电检测器输出的信号出现起伏时，通过光接收的AGC电路对主放大器的增益进行调整，以使主放大器的输出信号幅度在一定范围不受输入信号的影响。一般主放大器的峰/峰值输出在几伏数量级。对于APD的光接收机还通过控制APD的偏压来控制ADP的雪崩增益。

在数字光纤通信系统中，送到光发射机进行调制的数字信号是一系列矩形脉冲。矩形脉冲从发送光端机输出后经过光纤、光电检测器、放大器等部件传输，由于这些部件的带宽有限，因此，矩形脉冲频谱中只有有限的频率分量可以通过，这样接收机主放大器输出的脉冲形状将不会是矩形的了，并可能出现很长的拖尾现象，使前、后码元的波形重叠，产生码间干扰，严重时，造成判决电路误判，产生误码。要解决放大器带宽窄、信号脉冲失真严重引起的码间干扰，须用均衡滤波器，使经均衡滤波器以后的波形成为有利于判决的波形。如通过微分网络可补偿高频分量的滚降，使接收机的频响特性在要求的带宽内变为平直，以改善输出脉冲的波形。但严格的均衡是很困难的，因放大器的输入导纳主要取决于总的输入电容，且又随晶体管的不同及杂散电容大小而变化。图9.46为均衡器电路，其中图9.46(a)为无源均衡器，图9.46(b)、图9.46(c)分别为采用运算放大器及双极型晶体管的有源均衡器。

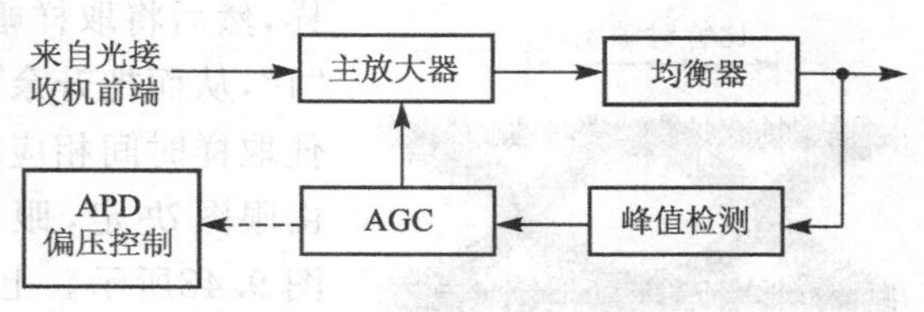

图9.45 线性通道组成框图

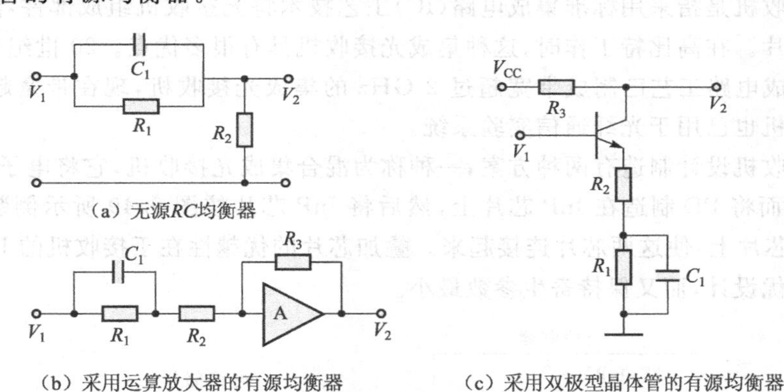

图9.46 均衡器电路图

3. 数据恢复电路

光接收机的数据重建或恢复部分由判决电路和时钟恢复电路组成，如果需要与电端机接口，还需要解码、解扰和编码电路，如图9.47所示，其任务是把线性通道输出的升余弦波形恢复成数字信号。

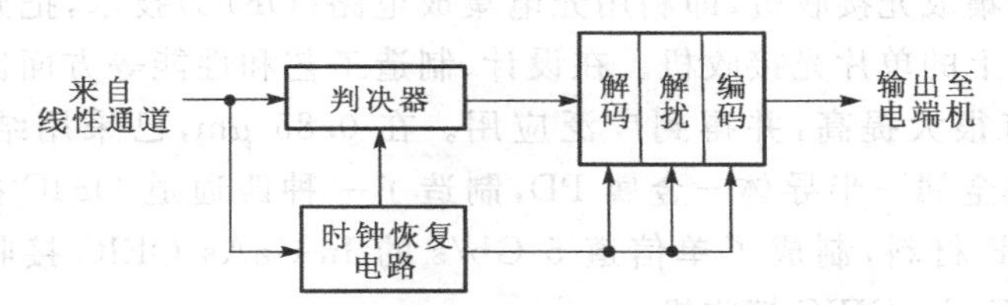

图9.47 光接收机数据恢复部分框图

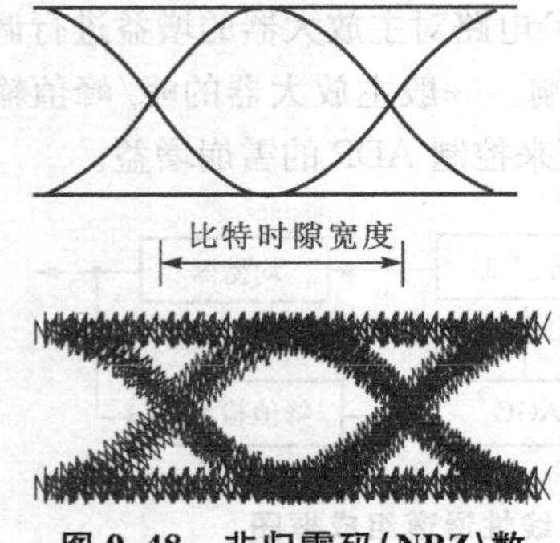

图 9.48 非归零码(NRZ)数字光接收机的眼图

为了重建数字信号，则要判定每个码元是“0”还是“1”，这首先要确定判决时刻。为从升余弦波形中提取准确的时钟信号，并经过适当的移相后，在最佳时刻对升余弦波形取样，然后将取样幅度与判决值进行比较，确定码元是“0”还是“1”，从而把升余弦波形恢复重建成原传输的数字信号。最佳取样时间相应于在“1”和“0”信号电平相差最大的位置，可由眼图决定，眼图由不同比特电脉冲顶部叠加而成，如图 9.48所示。上图为理想眼图，下图为噪声和时间抖动导致的半张半闭退化眼图，最佳取样时间相应于眼睛睁开最大处的时间。

光接收机中，所谓时钟恢复是将 $f=B$ 的谱分量与接收信号分离，向判决电路提供码间隔 $T_B=1/B$ 的信息，使判决过程同步。在归零码(RZ)传输时，接收信号中存在 $f=B$ 的谱分量，采用声表面波这类带通滤波器能方便地将谱分离出来；在非归零码(NRZ)传输时，接收信号中不存在 $f=B$ 的谱分量，通常将接收信号先通过高通滤波器，得到 $f=B/2$ 的谱分量，再经平方后检波，即得到 $f=B$ 的谱分量。

4. 集成光接收机

集成光接收机是指采用标准集成电路(IC)工艺技术将光接收机组成部件，除了 PD 外，集成的专用芯片。在高比特工作时，这种集成光接收机具有很多优点。20 世纪 90 年代末用 Si 和 GaAs 集成电路工艺已制成带宽超过 2 GHz 的集成光接收机，现在带宽超过 10 GHz 的集成光接收机也已用于光纤通信实验系统。

集成光接收机设计制造有两种方案，一种称为混合集成光接收机，它将电子器件集成在 GaAs 芯片上，而将 PD 制造在 InP 芯片上，然后将 InP 芯片按图 9.49 所示倒装式接合法，堆叠在 GaAs 芯片上，使这两芯片连接起来。叠加芯片的优越性在于接收机的 PD 和电子元器件可分别最优设计，而又保持寄生参数最小。

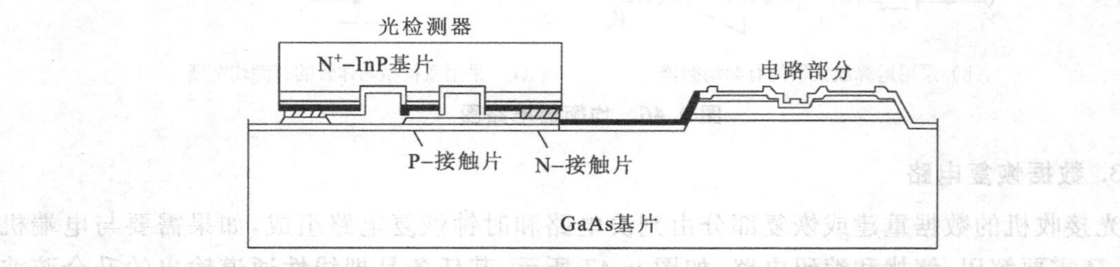

图 9.49 集成光接收机的倒装式接合光电子集成技术

另一种是混合集成光接收机，即利用光电集成电路(OEIC)技术，把光接收机的所有元器件集成在同芯片上的单片光接收机。在设计、制造工艺和性能等方面比由分立元器件做成的光接收机都有很大提高，并得到广泛应用。在 0.85 μm，已采用结构上与场效应管(FET)工艺兼容的金属—半导体—金属 PD，制造了一种四通道 OEIC 接收机。在 1.3～1.6 μm，已利用 InP 材料，制成了单信道 5 Gb/s 的 In-GaAs OEIC 接收机和平均带宽 2 GHz 的多信道 In-GaAs OEIC 接收机。

9.3.4 光接收机的主要技术指标

(1) 光接收机的灵敏度 P_r 或 S_r

所谓光接收机的灵敏度是指在指定误码率或信噪比时，光接收所需要的最小接收信号光功率 P_r(mW)，通常用 S_r(dBm)表示：

$$S_r = 10\lg P_r \quad (\text{dBm}) \tag{9.37}$$

灵敏度是光接收机一项最重要的指标，有关光接收机的复杂理论都是围绕着它进行的。它直接决定光纤通信系统中的中继距离和通信质量。P_r 或 S_r 越小，意味着数字光接收机接收微弱信号的能力就越强，灵敏度越高，当光发射机输出功率一定时，则保证通信质量(满足一定误码率的要求)的中继通信距离就越长。因此，提高光接收机的灵敏度，可以延长光纤通信的中继距离和增加通信容量。例如光发送机的发光功率为 0 dBm，光接收机的灵敏度为－60 dBm，光纤的衰耗系数为0.25 dB/km，则该系统的中继距离大约为 240 km。

光接收机灵敏度的高低与输入光脉冲形状、光检测器件的量子效率 η、光接收机放大器的热噪声因子、APD 倍增噪声指数因子以及码率等因素有关。

在实际的光纤传输系统中，光接收机很少工作在极限灵敏度的情况下。在系统设计中必须考虑到元件老化、温度变化及制造公差等引起的退化，留出一定的富余量(3～6 dB)。另外，对接收灵敏度的要求还与系统应用有关。例如对于海底通信系统，应尽量减少中继站数目以提高可靠性并易于维修，这就希望有很高的接收灵敏度，以延长中继距离；而对陆地通信系统及数据网，中继距离常常取决于中继站的位置，对接收灵敏度的要求就不高。接收灵敏度是接收机设计中最基本的问题。

(2) 光接收机最大允许的接收光功率 P_{max}

光接收机最大允许的接收光功率 P_{max} 定义是，在保证一定误码率要求的条件下，光接收机所允许的最大光功率值。因为光接收机的输入光功率达到一定数值时，其前置放大器进入非线性工作区，继而会出现饱和或过载现象使脉冲波形发生畸变，导致码间干扰增大、误码率增加，为此必须对之进行规范。最大允许的接收光功率也随码率而变化。

(3) 动态范围 D

在实际的系统中，光发送机发送功率大小与温度及老化等因素有关，同时实际系统中继距离、光纤损耗、连接器及熔接头损耗等各不相同，接收光功率有一定范围的变化。光接收机的动态范围定义如下：最大允许的接收光功率和最小可接收光功率之差。而最大光功率取决于非线性失真和前置放大器的饱和电平，最小光功率则取决于接收灵敏度。

工程上，光接收机的动态范围 D 是指在保证系统误码率指标的条件下，接收机的最大允许接收光功率 P_{max}(mW)与最小接收光功率 P_{min}(mW)之比，即

$$D = 10\lg\frac{P_{max}}{P_{min}} = 10\lg P_{max} - 10\lg P_{min} \tag{9.38}$$

式中，$10\lg P_{min}$ 即为接收机的灵敏度 S_r。

宽的动态范围对系统结构来说更方便灵活，使同一个接收机可用于不同长度的中继距离，在陆地通信系统中，中继距离的长短由中继站的位置决定，长短不一，要求具有较宽的动态范围。本地网应用中，各发射机到接收机的距离各不相同，并可能经过不同数量的耦合器、分路器后到达接收机，对接收机的动态范围提出较高的要求。动态范围一般在 20 dB 以上。

(4)光接收机的误码率 BER

由于噪声的存在，放大器输出的是一个随机过程，其取样值是随机变量，因此在判决时可能发生误判，把发射的"0"码误判为"1"码，或把"1"码误判为"0"码。光接收机对码元误判的概率称为误码率(在二元制的情况下，等于误比特率，BER)，定义为一定时间间隔内，误判的码元数和接收的总码元数的比值来表示。即

$$\text{BER}=\frac{\text{错误接收的码元数}}{\text{传输的码元总数}} \tag{9.39}$$

误码发生的形态主要有两类：一类是随机形态的误码，即误码主要是单个随机发生的，具有偶然性；另一类是突发的、成群发生的误码，这种误码可能在某个瞬间集中发生，而其他大部分时间无误码发生。误码发生的原因是多方面的。如电缆数字网中的热噪声，交换设备的脉冲噪声干扰，雷电的电磁感应，电力线产生的干扰等。

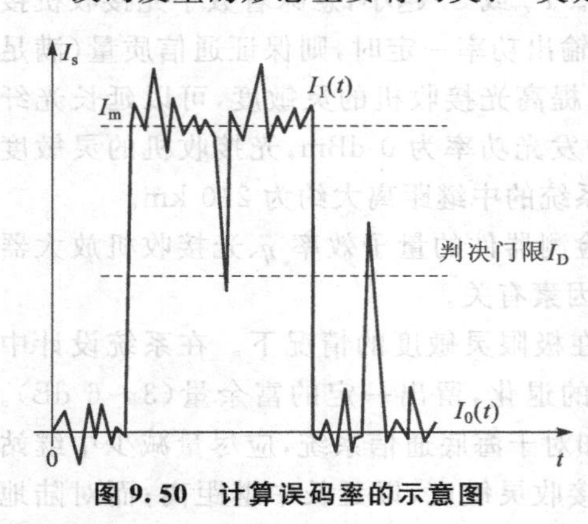

图 9.50 计算误码率的示意图

码元被误判的概率，可以用光电流(压)的概率密度函数来计算。如图 9.50 所示，I_1 是"1"码的电流，I_0 是"0"码的电流。I_m 是"1"码的平均电流，而"0"码的平均电流为 0。I_D 为判决门限值，一般取 $I_D=I_m/2$。在"1"码时，如果在取样时刻带有噪声的电流 $I_1<I_D$，则可能被误判为"0"码；在"0"码时，如果在取样时刻带有噪声的电流 $I_0>I_D$，则可能被误判为"1"码。要确定误码率，不仅要知道噪声功率的大小，而且要知道噪声的概率分布。

9.3.5 线路编码

在数字光纤通信系统中，从电端机输出的是适合于电缆传输的双极性码。光源不可能发射负光脉冲，因此必须进行码型变换，如扰码、mBnB 编码和插入码等，以适合于数字光纤通信系统传输的要求。数字光纤通信系统普遍采用二进制二电平码，即"有光脉冲"表示"1"，"无光脉冲"表示"0"码。简单的二电平码会带来如下问题：

① 在码流中，出现"1"码和"0"码的个数是随机变化的，因而直流分量也会发生随机波动(基线漂移)，给光接收机的判决带来困难。

② 在随机码流中，容易出现长串连"1"码或长串连"0"码，这样可能造成位同步信息丢失，给定时提取造成困难或产生较大的定时误差。

③ 不能实现在线(不中断业务)的误码检测，不利于长途通信系统的维护。

数字光纤通信系统对线路码型的主要要求是保证传输的透明性，具体要求有：

① 能限制信号带宽，减小功率谱中的高低频分量。这样就可以减小基线漂移、提高输出功率的稳定性和减小码间干扰，有利于提高光接收机的灵敏度。

② 能给光接收机提供足够的定时信息。因而应尽可能减少连"1"码和连"0"码的数目，使"1"码和"0"码的分布均匀，保证定时信息丰富。

③ 能提供一定的冗余码，用于平衡码流、误码监测和公务通信。但对高速光纤通信系统，应适当减少冗余码，以免占用过大的带宽。

1. 扰码

为了保证传输的透明性，在系统光发射机的调制器前，需要附加一个扰码器，将原始的二进制码序列加以变换，使其接近于随机序列。相应的，在光接收机的判决器之后，附加一个解扰器，以恢复原始序列。扰码与解扰可由反馈移位寄存器和对应的前馈移位寄存器实现。扰码改变了"1"码与"0"码的分布，从而改善了码流的一些特性。例如：

扰码前：1 1 0 0 0 0 0 0 1 1 0 0 0 …

扰码后：1 1 0 1 1 1 0 1 1 0 0 1 1 …

扰码有下列缺点：① 不能完全控制长串联"1"和长串联"0"序列的出现；② 没有引入冗余，不能进行在线误码监测；③ 信号频谱中接近于直流的分量较大，不能解决基线漂移。

因为扰码不能完全满足光纤通信对线路码型的要求，所以许多光纤通信设备除采用扰码外还采用其他类型的线路编码。

2. *m*B*n*B 码

*m*B*n*B 码是把输入的二进制原始码流进行分组，每组有 m 个二进制码，记为 mB，称为一个码字，然后把一个码字变换为 n 个二进制码，记为 nB，并在同一个时隙内输出。这种码型是把 mB 变换为 nB，所以称为 mBnB 码，其中 m 和 n 都是正整数，$n>m$，一般选取$n=m+1$。mBnB 码有 1B2B、3B4B、5B6B、8B9B、17B18B 等。

最简单的 mBnB 码是 1B2B 码，即曼彻斯特码，这就是把原码的"0"变换为"01"，把"1"变换为"10"。因此最大的连"0"和连"1"的数目不会超过两个，例如 1001 和 0110。但是在相同时隙内，传输 1 比特变为传输 2 比特，码速提高了 1 倍。

以 3B4B 码为例说明 mBnB 编码原理，输入的原始码流 3B 码，共有 $8(2^3)$个码字，变换为 4B 码时，共有 $16(2^4)$个码字，见表 9.4。为保证信息的完整传输，必须从 4B 码的 16 个码字中挑选 8 个码字来代替 3B 码。设计者应根据最佳线路码特性的原则来选择码表。例如：在 3B 码中有 2 个"0"，变为 4B 码时补 1 个"1"；在 3B 码中有 2 个"1"，变为 4B 码时补 1 个"0"。而 000 用 0001 和 1110 交替使用；111 用 0111 和 1000 交替使用。同时，规定一些禁止使用的码字，称为禁字，例如 0000 和 1111。

表 9.4　3B 和 4B 的码字

3B	4B	
000	0000	1000
001	0001	1001
010	0010	1010
011	0011	1011
100	0100	1100
101	0101	1101
110	0110	1110
111	0111	1111

作为普遍规则，引入"码字数字和"(WDS)来描述码字的均匀性，并以 WDS 的最佳选择来保证线路码的传输特性。所谓"码字数字和"，是在 nB 码的码字中，用"-1"代表"0"码，用"$+1$"代表"1"码，整个码字的代数和即为 WDS。

如果整个码字“1”码的数目多于“0”码，则 WDS 为正；如果“0”码的数目多于“1”码，则 WDS 为负；如果“0”码和“1”码的数目相等，则 WDS 为 0。

例如：对于 0111，WDS＝＋2；对于 0001，WDS＝－2；对于 0011，WDS＝0。

nB 码的选择原则是：尽可能选择|WDS|最小的码字，禁止使用|WDS|最大的码字。以 3B4B 为例，应选择 WDS＝0 和 WDS＝±2 的码字，禁止使用 WDS＝±4 的码字。表 9.5 示出根据这个规则编制的一种 3B4B 码表，表中正组和负组交替使用。

表 9.5　一种 3B4B 码表

信号码(3B)		线路码(4B)			
		模式 1(正组)		模式 2(负组)	
		码字	WDS	码字	WDS
0	000	1011	＋2	0100	－2
1	001	1110	＋2	0001	－2
2	010	0101	0	0101	0
3	011	0110	0	0110	0
4	100	1001	0	1001	0
5	101	1010	0	1010	0
6	110	0111	＋2	1000	－2
7	111	1101	＋2	0010	－2

我国 3 次群和 4 次群光纤通信系统最常用的线路码型是 5B6B 码，其编码规则如下：5B 码共有 32(2^5)个码字，变换 6B 码时共有 64(2^6)个码字，其中 WDS＝0 有 20 个，WDS＝＋2 有 15 个，WDS＝－2 有 15 个，共有 50 个|WDS|最小的码字可供选择。由于变换为 6B 码时只需 32 个码字，为减少连“1”和连“0”的数目，删去：000011、110000、001111 和 111100。

mBnB 码是一种分组码，设计者可以根据传输特性的要求确定某种码表。mBnB 码的特点是：

① 码流中“0”和“1”码的概率相等，连“0”和连“1”的数目较少，定时信息丰富。

② 高低频分量较小，信号频谱特性较好，基线漂移小。

③ 在码流中引入一定的冗余码，便于在线误码检测。

mBnB 码的缺点是传输辅助信号比较困难。因此，在要求传输辅助信号或有一定数量的区间通信的设备中，不宜用这种码型。

3. 插入码

插入码是把输入二进制原始码流分成每 m 比特(mB)一组，然后在每组 mB 码末尾按一定规律插入一个码，组成 $m+1$ 个码为一组的线路码流。根据插入码的规律，可以分为 mB1C 码、mB1H 码和 mB1P 码。

mB1C 码的编码原理是，把原始码流分成每 m 比特(mB)一组，然后在每组 mB 码的末尾插入 1 比特补码，这个补码称为 C 码，所以称为 mB1C 码。补码插在 mB 码的末尾，连“0”和连“1”码的数目最少。

mB1C 码的结构如图 9.51 所示，例如：

mB 码为：　100　110　001　101　…

mB1C 码为：　1001　1101　0010　1010　…

上面例子中，C码为mB码最后一位码的补码。C码的作用是引入冗余码，可以进行在线误码率监测；同时改善了“0”码和“1”码的分布，有利于定时提取。

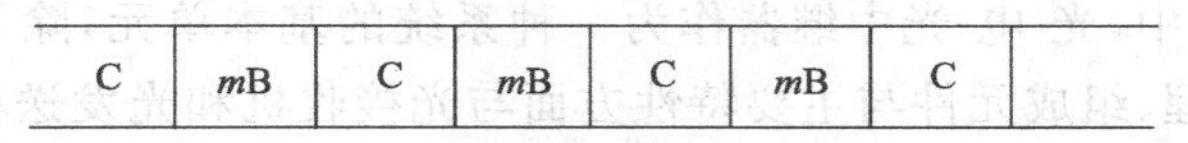

图 9.51　mB1C 码的结构

mB1H 码是mB1C码演变而成的，即在mB1C码中，扣除部分C码，并在相应的码位上插入一个混合码（H码），所以称为mB1H码。所插入的H码可以根据不同用途分为三类：第一类是C码，它是第m位码的补码，用于在线误码率监测；第二类是L码，用于区间通信；第三类是G码，用于帧同步、公务、数据、监测等信息的传输。

常用的插入码是mB1H码，有1B1H码、4B1H码和8B1H码。以4B1H码为例，它的优点是码速提高不大，误码增值小；可以实现在线误码检测、区间通信和辅助信息传输。缺点是码流的频谱特性不如mBnB码。但在扰码后再进行4B1H变换，可以满足通信系统的要求。

在mB1P码中，P码称为奇偶校验码，其作用和C码相似，但P码有以下两种情况：

① P码为奇校验码时，其插入规律是使$m+1$个码内“1”码的个数为奇数，例如：

mB码为：　100　000　001　110　…

mB1P码为：1000　0001　0010　1101　…

当检测得$m+1$个码内“1”码为奇数时，则认为无误码。

② P码为偶校验码时，其插入规律是使$m+1$个码内“1”码的个数为偶数，例如：

mB码为：　100　000　001　110　…

mB1P码为：1001　0000　0011　1100　…

当检测得$m+1$个码内“1”码为偶数时，则认为无误码。

数字光纤通信系统常用几种线路码的主要性能列于表9.6。

表 9.6　数字光纤通信系统常用几种线路码性能

线路码型	1B2B	3B4B	5B6B	5B7B	6B8B	17B18B	4B1H/1C	8B1H/1C
码速提升	2	1.33	1.2	1.4	1.33	1.06	1.25	1.125
冗余度/%	100	33	20	40	33	6	25	12.5
最大连“0”或连“1”数	2	3	5	6	6	不定	10	18
平均误码增值因子	/	1.18	1.28	2	1.8	/	/	
功率代价/dB	/	1.46	0.92	/	/	0.29	/	/
基线漂移	无	小	较小	很小	很小	一般	较大	大
误码监测精度	精	精	精	精	较差	差	差	差
设备复杂程度	简单	简单	较简单	较简单	较简单	一般	较复杂	较复杂

9.4　光中继器

在光纤通信线路上，光纤的吸收和散射导致光信号衰减，光纤的色散将使光脉冲信号畸变，最终导致信息传输质量降低，误码率增高，限制通信距离。为了满足长距离通信的需要，必须在光纤传输线路上每隔一定距离加入一个中继器，以补偿光信号的衰减和对畸变信号进行放大和整形,然后继续向终端传送。通常有两种中继方法,一种是传统方法,采用光-电-光转换方式,亦称光电光混合中继器;另一种是光放大器对光信号进行直接放大的光中继器。

在光纤通信系统中,光-电-光中继器作为一种系统的基本单元,除了没有接口码型转换和控制部分外,在原理、组成元件与主要特性方面与光接收机和光发送机相同。如图9.52所示,产生衰减与畸变的光信号被光接收机接收,转变为电信号,然后通过光发送机发送出去,这样,衰减的光信号被放大,同时恢复了失真的波形,使原来的光信号得到再生。

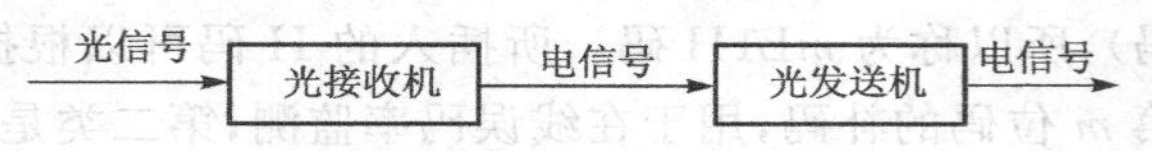

图 9.52　光-电-光中继器构成框图

光-电-光中继器的结构与可靠性设计则视安装地点不同会有很大不同。安装于机房的中继器,在结构上应与机房原有的光端机和 PCM 设备协调一致,埋设于地下人孔内和架空线路上的光中继器箱体要密封、防水、防腐蚀等。如果光中继器在直埋状态下工作,要求将更严格。

一个功能简单的中继器应是由没有码型转换系统的光接收机和没有均衡放大器和码型转换系统的光发送机组成,如图 9.53 所示。从光纤接收到的已衰减和变形的脉冲光信号用光电二极管检测转换为光电流,然后经前置放大器、主放大器、判决再生电路在电域实现脉冲信号放大与整形,最后再驱动光源产生符合传输要求的光脉冲信号沿光纤继续传输。它实际上是前面已讨论过的光接收机和光发送功能的串接收,其基本功能是均衡放大、识别再生和再定时,具有这三种功能的中继器称为 3R 中继器,而仅具有前两种功能的中继器称为 2R 中继器。经再生后的输出光脉冲完全消除了附加噪声和波形畸变,即使由多个中继器组成的系统中,噪声和畸变也不会累积,这正是数字通信能实现长距离通信的原因。

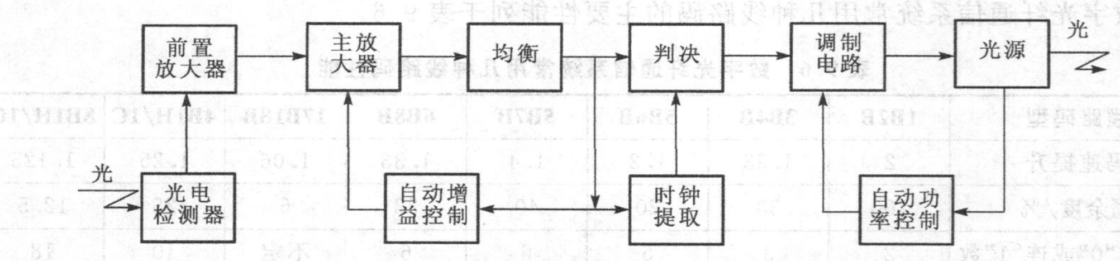

图 9.53　最简单的光-电-光中继器原理方案

9.5　光纤通信系统

目前,光纤通信系统主要用于数字通信系统,但在某些应用领域更适宜采用模拟通信系统,比如视频信号的短距离传输,微波复用信号传输和雷达信号处理等。这主要是因为这类系统建立全数字的传输并非一件容易的事。例如,如果将有线电视(CATV)信号都进行编/解码并用数字方式进行传输,那么高速数模、模数转换的昂贵价格将使人们难以接受,此时采用模拟传输更现实。

本节在对模拟和数字光纤通信系统的基本概念及组成进行介绍的基础上,进而讨论数字光纤通信系统的两种设计方法——功率预算法和上升时间预算法。

9.5.1 模拟光纤通信系统

1. 系统构成

模拟光纤传输系统链路基本单元如图 9.54 所示，包括光发送机、光纤传输信道和光接收机。光发送机可以是 LED 或 LD 光发送机。采用 LED 设备简单，价格便宜。而用 LD 做光源比用 LED 有较大的入纤功率，延长传输距离，但引起系统非线性失真的因素较多。

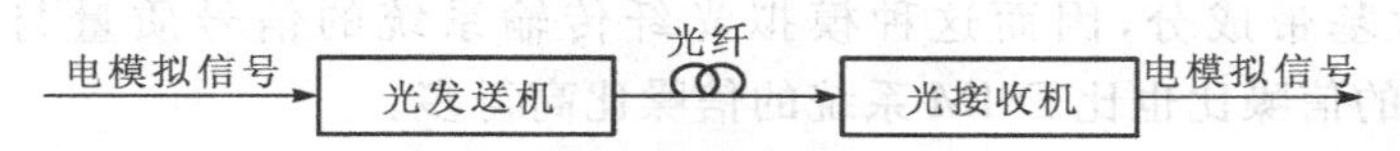

图 9.54 模拟光纤传输系统链路的基本单元

模拟光纤通信系统中所使用的光纤应在所传输的通带范围内具有平坦的幅度响应和群时延响应，以减小信号的失真。由于光纤模式色散所造成的带宽限制难以均衡，最好采用单模光纤。另外还要求光纤的损耗要小，以提高光接收机的接收光功率和系统信噪比。

2. 模拟光纤传输调制方式

对模拟视频图像信号的传输方式主要有如下几种方式：

(1) 模拟基带直接强度调制(D-IM)方式

模拟基带直接光强调制(D-IM)是用承载信息的模拟基带视频信号，直接对发射机光源(LED 或 LD)进行光强调制，使光源输出光功率随时间变化的波形和输入模拟基带信号的波形成比例。20 世纪 70 年代末期，光纤开始用于模拟电视传输时，采用一根多模光纤传输一路电视信号的方式，就是这种基带传输方式。对于广播电视节目而言，视频信号带宽(最高频率)是 6 MHz，加上调频的伴音信号，每路电视信号的带宽为 8 MHz。用这种模拟基带信号对发射机光源(线性良好的 LED)进行直接光强调制，若光载波的波长为 0.85 μm，模拟基带光纤传输系统传输距离不到 4 km，若波长为 1.3 μm，传输距离也只有 10 km 左右。

D-IM 光纤传输系统的特点是：设备简单，价格低廉，在短距离传输中得到了广泛应用。

(2)模拟间接光强调制方式

模拟间接光强调制方式是先用承载信息的模拟基带信号进行电的预调制，然后用这个预调制的电信号对光源进行光强调制。这种系统又称为预调制直接光强调制光纤传输系统。预调制主要有以下三种：

① 频率调制(FM)。FM 方式是先用承载信息的模拟基带信号对正弦载波进行调频，产生等幅的频率受调的正弦信号，其频率随输入的模拟基带信号的瞬时值而变化。然后用这个正弦调频信号对光源进行光强调制，形成 FM-IM 光纤传输系统。

② 脉冲频率调制(PFM)。PFM 方式是先用承载信息的模拟基带信号对脉冲载波进行调频，产生等幅、等宽的频率受调的脉冲信号，其脉冲频率随输入的模拟基带信号的瞬时值而变化。然后用这个脉冲调频信号对光源进行光强调制，形成 PFM-IM 光纤传输系统。

③ 方波频率调制(SWFM)。SWFM 方式是先用承载信息的模拟基带信号对方波进行调频，产生等幅、不等宽的方波脉冲调频信号，其方波脉冲频率随输入的模拟基带信号的幅度而变化。然后用这个方波脉冲调频信号对光源进行光强调制，形成 SWFM-IM 光纤传输系统。

采用模拟间接光强调制的目的是提高传输质量和增加传输距离。由于模拟基带 D-IM 光纤传输系统的性能受到光源非线性的限制，一般只能使用线性良好的 LED 做光源。LED

入纤功率很小,所以传输距离很短。在采用模拟间接光强调制时,由于驱动光源的是脉冲信号,它基本上不受光源非线性的影响,所以可以采用线性较差、入纤功率较大的 LD 器件做光源。PFM-IM 系统的传输距离比 D-IM 系统的更长,对于多模光纤,若波长为0.85 μm,传输距离可达 10 km;若波长为 1.3 μm,传输距离可达 30 km。对于单模光纤,若波长为 1.3 μm,传输距离可达 50 km。SWFM-IM 光纤传输系统不仅具有 PFM-IM 系统的传输距离长的优点,还具有 PFM-IM 系统所没有的独特优点:在光纤上传输的等幅、不等宽的 SWFM 脉冲不含基带成分,因而这种模拟光纤传输系统的信号质量与传输距离无关;SWFM-IM 系统的信噪比也比 D-IM 系统的信噪比高得多。

(3) 频分复用光强调制

上述光纤的传输方式都存在一个共同的问题:一根光纤只能传输一路信号。这种情况,既满足不了现代社会对大信息量的要求,也没有充分发挥光纤带宽的独特优势。因此,开发多路模拟传输系统,就成为技术发展的必然。实现一根光纤传输多路信号有多种方法。目前现实的方法是先对电信号复用,再对光源进行光强调制。对电信号的复用可以是频分复用(FDM),也可以是时分复用(TDM)。

FDM 方式用每路模拟电视基带信号,分别对某个指定的射频(RF)电信号进行调幅(AM)或调频(FM),然后用组合器把多个预调 RF 信号组合成多路宽带信号,再用这种多路宽带信号对发射机光源进行光强调制。光载波经光纤传输后,由远端接收机进行光/电转换和信号分离。

FDM 系统的优点:一是电路结构简单、制造成本较低以及模拟和数字兼容等;二是 FDM 系统的传输容量只受光器件调制带宽的限制,与所用电子器件的关系不大。这些明显的优点,使 FDM 多路传输方式受到广泛的重视。

3. 模拟基带直接光强调制光纤传输系统

模拟基带 D-IM 光纤传输系统由光发射机、光纤线路和光接收机组成,如图 9.55 所示。基带信号直接调制方式的优点是简单,但接收灵敏度较低,并且光源非线性对传输质量的影响,一般需要补偿。

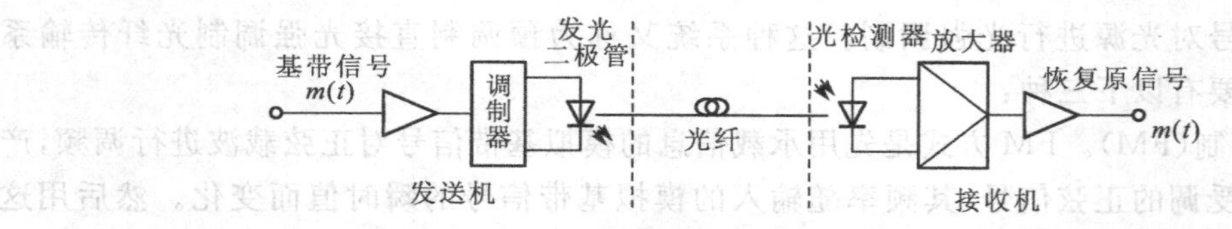

图 9.55 模拟基带 D-IM 光纤传输系统方框图

(1) 模拟基带 D-IM 光纤传输系统特性参数

评价模拟信号 D-IM 系统的传输质量的最重要的特性参数是信噪比(SNR)和信号失真(信号畸变)。

① 信噪比。模拟信号 D-IM 系统 SNR 主要受光接收机性能的影响,因为输入到光检测器的信号非常微弱,所以对系统的 SNR 影响很大。模拟信号 D-IM 系统的噪声主要来源于光检测器的量子噪声、暗电流噪声、负载电阻热噪声和前置放大器的噪声。和 SNR 关系密切的一个参数是接收灵敏度。在模拟光纤通信系统中,与数字光纤通信系统相似把接收灵敏度 P_r 定义为:在限定信噪比条件下,光接收机所需的最小信号光功率。

② 信号失真。为使模拟信号 D-IM 系统输出光信号真实地反映输入电信号，要求系统输出光功率与输入电信号成比例地随时间变化，即不发生信号失真。一般说，实现电-光转换的光源，由于在大信号条件下工作时，发射机光源的输出功率特性线性较差，从而使 D-IM 系统产生非线性失真。非线性失真一般可以用幅度失真参数——微分增益(DG)失真和相位失真参数——微分相位(DP)失真表示。

虽然 LED 的线性比 LD 好，但仍然不能满足高质量电视传输的要求。影响 LED 非线性的因素很多，因而需要从电路方面进行非线性补偿。

(2) 模拟基带 D-IM 光纤传输系统光端机

① 光发射机。模拟基带 D-IM 光纤电视传输系统光发射机的功能是，把模拟视频电信号转换为光信号。其光发射机方框图如图 9.56 所示，输入 TV 信号经同步分离和钳位电路后，输入 LED 的驱动电路，驱动 LED 发光。

由于全电视信号随亮场和暗场的变化而变化，为保证动态 DP 和 DG 的规定值，必须保持 DP 和 DG 补偿电路的工作点不随亮场和暗场而变化，所以应有钳位电路来保证其工作点恒定。在全电视信号中，图像信号随亮场和暗场而变化，其同步脉冲信号在工作过程中是不变的，因而利用同步脉冲和图像信号处于不同电平的特点，对全电视信号中的同步脉冲进行分离和钳位。

② 光接收机。光接收机的功能是把光信号转换为电信号。对光接收机的基本要求是：信噪比(SNR)要高、幅频特性要好和带宽要宽。其光接收机方框图如图 9.57 所示，光电检测器把输入光信号转换为电信号，经前置放大器和主放大器放大后输出，为保证输出稳定，通常要用自动增益控制(AGC)电路。

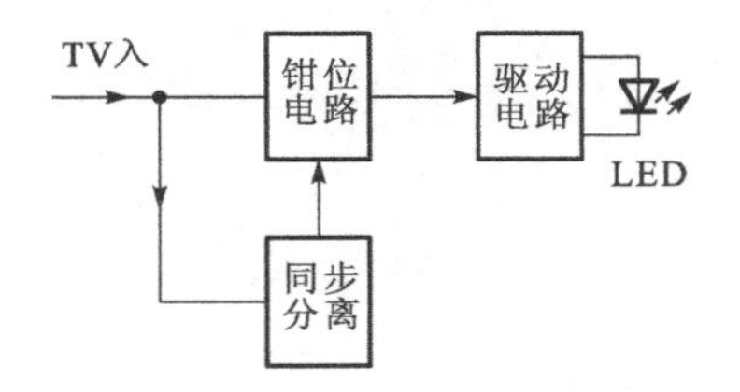

图 9.56 光发射机方框图

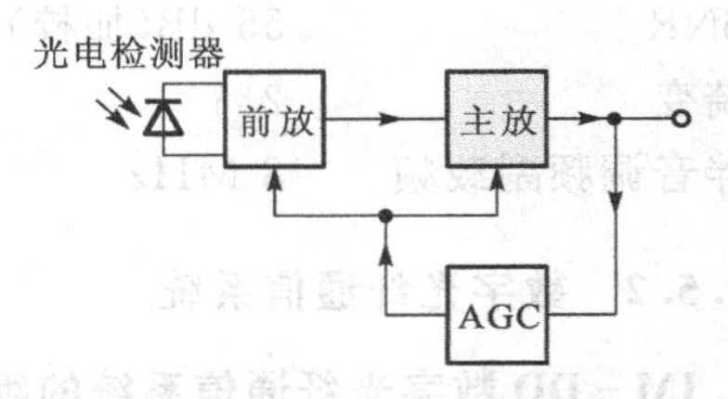

图 9.57 光接收机方框图

光电检测器可以用 PIN-PD 或 APD。对于模拟基带 D-IM 光纤电视传输系统，力求电路简单，光电检测器一般都采用 PIN-PD。前置放大器的输入信号电平是全系统最低的，因此前置放大器决定着系统的 SNR 和接收灵敏度。目前这种系统都采用补偿式跨阻抗前置放大器。如采用 PIN-FET 混合集成电路的前置放大器，可获得较高 SNR 和较宽的工作频带。主放大器是一个高增益宽频带放大器，用于把前置放大器输出的信号放大到系统需要的适当电平。由于光源老化使光功率下降，环境温度影响光纤损耗变化，以及传输距离长短不一，使输入光电检测器的光功率大小不同，所以需要 AGC 来保证光接收机输出恒定。

(3) 模拟基带 D-IM 光纤传输系统性能

模拟基带 D-IM 光纤电视传输系统方框图如图 9.58 所示。在发射端，模拟基带电视信号和调频(FM)伴音信号分别输入 LED 驱动器，在接收端进行分离。改进 DP 和 DG 的预失真电路置于接收端。

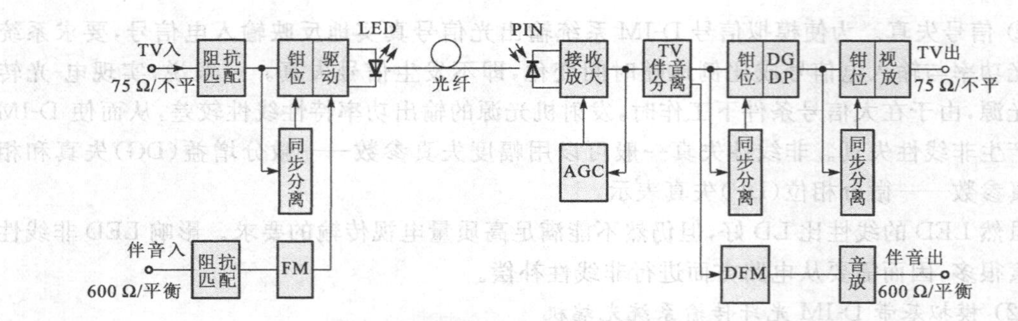

图 9.58 模拟基带 D-IM 光纤电视传输系统方框图

主要技术参数举例如下：

① 视频部分

带宽	0～6 MHz
SNR	≥50 dB(未加校)
DG	4%
DP	4°
发射光功率	≥−15 dBm(32 μW)
接收灵敏度	≤−30 dBm

② 伴音部分

带宽	0.04～15 kHz
输入/输出电平	0 dBr
SNR	55 dB(加校)
畸变	2%
伴音调频副载频	8 MHz

9.5.2 数字光纤通信系统

1. IM－DD 数字光纤通信系统的组成

目前，数字光纤通信系统常用强度调制—直接检测(IM-DD)方式进行传输。图 9.59 所示为点对点 IM-DD 数字光纤通信系统结构图。它包括 PCM 端机、电发送端机、电接收端机、光发送端机、光接收端机、光纤线路、中继器等。

在数字光纤通信系统中，光纤传输的是二进制光脉冲"0"码与"1"码，它由二进制数字信号对光源进行通、断调制而产生。而数字信号是对连续变化的模拟信号进行抽样、量化和编码产生，称为脉冲编码调制(PCM)。这种电的数字信号称为数字基带信号，由 PCM 电端机产生。PCM 信号中一个码元所占的时间 T 称为码长，单位时间内传的码元数叫做数码率(码速)B，$B=1/T$(b/s)。对于电话，话音信号最高频率设为 4 kHz，则抽样频率 $f=2\times4$ kHz$=$8 kHz，抽样周期为 125 μm。对于 8 位码，则一个话路的话音信号速率为 8×8＝64 kb/s。

图 9.59 数字光纤通信系统结构组成原理框图

经过脉冲编码的单极性二进制码流并不适合在线路上传输，因为其中的连"0"和连"1"太多，因此在PCM输出之前，还要将它们变成适合线路传输的码型。经过编码的脉冲按系统设计要求整形、变换以后，形成适合于数字光纤通信系统的线路码型。线路码型主要有两种，即单极性不归零码(NRZ)和单极性归零码(RZ)。采用NRZ码型还是采用RZ码型，与数字光纤通信系统总体性能有关。目前在中等码率的数字光纤通信系统中，多采用RZ码型，而在高速率的数字光纤通信系统中，采用NRZ码型。图9.60为输入接口原理框图。输出接口作用与输入接口相对应，进行反变换。

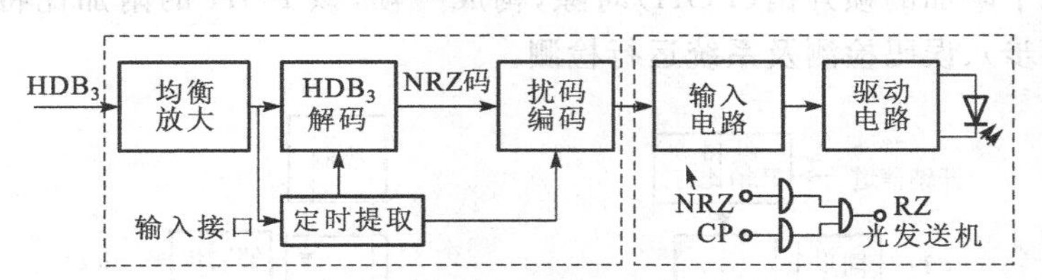

图9.60　输入接口原理框图

数字光纤通信系统光发送端机包括光源的驱动电路、调制电路等，如图9.61所示。光发送端机完成电信号转换成光信号(E-O转换)。

光接收端机包括光检测器、前置放大器、整形放大、定时恢复、判决再生电路等，如图9.62所示。在这里，从光纤线路上检测到的光信号被转换成电信号(O-E转换)。一般对应于强度调制采用直接检测方案，即根据电流的振幅大小来判决收到的信号是"1"还是"0"。光接收机的一个重要参数是接收灵敏度。

光接收端机输出的电信号被送入输出接口电路，它的作用与输入接口电路相对应，即进行输入接口电路所进行变换的反变换，并且使光接收机和PCM端机之间实现码型、电平和阻抗的匹配。信号进入输出端的PCM端机，把经过编码的信号还原为最初的模拟信号。

由于光纤本身具有损耗和色散特性，它会使光信号的幅度衰减和波形失真，因此对长距离的干线传输，每隔50～70 km，就需要在中间增加光中继器。

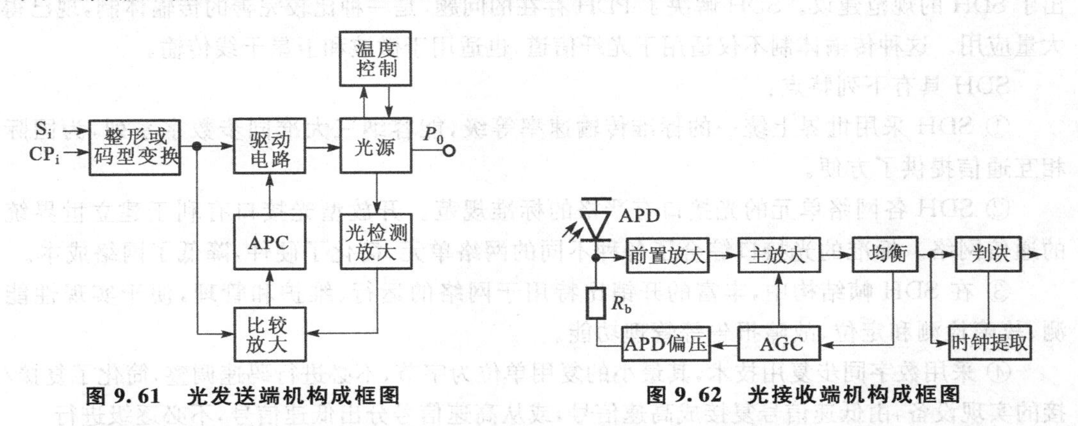

图9.61　光发送端机构成框图　　**图9.62　光接收端机构成框图**

另外，为了使光纤通信系统正常运行，还需要备用系统和辅助系统。备用系统也是一套完整的通信系统，当主用系统出现故障时，可以人工或自动倒换到备用系统。可以几个主用系统共用一个备用系统，也可以一个主用系统配一个备用系统。辅助系统主要包括监控管理系统、公务通信系统、自动倒换系统、警告处理系统及电源系统。

2. 数字光纤通信系统同步数字系列(SDH)

为了提高信道利用率,可采用多路复用的方式在一信道上传输多路信号。现在通信中使用的时分多路复用传输系统主要有两类,即准同步数字系列(PDH)和同步数字系列(SDH)。目前,光纤大容量数字传输较常用的是采用同步时分复用技术——SDH。

时分复用通信的特点是使各路信号在信道上占有不同的时隙来进行通信,如图 9.63 所示。在每路 PCM 信号的相邻两个时隙之间,依次插入了其他 $N-1$ 个信号时隙。这 N 路信号时隙,再加几个附加的帧开销(FOH)时隙,构成一帧,该 FOH 的附加比特可用于帧定时开销(使收发同步)、误码检测及系统运行检测。

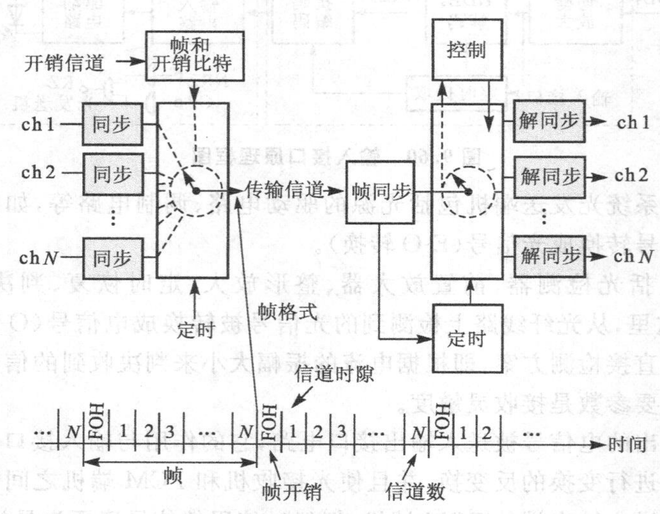

图 9.63　数字信号的时分复用

1988 年,CCITT 接受了同步光网络(SONET)的概念并重新命名为同步数字系列 SDH,提出了 SDH 的规范建议。SDH 解决了 PDH 存在的问题,是一种比较完善的传输体制,现已得到大量应用。这种传输体制不仅适用于光纤信道,也适用于微波和卫星干线传输。

SDH 具有下列特点:

① SDH 采用世界上统一的标准传输速率等级,能容纳三大准同步数字系列,为国际间相互通信提供了方便。

② SDH 各网络单元的光接口有严格的标准规范。开放型光接口有利于建立世界统一的通信网络。标准的光接口综合了各种不同的网络单元,简化了硬件,降低了网络成本。

③ 在 SDH 帧结构中,丰富的开销比特用于网络的运行、维护和管理,便于实现性能监测、故障检测和定位、故障报告等管理功能。

④ 采用数字同步复用技术,其最小的复用单位为字节,不必进行码速调整,简化了复接/分接的实现设备,由低速信号复接成高速信号,或从高速信号分出低速信号,不必逐级进行。

⑤ 采用数字交叉连接设备(DXC)可以对各种端口速率进行可控的连接配置,对网络资源进行自动化的调度和管理,既提高了资源利用率,又增强了网络的抗毁性和可靠性。SDH 采用了 DXC 后,大大提高了网络的灵活性及对各种业务量变化的适应能力,使现代通信网络提高到一个崭新的水平。SDH 不仅适合于点对点传输,而且适合于多点之间的网络传输。

图 9.64 给出 SDH 传输网的拓扑结构。SDH 传输网由 SDH 终端设备(TM)、分插复用设备(ADM)、数字交叉连接设备(DXC)等网络单元以及连接它们的物理链路(光纤)构成。SDH 终端 TM 的主要功能是:复接/分接和提供业务适配;ADM 是一种特殊的复用器,它利用分接功能将输入信号所承载的信息分成两部分:一部分直接转发,另一部分卸下给本地用户,然后信息又通过复接功能将转发部分和本地上送的部分合成输出;DXC 类似于交换机,它一般有多个输入和多个输出,通过适当配置可提供不同的端到端连接,通过 DXC 的交叉连接作用,在 SDH 传输网内可提供许多条传输通道,每条通道都有相似的结构。

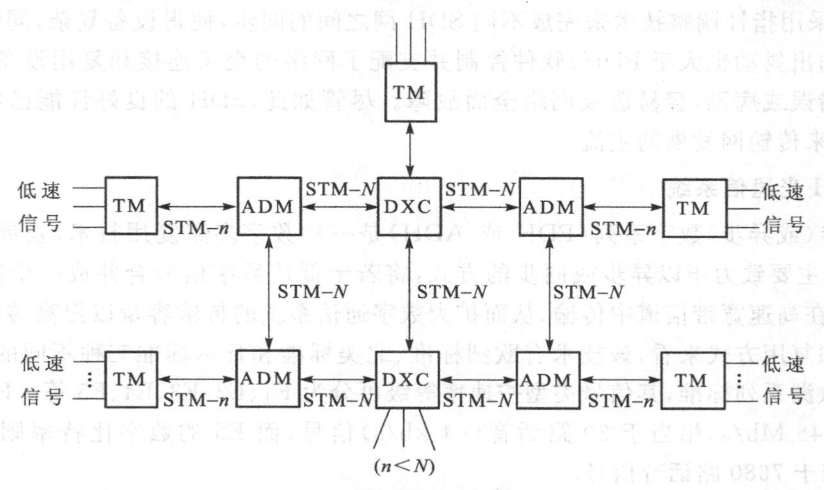

图 9.64　SDH 传输网的拓扑结构

SDH 帧结构是实现数字同步时分复用、保证网络可靠有效运行的关键。图 9.65 给出 SDH 帧的一个 STM-N 帧,全帧有 9 行,每行由 $270 \times N$ 个字节组成。这样每帧共有 $9 \times 270 \times N$ 个字节,每字节为 8 bit。帧周期为 125 μs,即每秒传输 8 000 帧。对于 STM-1 而言,$N=1$,传输速率为 $9 \times 270 \times 8 \times 8\,000 = 155.520$ Mb/s。字节发送顺序为:由上往下逐行发送,每行先左后右。

SDH 帧由段开销(SOH)、信息载荷(Payload)和管理单元指针(AU-PTR)三个部分组成。段开销是在 SDH 帧中为保证信息正常传输所必需的附加字节(每字节含 64 kb/s 的容量),主要用于运行、维护和管理,如帧定位、误码检测、公务通信、自动保护倒换以及网管信息传输。信息载荷域是 SDH 帧内用于承载各种业务信息的部分。在 Payload 中包含少量字节用于通道的运行、维护和管理,这些字节称为通道开销。根据图 9.65 SDH 的传输通道连接模型,段开销又细分为再生段开销和复接段开销。前者占前 3 行,后者占 5~9 行。管理单元指针是一种指示符,主要用于指示 Payload 第一个字节在帧内的准确位置(相对于指针位置的偏移量)。采用指针技术是 SDH 的创新,结合虚容器(VC)的概念,解决了低速信号复接成高速信号时,由于小的频率误差所造成的载荷相对位置漂移的问题。表 9.7 是 SDH 的标准比特率。

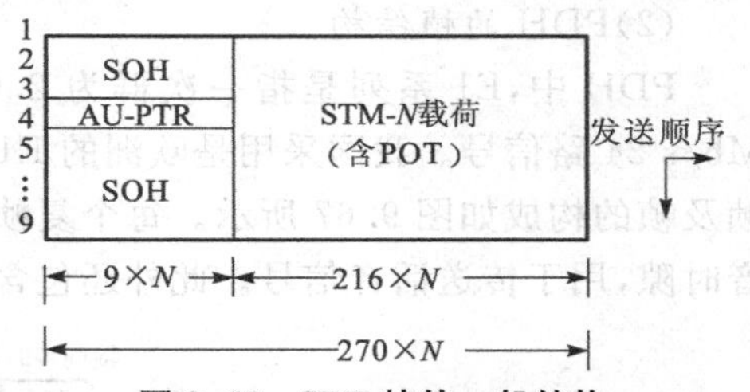

图 9.65　SDH 帧的一般结构

表 9.7 SDH 的标准比特率

	速率/(Mb/s)	含 2M 数	含 STM-1 数
STM-1	155.520	63	1
STM-4	622.080	4×63	4
STM-16	2 488.320	16×63	16

SDH 有上述各种优点，但 SDH 也有不足：SDH 的频带利用率比起 PDH 有所下降，SDH 网络采用指针调整技术来完成不同 SDH 网之间的同步，使得设备复杂，同时字节调整所带来的输出抖动也大于 PDH；软件控制并支配了网络的交叉连接和复用设备，一旦出现软件操作错误或病毒，容易造成网络全面故障。尽管如此，SDH 的良好性能已经得到了公认，成为未来传输网发展的主流。

3. PDH 光通信系统

准同步(或异步)数字系列(PDH 或 ADH)是一种数字多路复用技术，发展于 20 世纪 60 年代，它主要致力于以异步或同步的方式，将若干低速数字信号合并成一个高速数字信号流，以便在高速宽带信道中传输，从而扩大数字通信系统的传输容量以提高传输效率。从速率等级和复用方式来看，该技术有欧洲标准、北美标准和日本标准三种不同的体制，我国采用的是欧洲系列标准，其信号类型按速率等级可分为 E1、E2、E3、E4、E5 等。E1 的数字比特率为 2.048 Mb/s，相当于 30 路话音(64 kb/s)信号，而 E5 的数字比特率则为 565.148 Mb/s，相当于 7680 路话音信号。

(1)PDH 的信号复接原理

PDH 的信号复接原理如图 9.66 所示。其中，复接器将若干路低速信号(低次群)按时分复用方式合并成单一的高速信号(高次群)，而分接器的作用则相反。

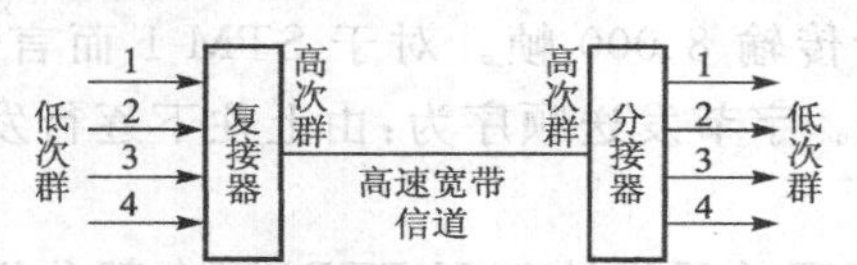

图 9.66 PDH 信号复接原理

为了实现低次群信号的时分复用，需进行码速调整以使这些信号具有相同的码速率。PDH 进行码速调整的方式之一是正码速调整，它是在通过复接器在低次群的各支路信号中人为插入合适数量的脉冲，从而使这些信号的瞬时速率一致。而在接收端，通过分接器的码速恢复功能，使高次群信号恢复到原先的低次群信号。

(2)PDH 的帧结构

PDH 中，E1 系列是指一次群为 2.048 Mb/s 30/32 信号，T1 系列指一次群为 1.544 Mb/s 24 路信号。我国采用是欧洲的 E1 系列即 30/32 路脉冲编码调制(PCM)方式。其复帧及帧的构成如图 9.67 所示。每个复帧包含 16 帧，每帧有 32 路时隙构成，其中 30 路是话音时隙，用于传送话音信号。此外还包含 1 路帧同步时隙和 1 路信令时隙。

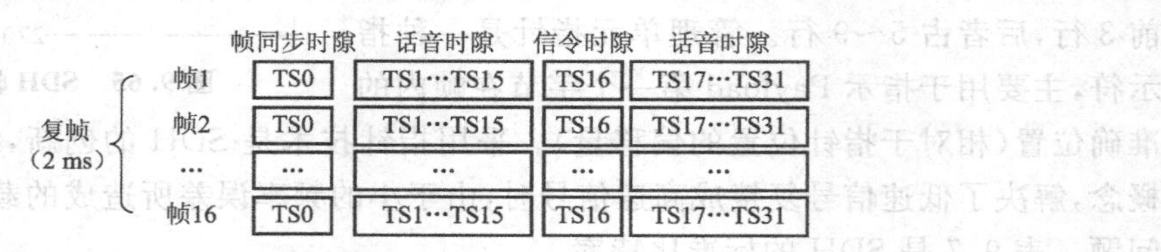

图 9.67 复帧的构成

每路传输速率为 64 kb/s,故 32 路总速率为 32×64 kb/s=2.048 Mb/s。

(3)PDH 光通信系统组成

图 9.68 所示为 PDH 光通信系统的基本组成。各模块作用如下:

① PCM 基群复用:对话音信号进行采样、量化、编码,然后将 30 个话路进行复接,组成基群帧结构,速率变成 2 048 kb/s。解复用模块作用则相反。

② 高次群复用:将低次群复接成高次群,包括二次群、三次群、四次群复用。其主要作用是将低次群复接成高次群。解复用部分作用相反。

③ 光收发端机:发送部分将来自复用设备的信息码流变成 NRZ 码;再进行线路编码;最后经过电/光转换变为光信号,接收部分则进行相反的变换。

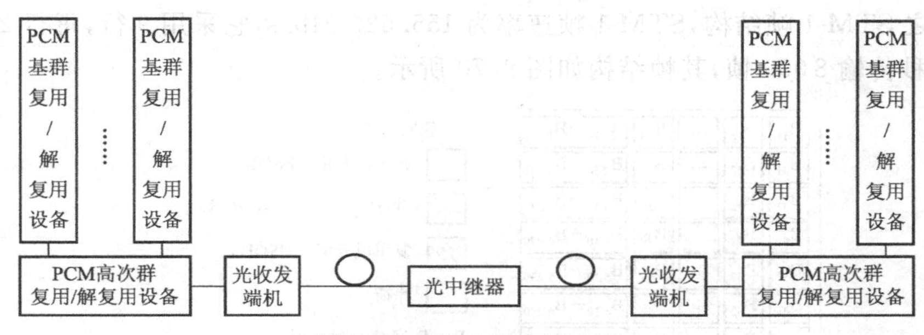

图 9.68 PDH 光通信系统

(4)PDH 的缺点

PDH 存在以下缺点:① PDH 有欧洲、日本、北美几大体系,互不兼容。② PDH 高次群是异步复接,复用结构复杂,缺乏灵活性;③ 无统一的光接口;④ 预留插入比特少,网络运行、管理和维护较困难;⑤ 网络结构简单,无法提供最佳的路由选择,设备利用率低。

目前,中国电信骨干网上绝大部分一级干线 PDH 系统已停止业务运行。

4. SDH 光通信系统

同步数字体系(Synchronous Digital System, SDH)是在"同步光网络"(Synchronous Optical Network, SONET)发展过程中,北美和欧洲在基准速率兼容以后所形成的光通信系统标准。它克服了 PDH 系统所存在的诸多缺点,成为一种适合于光纤传输、微波、卫星传输的数字通信体制。

(1)SONET/SDH 的原理

① SONET/SDH 的复用

SONET 的一级同步传送信号(STS-1),对应于一级光载波信号(OC-1),其传输速率为 51.84 Mb/s。由 STS-1 形成 OC-1,OC-1 又形成 OC-N。N 值可为 1,3,9,12,18,24,36,48 直到 768。其中,对 OC-3,OC-12,OC-48,OC-192 和 OC-768 的支持最为广泛。

SDH 同步传送模块 1(STM-1)其基本的比特率为 155.520 Mb/s,它的高等级复用包括 STM-4,STM-36 和 STM-64 等。

② SONET/SDH 的基本帧结构

SONET 之 STS-1 帧结构,STS-1 帧的速率是 51.840 Mb/s,它采用 9 行、每行 90 个字节的块状帧结构,每秒 8 000 帧,能与 64 kb/s 信号速率相互配合,其帧结构如图 9.69 所示。

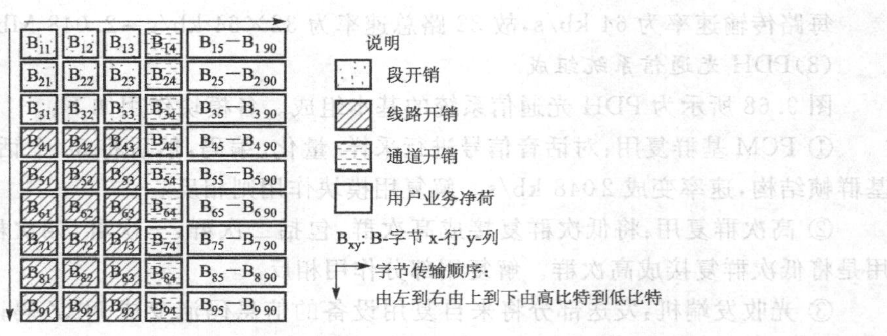

图 9.69　STS－1 帧结构

SDH 之 STM-1 帧结构，STM-1 帧速率为 155.520 Mb/s，它采用 9 行，每行 270 字节的帧格式，每秒传输 8 000 帧，其帧结构如图 9.70 所示。

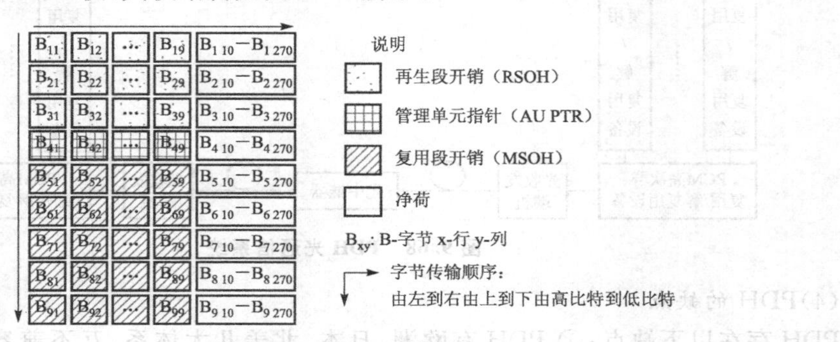

图 9.70　STM－1 帧结构

STS-N 和 STM-N 由相应的基本帧构成，对其具体结构此处不再赘述。

③ SONET/SDH 功能单元

SONET 单元中，一个通道由若干线路构成，每个线路又由若干段构成，而定义为两个中继器之间或在一个中继器和一个线路终端设备之间的链路。由此可知，SONET 的主要功能单元为：通道、线路和段，用于相应部分运行、管理和维护的开销包括：通道开销、线路开销和段开销。

SDH 的功能单元与 SONET 类似，但划分更细，包括再生段、复用段、高阶通道和低阶通道等，用于相应部分运行、管理和维护的开销为：再生段开销（RSOH）、复用段开销（MSOH）、高阶通道开销（HPOH）、低阶通道开销（LPOH）。

（2）SDH 设备

SDH 网络的主要设备包括：SDH 终端设备（TM）、分插复用设备（ADM）以及数字交叉连接设备（DXC）等。

SDH 终端的设备（TM）：实现复接/分接功能并提供业务适配。

分插复用设备（ADM）：利用分接功能将输入信号一部分直接转发，另一部分卸给本地；又可通过复接功能将转发部分和本地上送部分合成输出。

数字交叉连接设备（DXC）：具有多个输入和输出，可提供不同段到段的连接。

5. 波分复用系统

光纤有两个低损耗传输窗口，其波长分别为 1.31 μm 和 1.55 μm。前者窗口宽度为 17 700 GHz，后者 12 500 GHz。早期，能够复用的波长间隔为几十到几百纳米，而随着掺铒光纤放大器的发展，波长间隔可达纳米及亚纳米量级。

通常，将在单根光纤中同时传输多个波长信道的技术称为波分复用（WDM），而将复用波长间隔达到纳米或亚纳米量级的 WDM 称为密集波分复用技术（DWDM）。它们都能非常显著地提高单根光纤的传输容量，故在宽带光网络中占有非常重要的地位。

WDM 与 SDH 的区别在于前者是在光域上进行的复用，而后者则是在电层上实现的复用。SDH 与 PDH，IPM，ATM 等各种信号的格式，都可以被 WDM 所承载。

光波分复用系统基本构成如图 9.71 所示，各个主要部分的功能如下：

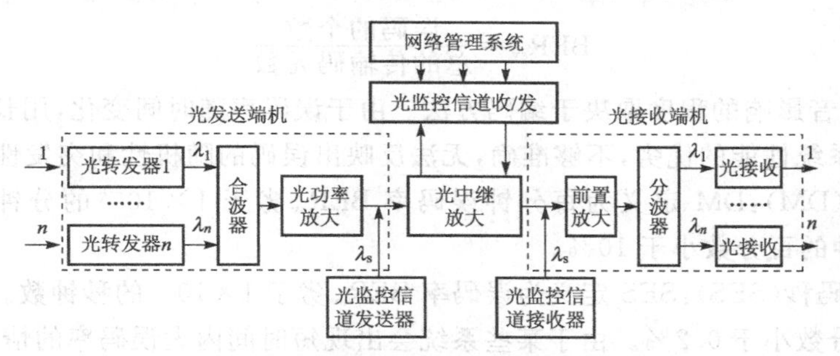

图 9.71　WDM 系统的基本组成

① 光发送端机的主要功能

ⓐ 光转发：将来自诸如 PDH、SDH 以及 ATM 等终端设备的，符合 ITU-TG.957 建议的非特定波长的光信号，转换成具有稳定的特定波长的光信号；ⓑ 合波器：将波长为 $\lambda_1, \lambda_2, \cdots, \lambda_n$ 的多路光信号合成为一个多通路光信号；ⓒ 光功率放大器：对输入的多通路光信号进行功率放大，以在光纤线路上进行传输。除上述功能以外，光发送端机还将波长为 λ_s 的光监控信号与多通路光信号进行合波传输，以方便网络管理功能的实现。

② 光中继器的主要功能

ⓐ 对光信号进行放大，以弥补光纤线路衰减造成的损失；ⓑ 下载光监控信息，并上载网络管理指令。

③ 光接收机的主要功能

ⓐ 下载光监控信道信息；ⓑ 对接收到的微弱光信号进行前置放大；ⓒ 将多通路光信号分解为多波长光信号。

④ 光监控信道主要功能

监控系统内各信道的传输情况。

⑤ 网络管理系统主要功能

ⓐ 对 WDM 系统进行配置管理、故障管理、性能管理以及安全管理等；ⓑ 与上层管理系统相连。

总的来说，WDM 系统的工作原理是，发送端机将不同波长的光信号组合为一个多路信号，并耦合到同一根光纤中传输。当收发间距较大时，需进行中继放大。接收端机作用则相反，它将组合波长的光信号分开，并进行相应处理。

6. 数字光纤通信系统主要性能指标

数字传输系统的性能对整个通信网的通信质量起着至关重要的作用。数字传输系统的主要性能指标是误码特性和抖动特性。

(1) 误码特性

所谓误码是指经接收、判决、再生后，码流中的某些比特发生了差错，使传输的信息质量产生损伤。在数字信号的传输过程中，如果发生的误码过多，就会造成通信质量的下降，造成误码的原因有噪声、光纤的色散等。误码对通信质量的影响可以用误码特性来衡量。误码特性参数主要采用以下指标评定：

① 长期平均误码率(BER_{av})：BER_{av}指在一段相当长的时间内传输码流中出现误码的概率，表示为

$$BER_{av}=\frac{\text{误码的个数}}{\text{总的传输码元数}} \tag{9.40}$$

BER_{av}对话音影响的程度取决于编码方法。由于误码率随时间变化，用长时间内的平均误码率来衡量系统性能的优劣，不够准确，无法反映出误码的随机性和突发性。

② 劣化分(DM)：DM 定义为每分钟误码率 BER_{av} 劣于 1×10^{-6} 的分钟数。指标要求 DM 占可用分钟的百分数小于 10%。

③ 严重误码秒(SES)：SES 定义为误码率 BER_{av}劣于 1×10^{-3} 的秒钟数。指标要求 SES 占可用秒的百分数小于 0.2%。由于某些系统会出现短时间内大误码率的情况，严重影响通话质量，因此引入严重误码秒这个参数。

④ 误码秒(ES)：ES 定义为凡是出现误码(即使只有 1 bit)的秒数。指标要求 ES 占可用秒的百分数小于 8%。相应地，不出现任何误码的秒数称为无误码秒(EFS)，指标要求 EFS 占可用秒的百分数大于 92%。

(2) 抖动特性

抖动是数字信号传输过程中产生的一种瞬时不稳定现象。抖动的定义是：数字信号在各有效瞬时对标准时间位置的偏差。偏差时间范围称为抖动幅度(J_{p-p})，偏差时间间隔对时间的变化率称为抖动频率(F)。这种偏差包括输入脉冲信号在某一平均位置左右变化和提取时钟信号在中心位置左右变化，如图 9.72 所示。

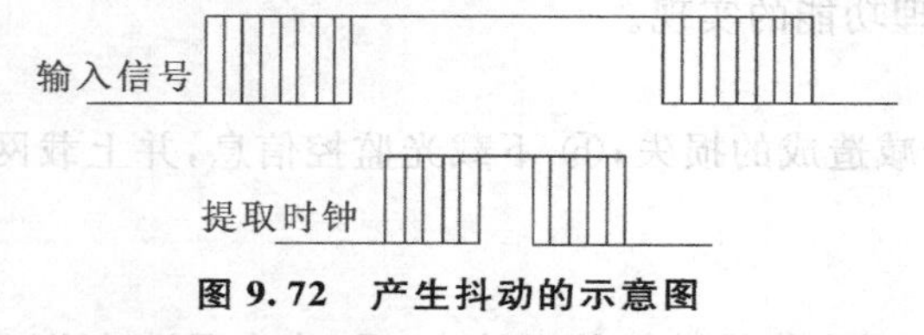

图 9.72　产生抖动的示意图

产生抖动的原因可以是随机噪声，时钟恢复电路的振荡器元件的老化、调谐不准，接收机码间干扰等。抖动原则上可以用时间、相位、数字周期来描述，现在多用数字周期来描述，即令一个码元的时隙长度为一个单位时间间隔，用符号 UI(Unit Interval)表示，它在数值上等于传输速率的倒数，传输速率不同，1 UI 的时间不同。抖动难以完全消除，为了保证系统正常工作，根据 ITU-T 的建议和国家标准的规定，抖动特性包括三项性能指标：输入抖动容限、输出抖动容限和抖动转移特性。抖动容限一般用峰－峰抖动 J_{p-p}来描述，它是指某个特定的抖动比特的时间位置相对于该比特无抖动时间的时间位置的最大偏离。

9.5.3　数字光纤通信系统设计

在前面章节中，已分别讨论了光纤、光发送机、光接收机和光器件等内容，并给出了数字光纤通信系统的结构，本节将对这种光纤通信系统的如何设计进行讨论。

1. 总体设计考虑

对数字光纤通信系统而言，系统设计的主要任务是，根据用户对传输距离和传输容量

(话路数或比特率)及其分布的要求,按照国家相关的技术标准和当前设备的技术水平,经过综合考虑和反复计算,选择最佳路由和局站设置、传输体制和传输速率以及光纤光缆和光端机的基本参数和性能指标,以使系统的实施达到最佳的性能价格比。

在技术上,系统设计的主要问题是确定中继距离,尤其对长途光纤通信系统,中继距离设计是否合理,对系统的性能和经济效益影响很大。中继距离受光纤线路损耗和色散(带宽)的限制,明显随传输速率的增加而减小。中继距离和传输速率反映着光纤通信系统的技术水平。中继距离的设计有最坏值设计法、统计设计法和半统计设计法三种方法。

使用最坏值设计法时,所有考虑在内的参数都以最坏的情况考虑。用这种方法设计出来的指标肯定满足系统要求,系统的可靠性较高,但由于实际应用中所有参数同时最坏值概率非常小,所以这种方法的富余度较大,总成本偏高。本节将用该方法进行数字光纤通信系统设计举例。

统计设计法是各参数的统计分布特性取值的,即事先确定一个系统的可靠性代价来换取较长的中继距离。这种设计方法考虑各参数统计分布时较复杂,系统可靠性不如最坏值法,但成本相对较低,中继距离有所延长。

综合考虑上述两种方法,使用半统计设计法时,部分参数按最坏值处理,部分参数取统计值,从而得到相对稳定,成本适中、计算简单的系统。

一个光纤通信系统的基本要求是:预期的传输距离、信道要求的传输带宽或码速、系统的保真性(误码率 BER、SNR 及失真等)以及可靠性和经济性等。为达到这些要求,需要对一些要素进行考虑。现仅对原则性的问题做一介绍。

(1) 采用的传输制式

以前的数字传输链路使用的是 PDH 体制,现在 SDH 技术已经成熟并已在线路上大量使用,鉴于 SDH 设备的良好的性能和兼容性,长途干线传输或大城市的市话系统都应该采用 SDH,但为了节省成本,农村线路也可适当采用 PDH。

(2) 工作波长的选择

工作波长选择的两条原则:根据通信距离和容量选择工作波长,短距离小容量的系统一般选 850 nm 及 1 310 nm 波长,反之选 1 310 nm 和 1 550 nm 波长;所选的波长区具有可供选择的光器件和光纤等元器件,且在质量、价格及可靠性等方面都能满足要求。

(3) 光检测器的选择

根据系统的码速、传输距离和误码特性决定选择 PIN-PD 还是 APD。另外,还应考虑它们的可靠性、稳定性、使用方便及价格上的差别。一般来讲,长距离、大容量的系统中采用 APD 或 PIN-FET、APD-FET,中距离、小容量的系统用 PIN 或 PIN-FET。

(4) 光源的选择

光源选择 LED 还是 LD,需要考虑一些系统参数,比如信号的色散、码速率、传输距离和成本等。LED 输出频谱的谱宽比 LD 宽得多,这样引起的色散较大,使得 LED 的传输容量[用码速距离积 BL(Gb/s・km)表示]较低,限制在 2 500 Mb/s・km 以下(1 310 nm),而 LD 可达 500 Gb/s・km(1 550 nm)。

(5) 光纤的选择

光纤的选择主要决定于传输距离与速率的要求。对于短距离传输和短波长系统,可以选用多模光纤;长波长系统使用单模光纤。另外,光纤的选择还与光源类型有关。一般 LED 与单模光纤的耦合效率很低,LED 系统多选用多模光纤,但近来 1 310 nm 的边发光二极管与单模光纤的耦合取得了进展。对于传输距离为数百米的系统，可以用塑料光纤配以LED。

2. 损耗限制系统的计算——功率预算法

图9.73为无中继器和中间有一个中继器的数字光纤线路系统的示意图。

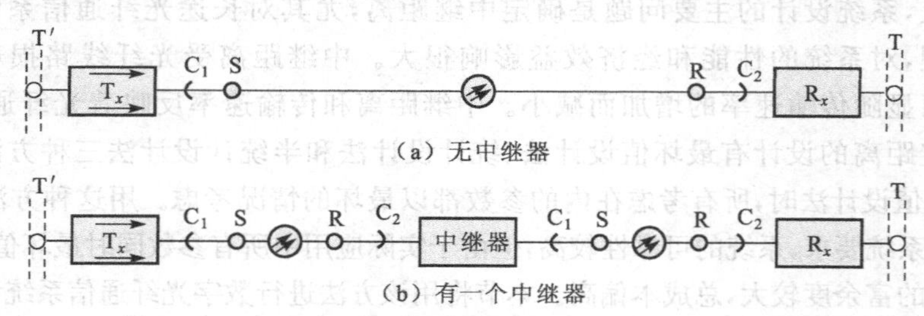

图9.73 数字光纤线路系统

T′,T—光端机和数字复接分接设备的接口；T_x—光发射机或中继器发射端；R_x—光接收机或中继器接收端；C_1,C_2—光纤连接器；S—靠近 T_x 的连接器 C_1 的接收端；R—靠近 R_x 的连接器 C_2 的发射端

如果系统传输速率较低，光纤损耗系数较大，中继距离主要受光纤线路损耗的限制。在这种情况下，要求S和R两点之间光纤线路总损耗必须不超过系统的总功率衰减，即

$$L(\alpha_f+\alpha_s+\alpha_m)\leqslant P_t-P_r-2\alpha_c-M_e \tag{9.41a}$$

或

$$L\leqslant\frac{P_t-P_r-2\alpha_c-M_e}{\alpha_f+\alpha_s+\alpha_m} \tag{9.41b}$$

式中，P_t 为平均发射光功率(dBm)，P_r 为接收灵敏度(dBm)，α_c 为连接器损耗(dB/对)，M_e 为系统余量(dB)，α_f 为光纤损耗系数(dB/km)，α_s 为每千米光纤平均接头损耗(dB/km)，α_m 为每千米光纤线路损耗余量(dB/km)，L 为中继距离(km)。

平均发射光功率 P_t 取决于所用光源，对单模光纤通信系统，LD的平均发射光功率一般为−9～−3 dBm，LED平均发射光功率一般为−25～−20 dBm。光接收机灵敏度 P_r 取决于光检测器和前置放大器的类型，并受误码率的限制，随传输速率而变化。如表9.8所示为长途光纤通信系统 $BER_{av}\leqslant1\times10^{-10}$ 时的接收灵敏度 P_r。

表9.8 $BER_{av}\leqslant1\times10^{-10}$ 时的接收灵敏度 P_r

传输速率/(Mb/s)	标称波长/nm	光检测器	灵敏度 P_r/dBm
8.44	1 310	PIN	−49
34.368	1 310	PIN-FET	−41
139.264	1 310	PIN-FET	−37
		APD	−42
4×139.264	1 310	PIN-FET	−30
		APD	−33

连接器损耗 α_c 一般为0.3～1 dB/对。系统余量 M_e 包括由于时间和环境的变化而引起的发射光功率和接收灵敏度下降，以及设备内光纤连接器性能劣化，M_e 一般不小于3 dB。光纤损耗系数 α_f 取决于光纤类型和工作波长，例如单模光纤在1 310 nm，α_f 为0.4～0.45 dB/km；在1 550 nm，α_f 为0.22～0.25 dB/km。光纤损耗余量 α_m 一般为0.1～0.2 dB/km，但一个中继

段总余量不超过 5 dB。平均接头损耗可取 0.05 dB/个，每千米光纤平均接头损耗 α_s 可根据光缆生产长度计算得到。根据 ITU-T G.955 建议，用 LD 做光源的常规单模光纤（G.652）系统，在 S 和 R 之间数字光纤线路的容限如表 9.9 所示。

表 9.9　S 和 R 之间数字光纤线路的容限

标称速率/(Mb/s)	标称波长/nm	BER≤1×10⁻¹⁰ 最大损耗/dB	S 和 R 之间的容限 最大色散/(ps/nm)
8.44	1 310	40	不要求
34.368	1 310	35	不要求(多纵模)
139.264	1 310	28	300(多纵模)
	1 550	28	
4×139.264	1 310	24	120(多纵模)
	1 550	24	

3. 色散限制系统的设计计算——上升时间预算

如果系统的传输速率较高，光纤线路色散较大，中继距离主要受色散（带宽）的限制。为使光接收机灵敏度不受损伤，保证系统正常工作，必须对光纤线路总色散（总带宽）进行规范。对于数字光纤线路系统而言，色散增大，意味着数字脉冲展宽增加，因而在接收端要发生码间干扰，使接收灵敏度降低，或误码率增大。严重时甚至无法通过均衡来补偿，使系统失去设计的性能。

设传输速率为 $f_b = 1/T$，发射脉冲为半占空归零（RZ）码，输出脉冲为高斯波形，如图 9.74 所示。高斯波形可以表示为

$$g(t) = \exp\left(\frac{-t^2}{2\sigma^2}\right) \tag{9.42}$$

式中，σ 为均方根（rms）脉冲宽度。把 $a = \sigma/T$ 定义为相对 rms 脉冲宽度，码间干扰 δ 的定义如图 9.74 所示。

由(9.42)式和图 9.74 得到

$$a = \frac{\sigma}{T} = \left(\frac{1}{\sqrt{2\ln(1/\delta)}}\right) \tag{9.43}$$

为确定中继距离和光纤线路色散（带宽）的关系，把输出脉冲用半高全宽度（FWHM）τ 表示，即

$$\tau = \sqrt{\left(\frac{\tau}{2}\right)^2 + (\Delta\tau_f)^2} \tag{9.44}$$

式中，$\tau = \sigma/0.4247$，$\Delta\tau_f$ 为光纤线路 FWHM 脉冲展宽，取决于所用光纤类型和色散特性。

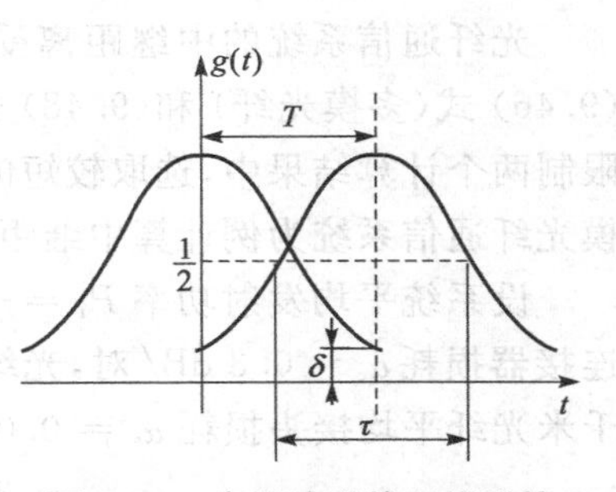

图 9.74　高斯波形的码间干扰

对于多模光纤系统，色散特性用 3 dB 带宽表示。因此，$\Delta\tau_f = 0.44/B$，B 为长度等于 L 的光纤线路总带宽，它与单位长度光纤带宽的关系为 $B = B_1/L^\gamma$。B_1 为 1 km 光纤的带宽，通常由测试确定。$\gamma = 0.5 \sim 1$，称为串接因子，取决于系统工作波长、光纤类型和线路长度。把这些数据代入(9.44)式，并取 $a = 0.25 \sim 0.35$，得到光纤线路总带宽 B

和速率 f_b 的关系为

$$B = (0.83 \sim 0.56) f_b \tag{9.45}$$

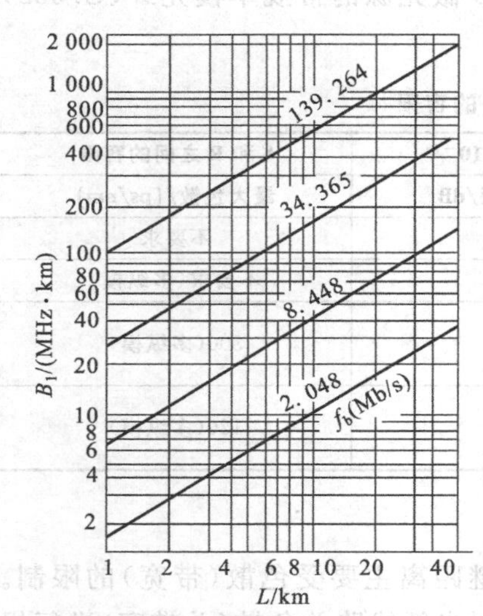

图 9.75　1 km 光纤带宽 B_1 与中继距离 L 的关系

中继距离 L 与 1 km 光纤带宽 B_1 的关系为 $B_1 = BL^{\gamma}$，所以

$$L = [(1.21 \sim 1.78) B_1 / f_b]^{1/\gamma} \text{ 或}$$

$$L^{\gamma} f_b = (1.21 \sim 1.78) B_1 \tag{9.46}$$

B_1 与 L 的关系示于图 9.75，以 f_b 为参数，取 $\sigma/T = 0.3$，$\gamma = 0.75$。

由此可见，中继距离 L 与传输速率 f_b 的乘积取决于 1 km 光纤的带宽（色散），这个乘积反映了光纤通信系统的技术水平。

对于单模光纤系统，$\Delta\tau_f = 2.355\sigma_f$，$\sigma_f$ 为光纤线路 rms 脉冲展宽。光纤线路 rms 脉冲展宽与光源谱线宽度近似关系为

$$\sigma_f = | C_0 | \sigma_\lambda L \tag{9.47}$$

式中，C_0 为在光源中心波长 λ_0 光纤的色散系数 [ps/(nm·km)]，σ_λ 为光源谱线宽度（nm），L 为光纤线路长度（km）。将上式代入（9.44）式，并取 $a = \sigma/T = 0.25$，得到中继距离：

$$L = \frac{0.226 \times 10^6}{f_b \mid C_0 \mid \sigma_\lambda} \tag{9.48}$$

由此，并根据原 CCITT 建议，单模光纤通信系统受色散限制的中继距离 L 为

$$L = \frac{\varepsilon \times 10^6}{f_b \mid C_0 \mid \sigma_\lambda} \tag{9.49}$$

式中，ε 是与功率代价和光源特性有关的参数，对于多纵模激光器，$\varepsilon = 0.115$，对于单纵模激光器，$\varepsilon = 0.306$。

由于光纤制造工艺的偏差，光纤的零色散波长不会全部等于标称波长值，而是分布在一定的波长范围内。同样，光源的峰值波长也是分布在一定波长范围内，并不总是和光纤的零色散波长度相重合。对于 G.652 规范的单模光纤，波长为 1 285 ～ 1 330 nm，色散系数 C 不得超过 ±3.5 ps/(nm·km)，波长为 1 270 ～ 1 340 nm，C 不得超过 6 ps/(nm·km)。

4. 中继距离和传输速率

光纤通信系统的中继距离受损耗限制时由（9.41）式确定；中继距离受色散限制时由（9.46）式（多模光纤）和（9.48）式或（9.49）式（单模光纤）确定。设计时，从损耗限制和色散限制两个计算结果中，选取较短的距离，作为中继距离计算的最终结果。下面以 140 Mb/s 单模光纤通信系统为例计算中继距离：

设系统平均发射功率 $P_t = -3$ dBm，接收灵敏度 $P_r = -42$ dBm，设备余量 $M_e = 3$ dB，连接器损耗 $\alpha_c = 0.3$ dB/对，光纤损耗系数 $\alpha_f = 0.35$ dB/km，光纤余量 $\alpha_m = 0.1$ dB/km，每千米光纤平均接头损耗 $\alpha_s = 0.03$ dB/km。把这些数据代入（9.41）式，得到中继距离：

$$L = \frac{-3 - (-42) - 3 - 2 \times 0.3}{0.35 + 0.03 + 0.1} \approx 74 \text{ km}$$

又设线路码型为5B6B,线路码速率 $f_b = 140 \times (6/5) = 168$ Mb/s, $|C_0| = 3.0$ ps/(nm·km), $\sigma_\lambda = 2.5$ nm。把这些数据代入(9.49)式,得到中继距离:

$$L = \frac{0.115 \times 10^6}{168 \times 3.0 \times 2.5} \approx 91 \text{ km}$$

在工程设计中,中继距离应取74 km。例中中继距离主要受损耗限制。但是,如果假设 $|C_0| = 3.5$ ps/(nm·km), $\sigma_\lambda = 3$ nm,而上述其他参数不变,根据(9.49)式计算得到的中继距离 $L \approx 65$ km,则此时中继距离主要受色散限制,中继距离应确定为65 km。

图9.76给出各种光纤的中继距离和传输速率的关系,包括损耗限制和色散限制的结果。由图9.76可见,对于波长为0.85 μm的多模光纤,由于损耗大,中继距离一般在20 km以内。传输速率很低,跃变型多模光纤的速率不如同轴线,渐变型光纤的速率在0.1 Gb/s以上就受到色散限制。单模光纤在长波长工作,损耗大幅度降低,中继距离可达100~200 km。在1.31 μm零色散波长附近,当速率超过1 Gb/s时,中继距离才受色散限制。在1.55 μm波长上,由于色散大,通常要用单纵模激光器,理想系统速率可达5 Gb/s,但实际系统由于光源调制产生频率啁啾,导致谱线展宽,速率一般限制为2 Gb/s。采用色散位移光纤和外调制技术,可以使速率达到20 Gb/s以上。

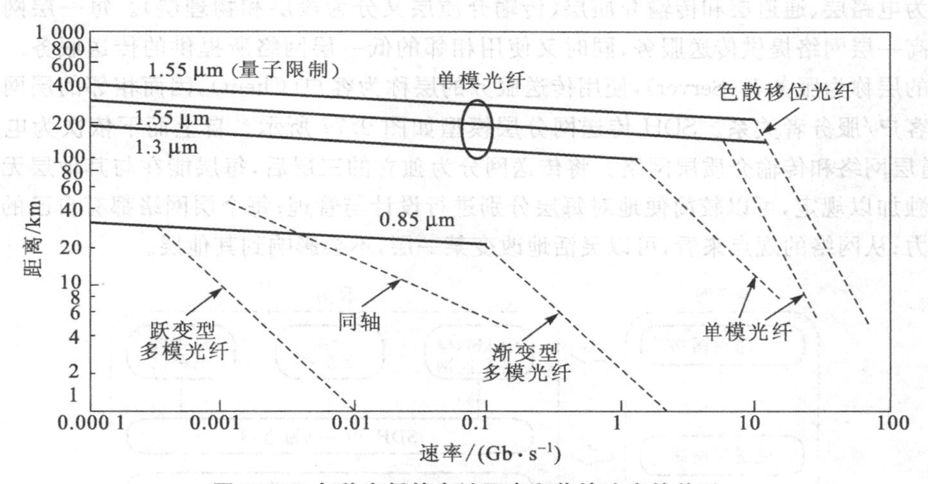

图9.76 各种光纤的中继距离和传输速率的关系

9.6 光纤通信网络

通信网的发展趋势是数字化、综合化和宽带化。与光纤通信关系最为密切的是宽带化,这是信息时代发展的需要。目前在核心网内以光纤为传输介质,采用DWDM技术和SDH技术实现宽带传输,同时采用光交换技术构成全光通信网,已成为现实。在接入网中,光纤已从最初的光纤到路边(FTTC)逐步向光纤到家(FTTH)发展,但从经济的角度考虑,不需要采用DWDM技术,而是采用比较简单和便宜的光纤通信设备。因为核心网和接入网实现宽带化的技术途径不同,所以本节将分别介绍SDH传送网、WDM光网络、光接入网、光分组交换网、光传送网、光突发交换网以及智能光网络。

9.6.1　SDH 传送网

电信网泛指提供通信服务的所有实体（设备、装备和设施）及逻辑配置。电信网有两大基本功能群：一类是传送（transport）功能群，将任何通信信息从一个点传递到另一点；另一类是控制功能群，实现各种辅助服务和操作维护功能。所谓传送网，就是完成传送功能的手段，定义为在不同地点之间传递用户信息的网络的功能资源。传送网主要指逻辑意义上的网络，即网络的逻辑的集合。采用 SDH 数字系列的传送网称 SDH 传送网。

1. SDH 传送网的功能结构

为了便于网络的设计和管理，网络中通常用分层（Laying）和分割（Partitioning）的概念，将网络的结构元件按功能分为参考点（接入点）、拓扑元件、传送实体和传送处理功能四大类。网络的拓扑元件分为三种：层网络、子网、链路，只需这三种元件就可以完全地描述网络的逻辑拓扑，从而使网络的结构变得灵活，网络描述变得容易。

（1）传送网的分层和分割

传送网的分层是指，网络可由垂直方向的连续的传送网络层（即层网络）叠加而成，即从上而下分为电路层、通道层和传输介质层（传输介质层又分为段层和物理层）。每一层网络为其相邻的高一层网络提供传送服务，同时又使用相邻的低一层网络所提供的传送服务。提供传送服务的层称为服务者（Server），使用传送服务的层称为客户（Client），因而相邻的层网络之间构成了客户/服务者关系。SDH 传送网分层模型如图 9.77 所示。自上而下依次为电路层网络、通道层网络和传输介质层网络。将传送网分为独立的三层后，每层能在与其他层无关的情况下单独加以规定，可以较简便地对每层分别进行设计与管理；每个层网络都有自己的操作和维护能力；从网络的观点来看，可以灵活地改变某一层，不会影响到其他层。

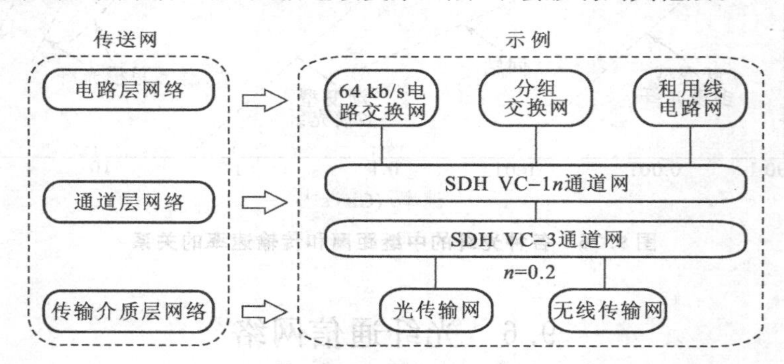

图 9.77　SDH 传送网的分层模型

传送网分层后，每一层网络仍然很复杂，地理上覆盖的范围很大。为了便于管理，在分层的基础上，将每一层网络在水平方向上按照该层内部的结构分割为若干个子网和链路连接。图 9.78 给出了传送网分层概念与分割概念的一般关系。

采用分割的概念可以方便地在同一网络层内对网络结构进行规定，允许层网络的一部分被层网络的其余部分看做一个单独实体；可以按所希望的程度将层网络递归分解表示，为层网络提供灵活的链接能力，从而方便网络管理，也便于改变网络的组成并使之最佳化。链路是代表一对子网之间有固定拓扑关系的一种拓扑元件，用来描述不同的网络设备连接点间的联系，例如，两个交叉连接设备之间的多个平行的光缆线路系统就构成了链路。

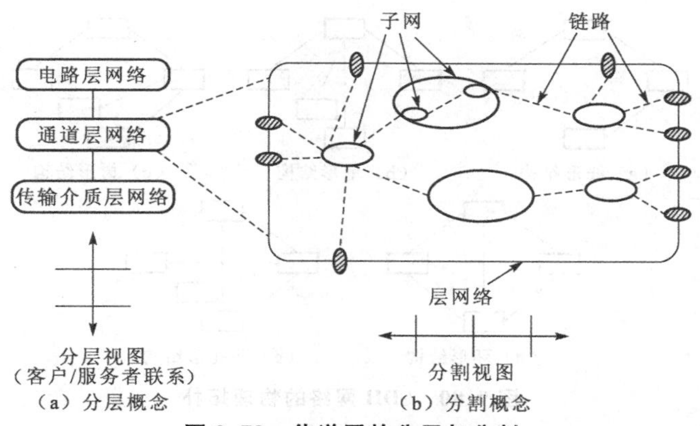

图 9.78　传送网的分层与分割

(2) 传送网的功能模型

图 9.79 为传送网的功能模型示例。层网或子网之间通过连接（网络连接、子网连接、链路连接）和适配（如层间适配，包括复用解复用、编码解码、定位与调整、速率变化等）构成整个传送网。相邻的层间符合客户/服务者关系。

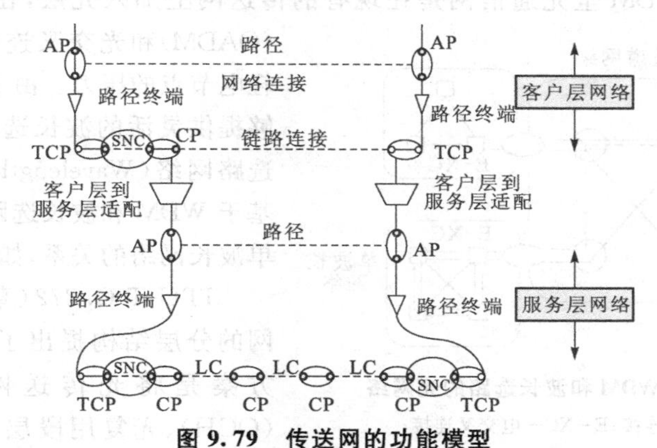

图 9.79　传送网的功能模型

AP—接入点；CP—连接点；LC—链路连接；TCP—终端连接点；SNC—子网连接

2. SDH 网的物理拓扑

网络的物理拓扑泛指网络的形状，即网络节点和传输线路的几何排列，它反映了物理上的连接性。SDH 的网络物理拓扑结构的应用直接与网络的地域覆盖范围、网络的安全保护方式、节点间的传输容量、网络配置、通信能力的优化利用以及全网的投资预算等因素有关，需要从多方面考虑。

SDH 的网络物理拓扑结构除了最简单的点到点结构外，网络物理拓扑一般有五种类型：线形结构、星形结构、树形结构、环形结构和网孔形结构，如图 9.80 所示。这些拓扑结构都有各自的特点，在网中都有不同程度的应用。网络拓扑的选择要考虑的因素很多，如网络的生存性是否高，网络配置是否容易，网络结构是否适于引进新业务等。

一个实际网络的不同部分适宜采用的拓扑结构也有所不同，例如，本地网适宜采用环形和星形拓扑结构，有时也可用线形拓扑，市内局间中继网适宜采用环形和线形拓扑，而长途网可能采用网孔形拓扑。

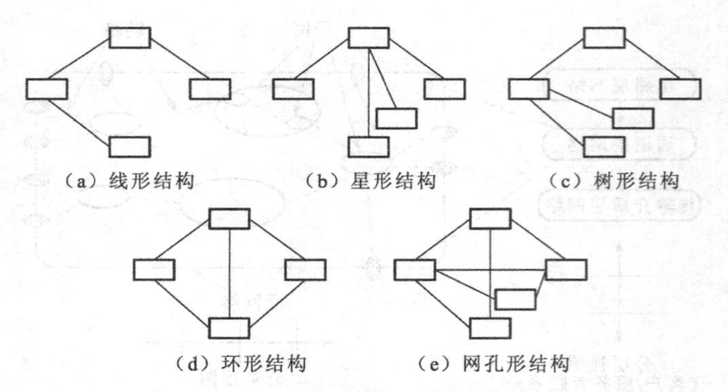

图 9.80　SDH 网络的物理拓扑

9.6.2　波分复用光网络

波分复用（WDM）技术极大地提高了光纤的传输容量，随之带来了对电交换节点的压力和变革的动力。为了提高交换节点的吞吐量，必须在交换方面引入光子技术，从而引起了 WDM 全光通信的研究。WDM 全光通信网是在现有的传送网上加入光层，在光上进行分插复用（OADM）和光交叉连接（OXC），目的是减轻电节点的压力。由于 WDM 全光网络能够提供灵活的波长选路能力，又称为波长选路网络（Wavelength Routing Network）。基于 WDM 和波长选路的全光网络及其与单波长网络的关系，如图 9.81 所示。

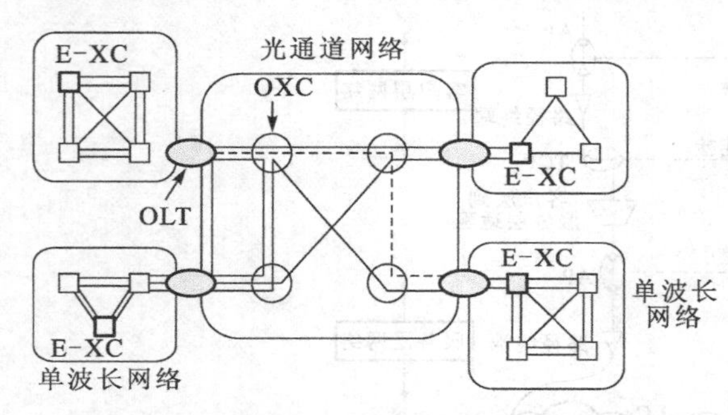

图 9.81　基于 WDM 和波长选路的光网络

OXC—光交叉连接；E-XC—电交叉连接；

OLT—光线路终端

ITU-T G.872（草案）已经对光传送网的分层结构提出了建议。建议的分层方案是将光传送网分成：光通道层（OCH）、光复用段层（OMS）和光传输段层（OTS）。与 SDH 传送网相对应，实际上是将光网络加到 SDH 传送网分层结构的段层和物理层之间，如图9.82所示。

SDH网络
电路层
通道层
复用段层
再生段层
物理层（光纤）

（a）SDH网络

WDM光网络
电路层
电通道层
电复用段层
光层
物理层（光纤）

（b）WDM网络

光传送网络		
电路层	电路层	虚通道
PDH通道层	SDH通道层	虚通道
电复用段层	电复用段层	（没有）
光通道层		
光复用段层		
光传输段层		
物理层（光纤）		

（c）电层和光层的分解

图 9.82　光传送网的分层结构

由于光纤信道可以将复用后的高速数字信号经过多个中间节点，不需电的再生中继，直接传送到目的节点，因此可以省去 SDH 再生段，只保留复用段，再生段对应的管理功能并入到复用段节点中。为了区别，将 SDH 的通道层和段层称为电通道层和电复用段层。

光通道层为不同格式的用户信息提供端到端透明传送的光信道网络功能，它包括：为灵活的网络选路重新安排信道连接，为保证光信道适配信息的完整性处理光信道开销，以及为网络层的运行和管理提供光信道监控功能。

光复用段层为多波长信号提供网络功能，它包括为灵活的多波长网络选路重新安排光复用段连接，为保证多波长光复用段适配信息的完整性处理光复用段开销，以及为段层的运行和管理提供光复用段监控功能。

光传输段层为光信号在不同类型的光介质（如 G. 652，G. 653，G. 655 光纤）上提供传输功能，包括对光放大器的监控功能。

WDM 光网络的节点主要有两种功能：① 光通道的上下路功能；② 交叉连接功能。

实现光通道的上下路功能的网络元件为光分插复用器（OADM）。在 SDH 传送网中，ADM 的功能是对不同的数字通道进行分下与插入操作。与此类似，在 WDM 光网络也存在 OADM，其功能是在波分复用光路中对不同波长信道进行分下与插入操作。无论 ADM 还是 OADM，都是相应网络中的重要单元。

在 WDM 光网络的一个节点上，OADM 在从光波网络中分下或插入本节点的波长信号的同时，对其他波长的向前传输并不影响，并不需要把非本节点的波长信号转换为电信号再向前发送，因而简化了节点上信息处理，加快了信息的传递速度，提高了网络组织管理的灵活性，降低了运行成本。特别是当 WDM 的波长数很多时，OADM 的作用就显得特别明显。

OADM 可以分为：光-电-光型和全光型两类。光-电-光型 OADM 是一种采用 SDH 光端机背靠背连接的设备，在已铺设的波分复用线路中已经使用了这种设备。但是光-电-光这种方法不具备速率和格式的透明性，缺乏灵活性，难以升级，因而不能适应 WDM 光网络的要求。全光型 OADM 是完全在光波域实现分插功能，具备透明性、灵活性、可扩展性和可重构性，因而完全满足 WDM 光网络的要求。OADM 的核心部件是一个具有波长选择能力的光学或光子学元件。

实现交叉连接功能的网络元件为 OXC。OXC 是光波网络中的一个重要网络单元，其功能可以与时分复用网络中的交换机类比，主要用来完成多波长环网间的交叉连接，作为网格状光网络的节点，目的是实现光波网的自动配置、保护/恢复和重构。光交叉连接通常分为三类：光纤交叉连接（FXC）、波长固定交叉连接（WSXC）和波长可变交叉连接（WIXC）。

9.6.3 光接入网

1. 光接入网概述

（1）接入网的概念

接入网（AN）是电信网的重要组成部分，负责将电信业务透明地传送到用户。如图9.83所示，ITU-T G. 902 建议对接入网定义为：接入网由业务节点接口（SNI）和用户网络接口（UNI）之间的一系列传送实体（如线路设施和传输设施）组成，为供给电信业务而提供所需的传送承载能力，可经由网络管理接口（Q_3）配置和管理。原则上对接入网可以实现的 UNI 的类型和数目以及 SNI 的类型和数目没有限制，接入网不解释信令。

(2) 光接入网的参考配置

接入网采用光纤作为主要的传输媒体来取代传统的双绞线构成光接入网(OAN)。

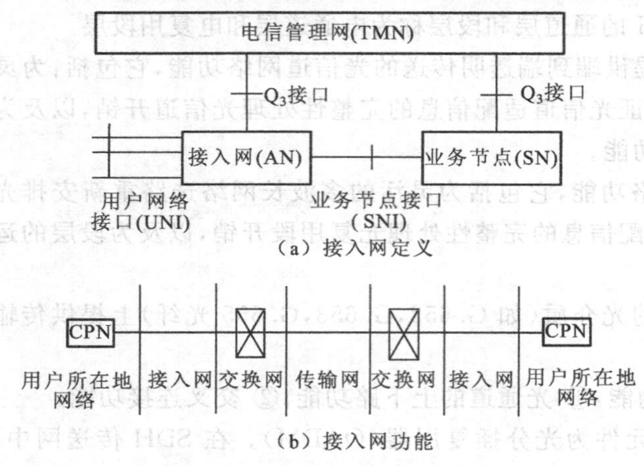

图 9.83 接入网的定义与功能

OAN 为共享相同网络侧接口并由光传输系统所支持的接入链路群,有时称之为光纤环路系统(FITL)。从系统配置上可以分为无源光网络(PON)和有源光网络(AON),如图 9.84 所示。图中,ODN:光分配网络,是 OLT 和 ONU 之间的光传输介质,由无源光器件组成;OLT:光线路终端,提供 OAN 网络侧接口,并且连接一个或多个 ODN;ODT:光远程终端,由光有源设备组成;ONU:光网络单元,提供 OAN 用户侧接口,并且连接到一个 ODN 或 ODT;UNI:用户网络接口;SNI:业务结点接口;S:光发送参考点;R:光接收参考点;AF:适配功能;V:与业务结点间的参考点;T:与用户终端间的参考点;a:AF 与 ONU 之间的参考点,在 OLT 和 ONU 之间没有任何有源电子设备的光接入网称 PON。PON 对各种业务是透明的,易于升级扩容,便于维护管理,缺点是 OLT 和 ONU 之间的距离和容量受到限制。用有源设备或有源网络系统(如 SDH 环网)的 ODT 代替 PON 中的 ODN,便构成 AON。AON 的传输距离和容量大大增加,易于扩展带宽,运行和网络规划的灵活性大,不足之处是有源设备需要供电、机房等。如果综合使用两种网络,优势互补,就能接入不同容量的用户。

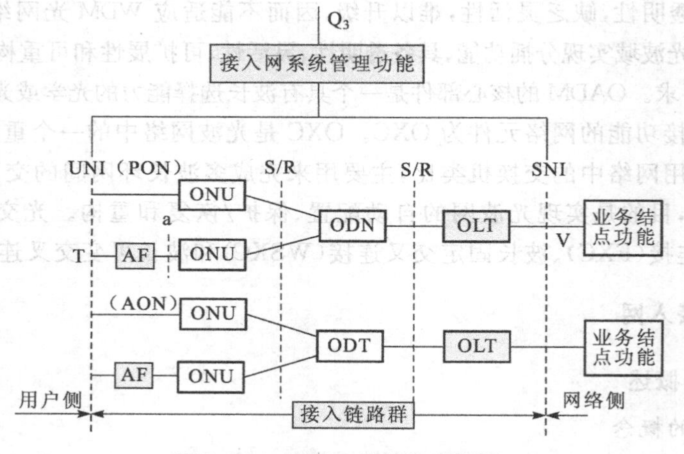

图 9.84 光接入网的参考配置

目前,用户网光纤化的途径主要有两个:一是在现有电话铜缆用户网的基础上,引入光纤传输技术改造成 OAN;二是在现有有线电视(CATV)同轴电缆网的基础上,引入光纤传输技术使之成为光纤/同轴混合网(HFC)。

(3) OAN 的拓扑结构

光接入网的拓扑结构一般有四种：单星形、双星形、总线形和环形，如图 9.85 所示。

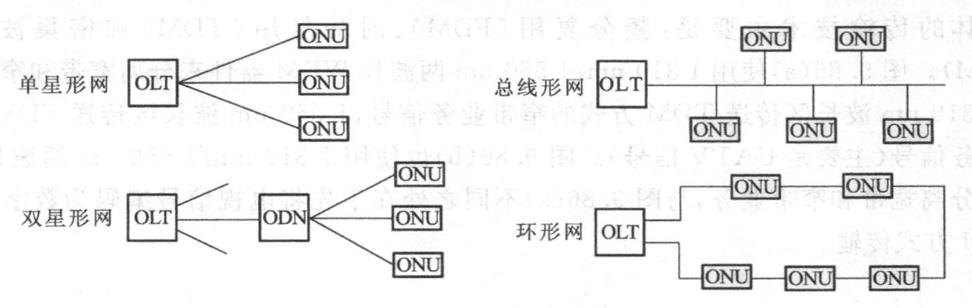

图 9.85　OAN 的拓扑结构

(4) OAN 的应用类型

根据 ONU 的位置不同，OAN 有 4 种基本应用类型：光纤到路边(FTTC)、光纤到大楼(FTTB)、光纤到办公室(FTTO)和光纤到家(FTTH)。在 FTTC 结构中，ONU 设置在路边的人孔或电线杆上的分线盒处，或设置在交接箱处。FTTC 一般采用双星形结构，从 ONU 到用户之间采用双绞线铜缆，若要传送宽带业务则要用高频电缆或同轴电缆。FTTB 是将 ONU 直接放在大楼内(如企业、事业单位办公楼或居民住宅公寓内)，再由铜缆将业务分配到各个用户。FTTB 比 FTTC 的光纤化程度更进一步，更适合高密度用户区，也更容易满足未来宽带业务传输的需要。如果将 FTTC 结构中设置在路边的 ONU 换成无源光分路器，将 ONU 移到大企业、事业单位的办公室内就成了 FTTO。将 ONU 移到用户家里就成了 FTTH。FTTH 是一种全透明、全光纤的光接入网，适于引入新业务，对传输制式、带宽和波长等基本上没有限制，并且 ONU 安装在用户处，供电、安装维护等都比较方便。

2. PON

PON 是一组关于第一英里(或最后一英里)的光纤传输技术。PON 最初由 FSAN 工作组制定，目前新 PON 标准由 ITU-T 和 IEEE 正在制定中。PON 由服务供应商的中心局节点 OLT 和大量邻近终端用户的 ONU，以及 ODN(包括光纤和分光器)组成。OLT 是用做 PON 和骨干网之间的接口，而 ONU 是作为终端用户的服务接口。PON 是一种会聚型结构，可以传输多种服务，如语音(传统电话业务或 VOIP)、数据、视频，和/或遥测系统，这是因为通过 PON 光纤传输过程中，以上所有服务都将在单数据包类型中被修改和封装。

(1) PON 网络结构

PON 的信号由端局和电视节目中心通过光纤和光分路器直接分送到用户，其网络结构如图 9.86 所示。其下行业务由光功率分配器以广播方式发送给用户，在靠近用户接口处的过滤器让每个用户接收发给它的信号。在上行方向，用户业务是在预定的时间发送，目的是让它们分时地发送光信号，因此要定期测定端局与每个用户的延时，以便上行传输同步，这是 PON 技术的难点。由于光信号经过分路器分路后，损耗较大，因而传输距离不能很远。

PON 的一个重要应用是来传送宽带图像业务(特别是广播电视)。这方面尚无任何国际标准可用，但已形成一种趋势，即使用 1 310 nm 波长区传送窄带业务，而使用 1 550 nm 波长区传送宽带图像业务(主要是广播电视业务)。原因是 1 310 nm/1 550 nmWDM 器件已很便宜，而目前 1 310 nm 波长区的激光器也很成熟，价格便宜，适于经济地传送急需的窄带业务；另一方面，1 550 nm 波长区的光纤损耗低，又能结合使用光纤放大器，因而适于传送带宽要求较高的宽带图像业务。

具体的传输技术主要是：频分复用（FDM）、时分复用（TDM）和密集波分复用（DWDM）。图 9.86(a)使用 1 310 nm/1 550 nm 两波长 WDM 器件来分离宽带和窄带业务，其中 1 310 nm 波长区传送 TDM 方式的窄带业务信号，1 550 nm 波长区传送 FDM 方式的图像业务信号（主要是 CATV 信号）。图 9.86(b)也使用 1 310 nm/1 550 nm 两波长 WDM 器件来分离宽带和窄带业务，与图 9.86(a)不同之处在于先将电视信号编码为数字信号，再用 TDM 方式传输。

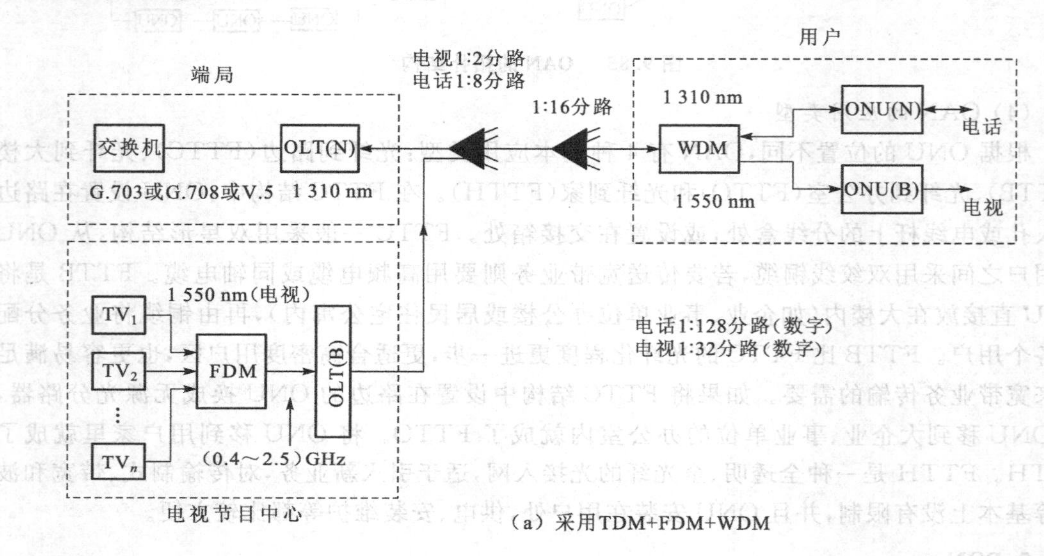

（a）采用TDM+FDM+WDM

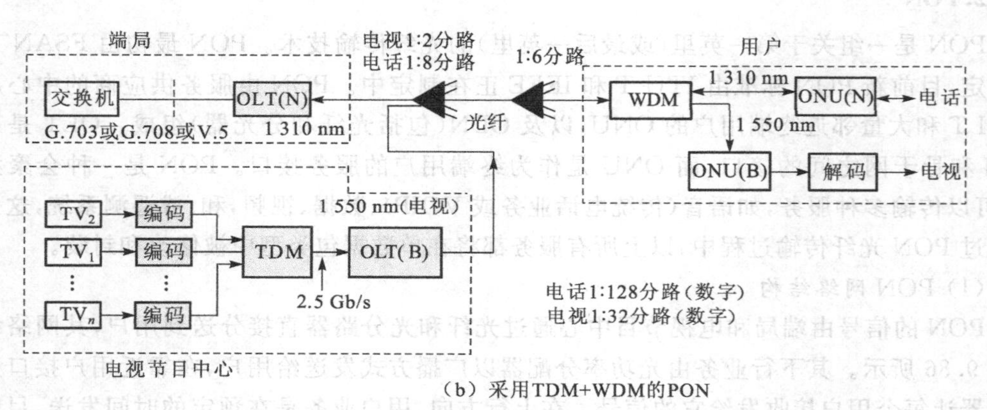

（b）采用TDM+WDM的PON

图 9.86　PON 结构

（2）多址技术

PON 中常用的多址技术有三种：频分多址（FDMA）、时分多址（TDMA）和波分多址（WDMA）。FDMA 的特点是将频带分割为许多互不重叠的部分，分配给每个用户使用。优点是：设备简单，技术成熟；缺点是当多个载波信号同时传输时，会产生串扰和互调噪声，会出现强信号抑制弱信号现象，单路的有效输出功率降低，且传输质量随着用户数的增多而急剧下降。TDMA 的特点是将工作时间分割成周期性的互不重叠的时隙，分配给每个用户。优点是：在任何时刻只有一个用户的信号通过上行信道，可以充分利用信号功率，没有互调噪声；缺点是：为了分配时隙，需要精确地测定每个用户的传输时延，并且易受窄带噪声的影响。WDMA 的特点是以波长作为用户的地址，将不同的光波长分配给不同的用户，用可调谐滤波器或可调谐激光器来实现波分多址。优点是：不同波长的信号可以同时在同一信道上传输，不必考虑时延问题；缺点是：目前可调谐滤波器或可调谐激光器的成本还高，调谐范围也不宽。

(3) APON/BPON、EPON 以及 GPON 技术

PON 包括 APON/BPON、EPON 以及 GPON 等多种技术。

APON 是由 FSAN 制定的最初的 PON 规范，它以 ATM 作为 2 层信令协议。APON 术语的出现使用户误认为只有 ATM 服务能被终端用户使用，所以 FSAN 工作组决定将它改称为 BPON。BPON 系统可提供大量宽带服务，其中包括以太网接入和视频分配等。APON 系统以 ATM 协议为载体，下行以 155.52 Mb/s 或 622.08 Mb/s 的速率发送连续的 ATM 信元，同时将专用物理层 OAM(PLOAM)信元插入数据流中；上行以突发的 ATM 信元方式发送数据流，并在每个 53 字节长的 ATM 信元头增加 3 字节的物理层开销，用以支持突发发送和接收。

EPON 是一种利用无源分光器和光纤实现的点对多点网络拓扑结构。EPON 建立在多点控制协议(MPCP)基础上，MPCP 使用消息、状态机、定时器来控制访问点到多点(P2MP)的拓扑。在 P2MP 拓扑中的每个 ONU 都包含一个 MPCP 的实体，用来和 OLT 中的 MPCP 的一个实体相互通信。作为 EPON/MPCP 的基础，EPON 实现了一个 P2P 仿真子层，该子层使得 P2MP 网络拓扑对于高层来说就是多个点对点链路的集合。该子层是通过在每个数据报的前面加上一个逻辑链路标识(LLD)来实现的。此外，EPON 还包括网络操作、管理和维护(OAM)机制以支持网络操作、差错监测和修复。

GPON 是一种运行在 1 Gb/s 比特率以上的 PON 技术。为满足更高比特率的需求，整个协议已被公开重新审议，由于增加了对多业务，OAM&P 功能以及扩展性等方面的支持，新方案将会是最理想和最有效的。

(4) APON 光网络终端 ONT

APON 实现用户与如下四个主要类型业务节点之一的连接，如公共交换电话网/综合业务数字网(PSTN/ISDN)窄带业务，B-ISDN 宽带业务，以及非 ATM 的两种业务(即数字视频付费业务和基于 Internet 的 IP 业务)。四种类型的业务在逻辑上是分开的，但由接入网的同一传送层支持。在业务综合接入网与每个业务节点之间规定了有限种类的标准业务网络接口(SNI)。APON 的模型结构如图 9.87 所示。

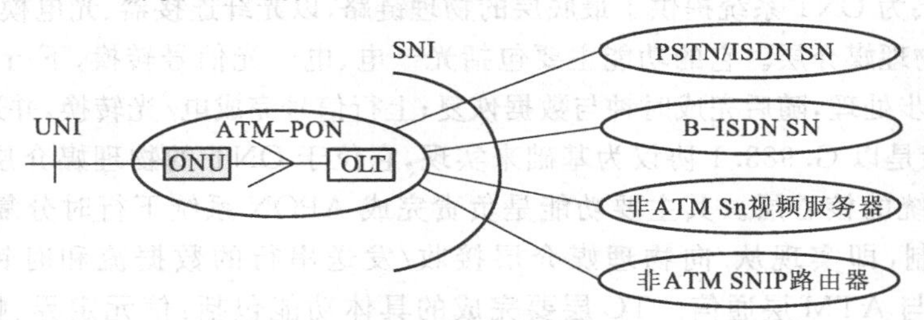

图 9.87　APON 模型结构

UNI—用户网络接口；SNI—业务节点接口；ONU—光网络单元；OLT—光线路终端

OLT 提供 SNI 至业务节点以及 SNI 至 PON 的接口。OLT 管理所有 ATM 传送系统的 PON 特定面。ONU 和 OLT 提供通过 PON 在 UNIs 和 SNI 之间透明 ATM 传送业务。

ONT 是 APON 系统的用户侧设备，它既是用户的终端设备又是网络设备，能为每个用户提供话音、数据、视频等各种带宽服务，是一种"智能一体化"终端设备。

ONT 是宽带接入网的远端设备，与常规接入网系统不同的是，多个 ONT 共享一个 OLT 的光接口。ONT 由核心层、业务层和公共层三部分组成，ONT 的功能如图 9.88 所示。

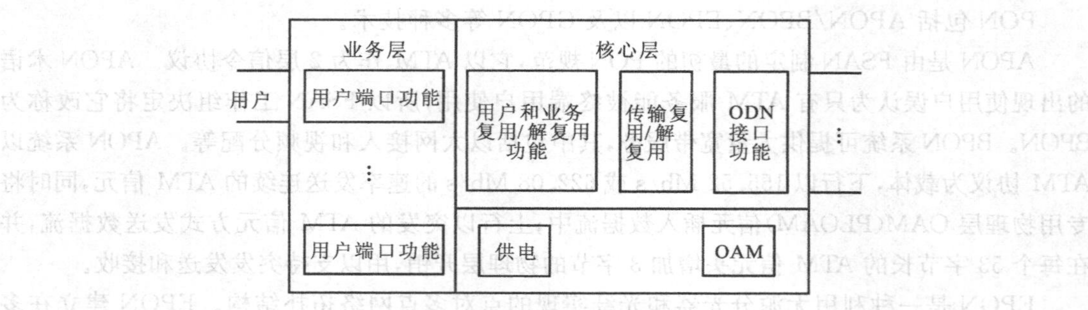

图 9.88　ONT 功能模块图

核心层包括用户和业务复用功能、传输复用功能及 ODN 接口功能。传输复用功能提供从 ODN 接口来的和到 ODN 接口的输入、输出信号的鉴别和分配所要求的功能，提取和输入与这个 ONT 有关的信息。用户和业务复用功能对来自或送给不同用户的信息进行组装和拆分，并与各种不同的接口功能相连。ODN 接口功能提供一组光物理接口功能，终结 ODN 相应组的光纤。它包括光-电、电-光变换。

业务层主要提供用户端口功能，作用是提供用户不同业务接口，该功能可以提供给单个用户或一群用户。也能按照物理接口来提供信令交换功能(即振铃、信令、A/D 和 D/A 变换)。

公共层包括供电和 OAM 功能。供电功能提供 ONT 电源变换(如交流/直流、直流/直流)。供电方式可以是本地供电，也可以是远供，几个 ONT 可以共用一个供电系统。ONT 在备用电池供电条件下也能正常工作。OAM 对 ONT 的所有功能块提供处理操作、管理和维护功能的手段(如不同功能块的环回控制)。

如图 9.89 所示，根据 ONT 功能层面的不同，ONT 的信号处理按功能分为三大部分，即：物理媒介层，传输会聚层(TC 层)，ATM 通道层、AAL 层与高层(支持语音、视频、数据等多种业务)，各大部分之间通过相应接口连接。

物理媒介层为 ONT 系统提供了最底层的物理链路，以光纤连接器、光电模块、时钟提取芯片等共同构建物理媒介层。它的功能主要包括光一电、电一光信号转换，下行信号完成光/电转换，并作进一步处理，随后完成时钟与数据恢复；上行信号完成电/光转换，并送往中心局。

TC 层功能是以 G. 983. 1 协议为基础来实现，它位于 ONT 的物理媒介层和 ATM 层之间，是 ONT 系统的核心层。其主要功能是负责完成 APON 系统下行时分复用和上行时分多址接入的控制，即实现从/向物理媒介层接收/发送串行的数据流和时钟信号，并通过 UTOPIA 接口与 ATM 层通信。TC 层要完成的具体功能包括：信元定界、帧同步、授权处理、消息处理、测距状态机、UTOPIA 接口功能、上行发送功能。

作为 ONT 的重要组成部分，根据 ITU-T G. 983. 1 协议，ONT 的通道层、AAL 层及高

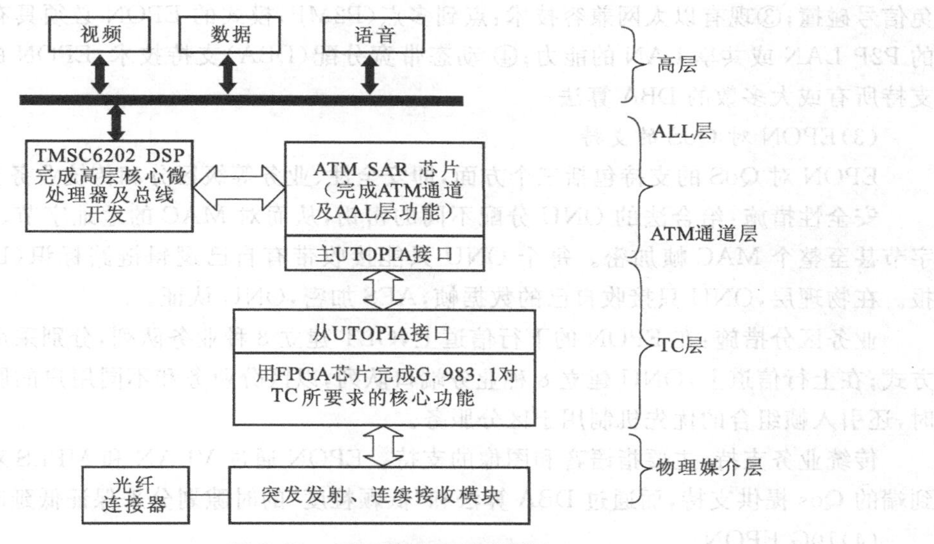

图 9.89　ONT 的总体组成框图

层通过 UTOPIA 接口与 TC 层相连。其中，通道层对应于 ATM 网络设备 ATM 层的虚通道 VP，其主要功能是实现 ATM 信元的打包/解包、拆分/重组，为用户提供业务，以及对控制、管理信息的处理。

3. EPON 及 10G EPON

随着 IP 和以太网技术的飞速发展，其与光接入网的结合成为一种必然选择。EPON，即基于以太网(ETHERNET)的无源光网络(PON)，其物理层采用 PON 技术，链路层使用以太网协议，从而以 PON 的拓扑结构来实现以太网的接入。目前 EPON 上/下行信道速率都可以达到吉比特，又加上以太网的价格优势，从而使得 EPON 技术得以迅速发展和推广。

(1)EPON 拓扑结构及其实现

EPON 由一个位于树根的局端节点一光链路终端(OLT)和多个位于树枝的远端节点一光网络单元(ONU)通过无源器件相连，形成一种点到多点(P2MP)的拓扑结构。它在 MAC 子层中引入了光多点(OMP)控制的功能，从而形成多点 MAC 控制子层。MAC 子层位于 OSI 七层协议模型中数据链路层内，主要负责控制连接物理层的物理介质。而光多点控制，则是依靠多点控制协议(MPCP)来实现一个可控制的网络配置(如 ONU 的自动发现和注册，以及通过测距来优化上行带宽利用率等)功能。

EPON 通过以下模块实现多点 MAC 控制功能：① 控制解析模块：解析接收到的 MAC 控制帧，并将结果分发给相应的处理单元；② 控制复用模块：转发多点 MAC 控制和客户层的帧给 MAC 层，在发送方向执行复用功能；③ 发现处理模块：管理 ONU 的自动发现和注册过程；④ 报告处理模块：ONU Report 消息的产生和收集，为实现动态带宽分配等高级功能提供依据；⑤ GATE 处理模块：通过 GATE 消息的生成和收集实现各个 ONU 上行帧的发送。

(2)EPON 的关键技术

EPON 所涉及到的关键技术如下：① 多点控制技术：实现 OLT 对各个 ONU 的有效管理；② 测距技术：确保不同 ONU 所发出的信号能够在 OLT 处准确地按时隙复用在一起，避免信号碰撞；③现有以太网兼容技术：点到多点(P2MP)模式的 EPON 必须具有仿真成标准的 P2P LAN 或共享 LAN 的能力；④ 动态带宽分配(DBA)支持技术：EPON 的 MAC 应能支持所有或大多数的 DBA 算法。

(3)EPON 对 QoS 的支持

EPON 对 QoS 的支持包括三个方面，即安全性、业务等级区分和传统业务支持。

安全性措施：给合法的 ONU 分配不同的密钥，从而对 MAC 的地址字节、净负荷、校验字节甚至整个 MAC 帧加密。每个 ONU 只能接收带有自己逻辑链路标识(LLID)的数据报。在物理层，ONU 只接收自己的数据帧，AES 加密，ONU 认证。

业务区分措施：在 EPON 的下行信道上，OLT 建立 8 种业务队列，分别采用不同的转发方式；在上行信道上，ONU 建立 8 种业务端口队列，以区分业务和不同用户的服务等级。同时，还引入帧组合的优先机制用于区分服务。

传统业务支持：主要指语音和图像的支持。EPON 通过 VLAN 和 MPLS 对传统业务端到端的 Qos 提供支持，而通过 DBA 算法和“低颗粒度”的时隙划分来保证低延时。

(4)10G EPON

在 EPON 技术基础上，结合 10G 以太网技术对 EPON 的 MPCP 以及 PMD 层进行扩展，产生了 10G EPON 技术，其标准 IEEE802.3av 于 2009 年 9 月正式发布。

10G EPON 技术主要特点：① 支持对称和非对称两种速率模式，前者上下行速率均为 10 Gb/s，后者下行速率为 10 Gb/s，上行速率为 1 Gb/s；② 采用全新的 PMD 层参数，以支持不同的光功率预算类别与速率模式；③ 通过 WDM+TDM 方式与 1G EPON 共存；④ 采用全新的 64B/66B 编码，效率明显高于 1G EPON 的 8B/10B；⑤ 业务互通、管理与控制方面与 1G EPON 兼容。

4. GPON 及 10G GPON

GPON 即吉比特无源光网络。它以 APON 技术为基础，其标准 G.984.3 于 2004 年 6 月形成。GPON 支持带宽高达 2.5 Gb/s，具有 QoS 保证的全业务接入，能直接支持 TDM 业务，所采用的 GEM 帧结构封装简单、高效，OAM 能力强，这些特点使得它成为接入网业务宽带化、综合化改造的理想技术之一。

(1)GPON 系统结构

GPON 系统主要由物理媒质相关层(PMD)和传输会聚层(GTC)构成。其中，PMD 层定义接口和物理特性，GTC 层则将 ATM 信元或 GEM 帧两种净荷封装成 GTC 帧，在光纤中传输，或者相反。其中 GEM 帧可以承载 ETH(Ethernet frame)，POTS(Plain Old Telephone Service frame)或者 T1、E1 等多种格式的数据。

GTC 层又可分为两个子层，即 GTC 成帧子层和 GTC 适配子层。前者完成 GTC 帧的封装，终结所要求的 ODN 传输功能以及诸如测距、带宽分配等 PON 的特定功能；后者则提供 PDU(Protocol Data Unit)与高层实体的接口，它规定了 ATM 适配和 GFP(通用成帧规程，可以承载基于 IP 和以太网帧的高层协议)两种方式。

GTC 由控制/管理平面(C/M Plane，管理用户业务流量、安全性、业务 OAM 等)和用户平面(U plane，承载用户业务)组成。

GPON 对不同 Qos 能够提供支持：GPON 的带宽分配和 QoS 保障都以 T-CONT(传输容器)为单位授权控制，T-CONT 分为五种业务类型，以对应于不同的带宽分配方式和 QoS 要求。

(2)GPON 帧结构

GON 帧长为 125 μs，它采用 APON 技术中 PLOAM 信元的概念来传送 OAM 信息。GPON 帧的净负荷划分为 ATM 信元段和 GEM 通用帧段。

① GPON 下行帧结构，GPON 下行帧由 PCBd 和 Payload 两个部分构成，前者为下行物理层控制块，提供帧同步、定时及动态带宽分配等 OAM 功能；后者透明承载 ATM 信元及 GEM 帧。

② GPON 上行帧结构，GPON 上行帧包括一个或多个 ONU 传输。在 OLT 给 ONU 的一个授权传输时间里，ONU 能够传送 1～4 种开销和用户数据，分别是：物理层上行开销(PLOu、PLOAMu)，上行功率电平序列(PLSu)和上行动态带宽报告(DBRu)。

③ GEM 净荷，GPON 依靠 GEM 净荷实现对各种业务的有效适配，以保证 QoS。对于 TDM 业务，GPON 将整个 TDM 分组作为净荷放入 GEM 帧头，进行透明传输；对于以太网业务，GPON 把 ETH 帧中 DA 开始到 FEC 结束的部分打包作为一个净荷，再自动加上帧头，构成 GEM 帧。

(3)10G GPON

在 GPON 技术基础之上，产生了 10G GPON 技术。该技术标准于 2010 年年中完成，其协议栈主要由 PMD 层、TC 层和 OMCI 层协议构成。

10G GPON 技术特点为：① 支持 N1，N2 以及 E 类光功率预算；② 传输物理距离≥20 km，逻辑距离≥60 km；③ 物理分支≥64，逻辑分支≥256，最大能够支持 1：512 的大分光比传输；④ XG－PON1 系统下行信号可以以 WDM 方式实现与 GPON 共存，上行信号则与 GPON 不重叠。

5. WDM PON

WDM PON 被认为是 10G PON 之后的新技术之一。它是一种采用波分复用技术的、点对点的无源光网络。典型的 WDM PON 系统由三部分组成：光线路终端(OLT)、光波长分配网络(OWDN)和光网络单元(ONU)。

OWDN 是指位于 OLT 与 ONU 之间，实现从 OLT 到 ONU 或者从 ONU 到 OLT 的按波长分配的光网络。下行方向，多个不同的波长在局端合波后传送到 OWDN，按照不同波长分配到各个 ONU 中。上行方向上，不同用户 ONU 发射不同的光波长到 OWDN，经合波后传送到 OLT，由此完成光信号的上下行传送。

6. AON

在一些土地辽阔的国家，用户线有时比较长，在接入网中也用 AON。如图 9.84 所示，AON 由 OLT、ODT、ONU 和光纤传输线路构成，ODT 可以是一个有源复用设备，远端集中器(HUB)，也可以是一个环网。

一般 AON 属于一点到多点光通信系统，按其传输体制可分为 PDH 和 SDH 两大类。通常 AON 采用星形网络结构，它将一些网络管理功能(如倒换接口、宽带管理)和高速复分接功能在远端终端中完成，端局和远端间通过光纤通信系统传输，然后再从远端将信号分配给用户。

7. 光纤同轴电缆混合网

接入网除了电信部门的环路接入网以外，还有广播电视部分的 CATV 接入网。随着社会的发展，要求在一个 CATV 网内能够传送多种业务并且能够双向传输，为此一种新兴的光接入网——光纤同轴电缆混合网(HFC 网)应运而生。从传统的同轴电缆 CATV 网到

HFC 网，经历了单向光纤 CATV 网、双向光纤 CATV 网最后发展到 HFC 网。

HFC 网的基本原理是：在双向光纤 CATV 网的基础上，根据光纤的宽频带特性，用空余的频带来传输话音业务、数据业务或个人信息，以充分利用光纤的频谱资源。HFC 网的原理如图 9.90 所示，由前端出来的视频业务信号和由电信部门中心局出来的电信业务信号在主数字终端（HDT）处混合在一起，调制到各自的传输频带上，通过光纤传输到光纤节点，在光纤节点处进行光/电转换后由同轴电缆分配到每个用户。每个光纤节点能够服务的用户数大约 500 个。

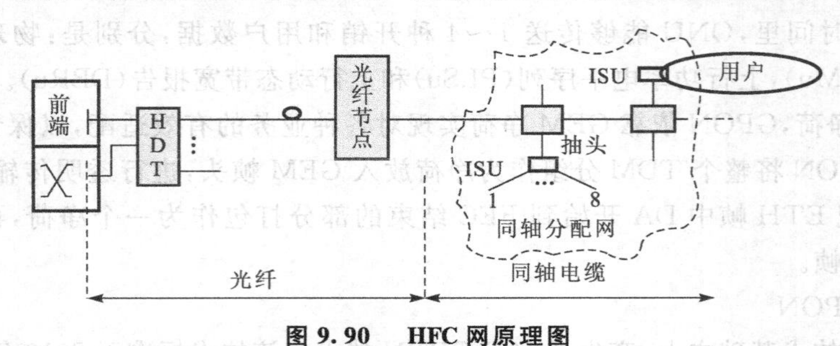

图 9.90 HFC 网原理图

9.6.4 光分组交换网

WDM 光传输网属于线路级的光信号处理，其信道分割粒度较大，而光分组交换网（OPS）则属于分组级的光信号处理，其信道分割粒度相对较小，因此比 WDM 能更加灵活、有效地利用带宽。

目前，光分组交换（OPS）还不能实现分组信号的全光交换，而是采用光电混合的方法，即数据在光域上进行交换，而控制信号在交换节点上被转换成电信号后再进行处理。

OPS 网络的基本功能包括：① 路由；② 流量控制与分组解决；③ 同步；④ 识别并更新分组头；⑤ 级联能力。

1. 光分组交换网的协议参考模型

OPS 协议可分为三层，即高层、光分组层和光传送层，各层功能与组成如下：

① 高层：是用户层，包括 ATM 和 IP 或终端用户（如工作站和视频服务器等），涉及管理与控制的有关内容，它是电交换层。

② 光分组层：为高层服务。它包括三个子层，分别是：

数据会聚子层（DCSL，对各种数据速率、格式进行适配）；

网络子层（NSL，产生路由标签，并将其映射到分组的地址信息中；进行信头更换、光选路与交换以及分组排序等）；

链接子层（LSL，按照光分组的格式产生数据流，并将其传送到光链路上）。

③ 光传送层：主要完成光分组信息的传送，多采用 WDM 方式，为光分组交换层提供建立在稳定的波长信道级联基础上的透明光通路。

2. 光分组的格式

光分组主要由分组头、净荷等组成。其中分组头包括信宿地址、分组优先级、空满标志等，所有相关的交换节点都对分组头进行处理）；净荷则包括分组编号、源地址、用户数据等，只由源/宿节点处理。除此以外还有所谓的保护带，主要用于满足容限和同步的需要。

3. OPS 节点的基本结构

一个 OPS 节点主要由光交叉矩阵、输入/输出模块以及路由控制处理器等构成。各部分功能如下：

① 光交叉矩阵：它决定了 OPS 节点的交换速率、吞吐量、可扩展性和可靠性等，由光交换单元构成。

② 输入模块：实现光预放与同步、净荷定位、信头提取、光缓存等。

③ 输出模块：实现数据缓存、净荷定位、信头插入、输出同步、信号放大等。

④ 路由控制处理器：完成同步控制、交换控制以及信头再生等功能。

4. OPS 的交换方式

OPS 有同步和异步两种交换方式。

同步方式：时隙型分组，长度固定。要求所有光分组到达交换机入口时与本地参考时钟相位对准，实现分组同步。网络竞争小，成本高。

异步方式：非时隙型分组，长度不固定。这样，从不同源端来的数据分组对交换机交换端口的竞争问题就比同步网络严重。网络竞争问题严重，成本较低。

9.6.5 光传送网

光传送网（Optical Transport Network，OTN）技术能提供更大容量的传输带宽、完善的高阶交叉能力和网络调度能力，也可以满足电信级的安全性能，是一种适应未来业务网发展的传输模式。

2009 年 10 月，G. 709V3 建议获得通过，标志着 OTN 的标准化工作成熟。目前，OTN 设备也已实用化。

相对于 SDH，OTN 具有以下优点：① 支持客户层信号的透明传输；② 可扩展的交叉能力；③ 具有多级串联连接监视（TCM）功能；④ 支持频率同步、时间同步信息的传递；⑤ 分组处理能力。

1. OTN 的分层结构

OTN 位于 OSI 网络结构的物理层。它可细分为三层架构，从上到下分别是光通道层（OCh）、光复用段层（OMS）以及光传输段层（OTS）。

光通道层（OCh）：透明承载不同格式的客户信号（如 SDH、ATM、GE 等），提供端到端的光通道联网，实现光通道的检测、监控以及管理。ITU-T G. 709 建议对客户层信息进行数字封包，以方便传输随路开销信息。它所定义的帧格式是将客户信号封装入帧的载荷单元，在头部提供用于运营、管理、监测和保护的开销字节，并在帧尾提供前向纠错（FEC）字节。

光复用段层（OMS）：保证 WDM 传输设备间多波长复用光信号的完整传输，为多波长信号提供网络路由功能。

光传输段层（OTS）：通过光传送模块（OTM）为光信号在不同光传输介质上提供传输功能。也执行监控功能，封装/剥离开销信息，插入可对光放大器和中继器进行控制的光监控通道信息等。OTM 是 OTN 中信息传输的单元，它有两种结构：(1) OTM-$n.m$ 全功能 OTM 接口，(2) OTM-0.m 和 OTM-$nr.m$ 具有简化功能的 OTM 接口，它用来支持物理段层的信息结构，不支持光监控信道和非关联开销。n 表示网络节点接口所支持的最大波长数，$n=0$ 表示非特定波长的单通道，m 表示网络节点接口所支持的比特率或一系列比特率。

2. OTN 的接口及其信息形成过程

OTN 包含两类接口，IrDI 及 IaDI。其中，IrDI（域间接口）指不同网络运营域之间以及同一运营域但不同设备生产商设备构成的子网之间的接口，其每一端都具有再放大、再整形、再定时处理（3R）功能，不支持监控信道。IaDI（域内接口）则指同一运营域内子网络的接口，它支持监控信道。

OTN 接口信息形成过程：光通道净荷单元将各客户层信息（如 IP、ATM、Ethernet 和 STM-N 等）进行适配，加上 OPUk 的开销，形成 OPUk 层信息，然后逐次映射到光通道数据单元和光通道传送单元中，最后，光通道传送单元映射到光通道层（OCh）中，完成在光通道层中的适配和映射，每一次映射过程都加有本层的开销信息。

3. 光传送网设备

OTN 标准最常用的光传输网络设备为中继器、OTN 终端设备、光分插复用器（OADM）、光交叉连接器（OXC）。

① 光分插复用器（OADM）

不需经过光电转换，直接从传输光路中有选择地上/下某些波长信道，同时不影响其他波长信道的传输。FOADM 只能上/下固定的一个或多个波长，ROADM 可根据网络需求进行动态重配。

② 光交叉连接器（OXC）

OXC 是 OTN 的核心。它可以把输入端的任一光纤信号（或波长信号）可控地连接到输出端的任一光纤（或波长）中，并且这一过程完全在光域中进行。具体来说，它所实现的功能包括：路由和交叉连接、连接和带宽管理、指配功能、上下路功能、保护和恢复、波长变换、组播和广播、波长汇聚、网元管理等。

OXC 主要由光交叉连接矩阵、输入接口、输出接口、管理控制单元等模块组成。

9.6.6 智能光网络

智能光网络（ASON）即自动交换光网络，它的核心特点是支持诸如 IP 路由器这样的电子交换设备动态地向光网络申请带宽。电子交换设备可以根据网络中业务分布模式动态变换的需求，通过信令系统或者管理平面自主地建立和拆除光通道，不需要人工干预。

1. ASON 体系模型

ASON 体系由三个平面构成：即控制平面、管理平面及传送平面，它们数据通信网（DCN）相联系。其中，控制平面是 ASON 的核心，由分布于 ASON 各个节点设备中的控制网元组成。它主要实现的功能包括光通道的动态建立和拆除、以及网络资源的动态分配等。管理平面对网络实行分布式和智能化的管理。结合控制平面，它可以实现网络资源的动态配置、性能监测、故障管理及业务管理等。传送平面则是业务传送通道，可提供用户信息端到端的传输。它采用智能光节点和多粒度节点技术，并逐步由链型、环型拓扑向网格状拓扑演进。

ASON 中，控制平面与传送平面之间通过连接控制接口（CCI）相连，而管理平面与控制平面则通过网络管理 A 接口（NMI-A）相连，管理平面与传送平面则通过网络管理 T 接口（NMI-T）相连。其中，CCI 传送连接控制信息，建立光交换机端口之间的连接；NMI-A 和

NMI-T 则主要传送相应的网络管理信息。

2. ASON 特点

ASON 基于客户-服务器(C/S)模型，是一种重叠网络结构，其 IP 层和光层的地址、路由和信令方案相互独立。它所提供的交换连接，能够使 ASON 根据客户要求产生相应的光通道，从而使 ASON 成为真正的交换式智能网络。

9.6.7 光突发交换网络

光突发交换(OBS)是一种能较好适应 IP 业务突发性的技术，它用不同的物理光信道来传输数据分组和控制分组，其中数据分组始终在光域内传输，而控制分组在每个节点处都需经过转换为电信号经过处理后再转回光信号，因控制分组长度很短，故可以实现高速处理，这样就提高了对动态业务的支持能力。

1. OBS 体系结构

OBS 包含 3 个层次，从上到下依次是接入层，光突发聚集层以及核心光层，各层功能如下：① 接入层：是 OBS 的用户层，打交道对象可以是 IP，ATM，SDH，也可以是终端用户；② 光突发聚集层：分发来自接入层的业务数据，收集接入网的流量并会聚成较大的数据单元(即突发)；③ 核心光层：完成光分组数据的传送、路由和 OBS 网络管理，由全光核心路由器构成。

OBS 包括边缘节点和核心节点两类。其中边缘节点主要实现业务接入、分类、会聚以及数据的突发接收；核心节点主要实现资源预留(由控制分组通知中间节点在预定的时间段内为突发数据预留带宽)、信令同步(使数据分组和控制分组时间间隔保持在一定的误差范围之内)以及突发交换(要求光开关速度达到微秒级)。

2. OBS 网络工作原理

在 OBS 边缘节点处，来自接入层的 IP 分组被封装成“突发”，然后发出预约请求，经过一定的偏置时延，再将数据发出。核心节点收到预约请求后，即为将要到达的“突发”配置光开关矩阵，以顺利实现突发数据的光路由。在上述过程中，预约请求即控制分组，在核心节点处需进行光一电一光的转换，而突发数据分组则一直在光域中传输。

9.7 相干光通信

9.7.1 相干检测原理

目前，大多数光纤通信系统都采用非相干光的强度调制——直接检测(IM-DD)方式。这种方式没有充分发挥光纤通信本身所具有的优越性，没有利用光载波的频率和相位信息，限制了系统性能的进一步提高。相干光通信，像传统的无线电和微波通信一样，在发射端对光载波进行幅度、频率或相位调制；在接收端，则采用相干检测对光载波进行解调，实现光通信。

与直接检测方式相比，相干检测可以把接收灵敏度提高 20 dB，相当于在相同发射功率下，若光纤损耗为 0.2 dB/km，则传输距离增加 100 km。同时，采用相干检测，可以更充分利用光纤带宽。在 OFDM 中，信道频率间隔可以达到 10 GHz 以下，因而大幅度增加了传输容量。实现相干光通信，关键是要有频率稳定、相位和偏振方向可以控制的窄线谱激光器。

图 9.91 示出相干检测原理方框图，光接收机接收的信号光和本地振荡器产生的本振光经混频器作用后，光场发生干涉。由光检测器输出的光电流经处理后，以基带信号的形式输出。

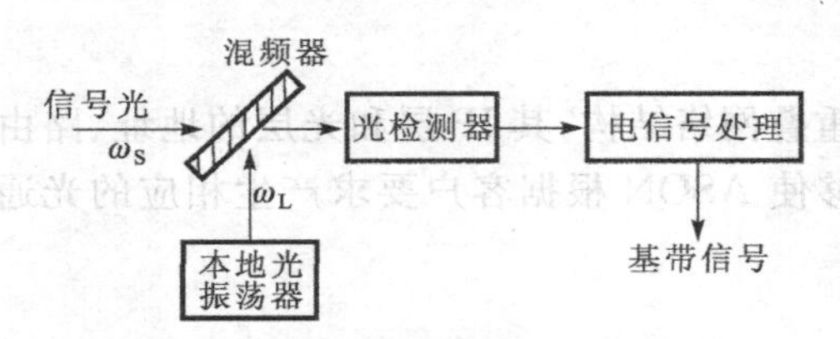

图 9.91　相干检测原理方框图

单模光纤的传输模式是基模 HE_{11} 模，接收机接收的信号光其光场可以写成 $E_S = A_S\exp[-i(\omega_S t + \varphi_S)]$，式中，$A_S$、$\omega_S$ 和 φ_S 分别为光载波的幅度、频率和相位。同样，本振光的光场可以写成 $E_L = A_L\exp[-i(\omega_L t + \varphi_L)]$，式中，$A_L$、$\omega_L$ 和 φ_L 分别为本振光的幅度、频率和相位。保持信号光的偏振方向不变，控制本振光的偏振方向，使之与信号光的偏振方向相同。本振光的中心角频率 ω_L 应满足 $\omega_L = \omega_S - \omega_{IF}$ 或 $\omega_L = \omega_S + \omega_{IF}$，式中 ω_{IF} 是中频信号的频率。这时光检测器输出的光功率 P 与光强的关系为

$$P(t) = K \mid E_S + E_L \mid^2 \approx P_S + P_L + 2\sqrt{P_S P_L}\cos[\omega_{IF} t + (\varphi_S - \varphi_L)] \tag{9.50}$$

式中，K 为常数，$P_S = KA_S^2$，$P_L = KA_L^2$，$\omega_L = \omega_S - \omega_{IF}$。(9.50) 式右边最后一项为中频信号功率分量，它是叠加在 $P_S + P_L$ 之上的一种缓慢起伏的变化，如图 9.92 所示。由此可见，中频信号功率分量带有信号光的幅度、频率或相位信息，在发射端，无论采取什么调制方式，都可以从中频功率分量反映出来。所以，相干光接收方式是适用于所有调制方式的通信体制。

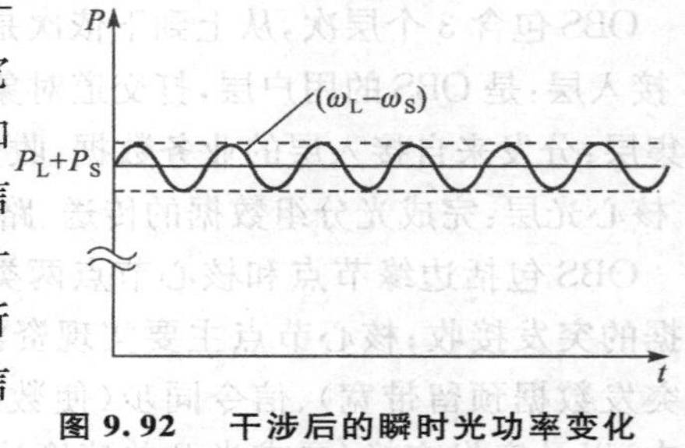

图 9.92　干涉后的瞬时光功率变化

相干检测技术主要优点是：可以对光载波实施幅度、频率或相位调制。对于模拟信号，有三种调制方式，即幅度调制(AM)、频率调制(FM)和相位调制(PM)。对于数字信号，也有三种调制方式，即幅移键控(ASK)、频移键控(FSK)和相移键控(PSK)，如图 9.93 所示。幅移键控(ASK)采用基带数字信号控制光载波的幅度变化，相移键控(PSK)采用基带信号控制光载波的相位变化，而频移键控(FSK)采用基带数字信号控制光载波的频率。

相干检测的解调方式有两种：同步解调和异步解调。用零差检测时，光信号直接被解调为基带信号，要求本振光的频率和信号光的频率完全相同，本振光的相位要锁定在信号光的相位上，因而要采用同步解调。同步解调虽然在概念上很简单，但是技术上却很复杂。用外差检测时，不要求本振光和信号光的频率相同，也不要求相位匹配，可以采用同步解调，也可以采用异步解调。同步解调要求恢复中频 ω_{IF}(微波频率)，因而要求一种电锁相环路。异步解调简化了接收机设计，技术上容易实现。

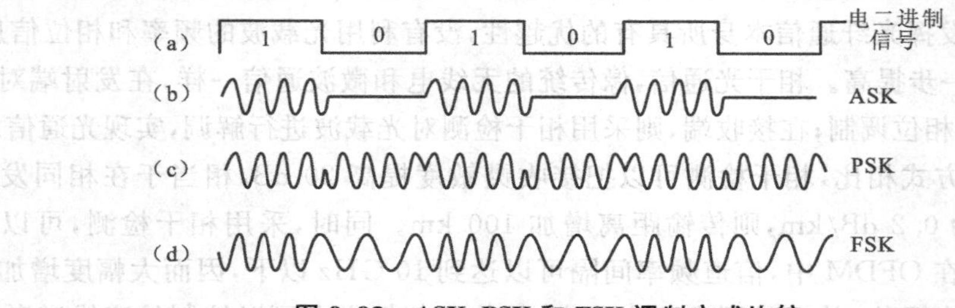

图 9.93　ASK、PSK 和 FSK 调制方式比较

图 9.94 和图 9.95 分别示出外差同步解调和外差异步解调的接收机方框图。两种解调方式的差别在于接收机的噪声对信号质量的影响。异步解调要求的信噪比(SNR)比同步解调高,但异步解调接收机设计简单,对信号光源和本振光源的谱线要求适中,因而在相干通信系统设计中起着主要作用。

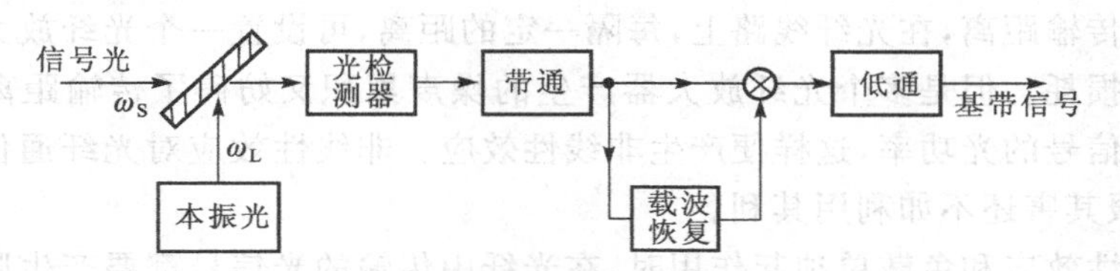

图 9.94　外差同步解调接收机方框图

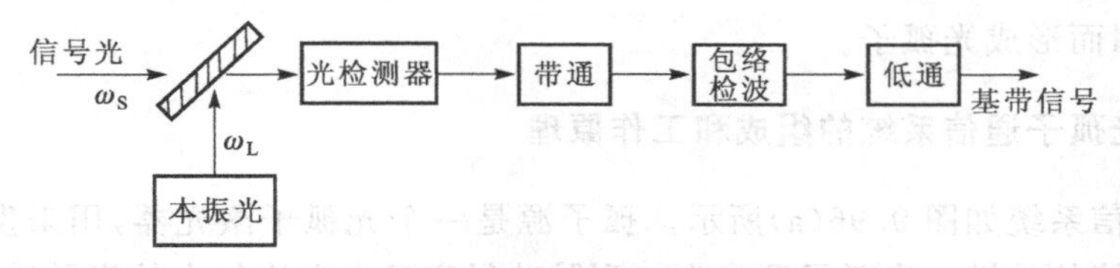

图 9.95　外差异步解调接收机方框图

9.7.2　相干光通信系统的优点和关键技术

相干光通信系统的主要优点是:① 灵敏度提高了 10～20 dB,线路功率损耗可以增加到 50 dB。如果使用损耗为 0.2 dB/km 光纤,无中继传输距离可达 250 km。由于相干光通信系统通常受光纤损耗限制,周期地使用光纤放大器,可以增加传输距离。实验表明,当每隔 80 km 加入一个 EDFA,25 个 EDFA 可以使 2.5 Gb/s 系统的传输距离增加到 2 200 km 以上,非常适合干线网使用;② 由于相干光通信系统出色的信道选择性和灵敏度,和 OFDM 相结合,可以实现大容量传输,非常适合于 CATV 分配网使用。

相干光通信系统的关键技术是:① 必须使用频率稳定度和频谱纯度都很高的激光器作为信号光源和本振光源。在相干光通信系统中,中频一般选择为 $2\times10^8 \sim 2\times10^9$ Hz,1 550 nm 的光载频约为 2×10^{14} Hz,中频是光载频的 $10^{-6} \sim 10^{-5}$ 倍,因此要求光源频率稳定度优于 10^{-8}。一般激光器达不到要求,必须研究稳频技术,如以分子标准频率作基准,稳定度可达 10^{-12}。信号光源和本振光源频谱纯度必须很高,例如,中频选择 100 MHz,频谱纯度应为几千赫兹,一般激光器满足不了这个要求。必须采用频谱压缩措施,提高频谱纯度,目前优质 DFB-LD 频谱宽度可达几千赫兹;② 匹配技术。相干光通信系统要求信号光和本振光混频时满足严格的匹配条件,才能获得高混频效率,这种匹配包括空间匹配、波前匹配和偏振方向匹配。

9.8　光孤子通信

9.8.1　光孤子概念

光孤子(Soliton)是经光纤长距离传输后,其幅度和宽度都不变的超短光脉冲(ps 数量级)。光孤子的形成是光纤的群速度色散和非线性效应相互平衡的结果。利用光孤子作为载体的通信方式称为光孤子通信。光孤子通信的传输距离可达上万千米,甚至几万千米,目前还处于试验阶段。

由前面分析可知,光纤通信的传输距离和传输速率受到光纤损耗和色散的限制。光纤放大器投入应用后,克服了损耗的限制,增加了传输距离。此时,光纤传输系统,尤其是传输速率在Gb/s 以上的系统,光纤色散引起的脉冲展宽,对传输速率的限制,成为提高系统性能的主要障碍。

为了增加传输距离,在光纤线路上,每隔一定的距离,可设置一个光纤放大器,以周期地补充光功率的损耗。但是多个光纤放大器产生的噪声累积又妨碍了传输距离的增加,因而要求提高传输信号的光功率,这样便产生非线性效应。非线性效应对光纤通信有害也有利,事实表明,克服其害还不如利用其利。

光纤非线性效应和色散单独起作用时,在光纤中传输的光信号都要产生脉冲展宽,对传输速率的提高是有害的。但是如果适当选择相关参数,使两种效应相互平衡,就可以保持脉冲宽度不变,因而形成光孤子。

9.8.2 光孤子通信系统的组成和工作原理

光孤子通信系统如图 9.96(a)所示。孤子源是一个光孤子激光器,用来发射光孤子,是光孤子通信系统的关键。光孤子源产生一列脉冲很窄且占空比很大的光脉冲,即孤子序列,作为信息的载体进入光调制器。信息通过光调制器对孤子调制,使之承载信息。被调制后孤子经 EDFA 放大后耦合进入传输光纤。为了克服光纤损耗引起的孤子展宽,在光纤线路上周期性的插入 EDFA,向光孤子注入能量以补偿光纤的能量消耗,保证光孤子的稳定传输。在接收端通过探测器和解调装置使孤子承载的信息重现。

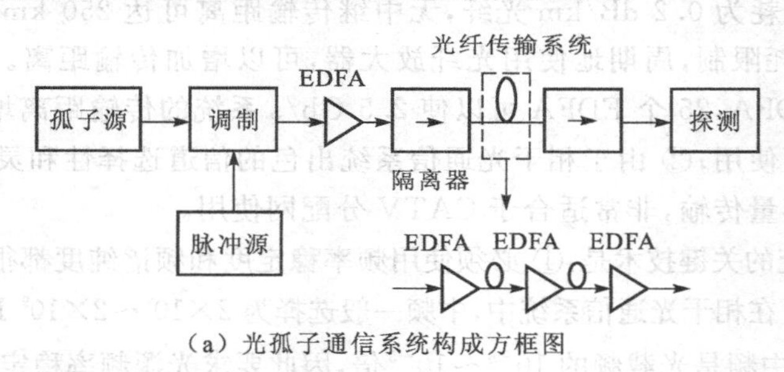

(a) 光孤子通信系统构成方框图

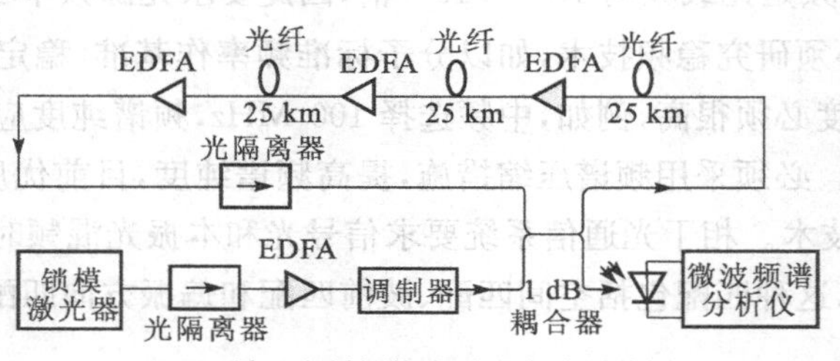

(b) 循环光纤间接光孤子实验系统图

图 9.96 光孤子通信系统和实验系统

光孤子源是光孤子通信系统的关键。要求光孤子源提供的脉冲宽度为 ps 数量级,并有规定的形状和峰值。光孤子源有很多种类,如掺铒光纤孤子激光器、锁模半导体激光器等。

目前,光孤子通信系统已经有许多实验结果。例如,对光纤线路直接实验系统,在传输速率为 10 Gb/s 时,传输距离达到 1 000 km;在传输速率为 20 Gb/s 时,传输距离达到 350 km。

对循环光纤间接实验系统[如图 9.96(b)所示],传输速率为 2.4 Gb/s,传输距离达 12 000 km。

事实上,对于单信道光纤通信系统来说,光孤子通信系统的性能并不比在零色散波长工作的常规(非光孤子)系统更好。循环光纤间接实验结果表明,零色散波长常规系统的传输速率为 2.4 Gb/s 时,传输距离可达 21 000 km,而为 5 Gb/s 时可达 14 300 km。然而,零色散波长系统只能实现单信道传输,而光孤子系统则可用于 WDM 系统,使传输速率大幅度增加,因而具有广阔的应用前景。

9.9 光纤通信技术在军事中的应用

由于众所周知的优点,光纤通信技术刚一出现,就引起了各国军方的高度重视。各工业发达国家,特别是美国军事部门早在 20 世纪 70 年代初,就提出了光纤传输的军事计划。进入 20 世纪 80 年代后,美国三军确定在军用系统中不仅是军事系统,而且凡是有信息传输线路的系统中都要采用光纤技术,制订了许多实施计划,应用范围也日益扩展。光纤通信在军事上的应用范围包括战术光纤通信系统、光纤局域网、光纤 C^3I 系统、舰载通信、机载通信和航空电子设备系统、卫星地球站通信、雷达信号远距离传输、战术信号远距离传输、战术制导武器系统等。可以说,在武器中几乎到处都有光纤通信技术的踪影。本节首先介绍光纤通信技术在军事上的应用概况,然后重点介绍光纤通信在光纤制导中的应用。

9.9.1 光纤通信技术在军事中的应用概述

目前国外光纤通信在军事中的主要应用有长距离战术通信系统、LAN 系统、C^3I 系统、数据总线系统和本地分配系统等几个方面。

1. 战术光纤通信系统

长距离战术光纤系统是美国三军战术通信网的一个组成部分,是美军开发光纤通信在军事上的应用的重要工程项目,计划用 10 000 km 的光缆来替换 20 世纪 70 年代初美军师以上部队使用的 CX-11230G 双同轴电缆系统以改善 AN/TTC 型电路交换机之间的传输性能。美军之所以首先用光缆来更新 20 世纪 70 年代装备的野战通信系统 CX-11230G 同轴电缆,是由于该系统的速率低、频带窄、中继距离短,很不适应现代战争对通信的要求。为此,一些工业发达国家的军事部门从 20 世纪 80 年代初就开始组建野战光缆传输系统,用以取代这种不适应现代战争要求的同轴电缆系统。当时采用光纤通信产品代替 CX-11230G 同轴电缆,系统的中继间距仅有 6～8 km,最多只能设置 10 个中继器,系统最长距离近 64 km,传输速率只有 20 Mb/s。

本地分配系统也是美军三军战术通信系统的一个组成部分,它与长距离光纤传输系统相配套,共同更新战术通信的性能。它是用光纤来替换野战通信车间信息交换机(AN/TYC-39)与信息处理设备之间的连接电缆 CX-4566-26。

卫星地面光纤传输链路是地面分配系统的另一应用,主要是用于卫星地面站与数据处理中心的传输线路。美海军海洋系统中心为此开发了系列光纤传输系统,如 AN/FAC-1、AN/FAC-2,AN/FAC-2ACV 等,并已投入使用。系统的数据率分别是 20 kb/s 和20 Mb/s,传输非归零码,中继距离为 0.5～4.5 km,均采用 2～3 芯光缆地下管道安装方式。

地面发射巡航导弹光纤数据传输系统是本地分配系统在基地内信息传输、野战车辆计算机互连的典型应用。主要是通过光纤数据传输将导弹的两个发射控制中心和四个可移动的发射架连接起来，用以传输数据和话音信号，并在大约100个彼此分开的终端之间传输数据。该系统对光缆的要求非常严格，要求能在−46 ℃～71 ℃环境下正常工作，不受风、雪、雨、冰雹、挂冰、沙、烟雾、太阳辐射和高空的影响，能经受核爆炸产生的热浪冲击。

美国空军战术空中控制系统(TACS)是由按地理位置分布在整个作战地区的许多指挥和控制中心组成的一种机动战术系统。构成空军战术空中控制系统的两个中心，即空中支援作战中心和控制通报中心，采用了三种型号的无线通信设备。这三种设备采用光缆连接，光缆的中继传输距离在5 km以上，最大距离可达49 km。比金属电缆增加10倍，而重量减少了1.5倍。

光纤通信在雷达系统的直接应用是替换常规的波导和同轴电缆，更好地完成信号的传输和处理。世界上最早用光纤传输信号的雷达是1982年公布的安装在美国科斯特的AN/FPX-62雷达，这是一种远距离交通管制和着陆系统雷达。1987年美国西屋电气公司研制了用于AN/TPS-34战术防空雷达系统的光接口。Herris公司、ITT公司和TRW公司研制了雷达天线远程化的微波光纤线路，传输距离长达10 km，数字信号传输速率达8 Gb/s，模拟信号传输速率达21 Gb/s。

2. 光纤局域网(OFLAN)

在许多现役军事通信系统中都在装备光纤局域网，以取代用金属电缆做传输介质的局域网，提高传输速度，扩大网络半径。目前的光纤局域网是按以太网标准(IEEE 8023)组建的，采用环形或者有源星形拓扑结构，工作速率为10 Mb/s，这是军用电缆局域网向光纤局域网过渡的第一步，也叫军用光纤以太网，在性能上可满足军方要求。

目前开发的高性能局域网的特点是：① 战术方舱内或方舱之间的计算机终端和工作站实现互联；② 由于采用标准协议，为局域网与开放系统互联兼容提供了可能；③ 单个部件或某个节点出现故障时，其系统仍能可靠地运行；④ 每个节点都可以同主机通信，节点与主机之间采用双向传输方式；⑤ 每个节点都可以提供足够的缓冲，以保证每个主机可以同时传输和接收数据和指令信息；⑥ 适应性强，可以根据用户的要求方便地增添或减少节点；⑦ 网络可汇集多条链路数据库，汇集的数据总量可超过450 Mb/s。

这种高性能的军用光纤局域网网络在运行中具有以下各项功能：① 每一个网络接口都可以发送或接收信令信息；② 网络控制中心具有特殊节点，并具有下列功能：a. 启动起始程序；b. 监视和报告网络工作状态；c. 监视和报告设备功能执行情况；d. 具有远距离启动诊断功能；e. 执行自我检测和诊断功能；f. 周期性汇集统计数据，如链路应用情况统计、节点通过数据量等，以计算网络性能；g. 定期汇集节点工作状态报告，并提出新的连接和功能矩阵程序；③ 节点可定期自我诊断，并向网络控制中心报告运行状态信息。这些信息包括：a. 节点部件工作状态；b. 主机节点和节点的连接状态；c. 网络工作状态工作变化情况；e. 节点优先权(根据其主机节点优先权)；f. 节点的数据和指令平均通过量。

性能更好、速率更高的的光纤分布数据接口网络也投入了使用，它采用令牌双环结构，速率达10 Mb/s，是在IEEE 802.5基础上发展起来的新一代局域网接口标准。网络可适于同步或异步数据传输，适用宽带实时通信。网络充分利用光纤固有的宽带能力，并能增强系统的抗毁性，是提高战术通信性能的有效手段。

美国研究较多的光纤局域网是星形LAN和以太LAN。前者可较好地传输数字和模拟信号，后者可通过自动文件搜索，信息处理和图像状态显示，为战略决策提供准确实时的情报。光纤分布数据接口（FDDI）对实现军用通信指挥自动化更有效。

美国光通公司研制具有容错功能的、用于地对空战场雷达信息系统连接的环形以太光纤网，工作速率为 10 Mb/s；性能更好、速率更高的 FDDI 网络也已应用，它采用令牌双环结构，速率达 100 Mb/s，站间距离最长可达 2 km，总长可达 100 km，500 个节点，网络可适于同步或异步数据传输，适用于宽带实时通信。

典型的舰载高速光纤网是美国海军 Aegis 巡洋舰的光纤网络，它采用 FDDI 网络中的双光纤环网更新舰上的金属缆通信系统，可以把舰上的传感、武器、电子设备和计算机等数据综合到本网中进行传输和处理。Aegis 巡洋舰上的光纤网络是符合实战要求的现代化通信网，可承担多达 100 个有源传输站相互间的业务传输。

德国西门子公司也在致力于研究军事环境条件下可传输声音、图像、数据、图表的光纤网络，目前已完成第一代和第二代网络的研制。正在开发功能更多、更经济的第三代光纤网络系统。德国 Deustsche 系统技术研究所开发的用于海军或陆军系统的光纤 LAN 可以高质量、高可靠地传输数据、声音和图像信息。目前 8 Mb/s 的网络已经装备部队，正在研制 34 Mb/s 的系统。

3. 光纤 C^3I 系统

美国的 C^3I 系统在海湾战争中对赢得战争的胜利发挥了重要作用。尤其是美三军联合战术通信系统、MSE 和改进型陆军战术通信系统都发挥了重要作用。所谓光纤 C^3I 系统就是用光缆来代替同轴电缆将指挥、控制和通信与三军联合战术通信系统各单元连接起来，这样可大大改善这种战术通信系统的性能。由于光纤信息带宽很宽，因此光纤 C^3I 容量很大，可以处理更多的图像和活动图像信息，保密性更强。目前已有战区光纤 C^3I 系统、战术武器光纤 C^3I 系统、舰载光纤 C^3I 系统、机载光纤 C^3I 系统、雷达系统光纤 C^3I 系统、卫星光纤 C^3I 系统、导弹光纤 C^3I 系统在应用或研制。

最早建成的光纤 C^3I 系统是美国 Artel 通信公司为美国陆军提供的电视、电话会议和数据交换系统 VBITS，该系统是环形和星形结构，有 18 个站点，站距 6 km。最大的系统则是美国空军导弹司令部 1979 年与 GET 公司签订合同，1981 年建成的 MX 导弹发射控制用的 MX 导弹光纤 C^3I 系统，该系统全长 15 000 km，连接两个作战指挥中心，4 个区域支援中心，4 800 个有人/无人站，200 个发射架。该系统可传输指挥与状态数据、仪表遥测数据和飞行控制中心闭路电视的视频信息。美国佛罗里达州电子系统公司研制的光纤 C^3I 网络系统，速率达3 Gb/s，可以传输声音、图像和数据，用于各种陆基、天基、舰船平台的 C^3I 系统。英国皇家信号研究所也开展了基于光纤技术的光纤 C^3I 系统研究工作。

4. 光纤数据总线系统

光纤通信在飞机上的应用对减少通信设备的重量和体积起到重要作用，目前在飞机上大都将光纤通信用作数据总线。美国早在 1974 年就在 A-7 飞机上进行试验，后来分别在F-15、F-16、F-18战斗机上做过试验，同时还在 DC-10，波音 737－200 做过多次试验，在试验中突出机载通信的特点，在线路上采用大芯径和大数值孔径光纤。在 A-7 上试验网络采用星形结构，传输速率为 1 Mb/s和 10 Mb/s。在 F-15 战斗机上，美国罗姆航空发展中心在 AN/GYQ-21（V）数据处理中采用光纤数据总线，能以多种组合方式进行数据处理，该系统采用光纤数据总线后，外围设备的间距可达 2 000 m，速率达 60 Mb/s。美国空军还进行了航天系统光纤数据总线研究计划，它将低损耗的19芯塑料包层二氧化硅光纤作为数据总线，在RC-135飞机上进行试验。美海军小石域号航母上的雷达数据总线汇总到中央控制室，其传输容量达1 Gb/s。

1986年，美军将军标MIL-STD-1773的1 Mb/s速率提高到STANAG-3910所要求的速率20 Mb/s，1986年后制定和开发了高速环形总线（HSRB）标准SAE-AS4074.2FDDN（光纤数据分布网），速率又从20 Mb/s提高到50～100 Mb/s。

法国的Thoson-CFS公司也研制过与光纤数据总线连接的R-NAY光纤时分复用系统，作为飞机的水平和垂直导航用。

9.9.2 光纤制导系统

光纤制导技术是用光纤来取代金属线制导武器的新技术，它将成为推动有线制导武器进一步发展的唯一技术，还可用于未来的外层空间卫星武器的有线制导。光纤制导武器被称为“智能兵器”，最主要的是由于它采用了光纤线路、光纤传感器和小型光纤红外寻的器，这使得它的信息数据传输质量得到很大改善，因而性能格外优良，以至达到“智能”水平，从而获得了“第一代智能兵器”的美誉。

1. 光纤制导系统基本组成与工作原理

光纤制导系统根据图像的不同，目前的光纤制导武器有两种类型：一类是白天使用的昼光型，采用光纤电视制导系统；另一类是全天候使用的昼夜型，采用红外成像制导系统。光纤制导系统由图像导引头和光纤双向信息传输系统组成。其中，导引头由图像传感器、稳定系统、控制电路以及力矩伺服系统、图像跟踪器等组成。光纤双向传输系统由弹上光电端机、弹上波分复用器、光缆线管、地面波分复用器、地面光电端机等组成，如图9.97所示。

制导基本原理如图9.98所示，光纤制导导弹（FOG-M），它是一种非直视武器，可以从一个隐蔽的位置发射，先垂直飞行到200 m左右的高度，然后点火转向，转入巡航飞行，导弹即按控制台发出的指令飞向目标区上空，装在弹体末端线轴上的光缆随之放出。导弹头部的电视（或红外成像）导引头在光纤传来的指令信号控制下搜索目标，将所“看”到的图像和收集到的各种信息数据通过连接于导弹与地面控制装置之间的双向光纤指令系统反馈到地面控制台，经信息处理后显示在控制台屏幕上。射手根据收到的图像信息分析战场情况，并通过同一根光缆向导弹发出控制指令，遥控导弹飞行，并按一定的制导律控制导弹向目标方向飞行，直至命中目标。

2. 光纤制导的关键技术

光纤制导的关键技术包括制导光缆强度与细径化，光缆拼接、缠绕与高速释放，光纤双向信息传输以及导引头等。

(1) 制导光缆强度与细径化

制导光缆释放机构安装在导弹尾部，光缆的长度一般略大于导弹的最远射程（最远为60 km）。制导光缆有别于普通的通信光缆，必须满足制导应用的特定要求，属于特种光纤。这些特定要求主要包括：强度高、光学传输性能稳定、光缆直径细。制导用光纤一般是在普通或特种光纤的基础上经过加强、被覆后制成的，要求强度筛选张力为1.38 MPa。另外，为了增加射程，需要考虑制导光缆的细径化问题。光缆直径变细可使同样结构导弹的射程增加一倍。根据不同用途直径在0.3～1 mm。

(2)光纤拼接、缠绕与高速释放

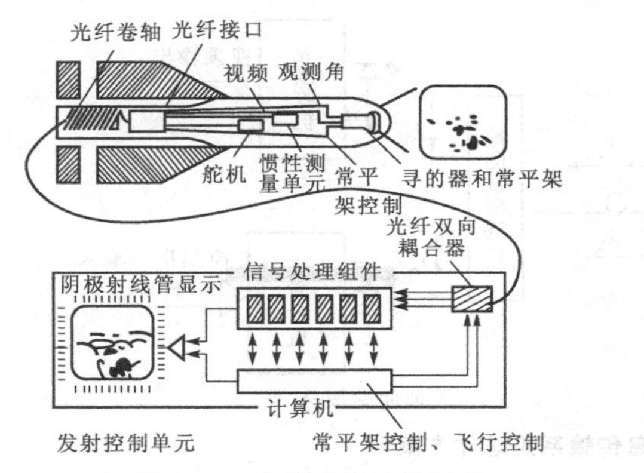

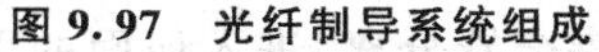
图 9.97　光纤制导系统组成

图 9.98　光纤制导导弹作战原理图

为了增加导弹的射程，制导光缆拼接是不可避免，对制导光缆拼接的要求是拼接处的光缆直径与原直径相同，同时还具有很强的抗拉力。拼接要求制导光缆既具有最低损耗，又不损失强度，扩延到几十千米至 100 km 以上长度而无疵痕，这是相当困难的。

光缆的绕放机理和绕放机构对导弹顺利发射并满足飞行速度要求至关重要。在导弹飞行过程中，为了保证光缆不断线和可靠的信号传输，光缆的缠绕技术十分重要。

高速释放技术与线轴设计及光缆缠绕技术密切相关，这两项技术是高速释放的基础，但是通过放线试验也可以为线轴设计、光缆缠绕和光纤技术提供改进的依据。高速释放技术包括地面模拟放线、飞行放线试验以及相关的测试技术。

(3)光纤双向信息传输

光纤双向信息传输系统是 FOG-M 系统的一个重要组成部分，是由单根制导光缆构成的双向全双工传输系统。作用是进行弹上与地面制导站之间信息的传输。在一根光缆里有两个传输信道，由导弹到地面控制站的信道叫下行线，由地面控制站到导弹的信道叫上行线。实现光缆双向传输系统有模拟传输和数字传输两种方案。下行线传输由弹上摄像机摄取的目标背景的图像信号到地面控制站后，地面控制站的图像处理单元通过计算机运算产生控制指令(或介入闭环的人工手动产生控制指令)，控制指令由上行线传输到弹上，控制导弹的飞行，把导弹引向目标。

(4)导引头

FOG-M 的另一关键部件是安装在头部的热成像导引头。在智能制导中，毫米波与红外成像相结合是最佳的技术途径，它能大大提高制导导弹的作战能力，具有全天候作战能力强、制导精度高和抗干扰能力强的特点。随着光电技术、微电子技术和超大规模集成技术的发展，寻的制导将向更多模式的复合形式发展。

在以上关键技术中，光纤双向传输系统是光纤制导导弹系统中一个重要标志性的组成部分。下面介绍光纤制导双向信息传输系统的特点、构成及工作原理。

9.9.3　光纤制导双向信息传输系统

1. 光纤制导双向信息传输系统总体构成及工作原理

系统由如下几部分构成：弹上发射端机、弹上接收端机、弹上双向耦合器、制导光缆、地面双向耦合器、地面接收端机、地面发射端机，其方框图如图 9.99 所示。

由电视导引头产生的视频信号经预处理和调制后，驱动弹上激光器发光，经弹上双向耦

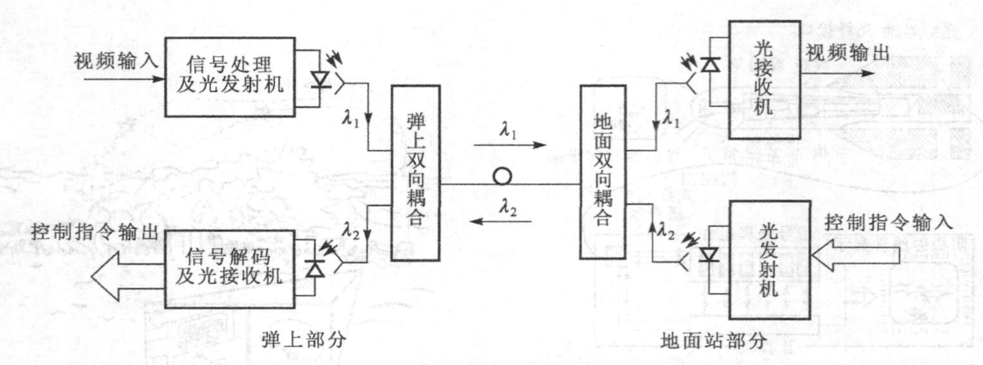

图 9.99　双向信息传输系统总体方案

合器进入制导光缆。光信号传到地面以后，经地面双向耦合器分离，进入地面的下行线光接收端机。在地面光接收端机经前放、主放、解调、视放等环节输出视频信号。

地面控制站产生的控制指令，进入地面发射端机，经信号处理、编码，驱动激光器发光。光信号经地面双向耦合器耦合进入制导光缆，上传到弹上后，由弹上双向耦合器分离出来，再经光接收机前放、主放、信号解码后分路输出，驱动弹上的操作单元。

光纤双向信息传输系统采用高强度单模光纤经被覆加强以后制成的高强度制导光缆作为传输介质。

系统采用 λ_1/λ_2 单模双通道波分复用器作双向耦合器构成双向传输系统。利用其对 λ_1 和 λ_2 两种波长不同的光的耦合/分离作用，实现单根光纤双向传输。上行线工作波长为 1 550 nm，下行线工作波长为 1 310 nm。

下行线上来自电视导引头的视频信号经阻抗匹配网络后进入预处理电路。预处理电路包括放大、同步分离、钳位、非线性校正四个部分。经过预处理以后的视频信号进行方波频率调制(SWFM)，产生 SWFM 脉冲流驱动激光器(1 300 nm)发光。激光器发出的光信号经弹上双向耦合器进入制导光缆。光信号由制导光缆传到地面控制站以后经地面的双向耦合器分离出来，经光接收前放、主放、判决以后经单稳倍频电路形成倍频的等宽 PFM 脉冲，由后续的低通滤波器滤出视频信号，经视放电路以后输出。下行线弹上发射机采用差分驱动电路，激光器带有 APC 环节。为了压缩弹上电路规模，省去激光器的 ATC 电路。系统采用热稳定性比较好的激光器。在设定驱动状态下，可以取得 0 dBm(1 mW)左右的出纤平均信号光功率。接收前放电路采用 PIN FET 模块，主放电路、比较判决电路和倍频单稳电路都由集成电路构成由 7 阶平衡切比雪夫低通滤波器，滤出倍频等宽 PFM 脉冲流中的视频信号后，经视频放大后输出。

上行线中，地面图像跟踪器(或手动跟踪器)以并行的数字格式把控制导弹飞行调整量 ΔX 和 ΔY 的数字量输入到地面发送端机，在时序逻辑电路产生的选通信号作用下，通过透明的锁存器，分时地出现在输入寄存器的输入总线上。输入寄存器并行输出的数字量经并串(P/S)变换后成为串行数据流，经线路码变换(DIM)后成为线路码串行数据流，驱动地面 λ_2 的激光器(1 550 nm)发光。激光器带有 ATC 和 APC 电路，以保证激光器发光功率的稳定性和延长激光器的使用寿命。地面激光器发出 λ_2 的光经地面 WDM 耦合进制导光缆传到弹上。经弹上 WDM 分离后，经前放、主放、比较判决整形，恢复线路码串行数据流进入 DIM 反变换电路。由 DIM 反变换电路恢复原码数据流、移位时钟及输出锁存器的锁存时钟。原码数据流，经串并(S/P)变换电路变成并行码并锁存在输出锁存器里。锁存器的并行输出由 D/A 变换器变成模拟量，

经选通后分路输出 ΔX 和 ΔY 信号，作用到弹上的操控电路，控制导弹的飞行。

2. 光纤制导双向信息传输系统的特点

与一般的光纤传输系统比较，在弹载飞行条件下工作的光纤双向信息传输系统有如下特点。

① 高接收灵敏度，大动态范围，且光接收机能抑制大范围的光功率急剧波动。当导弹高速飞行，制导光缆从导弹尾部的线包上高速剥离、高速释放，在一定张力作用下，由螺旋状撒布被拉成直线。在这个过程中，制导光缆附加了很大的弯曲损耗和应力损耗。而且，这个附加损耗不是恒定的，而是大范围急剧波动的(可以达几万倍)。这就要求光接收机要有足够大的动态范围，能包容由于附加损耗的变化而引起光功率的变化。

要满足大动态范围的要求，在发射光功率一定的情况下，光接收机必须具有相当高的接收灵敏度，并能在动态范围内抑制光功率的急剧波动，消除光功率急剧波动对系统信号传输产生的影响。

② 在满足信号传输性能指标要求的前提下，要尽量压缩弹上光/电端机的电路规模，做到简单可靠，同时缩小体积，降低功耗。

③ 系统的双向耦合器要有足够高的近端隔离度，以抑制强的发射光功率对弱的接收光功率的干扰。

④ 用于弹上的有源或无源的光电器件，要能经得起导弹的发射过载或适应其他野战环境条件。

光纤制导双向信息传输系统和一般的光通信系统比较起来有通用的理论和技术，但应该注意光纤制导双向信息传输系统的特点。目前，光纤通信技术快速地发展，新材料、新器件、新技术不断涌现，必然会促使光纤双向信息传输系统更加完善和可靠。

习题与概念思考题 9

1. 什么叫光纤通信？光纤通信从什么年代开始发展起来？在什么年代开始进入商用阶段？光纤通信起步发展阶段解决了哪些关键技术？光纤通信系统发展过程中有几种主要类型？
2. 光纤通信系统的由哪几个基本组成部分？功能是什么？试画出简图予以说明。
3. 什么是光端机？在光纤通信系统中光端机的功能是什么？
4. 光发送电路的基本组成如何？各有何功能？
5. 激光二极管(LD)由哪些部分构成？各部分的功能是什么？
6. 何谓 LD 的预偏置电流 I_B？应当如何选择 I_B？
7. 试说明 LED 与 LD 的结构、$I \sim V$ 特性、$P \sim I$ 特性、光谱、可调制频率、发散角、寿命、应用等方面有何区别。
8. 何谓光纤线路码型？光纤通信中常用哪几种光纤线路码？各自有何特点？光纤线路码型的信号是光信号，还是电信号？按照转换步骤，试将二进制信号“100000000001”转换成为 2B3B 码。
9. 说明光接收电路的信号传输通道由哪些部分组成，各有何功能。
10. 试述光接收机的灵敏度、动态范围定义？各自有何用处？

11. 试述 PIN-PD 和 APD 的结构、工作电压和工作机理的特点。

12. 利用 GaAs 半导体材料做成 LD，已知 GaAs 的导带和价带的能级 $E_g=E_C-E_Y=2.176\times10^{-19}$ J，试问：(1)发出的激光之波长是多少？(2)用 eV(电子伏特)作单位时的 E_g 等于多少？

13. 一个 GaAs LD 发出红外光，其波长 $\lambda=850$ nm，输出光功率 $P=5$ mW。试问：(1)该红外光中单个光子的能量是多少？(2)该 LD 每秒钟发射多少个光子？

14. 理论指出，LD 的纵模频率间隔 $\Delta f=\dfrac{c}{2nL}$，其中 n 是谐振腔内半导体材料的折射率，L 是谐振腔长度。若某一 GaAs LD 的 $\lambda=850$ nm，$L=0.5$ mm，$n=3.7$，试问该 LD 的纵模波长间隔是多少？

15. 已知 GaAs LD 的中心波长为 0.85 nm，谐振腔长为 0.4 mm，材料折射率为3.7。若在 800 nm$\leqslant\lambda\leqslant$900 nm 范围内，该 LD 的光增益始终大于谐振腔的总衰减，试求该激光器中可以激发的纵模数量。

16. 给一只 1 310 nm 的 LED 加上 2 V 的正向偏置电压后，其上有 75 mA 电流流过，并产生 1.5 mW 的光功率，试计算这只 LED 将电功率转换为光功率的效率 η_P 和量子效率 η_d。

17. 若 LED 的发光波长为 850 nm，正向注入电流为 50 mA，量子效率为 0.02，求 LED 发射的光功率有多大？

18. 已知：(1)Si-PIN-PD 管，量子效率 $\eta=0.7$，波长 $\lambda=850$ nm；(2)Ge-PD，$\eta=0.4$，$\lambda=1$ 550 nm。计算它们的响应度 R。

19. 一个 PD，当 $\lambda=1$ 310 nm 时，响应度 R 为 0.6 A/W，计算其量子效率 η。

20. SDH 的中文含义是什么？它规范了数字信号的哪些特性？

21. 数字光纤通信系统中，误码秒(ES)和严重误码秒(SES)是怎样定义的？其上限标准各为多少？误码秒和严重误码秒有何关系？

22. 何谓光波分复用(OWDM)、光时分复用(OTDM)和光码分复用(OCDM)技术？

23. WDM、DWDM 和 OFDM 之间有何异同？

24. 何谓光纤接入网(OAN)？其线路结构是怎样的？光纤接入网功能配置图中的 OLT、PRN、ARN、ONU、SNI、UNI 是什么意思？

25. 何谓无源光网络(PON)？何谓有源光网络(AON)？

26. 全光网络的主要优点有哪些？全光网络和准全光网络的异同点是什么？

27. 何谓光交换技术和波长变换技术？

28. 光纤链路长度 6 km，传输速率为 20 Mb/s，误码率为 10^{-9}。在光发射机中，选择 GaAlAs LED，使其能够把 0.05 mW 的平均光功率耦合进纤芯直径为 50 μm 的尾纤中。在光接收机中，选择工作在 850 nm 的 Si 光电二极管，光接收机所需的信号功率为-42 dBm。假设尾纤与光缆间的连接损耗为 1 dB，在光缆一光检测器的连接点上也有 1 dB 的连接损耗。设系统富余量为 6 dB，求光纤的损耗需低于多少 dB/km？

29. 一光纤通信系统的光纤损耗为 0.35 dB/km，光发射机的平均发送光功率为-1 dBm，全程光纤平均接头损耗为 0.05 dB/km。设计要求系统富裕度为 6 dB，无中继传输距离为 70 km。求：(1)满足上述要求，光接收机灵敏度至少应取多少？(2)若要求系统允许的最大接收功率为-10 dBm，则光接收机的动态范围至少应取多少？

第10章 光纤传感技术

光纤传感技术是伴随光导纤维及光纤通信技术的发展而迅速发展起来的一种以光为载体、光纤为介质、感知和传输外界信号（被测量）的新型传感技术。光纤传感器始于1977年，经过30多年的研究，光纤传感器取得了积极的进展，目前正处在研究和应用并存的阶段。它对军事、航天航空技术和生命科学等的发展起着重要的作用。随着新兴学科的交叉渗透，它将会出现更广阔的应用前景。

本章在简要介绍光纤传感器原理、组成及分类的基础上，重点讨论光纤传感的光调制方式及相应的光纤传感器，最后对分布式光纤传感器作简要介绍。

10.1 光纤传感技术概述

10.1.1 光纤传感器基本工作原理

国家标准GB 7665—1987对传感器（Transducer/Sensor）的定义是：能感受规定的被测量并按照一定规律转换成可用输出信号的器件或装置。光纤传感器（Optical Fiber Sensor，OFS）的基本工作原理如图10.1所示，将来自光源的光经过光纤送入调制器，使被测量与输入调制器的光相互作用后，导致光的某些特性（如强度、波长、频率、相位、偏振态等）发生变化，成为调制光，再经过光纤送入光探测器，经解调器解调后获得被测量。

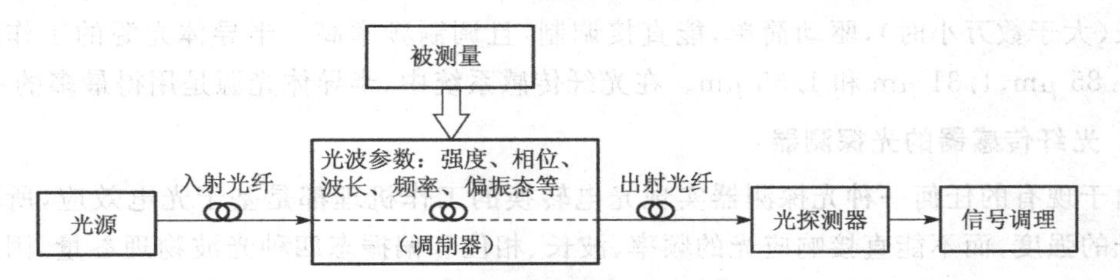

图10.1 光纤传感器基本工作原理

光纤传感包含对被测量的感知和传输两种功能。所谓感知（或敏感），是指被测量按照其变化规律使光纤中传输的光波特征参量，如强度（振幅）、波长、频率、相位和偏振态等发生变化，测量光参量的变化即可"感知"被测量的变化。这种"感知"实质上是被测量对光纤中传播的光波实施调制。所谓传输，是指光纤将受被测量调制的光波传输到光探测器进行检测。将被测量从光波中提取出来并按需要进行数据处理，也就是解调。因此，光纤传感技术包括调制与解调两方面的技术，即被测量如何调制光纤中的光波参量的调制技术（或加载技术）及如何从已被调制的光波中提取被测量的解调技术（或检测技术）。

10.1.2 光纤传感器的组成

根据光纤传感器的工作原理可知，光纤传感器系统主要由光源、光纤、调制器（传感头）、光探测器和信号调理电路等部分构成，如图 10.1 所示。光纤传感器研究的主要内容是如实现对被测量的调制与解调，但设计光纤传感器系统时也必须了解光源、光探测器以及传感器用光纤的相关知识，现对光纤传感器用光源、光探测器及光纤的基本特性做简要介绍。

1. 光纤传感器的光源

光纤传感器对光源的结构和特性有特定的要求。一般要求体积小，与光纤的耦合效率高；发光波长与光纤传输窗口匹配，减少光纤中光传输损耗；发光强度要足够高，提要传感器的输出信号和灵敏度。另外还要求光源稳定性好、噪声小，减小传感器输出漂移。

光纤传感器光源与光纤耦合时，应尽可能提高耦合效率，光纤输出端光功率与光源光强、波长及光源发光面积等有关，也与光纤的粗细、数值孔径有关，它们之间耦合效率取决于光源与光纤之间的匹配程度，在光纤传感器设计与实际使用中，要综合考虑各因素影响。

光纤传感器用光源种类很多，按照光的相干性分为非相干光源和相干光源。前者有白炽灯、LED 等；后者包括各种激光器，如气体激光器、LD 等。

白炽灯是一种黑体辐射光源，常见的有钨丝灯和卤素灯两种。白炽灯的辐射光谱限于能够通过玻璃泡的光谱部分，在 0.4～3.0 μm 范围。白炽灯几何特性差、亮度低、光谱范围宽、寿命不长（几百小时）、稳定性差，但价格低廉，使用方便。

常用的气体激光器有三种，分别是：He-Ne 激光器，工作波长为 0.633 μm 或 1.15 μm；CO_2 激光器，工作波长为 10.6 μm；Ar^+ 激光器，工作波长为 0.516 μm。气体激光器的特点是，发光功率大，方向性、单色性好。但体积大，功率不稳定，使用不方便，一般多用于实验系统中，在实际的光纤传感系统中用得较少。

LED 和 LD 为半导体光源，LED 发出非相干光，LD 发出相干光。共同特点是体积小，寿命长（大于数万小时），驱动简单，能直接调制，且调制频率高。半导体光源的工作波长分别为 0.85 μm、1.31 μm 和 1.55 μm。在光纤传感系统中，半导体光源是用得最多的一种。

2. 光纤传感器的光探测器

由于现有的任何一种光探测器实现光电转换的工作机理都是基于光电效应，所以只能响应光的强度，而不能直接响应光的频率、波长、相位和偏振态四种光波物理参量，因此光的频率、波长、相位和偏振调制信号都要通过某种转换技术转换成光强度信号，才能被光探测器接收，实现检测。光纤传感器使用的光探测器有光电二极管、光电三极管和光电倍增管等。在光纤传感系统使用光探测器时，应注意其外特性，主要包括光谱响应特性、光电特性、暗电流以及噪声特性等，具体光探测器特性请参阅有关资料。

3. 光纤传感器用光纤

由于光纤传感器种类繁多，性能各异，对所用光纤提出了各种各样的要求，因此与光纤通信相比，光纤传感器系统中用到的光纤种类多，且复杂。

一般在非功能型光强度调制光纤传感器中，由于光纤只起传输光波的作用，同时光纤传感器所需光纤长度较短，对色散和损耗特性要求不高，所以采用通用的单模光纤或多模光纤就能满足要求。有时，为了提高传感器的灵敏度，而增大光纤所传输的光功率，可采用大芯径或大数值孔径光纤，甚至采用光纤传光束或塑料光纤，以提高与光源的耦合效率。在相位调制型光纤传感器中，为了获得测试光信号与参考光信号间高的相干度，而采用保偏光纤，使测试光纤与参考光纤输出的光信号的振动方向一致。而在偏振调制型光纤传感器中，要求光信号的偏振态能敏感外界被测量的变化，则必须使光纤的线双折射尽量地低，如用低双折射液芯光纤。在分布式光纤传感器中，为测量不同点的参量，可采用掺杂（如某些稀土元素或过渡金属离子）光纤或光栅光纤等。

10.1.3 光纤传感器的分类

光纤传感器分类通常有三种分类法，分别是按传感原理（调制区）分类法、按光纤中光波调制方式分类法和按测量对象分类法等。

1. 传感原理分类法

被测信号对光纤中光波参量进行调制的部位称为调制区。根据调制区以及光纤在光纤传感器中的作用，可将光纤传感器分为非功能型（传光型，Non Functional Fiber，NFF 型）光纤传感器和功能型（传感型，Functional Fiber，FF 型）光纤传感器。

（1）非功能型（或称传光型）光纤传感器

在传光型光纤传感器中（如图 10.2 所示），调制区在光纤之外，被测量通过外加调制装置对进入光纤中的光波实施调制，发射光纤与接收光纤作为光传输介质，仅起传光作用，对被测量的“感知”功能依靠其他功能元件完成。传感器中的光纤不连续，有中断，中断部分接其他敏感元件。传光型光纤传感器调制器主要利用已有的其他敏感材料，作为其敏感元件。这样可以利用现有的优质敏感元件来提高光纤传感器的灵敏度。传光介质光纤采用通信光纤甚至普通的多模光纤就能满足要求。目前，传光型光纤传感器占据了光纤传感器的绝大多数。

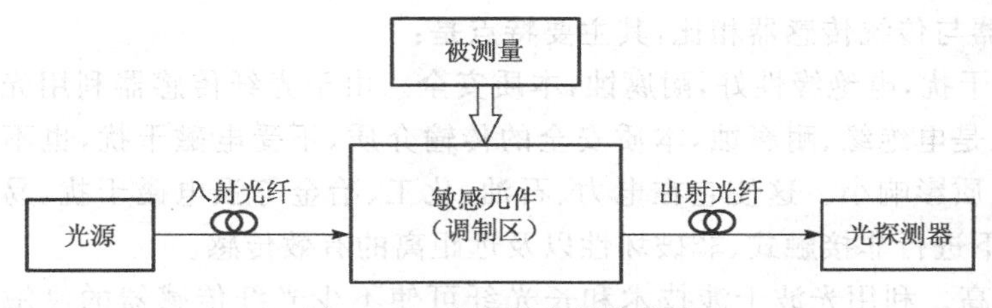

图 10.2 传光型光纤传感器

（2）功能型（或称传感型）光纤传感器

传感型光纤传感器调制区位于光纤内，被测量通过直接改变光纤的某些传输特征参量对光波实施调制。传感型光纤传感器利用对被测量具有敏感和检测功能的光纤（或特殊光纤）作传感元件，将“传”和“感”合为一体。该类传感器中，光纤不仅起传光的作用，同时利用光纤在外界因素（弯曲、相变等）的作用下，使其某些光学特性发生变化，对输入光产生某种调制作用，使在光纤内传输光的强度、相位、波长、频率、偏振态等特性发生变化，从而实现传和感的功能。因此，传感器中与光源耦合的发射光纤和与光探测器耦合的接收光纤为一根连续光纤，称为传感光纤，故功能型光纤传感器亦称全光纤型光纤传感器，如图 10.3 所示。

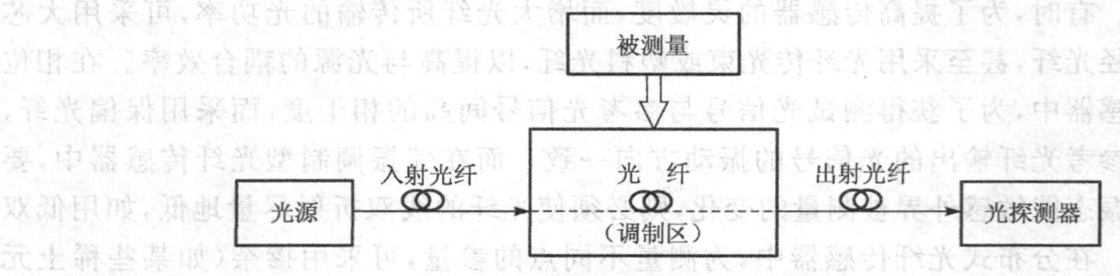

图 10.3 传感型光纤传感器

传感型光纤传感器在结构上比传光型光纤传感器简单，所用光纤连续，可少用光耦合器件。但是，为了使光纤能感知外界被测量，往往需要采用特殊光纤来做敏感元件，这样增加了传感器的制造难度。随着对光纤传感器基本原理的深入研究和各种特殊光纤的大量问世，高灵敏度的功能型光纤传感器将得到更广泛的应用。

2. 光波调制方式分类法

光纤传感器原理的核心是如何利用光的各种效应，实现对外界被测量的"传"和"感"的功能。从图 10.2 和图 10.3 可知，光纤传感技术的核心即被测量对光波的被调制。研究光纤传感器的调制，就是研究光在调制区与外界被测量的相互作用。被测量可能引起光的某些特性(如强度、相位、波长、频率、偏振态等)变化，从而构成强度、相位、频率、波长和偏振态等调制。根据被测量调制的光波的特征参量的变化情况，可将光波的调制分为：强度调制、相位调制、波长调制、频率调制和偏振调制五种类型。

3. 按测量对象分类法

光纤传感器按测量对象的不同，如温度、压力、应变、电流等，可分为光纤温度传感器、光纤压力传感器、光纤应变传感器、光纤电流传感器等。

10.1.4 光纤传感器的特点

光纤传感器与传统传感器相比，其主要特点是：

① 抗电磁干扰，电绝缘性好，耐腐蚀，本质安全。由于光纤传感器利用光波获取和传递信息，而光纤又是电绝缘、耐腐蚀，本质安全的传输介质，不受电磁干扰，也不影响外界的电磁场，对被测介质影响小。这使它在电力、石油、化工、冶金等强电磁干扰、易燃、易爆、强腐蚀等恶劣环境下进行非接触式、非破坏性以及远距离的有效传感。

② 灵敏度高。利用光波干涉技术和长光纤可使不少光纤传感器的灵敏度优于一般的传感器。

③ 光纤质量轻、体积小、外形可变。利用光纤这些特点可构成外形各异、尺寸可变的各种传感器。

④ 测试对象广泛。目前已有性能不同的测量温度、压力、位移、速度、加速度、液面、流量、振动、水声、电流、电压、磁场、电场、核辐射等光纤传感器。

⑤ 光纤传感器具有优良的传光性能，传光损耗小，光纤传感器频带宽，便于复用和构成网络，利用现有光纤通信技术组成遥测传感网络，进行超高速测量，灵敏度和线性度好。

⑥ 成本低。有些光纤传感器其成本将大大低于现有同类传感器；而有些光纤传感器由于其特殊性能，它与现有仪器结合，将使其性价比大大提高。

10.2 光强调制型光纤传感器

为便于对光纤传感器的本质特性的理解，下面按光纤传感器中光调制方式分类介绍不同种类光纤传感的工作原理及应用。

光强调制是光纤传感技术中相对比较简单，使用最广泛的一种调制方法。其基本原理是利用被测量的变化引起敏感元件的折射率、吸收或反射等参数的变化，来改变光纤中传输光波（宽谱光或特定波长的光）的强度（即调制），再通过测量输出光强的变化（解调）实现对被测量的测量。优点是结构简单、容易实现、成本低；缺点是受光源强度波动和连接器损耗变化等影响较大。

10.2.1 非功能型光强调制

非功能型光强调制方法很多，基本调制方式大致可分为：光束切割型、光闸型、松耦合型和物理效应型等。

1. 光束切割型光强调制

光束切割式光强调制的基本原理是，被测量按照一定的规律控制接收光纤的入射端或发射光纤的出射端，或特定的反射或透射光学元件，使其产生相应的线位移或角位移，导致进入接收光纤的光束被切割，从而对光纤传输的光强进行调制。

图 10.4 为透射式光纤相对位移型光强调制示意图。其特点是，发射光纤与接收光纤的端面均为垂直纤轴的平面，两端面相距 2～3 μm。通常发射光纤固定不动，使接收光纤的入射端受被测量控制而相对发射光纤的出射端产生微量横向位移、纵向位移或角位移[参见图 10.4(a)～(c)]，于是进入接收光纤的光束强度受位移（即被测量）调制。为了消除光源波动的影响，还可采用差动接收方式[参见图 10.4(d)]，以提高测量精度。

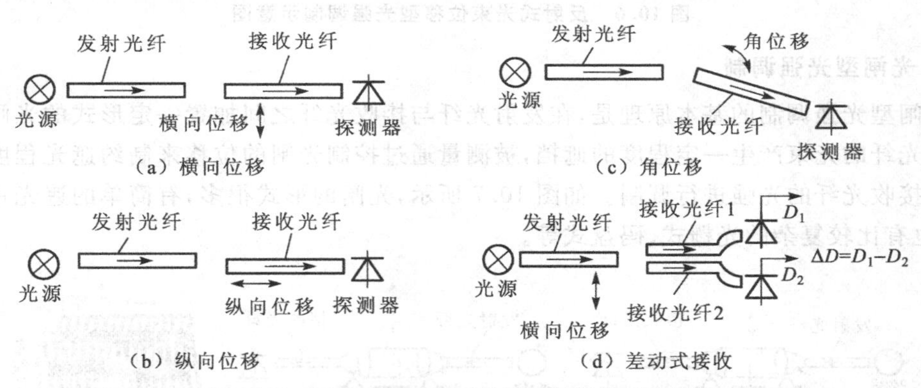

图 10.4 透射式光纤相对位移型光强调制示意图

图 10.5 为透射式光束位移型光强调制的示意图。其特点是，发射光纤与接收光纤固定不动，在两光纤端面之间加入某种形式的光学元件（如球透镜、楔镜等），被测量通过横向移动光学元件使光束位移来调制进入接收光纤的光强。图 10.5(a)为移动球透镜式移束光强调制，其灵敏度高，线性好；图 10.5(b)为楔镜式移束光强调制。

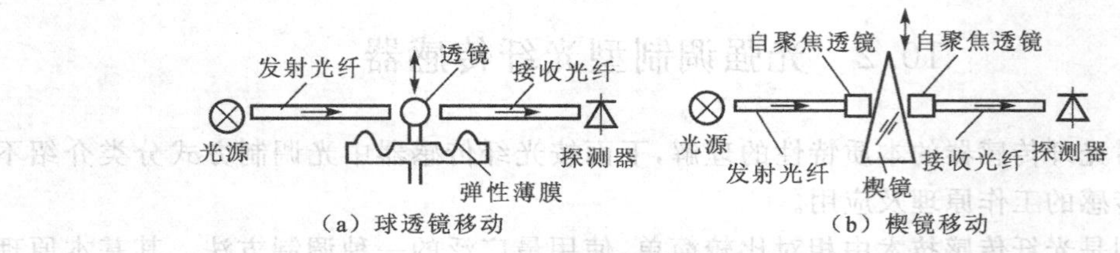

图 10.5　透射式光束位移型光强调制示意图

图 10.6 为反射式光束位移型光强调制的示意图。其特点是，自发射光纤中射出的光束经过受被测量控制的反射面反射后，直接或经过转换光学系统进入接收光纤，被测量通过控制反射面与接收光纤入射端面的相对线位移或角位移，使进入接收光纤的光束受到切割，从而对光纤中的光强进行调制。一般情况下发射光纤为单根光纤，接收光纤可以与发射光纤合并为一根，也可以是独立的单根光纤或按一定规律排列的光纤束，光纤端面与其轴线垂直。反射面可以是专设的平面镜或棱镜，也可以是一般物体的反射面或漫射面。

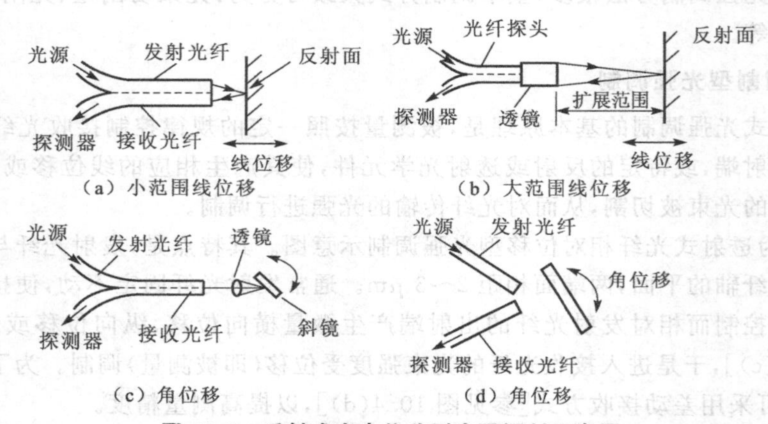

图 10.6　反射式光束位移型光强调制示意图

2. 光闸型光强调制

光闸型光强调制的基本原理是，在发射光纤与接收光纤之间加置一定形式的光闸，对进入接收光纤的光束产生一定程度的遮挡，被测量通过控制光闸的位移来制约遮光程度，实现对进入接收光纤的光强进行调制。如图 10.7 所示，光闸的形式很多，有简单的遮光片式、散光式，也有比较复杂的光栅式、码盘式等。

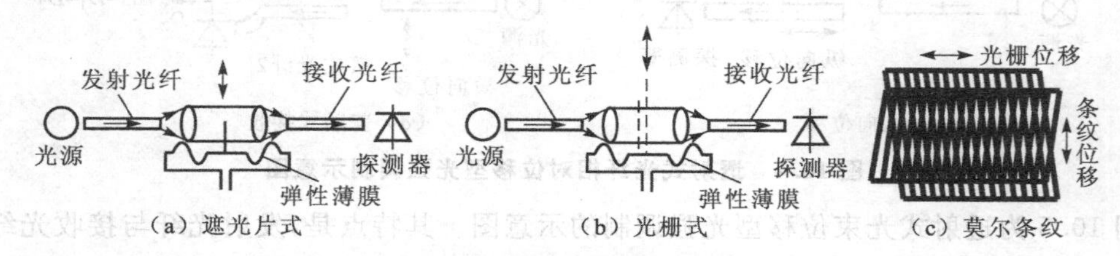

图 10.7　光闸型光强调制示意图

3. 松耦合式光强调制

如图 10.8 所示，松耦合式光强调制的基本原理是，当两根光纤的全反射面靠近时，将产生模式耦合，光能从一根光纤耦合到另一根光纤中去，称为松耦合。被测量通过控制松耦合区的长度或两光纤的距离（即控制光波耦合程度）来对接收光纤中的光强进行调制。

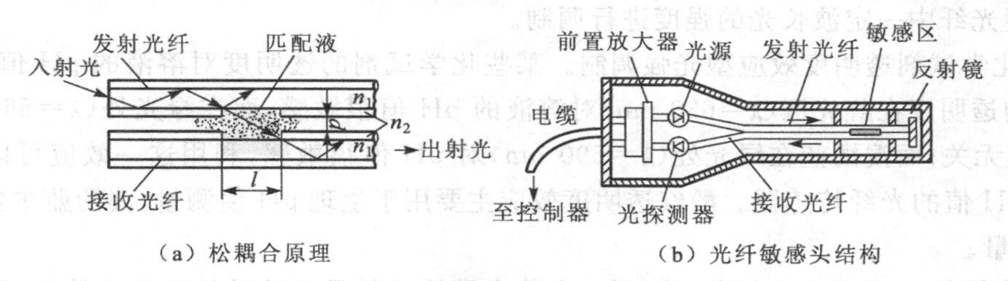

（a）松耦合原理　　（b）光纤敏感头结构

图 10.8　松耦合式光强调制示意图

4. 物理效应型光强调制

目前用于非功能型光强调制的物理效应主要有热色效应、荧（磷）光效应、透明度效应和热辐射效应等。

（1）热色效应型光强调制

热色效应是指某些物质（例如钴盐溶液）的光吸收谱强烈地随温度变化而变化的物理特性。具有热色效应的物质称为热色物质。例如用白炽灯照射热色溶液（溶于异丙基乙醇中的 $CoCl_2 \cdot 6H_2O$ 溶液）时，其光吸收谱如图 10.9 所示。吸收谱特征是：在光波长 655 nm 处形成一个强吸收带，光透过率几乎与温度呈线性关系；而在光波长 800 nm 处为极弱吸收带，光透过率几乎与温度变化无关。而且这种热色效应完全可逆的。因此，外界温度的变化可通过热色物质对波长655 nm处的光强进行调制。为了消除光源波动对测量精度的影响，还可取波长 800 nm 处的光强作为参考信号。利用这一效应可以制成热色效应光强调制型光纤温度传感器。

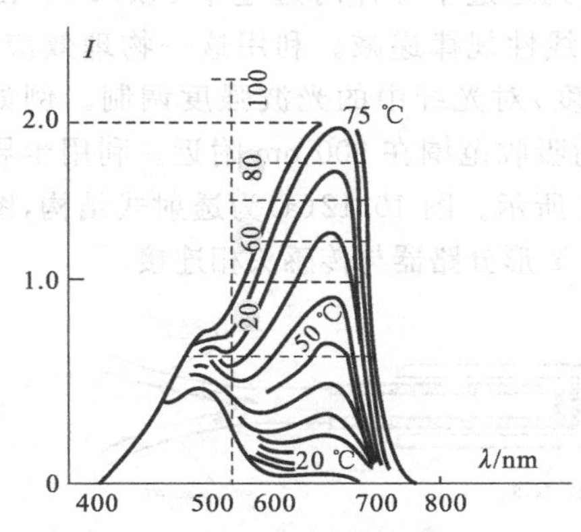

图 10.9　热色溶液光吸收谱图

（2）荧（磷）光效应型光强调制

荧光效应是指某些荧光物质的荧光特性随温度变化的物理特性。荧光物质的荧光现象一般遵循斯托克斯或反斯托克斯定律，长波长光辐射（如 LED 发出的红外光）被荧光物质吸收，通过双光子效应激发出短波长辐射（可见光）的荧光现象称为斯托克斯或上转换荧光现象。短波长光辐射（如紫外线、X 射线）被荧光物质吸收，激发出长波长光辐射（可见光）的荧光现象称为反斯托克斯或下转换荧光现象。图 10.10 为基于荧光效应型光强调制的光纤温度传感器。光源 LED 发射 940 nm 的光脉冲，通过发射光纤经 3 dB 耦合器后送至盛有荧光物质的探头上，由于双光子过程致使荧光粉发射出 554 nm 的绿光，经 3 dB 耦合器后通过 接收光纤送至探测器 D 检测、处理，解调出探头处的温度 T_0。

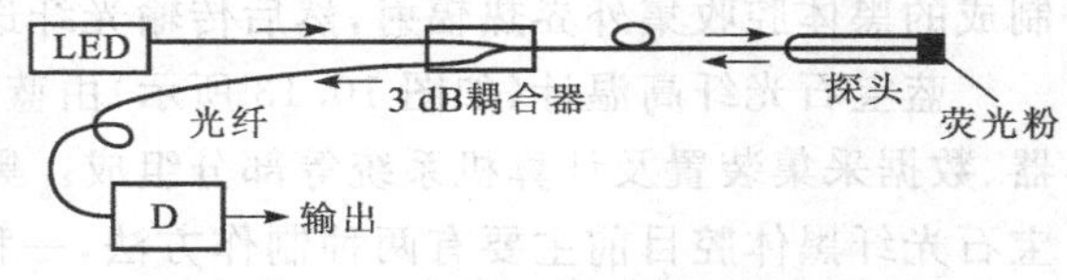

图 10.10　基于荧光效应型光强调制的光纤温度传感器

（3）透明度效应

透明度效应主要是指某些物质透明度

随被测量变化而变化的物理效应。如某些化学试剂对一定波长光的透明度随溶液 pH 值变化，某些半导体材料对一定波长光的透明度随外界温度变化等。利用这一物理效应可实现被测量对光纤中一定波长光的强度进行调制。

① 化学试剂透明度效应型光强调制。某些化学试剂的透明度对溶液的 pH 值很敏感。如酚红的透明度在红光区($\lambda=630$ nm)对溶液的 pH 值很敏感，而在绿光处($\lambda=560$ nm)则与 pH 值无关；而溴酚蓝在绿光处($\lambda=590$ nm)对 pH 值很敏感，利用这一效应可以制成测量溶液 pH 值的光纤传感器。酚红透明度效应主要用于生理 pH 值测量，溴酚蓝主要用于水 pH 值测量。

② 半导体透明度效应型光强调制。多数半导体材料具有陡峭的吸收端特性，即凡波长大于吸收端的光波都能穿透，而小于吸收端波长的光波全被吸收。在吸收端波长 λ_g 附近的一段范围内透过率曲线为一定斜率的斜线，如图 10.11 所示。

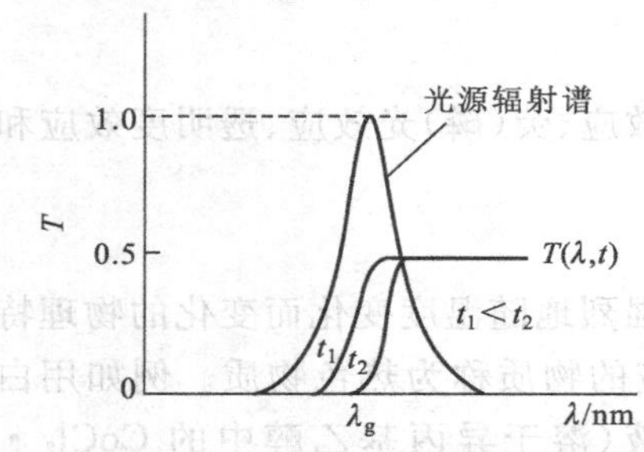

图 10.11　半导体的透过率特性

当温度升高时，半导体的透过率曲线向长波方向平移，吸收端波长 λ_g 变长。因此，当所选择的光源的辐射谱与 λ_g 相适应时，光通过半导体时透过率 $\tau(\lambda,T)$将随温度(T)升高而呈线性规律递减。利用这一物理效应，可实现被测量(温度)对光纤中的光波强度调制。例如 GaAs、CdTe 材料的吸收范围在 900 nm 附近。利用半导体透明度效应研制的半导体光纤温度传感器如图 10.12 所示。图 10.12(a)为透射式结构，图 10.12(b)为反射式结构，反射式传感头输入/输出光纤由 Y 形分路器与传感头相连接。

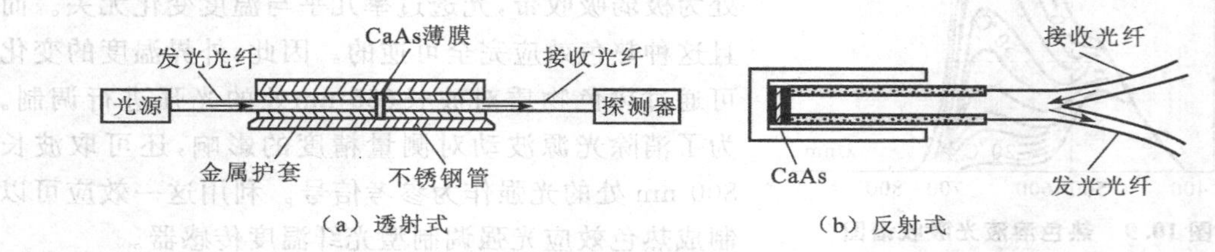

图 10.12　半导体光纤温度传感器示意图

这种光纤温度传感器测量温度范围 0～200 ℃，精度±1 ℃，体积小，传感头尺寸 ϕ3 mm×5 mm 左右，比较适合于电力变压器或大型发电机内部温升的测量。

(4) 热辐射效应型光强调制

根据普朗克(Planck)黑体辐射定律，如果已知物体的比辐射 ε，则测出某一波长下的功率密度 B 就可求得热辐射体的温度。根据这一原理可制成热辐射光纤温度传感器。该类型光纤温度传感器属被动式光强调制，它不需要外加光源，而直接由接收光纤或由蓝宝石光纤制成的黑体腔收集外界热辐射，然后传输光纤送到探测器探测及数据处理。

蓝宝石光纤高温计(如图 10.13 所示)由蓝宝石光纤黑体腔、传导光纤、光电探测和放大器、数据采集装置及计算机系统等部分组成。黑体腔置于温度测点上，对高温进行测量。蓝宝石光纤黑体腔目前主要有两种制作方法，一种是在蓝宝石单晶光纤的一端涂覆高发射率的感温介质陶瓷薄层，并经高温烧结形成微型光纤感温黑体腔，这种感温介质必须能满足耐高温、稳定性好、且与蓝宝石单晶光纤基体结合牢固等一系列苛刻的要求。另一种是以蓝宝石单晶光纤为基体，在其一端溅射铱贵金属感温介质薄膜，构成体积微小的感温黑体腔（热传感头）。

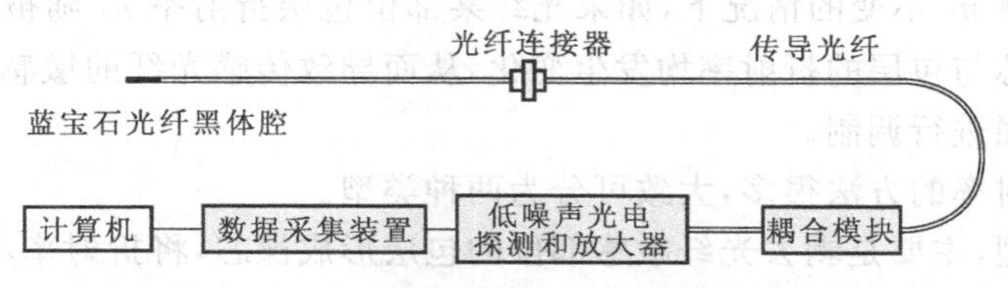

图 10.13　蓝宝石光纤高温计组成示意图

由于比辐射率 $\varepsilon(\lambda,T)$ 不是常数，蓝宝石光纤高温计通常采用双波长探测。设在波长 λ_1、λ_2 下测得功率密度分别为 B_1、B，则得温度测点温度为

$$T = C_2\left(\frac{1}{\lambda_1}-\frac{1}{\lambda_2}\right)\Big/\left[\ln\left(\frac{C_1}{B_1\lambda_1^5}\right)-\ln\left(\frac{C_1}{B_2\lambda_2^5}\right)\right] \tag{10.1}$$

式中，C_1、C_2 分别为第一、第二辐射系数。

10.2.2　功能型光强调制

功能型光强调制区发生在传感光纤内，其基本原理是被测量通过改变传感光纤的外形、纤芯与包层折射率比、吸收特性及模耦合特性等方法对光纤传输的光波强度进行调制。

1. 微弯损耗型光强调制

当光纤的空间状态发生微小弯曲时，会引起光纤中的模式耦合，其中有些导波模变成了辐射模，从而引起损耗，即微弯损耗。光纤微弯损耗与宏观弯曲损耗的机制类似，源于空间滤波、模式泄漏和模式耦合效应，但起主导作用的是模式耦合，即纤芯中传输的导模耦合到辐射模中随之辐射到光纤之外。如果被测量按照一定的规律使光纤发生周期很小的波状变化，光纤将沿其轴线产生周期性微小弯曲，如图 10.14 所示。此时光纤中的部分光会从纤芯折射到包层，不产生全反射，这样将引起纤芯中的光强发生变化。因此，可以通过对纤芯或包层中光的能量变化来测量外界作用，如应力、重量、加速度等物理量。

微弯光纤压力传感器由两块波形板或其他形状的变形器构成，如图 10.15 所示。其中一块活动，另一块固定。变形器一般采用有机合成材料（如尼龙、有机玻璃等）制成。一根光纤从一对变形器之间通过，当变形器的活动部分受到外力的作用时，光纤将发生周期性微弯曲，引起传播光的散射损耗，使光在纤芯和包层中重新分配。当外界力增大时，泄漏到包层的散射光增大，纤芯的输出光强减小；反之，纤芯输出光强增大，它们之间呈线性关系。通过检测泄漏包层的散射光强或纤芯中透射光强度变化即可测出压力或位移的变化。

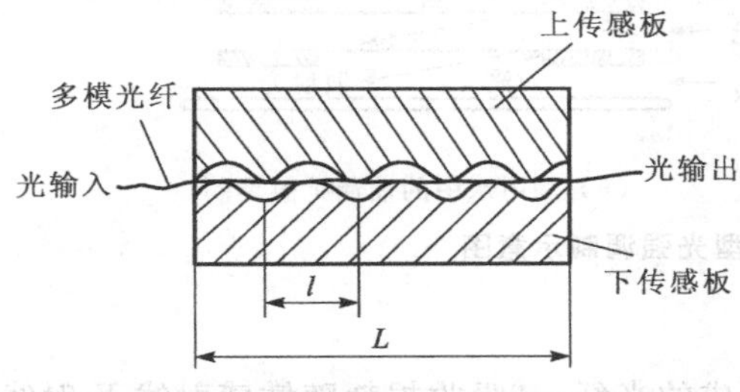

图 10.14　光纤微弯损耗光强调制示意图

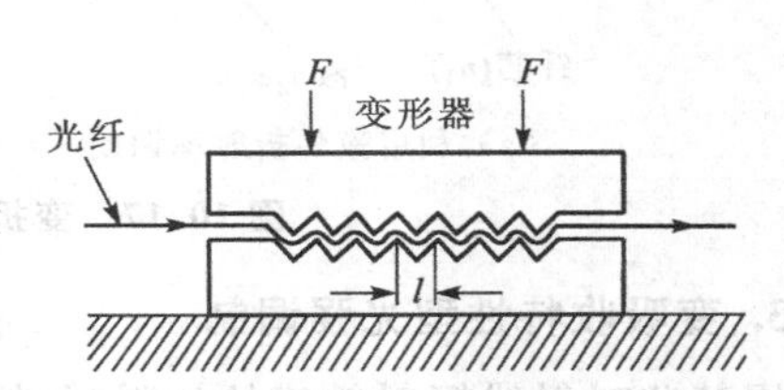

图 10.15　微弯损耗型光纤传感器

2. 变折射率型光强调制

在纤芯折射率 n_1 不变的情况下，如果光纤某部位包层折射率 n_2 随被测量而变化，或者光纤某部位的纤芯与包层的折射率均发生变化，从而导致传感光纤的敏感部位渐逝波损耗，即对光纤中的光强进行调制。

改变光纤折射率的方法很多，大致可分为两种类型。

一种为裸芯型，主要是剥去光纤敏感部位的包层形成裸芯，将折射率不变的裸芯部位浸入折射率可随被测量改变的液体中，该液体即形成裸芯部位的包层。当被测量变化时，裸芯部位的包层折射率随之改变，光纤中的光强即受到调制。图 10.16 所示为两种光纤液位传感器，图 10.16(a)为 U 形光纤液位传感器，剥去光纤包层的纤芯末端与液体接触时，纤芯与空气界面折射率差较大，即数值孔径大，纤芯与空气的全反射临界角小，传输光能量多；当与液体接触时，纤芯与液体界面折射率差减小，全反射临界角增大，原来光纤中部分能传输的光线将从纤芯与液体界面泄漏，输出光强减弱。根据输出光强变化即可测量液位。图 10.16(b)为单光纤液位传感器的结构图，光纤端部抛光成 45°的圆锥面。当光纤处于空气中时，入射光大部分能在光纤端部满足全反射条件而返回光纤。当传感器接触液体时，由于液体折射率比空气大，使一部分光不能满足全反射条件而折射入液体中，返回光纤的光强就减小。利用 X 形耦合器可构成双探头的液位报警传感器。

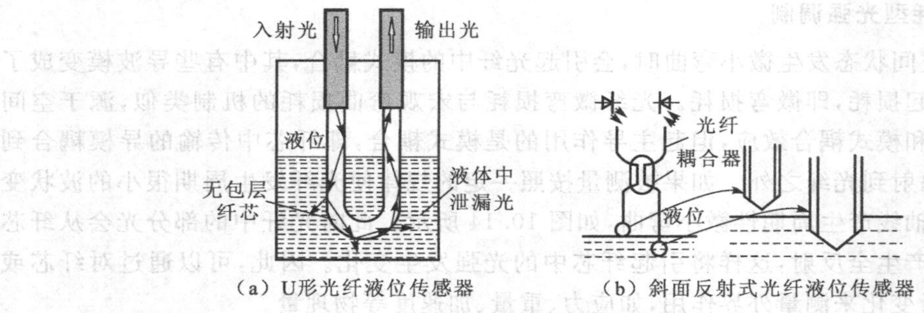

（a）U形光纤液位传感器　　（b）斜面反射式光纤液位传感器

图 10.16　光纤液位传感器

另一种为采用变折射率光纤作为传感光纤，或在光纤的敏感部位涂覆变折射率包层。图 10.17(a)是利用液体折射率随温度上升而减小的规律，对光纤中的光强进行调制。图 10.17(b)是利用水中的油滴扩散到纤芯上局部改变包层折射率而对光强调制。

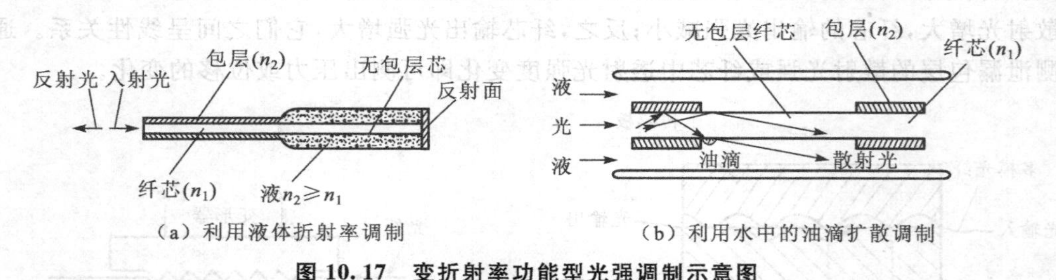

（a）利用液体折射率调制　　（b）利用水中的油滴扩散调制

图 10.17　变折射率功能型光强调制示意图

3. 变吸收特性型光强调制

用某些对射线辐射敏感的材料（如铅玻璃）制成的光纤，其吸收损耗随敏感射线 X 射线、

γ射线、中子射线辐射量的增加而加大，借此可对光纤中的光强进行调制。光纤辐射剂量传感器如图10.18(a)所示。这种传感器灵敏度高，线性范围大，图10.18(b)为敏感材料吸收特性与辐射剂量的关系曲线。光纤辐射传感器实时性好，且结构灵活小巧。

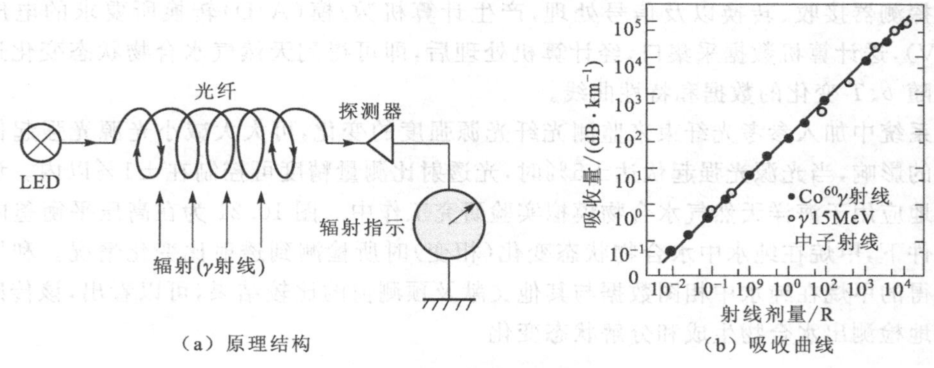

图10.18 光纤辐射传感器

10.2.3 天然气水合物相变测试用光纤传感器

海洋天然气水合物是位于深海海底的天然气(甲烷)在高压和低温的条件下与水产生的冰状结晶化合物(俗称可燃冰)，是继煤炭和石油之后储量巨大的战略环保能源，它也可以利用溶于水中的天然气在模拟深海低温高压环境的实验室条件下合成天然气水合物。为了检测天然气水合物的合成条件、过程与效果，南京理工大学受青岛海洋地质研究所委托，在我国首次研制成功"天然气水合物状态变化模拟实验光电探测系统"，如图10.19所示。该系统主要应完成对高压平衡釜中水合物溶液及沉积物相变过程的高清晰度摄像监测记录，以及光强透射比变化规律的测试。现主要介绍其中用于海洋天然气水合物的模拟实验的光强调制型天然气水合物相变测试用光纤传感器。

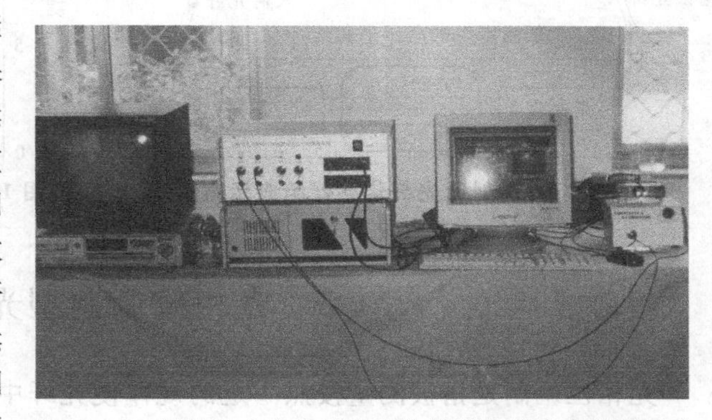

图10.19 天然气水合物状态变化模拟实验光电探测系统

该传感器测量天然气水合物相变的基本原理是，利用光纤传感器检测白光通过海洋天然气水合物模拟实验装置高压平衡釜内天然气水合物液体后，透射比的变化情况来反映釜内水合物状态变化(相变)的情况与规律。当釜内压力(p)和温度(T)达不到水合物生成条件时，甲烷熔解于水中，釜内液体为光透明液体，透射比高；当达到生成条件时，甲烷与水化合形成天然气水合物，釜内液体的透射比减小。据此检测透射比变化来测定釜内天然气水合物的相变。

光透射比光纤传感器系统组成如图10.20所示，主要包括：光纤冷光源、光纤照明系统、光信号接收系统、光电转换电路以及计算机数据采集与处理系统等。光纤冷光源产生的白光分别耦合到参考光纤束与入射光纤束，其中参考光纤束的光信号直接传输到光电转换信号处理部分，用于监测光源信号的起伏；入射光纤束将光信号传输到光发射系统，照射到随p、T条件变化而状态变化的天然气和水的混合液体，光接收系统中的测试光纤束接收到透射光信号，其强弱大小可反映天然气水合物状态特性的变化。测试光纤束接收到的光信号经光电探测器接收、转换以及信号处理，产生计算机数/模（A/D）转换所要求的电压信号（0～5 V），送计算机数据采集口，经计算机处理后，即可得到天然气水合物状态变化过程中透射比随p、T变化的数据和特性曲线。

该系统中加入参考光纤束来监测光纤光源强度的变化，可大大减小光源光强起伏对测试精度的影响，当光源光强起伏达±5%时，光透射比测量精度可控制在±1%以内。该系统已成功地应用于海洋天然气水合物模拟实验研究工作中。图10.21为在高压平衡釜内p、T变化条件下，甲烷在纯水中水合物状态变化（相变）时所检测到透射比变化情况。利用该系统所测得的甲烷在纯水中相图数据与其他文献及预测值的比较结果，可以看出，该传感器可以准确地检测出水合物生成和分解状态变化。

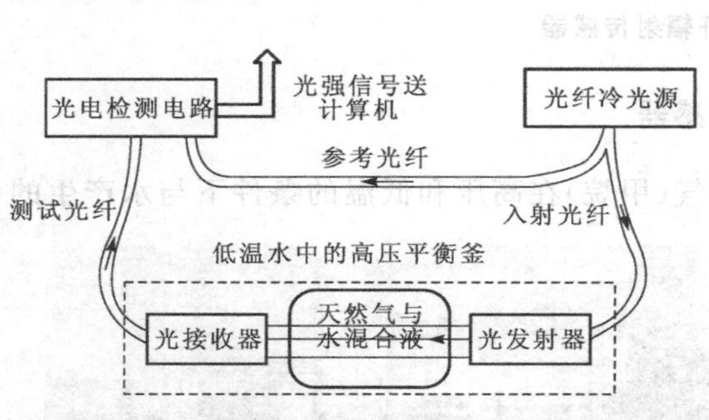

图10.20 光透射比光纤传感器组成示意图

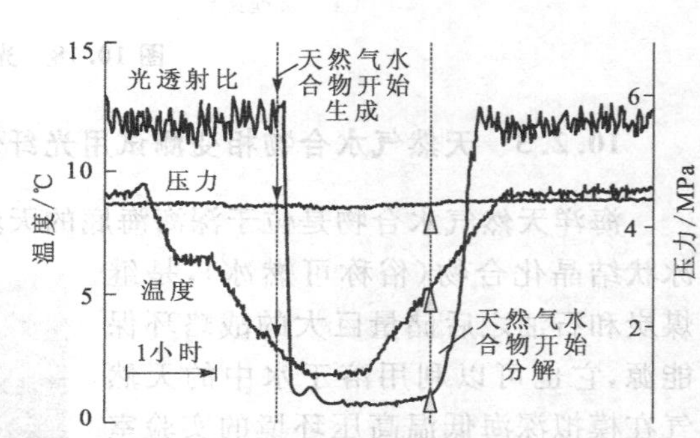

图10.21 水合物状态变化过程中透射比曲线

10.3 光相位调制型光纤传感器

光相位调制是指被测量按照一定的规律使光纤中传播的光波相位发生相应的变化，光相位的变化量即反映被测量变化。其基本原理是利用被测量对敏感元件的作用，使敏感元件的折射率或传播常数等发生变化，而导致光的相位变化，然后通过相干检测来确定光的相位变化量，从而得到被测对象的信息。与其他调制方式相比，相位调制技术由于采用干涉技术而具有很高的检测灵敏度，且探头形式灵活多样，适合不同测试环境。但要获得好的干涉效果，须用特殊光纤及高精度检测系统，因此成本高。

10.3.1 光相位调制原理

光纤传感技术中使用的光相位调制大体有三种类型。第一类为功能型调制，被测量通过光纤的力应变效应、热应变效应、弹光效应及热光效应使传感光纤的几何尺寸和折射率等参数发生变化，从而导致光纤中的光相位变化，以实现对光相位的调制。第二类为萨格奈克（Sagnac）效应调制，被测量（旋转）不改变光纤本身的参数，而是通过旋转惯性场中的环形光纤，使其中相向传播的两光束产生相应的光程差，以实现对光相位的调制。第三类为非功能型调制，即在传感光纤之外通过改变进入光纤的光程差实现对光纤中光相位的调制。

1. 功能型光相位调制原理

光纤中光的相位由光纤波导的物理长度、折射率及其分布、波导横向几何尺寸等决定。当波长为 λ_0 的相干光波通过长度为 L 的光纤传输时，相位延迟为

$$\phi = n_1 k_0 L = \beta L = \frac{2\pi n_1 L}{\lambda_0} \tag{10.2}$$

式中，$\beta = n_1 k_0$ 为光波在光纤中的传播常数，k_0 为光在真空中的波数，n_1 为纤芯折射率，L 为传播路径的长度，$k_0 = 2\pi/\lambda_0$。

当传感光纤受外界被测量如机械力或温场作用时，将导致一系列物理效应，使光纤的参数变化，其中的纵向应变效应使光纤的长度 L 变化(ΔL)；横向泊松效应使光纤的芯径 $2a$ 变化(Δa)，进而导致传播常数 β 变化($\Delta\beta$)；弹光效应和热光效应使光纤的纤芯折射率 n_1 变化(Δn_1)。传感光纤的上述参数的变化都将引起光纤中的光相位的变化。

$$\Delta\phi = \Delta\phi_L + \Delta\phi_{n_1} + \Delta\phi_a \tag{10.3}$$

式中，$\Delta\phi_L$、$\Delta\phi_{n_1}$ 和 $\Delta\phi_a$ 分别为光纤长度、纤芯折射率和纤芯直径变化所引起的相位移。

一般情况下光纤的长度与纤芯折射率变化所引起的光相位变化要比纤芯的直径变化所引起的变化大得多，因此可以忽略纤芯的直径引起的相位变化。则光波的相位角变化为

$$\Delta\phi = \Delta\phi_L + \Delta\phi_{n_1} = \frac{2\pi n_1}{\lambda_0}\Delta L + \frac{2\pi L}{\lambda_0}\Delta n_1 = \frac{2\pi L}{\lambda_0}(n_1\varepsilon_L + \Delta n_1) \tag{10.4}$$

式中，ε_L 为光纤的轴向应变，$\varepsilon_L = \dfrac{\Delta L}{L}$。

2. Sagnac 效应光相位调制

Sagnac 效应的基本内容是：当一环形光路在惯性空间绕垂直于光路平面的轴转动时，光路内相向传播的两列光波之间将因光波的惯性运动产生光程差，从而导致光的干涉。如图 10.22 所示，一半径为 R 的环形光路，以角速度 Ω 绕垂直环路所在平面并通过环心的轴旋转，环路中有两列光波同时从位置 A 处开始分别沿顺时针(CW) 方向和逆时针(CCW) 方向相向传播。设光波在静止环路中传播一周所需时间为 t，则 $t = 2\pi R/v$，v 为环路中的光速，$v = c/n_1$。根据惯性运动原理，与环路旋转同向的 CW 波列在 t 时间内迟后到达 A' 点，经历的光程为

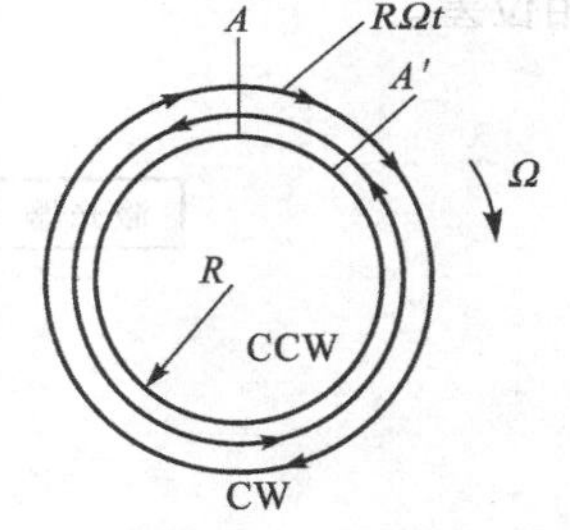

图 10.22 *Sagnac* 效应

$$L_{\mathrm{CW}} = 2\pi R + R\Omega t \tag{10.5}$$

与环路旋转反向的 CCW 波列在 t 时间内超前到达 A' 点，经历的光程为

$$L_{\mathrm{CCW}} = 2\pi R - R\Omega t \tag{10.6}$$

CW、CCW 两波列在环路中传播一周产生的光程差为

$$\Delta L = 2R\Omega t = \frac{4\pi R^2}{v}\Omega \tag{10.7}$$

令 $S = \pi R^2$，为环形光路的面积。则(10.7) 式简化为

$$\Delta L = \frac{4S}{v}\Omega \tag{10.8}$$

(10.8) 式说明，在环形光路中相向传播的 CW、CCW 两光束之间的光程差与环路的角速度成正比，比例系数仅与环路面积及光速有关，而与环路中介质特性无关。

由(10.8)式,可求出与光程差 ΔL 相应的相位差

$$\Delta\phi = \frac{8\pi n_1 S\Omega}{\lambda_0 c} \tag{10.9}$$

由(10.9)式可知,利用 Sagnac 效应被测量可通过旋转光纤环对光纤中的光束进行相位调制,产生相应的 CW、CCW 两列光波的相位差。

10.3.2 光纤干涉仪

由于目前各类光探测器都不能敏感光的相位变化,所以必须采用干涉技术使相位变化转化为强度的变化,实现对外界被测量的检测。光纤传感器中的光干涉技术在光纤干涉仪中实现。与传统分离式元件干涉仪相比,光纤干涉仪的优点在于:① 容易准直;②可以通过增加光纤的长度来增加光程来提高干涉仪的灵敏度;③ 封闭式光路,不受外界干扰;④ 测量的动态范围大等。传统的马赫-泽德(Mach-Zehnder)干涉仪、法布里-珀罗(F-P)干涉仪、迈克尔逊(Michlson)干涉仪、萨格奈克(Sagnac)干涉仪都能制成相应的光纤干涉仪。

(1)光纤马赫-泽德干涉仪

马赫-泽德干涉仪的结构如图 10.23 所示,激光器发出的相干光通过一个 3 dB 耦合器分成两个相等的光束,分别在信号臂光纤 S 和参考臂光纤 R 中传输。外界信号 $S_0(t)$ 作用于信号臂,第二个 3 dB 耦合器把两束光再耦合,并又分成两束光经光纤传送到两个探测器中。根据双光束相干原理,两个光探测器收到的光强分别为

$$\begin{aligned} I_1 &= I_0(1+\alpha\cos\Delta\phi)/2 \\ I_2 &= I_0(1-\alpha\cos\Delta\phi)/2 \end{aligned} \tag{10.10}$$

式中,I_0 为激光器发出的光强;α 为耦合系数;$\Delta\phi$ 为两臂之间的相位差,包括 $S_0(t)$ 引起的相位差。

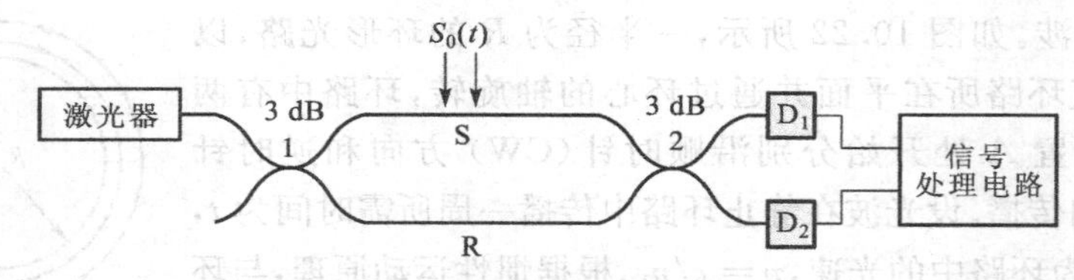

图 10.23 光纤马赫-泽德干涉仪

(10.10)式表明,马赫-泽德干涉仪将外界信号 $S_0(t)$ 引起的相位变化变换成光强度变化,经过适当的信号处理系统即可将信号 $S_0(t)$ 从光强中解调出来。

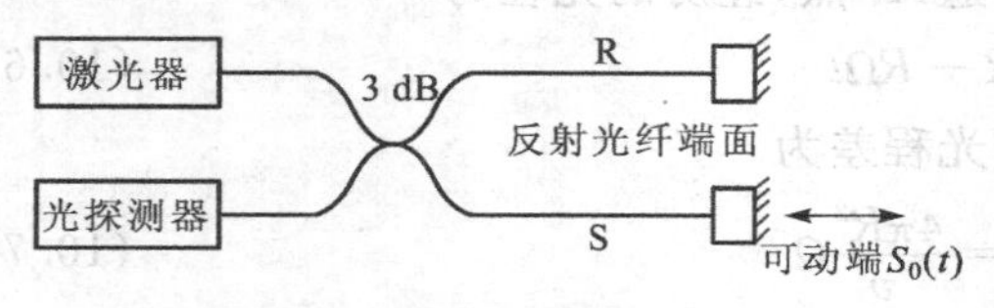

图 10.24 光纤迈克尔逊干涉仪

(2) 光纤迈克尔逊干涉仪

图 10.24 是光纤迈克尔逊干涉仪的调制原理。激光器发出的光被 3 dB 耦合器,分成两路入射到参考臂光纤 R 和信号臂光纤 S,分别到达固定的光纤反射端面和可动光纤端面,反射回来的光再经3 dB 耦合器耦合到光探测器,外界信号 $S_0(t)$ 作用于可移动的信号臂。与马赫-泽德干涉仪类似,探测器接收到的光强为

$$I_1 = I_0(1+\alpha\cos\Delta\phi)/2 \tag{10.11}$$

式中,I_0 为激光器发出的光强;$\Delta\phi$ 为 S 与 R 之间相位差,含 $S_0(t)$ 引起的相位差。

(3) Sagnac 光纤干涉仪

图 10.25 是一个 Sagnac 干涉仪的结构，激光器发出的光由 3 dB 耦合器分成 1∶1 的两束光，将它们耦合进入一个多匝(多环)单模光纤圈的两端，光纤两端出射再经 3 dB 耦合器送到光探测器。探测器接收到的光强也可由(10.11)式表示，其中 $\Delta\phi$ 为相位差，由(10.9)式表示。

设圆形闭合光程半径为 R，其中有两列光沿相反方向传播，当闭合光路静止时，两光波传播的光路相同，没有光程差；当闭合光路相对惯性空间以转速 Ω 顺时针转动时(设 Ω 垂直于环路平面)，这时顺逆时针传播光的光程不等，产生一个光程差，如图 10.22 所示。因此利用萨格奈克干涉仪可以测量转速 Ω。其最典型应用是光纤陀螺，与其他陀螺相比，光纤陀螺具有灵敏度高，无转动部分，体积小，成本低等优点。光纤陀螺已成功地用在波音飞机以及其他导航系统中。

(4) 光纤法布里-珀罗干涉仪

图 10.26 为光纤法布里-珀罗干涉仪的调制原理。白光由多模光纤经聚焦透镜进入两端设有高反射率的反射镜或直接镀有高反射膜的腔体，使光束在两反射镜(膜)之间产生多次反射以形成多光束干涉，再经探测器探测。其腔体结构分空腔、固体材料和反射式三种。根据多光束干涉理论，其输出光强为

$$I_{\mathrm{T}} = I_0 \frac{T^2}{(1-R)^2}\left[\frac{1}{1+F\sin^2(\Delta\phi/2)}\right] \tag{10.12}$$

式中，I_0 为入射光强；T 为镜面的透射率；R 为镜面的反射率；$\Delta\phi$ 为两相邻光束的相位差，F 为精细度。分别为

$$\begin{aligned} F &= 4R/(1-R)^2 \\ \Delta\phi &= (4\pi/\lambda_0)nd\cos\theta \end{aligned} \tag{10.13}$$

式中，n 为 F-P 腔内介质折射率；θ 为腔体内光线与腔面法线的夹角(即入射光线在腔内的折射角)；d 为两镜面之间的距离。

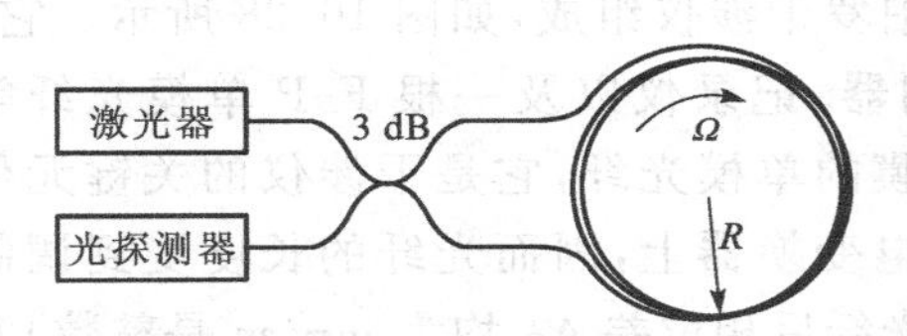

图 10.25 Sagnac 光纤干涉仪

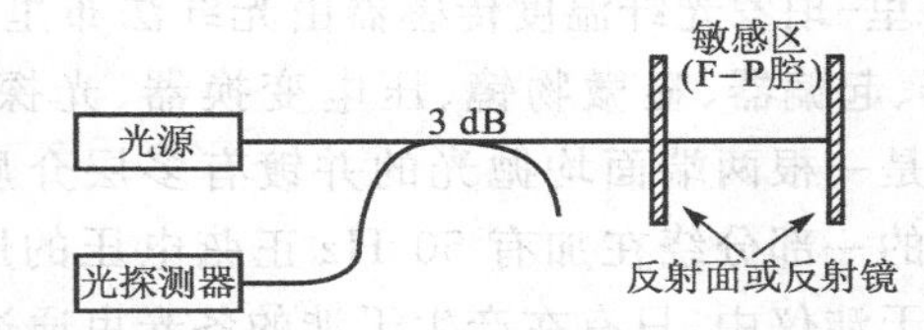

图 10.26 光纤法布里-珀罗干涉仪

10.3.3 相位调制型光纤传感器

1. 马赫-泽德光纤温度传感器

最早用于相位调制型光纤温度传感的光纤干涉仪为光纤马赫-泽德干涉仪，它是以传统的马赫-泽德干涉仪为基础，用光纤代替自由空间作为干涉光路，减少传统的干涉仪长臂安装和校准的困难，使干涉仪小型化，并可以用加长光纤的方法，使干涉仪对环境参数的响应灵敏度增加。如图 10.27 所示，其包括激光器、分光镜、两个耦合透镜、两根单模光纤(其中一根为参考光纤，一根为置于温度场中测试光纤)、光探测器等。干涉仪工作时，激光器发出的激光束经分束镜分别送入长度基本相同的测试光纤和参考光纤，两光纤输出端会合在一起，则两束输出光即产生干涉，从而出现干涉条纹。当测试光纤受温度场作用时，产生相位变化，从而引起干涉条纹移动。干涉条纹移动的数量反映了被测温度的变化。光探测器接

收干涉条纹的变化信息，并输出到适当的数据处理系统，得到测量结果。

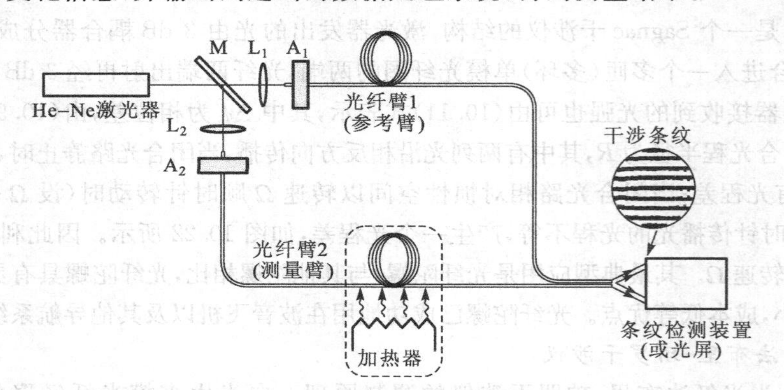

图 10.27 马赫-泽德光纤温度传感器

光纤温度传感器灵敏度以及相位移由下式给出：

$$\frac{\Delta\phi}{\phi\Delta T}=\frac{1}{n_1}\left(\frac{\partial n}{\partial T}\right)+\frac{1}{\Delta T}\left[\varepsilon_L-\frac{n_1^2}{2}(p_{11}+p_{12})\varepsilon_r+p_{12}\varepsilon_L\right] \tag{10.14}$$

式中，ϕ 为相位移；$\Delta\phi$ 为相位移变化；ΔT 为温度变化；n_1 为光纤纤芯的折射率；ε_L 为光纤的轴向应变；ε_r 为光纤的径应变；p_{11}、p_{12} 为光纤的光弹系数。

(10.14)式中等号右边第一项代表温度变化引起的光纤光学性质变化而产生的相位响应；第二项代表温度变化使光纤几何尺寸变化引起的相位响应。当干涉仪使用的单模光纤的规格与长度已知时，则光纤的温度灵敏度等有关参数就是确定值。利用单模光纤的典型参数值 $\Delta\phi/(\phi\Delta T)=0.71\times10^{-5}/℃$。

2. 法布里-珀罗光纤温度传感器

法布里-珀罗光纤温度传感器由光纤法布里-珀罗干涉仪组成，如图 10.28 所示。它包括激光器、起偏器、显微物镜、压电变换器、光探测器、记录仪以及一根 F-P 单模光纤等。F-P光纤是一根两端面均抛光的并镀有多层介质膜的单模光纤，它是干涉仪的关键元件。F-P光纤的一部分绕在加有 50 Hz 正弦电压的压电变换器上，因而光纤的长度受到调制。F-P光纤干涉仪中，只有在产生干涉的各光束通过光纤后相位差 $\Delta\phi$ 均为 $m\pi$（m 是整数）时，输出才最大，因此探测器获得周期性的连续脉冲信号。当外界的被测温度使光纤中的光波相位发生变化时，输出脉冲峰值的位置将发生变化。为了识别被测温度的增减方向，要求激光器有两个纵模输出，其频率差为 640 MHz，两模的输出强度比为 5 : 1。这样，根据对应于两模所输出的两峰的先后顺序，即可判断外界温度的增减方向。

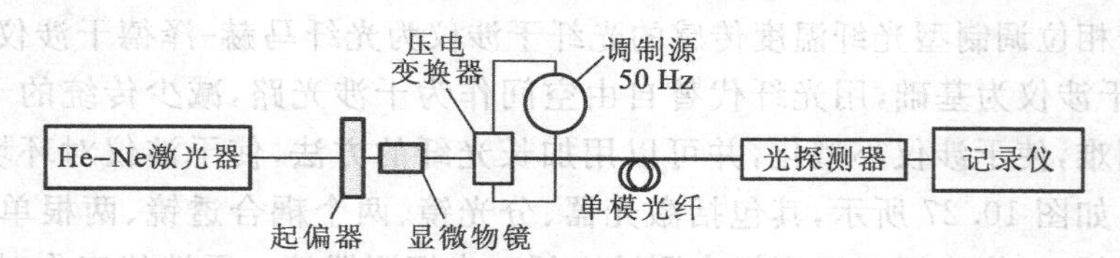

图 10.28 法布里-珀罗光纤温度传感器

3. 迈克尔逊干涉型光纤水听器

干涉型光纤水听器是根据相干光的干涉原理制成的，因而不仅灵敏度高，而且动态范围大，目前普遍被认为是最有发展前途的水听器之一。光纤水听器系统的组成如图 10.29 所示，这是含有两个法拉第旋转镜(FRM)的迈克尔逊光纤干涉仪和直接调制光源的光纤水听器系统，并采用相位载波(PGC)零差检测解调方案。当光纤水听器位于水下时，由于远处螺旋桨发出的声波对光纤水听器信号臂与参考臂的作用不同，光通过两条光纤臂后的相位差 $\Delta\phi$ 会随着声波压力的变化而变化，相位差 $\Delta\phi$ 的变化会影响到干涉仪输出光强的变化，因此，通过对光强的检测可以得到有关声场的信息。图 10.29 中，ω_0 是光源载波信号的角频率；G 和 H 分别为 1 倍和 2 倍载波信号发生器的信号幅度。

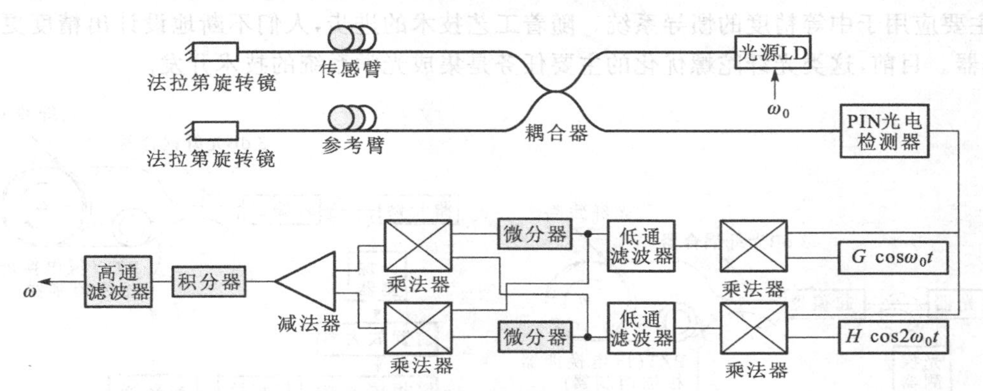

图 10.29 光纤水听器系统的组成

PGC 零差检测方案是一种开环检测方案，它利用远离水声信号频带的高频、大幅度载波信号对光纤干涉仪信号的初始相位进行调制，减少由于相位随机漂移对信号检测灵敏度的影响，并通过信号处理将声信号从载波信号中提取出来。

光纤水听器采用的光纤为传统的低双折射单模光纤，光源为半导体激光器，波长为 1.31 μm，2 只光纤耦合器均为 3 dB 光纤定向耦合器。传感臂缠绕在 1 只压电陶瓷上，在干涉信号中引入频率为模拟传感信号。系统中采用的调制信号频率为 30 kHz。信号检测中电路全部由模拟运算电路实现。经测试，能够测到较为稳定的正弦模拟声信号。当所加模拟信号为 5 Hz～50 kHz 时，检测信号均能基本无失真检测。光纤水听器的声压灵敏度为 −140 dB左右，基准值为 1 V/μPa。由于单个的水听器无法探测到发声源的方位，实际应用时，需将多个光纤水听器进行组阵。

4. 光纤陀螺

光纤陀螺 (Fiber-Optic Gyroscope, FOG)是基于 Sagnac 效应、敏感角速率和角偏差的一种光纤传感器。光纤陀螺与机械陀螺相比具有明显的优点，并有逐步取代机械转子陀螺仪的趋势。光纤陀螺若按它的原理和结构，可分为干涉型光纤传陀螺(I-FOG)、谐振型光纤陀螺(R-FOG)、受激布里渊散射光纤陀螺(FRLG)。I-FOG，就其结构而言，又有开环光纤陀螺和闭环光纤陀螺之分。以其相位解调方式来看，又可分为自差式和外差式光纤陀螺，其中自差式又分为调相、调频、锯齿波调制等形式。

(1) 干涉型光纤传陀螺(I－FOG)

I-FOG 在结构上其实就是光纤 Sagnac 干涉仪，如图 10.30 所示。在检测技术上，I-FOG 利用干涉测量技术把相位调制光转变为振幅调制光，即把光相位的直接测量转化成光强度测量，这样就能比较简单地测出 Sagnac 相位变化。

I-FOG 的光纤元器件一般用单模光纤或保偏光纤制作。用保偏光纤制作光纤线圈可得到高性能光纤陀螺。它的局限性是若要提高它的灵敏度就必须增加光纤的长度，一般为数百米到数千米，这样会使光纤陀螺的体积较大。

通常把 I-FOG 分为开环 I-FOG 和闭环 I-FOG。开环 I-FOG 主要可以用做角速度传感器，如图 10.30(a)所示。这种光纤陀螺结构很简单，价格便宜。但是线性度差(10^{-3}量级)，动态范围小(10^{-6}量级)。闭环 I-FOG 是一种较精密且复杂的光纤陀螺，如图 10.30(b)所示，主要应用于中等精度的惯导系统。随着工艺技术的进步，人们不断地设计出精度更高的传感器。目前，这类光纤陀螺优化的主要任务是集成光学系统的技术开发。

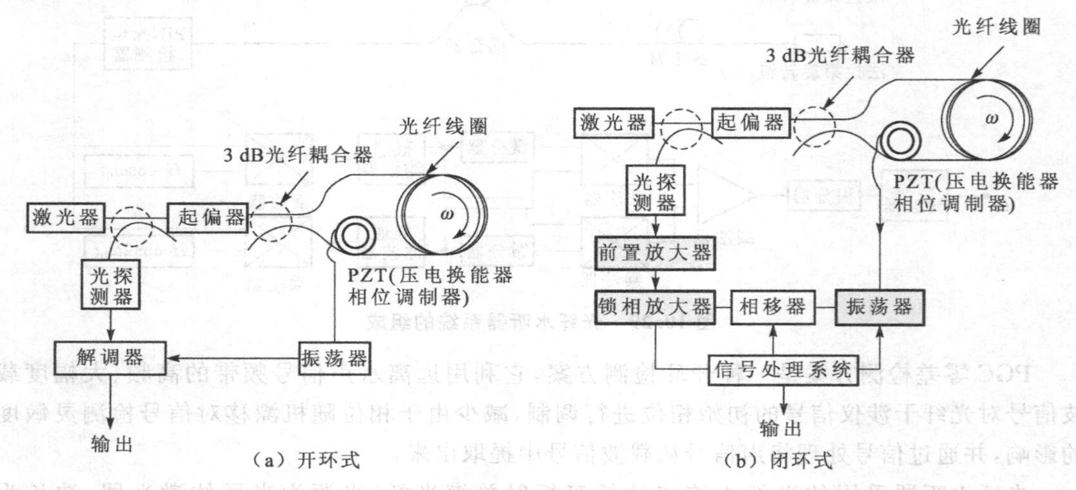

图 10.30 I-FOG 原理结构

(2) 谐振型光纤陀螺(R-FOG)

图 10.31 所示是 R-FOG 的原理框图。从激光器发出的光通过光纤耦合器 1 分成两路，再通过光纤耦合器 2 分别耦合进入光纤谐振器，在其中形成相反方向传播的两路谐振光。谐振器静止时，这两束光的谐振频率相等。但谐振器以角速度 Ω 旋转时，它们的谐振频率不再相等(因为光纤谐振器的光路表观长度对这两路谐振光是不同的)。由 Sagnac 效应，可推得这两束谐振光的谐振频率差为

$$\Delta f = \frac{4S}{\lambda L}\Omega \qquad (10.15)$$

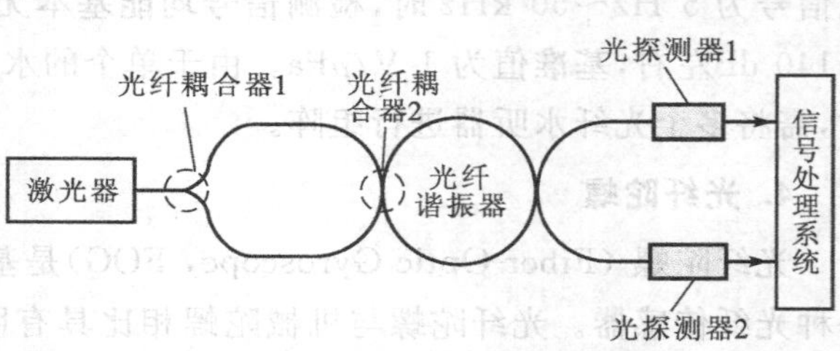

图 10.31 R-FOG 原理

式中，L 为谐振器的光纤长度，S 为谐振器所包围的面积，λ 为光波长。由(10.15)式可见，通过测量 R－FOG 中两谐振光束的谐振频率差 Δf，可以确定旋转角速度 Ω。

据共振特性，频率的变化斜率越大，所检测到的信号的灵敏度就高。使用 5～10 m 长的光纤就可以产生所要求的检测灵敏度。与 I-FOG 相比，它具有光源稳定度高、所用光纤短、受环境影响小、成本低的优势。

(3) 受激布里渊散射光纤陀螺(FRLG)

它与环形激光陀螺(RLG)在原理上都是利用谐振腔中沿相反方向传播的谐振光频差与旋转角速度成比例来测量旋转体的角速度。但是,它与 RLG 不同的是,RLG 是利用直流高压激励产生谐振,而它是用泵浦激光源耦合进入光纤线圈中,并产生增幅的布里渊散射,在光纤线圈中产生光学谐振。

FRLG 是基于光学非线性效应的受激布里渊散射而提出的有源光纤陀螺,FRLG 用光纤线圈代替了传统的 RLG 的激光谐振腔,它与 R-FOG 具有相似结构。泵浦激光器发出的光被分成两束不同路径传播的光(分光比 1∶1),这两束光分别以一定的分光比进入光纤敏感环中沿相反的方向传播,当传输光满足受激布里渊散射的阈值条件时,分别产生后向散射光,两束以相反方向传播的散射光分别沿着与泵浦光相反的方向相遇,在光纤线圈中产生光学谐振。它用光纤线圈代替了环形激光腔,不需要高反射率的反射镜和高真空封装,因此结构简化,体积减小,而且生产成本降低,使激光陀螺全固体化。与 I-FOG 相比结构简单,采用的器件少,可直接提供频率输出,线性度好,动态范围大,检测精度高。

以上三种光纤陀螺经过二十多年的研究和探索,第一代 I-FOG 的研究已经进入实用化阶段,中、低精度的开环系统的应用早已广泛开展,高精度的闭环系统已日趋完善,并逐步开始应用于实际系统。第二代光纤陀螺理论上的检测精度高于第一代光纤陀螺,现在主要在实验室中,第三代布里渊散射光纤陀螺,现在还处在理论研究阶段。

10.4 光偏振调制型光纤传感器

偏振调制型光纤传感器是一种利用光偏振态变化来传递被测对象信息的传感器。偏振调制是指被测量通过一定的方式使光纤中光波的偏振面发生规律性偏转(旋光)或产生双折射,从而导致光的偏振特性变化,通过检测光偏振态的变化即可测出外界被测量。有利用光在磁场中介质内传播的法拉第(Faraday)效应做成的电流、磁场传感器;利用光在电场中的压电晶体内传播的普克尔(Pockels)效应做成的电场、电压传感器;利用物质的光弹效应构成的压力、振动或声传感器;以及利用光纤的双折射性构成温度、压力、振动等传感器等。这类传感器可以避免光源强度变化的影响,因此灵敏度高。

10.4.1 光偏振调制原理

1. 非功能型光偏振调制

(1) 旋光性

非功能型偏振调制是利用某些透明介质本身的自然旋光特性对光纤中光的偏振态实现调制。线偏振光经过某些介质后其振动方向发生旋转的现象,即介质的旋光性。如图 10.32所示,旋光介质是旋光材料溶液。旋光性存在于结晶材料(如石英晶体)以及一些有机非结晶材料(如糖溶液)中。由于旋光材料溶液的旋光性与溶液的浓度有关,因此可以旋光性测量旋光材料溶液的浓度。另外,可以利用晶体的旋光性,对温度、压力等测量。应注

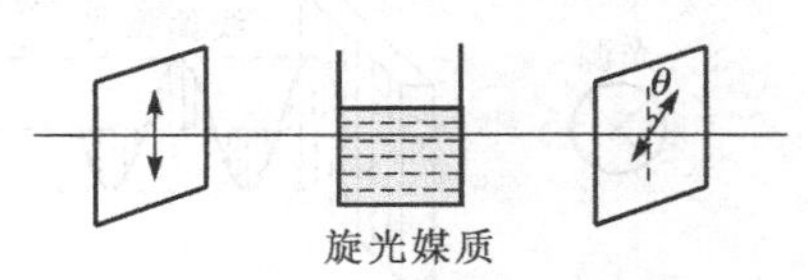

图 10.32 旋光性示意图

意介质的旋光性是互易的，即如果偏振光从一个方向通过介质，且偏振方向旋转一个角度，则该偏振光沿相反方向通过介质时，偏振方向将与正向通过介质时旋转一个大小相等方向相反的角度。

(2)非功能型偏振调制

非功能型偏振调制光纤传感器一般由发射光纤、调制盒和接收光纤及相应的光源、探测器与信号处理电路组成。调制盒分透射式和反射式两种，如图10.33所示。图10.33(a)为透射式的原理结构示意图，由起偏器、1/4波片、功能材料、检偏器组成。图10.33(b)为反射式的原理结构示意图。功能材料可以是具有自然旋光特性的介质，如石英晶体、含糖水溶液等。不同的功能材料，用于敏感不同的物理量。例如，利用石英晶体旋光性随温度变化的规律敏感温度，利用糖的水溶液测量含糖度等。

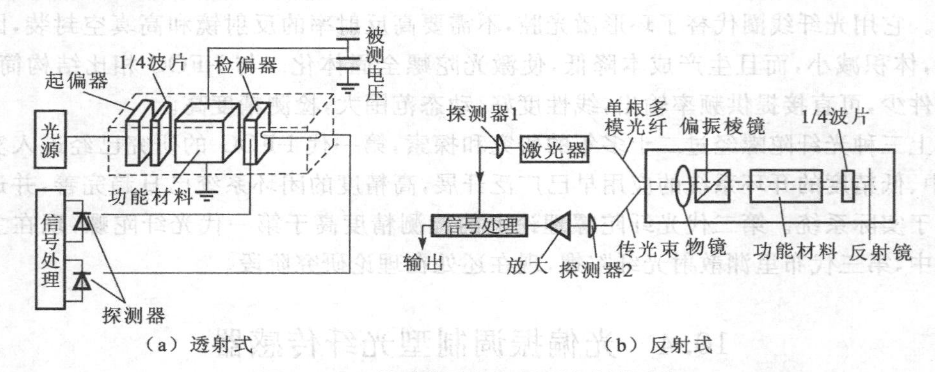

(a) 透射式　　(b) 反射式

图10.33　非功能型偏振调制光纤传感器

2. 功能型光偏振调制

功能型光偏振调制主要是利用光纤的磁光、电光、光弹等物理效应来实现被测量对光纤中光波偏振态的调制。磁光效应导致旋光现象，电光效应和光弹效应导致双折射现象。

(1)法拉第效应(磁光效应)

某些物质在磁场作用下，线偏振光通过时其振动面会发生旋转，这种现象称为法拉第效应。光的电矢量 E 旋转角 θ 与光在物质中通过的距离 L 和磁场强度 H 成正比，即

$$\theta = V\int_0^L H\mathrm{d}L = VLH \tag{10.16}$$

式中，V 为物质的弗尔德常数。

利用法拉第效应可以测量磁场，其测量原理如图10.34所示。

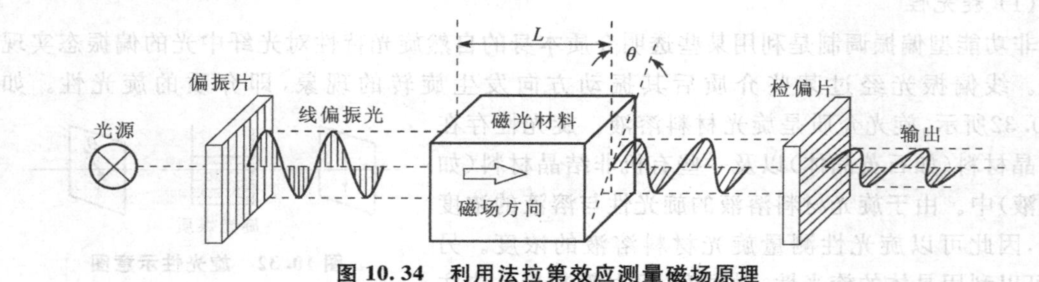

图10.34　利用法拉第效应测量磁场原理

法拉第效应和旋光的重要区别在于法拉第效应没有互易性，如果线偏振光一次通过介质旋转 θ 角，则偏振光沿相反方向返回时将再旋转 θ 角，因此，两次通过介质总的旋转 2θ 角，而不像在旋光性介质中那样为零。

(2)普克尔效应(一次电光效应)

当压电晶体受光照射，并在与光照正交的方向上加以高压电场时，晶体将呈现双折射现象，这种现象被称为Pockels效应，如图10.35所示。由于双折射正比于所加电场的一次方，所以普克尔效应又称为线性电光效应。

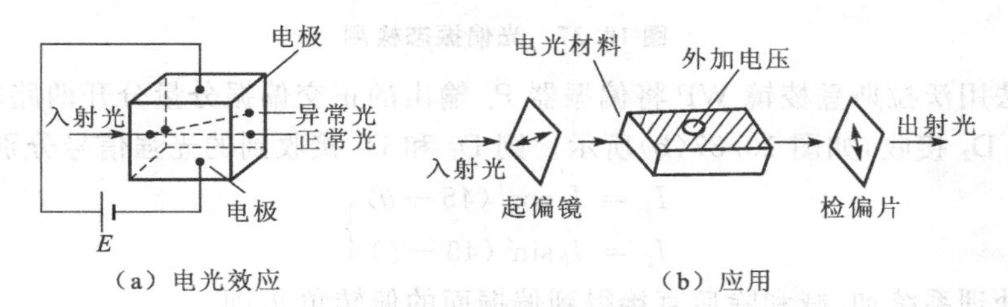

图10.35 Pockels效应及应用

在晶体中，两正交的偏振光的相位变化为

$$\phi=\frac{\pi n_0^3 d_e V}{\lambda_0}\frac{L}{d} \tag{10.17}$$

式中，n_0 为正常折射率；d_e 为电光系数；V 为加在晶体片上的电压；λ 为光波长；L 为晶体长度；d 为场方向晶体厚度。

(3)光弹效应

在垂直于光波传播方向上施加应力，被施加应力的材料将会使光产生双折射现象，其折射率的变化与应力相关，这种现象称为光弹效应，如图10.36所示。由光弹效应产生的偏振光相位变化 ϕ 为

$$\phi=\frac{2\pi KpL}{\lambda} \tag{10.18}$$

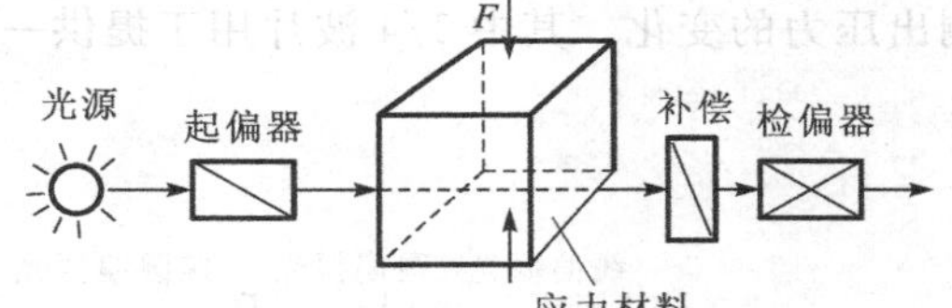

图10.36 光弹效应

式中，K 为物质光弹性常数；p 为施加在物体上的压强；L 为光波通过材料的长度。

此时，图10.36中检偏器出射光强为

$$I=I_0\sin^2\frac{\phi}{2}=I_0\sin^2\left(\frac{\pi KpL}{\lambda}\right) \tag{10.19}$$

利用物质的光弹效应可以构成压力、振动、位移等光纤传感器。

10.4.2 光偏振态的检测

由于探测器不能直接探测光的偏振态，需要将光偏振态的变化转换为光强信号直接测量，或转换为光相位移利用干涉法测量。转换为光强信号的办法有两种，即单光路法和双光路法，如图10.37所示。

单光路法即正交偏振鉴别法，就是在输出端加置偏振方向与起偏器 P_1 的偏振方向正交的检偏器 P_2，P_2 对输出偏振光的偏振方向进行鉴别，如图10.37(a)所示。设输入光强为 I_0，

则输出光强 I 为

$$I = I_0 \sin^2\theta \tag{10.20}$$

式中，θ 为偏振面偏转角。从检测方法看，这种方法与光强调制相似。

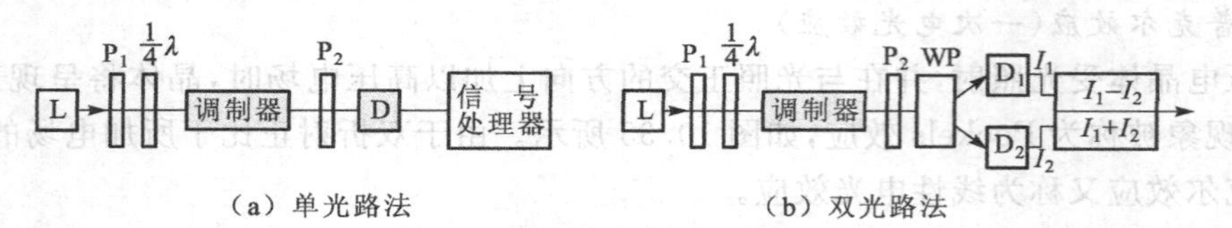

（a）单光路法　　（b）双光路法

图 10.37　光偏振态检测

双光路法用沃拉斯登棱镜 WP 将偏振器 P_2 输出的正交偏振分量分开两路输出，分别为探测器 D_1 和 D_2 接收，如图 10.37(b)所示。则 D_1 和 D_2 接收到的光强信号分别为

$$\left.\begin{aligned} I_1 &= I_0\cos^2(45-\theta) \\ I_2 &= I_0\sin^2(45-\theta) \end{aligned}\right\} \tag{10.21}$$

经信号处理系统加、减和除后直接得到偏振面的偏转角 θ，即

$$\theta = \frac{1}{2}\arcsin\left(\frac{I_1 - I_2}{I_1 + I_2}\right) \tag{10.22}$$

10.4.3　偏振调制型光纤传感器应用

(1)光弹性式光纤压力传感器

利用光弹性效应测量压力的原理及传感器结构如图 10.38 所示。LED 发出的光经起偏器后成为线偏振光。当有与入射光偏振方向呈 45°的压力作用于晶体时，使晶体呈双折射从而使出射光成为椭圆偏振光，由检偏器检测出与入射光偏振方向相垂直方向上的光强，即可测出压力的变化。其中 1/4 波片用于提供一偏置，使系统获得最大灵敏度。

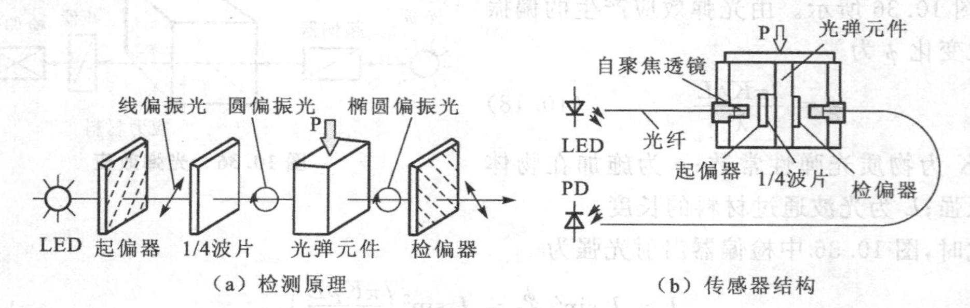

（a）检测原理　　（b）传感器结构

图 10.38　光弹性式光纤压力传感器

为了提高传感器的精度和稳定性，图 10.39 为另一种检测方法的结构。输出光用偏振分光镜分别检测出两个相互垂直方向的偏振分量；并将这两个分量经“差/和”电路处理，即可得到与光源强度及光纤损耗无关的输出。该传感器的测量范围为 10^3～10^6 Pa，精度为±1%，理论上分辨力可达 1.4 Pa。这种结构的传感器在光弹性元件上加上质量块后，也可用于测量振动、加速度。

(2)光纤电流传感器

偏振调制型光纤传感器中最典型应用是高压传输线用光纤电流传感器，其基本原理是法拉第效应(磁光效应)。当线偏振光在强度为 H 的磁场作用下，线偏振光在物质中通过的

距离 L 时电矢量 E 旋转角 θ 大小由(10.16)式决定。根据安培环路定律由长直载流导线产生的磁场 H：

$$H=\frac{I}{2\pi r} \tag{10.23}$$

式中，I 为载流导线中的电流强度；r 为导线外任一观测点到导线的垂直距离。由此可见，根据磁光效应，利用光纤传感器测量出导线外任一点 r 的磁场强度 H，即可得到导线中的电流 I。利用光纤测量导线中电流，可以将单模光纤绕在载流导线上，形成一个半径为 r 的螺线管，光纤螺线管的光纤长度为 L。在强度为 H 的磁场作用下，通过光纤的线偏振光的振动面将会产生的偏转，只要检测出这个偏转角即可知道导线中电流 I 的大小，如图10.40所示。

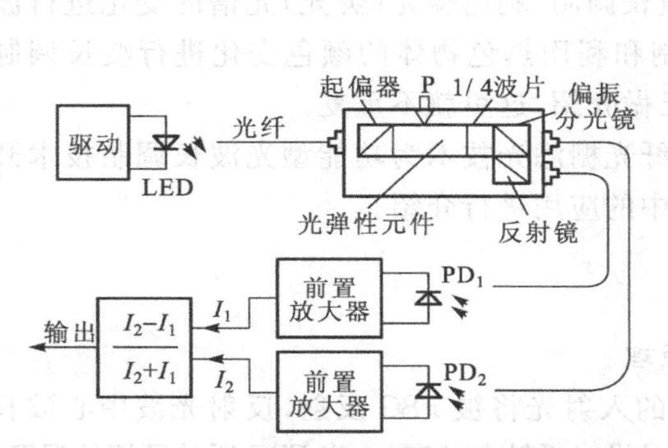

图 10.39　双光路检测光弹性式光纤压力传感器

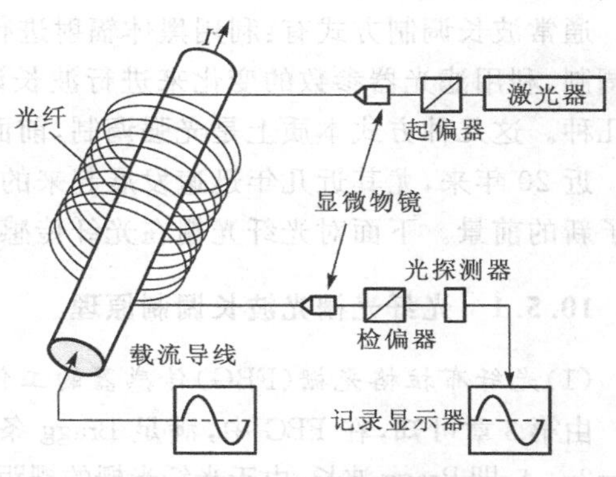

图 10.40　光纤电流传感器

目前常采用将振动面偏转角的信息变换成光的强度后再进行测量。当光纤材料和光纤螺线管确定后，由激光器出射后经起偏器所形成的线偏振光，经显微物镜耦合通过光纤到达检偏器时的振动面偏转角仅与电流 I 有关(实际上是电流在半径 r 处所产生的磁场 H)：

$$\theta=VLH=\frac{VL}{2\pi r}I \tag{10.24}$$

设载流导线中的电流 $I=0$ 时，线偏振光振动方向在检偏器处的与 Y 轴平行，检偏器 P(普通检偏器) 的方位为 φ，如图 10.41 所示；$I\neq 0$ 时的方位为 θ，在 P 上的投影(即光探测器的输出信号强度) 为 J，则

$$J=E^2\cos^2(\varphi-\theta)=\frac{E^2}{2}[1+\cos(2\varphi+2\theta)] \tag{10.25}$$

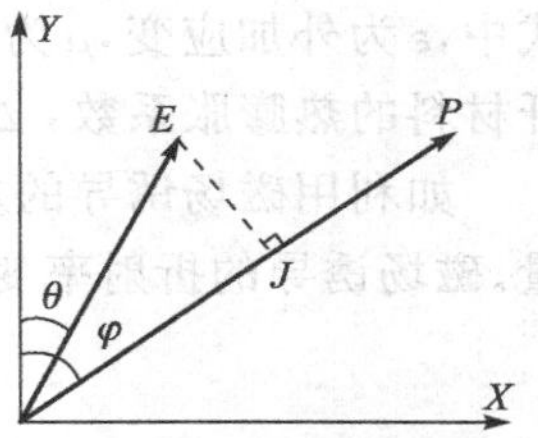

图 10.41　检偏器方向设置

在 $\theta=0$ 附近，$\varphi=\pm 45^\circ$ 时检测的灵敏度最高。也就是说，为了获得较高的灵敏度，检偏器的方位应与 $I=0$ 时到达线偏器的线偏振光的振动方向成 45° 角。此时，

$$J=\frac{E^2}{2}[1+\sin(2\theta)] \tag{10.26}$$

通常 θ 很小，所以，$\sin 2\theta\approx 2\theta$。由此可见，$J$ 与 I 呈线性关系。即光探测器输出信号强度与电流大小呈线性关系。

10.5 光波长调制型光纤传感器

光纤传感器的波长调制就是利用外界因素改变光纤中光能量的波长分布或者说光谱分布，通过检测光谱分布来测量被测参数，由于波长与颜色直接相关，波长调制也叫颜色调制。其原理如图 10.42 所示，光源发出的光能量分布为 $P_i(\lambda)$，由入射光纤耦合到传感头 S 中，在传感头 S 内，被测信号 $S_0(t)$ 与光相互作用，使光谱分布发生变化，输出光纤的能量分布为 $P_o(\lambda)$，由光谱分析仪检测出 $P_o(\lambda)$，即可得到 $S_0(t)$。

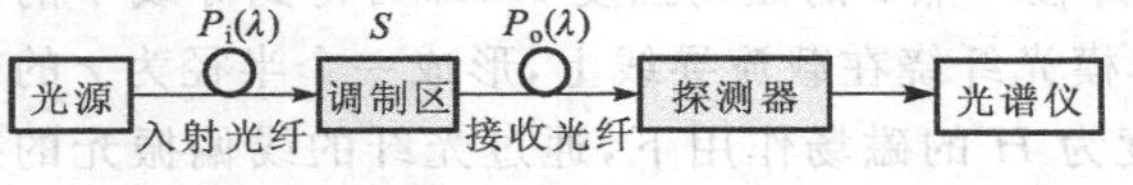

光源 —入射光纤— $P_i(\lambda)$ — 调制区 S —接收光纤— $P_o(\lambda)$ — 探测器 → 光谱仪

图 10.42 波长调制原理图

通常波长调制方式有：利用黑体辐射进行波长调制、利用磷光（荧光）光谱的变化进行波长调制、利用滤光器参数的变化来进行波长调制和利用热色物体的颜色变化进行波长调制等几种。这几种方式本质上是光强调制，前面已做介绍，这里就不重复。

近 20 年来，尤其近几年迅速发展起来的光纤光栅滤光技术为功能型光波长调制技术开辟了新的前景。下面对光纤光栅在光纤传感器中的应用进行介绍。

10.5.1 光纤光栅光波长调制原理

(1)光纤布拉格光栅(FBG)传感器的工作原理

由第 3 章可知，在 FBG 中，满足 Bragg 条件的入射光将被 FBG 反射，反射光波中心波长 $\lambda_B = 2n_{eff}\Lambda$，即 Bragg 波长。由于光纤光栅的栅距 Λ 是沿光纤轴向分布的，当 FBG 所处环境的温度、应力、应变或其他物理量发生变化时，光栅的周期或纤芯折射率将发生变化，从而使反射光的波长发生变化，通过被测量变化前后反射光波长的变化，就可以获得待测物理量的变化情况。

温度、应力和应变的变化引起的中心波长漂移可表示为

$$\Delta\lambda_B = 2n_{eff}\cdot\Lambda\left\{1-\frac{n_{eff}^2}{2}\left[P_{12}-\mu(P_{11}-P_{12})\right]\right\}\cdot\varepsilon + 2n_{eff}\cdot\Lambda\left[\alpha+\frac{dn_{eff}}{n_{eff}\cdot dt}\right]\cdot\Delta T \tag{10.27}$$

式中，ε 为外加应变，μ 为横向形变系数（泊松比），P_{ij} 为光弹性张量的普克尔压电系数，α 为光纤材料的热膨胀系数，ΔT 为温度变化量。

如利用磁场诱导的左右旋极化波的折射率 n_{eff_l}、n_{eff_r} 变化不同，可实现对磁场的直接测量。磁场诱导的折射率变化为

$$n_{eff_r} - n_{eff_l} = \frac{VH\lambda}{2\pi} \tag{10.28}$$

式中，V 为弗尔德常数，H 为被测磁场，λ 为工作波长。对应的左右旋极化波中心反射波长 λ_{B_l} 和 λ_{B_r} 为

$$\left.\begin{aligned}\lambda_{B_r} &= 2n_{eff_r}\Lambda\\ \lambda_{B_l} &= 2n_{eff_l}\Lambda\end{aligned}\right\} \tag{10.29}$$

通过测定 λ_B 的漂移，就可得到磁场 H 的变化信息。

此外，通过特定的技术，可实现对应力和温度的分别测量，也可同时测量。通过在光栅上涂覆特定的功能材料（如压电材料），还可实现对电场等物理量的间接测量。

(2) 啁啾光纤光栅传感器的工作原理

上面介绍的光栅传感器系统中光栅的几何结构是均匀的，对单参数的定点测量很有效，但在需要同时测量应变和温度或者测量应变或温度沿光栅长度的分布时，就显得力不从心。一种较好的方法就是采用啁啾光纤光栅传感器。

啁啾光纤光栅由于其优异的色散补偿能力而应用在高比特远程通信系统中。与光纤 Bragg 光栅传感器的工作原理基本相同，在外界物理量的作用下啁啾光纤光栅除了 $\Delta\lambda_B$ 的变化外，还会引起光谱的展宽。这种传感器在应变和温度均存在的场合是非常有用的，啁啾光纤光栅由于应变的影响导致了反射信号的拓宽和峰值波长的位移，而温度的变化则由于折射率的温度依赖性(dn/dT)仅影响重心的位置。通过同时测量光谱位移和展宽，就可以同时测量应变和温度。

(3) 长周期光纤光栅(LPG) 传感器的工作原理

长周期光纤光栅(LPG) 的周期一般有数百微米，长度为 1 ~ 30 cm，折射率调制深度远小于 10^{-4}。LPG 在特定的波长上把纤芯的光耦合进包层：

$$\lambda_L = (n_{co} - n_{cl}^{(m)})\Lambda = \delta n^{(m)}\Lambda \tag{10.30}$$

式中，n_{co} 为纤芯的折射率，$n_{cl}^{(m)}$ 为 m 阶轴对称包层模的有效折射率。光在包层中将由于包层/空气界面的损耗而迅速衰减，留下一串损耗带。一个独立的 LPG 可能在一个很宽的波长范围上有许多的共振，LPG 共振的中心波长主要取决于芯和包层的折射率差，由应变、温度或外部折射率变化而产生的任何变化都能在共振中产生大的波长位移，通过检测 $\Delta\lambda_L$，就可获得外界物理量变化的信息。LPG 在给定波长上的共振带的响应通常有不同的幅度，因而 LPG 适用于多参数传感器。

10.5.2 波长调制的解调方法

光纤光栅传感器的解调系统技术比较复杂，近来人们研究了各种波长分析器以完成 λ_B 位移的检测。关于波长调制的解调方法很多，主要有光谱分析法、波长扫描法、光学滤波法和相干法等。下面对这些解调方法做简要介绍。

(1)光谱分析法

光谱分析法的基本原理是，将传感探头的输出光经光纤送至分光计分光，由 CCD 探测器检测不同波长的光强分布，一旦 λ_B 偏移，光强分布即发生变动，计算机通过计算分析即可计算出相应的 λ_B 偏移量或它所对应的被测量。

图 10.43 为光纤光栅作传感探头的光谱分析法示意图。图 10.43(a)为前向传输方式，图 10.43(b)为后向传输方式，参考光栅提供波长 λ_B 的参考点。其特点是利用 λ_B 光被 FBG

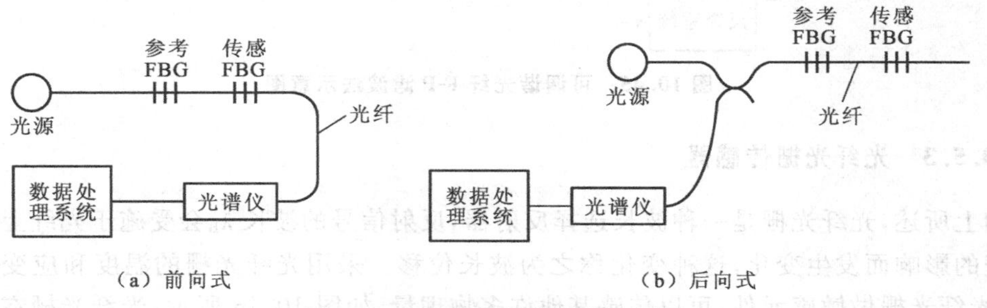

图 10.43　光谱分析检测法示意图

反射后传输光谱中将失去该波长成分而形成谱谷，用光谱分析仪测量的参考 FBG 及传感 FBG 光谱谷之间距(前向传输方式)，或参考 FBG 谱峰与传感 FBG 反射光峰之间距(后向传输方式)，即为被测量，引起的 λ_B 偏移 $\Delta\lambda=\lambda'_B-\lambda_B$。光谱分析仪可以是单色仪，也可以是傅里叶变换光谱仪等。

(2) *波长扫描法*

波长扫描法是一种极具前途的光波长调制的解调方法，基本原理是用一波长与光纤光栅光谱接近且谱宽小于 λ_B 反射光的谱线宽度的可调谐激光光源取代宽带光源，通过调谐激光的输出波长进行光谱扫描。由于 FBG 仅对满足式 $\lambda_B=2n_{eff}\Lambda$ 的单一波长进行反射，因此也只有当 $\lambda=\lambda_B$ 时，后向 λ_B 反射光才在探测器上产生强输出，通过可调谐滤波器将窄带光源的中心波长锁定在该状态即可测知 λ_B。当 λ_B受被测量调制偏移至 λ'_B 时，光源 L 的波长亦随之调谐至 $\lambda'=\lambda'_B$。

也可设置一个参数与传感 FBG 完全相同的参考 FBG，通过调谐参考光栅的布拉格 λ_B长追踪传感 FBG 的中心波长，直至两光纤光栅的中心波长相等时产生强输出，则参考 FBG 的中心波长值即为测得值，如图 10.44 所示。这种方法可检测静态波长偏移及低于 100 MHz 的动态波长偏移，测量分辨率较高。

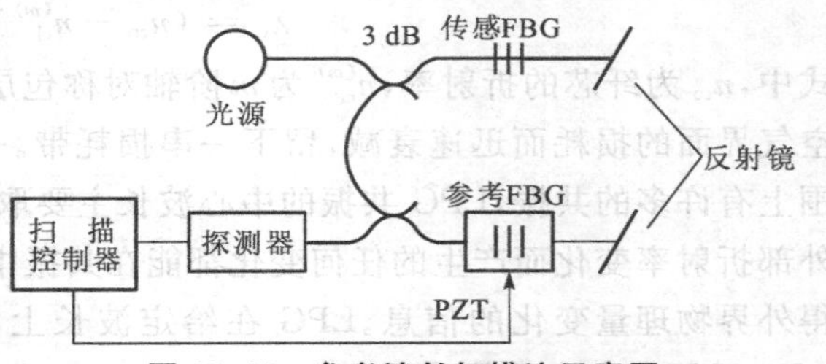

图 10.44 参考波长扫描法示意图

3. *光学滤波法*

光学滤波解调法的基本原理是，在光纤光栅的输出光路中安置滤光器，析出与被测量相应的波长偏移，有线性滤波法、非平衡 M-Z 干涉法和可调谐光纤 F-P 滤波法。可调谐光纤 F-P 滤波法的原理如图 10.45 所示。FBG 的 Bragg 反射光经 3 dB 耦合器注入可调谐光纤 F-P 滤光器(FPF)，锯齿波电压加在 FPF 上使其在光纤光栅特征波长附近扫描，FPF 过零点输出的波长即为光纤光栅特征波长 λ_B。可调谐 F-P 滤波法可以用于绝对测量和相对测量，也可用于动态和静态测量。

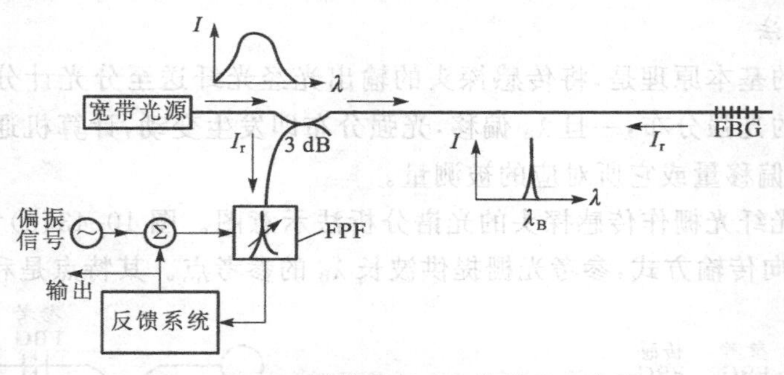

图 10.45 可调谐光纤 F-P 滤波法示意图

10.5.3 光纤光栅传感器

如上所述，光纤光栅是一种波长选择反射器，反射信号的波长 λ_B会受施于光纤上的温度和应变的影响而发生变化，这种变化称之为波长位移。采用光纤光栅的温度和应变两种效应，即光纤光栅做敏感元件，可以传感其他许多物理量，如图 10.46 所示，光纤光栅在传感技术中应用前景十分广泛，尤其是利用应变敏感性可间接测量的物理量很多。

1. 光栅光纤传感器结构

光栅光纤传感器的典型结构如图 10.47 所示。图中光源为宽谱光源，且有足够大的功率，以保证光栅反射信号良好的信噪比，一般可选用 ELED。ELED 耦合进单模光纤的光功率至少为 5～10 μW。此功率电平为光纤光栅解调系统所要求的下限值。光源的波长可选用 850 nm、1 300 nm、1 550 nm。被测温度或压力施加于光纤光栅上，由光纤光栅反射回的光信号通过 3 dB 光纤定向耦合器送到波长鉴别器或波长分析器，然后通过光探测器进行光电转换，最后由计算机做分析、储存，按用户规定的格式在计算机上显示出被测量大小。图 10.47 中的波长鉴别器是波长位移解调的核心，它包括另一个 3 dB 光纤耦合器和薄膜干涉滤光片。从光纤光栅反射回的光信号通过第一个 3 dB 光纤耦合器后，再由第二个 3 dB 光纤耦合器一分为二，其中一部分由光探测器直接转换成电信号，另一部分经干涉滤光片，再由光探测器转换成电信号，两信号相除即可得出 λ_B 位移量，并表征出被测参量。

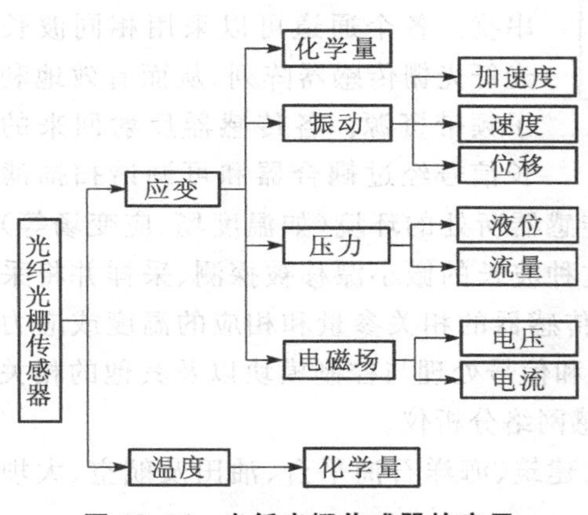

图 10.46 光纤光栅传感器的应用

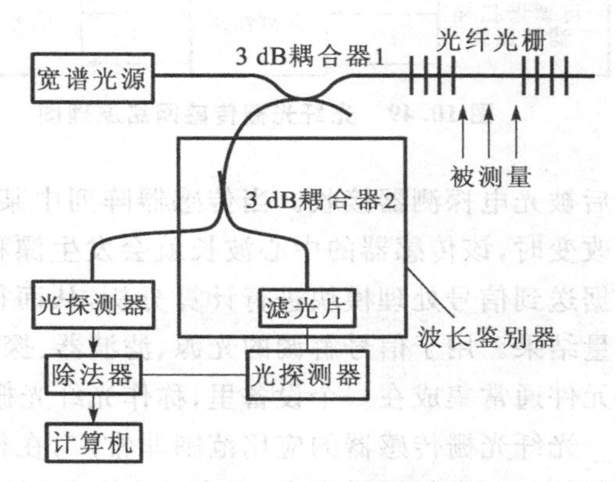

图 10.47 光纤光栅传感器的典型结构

2. 分布式光纤光栅传感器

如图 10.48 所示，分布式光纤光栅传感系统是在一根光纤中串接多个 FBG 传感器，宽带光源照射光纤时，每个 FBG 反射回一个不同 λ_{Bi} 的窄带光波。通过单一通道实现对多个测试信号的采集，这种技术的最大优点在于减少了测试数据采集设备所需的通道数量，从而降低了测试成本，并能够实现对待测物理量的分布(或准分布)场值的测量。由于这种传感系统检测效率高，并易于形成传感网络，

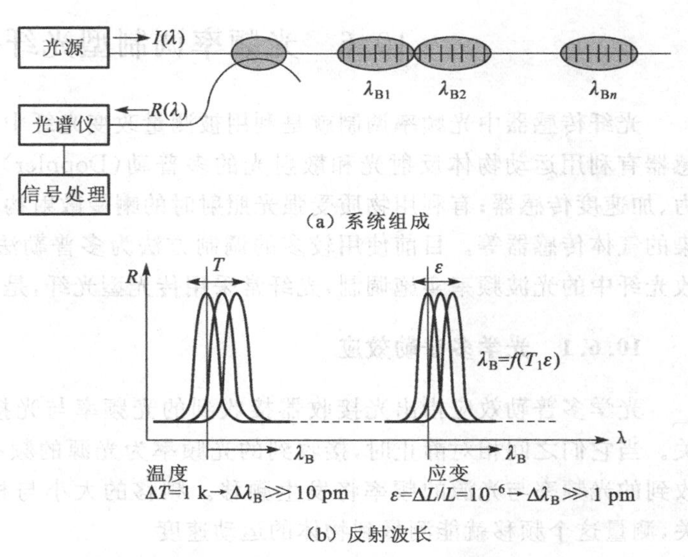

图 10.48 分布式光纤光栅传感器

为其实际应用开辟了广阔的前景。

3. 光纤光栅传感网络

光纤光栅传感网络是集信号传感和传输双重作用于一体的网络结构，多个传感器按照一定网络拓扑结构组合在一起，并通过同一个光电终端来控制和协调工作，从而实现多个传感信号的探测、识别和解调的功能。典型的光纤光栅传感网络结构如图10.49所示，其基本功能部分可概括为：光发射和接收终端、传输线路、传感器阵列和信号处理系统四个部分。

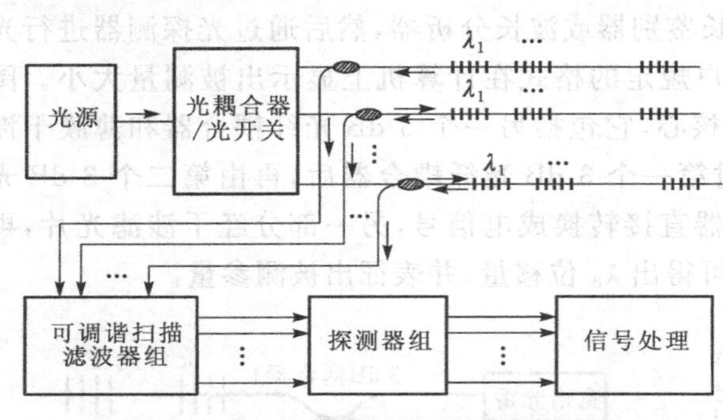

图10.49 光纤光栅传感网络原理图

从宽谱光源或者连续扫描激光器出射的光经由光耦合器或光开关后分别到达相应通道的光纤光栅传感器阵列。由于光纤光栅是以波长编码的方式实现传感测量，因此在传感网络中可以采用光开关切换各个通道，互相并无串扰。各个通道可以采用相同波长的光纤光栅传感器阵列，从而有效地利用了频带资源。各传感器反射回来的波长信号经过耦合器和可调谐扫描滤波器后被光电探测器接收。当传感器阵列中某个传感器所处的环境（如温度场、应变场等）发生改变时，该传感器的中心波长就会发生漂移；这种波长的微小漂移被探测、采样并将采样数据送到信号处理模块进行计算分析，从而得到传感器的相关参量和相应的温度或应力的测量结果。用于信号解调的光源、滤波器、探测器和信号处理与控制模块以及其他的相关光路元件通常集成在一个设备里，称作光纤光栅传感网络分析仪。

光纤光栅传感器的应用范围非常广，在桥梁、建筑、海洋石油平台、油田及航空、大坝等工程都可以进行实时安全、温度及应变监测。

10.6 光频率调制型光纤传感器

光纤传感器中光频率调制就是利用被测量改变光纤中光的频率。光频率调制型光纤传感器有利用运动物体反射光和散射光的多普勒(Doppler)效应的光纤速度、流速、振动、压力、加速度传感器；有利用物质受强光照射时的喇曼散射构成的测量气体浓度或监测大气污染的气体传感器等。目前使用较多的调制方法为多普勒法，即被测量通过多普勒效应对接收光纤中的光波频率实施调制，光纤常采用传光型光纤，是一种非功能型调制。

10.6.1 光学多普勒效应

光学多普勒效应指出光接收器接收到的光频率与光接收器和光源之间的运动状态有关。当它们之间相对静止时，接收到的光频率为光源的频率；当它们之间有相对运动时，接收到的光频率与光源的频率将发生频移。频移的大小与相对运动速度的大小和方向都有关，测量这个频移就能测量到物体的运动速度。

如图10.50所示，S为光源，N为运动物体，M为接收器所处的位置。若物体N的运动

速度为 v，其运动方向与 NS 和 MN 的夹角分别为 φ_1 和 φ_2，则从 S 发出的光频率 f_0 经运动物体 N 散射后，接收器在 M 处观察到的运动物体反射的频率 f_1 相对于原频率 f_0 发生了变化，根据多普勒效应，它们与被测速度 v 之间有如下关系：

$$f_1 \approx f_0\left[1+\frac{v}{c}(\cos\varphi_1+\cos\varphi_2)\right] \tag{10.31}$$

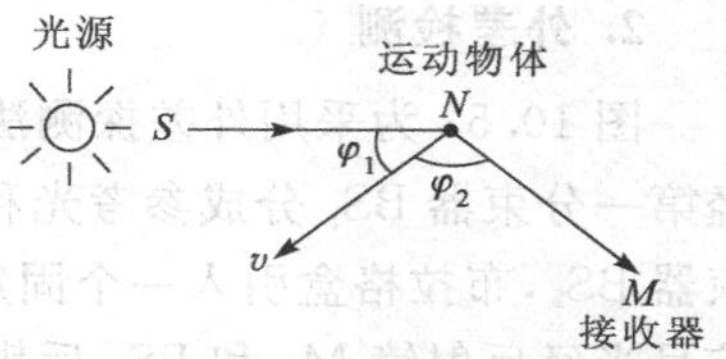

图 10.50 光学多普勒效应示意图

式中，c 为光速。光纤频率调制系统基于上述原理制成。

10.6.2 频率检测

由于光探测器响应速度远低于光频，不能用来测量光频而只能用来测量光强，所以，必须把高频光信号转换成低频信号才能探测频移，从而达到测量运动速度的目的。有两种方法可以测量频移，即零差检测和外差检测。

1. 零差检测

图 10.51 是一个采用零差检测法的光纤运动粒子速度传感器的框图。He-Ne 激光器发出的频率为 f_0 的单色光入射到分束镜上，分束镜将输入光分成两束，一束由反射镜 M 送到探测器 D 上做参考光，另一束注入光纤，经光纤传输到运动粒子上，运动粒子产生的具有多普勒频移的后向散射光将部分地被同一光纤接收，经分束镜后再到达探测器，这就是信号光，在探测器上信号光和参考光混频产生差频信号。

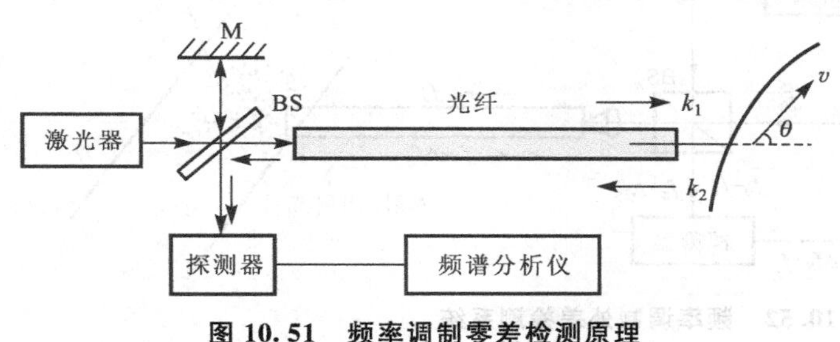

图 10.51 频率调制零差检测原理

设参考光 E_R 和信号光 E_S 为

$$\left.\begin{aligned} E_R &= E_0\exp(-\mathrm{j}\omega_0 t)\\ E_S &= E_0\exp(-\mathrm{j}\omega_S t)\end{aligned}\right\} \tag{10.32}$$

式中，ω_0 为输入光角频率，$\omega_0=2\pi f_0$；ω_S 为散射光角频率，$\omega_S=2\pi f_S$。

在探测器上，两束光叠加，其振幅和强度分别为

$$E(t) = E_R(t) + E_S(t) \tag{10.33}$$

$$\begin{aligned} I(t) &= |E(t)|^2 = E_0^2[1+\cos(\omega_S-\omega_0)t]\\ &= I_0[1+\cos\Delta\omega t]\end{aligned} \tag{10.34}$$

式中，$\Delta\omega=\omega_S-\omega_R$ 是待测角频率；$I_0=E_0^2$ 是入射光强。由(10.34)式可知，探测器上输出的是频率为 $\Delta f=f_S-f_0=(\omega_S-\omega_0)/2\pi$ 的电信号，将这一信号送入频谱分析仪即可求得 Δf 的大小，进而得到 f_S 和被测物体的运动速度。

需要指出的是，信号频率 f_S 可能大于 f_0 或小于 f_0，主要取决于运动物体的运动方向，但常用的频谱分析仪只能显示正频率，对负频率没有意义，因而采用零差检测法测出的 Δf 只能测量物体的运动速度的大小，不能获得物体的运动方向的信息。

2. 外差检测

图 10.52 为采用外差探测法的光纤频率调制系统。He-Ne 激光器输出频率为 f_0 的光经第一分束器 BS_1 分成参考光和信号光，参考光经布拉格盒和反射镜 M_2，后到达第二个分束器 BS_2，布拉格盒引入一个固定频移 f_1，使到达探测器上的参考光的频率为 $f_R = f_0 - f_1$。信号光经反射镜 M_1 和 BS_2 后耦合到光纤中，光纤把信号光引到待测物体上，同时接收被待测物体散射的光，散射光频率为 $f_0 + \Delta f_S$，Δf_S 为多普勒频移；散射光经 BS_2 后到达探测器，在探测器上，频率为$(f_0 - f_1)$的参考光与频率为$(f_0 + \Delta f_S)$信号光混频后，输出电信号频率为：

$$\Delta f = (f_0 + \Delta f_S) - (f_0 - f_1) = \Delta f_S + f_1 \tag{10.35}$$

将 Δf 频率信号送入频谱分析仪中即可得到 Δf_S。

引入固定频率 f_1 用于识别被测物体的运动方向，对与输入光同向运动的物体，Δf_S 为正，Δf 在 f_1 之右；对与输入光反向运动的物体 Δf_S 为负，Δf 在 f_1 之左。

外差检测不仅能获得物体运动速度的大小和方向，而且避开了 $1/f$ 噪声区域，使检测灵敏度提高。但是理想的外差检测要求系统满足信号光和参考光是理想的单色光，频率、相位稳定，振动方向基本一致，完全实现理想的系统是困难的。

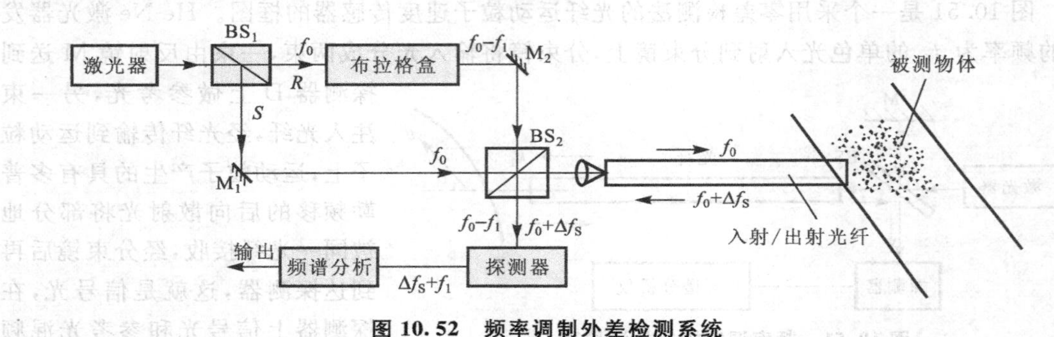

图 10.52　频率调制外差检测系统

10.6.3　频率调制光纤传感器应用

1. 光纤多普勒流速计

激光多普勒测速技术是流体力学中已经广泛应用的测量技术，它具有分辨率高、没有电感应噪声等优点。如果在此基础上采用光纤传输，将大大改善多普勒光学系统的结构，从而使系统工作更可靠，并能使测量系统的取样能最大限度地接近目标，提高测量的分辨能力。

图 10.53 所示是一个典型的激光多普勒光纤测速系统。激光器发出频率为 f_0 的激光，经起偏器、分束镜和透镜进入光纤，并入射到被测流体上，当流体以速度 v 运动时，根据多普勒效应，其向后散射光的频率为 $f_0 + \Delta f$ 或 $f_0 - \Delta f$（视流向而定）。后向散射光与光纤端面反射或散射光一起沿着光纤返回，其中光纤端面的反射（或散射）光作为参考光使用。后向散射光与光纤端面反射光经透镜、分束镜和检偏器传输到探测器上，检测出端面反射光 f_0 与后向散射光（$f_0 + \Delta f$ 或 $f_0 - \Delta f$）的差拍的拍频 Δf，最后分析器给出测量结果，由此可知流体的流速。

测量系统中，从目标返回的信号强弱取决于后向散射光的强度、光纤接收面积和数值孔径。返回光所占散射光的比例决定于光纤的数值孔径和光纤面积。实验证明，光纤多普勒探测器对检测透明介质中散射体的运动是非常灵敏的，但是其结构决定了它的能量有限，只能穿透几个毫米以内的深度，仅适于微小流量范围的介质流动的测量。光纤多普勒探测的典型应用是在医学上对血液流动的测量，如图 10.54 所示。

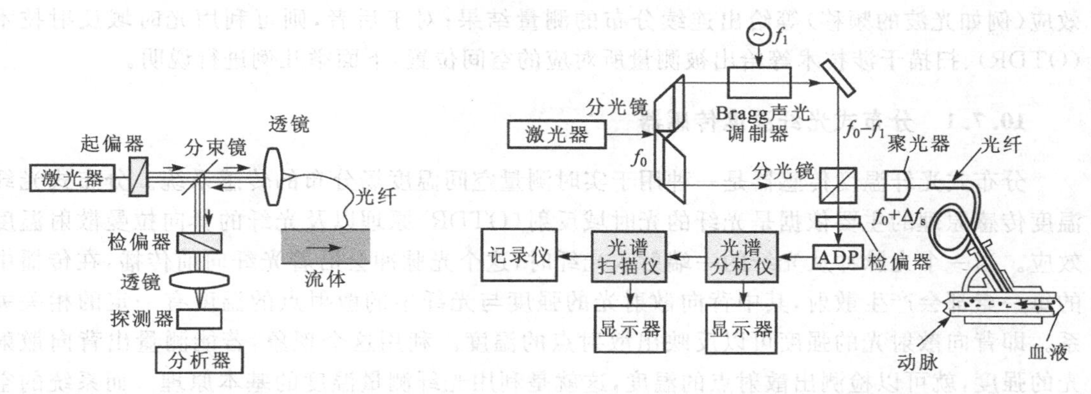

图 10.53　激光多普勒光纤测速系统

图 10.54　光纤血流速度测量

2. 用于内燃机的光纤激光多普勒测速系统

多普勒测速系统也可用于内燃机气缸内部气体流动状态测量，这时光纤激光多普勒系统称为光纤 LDA 传感器，其基本结构如图 10.55 所示。其中包括光学传感器探头、微型双布拉格包、光学系统以及激光器等。

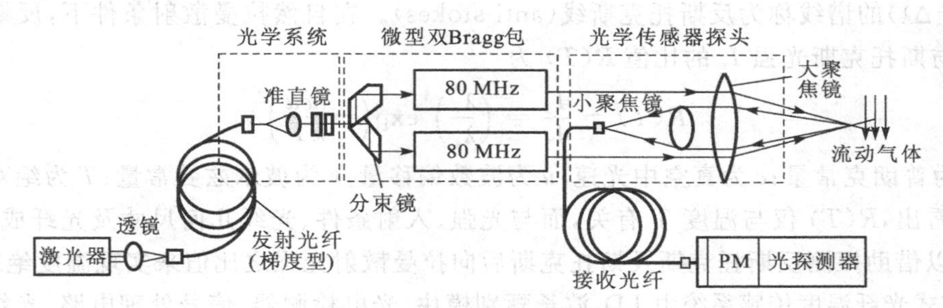

图 10.55　光纤 LDA 传感器

激光器发出激光，通过梯度型光纤传输到分束器上，分成两束光分别入射到两个微型布拉格包，然后进入传感器探头。由大聚焦透镜会聚到被测的流动气体之中。经过流动气体的散射，形成的多普勒光信号再反射回来，经小聚焦透镜会聚到接收光纤之中，最后到达光电倍增管 PM，将多普勒光信号转换成电信号，然后经频谱分析装置处理，得出内燃机气缸气体的流动状态。由于利用了梯度型光纤传输信号，探头可在远离激光器的地方工作。另外，该系统还适用于测量内燃机内部有高度湍流的流体。

10.7　分布式光纤传感器

随着光纤传感技术的发展和应用的日益广泛，仅仅依靠单点式测量，已难以满足需求，且不能充分发挥光纤传感器的技术优势。分布式光纤传感器是指以光纤为传感介质，利用光波在光纤中传输的特性，检测出沿光纤长度方向每一点的被测量值。这是光纤特有的一种新型传感器，它可给出大空间范围温度或应力等参量的分布值。构成分布式光纤传感器主要需解决两个问题：一是传感元件，例如光纤，它能给出被测量的值；二是准确给出被测量所对应空间的位置。对于前者，可利用光纤中传输损耗、模耦合、传播的相位差，以及非线性效应（例如光波的频移）等给出连续分布的测量结果；对于后者，则可利用光时域反射技术（OTDR）、扫描干涉技术等给出被测量所对应的空间位置，下面举几例进行说明。

10.7.1 分布式光纤温度传感器

分布式光纤温度传感器是一种用于实时测量空间温度场分布的传感系统。分布式光纤温度传感原理的主要依据是光纤的光时域反射（OTDR）原理以及光纤的背向拉曼散射温度效应。当一个光脉冲从光纤的一端射入光纤时，这个光脉冲会沿着光纤向前传播，在传播中的每一点都会产生散射，其中背向散射光的强度与光纤中的散射点的温度有一定的相关关系。即背向散射光的强度可以反映出散射点的温度。利用这个现象，若能测量出背向散射光的强度，就可以检测出散射点的温度，这就是利用光纤测量温度的基本原理。而系统的空间定位功能则通过测量从激光脉冲发出到背向反射光回来的时间差实现。

光纤的背向拉曼散射温度效应指出：当波长为 λ_0 的激光入射到光纤中，它在光纤中传输的同时不断产生后向散射光波，这些后向散射光波中除有一与入射光波长相同的很强的中心谱线之外，在其两侧还存在着 $\lambda_0-\Delta\lambda$ 及 $\lambda_0+\Delta\lambda$ 的两条谱线。中心谱线为瑞利散射谱线，长波一侧波长为 λ_s（$\lambda_s=\lambda_0+\Delta\lambda$）的谱线称为斯托克斯线（Stokes），短波一侧波长为 λ_a（$\lambda_a=\lambda_0-\Delta\lambda$）的谱线称为反斯托克斯线（anti-stokes）。在自然拉曼散射条件下，反斯托克斯光强 I_a 与斯托克斯光强 I_s 的比值 $R(T)$ 为

$$R(T)=\frac{I_a}{I_s}=\left(\frac{\lambda_s}{\lambda_a}\right)^4\exp\left(-\frac{hcu}{kT}\right) \tag{10.36}$$

式中，h 为普朗克常量；c 为真空中光速；u 为波数偏移量；k 为玻尔兹曼常量；T 为绝对热学温度。可以看出，$R(T)$ 仅与温度 T 有关，而与光强、入射条件、光纤几何尺寸及光纤成分无关。据此，可以借助探测反斯托克斯及斯托克斯后向拉曼散射光强之比值来实现温度绝对测量。

分布式光纤温度传感系统由 LD、波长甄别模块、光电检测器、信号处理电路、光纤传感回路和计算机等组成，如图 10.56 所示。为确保 LD 的功率及峰值波长的稳定，采用半导体制冷低温恒温槽冷却工作，激光脉冲通过耦合器入射到光纤传感回路，耦合器并将光纤传感回路的背向散射回波采集回来，通过波长甄别模块分成斯托克斯光和反斯托克斯光；光电检测器组件为高灵敏、低噪声 Si-APD 组件，为了确保 APD 的稳定工作，使其也在低温恒温槽冷却工作。信号处理电路由高速瞬态平均器和累加器组成，计算机主要用于温度信号的解调和信号处理、显示。

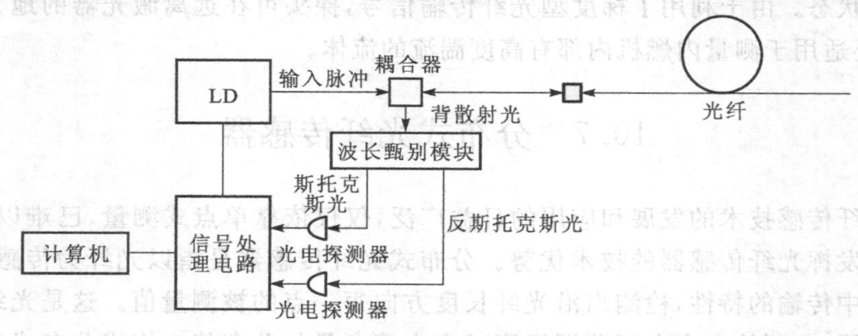

图 10.56 分布式光纤温度传感系统的结构框图

10.7.2 分布式光纤应力传感器

分布式光纤应力传感器是将传感光纤沿应力场分布，并采用相应的探测技术去感知光纤路径上待测应力场的空间分布和随时间变化的信息，可广泛应用于工业设施、民用建筑和桥梁等的应力场检测。在采用高双折射保偏光纤(PMF)的分布式应力传感器中，将线偏振光信号耦合进入 PMF 的一个特征轴，当沿 PMF 的特征轴存在非对称应力场时，偏振光信号的能量会从 PMF 一个特征轴耦合进入另一个特征轴。采用光学干涉仪(迈克尔逊干涉仪、马赫泽德干涉仪等)补偿两个偏振光信号在 PMF 中传输时由于双折射引起的光程差，使两个光信号产生干涉，即可检测出偏振模式耦合点的位置和耦合强度。由于偏振模式耦合的强度与应力呈线性关系，即可由偏振模式耦合的强度计算出应力的大小。

分布式光纤应力传感器结构如图 10.57 所示。系统由宽带光源、线性偏振器(LP)、可旋转半波片、扫描式迈克尔逊干涉仪、光探测器件、数据采集和处理模块以及待测高双折射 PMF 构成。超辐射发光二极管(SLD)发的光(中心波长 1 300 nm，光谱宽度 40 nm)经 LP_1 后耦合进入待测 PMF，待测 PMF 在非对称应力场的作用下产生分布式偏振模式耦合。在 PMF 内，各点由主模式 HE_{11}^{x} 耦合到正交模式 HE_{11}^{y} 的光信号，由于双折射效应相对于主模式产生不同的光程差。由待测 PMF 出射的光信号经半波片和扩束透镜后变为准直光，经 LP_2 进入扫描式迈克尔逊干涉仪。两个正交偏振模式的干涉图样经聚焦透镜 FL_2 被光探测器 PD_2 接收，经数字采样和信号处理得到待测 PMF 内部每一点的偏振模式耦合强度。进而计算出每一点应力的大小。为了消除 SLD 本身强度噪声对测量结果的影响，LP_2 的反射光信号经 FL_1 和 PD_1 接收，用来检测光源本身的强度噪声，对测试结果进行修正。

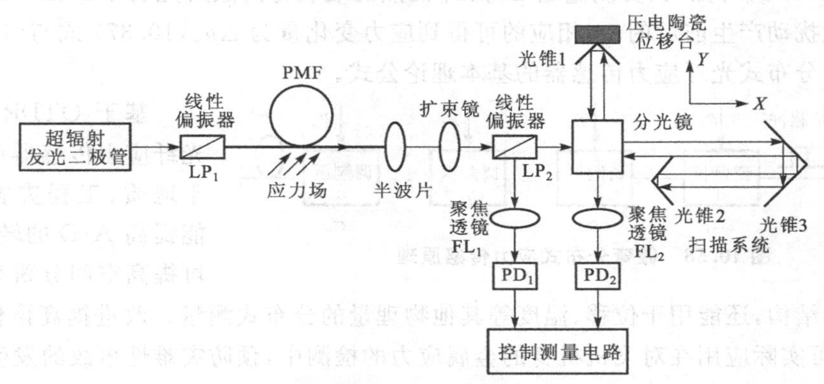

图 10.57 分布式光纤应力传感器结构

图 10.57 所示系统中，采用扫描式迈克尔逊白光干涉仪对应力引起的 PMF 内部的分布式偏振模式耦合进行定量检测。其特点是：采用长线性位移导轨和优化光学系统设计，可提高应力测试区域的长度，实现 1 km 的测量范围；采用具有 nm 量级的压电陶瓷微位移台提高对应力作用点的空间位置分辨率，对应力作用点的空间位置测试精度达到 mm 量级；采用可旋转半波片调整偏振模和线偏振器主轴的夹角以提高测试的灵敏度，对偏振模耦合强度测试达到 −80 dB的灵敏度；采用双光探测器消除光源强度噪声对测量精度的影响。

10.7.3 分布式微弯光纤传感器

利用光纤中的微弯损耗效应和 OTDR 技术可构成分布式光纤应变传感器，光纤的微弯结构，可有不同形式。光纤受到微弯扰动时会产生微弯损耗将随引起光纤微弯扰动物理量的变化。将应力通过微弯调制机构对光纤进行应力调制，可实现对应力的传感。

设光纤受到微弯扰动（应力变化量）为 Δp，光纤微弯变形为 Δx，其引起相应的微弯损耗的变化量为 $\Delta\alpha$，则有

$$\Delta\alpha = f\left(\frac{\Delta\alpha}{\Delta x}\right)\Delta p \tag{10.37}$$

式中，$f(\Delta\alpha/\Delta x)$ 为灵敏度系数，与光纤的传输特性、微弯调制机构的空间周期和齿数有关。微弯分布式应力传感器将多个应力调制区用敏感光纤串联，由 OTDR 探测、定位微弯损耗，实现分布式光纤应力传感，如图 10.58 所示。根据后向散射理论，设注入光纤的光脉冲峰值功率为 P_0，则光脉冲沿光纤传输到 Z 处，经过 n 个压力传感区，在 Z 处得到的背向散射光功率 $P(Z)$ 为

$$P(Z) = P_0\eta\exp[-2\alpha Z - 2(\alpha_1 + \cdots + \alpha_i + \cdots + \alpha_n)] \tag{10.38}$$

式中，α 为光纤的衰减系数；η 为瑞利背向散射因子；α_i 为第 i 个应力传感区引起的衰减量。对应的第 i 个应力调制区的前后 Z_{i-1}、Z_i 两点的背向散射光功率 $P(Z_{i-1})$、$P(Z_i)$ 为

$$P(Z_{i-1}) = P_0\eta\exp[-2\alpha Z_{i-1} - 2(\alpha_1 + \cdots + \alpha_{i-1})] \tag{10.39}$$

$$P(Z_i) = P_0\eta\exp[-2\alpha Z_i - 2(\alpha_1 + \cdots + \alpha_i)] \tag{10.40}$$

由(10.38)式和(10.39)式可得

$$\alpha_i = \frac{1}{2}\left[\ln\frac{P(Z_{i-1})}{P(Z_i)}\right] - \alpha(Z_i - Z_{i-1}) \approx \frac{1}{2}\left[\ln\frac{P(Z_i)}{P(Z_{i-1})}\right] \tag{10.41}$$

由(10.41)式可知，只要测量出 Z_{i-1}、Z_i 两点的瑞利背向散射光功率 $P(Z_{i-1})$、$P(Z_i)$，即可得到通过扰动产生前后的 α_i，相应的可得到应力变化量为 Δp。(10.37)式与(10.41)式为基于微弯的分布式光纤应力传感器的基本理论公式。

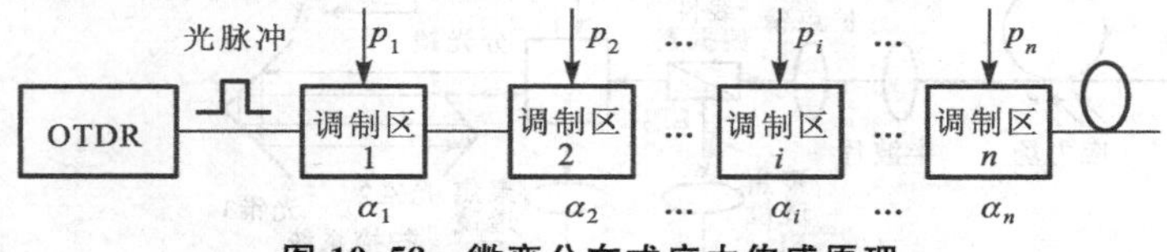

图 10.58　微弯分布式应力传感原理

基于 OTDR 的分布式光纤应力传感器可广泛地用于地质、工程灾害监测。如能提高 A/D 的转换速率，还可提高空间分辨率。通过改变传感头的结构，还能用于位移、温度等其他物理量的分布式测量。改进提高该传感器的空间分辨率，可实际应用在对飞机机身的金属应力的检测中，预防灾难性事故的发生。

10.7.4　分布式 Sagnac 光纤应力传感器

分布式 Sagnac 光纤应力传感器的核心为 Sagnac 光纤干涉仪，该干涉仪由高双折射光纤组成，光纤受外力时，光纤中两偏振模发生耦合，使输出发生变化；再利用连续波调频技术(FMCW)确定外力点的位置，即可构成分布式应力传感器。

图 10.59 为基于 Sagnac 光纤干涉仪原理的管道流体泄漏检测定位系统，由光源、Sagnac 光纤环、探测器和信号处理等部分组成。将 Sagnac 光纤环布置在管线内，沿管线屏蔽和隔离光纤环中的一半，而将对称的另一半当做传感元件。当管道发生泄漏时所产生的泄漏噪声会对泄漏点 R 处的光纤产生扰动，光纤的长度、纤芯的直径和折射率都将发生变化，从而引起光纤环中两束相向传输的两束光 CW 和 CCW 的相位在该点处发生变化，两束

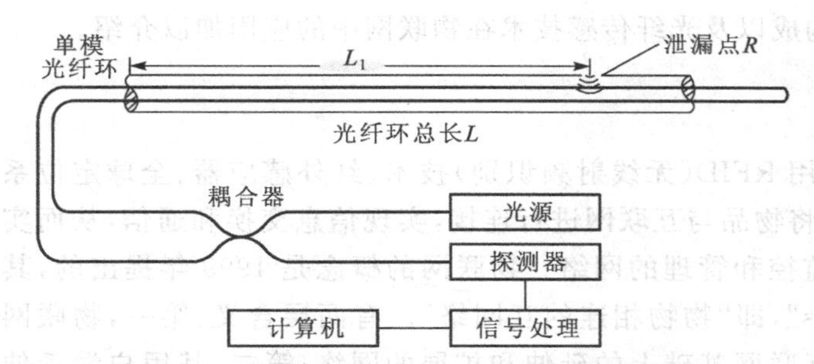

图 10.59　管道流体泄漏检测定位系统原理图

光相位差的大小与泄漏点位置、泄漏噪声引起光波相位变化速率成比例，利用信号的宽频特性从两束光的相位变化频谱中分析出泄漏发生的位置。

设光纤总长度为L，泄漏点R距光纤一端的距离为L_1。光波沿光纤环传播一周延迟时间τ为$\tau = Ln/c$，其中n为光纤芯的折射率。

光纤环内两束相向传播的CW和CCW光波从泄漏点传播到端点所产生的延迟时间差τ_d为$\tau_d = n(L-2L_1)/c$。由此可以导出

$$L_1 = \left(L - \frac{c}{n}\tau_d\right)/2 \tag{10.42}$$

由(10.42)式可以看出，泄漏点的位置R与两光波的延迟时间差τ_d成正比。

管道出现泄漏时，光纤就受到外界的扰动作用，沿顺、逆时针传播的两束光被调制。由Sagnac光纤干涉仪输出的两束光干涉基频分量V_0变为

$$V_0 = kJ_1(\xi)\sin\Delta\phi \tag{10.43}$$

式中，k为常数；$\Delta\phi$为相位差；$J_1(\xi)$为一类一阶贝塞尔函数；$\xi = 2\phi\sin(\pi f_m \tau_d)$，其中，$f_m$为调制频率；$\phi$为调制幅度。

由于(10.43)式可得到输出基频信号与泄漏位置之间的关系，如图10.60所示。当基频信号输出为最大值或零值时，调制频率f_m与泄漏位置L_1之间的关系为

$$f_m = \frac{Nc}{2n(L-2L_1)} \tag{10.44}$$

式中，N为整数。N为奇数时，基频信号输出为最大值；N为偶数时，基频信号输出为零值。

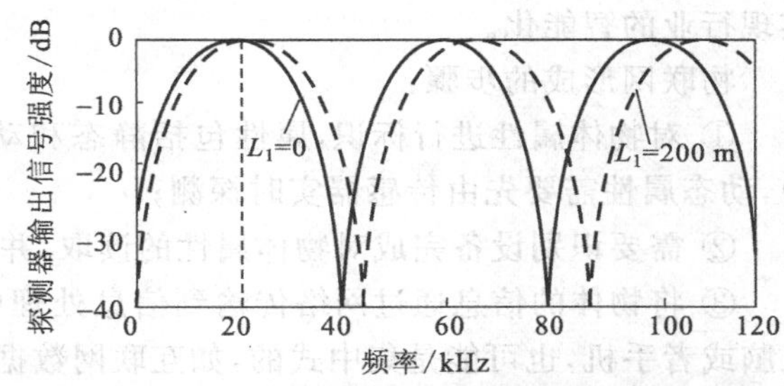

图 10.60　输出基频信号与泄漏位置之间的关系

对于总长度L=5 km的光纤环，纤芯折射率，n=1.5，当泄漏出现在L_1=0处，输出信号第一个最大值对应的为20 kHz，第一个零值所对应的为40 kHz；当泄漏出现在L_1=200 m处，输出信号第一零值对应的为41.67 kHz。从泄漏位置L_1与输出信号第一个零值对应的f_m的关系式可以看出，随着L_1值的增大定位的分辨率就越高。当L_1=1 000 m时第一个零值对应的f_m为62.5 kHz，平均分辨率为22.5 Hz/m，假设测量频率的不确定度为±20 Hz时，则对应的测量定位不确定度为±0.9 m。

10.8　光纤传感技术在物联网中的应用

现今，物联网已经发展成为了一个研究热点，而传感器是物联网的核心，光纤传感器具有一般传感器无可比拟的优势，因此，光纤传感技术在物联网的发展中得到了广泛的关注和

应用。本节主要对物联网的界定、构成以及光纤传感技术在物联网中的应用加以介绍。

10.8.1　物联网的基本原理

物联网是在互联网的基础上利用 RFID(无线射频识别)技术、红外感应器、全球定位系统以及激光扫描器等信息传感设备将物品与互联网进行连接,实现信息交换和通信,从而实现智能化定位、智能化识别、跟踪、监控和管理的网络。物联网的概念是 1999 年提出的,其英文名称为"The Internet of Things",即"物物相连的互网络"。有两层含义:第一,物联网的核心和基础仍然是互联网,是在互联网基础上的延伸和扩展的网络;第二,其用户端延伸和扩展到了任何物品与物品之间,进行信息交换和通讯。

物联网的技术架构包括 3 个层面:感知层、网络层和应用层。

感知层主要是采集物品在物理世界中发生的各种数据信息,主要由传感器(如温度传感器、声音传感器、振动传感器、压力传感器)、终端、RFID 标签和读写器、二维码标签和读写器、传感器网络等各种类型的采集和控制模块组成,与人体结构中皮肤和五官的作用相似。

网络层分为接入层和承载网络两部分,该层能够实现大范围信息沟通,通过现在已经存在的移动网络、互联网等通信系统,将感知层得到的数据信息传到地球各个地方,实现地球范围内的远距离通信。是物联网的神经中枢和大脑信息传递和处理中枢。

应用层由各种应用服务器组成,该层的主要任务是在感知层和网络层的工作完成之后汇总获得的所有关于物品的信息,然后对信息进行再加工,进一步提高信息的综合利用度。该层是物联网与各种行业的桥梁,可以实现物联网技术应用到各个行业中,满足行业需求,实现行业的智能化。

物联网形成的步骤:

① 对物体属性进行标识,属性包括静态和动态的属性,静态属性可以直接存储在标签中,动态属性需要先由传感器实时探测;

② 需要识别设备完成对物体属性的读取,并将信息转换为适合网络传输的数据格式;

③ 将物体的信息通过网络传输到信息处理中心(处理中心可能是分布式的,如家里的电脑或者手机,也可能是集中式的,如互联网数据中心 IDC),由处理中心完成物体通信的相关计算与处理分析。

10.8.2　"三纤合一"的光纤物联网络

光纤物联网是"光纤传感"、"光纤传输"和"光纤互联网"的三纤合一的系统。对于重大的固定设施为终端用户,如电网、铁路、桥梁、隧道、公路、建筑、大坝、供水系统、长距离油气管线等的监测;地震监测;煤矿中的瓦斯检测、坑体结构的健康监测;大型地下设施的温度、火灾报警;用于军事或政府机构等敏感地区和设施的入侵定位、安防预警;军事中作为反潜声纳核心部件的水听器等等,用植入被测物体的各种光纤传感器得到所需被测参数,并以光纤传输到数据控制中心,并接入互联网,形成光纤物联网络,如图 10.61 所示。

光纤物联网优点如下:

① 光纤传感器与传统的非电量电测法的电传感器相比,具有显著的优点:因为它是导光元件,所以完全不受电磁干扰,不受雷击,不受核辐射影响,可在易燃、易爆和电磁干扰等环境中工作。

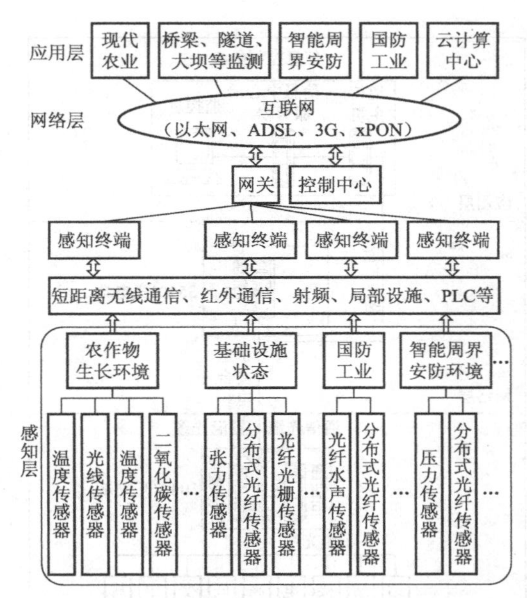

注:ADSL:非对称数字用户环路;3G:第三代移动通信技术;xPON:无源光网络;PLC:可编程逻辑控制器

图 10.61　光纤物联网示意图

② 光纤传感器与传统的传感器相比,具有更高的检测灵敏度,例如,典型的光纤光栅布拉格波长随温度、压力和应变变化的灵敏度分别为 10 pm/k、3 pm/Mpa 和 1.2 pm/$\mu\varepsilon$;BOTDR(AQ8603)的应变测量精度则可达$\pm 0.003\%$($30\mu\varepsilon$)。

特别是相位调制型光纤传感器具有极高的检测灵敏度,其可得到最小相位变化为 10^{-7} rad 的测量精度。如采用保偏光纤,信号检测系统可测出 1μrad 的相位移,则对每米光纤的检测灵敏度:对温度为 10^{-8}℃,对压力为 10^{-7} Pa,对应变为 10^{-7} $\mu\varepsilon$,动态范围可达 10^{10}。对于某些波长检测型的光纤传感器,当波长分辨率达到微米量级后,还可通过计算机数据处理将微米级的光波长细分到任意多的分数,进一步大大提高检测灵敏度。

③ 鉴于光纤"传""感"合一的特性,而形成的分布式传感系统,可在长距离的线路上进行连续的传感检测和被测信号的传输。这是任何其他无线检测手段所无法企及的。

④ 与无线检测方式相比,光纤物联网不受大气气候影响,不受地理环境干扰。在军事应用中有良好的保密性。

⑤ 光纤物联网可移植业已成熟的光纤通信的技术成果,特别是网络技术。例如多传感器和传输光纤的连接技术;多传感器的解调技术,如时分复用、波分复用、频分复用、空分复用等技术。

⑥ 光纤通信技术中非常成熟的光学元器件均可选用,如光源:半导体激光二极管、LED、DFB 激光器、光纤光栅激光器等,光电探测器:PIN 管、APD 管等,光纤无源器件:光纤耦合器、光纤隔离器和环行器、光开关、波分复用器等。

下面举例来描述光纤物联网的有关应用。

10.8.3　基于光纤物联网技术的智能电网输配电设备监测系统

基于光纤物联网技术的智能电网输配电设备监测系统综合应用光纤传感技术、光纤复合电缆技术、电缆载流量动态分析系统软件和光纤宽带通信技术,实现了光纤与电缆一体化制造、在电力输配电线路上对输配电网设备、设施的状态在线传感探测及信息通信传输的一体化。使传统的电力电缆具有了智能化,采用光纤物联网技术实现了对输配电网的智能化监测和高速宽带通信。

图 10.62 是 10 kV 开关站集控平台光纤物联网网络拓扑。其结构可分感知层、网络层和应用层。

感知层包括敷设在变电站设施中的高温敏探测光缆和嵌入在 10 kV 光纤中压复合电缆

中的温度探测光缆、分布式光纤温度探测器（DTS）。该部分主要功能是采集变电站内设备温度、环境温度、电缆内部温度等信息。探测对象包括干式变压器、接地电阻、绝缘母线、主变室、电缆沟、电缆竖井、开关室、电容器室等）、10 kV 光纤复合电缆（如接头、长度、热点、断点等）。

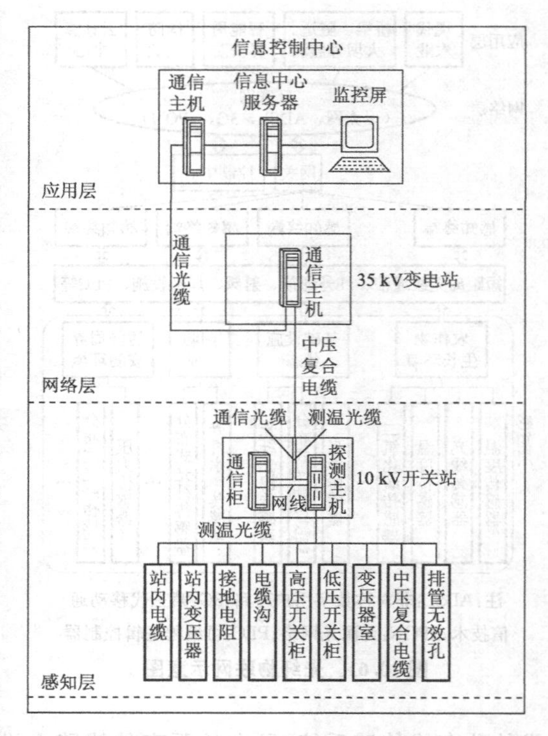

图 10.62　10 kV 开关站集控平台光纤物联网网络拓扑

网络层主要为嵌入在 10 kV 中压复合电缆中的通信光缆、安装在变电站的光纤通信设备器件（如光纤通信路由交换机、无源光网络 EPON 设备器件等）。该部分主要功能是采用较以往站间载波通信（PLC）更高速宽带可靠的通信方式，传递感测光纤探测到的信息以及变电站内部电网"遥测、遥感、遥信、遥视"的信息通信，从电网站间的载波通信向高速宽带可靠的光纤通信传输升级。为智能电网的建设创建了信息高速公路。

应用层是 10 kV 开关站集控平台光纤物联网中装有电缆载流量动态分析软件、温度异常定位预报警判断软件、基站数据上传处理软件等的信息集控平台和用户的接口。实现自我感知、判别和决策，通过电缆载流量动态分析等软件，分析处理来自通信光缆传递的测温光缆感知的温度信息、实时计算导体温度和载流量，为输电线路和电缆附件的故障监测和负荷管理提供全面而有效的解决方案，提高电网资产的利用率，发现潜在故障，实现预防性维护。

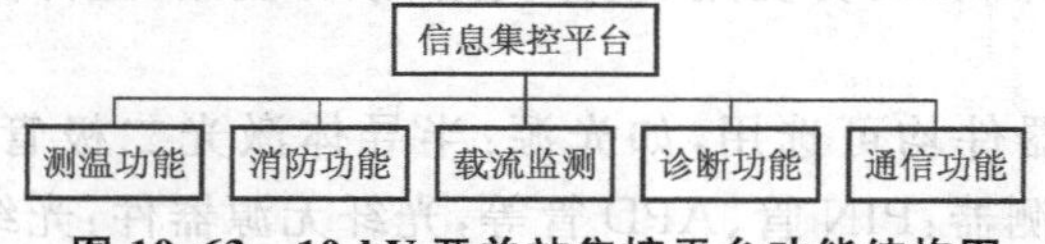

图 10.63　10 kV 开关站集控平台功能结构图

该信息集控平台主要实现变电站内外设备（设施）的温度监测、消防预报警、电缆载流量热效应监测、电缆故障诊断和站间光纤通信功能（如图 10.63 所示）。

① 温度监测功能

该功能主要是实现对站内的变压器室、电缆沟、开关柜，站外的电缆排管无效孔、光纤中压复合电缆等设备（设施）进行高精度（±1℃）、高分辨率（±0.1℃）实时在线温度监测；且分区域、人性化、智能化的显示在信息集控平台上。电网监测中心通过信息集控平台，可查看整体及各区域的环境温度信息：如二次控制缆电缆沟、10 kV 高压开关柜、一次供电电缆沟（10 kV）、0.4 kV低压开关柜、一次供电电缆沟（0.4 kV）、1 号变压器室和 2 号变压器室的温度信息状态。

温度监测功能如下：

存储：正常温度数据进行筛选式滚动存储，以减小对存储空间的占用；异常数据进行完整存储，保证数据的完全记录。

判别模式：对于异常温度数据进行 3 种判别，分别为定温、差温以及温升。

输出：对异常温度数据进行软输出、短信输出和数据上传；对于正常温度可根据用户需求进行短信输出。

查询：分为按时间查找、按分区查找以及按时间和分区查找3种查询方式，查找所需温度数据信息。

② 消防预报警功能

该功能主要是当发现所监测的变电站内变压器室、电缆沟、开关柜等处温度发生异常(环境温度异常高或突发升高)时，按所设置的预警阈值发出温度异常地定位信息预警。

当所预警地区域温度进一步异常发展达到火灾报警阈值时，发出火灾位置报警信息，同时联动站内的火灾联动控制器进行火灾消防处置。当报警状态发生时，信息集控平台将触发站内消防联动报警控制器，同时进行短信输出与数据上传；当预警状态发生时，进行除消防输出外的其他输出。

由于光纤温度探测器能够进行同一区域的温度分级多次预报警，从而有效避免了原感温型火灾探测器的误报状况。提高了电网的抗灾能力。为消除气象和设备正常启动带来的误报，需要确认定温 60℃及差温温升 10℃/min 的报警阈值。

③ 载流量监测功能

该功能主要是利用嵌入在 10 kV 中压光纤复合电缆中的测温光缆和普通测温光缆，对中压光纤复合电缆、进站段复合电缆、站内 10 kV 一次供电电缆和 0.4 kV 一次供电电缆进行分别探测。基于分布式光纤测温系统对中压光纤复合电缆缆芯温度和 10 kV、0.4 kV 一次供电电缆外护套温度的测量，通过电缆载流量分析软件计算出电缆导体的运行温度分布和电缆载流量的相关信息；通过分析计算，在确保电缆安全可靠运行的基础上，实现提高线路最大额定载流量、电缆线路隐患预警、故障分析和定位等功能。

基于对电缆温度的测量以及电缆电流值，对电缆载流进行如下评估：1)给定过载电流和过载时间，计算出电缆导体的过载温度；2)给定过载电流和最大允许温度，计算出允许的过载时间；3)给定过载时间和最大允许温度，计算出最大允许的过载电流；4)根据日负荷曲线计算出当天的动态载流量。

④ 诊断功能

该功能主要是对变电站内运行中的变压器和开关柜设备信息、电缆信息等进行实时在线监测及故障诊断的综合显示；变压器周围环境信息由分布式光纤测温系统显示；变压器设备信息及诊断综合显示，包括周围环境信息、变压器运行状况信息和分析评估信息；电缆信息及诊断综合显示分区敷设信息、电流信息、站内及站外电缆温度信息、载流测评信息和电缆无效空温度信息。

⑤ 通信功能

该功能主要是利用 10 kV 中压光纤复合电缆中的通信光缆进行 10～35 kV 站间通信，传输温度、电流等数据信息；另外，通过集成短信模块，个性化设定短信播报内容，包括各设备运行状况是否良好、目前存在的隐患以及火警的预警、报警，并以短信的方式将当前状态(断纤、预警、报警、状态、日常)发给相关责任人。

10.8.4 基于光纤物联网技术的智能周界入侵防范系统

周界入侵防范系统属于物联网技术领域中发展非常成熟的一部分，根据周界系统中传感器的类型的不同，各种系统的技术解决方案也大相径庭；然而，基于光纤传感器的周界系统，是以光纤传感技术为基础的，随着光纤传感技术的成熟而发展起来的，目前正成为周界入侵防范技术领域中的一大亮点与热点。它的显著特点是采用光纤作为传感器，来感受外界侵扰信息。与传统的振动电缆传感器相比，光纤传感器在周界入侵防范应用中具有明显的技术优势，主要有：无信号辐射、防静电和雷击、防电磁和射频干扰、防雷达辐射、耐腐蚀、适于多种恶劣工作环境、工作寿命长达 20 年以上等。这些特点使得光纤周界入侵防范系统得以进入一些以前不曾进入的领域，如机场、电站和军事基地等重要场所的大范围、长距离水中、地下布防；从而实现以前难以实现的技术目标，如卓越的抗干扰性能、对象模式识别功能，从而大幅度地提高现有周界系统整体的防入侵能力。

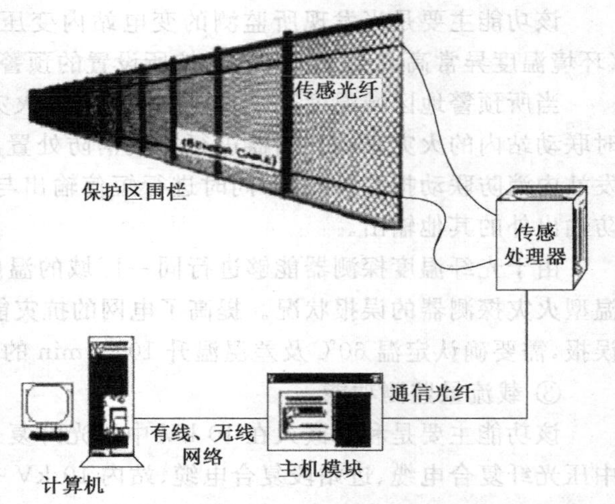

图 10.64　光纤周界入侵防范系统的敷设方式

图 10.64 是周界振动光纤入侵防范系统解决方案。以振动传感光纤为传感器，将围栏上的振动转换成电信号传给数字信号处理器，处理器据此来区分是剪断、抬起还是攀爬动作。

系统采用现代多媒体及数字化监控技术，形成数字化、智能化、网络化的安全防范系统，并能通过统一的通信网络平台和管理软件将中央监控室设备与各个子系统设备联网，实现监控中心对全系统信息集成的自动化管理。

系统通过一条感应光缆构成分布式的光纤传感网络。即采用单根光纤（光缆）实现了整个周界的入侵防范工作，为系统的维护带来了极大的便利性。与其他采用多个分立传感头的入侵防范方案相比，等于用一个部件代替了数百个部件，因此平均故障时间大大降低。

同时，光纤的故障查找和维护完全基于成熟的通信技术协议。比如一旦出现断点，可以采用 OTDR 光时域反射器和熔接机结合的手段，迅速找到故障点，恢复后几乎没有影响。同时，光纤不受天气、季候、温度影响，耐腐蚀、抗电磁干扰，较之其他基于金属或电传感器的安防设备，极大降低了设备的维护率。

光纤周界入侵防范系统所采用的技术主要取决于传感器的种类，每种传感器根据其探测的原理、成本、误报率的不同特性，系统设计时需要选择不同的传感器类型，来搭建不同的周界安防系统。光纤周界系统基本工作原理，如图 10.65 所示。

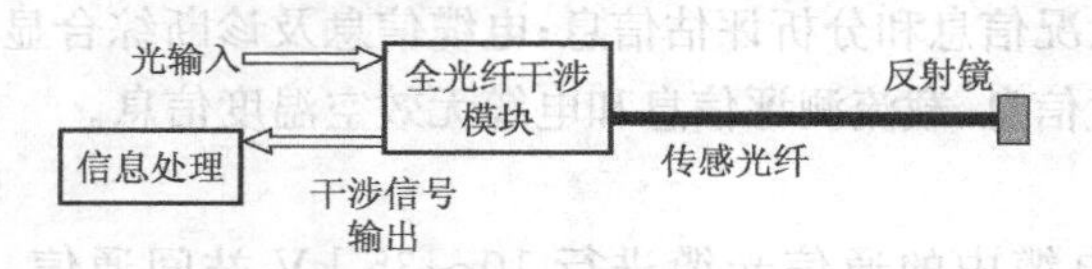

图 10.65　光纤周界系统工作原理

光纤周界系统是基于光的干涉原理和装置，来实现扰动信息获取的。图 10.65 中，传感光纤和反射镜、全光纤干涉模块共同构成光的干涉装置。光从全光纤干涉模块的输入端口进入，经光纤干涉模块处理后的光输入到传感光缆上，在传感光缆的末端经反射镜反射后，重新进入传感光缆，最后回到全光纤干涉模块。该干涉模块是由光无源器件构成。经不同光路到达干涉模块输出端口的光在此汇合，发生干涉，输出端口的光强随着相互干涉的光之间相位差的变化而变化。当有外界扰动作用在传感缆上时，就会引起干涉光波之间相位差的变化。对应不同的扰动特征，会产生不同的相位变化，因此，通过对干涉系统输出光强变化特征的分析，可以判断相应的扰动特征；辨别该行为的性质，决定是否是需要发出报警信号。

10.8.5 基于光纤物联网的桥梁健康监控系统

在公路、桥梁、隧道和建筑等重大工程建设及使用过程中，经常会出现隧道局部坍塌、渗漏以及火灾，桥梁局部裂缝、崩塌等现象，不仅严重威胁着人民的生命及财产安全，还影响了国民经济的快速稳定发展。将光纤传感器嵌于这些建筑物或者公共设施内部，可以感受桥梁的结构变形、结构动态特性及交通荷载等状况，同时利用张力传感器感受隧道容易发生塌方的局部的变形情况，这些信息可以与互联网相结合，形成一个"光纤物联网"，实现对这些基础设施的长期稳定的实时监测，减少事故的发生。

桥梁健康监控系统是一个以桥梁结构为平台，应用现代传感技术、通信网络技术和计算机技术，优化组合结构监控、环境监控、交通监控、设备监控、综合报警、信息网络分析处理各功能子系统为一体的综合监控系统。其系统的总体架构如图 10.66 所示。

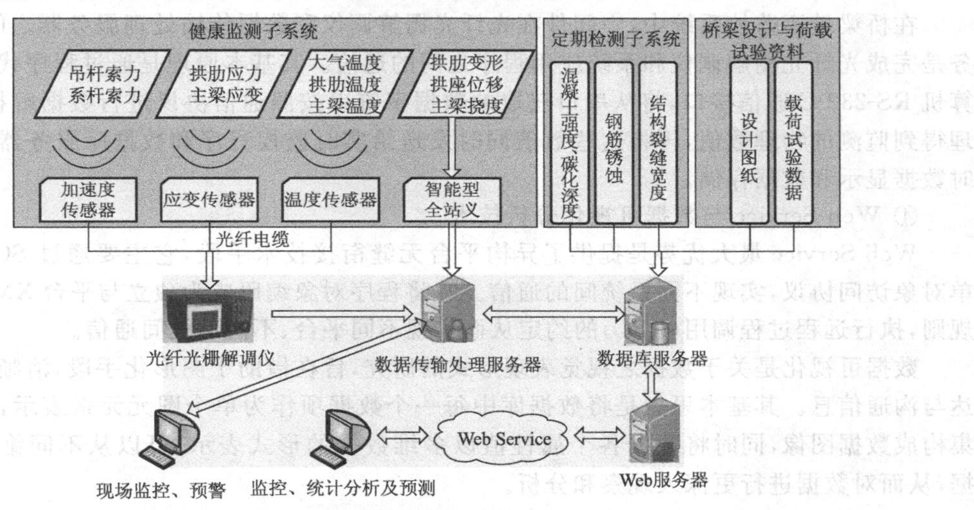

图 10.66 桥梁健康监控总体架构示意图

桥梁健康监控系统是通过全站仪技术、光纤光栅传感及解调技术、中间件技术、可视化技术对桥梁结构的拱肋变形、拱座水平相对位移、拱座不均匀沉降、主梁变形、吊杆系杆索力、拱肋主梁应变及环境信息进行实时在线监测。同时与定期检测系统、桥梁设计与荷载试验资料库协同作用，将定期巡检相关信息以及桥梁设计与荷载试验资料录入该系统，形成综合电子化管理，为桥梁管理、养护提供决策依据。

应用于桥梁健康监控系统中的物联网技术主要有：光纤光栅传感与解调技术、通信接口与数据传输技术、中间件技术、Web Service 与数据可视化分析技术。

① 光纤光栅传感与解调技术

桥梁健康监控系统中部署了大量的多种类型传感器，每个传感器都是一个信息源，不同类别的传感器所捕获的信息内容和信息格式不同。传感器获得的数据具有实时性，按一定频率周期性采集环境信息，不断更新数据。

光纤光栅传感通过检测每段光栅反射回来的光信号波长值变化，实现对被测参数的测量，其中，一个波峰代表一个光纤光栅传感器，可以在一条光纤上实现多点分布式测量。光纤光栅的反射波长受外界应力和温度变化而变化，同时这种变化具有非常好的线性。光纤光栅的反射波长对温度和应变非常敏感，对温度为10.3 pm/℃，对应变为1.2 pm/$\mu\varepsilon$。在桥梁健康监控中用的传感器主要是光纤光栅传感器，光纤光栅传感器除了具有传统电类传感器功能外，它还具有分布传感、抗电磁干扰、精度高、长期稳性好、易于布设等优点。

② 通信接口与数据传输技术

光纤传输是一种以光导纤维为介质，以光的形式进行的数据、信号传输方式，不仅可用来传输模拟信号和数字信号，而且可以满足视频传输的需求。光纤传输具有衰减小、频带宽、抗干扰性强、安全性能高、体积小、重量轻等优点，所以在长距离传输和特殊环境等方面具有无法比拟的优势。

全站仪与光纤光栅解调仪和服务器之间数据传输通信接口采用的是RS-232-C，RS-232-C采用的是串行通信方式，允许全双工通信，它因具有传输线少、成本低、配线简单、数据传输稳定等优点而广泛应用于计算机与终端通信设备之间的通信。

③ 中间件技术

在桥梁健康监控系统中，中间件在光纤光栅解调仪和数据传输处理服务器之间，主要任务是完成光纤光栅解调仪和系统应用程序之间的通信。其基本原理是通过程序代码调用计算机RS-232-C通信接口，将从串口获取的数据字符串按照通信协议进行数据解析、格式处理得到监测的物理数值，再将这些数值同时发送给实时监控程序和数据库服务器以实现实时数据显示和数据存储。

④ Web Service与数据可视化分析技术

Web Service最大优势是提供了异构平台无缝衔接技术手段，它主要通过SOAP，即简单对象访问协议，实现不同系统间的通信。它将程序对象编码成为独立与平台XML对象的规则，执行远程过程调用(RPC)的约定从而实现不同平台、不同系统间通信。

数据可视化是关于数据之视觉表现形式的研究，旨在借助于图形化手段，清晰有效地传达与沟通信息。其基本思想是将数据库中每一个数据项作为单个图元元素表示，大量数据集构成数据图像，同时将数据各个属性值以多维数据的形式表示，可以从不同维度观察数据，从而对数据进行更深入观察和分析。

习题与概念思考题10

1. 简述光纤传感器的工作原理以及分类。
2. 试比较非功能型光纤传感器与功能型光纤传感器光纤所起作用的异同之处。
3. 用做光纤传感器的光纤有什么特殊要求？
4. 光纤传感器与传统传感器相比有什么特点？
5. 归纳总结光纤传感器中五种光波调制技术。
6. 如何利用光纤传感器位移测试的原理，设计一个光纤传感器压力或温度测试实验装置？
7. 请画出光纤马赫-泽德干(Mach-Zehnder)涉仪、法布里-珀罗(F-P)干涉仪、迈克尔逊(Michlson)干涉仪、萨格奈克(Sagnac)干涉仪的原理光路图，并说明。
8. 利用光纤Mach-Zehnder干涉仪测量温度的原理是什么？
9. 简述Sagnac效应及光纤陀螺仪的工作原理。
10. 何谓分布式光纤传感器？试说明光纤光栅分布式传感器的工作原理和特点。

参考文献

[1] 叶培大,吴彝尊. 光波导技术基本理论[M]. 北京:人民邮电出版社,1981.
[2] Cherin,Allen H. An Introduction to Optical Fibers. 1983.
[3] Jeff Hecht. Understanding Fiber Optics,Fourth Edition. 2004.
[4] [美]赫克特(Hecht,J.). 光纤光学(第四版). 北京:人民邮电出版社,2004.
[5] N. S. kapany. Fiber Optics. 1967.
[6] [日]大越孝敬,岗本胜就. 通信光纤[M]. 北京:人民邮电出版社,1989.
[7] 迟泽英,陈文建. 纤维光学与光纤应用技术[M]. 北京:北京理工大学出版社,2009.
[8] 迟泽英,陈文建. 应用光学与光设计基础(第2版). 北京:高等教育出版社,2013.
[9] [美]Joseph C. Palais. 光纤通信(第五版). 北京:电子工业出版社,2011.
[10] [美]D. 马库塞. 传输光学[M]. 北京:人民邮电出版社,1987.
[11] [日]国分泰雄. 光波工程[M]. 北京:科学技术出版社,2002.
[12] 刘德森,殷宗敏,祝颂来,张林潘. 纤维光学[M]. 北京:科学出版社,1987.
[13] 彭吉虎,吴伯瑜. 光纤技术及应用[M]. 北京:北京理工大学出版社,1995.
[14] 刘德明,向清,黄德修. 光纤光学[M]. 北京:国防工业出版社,1995.
[15] 刘德明,向清,黄德修. 光纤技术及其应用[M]. 成都:电子科技大学出版社,1994.
[16] 徐大雄. 光纤光学的物理基础[M]. 北京:高等教育出版社,1982.
[17] 李玉权,崔敏. 光波导理论与技术[M]. 北京:人民邮电出版社,2002.
[18] 杨祥林. 光纤通信系统(第二版)[M]. 北京:国防工业出版社,2009.
[19] 张明德,孙小菡. 光纤通信原理与系统(第4版)[M]. 南京:东南大学出版社,2009.
[20] 朱勇,王江平,卢麟. 光通信原理与技术. 北京:科学出版社,2011.
[21] 李玲. 光纤通信[M]. 北京:人民邮电出版社,1995.
[22] 纪越峰. 现代光纤通信技术[M]. 北京:人民邮电出版社,1998.
[23] 王佳. 光纤通信与空间光通信技术. 北京:电子工业出版社,2013.
[24] 李丽君. 光纤通信[M]. 北京:北京大学出版社,2010.
[25] 原荣. 光纤通信(第2版). 北京:电子工业出版社,2006.
[26] 顾畹仪,李国瑞. 光纤通信系统[M]. 北京:北京邮电大学出版社,1999.
[27] 孙雨南等. 光纤技术——理论基础与应用[M]. 北京:北京理工大学出版社,2006.
[28] 袁国良. 光纤通信原理[M]. 北京:清华大学出版社,2004.
[29] [美]UYLESS BLACK. 现代通信最新技术[M]. 北京:清华大学出版社,2000.
[30] 张宝富,崔敏,王海潼. 光纤通信[M]. 西安:西安电子科技大学出版社,2004.
[31] 殷宗敏. 光纤导波——理论和元件[M]. 上海:上海交通大学出版社,1995.
[32] [苏]B. Б. 维恩别尔格,等. 光导光纤光学[M]. 北京:机械工业出版社,1986.
[33] [英]W. B. 艾伦. 纤维光学——理论和实践[M]. 北京:轻工业出版社,1981.
[34] 郭硕鸿. 电动力学[M]. 北京:高等教育出版社,1979.
[35] 邹异松,刘玉凤,白廷柱. 光电成像原理[M]. 北京:北京理工大学出版社,1997.
[36] 向世明,倪国强. 光电子成像器件原理[M]. 北京:国防工业出版社,1999.
[37] 黄章勇. 光电子器件和组件. 北京:北京邮电大学出版社,2001.
[38] 李允博. 光传送网(OTN)技术的原理与测试. 北京:人民邮电出版社,2013.

[39] 孙维平,郁建生,朱燕等．FTTX与PON系统工程设计与实例．北京:人民邮电出版社,2013.
[40] 王清月,粟岩锋,胡明列等．光子晶体光纤与飞秒激光技术．北京:机械工业出版社,2013.
[41] 谭吉春. 夜视技术[M]. 北京:国防工业出版社,1999.
[42] 廖延彪. 光纤光学[M]. 北京:清华大学出版社,2000.
[43] 刘瑞复,史锦珊. 光纤传感器及其应用[M]. 北京:机械工业出版社,1987.
[44] 王惠文,江先进,等. 光纤传感技术与应用[M]. 北京:国防工业出版社,2001.
[45] 刘迎春,叶湘滨. 传感器原理、设计与应用[M]. 北京:国防工业出版社,2004.
[46] 王玉田,等. 光电子学与光纤传感器技术[M]. 北京:国防工业出版社,2003.
[47] 余成波,胡新宇,赵勇. 传感器与自动检测技术[M]. 北京:高等教育出版社,2004.
[48] 迟泽英,陈文建. 应用光学与光学设计基础[M]. 南京:东南大学出版社,2008.
[49] 张廷荣,等. 英汉光纤通信词典[M]. 北京:人民邮电出版社,1995.
[50] Chi Zeying, Zhang Yixin, Mo Fuqin, Zhou Anning, Chen Wenjian. Analysis of heat radiation characteristics of the probe of a dichromatic high-temperature opticai fiber sensor. Proceedings of SPIE-The International Soceety for Optical Engineering, 1990, 1230:519-521.
[51] Chi Zeying, Chen Wenjian. Research for fibre-optic telescope using large cross-section image-transmitting bundle (LCSITB). Proceedings of SPIE-The International Society for Engineering, 1990, 1236(1):330-333.
[52] Chi Zeying, Chen Wenjian, You Mingjun, Zhang Yixin. Image quality improvement of a fiber optic telescope. Proceedings of SPIE-The International Society for Optical Engineering, 1996, 2893:p 494-497.
[53] 张逸新,迟泽英,陈文建,等. 应用波分复用改善像束传像系统像质的研究[J]. 光学学报,1993年, Vol. 13, No. 4.
[54] 迟泽英,李坤宇. 无源光纤传像系统的实用化进展与影响传像效果的主要因素分析[J]. 光子学报, 2000年 Vol. 28, N0. 23.
[55] 陈文建,迟泽英,游明俊. 光纤传像元件极限分辨率测量的判断[J]. 南京理工大学学报,1996年 第5期.
[56] 陈文建,迟泽英,游明俊. 光纤望远系统设计[J]. 光电工程,1997年12月.
[57] 陈文建,迟泽英,等. 光纤望远系统中光束限制与眼点位置分析[J]. 光子学报,2000年,Vol. 29,z1.
[58] 迟泽英,陈文建. 线阵光纤束传输二维图像的编码传像技术研究[J]. 光电子·激光,1999,No,4.
[59] 迟泽英,陈文建,游明俊. 线阵光纤束 λ-t 编码传输二维图像的实验研究[J]. 光子学报,1999年 Vol. 28, No. 21.
[60] 迟泽英,李武森,等. 双向自主控制的光纤双向信息传输系统[J]. 南京理工大学学报,2001年第3期.
[61] 李武森,迟泽英,陈文建．基于冗余能量维持的光信息传输控制器研究. 光通信技术,2006年第8期．
[62] 季晓飞,迟泽英,陈文建,等. 基于ATM的无源光接入网中ONT的设计考虑[J]. 光通信技术, 2001年第3期.
[63] 董大圣,迟泽英,陈文建,等. APON系统终端ONT物理层的设计原理与实现[J]. 中国激光,2005年第3期.
[64] 陈文建,迟泽英,李武森. 天然气水合物相变测试用光纤传感器[J]. 光子学报,2005,Vol. 34.
[65] 刘亚荣,唐朝毅．基于物联网的光纤传感技术应用方案[J]. 光通信研究,2012年第3期,35-37.
[66] 闫俊芳,裴丽,陈志伟,刘超,李卓轩．光纤传感技术在物联网中的应用[J]. 光电技术与应用,2012, 27(1):37-40.
[67] 胡为进,李峰,史济康,黄家彬,陈博,吴海生．10 kV开关站集控于台光纤物联网技术研究及应用[J]. 华东电力,2011,40(11):2090-2092.
[68] 邓沌华,李源．物联网领域中光纤周界传感系统的应用[J]. 信息通信,2011年第5期,162-164.
[69] 曹学明,王喜富,刘海迅．基于物联网的机场周界安防系统设计[J]. 物流技术,2010年10月,66-68.
[70] 祖巧红,张海峰,徐兴玉,尹莹．基于物联网的桥梁健康监控系统设计与实现[J]. 图学学报,2013, 34(5):7-11.
[71] 陈善棠．基于光纤传感网络的桥梁实时监测系统研究[J]. 公路交通科技应用技术版,2010年11期,37-39.